Klartext

Energieagentur NRW (Hg.)

Energiever(sch)wendung

Handbuch
zum rationellen Einsatz
von elektrischer Energie

Die Deutsche Bibliothek – CIP-Einheitsaufnahme

Energiever(sch)wendung : Handbuch zum rationellen Einsatz von elektrischer Energie / Energieagentur NRW (Hg.). -
1. Aufl. - Essen : Klartext, 2000
    ISBN 3-88474-759-2

1. Auflage Oktober 2000
Satz und Gestaltung: Klartext Verlag
Druck und Bindung:Wöhrmann B. V., Zutphen
© Klartext Verlag, Essen 2000
ISBN 3-88474-759-2
Alle Rechte vorbehalten

Inhalt

Ernst Schwanhold
Vorwort 9

Norbert Hüttenhölscher
Einleitung 11

Grundlagen und Verfahren für das Energiemanagement

Rolf Hanitsch
Einführung in das Energiemanagement
Die Zukunft gehört denen, die mehr über Energie wissen – und ihr Wissen umsetzen. 15

Steffen Roß
Messung von Leistung und Energie 27

Winfried Hoppmann
Einkauf elektrischer Energie 35

Martin Theweleit
Energiecontrolling 48

Heinrich Specht
Lastmanagement 60

Felix Graf
Gebäudeautomation 73

Gerd Marx
Wirtschaftlichkeitsberechnungen 82

Christian Tögel
Contracting 96

Anwendungstechniken

Thomas Knoop, Thomas Müller, Karsten Ehling
Beleuchtung 109

J. Mario Pacas und Günter Schröder
Elektrische Antriebe 127

Simon Meier
Lüftung 139

Anton Reinhart
Kältebereitstellung mit Kaltwassersätzen 153

Uwe Franzke
Klimatisierung 164

Stefan Scherz, Hans-Dieter Schnörr und Andreas Heinrichs
Lebensmittelkühlung 182

Gert Hinsenkamp
Druckluft 191

Heinrich Kühlert
Wärmepumpen 204

Petra Hesselbach
Warmwasserbereitung 216

Egbert Baake
Wärmeprozeßtechnik 223

Wendelin Friedel und Paul Fay
Kraft-Wärme- und Kraft-Wärme-Kälte-Kopplung 231

Rationelle Energieverwendung im produzierenden Gewerbe

Herbert Pfeifer und Lothar Beck
Stahlindustrie 247

Volker Rickert und Rolf Schwarze
Metallverarbeitung 262

Karl Heinrich Maier
Chemische Industrie 269

Dirk Kaczmarek, Michael Naumann und Thorsten Schroer
Kunststoffverarbeitung. 277

Ansgar Paschen und Burkhard Wulfhorst
Textilindustrie 284

Hans-Edgar Esk
Papierindustrie. 292

Klaus Seeger
Holzverarbeitung 304

Martin Kruska, Jörg Meyer und Peter Bonczek
Nahrungsmittelindustrie 310

Norbert Krzikalla
Handwerksbetriebe 325

Rationelle Energieverwendung im Dienstleistungssektor

Michael Hörner
Bürogebäude 343

Gabriele Kreiß und Klaus-Dieter Schleißinger
Hotels und Gaststätten. 357

Hans-Dieter Schnörr
Lebensmittel-Einzelhandel 370

Jörg Ackermann und Eckard Köppel
Schulen. 379

Hermann-Josef Lohle und Matthias Kreisel
Krankenhäuser 387

Jörn Kaluza
Schwimmbäder 401

Oliver Stobbe
Bürogeräte 411

Friedrich Wilhelm Bremecker
Straßenbeleuchtung 425

Die Autoren 435

Vorwort

von Ernst Schwanhold, Minister für Wirtschaft und Mittelstand, Technologie und Verkehr des Landes Nordrhein-Westfalen

Der Wille zur ökonomischeren Energieverwendung ist bei den kleinen und mittelständischen Unternehmen in NRW vorhanden. Auch die Investitionsmittel stehen dann zur Verfügung, wenn die energetische Modernisierung im Betrieb von vernünftigen Amortisationszeiten begleitet wird. Was aber bisher vielfach fehlte, war das gesicherte „Gewußt-wie", praktisches Know-how, kurz: das entsprechende Nachschlagewerk im unmittelbaren Zugriff.

Die vom Land Nordrhein-Westfalen getragene Energieagentur NRW, die unseren Unternehmen mit einer Fülle von Informationen, persönlichem Rat und beruflichen Weiterbildungsangeboten seit vielen Jahren als unabhängige Einrichtung erfolgreich zur Seite steht, hat nun auch dieser Nachfrage Rechnung getragen und erstmals ein Handbuch vorgelegt, das vielen Unternehmen bei der rationellen Energieverwendung helfen wird.

Die Energieagentur NRW hat im Rahmen ihres Impuls-Programms RAVEL NRW mit heute 25 Seminaren und Weiterbildungsbausteinen und mit einem „E-Fit-Angebot" für Unternehmen einen großen Informationspool zum Thema „Rationelle Elektrizitätsverwendung" aufgebaut. Ein Konzentrat dieses wertvollen Know-hows aus unserem RAVEL-Programm liegt jetzt in Form dieses Buches mit dem Titel „Energiever(sch)wendung? – Handbuch zum rationellen Einsatz von elektrischer Energie" vor.

Ziel des RAVEL-Programms ist die Vermittlung von Informationen zur elektrischen Energie insbesondere zu den Themenkomplexen:
- Innovative Energieumwandlungstechnologien
- Betriebs- und Versorgungssicherheit
- Stromerzeugung aus regenerativen Energien
- Energiepreise sowie
- gesellschaftliche, strukturelle, wirtschaftliche und rechtliche Rahmenbedingungen.

Antwort auf die Frage „Warum überhaupt noch Strom sparen bei den derzeit fallenden Strompreisen?" geben in diesem Buch die hier zu Wort kommenden Praktiker, die täglich vor Ort ungenutzte Potentiale entdecken und uns deutlich machen, warum 85 Prozent aller Stromrationalisierungen trotz niedriger Preise immer noch wirtschaftlich sind und den einzelnen Betrieb in seinem Wettbewerb stärken. NRW ist führend in Sachen Energieumwandlung, Energietechnik und Energie-Know-how und verfügt über weitsichtige Unternehmer, die innovativer Technik gegenüber aufgeschlossen sind. Insbesondere die Nutzung der neuen Effizienztechnologien „Made in NRW", der neuen Zukunftstechnologien und der Energiespartechniken kennzeichnet den Strukturwandel in NRW.

Es freut mich, dass die Energieagentur NRW bei Wirtschaft und Kommunen so akzeptiert ist, und sie ist dies, weil sie unabhängig, zielgruppenorientiert, wirtschafts- und vor allem praxisnah arbeitet. Dieses Handbuch ist ein weiterer Beleg dafür.

Die vorliegende Buchpublikation stellt in zahlreichen Beispielen aus Industrie, Dienstleistung, Handwerk und Gewerbe Potentiale und Möglichkeiten zur Elektrizitäts- und Kosteneinsparung übersichtlich und umfassend für den Praktiker dar. 36 Fachleute aus den unterschiedlichsten Branchen dokumentieren im RAVEL-Handbuch gelebte und gelegentlich auch gelittene Praxiserfahrung und zeigen auf, wie Strom ökonomisch eingesetzt werden kann.

Mein Dank gilt allen, die zum Gelingen dieses Handbuchs beigetragen haben: den 36 Autoren, den Herren Steffen Roß, Aachen, und Dr. Heinrich Specht, Braunschweig, die die redaktionelle Bearbeitung vorgenommen haben, Frau Claudia Engelskirchen, Frankfurt am Main, die maßgeblich an der Auswahl der Autoren beteiligt war, dem Klartext-Verlag und natürlich dem RAVEL-Team bei der Energieagentur NRW für das Engagement, das die Entstehung dieses Buches überhaupt erst möglich gemacht hat.

Ernst Schwanhold Düsseldorf im September 2000
Minister für Wirtschaft und Mittelstand,
Technologie und Verkehr des Landes NRW

Norbert Hüttenhölscher

Warum Energiefitness für Unternehmen, warum Weiterbildung in Sachen RAVEL, warum dieses Buch?

Ein Unternehmer, der auf sich hält, hat heutzutage auch den Rationalisierungsfaktor Energie im Blick. Er weiß, dass die einzusetzenden Mittel für Energie in seinem Betrieb in Produktion wie Verwaltung optimiert werden können. Um ihn und seine Technischen Mitarbeiter in seinem Tun zu unterstützen und „auf dem Laufenden" zu halten, hat das Land NRW ein komplexes Stromsparinstrument geschaffen: Das REN Impuls–Programm RAVEL NRW ist mehr als ein Weiterbildungsprogramm. Es wurde 1996 vom nordrhein-westfälischen Wirtschaftsministerium initiiert und bei der neutralen Energieagentur NRW installiert. Die Abkürzung RAVEL steht für „Rationelle Verwendung von elektrischer Energie" und setzt seither im Energieland NRW Impulse für eine effektive Nutzung von Strom.

Den Schwerpunkt des RAVEL Programms bilden die von der Energieagentur NRW entwickelten Seminare rund um den Faktor Energie. Unterschiedliche Weiterbildungsangebote sind für Zielgruppen aus dem Handwerk, der Industrie, den Dienstleistungen oder den Kommunen so konzipiert worden, dass spezielle Bedürfnisse der Adressaten stets berücksichtigt werden.

Des Weiteren können Unternehmen und kommunale Betriebe in NRW ihre Energie-Fitness messen lassen: Dafür bietet die Energieagentur NRW die „Aktionswochen E-Fit" an, bei denen Mitarbeiter zu energiesparendem Verhalten am Arbeitsplatz – hauptsächlich im Büro und in der Verwaltung – motiviert und sensibilisiert werden. Der Stromverbrauch aus der Referenzmessung, die vor „E-Fit" durchgeführt wird, wird mit den Werten während der Aktionswoche verglichen, um die Einsparpotenziale aufzuzeigen; sie liegen üblicherweise zwischen fünf und 20 Prozent des Energieverbrauchs.

Auf diese Weise wird bei den Energie-Nutzern im Betrieb eine Basis sowohl für das „Know–how" als auch für das „Know–what" geschaffen: Denn nicht nur das „WIE" bringt im Wettbewerb den Erfolg, sondern auch das „WAS" ist von entscheidender Bedeutung für ein zukunftsfähiges Energiemanagement. Wenn das Informationsdefizit zur wirtschaftlichen Elektrizitätsnutzung behoben ist, wird die Umsetzung von kostensenkenden Investitionsmaßnahmen leichter fallen. Über die bedarfsgerechte Wissensvermittlung entwickeln sich landesweit Multiplikatoren für die optimale Nutzung elektrischer Energie.

Dieses Fachbuch ist ein weiterer Beitrag der Energieagentur NRW zur rationellen Verwendung von elektrischer Energie. Es kann als „roter Faden" für die bedeutenden Rationalisierungspotenziale bei Strom verstanden werden. Möge es sowohl als Nachschlagewerk für konstruktive Diskussionen dienen als auch Energie-Interessierte bei der Realisierung ihrer Ideen unterstützen.

Die Erstellung dieses Buches ist als Auslese wertvoller und branchenübergreifender Beiträge zur rationellen Verwendung von elektrischer Energie angelegt. Es vermittelt Grundlagenwissen zum Thema Energie in Verbindung mit Tipps für eine erfolgreiche Umsetzung in der Praxis.

Das Handbuch richtet sich an alle, die für den rationellen Einsatz elektrischer Energie verantwortlich sind: An Führungskräfte und Energieverantwortliche aus Industrie, Verbänden, Kammern und der Politik, welche an Konzepten zum Energiemanagement direkt beteiligt sind. Es wendet sich aber auch an diejenigen, welche durch Fachkompetenz Energieprojekte indirekt begleiten, beraten und mitsteuern. In beiden Fällen sind die Beteiligten handelnd und beobachtend in technische und soziale

Veränderungen eingebunden, so dass die ökonomischen und ökologischen Aspekte gleichermaßen Berücksichtigung finden müssen. Mit Energie rationell umgehen bedeutet nicht nur, die Umwelt zu entlasten, sondern aufgrund gezielter Investitionen die Konkurrenzfähigkeit der Unternehmen und kommunalen Betriebe zu steigern.

Als Wissenskonzentrat aus dem RAVEL-Programm wird das Handbuch „Energie(ver)schwendung" diejenigen wirksam unterstützen und stärken, die in Zeiten der Besteuerung von Energie die Energie in ihren Unternehmen steuern wollen.

Grundlagen und Verfahren für das Energiemanagement

Rolf Hanitsch
Einführung in das Energiemanagement

Vorbereitung, Analyse, Planung, Durchführung und Kontrolle von Energiemanagement-Programmen sind grundsätzlich auf große, mittlere und kleine Betriebe anzuwenden. Dabei müssen zunächst die Ziele des Energiemanagements, wie zum Beispiel Realisierung vorgegebener Energie- und CO_2-Einsparquoten, Kostensenkungen oder Reduzierung des Personalaufwandes für energietechnische Anlagen, festgelegt werden. Parallel dazu muß das Topmanagement zunächst für die Unterstützung des Vorhabens gewonnen werden. Dabei können Darstellungen von erreichbaren Einsparpotentialen, die Nutzbarkeit von zum Beispiel Förderprogrammen oder eine imageträchtige Darstellung des ökologisch orientierten Unternehmens hilfreich sein. Dann müssen geeignete Personen gefunden und zu einer Energiemanagement-Gruppe zusammengefaßt werden, für deren Organisation es eine Reihe von Möglichkeiten gibt. Eine Stabsstelle Energiemanagement und eine mit Fachleuten besetzte Energiemanagement-Kommission sind beispielsweise ein typisches Konzept für einen industriellen Großbetrieb. Die Hinzunahme von externen Energieberatern kann die Erfolgschancen verbessern.

Die Zukunft gehört denen, die mehr über Energie wissen – und ihr Wissen umsetzen.

In einer zweiten Phase erfolgt die Analyse und Planung. Allgemeines Ziel der Ist-Analyse ist es, einen Überblick und notwendige Detailkenntnisse über die Energiesituation eines Betriebs zu erhalten, sowie Schwachstellen und Verbesserungsmöglichkeiten aufzuzeigen. Es gilt zu ermitteln, wieviel Energie wofür, wo und wann verbraucht wird und durch welche Maßnahmen die Energienutzung effizienter gestaltet werden kann (Winje et al. 1986, Walthert 1992). Es hat sich als sinnvoll erwiesen, nicht nur den Status quo, das heißt Energiedaten und Kosten des laufenden Berichtsjahrs, zu erfassen, sondern auch Daten aus den vorangegangenen zwei bis drei Jahren in die Betrachtungen mit einzubeziehen. Die Qualität der Ist-Analyse wird wesentlich von den Fähigkeiten und den Erfahrungen des Energieberaters bestimmt. Für ihn ist es entscheidend, die gesamte energetische Situation eines Betriebs zu überblicken, ohne sich in Einzelheiten zu verlieren (Kubessa 1998, Gailfuß et al. 1998). Für jeden Energieträger sollte der Energie-Input der Summe Energie-Output und den Verlusten gegenübergestellt werden.

Mit Hilfe von spezifischen Energiekennzahlen (EKZ) können Vergleiche mit anderen Produktionsstätten oder Organisationen durchgeführt werden, um die Energieeffizienz im eigenen Unternehmen zu überprüfen (Walthert 1992, Kubessa 1998). Diese Energiekennzahlen können sowohl für Industrie- und Gewerbebetriebe, als auch für Handel und staatliche Organisationen gebildet werden. Im Vorfeld ist es sinnvoll, sich über bereits vorhandene Kennwerte bzw. Kennzahlen zu informieren, um brauchbare Vergleichsmöglichkeiten für den untersuchten Betrieb zu erhalten (Kubessa 1998). Vergleichsunternehmen haben aber sicherlich eine andere Energieeinsatzstruktur, und daher ergeben die Energiemengen bezogen auf einen Parameter oft nur ein unvollständiges Bild der Energieeffizienz.

Die Sammlung von Informationen über die Energieströme aus statistischen Aufzeichnungen, Energiebezugs-Rechnungen und gegebenenfalls Messungen hat nur Sinn, wenn daraus Folgerungen gezogen werden. Bei der Feststellung von Schwachstellen gibt es drei Ebenen. Typische Schwachstellen der ersten Ebene sind defekte oder nach Reparaturarbeiten nicht mehr angebrachte Isolierungen im Wärmeverteilsystem oder Lecks in der Druckluftanlage. Die Schwachstellen der zweiten Ebene werden bei der Bildung der Energiekennzahlen aufgedeckt. Um die Schwachstellen der dritten Ebene aufzuspüren, sind in der Regel weitere Messungen und Analysen an ausgewählten Energiewandlern durchzuführen.

Alle Ergebnisse finden in dem Ist-Analyse-Bericht ihren Niederschlag. Energie-Ist-Analyse, Energieströme, Zusammenstellung der Schwachstellen und eine Prioritätenliste der Verbesserungsmaßnahmen, geordnet nach Amortisationsdauer, werden der Betriebsleitung präsentiert. Nach Ablauf dieses Energie-Audits wird die Leitung über das weitere Vorgehen und die Fortführung des Energiemanagement-Programms entscheiden.

1 Vorbereitungen zur Einführung von Energiemanagement

> Energiemanagement kann unterschiedliche Zielsetzungen haben.

In der Anfangsphase eines Energiemanagement-Programms wird das Problem definiert und das Ziel, bzw. die Ziele, gesteckt. Das Untersuchungsobjekt wird eingegrenzt, zum Beispiel soll nur die elektrische Energieversorgung und -Anwendung analysiert werden. Einsparquoten oder Kostensenkungen werden typischerweise als Ziel vorgegeben.

Ein Energiemanagement-Programm kann nur dann erfolgreich durchgeführt werden, wenn das Topmanagement oder die Leitung der Organisation ein derartiges Vorhaben unterstützen. Ohne die Bereitschaft der Organisationsleitung, Personal und Sachmittel dafür zur Verfügung zu stellen, lassen sich Energiemanagement-Programme vielleicht planen, aber nicht erfolgreich durchführen. Da häufig die Leitung von Organisationen die Vorteile des Energiemanagements nicht von vornherein erkennt, gilt es, deren Aufmerksamkeit und Unterstützung zu erlangen. Folgende Aktionen haben sich als hilfreich erwiesen:

a) Darstellung der Maßnahmen, die Konkurrenzunternehmen bereits ergriffen haben.
b) Hinweise auf gegebenenfalls vorhandene Förderprogramme zur Steigerung der Energieeffizienz
c) Teilnahme an überregionalen Wettbewerben zur Verbesserung der Energieeffizienz bzw. CO_2-Reduktion.
d) Gegenüberstellung der Entwicklung der Energiekosten und der Gewinne der letzten Jahre. Gewinne und Energiekosten von Betrieben liegen häufig in der gleichen Größenordnung.
e) Zusammenstellung einer Liste von Einzelmaßnahmen, die aufzeigt, in welcher Höhe Kosten und Energie eingespart werden können. Es existieren häufig Einsparinvestitionen, die sich innerhalb eines Jahres amortisieren. Dies setzt jedoch voraus, daß sich der hoch motivierte Betriebsingenieur bereits um die Problematik des Energieeinsatzes gekümmert hat.
f) Erstellen einer Grafik oder einer Tabelle, in der am Beispiel eines Bürogebäudes die Baukosten den Betriebskosten (Heizung, Warmwasser, Beleuchtung, Haustechnik, Kommunikationselektronik) gegenübergestellt werden. Zur Kommunikationselektronik zählen: PC, Fax-Geräte, Drucker, Scanner, Ladeeinrichtungen etc.

> Unternehmensleitung muß vom Nutzen des Energiemanagements überzeugt werden.

Eine einzelne Aktion aus der obigen Zusammenstellung oder eine Kombination sollte helfen, das Topmanagement von der Notwendigkeit des Energiemanagements zu überzeugen (Winje et al. 1986, Dittmer 1989, Walthert 1992).

Hat sich das Management dafür entschieden, so müssen geeignete Personen gefunden und zu einer Energiemanagement-Gruppe oder -Organisation zusammengefaßt werden. Es gibt eine Reihe von Möglichkeiten, diese Energiemanagement-Gruppe zu organisieren. Das Konzept hängt von den speziellen Gegebenheiten in den jeweiligen Organisationen ab (Walthert 1992, Kleinpeter 1996).

Eine Stabsstelle Energiemanagement und eine mit Fachleuten besetzte Energiemanagement-Kommission sind ein typisches Konzept für einen industriellen Großbetrieb. Die zeitweise Hinzunahme von externen Energieberatern kann die Erfolgschancen verbessern.

Jedoch muß nicht nur die Unternehmensleitung vom Energiemanagement überzeugt sein, sondern auch die Leitung einzelner Bereiche und deren Mitarbeiter. Dies kann beispielsweise dadurch erreicht werden, daß zusätzlich eine beratende Energiemanagement-Kommission eingerichtet wird, deren Mitglieder aus den Bereichsvertretern und dem Leiter der möglichen Stabsstelle „Energiemanagement" bestehen. Der Zweck einer derartigen Kommission liegt darin, neue Ideen zu entwickeln, Pläne zu koordinieren sowie sicherzustellen, daß Maßnahmen in einer Abteilung keine negativen Auswirkungen auf andere Abteilungen haben. Auch kennen Abteilungsvertreter ihre Bereiche oft besser als Externe. Die Kommission kann sich in regelmäßigen Abständen treffen und die Tätigkeit der Stabsstelle „Energiemanagement" begleiten.

In einigen Unternehmen wird zu prüfen sein, ob das Energiemanagement anstelle einer Stabsfunktion nicht eine Linienfunktion mit Entscheidungsbefugnis wahrnehmen sollte.

> Energiemanagement-Gruppe muß zur Struktur des Unternehmens passen.

Innerbetriebliche Ideen-Wettbewerbe hinsichtlich Energieeffizienzsteigerung bzw. Preisausschreiben helfen bei der Motivation einer Belegschaft, wenn die ausgelobten Preise einen starken Anreiz zur Teilnahme geben.

Nachdem die Voraussetzungen für die Einführung des Energiemanagements geschaffen wurden, erfolgt in einer zweiten Phase die **Analyse und Planung**. Allgemeines Ziel der **Ist-Analyse** ist es, einen Überblick und notwendige Detailkenntnisse über die Energiesituation einer Organisation bzw. eines Betriebs zu erhalten, sowie Schwachstellen und Verbesserungsmöglichkeiten aufzuzeigen. Es gilt zu ermitteln, wieviel Energie wofür, wo und wann verbraucht wird und durch welche Maßnahmen die Energienutzung effizienter gestaltet werden kann (Winje et al. 1986, Walthert 1992).

> Die Ist-Analyse deckt Schwachstellen auf; die Maßnahmenplanung schließt sich an.

Typ: Industrie	Anteil in % / Deutschland
Kraft	40,9
Prozeßwärme	19,0
Lüftung	11,6
Beleuchtung	10,1
Druckluft	8,2
Kühlung	7,1
Bürogeräte	0,7
Warmwasser	0,6
Raumwärme	0,5
Sonstiges	1,3
	Anteil in % / USA
Kraft	52,5
Prozeß- und Raumwärme, Kühlung	18,5
Beleuchtung	17,0
Informations- und Kommunikationstechnik	5,0
Sonstiges	7,0

Tabelle 1: Anwendungsbereiche der elektrischen Energie in Deutschland und den USA (1992)

Der obere Teil der Tabelle 1 zeigt die Aufteilung des Stromverbrauchs, genauer des Einsatzes elektrischer Energie, auf verschiedene Anwendungen der deutschen Industrie (ÖKO96 1996). Im unteren Tabellenteil sind die Zuordnungen für die USA zu finden.

Der Anteil der Beleuchtung am elektrischen Energieeinsatz von 10 bis 17 % darf nicht zu der Annahme führen, daß es sich nicht lohnt, in diesem Bereich Energiesparmaßnahmen zu implementieren. Je nach Betriebsstätte, das haben Energieberatungsprojekte gezeigt, können 15 bis 30 % eingespart werden. In Sonderfällen kann die Energieeinsparung sogar 50 % betragen.

2 Datenerhebung und Darstellung

▌ Notwendige Daten sind zielorientiert zu erfassen.

Es hat sich als sinnvoll erwiesen, nicht nur den Status quo, das heißt Energiedaten und Kosten des laufenden Berichtsjahrs zu erfassen, sondern auch Datensätze aus den vorangegangenen zwei bis drei Jahren in die Betrachtungen mit einzubeziehen. Dabei sind die Daten zielorientiert zu erfassen, da ab einer zu großen Untersuchungstiefe die zusätzlichen Kosten der Datenbeschaffung und -darstellung den Nutzen übersteigen.

Die Qualität der Ist-Analyse wird wesentlich von den Fähigkeiten und den Erfahrungen des Energieberaters bestimmt. Die Erfahrung lehrt, daß nicht generelle Vorschläge für die Erhebung der Energie-Ist-Analyse gemacht werden können, die für jeden Anwendungsfall zutreffen. Für den Energieberater ist es entscheidend, daß er die Fähigkeit entwickelt, die gesamte energetische Situation eines Betriebs zu überblicken, ohne sich in Einzelheiten zu verlieren (Kubessa 1998, Gailfuß et al. 1998).

Energie-Ist-Analysen sollten folgende Informationen enthalten und übersichtlich dokumentieren:
a) Energieströme, die in das System hineingehen (einschließlich Wasser)
b) Energieströme, die das System verlassen (einschließlich Abwasser)
c) Energie, die innerhalb des Systems (zum Beispiel Block-Heiz-Kraftwerk, Brennstoffzelle) gewandelt wird.
d) Energie, die in die Endnutzung geht (zum Beispiel Elektromotoren für Pumpen und Lüfter, Beleuchtung, Kommunikationselektronik)
e) Art und Umfang der Abwärmenutzung
f) Verteilungsverlustenergien im System sowie Energiespeicherverluste
g) Energieaufwendungen für innerbetriebliche Transporte und gegebenenfalls Fuhrpark einschließlich Versorgungsstation
h) Zusammenstellung der Angaben von Betriebsstundenzählern

Abbildung 1 zeigt ein grobes Schema der Energieanwendung für einen Industriebetrieb. Zur Erfassung der Energiemengen sollte auch die räumliche Zuordnung der verschiedenen großen Energiewandlungsaggregate auf dem Werksgelände zusätzlich auf einem Lageplan dargestellt werden, weil die Lage von Abwärmequellen Hinweise auf

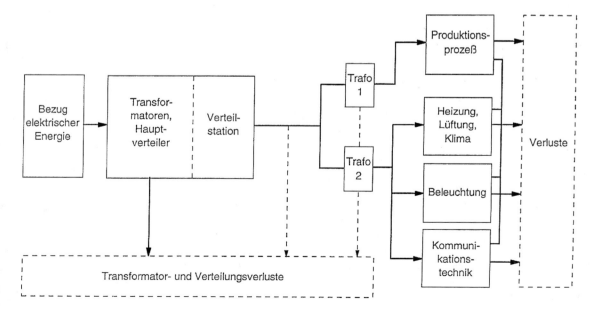

Abb. 1:
Energieanwendungsbeispiel als Systemschema

Einführung in das Energiemanagement

mögliche wirtschaftliche Verwendungsmöglichkeiten auf dem Gelände des Unternehmens geben kann.

Der vollständige Energie-Input in ein Werk oder Unternehmen ist normalerweise aus den Rechnungen zu entnehmen, es sei denn, eine Wasservorwärmung wird mit Solarkollektoren durchgeführt.

Für jeden Energieträger sollte dann der Energie-Input der Summe aus dem Verbrauch und den Verlusten gegenübergestellt werden.

Im Rahmen der Sammlung von Beiträgen für dieses Handbuch steht die elektrische Energie und deren vielfältige Nutzung im Vordergrund. Abbildung 2 zeigt daher ein Systemschema der Anwendung der elektrischen Energie für einen Industriebetrieb. Die elektrische Energie wird von hoher Spannungsebene auf die Niederspannungsebene im Unternehmen transformiert. Diese Aufgabe übernehmen häufig mehrere Transformatoren.

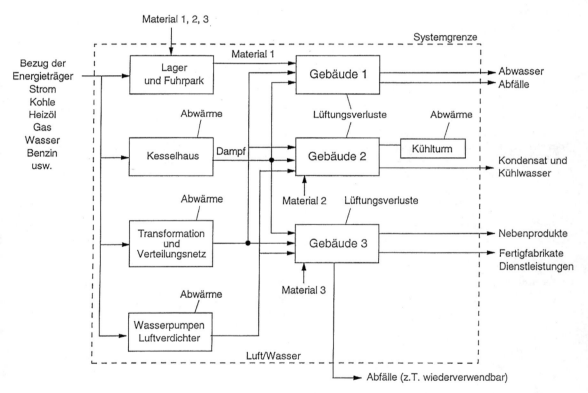

Abb. 2: Systemschema der Anwendung elektrischer Energie in einem Industriebetrieb

Die gelieferte elektrische Energie wird mit Zählern erfaßt und den elektrischen Verbrauchern über ein Verteilernetz zugeführt, wobei die Verluste in den Transformatoren und im Verteilnetz zu berücksichtigen sind. Typischerweise gilt die Bilanz:

> Bei Energiebilanzen sind Verluste zu berücksichtigen.

$$W_{el,zu} = W_{el,ab} + W_{el,Trafo} + W_{el,vert} + W_{el,verl} \quad \text{mit:} \quad W_{el,Trafo} \sim 1\,\% \\ W_{el,vert} \sim 4\,\%$$

Wenn detaillierte Informationen aus vielen Meßstellen vorliegen, wird die graphische Darstellung der Bilanz zu einem Energieflußbild führen. Dieses ist sehr anschaulich, aber der Aufwand zur Erstellung sollte nicht unterschätzt werden, da häufig die internen Statistiken unvollständig sind und Stromlaufpläne sowie Informationen von Zwischenzählern fehlen.

Schon bei einer Betriebsbegehung, die dem Materialfluß folgen sollte, läßt sich ein guter Überblick über elektrische Großverbraucher und elektrische Hilfsaggregate gewinnen. Die Energiezentrale kann ebenso Ausgangspunkt der Begehung eines Betriebs sein.

Bei Verwaltungen gibt es in der Regel eine Energieübergabe-Station, die der Startpunkt für die Begehung ist, um dann die einzelnen Etagen in Augenschein zu nehmen.

Die Ergebnisse aus der Begehung (es können unter Umständen mehrere sein), die Energiebezugs-Rechnungen sowie gegebenenfalls vorhandene statistische Aufzeichnungen liefern die Grundinformationen für die Analyse der Energieströme.

So gelingt meist eine grobe Aufteilung der Energieströme in die Bereiche:
- Produktion und Hilfsaggregate (zum Beispiel für die Drucklufterzeugung)
- Heizung und Warmwasser
- Beleuchtung und Kommunikationselektronik
- „Parasitäre" Verbraucher

Gerade parasitäre Verbraucher wie zum Beispiel der Kühlschrank in vielen Bürozimmern von Verwaltungen und unter Umständen die Kaffeemaschine machen sich in der Energiebilanz bemerkbar. In Produktionsstätten sieht man gelegentlich auch noch zusätzliche Heizlüfter an einigen Arbeitsplätzen. Auch die stand-by-Verluste von vielen Elektrogeräten können diesem Bereich zugeordnet werden.

Für leitungsgebundene Energieträger wie Strom und Gas ergeben sich die Kosten aus den leistungsabhängigen Tarifen und Preisen der Energieversorgungsunternehmen. Je gleichmäßiger der Energiebezug ist, um so geringer sind die Energiekosten pro Mengeneinheit. Ein gleichmäßiger Lastverlauf und eine Reduzierung der Lastspitzen bieten die Möglichkeit, die Leistungskosten zu verringern. Einen ersten Anhaltspunkt liefern monatliche Last- und Kostenverläufe. Die Energiekurzanalyse sollte daher unbedingt ergänzt werden durch eine detaillierte Aufnahme des elektrischen Lastverlaufs pro Tag und Woche einschließlich des Wochenendes. Die Spitzenlastverursacher und die Grundlastverursacher können so schnell identifiziert werden.

> Die Analyse der Energieabrechnungen sollte durch Aufnahme des elektrischen Lastgangs ergänzt werden.

Durch Verlegung der Einschaltzeiten von Großverbrauchern können Lastspitzen und somit erhebliche Kosten verhindert werden (Dittmer 1989). Als Hilfsmittel bei der Umsetzung dieser Maßnahme bieten sich Verriegelungsschaltungen an, oder – falls vorhanden – werden die Möglichkeiten der Gebäudeleittechnik ausgenutzt.

2.1 Kennzahlen

Mit Hilfe von spezifischen Energiekennzahlen (EKZ) können Vergleiche mit anderen Produktionsstätten oder Organisationen durchgeführt werden, um die Energieeffizienz im eigenen Unternehmen zu überprüfen (Walthert 1992, Kubessa 1998). Je nach Unternehmen oder Produktion können viele verschiedene sinnfällige EKZ gebildet werden:

$$EKZ_{UM} = \frac{Energieeinsatz}{Umsatz} \qquad EKZ_{BE} = \frac{Energieeinsatz}{Anzahl\ der\ Beschäftigten}$$

$$EKZ_{BF} = \frac{Energieeinsatz}{Bürofläche} \qquad EKZ_{NP} = \frac{Energieeinsatz}{Nettoproduktion} \quad \text{usw.}$$

Diese Energiekennzahlen können sowohl für Industrie- und Gewerbebetriebe, als auch für Handel und staatliche Organisationen gebildet werden.

> Energiekennzahlen ermöglichen Vergleiche.

Im Vorfeld ist es sinnvoll, sich über bereits vorhandene Kennwerte bzw. Kennzahlen zu informieren, um brauchbare Vergleichsmöglichkeiten für den untersuchten Betrieb zu erhalten (Kubessa 1998). Ein Studium der empfohlenen Werte für Energiekennzahlen für Industrie- und Bürobauten vom Schweizerischen Ingenieur- und Architektenverein (SIA 380) ist ebenfalls eine Maßnahme, die sich in der Regel lohnt.

Es ist ferner zweckmäßig, neben dem Energieeinsatz (Energieverbrauch) auch die Energiekosten zu betrachten und sich somit folgende Kennzahlen zu verschaffen:

$$EKZ_{K,BF} = \frac{Energiekosten}{Bürofläche} \qquad EKZ_{K,PR} = \frac{Energiekosten}{Produkt} \qquad \text{usw.}$$

Vergleichsunternehmen haben sicherlich eine andere Energieeinsatzstruktur, und daher ergeben die Energiemengen bezogen auf einen Parameter oft nur ein unvollständiges Bild der Energieeffizienz. Es ist zu bedenken, daß die elektrische Energie sehr effizient eingesetzt werden kann, sie ist aber bezogen auf die Energiemenge der teuerste Energieträger (Dittmer 1989, Gailfuß et al. 1998). Dies machen die Kostenbetrachtungen deutlich, und somit lassen sich die Unterschiede in den Energiekennzahlen zwischen Unternehmen relativieren.

> Neben Energiekennzahlen sollten auch immer Kostenkennzahlen gebildet werden.

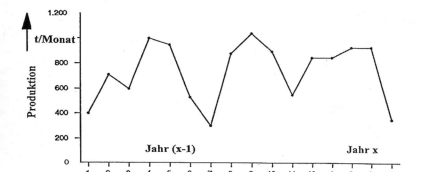
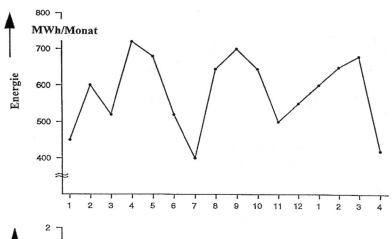
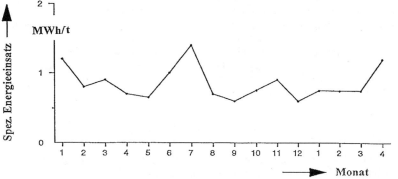

Abb. 3: Produktion, Energie- und spezifischer Energieeinsatz in Abhängigkeit von der Zeit

2.2 Darstellungsweise

Es ist gängige Praxis, die Energiekosten bzw. -mengen oder gar eine ausgewählte Energiekennzahl in Abhängigkeit von der Zeit darzustellen. Eine derartige Grafik (Abbildung 3) als monatliches Balken- oder Liniendiagramm ist jedoch nicht sehr aussagekräftig.

Von Interesse sind Darstellungen wie Energie/Monat über der Produktion (Abbildung 4) oder spezifische Energiekennzahl in Abhängigkeit von der Produktion (Abbildung 5).

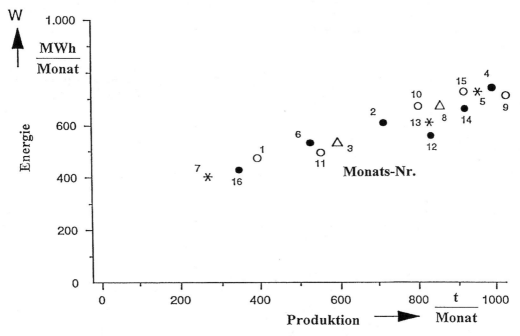

Abb. 4: Energieeinsatz in Abhängigkeit von der Produktion

Eine Regressionsanalyse auf die Daten von Abbildung 4 angewendet, liefert fast immer eine Gerade vom Typ:

$W_I = a_o + b_o \times Produktion$

W_I ... Energieeinsatz (Ist Zustand)
a_o ... Energieeinsatz bei nicht vorhandener Produktion
b_o ... spezifischer Energieeinsatz

Die Punktmenge, markiert mit Zahlen oder Buchstaben, läßt gut erkennen, daß der Energieeinsatz bei einer konstanten Produktion schwankt. Im Rahmen einer vertieften energetischen Analyse, die jedoch nicht Teil einer Kurzanalyse ist, sind die Ursachen festzustellen, warum zum Beispiel im Dezember die gleiche Produktion mit beispielsweise 10 % geringerem Energieaufwand sichergestellt werden konnte wie im Oktober.

Ein hoher Wert für a_o gibt ebenfalls Anlaß, über den gedankenlosen Umgang mit Energie nachzudenken. Warum ist diese sogenannte Grundlast so hoch?

Im Rahmen der Planung eines Energiemanagement-Programms sind darauf aufbauend Ziele zu definieren, zum Beispiel: Im Jahr (x + 1) soll die Regressionsgerade die folgenden Werte aufweisen:

Regressionsgeraden liefern wichtige Informationen zu Grundlast und Energieintensität zum Beispiel des Produktionsprozesses.

$W_S = a_1 + b_1 \times Produktion$
W_S ... Energieeinsatz (Soll-Zustand)
$a_1 = 0{,}90\ a_o$ $\qquad b_1 = 0{,}95\ b_o$

Abbildung 6 zeigt die beiden Regressionsgeraden im Diagramm Energie über der Produktion mit den Hinweisen auf den Ist- und Soll-Zustand.

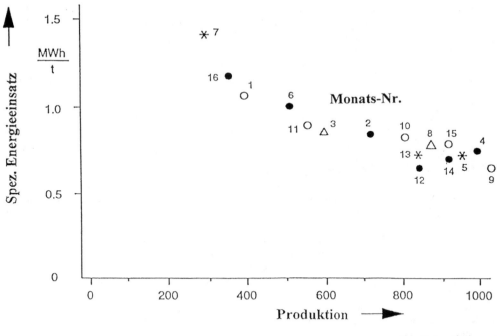

Abb. 5: Spezifische Energiekennzahl in Abhängigkeit von der Produktion

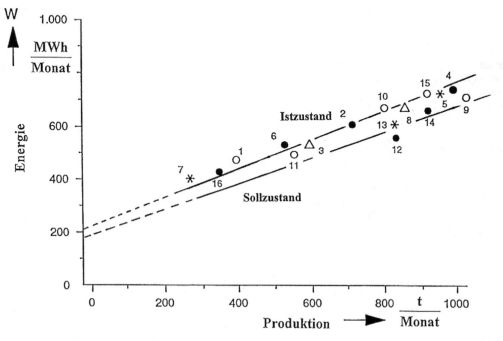

Abb. 6: Regressionsgeraden

2.3 Schwachstellen

Die Sammlung von Informationen über die Energieströme aus statistischen Aufzeichnungen, Energiebezugs-Rechnungen und gegebenenfalls Messungen hat nur Sinn, wenn daraus Folgerungen gezogen werden. Bei der Feststellung von Schwachstellen gibt es drei Ebenen.

Drei Ebenen der Schwachstellenanalyse

- Die Schwachstellen der ersten Ebene wird der Energieberater bei der ersten Begehung und bei der Analyse der vorhandenen Statistiken erkennen. Typisch sind defekte oder nach Reparaturarbeiten nicht mehr angebrachte Isolierungen im Wärmeverteilsystem oder Lecks in der Druckluftanlage.
- Die Schwachstellen der zweiten Ebene werden aufgedeckt, wenn die Energiekennzahlen gebildet werden und eine Regressionsanalyse durchgeführt wird (vgl. 2.2). Vergleiche mit Kennzahlen, die für Musterbetriebe ermittelt wurden, geben Aufschluß über die jeweilige Energieeffizienz des untersuchten Betriebs oder Objekts (Walthert 1992, Kubessa 1998).
- Um die Schwachstellen der dritten Ebene aufzuspüren, sind in der Regel weitere Messungen und Analysen an ausgewählten Energiewandlern durchzuführen. Als Grundregel ist zu beachten, daß die Produktion durch diese Messungen nicht gestört werden darf.

Zusätzlich zum Abarbeiten von „Checklisten" bei einer speziellen Fertigungsstätte kann es hilfreich sein, einen Experten mit Detailkenntnissen hinzuzuziehen, um die Energieeffizienz zu überprüfen und um gegebenenfalls technologische Änderungen vorzuschlagen. Als Beispiel sei angeführt, daß bei bestimmten Trocknungsprozessen der Übergang von Heißlufttrocknung zu Infrarot-Licht energetisch vorteilhafter sein kann.

Energie-Ist-Analyse, Energieströme, Schwachstellen und Verbesserungsmaßnahmen werden der Betriebsleitung präsentiert.

Alle Ergebnisse finden in dem Ist-Analyse-Bericht ihren Niederschlag. Energie-Ist-Analyse, Energieströme, Zusammenstellung der Schwachstellen und eine Prioritätenliste der Verbesserungsmaßnahmen, geordnet nach Amortisationsdauer, werden der Betriebsleitung präsentiert. Nach Ablauf dieses Energie-Audits wird die Leitung über das weitere Vorgehen und die Fortführung des Energiemanagement-Programms entscheiden.

3 Planung von Maßnahmen – Energiemanagement-Programm in vier Stufen

Hat man die Energieversorgungssituation eines Betriebs klar erfaßt und sind die Schwachstellen identifiziert, so sind die Abhilfe- bzw. Verbesserungsmaßnahmen zu planen (Winje et al. 1986, Walthert 1992, Daniels 1996).

Wird das Bündel von Einzel-Maßnahmen zu einem Konzept zur Verbesserung der Energieeffizienz des Unternehmens zusammengefaßt, so nennt man das die Planung eines Energiemanagement-Programms, das vier Stufen hat.

3.1 Festlegung der Ziele

Ein mögliches Ziel kann die Einführung einer Energiebuchhaltung sein oder die Verhinderung von Lastspitzen, um einen in etwa konstanten Energiebezug zu erhalten. Zielwerte für die Regressionsanalyse im Folgejahr, oder eine Reduktion der CO_2-Emissionen um einen definierten Prozentsatz werden vorgegeben.

Lastmanagement, Betriebsdatenerfassung und Verbrauchsabrechnung – bisher als Insellösung praktiziert – sollen mittels eines Installationsbussystems wie EIB und LON sowie intelligenten Feldgeräten zu einem modernen Energiemanagementsystem im PC-Controller zusammengeführt werden. Soft- und Hardware für ein derartiges integriertes Energiemanagement stehen heute zur Verfügung.

3.2 Präzisierung der Ist-Situation

Es wird festgestellt, wie weit der Betrieb von dem gesteckten Ziel entfernt ist. Der Bedarf an Personal- und Finanzmitteln ist festzustellen, um die gesteckten Ziele zu erreichen.

3.3 Randbedingungen

Bei der Berücksichtigung von Randbedingungen sollten zum Beispiel folgende Fragen beantwortet werden:

- Soll durch eine Weiterbildungsmaßnahme ein Ingenieur zum unternehmensinternen Energieberater ausgebildet bzw. ertüchtigt werden oder wird für eine definierte Zeit ein externer Energieberater für das Unternehmen tätig?
- Ist eine ausreichende Mitarbeiterakzeptanz für ein Energiemanagement-Programm vorhanden?
- Ist die Anzahl der Meßstellen ausreichend?
- Welche neuen Gesetze oder Verordnungen sind zu berücksichtigen, um Stichtage einzuhalten?
- Welche Förderprogramme gibt es?

3.4 Entwicklung der Aktionen

Energiesparende Maßnahmen können an Hand von Merkmalen geordnet werden, wie Kosten, Fristen, Komplexität und Einsparmöglichkeiten. Somit sind zu unterscheiden:
- investive und nicht investive Maßnahmen
- kurz-, mittel- und langfristige Maßnahmen
- Geltungsbereiche der Maßnahmen nur für eine Produktionslinie oder alle Endenergieträger, zum Beispiel elektrische Energie, Öl, Gas, Holzschnitzel, Biomasse
- Nutzenergieformen, zum Beispiel Kraft, Wärme, Licht
- Amortisationszeit
- Komplexität

Insgesamt kann gesagt werden, daß die systemorientierte Betrachtung der elektrischen Energieflüsse in Organisationen und Betrieben sowie deren Erfassung in Gleichungsform eine sehr geeignete systematische Vorgehensweise für die Ist-Analyse darstellt. Beispielhafte Erhebungsbogen zur Erfassung der Energieverbraucher findet man in den einzelnen Kapiteln.

Die Aufgabe der betrieblichen Energieversorgung kann wie folgt definiert werden: Die Energieleistungen müssen in der erforderlichen Quantität und Qualität zur richtigen Zeit am richtigen Ort mit ausreichender Zuverlässigkeit und tolerierbaren Nebenwirkungen zur Verfügung stehen.

> Energieleistungen müssen zur richtigen Zeit am richtigen Ort zuverlässig und mit tolerierbaren Nebenwirkungen zur Verfügung stehen.

Um diese Energieleistungen bereitzustellen, sind neben dem Einsatz von Energie weitere Aufgaben wahrzunehmen, die ebenfalls Kosten verursachen. Die betrieblichen Kosten der Energieversorgung umfassen nicht nur die effektiven Kosten der bezogenen Energiemengen, sondern noch eine Reihe von weiteren Kosten, wie beispielsweise:
- die Nebenkosten des Bezugs nicht leitungsgebundener Energieträger
- die Kosten der Lagerung speicherfähiger Energieträger
- die Kosten der Energiewandlungsanlagen innerhalb des Betriebs
- die Kosten der innerbetrieblichen Energieverteilung
- die Kosten der Meßeinrichtungen und Zähler
- die Kapitalkosten der Investitionen

> Neben den Energiekosten sind eine Reihe weiterer Kostenkomponenten zu berücksichtigen.

4 Literatur

Allnoch, N.: Zur Lage der Wind- und Solarenergienutzung in Deutschland. Energiewirtschaftliche Tagesfragen, 48. Jg. (1998), 10, S. 660 – 666

Daniels, K.: Gebäudetechnik – Ein Leitfaden für Architekten und Ingenieure. R. Oldenbourg Verlag 1996

Dittmer, M.: Lastmanagement bei zeitvariabler Elektrizitätspreisbildung in Industriebetrieben. Springer Verlag 1989 (ISBN 3-540-50780-9)

Gailfuß, M., Ardone, A.: Zukünftige BHKW-Potentiale im kommunalen Bereich. Energiewirtschaftliche Tagesfragen, 48. Jg. (1998), 10, S. 656 – 659

Kleinpeter, M.: Energy planning and policy. John Wiley & Sons, New York 1996 (ISBN 0-471-95536-1)

Kubessa, M. (Hrsg.): Energiekennwerte – Handbuch für Beratung, Planung, Betrieb. Brandenburgische Energiespar-Agentur GmbH 1998 (ISBN 3-931299-02-3)

ÖKO96 (Öko-Institut e.V., Hrsg.): Das Energiewende-Szenario 2020. Freiburg 1996

PRO96 (Prognos AG, Hrsg.): Energiereport II. Die Energiemärkte Deutschlands im zusammenwachsenden Europa – Perspektiven bis zum Jahr 2020. Schäffer Poeschel Verlag, Stuttgart 1996

VIK (Verband der Industriellen Energie- und Kraftwirtschaft e.V., Hrsg.): Statistik der Energiewirtschaft. Essen, Jg. 1996/1997 (erschienen 1998)

Walthert, R. (Hrsg.): Strom rationell nutzen. Vdf, Zürich 1992 (ISBN 3-7281-1830-3)

Winje, D., Hanitsch, R. (Hrsg.): Handbuchreihe Energieberatung/Energiemanagement. Bd. I: Energiemanagement; Bd. V: Elektrische Energietechnik. Springer Verlag/Verlag TÜV Rheinland 1986

Steffen Roß

Messung von Leistung und Energie

In der Energieversorgung wird grundsätzlich mit Wechsel- bzw. Drehstromsystemen gearbeitet. Für die Messung der Momentanleistung werden hier Wirkleistungs-Meßgeräte verwendet. Der Energieverbrauch wird überwiegend mit Hilfe von Wirkarbeitszählern erfaßt. Dabei sind elektronische Zähler wegen ihrer geringen Baugröße für innerbetriebliche Messungen besonders geeignet. Ist der Zähler mit einem Ausgang für Verbrauchsimpulse ausgerüstet, können die Impulse in einem Zeitintervall aufsummiert und auf diese Weise die mittlere Leistung während dieses Intervalls ermittelt werden. Dieses Verfahren wird generell bei Lastgangaufzeichnungen verwendet, indem die Leistungsmittelwerte in aufeinander folgenden Meßperioden registriert werden. Bei höheren Spannungen oder Strömen werden Zähler über Wandler angeschlossen. In diesem Fall muß der vom Zähler abgelesene Verbrauch mit dem Wandler-Übersetzungsverhältnis multipliziert werden. Für die Messung von Leistung und Energie in Wechselstromsystemen können bei kleinen Leistungen Stecker-Meßgeräte verwendet werden, die sich durch eine sehr einfache Handhabung auszeichnen. Für die Erfassung des Energieverbrauchs sind außerdem zwei indirekte Meßverfahren von praktischer Bedeutung: Bei konstanter Leistungsaufnahme läßt sich der Verbrauch mit Hilfe der Betriebszeit ermitteln, und in Energieumwandlungsprozessen kann der Verbrauch durch Messung der erzeugten Energieträgermenge bestimmt werden, wenn der spezifische Verbrauch für die Energieumwandlung bekannt ist.

1 Größen und Begriffe

In der Energieversorgung wird grundsätzlich mit Wechsel- bzw. Drehstromsystemen gearbeitet. Die folgenden Ausführungen beschränken sich daher auf diese beiden Systeme.

Energie im technisch/physikalischen Sinn ist Arbeitsvermögen. Bei der Elektrizität wird daher häufig statt Energie der Begriff elektrische Arbeit verwendet. Wirkarbeit (gängige Einheit Kilowattstunde, Kurzzeichen kWh) ist die verbrauchte elektrische Energie bzw. die Energie, welche in Nutzenergie (zum Beispiel Bewegungsenergie, Licht, Wärme) umgewandelt wurde.

Leistung im technisch/physikalischen Sinn ist Energie je Zeiteinheit. Wirkleistung ist also die je Zeiteinheit verbrauchte Wirkarbeit (gängige Einheit Kilowatt, Kurzzeichen kW).

Die Blindarbeit (gängige Einheit Kilovolt-Amperestunden reaktiv, Kurzzeichen kvarh) wird nicht verbraucht, also nicht in Nutzenergie umgewandelt. Sie wird jedoch für den Aufbau elektromagnetischer und elektrischer Felder benötigt. Da der Blindstrom die Versorgungsanlagen belastet und bei ihrer Dimensionierung berücksichtigt werden muß, werden bei energiewirtschaftlichen und technischen Betrachtungen oftmals auch die Blindgrößen berücksichtigt.

Blindleistung (gängige Einheit Kilovolt-Ampere reaktiv, Kurzzeichen kvar) ist die Blindarbeit je Zeiteinheit.

Die Scheinleistung (gängige Einheit Kilovolt-Ampere, Kurzzeichen kVA) ergibt sich durch vektorielle (nichtlineare) Addition von Wirk- und Blindleistung. Sie ist ein Maß für die Gesamtbelastung der Versorgungsanlagen.

- Messungen in Wechsel- und Drehstromsystemen
- Wirkarbeit wird in Nutzenergie umgewandelt.
- Wirkleistung = Wirkarbeit je Zeiteinheit
- Blindarbeit erzeugt keine Nutzenergie, sondern belastet die Versorgungsanlagen.
- Blindleistung = Blindarbeit je Zeiteinheit
- Scheinleistung beschreibt die Gesamtbelastung der Versorgungsanlagen.

Der Leistungsfaktor ist wie folgt definiert:

$$Leistungsfaktor = \cos\varphi = \frac{Wirkleistung}{Scheinleistung}$$

> Der Leistungsfaktor gibt den Anteil der Wirkleistung an der Scheinleistung an.

φ ist der Phasenwinkel in der vektoriellen Darstellung. Der Leistungsfaktor kann sowohl induktiv (Aufbau eines magnetischen Feldes) als auch kapazitiv (Aufbau eines elektrischen Feldes) sein. Sein Wert liegt zwischen 0 (ausschließlich Blindleistung) und 1 (ausschließlich Wirkleistung). Der Leistungsfaktor eines großen, gut dimensionierten Asynchronmotors liegt zum Beispiel bei etwa 0,9 induktiv.

In Verträgen über die Lieferung von elektrischer Energie wird grundsätzlich keine Momentanleistung für die Abrechnung herangezogen. Es wird vielmehr im Vertrag mit dem Elektrizitäts-Versorgungsunternehmen (EVU) eine Meßperiode vereinbart. Die Dauer der Meßperiode beträgt in der Regel 15 Minuten (vereinzelt 30 Minuten). Als Leistung im Sinne des Vertrags gilt dann der Verbrauch je Meßperiode dividiert durch eine Viertelstunde. Die für die Abrechnung maßgebende Leistung wird also nicht direkt gemessen, sondern nach folgender Formel errechnet:

$$Leistung = \frac{Energieverbrauch\ je\ Meßperiode}{Dauer\ der\ Meßperiode}$$

> Abrechnungsleistung in Energielieferverträgen meist 15-Minuten-Durchschnittsleistung.

Damit ergibt sich die mittlere Leistung in der Meßperiode, also in der Regel die Viertelstunden-Durchschnittsleistung. Die Mittelwertbildung trägt der Tatsache Rechnung, daß momentane Leistungsspitzen die Kosten für die EVU-Versorgungsanlagen (Leitungen, Transformatoren usw.) kaum beeinflussen, da diese im wesentlichen nach thermischen Gesichtspunkten dimensioniert werden müssen.

Alle EVU arbeiten mit aufeinanderfolgenden Meßperioden. Eine Stunde umfaßt also vier Meßperioden. Dabei muß allerdings die Meßperiode nicht zur vollen Zeitstunde beginnen; sie kann also zum Beispiel um 10.03 Uhr anfangen und um 10.18 Uhr enden.

2 Möglichkeiten für die Messung

Die Wirkleistung in einem Wechselstromsystem errechnet sich nach folgender Formel:

$$Wirkleistung\ P = Spannung\ U \times Strom\ I \times Leistungsfaktor\ \cos\varphi$$

Die gängige Einheit der Spannung ist das Volt (Kurzzeichen V), die gängige Einheit des Stroms das Ampere (Kurzzeichen A). Unter Zugrundelegung dieser Einheiten errechnet sich die Wirkleistung in Watt (Kurzzeichen W).

Bei konstanter Wirkleistung gilt für die Wirkarbeit:

$$Wirkarbeit = Wirkleistung \times Zeit$$

Aus diesen beiden Fomeln läßt sich ableiten, welche Möglichkeiten bestehen, die Leistung und die Energie direkt oder indirekt zu messen. Diese Möglichkeiten sind in Abbildung 1 zusammengestellt.

Messung von Leistung und Energie

Meßgröße	Meßgerät	Voraussetzungen für die Ermittlung von	
		Leistung	Energie
Strom	Stromzange	Spannung konstant und bekannt; Leistungsfaktor bekannt	Leistung konstant; Zeit bekannt
Leistung	Wirkleistungs-meßgerät	Keine	Leistung bekannt; Zeit bekannt
Energie	Wirkarbeitszähler	Geeignete Zusatzeinrichtungen	Keine
Zeit	Betriebsstunden-zähler	Ermittlung nicht möglich	Leistung konstant und bekannt
Energie-träger	Meßgerät für Energieträger	Ermittlung nicht möglich	Spezifischer Verbrauch für die Umwandlung bekannt

Der Tabelle kann außerdem entnommen werden, welche Meßgeräte überwiegend verwendet werden und welche Voraussetzungen vorliegen müssen, um mit Hilfe der jeweiligen Meßmethode Leistung und Energie ermitteln zu können. Die wichtigsten Meßgeräte und Verfahren werden in Abschnitt 3 ausführlicher beschrieben.

Im gewerblichen Bereich wird generell mit 3-Phasen-Drehstrom gearbeitet. Bei symmetrischer Belastung kann eine einphasige Messung erfolgen. Die gemessenen Werte für Leistung und Energie sind dann mit dem Faktor 3 zu multiplizieren. In realen Betriebsnetzen sind die Phasen in der Regel jedoch nicht symmetrisch belastet. Für eine hinreichend genaue Erfassung von Leistung und Energie ist es damit erforderlich, dreiphasig zu messen.

Abb. 1: Möglichkeiten für die Messung von Leistung und Energie

> Verschiedene Möglichkeiten zur direkten und indirekten Messung von Leistung und Energie.

In der öffentlichen Energieversorgung wird generell mit Konstantspannungssystemen gearbeitet. In erster Näherung kann also davon ausgegangen werden, daß die Spannung fest vorgegeben ist. Der Strom läßt sich relativ einfach mit Hilfe einer sogenannten Stromzange messen. Eine Stromzange ist die Kombination aus einem Zangenstromwandler (vgl. Abschnitt 3.4) und einem Anzeigegerät. Der gemessene Wert des Stroms läßt sich direkt ablesen.

Das Produkt aus Spannung und gemessenem Strom ergibt aber die Scheinleistung. Wirkleistung und Scheinleistung stimmen nur dann überein, wenn der Leistungsfaktor den Wert 1 besitzt. Dies gilt nur für rein ohmsche Verbraucher, zum Beispiel einen Heizkörper. Wenn auch ein Blindstrom fließt, weil zum Beispiel an einem Elektromotor ein elektromagnetisches Feld aufgebaut werden muß, liegt der Leistungsfaktor unterhalb von 1. Insbesondere bei Elektromotoren hängt der Leistungsfaktor zudem stark von der Last ab; bei Teillast bzw. im Leerlauf kann er bis auf 0,2 absinken. Die Messung des Stroms ist daher nur in Ausnahmefällen geeignet, um die elektrische Wirkleistung zu ermitteln. Anwendung findet dies Verfahren vor allem für orientierende Messungen, um einerseits den Beitrag beispielsweise verschiedener Unterverteilungen am Gesamtstrombedarf abschätzen zu können und andererseits, um den für die Wirkleistungsmessung richtigen Meßbereich und die dazugehörigen Parameter der Messung einstellen zu können.

Eine Ermittlung des Energieverbrauchs mit Hilfe einer Stromzange ist nur unter der Voraussetzung möglich, daß die Leistung konstant und die Betriebszeit der Energieverbrauchsanlage bekannt ist. Da diese Voraussetzungen nur selten erfüllt sind, wird diese Meßmethode kaum angewendet.

3 Meßgeräte und Verfahren

3.1 Stromzange

> Stromzange für orientierende Messungen

3.2 Wirkleistungs-Meßgerät

Wirkleistungs-Meßgeräte erfassen die Spannung und den Strom. Der Leistungsfaktor ergibt sich aus der Phasenverschiebung zwischen Spannung und Strom. Wirkleistungs-Meßgeräte zeigen die momentan beanspruchte Wirkleistung direkt an.

Wirkleistungs-Meßgeräte für Stichprobenmessungen bei konstanter Last.

Wirkleistungs-Meßgeräte werden sowohl in einphasiger als auch in dreiphasiger Ausführung angeboten. In der Regel zeigen sie neben der Wirkleistung auch die Blindleistung und den Leistungsfaktor an. Der Strom wird über Zangenstromwandler (vgl. Abschnitt 3.4) erfaßt.

Wirkleistungs-Meßgeräte eignen sich für Stichprobenmessungen, zum Beispiel an Elektromotoren, die mit konstanter Last betrieben werden.

Bei konstanter Wirkleistung kann die Wirkarbeit (das heißt die verbrauchte Energie) als Produkt aus Leistung und Zeit errechnet werden. Schwankt die Leistung jedoch, muß das Integral der Leistung über den Betrachtungszeitraum gebildet werden. Meßgeräte, die diese Integration vornehmen, werden ebenfalls angeboten. Da sie jedoch wesentlich teurer sind als Elektrizitätszähler (Abschnitt 3.3), werden sie für betriebliche Messungen kaum eingesetzt.

3.3 Elektrizitätszähler

Elektrizitätszähler für Wirkarbeit messen direkt die verbrauchte elektrische Energie. Zu diesem Zweck werden Spannung und Strom dem Meßwerk zugeführt. Am häufigsten eingesetzt werden bislang elektromechanische Induktionsmotorzähler (Ferraris-Zähler). Die Drehzahl der Läuferscheibe des Induktionsmotorzählers ist proportional der Leistung. Die Anzahl der Umdrehungen ist damit ein Maß für die Energie. Diese wird dann mit Hilfe eines Zählwerkes registriert. Bei rein elektromechanischen Zählern werden Rollenzählwerke, bei teilelektronischen Zählern auch elektronische Zählwerke verwendet.

Zählerkonstante bei Induktionsmotorzählern

Dem Typenschild des Zählers kann die Zählerkonstante entnommen werden. Diese gibt bei Induktionsmotorzählern die Anzahl der Läuferscheibenumdrehungen je kWh an (zum Beispiel 750 U/kWh). Die Läuferscheibe besitzt immer eine farbige Markierung und kann durch ein Fenster beobachtet werden. Damit ist es auch möglich, kleinere Energiemengen zu erfassen, als sie das Zählwerk darstellt.

Geringerer Platzbedarf von elektronischen Zählern

Elektronische Zähler besitzen keine bewegten Teile; sie sind also statisch. Lediglich die Anzeige erfolgt zum Teil mittels Rollenzählwerken. Elektronische Zähler leiten die für die Berechnung der Wirkarbeit benötigte Zeit aus den Netzfrequenzen ab. Die Abmessungen und damit der Platzbedarf (Abbildung 2) sind deutlich geringer als bei Induktionsmotorzählern. Sie werden überwiegend für Normprofilschienen-Montage geliefert. Damit ist es möglich, sie (zum Beispiel neben Leitungsschutzschaltern) in Unterverteilungen einzubauen. Aus diesem Grunde sind elektronische Zähler für betriebsinterne Messungen besonders gut geeignet.

Induktionsmotorzähler und elektronische Zähler werden für Wechselstrom und für 3-Phasen-Drehstrom hergestellt. Sie ermöglichen also auch eine exakte Verbrauchserfassung in unsymmetrisch belasteten Drehstromnetzen. Die Leistung wird von einem Elektrizitätszähler ohne Zusatzeinrichtungen nicht registriert. Die mittlere Leistung während eines Bezugszeitraums (zum Beispiel 15 Minuten) läßt sich aber bei einem Induktionsmotorzähler dadurch ermitteln, daß man die Läuferscheibenumdrehungen während dieses Zeitraums zählt und mit der Zählerkonstanten bewertet. Elektronische Zähler sind in der Regel mit einer Leuchtdiode ausgerüstet, die – analog zur Markierung auf der Läuferscheibe eines Induktionsmotorzählers –

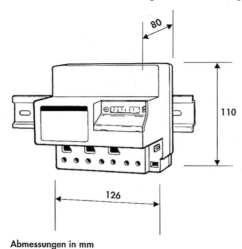

Abb. 2: Elektronischer Elektrizitätszähler

Abmessungen in mm

Messung von Leistung und Energie

blinkt und damit ebenfalls die Erfassung kleinerer Energiemengen und eine Leistungsermittlung zuläßt.

Handelsübliche Elektrizitätszähler sind sehr genaue Meßgeräte: Sie besitzen einen Meßfehler von wenigen Prozenten. Um diese hohe Genauigkeit auch bei der Übertragung von Meßwerten zu gewährleisten, werden diese generell digitalisiert. Zu diesem Zweck wird der Elektrizitätszähler mit einem Ausgang für Verbrauchsimpulse ausgerüstet. Die Impulswertigkeit kann dem Typenschild entnommen werden. Während der Impulsausgang bei Induktionsmotorzählern eine Sonderausstattung darstellt, ist er bei elektronischen Zählern in der Regel serienmäßig vorhanden. Die Impulswertigkeit von Induktionsmotorzählern ist fest vorgegeben (zum Beispiel 0,1 kWh/Impuls). Dagegen kann die Impulswertigkeit bei den meisten elektronischen Stromzählern eingestellt werden. Typische Werte können zum Beispiel 1, 10, 100, 1.000 oder 5.000 Impulse/kWh sein. Der Impulsausgang wird entweder als potentialfreier Relaiskontakt oder als S0-Schnittstelle (Transistorausgang) ausgeführt. Dabei werden die Impulse durch Schalten einer externen Hilfsspannung (zum Beispiel 24 V_{DC}) gebildet. Vorteile der elektronischen S0-Schnittstelle ist das Fehlen bewegter Teile, so daß kein Verschleiß auftreten kann. Bei großen Übertragungsentfernungen (zum Beispiel 1 km) hat sich allerdings der potentialfreie Kontakt als weniger störanfällig erwiesen als der Transistorausgang.

> Elektrizitätszähler sollten möglichst mit Impulsausgang ausgestattet sein.

Durch Zählung der Impulse kann die verbrauchte Energiemenge erfaßt werden. Der Impulsausgang gestattet aber auch eine Leistungsmessung. Zu diesem Zweck werden die abgegebenen Impulse in einem konstanten Zeitintervall aufsummiert. Wählt man zum Beispiel das Zeitintervall von 15 Minuten, so kann auf diese Weise die Viertelstunden-Durchschnittsleistung ermittelt werden, wie sie generell der Leistungsabrechnung im Rahmen von Verträgen über die Lieferung elektrischer Energie zugrunde liegt.

3.4 Strom- und Spannungswandler

Ströme bis zu 60 A werden in der Regel direkt durch den Zähler geleitet. Bei größeren Strömen werden sogenannte Stromwandler eingesetzt. Es handelt sich um spezielle Transformatoren, die eine lineare Teilung des Stroms bewirken. Wandlerzähler sind üblicherweise für einen Nennstrom von 5 A (seltener 1 A) ausgelegt. Ein Stromwandler mit einem Primär-Nennstrom von 200 A hat dann zum Beispiel ein Übersetzungsverhältnis von:

Wandlerfaktor $W = 200 / 5 = 40$

Mit diesem Wert ist der vom Zählwerk des Zählers ausgewiesene Verbrauch zu multiplizieren.

> Anzeige des Zählers muß mit Wandlerfaktor multipliziert werden.

Zähler für Niederspannung (230 V oder 400 V) werden direkt an die Netzspannung angeschlossen. Größere Betriebe werden jedoch in Mittelspannung (10 kV, 15 kV, 20 kV) beliefert. In diesem Fall muß auch die Spannung mit Hilfe eines sogenannten Spannungswandlers auf einen niedrigeren Wert transformiert werden. Üblich als Sekundärspannung sind 100 V. Bei einer Primärspannung von 20 kV ergibt sich damit ein Übersetzungsverhältnis von:

$20.000 / 100 = 200$

Bei der Messung in Mittelspannung wird – schon wegen des Problems der Spannungsfestigkeit – generell auch ein Stromwandler installiert. Dieser möge ein Übersetzungsverhältnis besitzen von:

$50 / 5 = 10$

Der vom Zählwerk des Zählers ablesbare Verbrauch ist dann mit dem Produkt der beiden Übersetzungsverhältnisse zu multiplizieren. Damit ergibt sich hier insgesamt ein Gesamtfaktor von:

$200 \times 10 = 2.000$

Primär- und Halbprimär-Zählwerke

Gelegentlich finden sich Zähler mit Primär- oder Halbprimär-Zählwerk. Bei einem Zähler mit Primär-Zählwerk sind die Übersetzungsverhältnisse von Strom- und Spannungswandlern intern berücksichtigt, so daß am Zähler der Verbrauch direkt abgelesen werden kann. In einem Halbprimär-Zählwerk wird intern nur das Übersetzungsverhältnis des Spannungswandlers berücksichtigt. Der vom Zähler ausgewiesene Verbrauch muß dann also noch mit dem Stromwandler-Übersetzungsverhältnis multipliziert werden. Zu beachten ist bei diesen Zählern, daß die Multiplikation des gemessenen Verbrauchs mit einem Korrekturfaktor erforderlich ist, wenn sie über Wandler angeschlossen werden, die ein anderes als das intern berücksichtigte Übersetzungsverhältnis besitzen.

3.5 EVU-Meßsatz

Für betriebsinterne Messungen ist es in der Regel sinnvoll und hinreichend, dreiphasige Elektrizitätszähler für Wirkarbeit (gegebenenfalls als Wandlerzähler) zu installieren. Die gleiche meßtechnische Ausstattung verwenden EVU bei Kunden, deren Verbrauch nach allgemeinen Tarifen abgerechnet wird.

Bei Abrechnung nach Sonderverträgen ist jedoch ein größerer Aufwand erforderlich. Abbildung 3 zeigt schematisch den typischen Aufbau eines Meßsatzes für Sondervertragskunden. Strom und Spannung werden dem Meßsatz direkt oder über Wandler zugeführt. Der Zähler für die Wirkarbeit ist mit zwei getrennten Zählwerken für den HT- und NT-Bezug ausgestattet (Zweitarif-Zähler). Die Umschaltung erfolgt bei älteren Meßsätzen mit Hilfe einer externen Schaltuhr, bei modernen Zählern durch eine interne Schaltuhr. Einige EVU setzen als Tarifschaltgerät auch Tonfrequenz-Rundsteuerempfänger ein. Diese erhalten die Steuerbefehle von zentraler Stelle als Tonfrequenz-Signale, die der Netzfrequenz überlagert werden.

Tarifschaltgerät

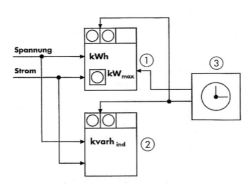

Abb. 3: Aufbau eines typischen EVU-Meßsatzes für die Abrechnung nach einem Sondervertrag

① Wirkarbeits-Zweitarifzähler mit Maximumwerk
② Blindarbeits-Zweitarifzähler
③ Schaltuhr

Maximumwerk speichert die höchste 15-Minuten-Leistung des Monats.

Zusätzlich enthält der Wirkarbeitszähler ein sogenanntes Maximumwerk, das in jedem Monat die höchste Viertelstunden-Durchschnittsleistung (vgl. Abschnitt 1) ermittelt und festhält. Das Signal für den Meßperiodenbeginn wird bei älteren Meßsätzen wiederum von der externen Schaltuhr gegeben. Bei neueren Zählern wird es intern gebildet.

Die Leistungsmessung läuft wie folgt ab: Am Monatsende wird der Meßsatz zurückgestellt. Der im Maximumwerk abgelegte Leistungswert ist damit gelöscht. In der ersten Meßperiode nach der Rückstellung wird ein Leistungsmittelwert ermittelt und festgehalten. Liegt der in der darauffolgenden Meßperiode festgestellte Leistungsmittelwert höher, so wird der Inhalt des Speichers mit dem höheren Wert überschrieben; anderenfalls bleibt er unverändert. Am Monatsende enthält dann das Maximumwerk die höchste Viertelstunden-Durchschnittsleistung, die in einer Meßperiode des Monats angefallen ist. Dieser Wert wird ausgelesen, und anschließend wird der Meßsatz wieder zurückgestellt.

Lastprofilspeicher ermöglichen Lastgangaufzeichnungen.

Zähler der neuesten Generation speichern nicht nur die höchste Meßperioden-Durchschnittsleistung, sondern die Verbrauchswerte in sämtlichen Meßperioden eines Ablesezeitraums (generell ein Monat) in einem Lastprofilspeicher. Dieser kann in der Regel mit Hilfe eines PC ausgelesen werden, und zwar entweder vor Ort oder über eine Telefonleitung mit Hilfe eines Modems.

Messung von Leistung und Energie

Da im Rahmen von Sondervertrags-Preisregelungen generell Blindarbeit nur in gewissem Umfang kostenlos bezogen werden darf, gehört zu einem typischen Meßsatz auch ein Zähler für induktive Blindarbeit. Er ist ebenfalls als Zweitarifzähler ausgeführt.

▍ Blindarbeitszähler

Für Messungen in Wechselstrom-Systemen bei kleineren Leistungen werden in der Regel elektronische Meßgeräte verwendet, die als Zwischenstecker ausgeführt sind. Diese Geräte zeigen zum einen die Wirkleistung direkt an. Zum anderen erfassen sie den Energieverbrauch über längere Zeitintervalle (zum Beispiel eine Woche). Zusätzlich errechnen einige Geräte die Energiekosten unter Zugrundelegung eines Arbeitspreises, der abgespeichert werden kann.

3.6 Stecker-Meßgerät für Leistung und Energie

Vorteil dieser Meßgeräte ist ihre sehr einfache Handhabung. Sie eignen sich für Messungen an den meisten Verbrauchseinrichtungen, die über Stecker angeschlossen werden. Bei der Messung kleiner Leistungen muß beachtet werden, daß (je nach Hersteller) eine Mindestleistung aufgenommen werden muß, damit das Gerät brauchbare Meßergebnisse liefert.

Häufig ist es erforderlich, neben dem Gesamtverbrauch auch den Lastgang einer Anlage oder eines Betriebs zu kennen. Wird ein Zähler mit Lastprofilspeicher verwendet (vgl. Abschnitt 3.5), stehen die notwendigen Daten zur Verfügung. In vorhandenen Meßsätzen sind diese Zähler jedoch bislang nur in Einzelfällen zu finden.

3.7 Lastgangaufzeichnung

Ist der Zähler mit einem Impulsausgang ausgerüstet (vgl. Abschnitt 3.3), so ist auch ohne Lastprofilspeicher die Aufnahme des Lastgangs mit relativ geringem Aufwand möglich. Von verschiedenen Herstellern werden Datenerfassungsgeräte (auch Datensammler oder Datenlogger genannt) angeboten. Diese Geräte besitzen einen Impulseingang und eine interne Zeitbasis. Die eingehenden Verbrauchsimpulse werden meßperiodenweise in einem Datenspeicher abgelegt. Die Daten werden dann am Ende des Meßzeitraums bzw. in größeren Zeitabständen mit Hilfe eines PC direkt aus dem Datenerfassungsgerät ausgelesen, oder sie werden auf einer Speicherkarte abgelegt. Diese wird dann wiederum mit Hilfe eines speziellen Lesegerätes und eines PC ausgelesen. Die Verarbeitung der Daten erfolgt mit Hilfe herstellerspezifischer Programme oder eines Tabellenkalkulations-Programms (s. Kapitel Energiecontrolling).

▍ Speicherung von Verbrauchsimpulsen im Datenerfassungsgerät.

Ältere Meßstellen sind in der Regel mit einem Induktionsmotorzähler ohne Impulsausgang bestückt. Hier hat sich für die Lastgangaufnahme ein berührungsfreies Meßverfahren bewährt, das auf einer optischen Abtastung der Läuferscheibenumdrehungen basiert (Abbildung 4). Wie in Abschnitt 3.3 dargelegt, entspricht jede Umdrehung der Läuferscheibe einer konstanten Energiemenge. Mit Hilfe eines optischen Tastkopfes, der auf den Zähler geklebt oder geklemmt wird, läßt sich registrieren, wenn die farbige Markierung der Läuferscheibe den Tastkopf passiert. Auf diese Weise werden Impulse erzeugt, und zwar nach jedem Durchlauf der roten Markierung genau ein Impuls. Die Impulse werden dann wiederum einem Datenerfassungsgerät zugeleitet, das sie meßperiodenweise, in der Regel im 1-, 5- oder 15-Minutenraster, ablegt.

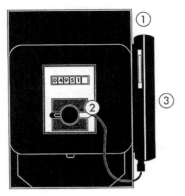

① Induktionsmotorzähler
② Optischer Tastkopf
③ Datenerfassungsgerät

▍ Optische Abtastung der Läuferscheibe bei Induktionsmotorzählern.

Abb. 4: Messung von Energie und Leistung durch optisches Abtasten der Läuferscheibe

Bei der Auswertung der Speicherkarteninhalte müssen Zählerkonstante (zum Beispiel 750 U/kWh) und Wandlerkonstante (zum Beispiel 100 A / 5 A = 20) bei der Auswertung mit der Software berücksichtigt werden. Die Zählerkonstante wird auf dem Typenschild des Zählers in Umdrehungen der Läuferscheibe pro Kilowattstunde (U/kWh) angegeben. Wandler (genauer Stromwandler) sind kleine Transformatoren, die den hohen Strom auf einen für den Zähler verarbeitbaren Wert in einem festen Verhältnis heruntersetzen.

Die Gesamtkonstante für Messungen im 15-Minutenraster errechnet sich nach folgender Formel:

$$\textit{Gesamtkonstante GK} = 4 \times \textit{Wandlerkonstante WK} / \textit{Zählerkonstante ZK}$$

In dem vorgenannten Beispiel würde sich damit für eine Messung im 15-Minutenraster folgende Gesamtkonstante ergeben:

$$GK = 4/h \times 20 / (750\ \textit{Imp.}/kWh) = 0{,}10667\ kW/\textit{Imp.}$$

> Multiplikation von Gesamtkonstante und Anzahl Impulse liefert Leistung.

Um die mittlere Leistung im 15-Minutenraster zu erhalten, braucht dann nur noch die Anzahl der gemessenen Impulse (zum Beispiel 75 Imp.) mit der Gesamtkonstanten multipliziert werden:

$$P = \textit{Anzahl Impulse in 15 min} \times GK = 75\ \textit{Imp.} \times 0{,}10667\ kW/\textit{Imp.} = 8\ kW$$

Einige Hersteller bieten auch Datenerfassungsgeräte mit eingebauten A/D-Wandlern an. Diese A/D-Wandler können auch als separate Geräte mit hochintegrierten Mikrorechnern, der die analogen Eingangssignale für Strom und Spannung verarbeitet und die Ergebnisse als Impulse ausgibt, eingesetzt werden. An diese Geräte können dann eine (für Wechselstrommessungen) oder drei (für Drehstrommessungen) Zangen-Stromwandler oder auch sogenannte Rogowski-Spulen angeschlossen werden. Damit ist es auch möglich, den Lastgang von Verbrauchseinrichtungen zu erfassen, denen kein separater Zähler zugeordnet ist. Hier ist allerdings wieder die Leistungsfaktor-Problematik zu beachten (vgl. Abschnitt 3.1). Insbesondere müssen für die entsprechenden Meßbereiche Wandler- und Zählerfaktor sowie gegebenenfalls ein sogenannter Offset als Impulskonstante bei der Auswertung eingegeben werden. Exakte Ergebnisse kann die Messung nur liefern, wenn auch die Spannung verarbeitet wird. Dann können allerdings neben Strom, Spannung und Wirkleistung auch noch Blindleistung, Scheinleistung und cos φ ermittelt werden.

> Lastgangmessungen bilden Ausgangspunkt für Energiecontrolling und Lastmanagement.

Lastgangaufzeichnungen liefern grundlegende Informationen für das Energiecontrolling und das Lastmanagement. Wichtig ist natürlich, daß die relevanten Anlagen oder Betriebsteile während des Meßzeitraums auch betrieben werden. In der Regel sollten Lastgangaufzeichnungen über einen Zeitraum von mindestens 14 Tagen durchgeführt werden. Konkrete Beispiele dazu werden in Kapitel 4 vorgestellt.

Die Datenerfassungsgeräte speichern die Verbrauchswerte in sämtlichen Meßperioden eines Meßzeitraums. Die Addition dieser Verbrauchswerte liefert den Gesamtverbrauch im Meßzeitraum. Die Meßwerterfassung mit Hilfe dieser Geräte bietet damit umfassende Möglichkeiten für die Leistungs- und Energiemessung.

3.8 Indirekte Meßverfahren

> Bestimmung des Energieverbrauchs aus der Betriebszeit bei konstanter Leistung.

Wie aus den Grundsatzüberlegungen in Abschnitt 2 hervorgeht, sind indirekte Meßverfahren im wesentlichen zur Ermittlung des Energieverbrauchs geeignet. Das für die Praxis wichtigste Verfahren ist die Bestimmung des Energieverbrauchs aus der Betriebszeit bei annähernd konstanter Leistung. Es findet zum Beispiel häufig Anwendung bei der Ermittlung des Energieverbrauchs für Beleuchtungsanlagen.

In der Regel werden Beleuchtungsanlagen aus vielen verschiedenen Unterverteilungen gespeist. Die meßtechnische Erfassung des Energieverbrauchs wäre entsprechend aufwendig. Die Leistungsaufnahme einer Lampe ist jedoch annähernd konstant. Zu beachten ist hier zum einen, daß bei Leuchtstofflampen die Verluste des Vorschaltgerätes berücksichtigt werden müssen. Ein konventionelles Vorschaltgerät für eine

58 W-Leuchtstofflampe (Länge 1,5 m) besitzt eine Verlustleistung von ca. 13 W. Die gesamte Leistungsaufnahme der Leuchte (Leuchtstofflampe und konventionelles Vorschaltgerät) beträgt also 71 W. Zum anderen muß die Betriebszeit möglichst genau ermittelt werden, denn die Genauigkeit des ermittelten Verbrauchs hängt linear von ihr ab. Erfahrungsgemäß sind die Angaben der Nutzer über die Betriebszeit ungenau. Die besten Ergebnisse lassen sich mit Hilfe eines Betriebsstundenzählers erzielen. Wenn die Betriebszeit bekannt ist, errechnet sich der Energieverbrauch einer Beleuchtungsanlage wie folgt:

> Elektriusche Arbeit = Anzahl Leuchten × Leistungsaufnahme Leuchte
> (inkl. Vorschaltgerät) × Betriebszeit

Bei Energieumwandlungsprozessen kann der Energieverbrauch durch Messung der erzeugten Energieträgermenge bestimmt werden, wenn der spezifische Verbrauch für die Energieumwandlung bekannt ist. Dieses Verfahren läßt sich zum Beispiel anwenden bei der Erzeugung der Energieträger
- Brauchwarmwasser,
- Dampf (Messen des Speisewassers),
- Kaltwasser oder
- Druckluft

aus elektrischer Energie.

Bestimmung des Energieverbrauchs bei Energieumwandlungsprozessen aus erzeugter Energieträgermenge.

Um den Aufwand für durchzuführende Messungen möglichst gering zu halten, ist es notwendig, zunächst einmal die Aufgabenstellung klar zu definieren. Von ihr hängen vor allem die Festlegung der Meßpunkte und das zu verfolgende Meßkonzept ab. Hinweise zu dieser Thematik finden sich im Kapitel Energiecontrolling.

3.9 Vorbereitung und Durchführung der Messungen

Wichtig in diesem Zusammenhang ist auch die Festlegung des Meßzeitraums. Dieser sollte möglichst repräsentativ für die Meßaufgabe sein. Messungen in der Urlaubszeit sind in der Regel wenig aussagekräftig. Bei Messungen an Produktionsanlagen sollte darauf geachtet werden, daß das relevante Produkt auch während des gesamten Meßzeitraums gefertigt wird. Erfolgt während des Meßzeitraums ein Produktwechsel, so muß der Zeitpunkt dieses Wechsels genau festgehalten werden.

Generell ist eine detaillierte Dokumentation unabdingbar, damit die Messungen richtig ausgewertet und interpretiert werden können. So sollten zum Beispiel der Ort der Messung, die Zählerkonstante und die Wandlerfaktoren schriftlich fixiert werden. Es hat sich bewährt, hier mit Vordrucken zu arbeiten, die an der Meßstelle ausgefüllt werden.

Oftmals ist es vorteilhaft, an mehreren Meßpunkten zeitgleich zu messen. In diesem Fall ist es wichtig, vor der Durchführung der Messungen einen Abgleich der Zeitbasen der Meßsysteme vorzunehmen, damit eine exakte Zuordnung der Meßergebnisse möglich ist.

Schließlich muß unbedingt bedacht werden, daß Messungen in elektrischen Energieanlagen (zum Beispiel die Messung des Stroms in der Niederspannungs-Hauptverteilung mittels einer Stromzange) nur von Elektro-Fachkräften durchgeführt werden dürfen.

Nachfolgend werden einige Beispiele für durchgeführte Lastgangmessungen vorgestellt. Die Lastgangmessungen wurden entweder mit einer Zählerabtastung oder mit Hilfe von Rogowski-Spulen und nachgeschalteten A/D-Wandlern durchgeführt. Die Konzernzentrale eines großen Textilunternehmens beinhaltet neben der Verwaltung auch die Musternäherei, in der die Muster für die Massenproduktion in anderen Werken gefertigt werden. In der Konzernzentrale sind insgesamt rund 1.000 Mitarbeiter beschäftigt. Für die Versorgung des Standortes mit Strom und Wärme wird ein dieselbetriebenes BHKW mit einer Leistung von 300 kW$_{el}$ eingesetzt. Das BHKW ist in

4 Beispiele für durchgeführte Lastgangmessungen

4.1 Konzernzentrale eines Textilunternehmens

der Zeit von ungefähr 5:00 Uhr bis ca. 22:00 Uhr in Betrieb. Es findet keine Rückspeisung der elektrischen Energie in das Netz des EVU statt. Das BHKW (untere Kurve in Abbildung 5) wird entsprechend der Lastkurve (obere Kurve in Abbildung 5) in der Form gesteuert, daß die gesamte Last bis 300 kW gedeckt wird, ohne jedoch elektrische Energie in das Versorgungsnetz des EVU zurückzuspeisen. Die Differenz zwischen oberer und unterer Kurve zwischen ca. 7:00 Uhr und 17:00 Uhr entspricht dann dem Reststrombezug vom EVU.

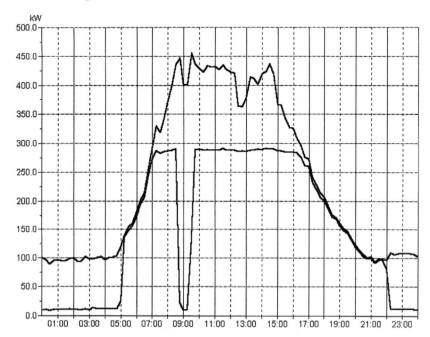

Abb. 5: Tageslastgang der Konzernzentrale eines Textilunternehmens (obere Kurve) und Deckungsanteil des BHKW (untere Kurve) an einem Werktag im Februar

Während des dargestellten Tageslastganges ist deutlich zu erkennen, daß zwischen 8:45 Uhr und 9:15 Uhr eine hohe Leistung aus dem Netz des EVU benötigt wurde, da an den Kraftstoffpumpen des BHKW eine Störung auftrat. Dies führte zu einem hohen Leistungskostenanteil. Weiterhin ist der Einfluß der Mittagspause gegen 12:30 Uhr gut zu erkennen. Deutlich wurde auch, daß das Unternehmen eine sehr hohe Grundlast von rund 100 kW bei einer Spitzenlast von ca. 455 kW aufwies. Der Gesamtstrombedarf während des Tages betrug 5.730 kWh, wovon 3.802 kWh (66 %) vom BHKW gedeckt wurden.

4.2 Verwaltung eines Möbelhauses

Die Verwaltungsabteilung eines großen Möbelhauses beschäftigt etwa 60 Mitarbeiter. In die Verwaltung sind neben den Büros der Geschäftsleitung auch die EDV-Zentrale und die Werbeabteilung integriert. Aus Abbildung 6 ist deutlich der Dienstbeginn um ca. 8:30 Uhr zu erkennen.

Der hohe Nachtstrombedarf ist auf den Betrieb der EDV-Zentrale mit angeschlossener Klimaanlage sowie auf den Stand-by-Betrieb einer Vielzahl von Büroelektronikgeräten, die zu einem großen Teil sogar im Aus-Zustand elektrische Energie benötigen, zurückzuführen. Der Gesamtstrombezug während des gemessenen Tages betrug 361 kWh.

Messung von Leistung und Energie

Abb. 6: Tageslastgang einer Möbelhaus-Verwaltung an einem Werktag im November

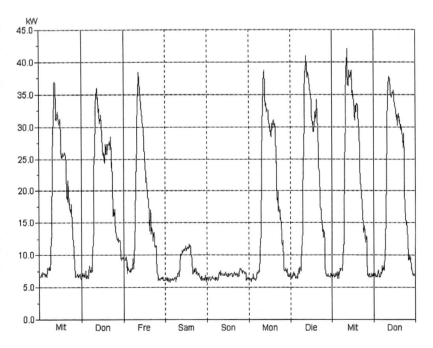

Abb. 7: Neun-Tages-Lastgang eines kommunalen Rathauses

4.3 Kommunales Rathaus eines Ortsteils einer Großstadt

Während neun Tagen im November wurde in einem Ortsteil-Rathaus einer Großstadt eine Lastgangmessung durchgeführt. Das Gebäude stammt aus den 50er Jahren und beherbergt rund 100 Mitarbeiter. Abbildung 7 zeigt den Lastgang von Mittwoch bis zum Donnerstag der nachfolgenden Woche.

Deutlich zu erkennen ist, daß regelmäßig morgens gegen 8:45 Uhr eine Leistungsspitze entsteht, die auf den Betrieb der Kaffeemaschinen zurückzuführen war. Darüber hinaus war der hohe Grundlastbedarf auf den Betrieb vieler älterer Kühlschränke und anderer Büroelektronikgeräte im Stand-by- und Aus-Zustand zurückzuführen. Der Gesamtstrombezug während des gemessenen Zeitraums betrug 3.340 kWh. Der Tagesbedarf an elektrischer Energie an Werktagen lag zwischen 365 kWh (Freitag) und 463 kWh (zweiter Donnerstag). Am Samstag betrug der Elektrizitätsbedarf immerhin noch 188 kWh und am Sonntag 164 kWh.

Winfried Hoppmann
Einkauf elektrischer Energie

Für die örtlichen EVU besteht eine allgemeine Anschluß- und Versorgungspflicht nach den Allgemeinen Tarifen. Bei höherem Leistungsbedarf oder für besondere Anwendungsbereiche werden Sonderverträge angeboten, die in der Regel niedrigere Preise enthalten als die Allgemeinen Tarife. Für Sonderverträge bestehen zahlreiche Gestaltungsvarianten. Seit der Novellierung des Energierechtes im Jahr 1998 herrscht Wettbewerb auf dem Markt für elektrische Energie. Ein Kunde kann Energie sowohl vom örtlichen EVU als auch von einem anderen Lieferanten kaufen. Die Netzbetreiber sind in der Regel verpflichtet, ihr Netz gegen ein Entgelt zur Verfügung zu stellen. Ab Januar 2000 soll ein neues Modell für die Ermittlung des Netzbenutzungsentgeltes angewendet werden, das einfach, wettbewerbsfreundlich und börsentauglich ist. Energieeinkaufende Betriebe können durch Nutzung des Wettbewerbs erhebliche Preisvorteile erzielen.

1 Verträge und Tarife für elektrische Energie

1.1 Gesetzliche Grundlagen der Elektrizitätsversorgung

Nach dem Gesetz zur Novellierung des Energiewirtschaftsrechts sind die bisher geschlossenen Gas- und Stromversorgungsgebiete der Energieversorgungsunternehmen (EVU) seit dem 29.4.1998 für den Wettbewerb geöffnet.

Gebietsabsprachen zwischen den EVU und Ausschließlichkeiten bei den Wegerechten nach den Konzessionsverträgen sind nicht mehr zulässig. Die Betreiber von Elektrizitätsversorgungsnetzen müssen anderen Unternehmen ihr Versorgungsnetz für Stromdurchleitungen diskriminierungsfrei – gegen Berechnung eines Netznutzungsentgeltes – zur Verfügung stellen. Die örtlichen EVU haben eine Allgemeine Anschluß- und Versorgungspflicht für Gemeindegebiete, in denen sie die Allgemeine Versorgung von Letztkunden durchführen. Sie müssen Allgemeine Bedingungen und Allgemeine Tarife für die Versorgung mit Niederspannung öffentlich bekannt geben. Zu diesen Bedingungen und Tarifen müssen Sie jeden Kunden an ihr Versorgungsnetz anschließen und versorgen, wenn dies wirtschaftlich möglich ist.

Nach der Konzessionsabgabenverordnung zahlen die örtlichen EVU für die Nutzung der öffentlichen Straßen eine Konzessionsabgabe an die Kommunen. Sie beträgt zwischen 2,61 Pf/kWh und 4,69 Pf/kWh (je nach Einwohnerzahl der Kommune) nach Allgemeinen Tarifen und ist bei Sonderverträgen deutlich günstiger (siehe Abschnitt 1.3).

Seit 1.4.1999 wird eine Stromsteuer erhoben. Unternehmen des produzierenden Gewerbes zahlen für den Bezug elektrischer Energie, soweit er 40.000 kWh jährlich übersteigt, 20 % des Regelsteuersatzes.

In der Bundestarifordnung Elektrizität (BTOElt) ist festgelegt, daß EVU mit allgemeiner Anschluß- und Versorgungspflicht für die Versorgung in Niederspannung Allgemeine Tarife anbieten müssen, die den Erfordernissen
- einer möglichst sicheren und preisgünstigen Elektrizitätsversorgung,
- einer rationellen und sparsamen Verwendung von Elektrizität,
- der Ressourcenschonung und möglichst geringen Umweltbelastung

genügen.
Die Allgemeinen Tarife müssen durch die Preisaufsichtsbehörde des zuständigen Bundeslandes genehmigt werden. Die EVU bieten in der Regel unterschiedliche Preise für Haushaltsbedarf, landwirtschaftlichen Bedarf oder gewerblichen, beruflichen und sonstigen Bedarf an. Der Pflichttarif besteht aus Arbeits-, Leistungs- und Verrechnungspreis. Ein linearer Tarif (Arbeits- und Verrechnungspreis) ist statt dessen mög-

> Die Betreiber von Elektrizitätsversorgungsnetzen müssen ihr Netz für Stromdurchleitungen zur Verfügung stellen. Die örtlichen EVU haben eine Anschluß- und Versorgungspflicht.

1.2 Allgemeine Tarife

> Für die Versorgung in Niederspannung müssen EVU mit Anschluß- und Versorgungspflicht Allgemeine Tarife anbieten.

lich. Das EVU muß einen Durchschnittshöchstpreis angeben. Die wichtigsten Entgelte und Tarife werden im folgenden erläutert.

Arbeitsentgelt

Die vom Kunden bezogene elektrische Arbeit wird vom Zähler gemessen und angezeigt. Das Arbeitsentgelt wird berechnet durch Multiplikation der im Abrechnungszeitraum (zum Beispiel ein Jahr) bezogenen elektrischen Arbeit in Kilowattstunden (kWh) mit dem Arbeitspreis.

Leistungsentgelt

Das Leistungsentgelt wird für die Bereitstellung von elektrischer Leistung berechnet. Es kann auch einen festen Teil enthalten. Es gilt für den Zeitraum eines Abrechnungsjahres und kann in Raten angefordert werden. Das Leistungsentgelt sollte möglichst durch Messung der in Anspruch genommenen Leistung ermittelt werden. Bei einem Verbrauch unter 10.000 kWh wird das Leistungsentgelt in der Regel pauschal in Rechnung gestellt.

Verrechnungsentgelt

Das Verrechnungsentgelt wird für die Kosten der Messung, Abrechnung und des Inkassos berechnet. Die Höhe hängt von der Art und dem Umfang der erforderlichen Meß- und Steuereinrichtungen ab.

96-Stunden-Tarif

Bei einem Jahresverbrauch über 10.000 kWh wird neben der elektrischen Arbeit die höchste Leistung eines Abrechnungsjahres gemessen und abgerechnet. Als Leistung wird der Mittelwert über einen Zeitraum von 96 Stunden herangezogen. Der Zähler erfasst nach jeder Stunde den Verbrauch der letzten 96 Stunden. Der höchste 96-h-Wert des Abrechnungsjahres ist dann die Grundlage für die Berechnung des Leistungsentgeltes. Der 96-h-Tarif ist bei höheren Strombezügen günstiger als die pauschalierte Abrechnung der Leistung.

Tarif mit gemessener Viertelstundenleistung

Wenn die höchste Viertelstundenleistung eines Kunden in mindestens zwei Monaten des Abrechnungsjahres 30 kW überschreitet, kann das EVU den Leistungspreis nach gemessener Viertelstundenleistung berechnen. Ein Niederspannungs-Sondervertrag ist jedoch oft günstiger als der Tarif mit gemessener Viertelstundenleistung.

Schwachlasttarif

Die EVU müssen entsprechend ihren Lastverhältnissen Schwachlastzeiten in ihren Tarifen festlegen. Der Schwachlasttarif gilt für alle elektrischen Verbrauchseinrichtungen. Die Schwachlastzeit beträgt in der Regel sechs Stunden in einem Zeitraum von 22.00 Uhr bis 6.00 Uhr. Auch Schwachlastzeiten am Wochenende werden von einigen EVU angeboten. Vorteil des Schwachlasttarifes ist der niedrige Arbeitspreis (ca. 50 % des Arbeitspreises am Tage) und die Aussetzung der Leistungsmessung in der Schwachlastzeit. Andererseits erhöht sich das Verrechnungsentgelt durch den erforderlichen Einbau eines Doppeltarifzählers. Weiterhin können die EVU für die Leistungs- und Arbeitspreise am Tage einen Zuschlag berechnen. Der Schwachlasttarif ist dann kostengünstiger, wenn ein erheblicher Teil des Verbrauches in den Schwachlastzeiten erfolgt bzw. dorthin verlagert werden kann.

Tarif für Wärmepumpen

Wärmepumpen zur Raumheizung, deren Strombezug durch das EVU unterbrochen werden kann, werden bei der Ermittlung des Leistungspreises nicht berücksichtigt. In diesem Fall ist jedoch eine getrennte Messung erforderlich. Gemessen und abgerechnet werden der Tag- und der Nachtstrombezug. Viele EVU bieten für Wärmepumpen auch günstige Sonderverträge an.

Zukunft der Allgemeinen Tarife
Die Allgemeinen Tarife verlieren im Stromwettbewerb immer mehr an Bedeutung. Den Kunden werden günstigere und einfach aufgebaute Wahltarife und Sonderverträge angeboten. Dabei wird nach Kundengruppen unterschieden (Privatkunden, Gewerbekunden, Industriekunden).

1.3 Sonderverträge

Kunden mit einem hohen Energie- und Leistungsbedarf bzw. mit besonderen Stromanwendungstechniken (zum Beispiel Nachtspeicherheizung, Wärmepumpe, Elektrowärmeanwendungen) werden in der Regel Sonderverträge angeboten. Bei der Belieferung in Mittel- und Hochspannung wird grundsätzlich ein Sondervertrag geschlossen.

Die Abrechnung nach Sonderverträgen ist in der Regel deutlich günstiger als nach den Allgemeinen Tarifen. Die Konzessionsabgabe beträgt bei Sonderverträgen maximal 0,22 Pf/kWh und ist deutlich niedriger als bei den Allgemeinen Tarifen. In einer Großstadt mit mehr als 500.000 Einwohnern beträgt die Konzessionsabgabe bei Allgemeinen Tarifen 4,69 Pf/kWh. Im Niederspannungsbereich werden Sonderverträge bei Leistungen ab ca. 20 kW aber auch für bestimmte Branchen (zum Beispiel Handwerk, Einzelhandel, Bäcker, Landwirtschaft, Verbände) angeboten. Die Konzessionsabgabenverordnung (KAV) ist im Jahr 1999 novelliert worden. Lieferungen auf Basis eines Sondervertrages werden im Niederspannungsnetz für die Berechnung der Konzessionsabgabe als Tariflieferungen behandelt, wenn nicht die gemessene Leistung des Kunden in mindestens zwei Monaten des Abrechnungsjahres mehr als 30 kW überschreitet und sein Jahresverbrauch mehr als 30.000 kWh beträgt. Für die Prüfung der Leistungs- und Arbeitsgrenze wird dabei auf die einzelne Betriebsstelle oder Abnahmestelle eines Kunden abgestellt. Durch die Bündelung von Abnahmestellen kann daher eine Reduzierung der Konzessionsabgabe nicht erreicht werden. Diese Regelung führt dazu, daß Sonderverträge für einen Jahresverbrauch über 30.000 kWh im Niederspannungsnetz oft günstiger angeboten werden.

> Sonderverträge sind in der Regel günstiger als Allgemeine Tarife.

Die wichtigsten Begriffe und Vereinbarungen aus Sonderverträgen werden im folgenden erläutert.

Meß- und Schaltzeiten
Die Messung von Leistung und Arbeit kann nach bestimmten Zeiten differenziert erfolgen. Der Bezug von elektrischer Energie ist in der Regel am Tage teurer als in der Nacht. Daher wird die elektrische Arbeit durchweg getrennt nach Hochtarif am Tag (HT-Zeit) und Niedertarif in der Nacht (NT-Zeit) gemessen. Der HT-Arbeitspreis ist generell höher als der NT-Arbeitspreis. Seit Einsetzen des Wettbewerbes wird jedoch immer häufiger auf eine HT/NT-Differenzierung verzichtet.

> Der Stromverbrauch zu NT-Zeiten ist in der Regel günstiger als zu HT-Zeiten.

Beispiel für HT-Zeiten: 6.00 Uhr bis 21.00 Uhr im Oktober bis Februar und
7.00 Uhr bis 18.00 Uhr im März bis September.

Einige EVU bieten bei einem hohen NT-Stromverbrauch den Strombezug an Wochenenden zu günstigen NT-Arbeitspreisen an (sogenannte Wochenendschaltung).

Leistungspreisregelung
Bei einer Leistungspreisregelung wird neben den Arbeitspreisen (Arbeitspreise HT und NT) die beanspruchte Leistung (Jahreshöchstleistung oder Monatshöchstleistung) in Rechnung gestellt. Grundsätzlich wird in jedem Monat des Jahres die Monatshöchstleistung gemessen. Als Monatshöchstleistung gilt der höchste innerhalb des Abrechnungsmonats gemessene viertelstündige Mittelwert der Wirkleistung.

Monatsleistungspreisregelung

Bei einer Monatsleistungspreisregelung wird die jeweilige höchste monatliche Leistung endgültig abgerechnet. Beträgt der Monatsleistungspreis zum Beispiel 15,00 DM/kW, so wird die Monatshöchstleistung eines jeden Monats mit 15,00 DM/kW multipliziert und endgültig abgerechnet.

Jahresleistungspreisregelung

Bei einer Jahresleistungspreisregelung ist der Leistungspreis für die Jahreshöchstleistung zu zahlen. Die Jahreshöchstleistung ist das arithmetische Mittel der drei (oder auch zwei) gemessenen höchsten Monatshöchstleistungen des Abrechnungsjahres.
Einige EVU bieten auch die Abrechnung des Jahresleistungspreises nach bestellter Leistung an. Hierbei bestellt der Kunde beim EVU die von ihm benötigte Jahreshöchstleistung. Zu zahlen ist dann der Leistungspreis für die bestellte Leistung – auch wenn die gemessene Höchstleistung niedriger ist. Überschreitet der Kunde die bestellte Leistung, berechnet das EVU für die Überschreitungsleistung (gemessene Leistung abzüglich bestellter Leistung) einen deutlich höheren Leistungspreis.

Steile und flache Leistungspreisregelung

Einige EVU bieten zwei alternative Leistungspreisregelungen an. Die sogenannte steile Preisregelung hat einen relativ hohen Leistungspreis und relativ niedrige Arbeitspreise. Flache Preisregelungen haben im Gegensatz dazu niedrigere Leistungspreise und höhere Arbeitspreise. Flache Preisregelungen sind bei 1- bis 2-Schichtbetrieben bzw. hohen Lastschwankungen günstiger, steile Preisregelungen bei 2- bis 3-Schichtbetrieben bzw. gleichmäßigem Strombezug.

Jahresbenutzungsdauer

Die Benutzungsdauer ist ein wesentliches Kriterium für die Wahl der richtigen Preisregelung und die Höhe des Durchleitungsentgeltes. Diese Kennzahl ergibt sich, wenn die bezogene elektrische Arbeit für einen bestimmten Zeitraum durch die Höchstleistung dividiert wird. Sie ist nicht nur ein Kriterium für die Gleichmäßigkeit des Strombezugs, sondern auch der entscheidende Bestimmungsfaktor für die Höhe des sich ergebenden Durchschnittspreises. Je höher die Benutzungsdauer ist, desto niedriger ist der Durchschnittspreis. Abbildung 1 zeigt die Abhängigkeit des Durchschnittspreises von der Jahresbenutzungsdauer für eine Jahresleistungspreisregelung.

> Je höher die Jahresbenutzungsdauer, desto niedriger der Durchschnittspreis für die Stromlieferung.

Die Jahresbenutzungsdauer errechnet sich aus der bezogenen elektrischen Jahresarbeit dividiert durch die maximale Leistung (siehe Beispiel mit Vergleichsrechnung). Erfahrungswerte für Industriebetriebe sind:

einschichtige Arbeitsweise:	1.000 bis 1.800 h/a
zweischichtige Arbeitsweise:	2.000 bis 2.800 h/a
dreischichtige Arbeitsweise:	3.200 bis 7.000 h/a

Beispiel: Jahreskosten bei Abrechnung nach einer Grundpreisregelung (Niederspannungs-Sondervertrag) – Lieferung und Messung in Niederspannung

1. Jahresstrombezugsdaten
   Jahresstromverbrauch   15.000 kWh
2. Strombezugskosten
   Arbeitspreis   19,50 Pf/kWh netto
   Grundpreis   240,00 DM/Jahr netto

Arbeitspreis 15.000 kWh × 0,195 DM/kWh =	2.925,00 DM
Grundpreis	240,00 DM
Stromsteuer 15.000 kWh × 0,025 DM/kWh =	275,00 DM
Netto-Strombezugskosten mit Stromsteuer	**3.440,00 DM**
Netto-Durchschnittspreis mit Stromsteuer	**22,93 Pf/kWh**

Einkauf elektrischer Energie

Beispiel: Jahreskosten bei Abrechnung nach einer Jahresleistungspreisregelung, Lieferung und Messung in Mittelspannung

1. Jahresstrombezugdaten

Jahreshöchstleistung	2.000 kW
HT-Verbrauch	5.850.000 kWh
NT-Verbrauch	3.150.000 kWh
Gesamtverbrauch	9.000.000 kWh

   $$Benutzungsdauer = \frac{9.000.000\,kWh}{2.000\,kW} = 4.500\,h$$

2. Strombezugskosten

Leistung					
Jahreshöchstleistung	2.000 kW	×	170,00 DM/kW	=	340.000,00 DM
Arbeit					
HT-Zeit	5.850.000 kWh	×	7,40 Pf/kWh	=	432.900,00 DM
NT-Zeit	3.150.000 kWh	×	5,40 Pf/kWh	=	170.100,00 DM
Summe Arbeitspreis					603.000,00 DM
Netto-Strombezugskosten ohne Stromsteuer					943.000,00 DM
Netto-Durchschnittspreis ohne Stromsteuer					10,48 PF/kWh

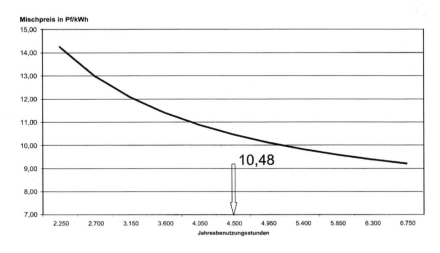

Abb. 1: Durchschnittspreise in Abhängigkeit von der Benutzungsdauer

Zonenpreis- und Arbeitspreisregelungen

Bei der Zonenpreisregelung wird kein Leistungspreis berechnet, dafür ist der Arbeitspreis höher als bei den Leistungspreisregelungen. Die Arbeitspreise werden in der Regel nach Abnahmemengen gezont in Rechnung gestellt. Einige EVU berechnen unterschiedliche Arbeitspreise in Sommer und Winter. Zusätzlich zu der Zonenpreisregelung wird zum Teil ein Benutzungsdauerrabatt (Preisvorteil bei hohen Benutzungsstunden) und ein Nachtrabatt (Preisvorteil bei hohem Nachtanteil) angeboten.

In der Regel sind Zonenpreisregelungen bei niedrigen Benutzungsdauern oder kurzfristigen Stromlieferungen (Baustellen) vorteilhaft.

Einige Stromlieferanten bieten auch einen reinen Arbeitspreis für den gesamten Strombezug an. Grundlage des Arbeitspreises ist in der Regel die letztjährige Benutzungsdauer. Oft ist dabei eine Klausel in dem Stromlieferungsvertrag enthalten, dass bei der Jahresendabrechnung der vereinbarte Arbeitspreis für den Jahresstrombezug erhöht bzw. gesenkt wird, wenn die vereinbarte Benutzungsdauer sinkt bzw. steigt.

Spitzen- bzw. Starklastregelungen

Betriebe, die ihre Leistungsinanspruchnahme während der Spitzenlastzeit des EVU senken können, haben Vorteile bei einer Spitzen- bzw. Starklastzeitenregelung. Hierbei wird in der Regel nur die Leistung berücksichtigt, die in der Spitzenlastzeit des EVU (zum Beispiel 10.00 Uhr bis 12.30 Uhr in den Monaten November bis einschließlich Februar) in Anspruch genommen wird. In den übrigen Zeiten wird die beanspruchte Leistung nur teilweise in Rechnung gestellt oder ist berechnungsfrei. Diese Regelung wird nur von einigen Energierversorgungsunternehmen angeboten.

Grundpreisregelungen

Für Niederspannungs-Sondervertragskunden werden – insbesondere bei Rahmenverträgen mit Verbänden – oft einfache Grundpreisregelungen angeboten. Diese bestehen aus einem Arbeitspreis zuzüglich Stromsteuer und einem jährlichen Grundpreis. Im Grundpreis ist dann der Verrechnungspreis enthalten.

Wahl der günstigsten Preisregelung

Mit den Jahresstrombezugsdaten werden Vergleichsrechnungen mit den möglichen Preisregelungen bzw. Alternativangeboten durchgeführt. Bei Alternativangeboten bzw. Ausschreibung der Stromlieferung muß darauf geachtet werden, daß sich die vorgegebenen Jahresstrombezugsdaten im Angebot wiederfinden. Wesentlich ist auch eine Sensitivitätsrechnung mit möglichen Änderungen der Strombezugsdaten, zum Beispiel durch Auftragsrückgänge.

Stromsteuer

Ab dem 1.1.2000 gilt eine Stromsteuer von 2,5 Pf/kWh. Diese Steuer soll bis zum Jahr 2003 jährlich um 0,5 Pf/kWh erhöht werden. Unternehmen des produzierenden Gewerbes sowie der Land- und Forstwirtschaft erhalten bei Vorlage eines beim zuständigen Hauptzollamt beantragten Erlaubnischeines einen ermäßigten Steuersatz von 20% des Regelsteuersatzes (Jahr 2000 = 0,5 Pf/hWh) ab einer Sockelmenge von 40.000 kWh. Diese Unternehmen, deren Ökosteuer-Zahlungen um mehr als das 1,2 fache über ihrer Lohnnebenkostensenkung liegen, erhalten auf Antrag bei den Zollämtern den Unterschiedsbetrag zurück.

Mindestzahlverpflichtung und Vertragsleistung

Die Verträge enthalten in der Regel eine Mindestzahlverpflichtung, die unabhängig von den tatsächlichen Bezugswerten ist. Sie orientiert sich an der Vertragsleistung. Beispieltext: „Es werden mindestens 70 % der vertraglich vereinbarten Vertragsleistung in Rechnung gestellt". Wenn die Mindestzahlverpflichtung erreicht wird, aber auch wenn die Vertragsleistung überschritten wird, sollte der Vertrag entsprechend angepaßt werden. Bei neuen Gewerbebetrieben empfiehlt sich eine Anlaufregelung und eine nachträgliche feste Vereinbarung der Vertragsleistung.

Vertragsleistung bei Stromlieferverträgen öfter überprüfen.

Benutzungsdauerrabatt

Ein Benutzungsdauerrabatt steigt linear mit der Benutzungsdauer. Er begünstigt Betriebe mit besonders gleichmäßigem Strombezug. Zum Teil werden ab 4.000 bis 5.000 Benutzungsstunden solche Rabatte angeboten.

Nacht- und Sommermehrleistung
Für einen höheren Leistungsbezug in der Nacht und im Sommer (Klimaanlagen) werden teilweise günstigere Zusatzvereinbarungen angeboten. Hierbei gilt für die NT-Zeit bzw. im Sommerhalbjahr ein besonders günstiger Leistungspreis.

Zeitanteilige Abrechnung der Leistung
Bei Leistungserhöhungen im Abrechnungsjahr sollte mit dem EVU über eine zeitanteilige Abrechnung des Jahresleistungspreises verhandelt werden. Hierbei können Kulanzregelungen insbesondere dann erwartet werden, wenn zum Beispiel durch Produktionsausweitungen zukünftig mehr elektrische Energie benötigt wird.

Treuebonus
Mehrjährige Verträge (drei bis fünf Jahre) enthalten oft einen Treuebonus. Damit ein günstigeres Strompreisangebot von Dritten genutzt werden kann, empfiehlt sich eine Öffnungsklausel. Wenn das EVU dann seine Konditionen bei einem günstigeren Konkurrenzangebot nicht nachbessert, kann der Kunde den Stromlieferungsvertrag vorzeitig kündigen. Zur Zeit werden längerfristige Verträge eher selten abgeschlossen.

Öffnungsklausel
Eine übliche Öffnungsklausel hat folgenden Wortlaut: „Sofern der Kunde innerhalb der Vertragslaufzeit ein günstigeres Strompreisangebot von dritter Seite erhält und daraus einen nachweisbaren Preisvorteil von mehr als 3 % erzielen kann, hat er jederzeit das Recht, Verhandlungen mit dem EVU zu verlangen, mit der Maßgabe, die Strompreise an das vorliegende Angebot anzupassen. Kann das EVU die Bedingungen des Konkurrenzangebotes nicht erfüllen, kann der Vertrag mit dem Kunden mit einer Frist von drei Monaten zum Monatsende gekündigt werden."

Zu beachten ist, daß der bisherige Stromlieferant damit den „last call" hat.

> Bei langfristigen Verträgen Öffnungsklausel vereinbaren.

Preisänderungsklausel
In älteren Verträgen über die Lieferung elektrischer Energie sind die Preise in der Regel an den Kohlenlistenpreis und an den Tabellenlohn gebunden. Im Zuge der Liberalisierung werden immer öfter Festpreisangebote für ein bis drei Jahre ohne Preisänderungsklauseln unterbreitet. Zukünftig wird die Anbindung des Strompreises an aktuelle Strompreisnotierungen (Strombörse) angeboten werden.

Rahmenverträge
In Rahmenverträgen für Zweigbetriebe, Kettenkunden und Konzerne können zusätzliche Preisvorteile (Mengen- oder Abrechnungsbonus oder eine günstige Preisregelung für alle Abnahmestellen) ausgehandelt werden.

Netzanschlußvertrag
Sind Netzbetreiber und Energielieferant verschiedene Unternehmen, wird der bisherige Stromlieferungsvertrag aufgeteilt in einen Anschlußvertrag mit dem Netzbetreiber (Festlegung der Netzanschlußleistung, technische Bedingungen, Messung) und einen reinen Stromlieferungsvertrag mit dem Lieferanten (Vertragsleistung, Liefermenge, Strombezugskonditionen, Allgemeine Geschäftsbedingungen)

2 Stromdurchleitung

Jeder Stromkunde ist bei der Wahl seines Stromlieferanten frei. Die Berechnung des Durchleitungsentgeltes beim Netzzugang durch Dritte erfolgt zur Zeit nach der sogenannten Verbändevereinbarung (VIK/BDI und VDEW). Dabei dürfen Durchleiter gegenüber Vollstrombeziehern des EVU bei der Bemessung des Entgeltes nicht benachteiligt werden. Die Höhe des Durchleitungsentgeltes richtet sich nach den

genutzten Spannungsebenen/Umspannungen. Die Netznutzung darf in allen Spannungsebenen
- Höchstspannungsebene (380/220 kV)
- Hochspannungsebene (110 kV)
- Mittelspannungsebene (30/20/10 kV)
- Niederspannungsebene (0,4 kV)

nur einmal mit einer Pauschale (Briefmarkentarif) in Rechnung gestellt werden. Bei Nutzung des Höchstspannungsnetzes ab einer Entfernung von 100 km wird zusätzlich ein entfernungsabhängiger Zuschlag in Rechnung gestellt. Am Einspeise- und Entnahmepunkt einer Durchleitung müssen jeweils vertragliche Beziehungen mit dem Netzbetreiber bestehen. Die in Anspruch genommene Leistung sowie die durchgeleitete Energie werden in einem ¼-h-Zeitraster gemessen. Tabelle 1 zeigt durchschnittliche Durchleitungspreise für verschiedene Entnahmefälle (Jahreslieferung 1999).

Entnahmefälle	1 NSP	2 MSP	3 MSP	4 MSP	5 MSP	6 MSP	7 HSP
Maximale Leistung (MW)	0,06	2	2	2	2	2	50
Jahresenergie (GWh)	0,24	3,0	9,0	14,0	3,0	9,0	350.000
Jahresbenutzungsdauer (h)	4.000	1.500	4.500	7.000	1.500	4.500	7.000
Einspeisestelle (kV)	380/220	380/220	380/220	380/220	10	10	380/220
Entnahmestelle (kV)	0,4	10	10	10	10	10	380/220
Luftlinienentfernung	300	300	300	300	5	5	300
Durchleitungspreis (Pf/kWh)	10,44	6,71	4,72	3,88	5,18	3,57	1,41

Tabelle 1:
Durchleitungspreise für verschiedene Entnahmefälle (Jahreslieferung 1999) (Zusätzlich müssen die Entgelte für Messung/Abrechnung, Fahrplanabweichungen, Konzessionsabgabe, Energiesteuer und Umsatzsteuer berücksichtigt werden.)

Der Durchleitungspreis pro kWh steigt mit der Anzahl der genutzten Spannungsebenen, der Entfernung und mit sinkender Jahresbenutzungsdauer.

Die Verbändevereinbarung wurde im Herbst 1999 novelliert. Die neue Verbändevereinbarung gilt ab 1.1.2000; sie ist einfach, börsentauglich und wettbewerbsfreundlich. Es handelt sich um ein börsentaugliches 1-Punkt-Modell. Danach bezahlt der Kunde jährlich ein Entgelt für die Netznutzung der Netzebene, an der er angeschlossen ist, und für alle vorgelagerten Netzebenen (Netznutzungsentgelt). Damit entfällt der bisherige Begriff „Durchleitung". Das Netznutzungsentgelt ist nur noch von der Gesamtabnahme und der Spannungsebene abhängig, aus der der Netznutzer beliefert wird. Der entfernungsabhängige Zuschlag entfällt künftig. Deutschland ist in zwei Handelszonen eingeteilt. Zwischen den Handelszonen „Nord" und „Süd" wird ein Transportentgelt in Höhe von 0,25 Pf/kWh erhoben. Dezentrale Kraft-Wärme-Kopplungsanlagen erhalten eine Gutschrift in Höhe der durch die Einspeisung eingesparten Netznutzungsentgelte in den vorgelagerten Netzebenen.

Weiterhin planen die Verbände, daß bei Kundenwechsel im Niederspannungsnetz bis ca. 30 kW Leistung oder 15.000 kWh Jahresenergie (Tarifkunden) auf eine aufwendige Leistungsmessung verzichtet werden kann. Hierzu soll eine pauschale Berechnung nach typisierten Lastprofilen erfolgen.

3 Nutzung des Wettbewerbs

Die Zahl der zur Zeit rund 1000 deutschen Stromversorger wird durch Kooperationen, Beteiligungen und Fusionen deutlich niedriger werden. Auf der anderen Seite drängen neue Akteure in den Strommarkt. Dazu gehören unabhängige Erzeuger (IPP: Independent Power Producer), Stromhändler, Energiemakler und -broker sowie Energiedienstleister. Stromkunden können die neuen Freiheiten nutzen, wenn sie ihren Strombedarf ausschreiben und sich für das günstigste Preis-/Leistungsverhältnis entscheiden. Der Energieeinkauf kann auch über Dritte erfolgen. Wichtige Parameter sind dabei:

Einkauf elektrischer Energie

- Kosten des Strombezugs
- Kosten der Durchleitung (Netznutzung)
- Regelungen bei Vertragsstörungen (zum Beispiel Stromlieferant liefert zu wenig oder gar nicht)
- Seriosität des Anbieters
- Dienstleistungen (Energiemanagement, Contracting usw.)
- Service vor Ort

Für mittelständische Betriebe ist es in der Regel einfacher, sich vom neuen oder bisherigen Stromanbieter einen Komplettpreis für eine Jahreslieferung oder Mehrjahreslieferung einschließlich Netznutzungsentgelt anbieten zu lassen. Die Preisregelung sollte einfach und übersichtlich sein (Jahres- oder Monatsleistungspreisregelung ohne Zonung der Arbeitspreise bei Mittelspannung, Grundpreisregelung bei Niederspannung). Großbetriebe mit guten eigenen Energiemanagementkenntnissen oder entsprechenden Beratungsunternehmen können ihren Gesamtstrombezug durch mehrere Bezugsquellen (Bandlieferungen, Spitzenlastlieferung, Lieferung zu bestimmten Zeiten, Nutzung des Spotmarktes) optimieren. Durch Bündelung von Stromeinkaufsmengen können weitere Preisvorteile erzielt werden. Der Handel mit Strom wird im deutschen Wettbewerbsmarkt eine wesentliche Rolle spielen.

4 Literatur

Hoppmann, Winfried: Die neue Bundestarifordnung. Verlag de Hüthig und Pflaum
Hoppmann, Winfried: Rationeller Energieeinsatz. Südwestfälische Wirtschaft
Hoppmann, Winfried: Energieeinkauf und Energieverwendung optimieren. Seminarunterlage
Obernolte; Danner: Energiewirtschaftsrecht. C.H. Beck

Martin Theweleit
Energiecontrolling

Energiecontrolling ist die systematische meßtechnische Erfassung, Darstellung und Bewertung des Energieverbrauchs mit hinreichender Auflösung. Ziel ist die Senkung des Energieverbrauchs und der Energiekosten durch die Identifizierung und Beseitigung energetischer Schwachstellen. Um sicherzustellen, daß die Kosten für das Energiecontrolling in einer angemessenen Relation zur erzielbaren Kostensenkung stehen, sollte eine langfristige Strategie für die Ein- und Durchführung des Energiecontrolling entwickelt werden. Der Aufwand wird vor allem bestimmt durch die Art und Häufigkeit der Datenerfassung. Die Bewertung des Verbrauchs erfolgt in der Regel mit Hilfe des Kennzahlenvergleichs und/oder des Soll/Ist-Vergleichs. Beim Kennzahlenvergleich (Benchmarking) wird der Verbrauch durch eine geeignete Bezugsgröße dividiert. Diese Energiekennzahl wird verglichen mit Werten von anderen Zeiträumen, Anlagen oder Betrieben. Für den Soll/Ist-Vergleich wird mit Hilfe der Korrelationsanalyse eine mathematische Beziehung zwischen dem Energieverbrauch und Bezugsgrößen hergestellt. Damit läßt sich ein Soll-Wert für den Energieverbrauch ermitteln, der dann mit dem gemessenen Verbrauch verglichen wird. Bemerkenswert ist, daß mit Hilfe des Energiecontrolling häufig zu hohe Verbrauchswerte oder -anstiege erkannt werden, die durch Änderung der Betriebsweise (also ohne Investitionen) verringert bzw. rückgängig gemacht werden können.

1 Einführung und Erklärung von Begriffen

Verbrauchserfassung als Grundlage für die Senkung der Energiekosten.

Energiekosten sind keine unveränderlichen Größen. Sie können durch technische und organisatorische Maßnahmen beeinflußt werden.

Gezielte Maßnahmen setzen jedoch eine genaue Kenntnis darüber voraus, wo die Energiekosten verursacht werden und welche Parameter den Energieverbrauch beeinflussen. Die Erfassung des Verbrauchs innerhalb des Unternehmens mit hinreichender Auflösung ist damit zwingend notwendig. Eine detaillierte Verbrauchserfassung ist also nicht nur ein verwaltungstechnischer Vorgang, der Mehrkosten verursacht, sondern Grundlage für die Senkung der Energiekosten.

Der Kenntnisstand über den Energieverbrauch in Unternehmen ist heute sehr unterschiedlich. Einige Betriebe erfassen den Ist-Zustand über eine Vielzahl von Unterzählern sehr detailliert, um damit die Energiekosten verursachungsgerecht zuzuweisen, in anderen Unternehmen existiert nur der Hauptzähler zur Verrechnung der Energiekosten mit dem externen Versorger.

Die verursachungsgerechte Zuteilung der Energiekosten ist der erste, wichtige Schritt. Zur Identifizierung von Einsparpotentialen muß der Verbrauch jedoch bewertet werden. Hierzu kann das auf der Management-Ebene bekannte Controlling eingesetzt werden.

Was Controlling als Methode der Unternehmensführung bedeutet, zeigt ein Blick in entsprechende Fachliteratur über Management-Methoden: Aufgabe des Controlling ist die Koordination von Planung, Kontrolle und Informationsversorgung mit dem Ziel der Fehlervermeidung. „Controlling" darf daher nicht mit dem deutschen Begriff „Kontrolle" gleichgesetzt werden, es beinhaltet vielmehr „Lenken", „Steuern" und „Regeln".

Man spricht daher auch vom aktionsorientierten Controlling, bei dem die Erfassung und Auswertung von Kostenabweichungen sowie die Erarbeitung von Verbesserungsvorschlägen im Mittelpunkt steht (Controller = Navigator).

Diese einem Buch über Controlling (Hummel 1995) entnommene Beschreibung kann nun direkt auf die Definition von Energiecontrolling übertragen werden:

Energiecontrolling

Energiecontrolling ist die systematische meßtechnische Erfassung, Darstellung und Bewertung des Verbrauchs mit hinreichender Auflösung. Aufgabe des Energiecontrolling ist die Senkung des Energieverbrauchs bzw. der Energiekosten eines Betriebs durch die Aufdeckung und Beseitigung von Schwachstellen und Unregelmäßigkeiten in der Energieversorgung.

Ein weiterer Begriff, der im Zusammenhang mit Controlling genannt wird, ist „Benchmarking" oder „Kennzahlenvergleich". Eingesetzt zur Bewertung eines Energieverbrauchs, kann Benchmarking wie folgt definiert werden:

Benchmarking ist eine Methode, den Energieverbrauch von Anlagen oder Betrieben durch den Vergleich mit ähnlichen Anlagen oder Betrieben zu bewerten. Durch den Bezug des Energieverbrauchs auf eine typische Anlagen- oder Betriebsgröße (Fläche, Produktion etc.) wird eine Kennzahl berechnet, die mit Kennzahlen anderer Anlagen oder Betriebe verglichen wird.

Benchmarking ist also eine Bewertungsmethode innerhalb des Energiecontrolling.

2 Ziel des Energiecontrolling und Vorgehensweise

Ziel des Energiecontrolling ist letztendlich die Senkung der Energiekosten eines Betriebs durch die Aufdeckung und Beseitigung von Schwachstellen und Unregelmäßigkeiten in der Energieversorgung. Energiecontrolling ist dabei kein zeitlich begrenztes Projekt, sondern ein dauerhafter Bestandteil des Betriebsablaufs. Der Erfolg wird dabei um so größer sein, je stärker das Ziel der Energieeinsparung im Bewußtsein aller Betriebsangehörigen verankert ist.

Basis ist die kontinuierliche, meßtechnische Erfassung von Unterverbräuchen eines Betriebs sowie die gleichzeitige Erfassung der wesentlichen Einflußparameter auf den Energieverbrauch (produzierte Stückzahlen, Betriebsstunden von Anlagen, Gradtagzahlen etc.). In Verbrauchsanalysen wird der Einfluß der wesentlichen Parameter auf den Verbrauch ermittelt. Basierend auf der Kenntnis dieser Zusammenhänge werden Zielvorgaben gemacht, anhand derer der Verbrauch kontinuierlich bewertet und überwacht wird. Handlungsbedarf ergibt sich gegebenenfalls aus der Untersuchung der Abweichungen des gemessenen Verbrauchs von den Zielvorgaben. Die Integration von Energieberichten in das innerbetriebliche Berichtswesen sowie die Einrichtung von regelmäßig tagenden Energie-Teams unterstützt das Energiecontrolling.

> Abgleich von Energieverbrauch und Produktionsdaten.

Eine verursachungsgerechte Abrechnung des Energieverbrauchs als integrierter Bestandteil des Energiecontrolling ist notwendig, um lokal dort, wo die Energiekosten verursacht werden (also in jeder Kostenstelle), Anreize zur Senkung dieser Kosten zu schaffen. Energiecontrolling ist somit ein kontinuierlicher Prozeß, bestehend aus:
- Datenerfassung,
- Datenanalyse und Bewertung,
- Entwicklung und Umsetzung von Maßnahmen sowie
- Erfolgskontrolle.

Die Einführung eines Energiecontrolling in einem Betrieb erfolgt in drei Schritten.
- In der Vorbereitungsphase werden grundlegende Informationen zur Organisation und technischen Ausstattung des Betriebs zusammengestellt und eine Strategie entwickelt.
- In der anschließenden Einführungsphase erfolgen umfangreiche Analysen der erfaßten Verbrauchsdaten, um Bewertungsmaßstäbe für den Verbrauch aufzustellen.
- In der Durchführungsphase wird der Verbrauch kontinuierlich mit Hilfe der entwickelten Bewertungsmaßstäbe überwacht. Diese Maßstäbe müssen regelmäßig überprüft werden.

> Einführung des Energiecontrolling in drei Schritten.

3 Vorbereitende Schritte

Der Erfolg eines Energiecontrolling, gemessen an der erzielten Senkung der Energiekosten im Vergleich zum betriebenen Aufwand zur Datenerfassung und -auswertung, hängt davon ab, ob eine belastbare Datenbasis im Unternehmen geschaffen wird und ob das Management diesen Aufwand unterstützt.

Der Aufwand wird wesentlich vom Umfang der Datenbasis bestimmt. Die Installation zu vieler Meßgeräte, die Daten in zu kurzen Perioden liefern, kann schnell den Aufwand zur Erfassung, Auswertung und Verwaltung der Daten explodieren lassen, ohne daß dies zu entsprechend größeren Einsparungen führen würde. Kosten und Unübersichtlichkeit werden dadurch vergrößert.

Verringerung des Aufwands durch sorgfältige Vorbereitung.

Ein guter Einstieg in das Energiecontrolling ist die systematische Ablesung der bereits im Unternehmen vorhandenen Stromzähler und ein Abgleich der ermittelten Werte mit Produktionsdaten. So können häufig erste Einsparerfolge mit geringem Aufwand erzielt werden. Das Energiecontrolling wird dann schrittweise ausgebaut. Investitionen in weitere Zähler oder ein automatisches Erfassungssystem lassen sich so mit bereits erzielten Einsparungen gut begründen.

Ein bewährter Weg zur Einführung eines Verbrauchs-Controlling in einem Unternehmen führt über eine Voruntersuchung, in der der Ist-Zustand dokumentiert und die durchzuführenden Schritte festgelegt werden.

3.1 Entwicklung einer Strategie

In Vorgesprächen muß eine langfristige Strategie für die Ein- und Durchführung des Energiecontrolling entwickelt werden. Dabei müssen Vorentscheidungen getroffen werden, die von der spezifischen Situation in jedem einzelnen Betrieb abhängen:

- Soll die Einführung des Energiecontrolling mit eigenem Personal oder mit der Hilfe externer Berater erfolgen?
- Soll das Energiecontrolling im gesamten Betrieb gleichzeitig oder zuerst in einigen, wesentlichen Bereichen eingeführt und später ausgeweitet werden?
- In welchen Bereichen des Betriebs soll das Energiecontrolling zunächst eingeführt werden?

Die Hinzuziehung erfahrener Berater ist für mittlere bis größere Betriebe meist ratsam. Externe Fachleute können helfen, Fehler zu vermeiden und so Zeit und Kosten zu sparen sowie schwierige Entscheidungen gegen betriebsinterne Barrieren durchzusetzen. Bei dem Beschluß, mit Beratern zusammenzuarbeiten, spielen die verfügbare Zeit, das Know-how des eigenen Personals und nicht zuletzt die Firmenphilosophie eine Rolle.

Energiecontrolling in Teilbereichen als Pilotprojekt.

In größeren Betrieben ist in der Regel die Einführung des Energiecontrolling als Pilotprojekt in Teilbereichen sinnvoll, um so mit begrenztem Aufwand erste Erfahrungen zu sammeln. Die ausgewählten Teilbereiche des Unternehmens müssen jedoch Energiekosten und damit auch Einsparpotentiale in einer Größenordnung aufweisen, die den notwendigen Aufwand rechtfertigen. Aus diesem Grund ist in kleineren Betrieben die Einführung nur für Teilbereiche nicht sehr sinnvoll.

Es sind verschiedene Abgrenzungen der zu betrachtenden Teilbereiche möglich, zum Beispiel einheitliche Produktionsbereiche (Bereich Abfüllung, Bereich Endmontage), einzelne große Verbrauchseinrichtungen (Öfen, Entstaubungsanlagen) oder einzelne Energieträger (nur elektrische Energie, nur Druckluft).

Einige Kriterien für die Auswahl von Teilbereichen, in denen das Energiecontrolling zunächst eingeführt werden kann, sind:

- das abgeschätzte Einsparpotential im betrachteten Teilbereich: Abhängig von Art, Alter und Betriebsweise der Anlagen kann oft im ersten Schritt von einer Energieeinsparung von etwa 3 bis 5 % ausgegangen werden.
- die Höhe der Energiekosten im betrachteten Teilbereich, verbunden mit der geforderten Amortisation: Bei einer Untergliederung in Bereiche mit zum Beispiel monatlichen Stromkosten unter 1.000 DM dürfte der Aufwand für Datenerfassung und -analyse höher als der zu erwartende Einspareffekt sein. In solchen Fällen sollte überlegt werden, vorerst größere Bereiche zu betrachten. (Installation

eines Elektrizitätszählers: ca. 1.000 DM, hinzu kommen regelmäßiger Zeitaufwand für Ablesung und Auswertung des Zählers, geschätztes Einsparpotential: 5 % = 600 DM/Jahr)
- Anzahl und Lage vorhandener Meßeinrichtungen zur Verbrauchserfassung (zum Beispiel Elektrizitätszähler) im betrachteten Bereich
- Meßbarkeit sowie Aufwand zur Erfassung der Randbedingungen, die den Energieverbrauch wesentlich beeinflussen (zum Beispiel Produktionsdaten)
- Motivation der Mitarbeiter im betrachteten Bereich, Energie einzusparen

Basis für eine endgültige Entscheidung ist die unten beschriebene Voruntersuchung.

Außerdem müssen verantwortliche Personen benannt und ein Zeitplan für die Einführung aufgestellt werden. Für mittlere bis große Industriebetriebe ist von den ersten Vorgesprächen bis zur „routinemäßigen" Einbindung des Energiecontrolling in die Betriebsabläufe mit einem Jahr zu rechnen.

> Festlegung von Personen, Zeit- und Kostenrahmen.

Den beteiligten Personen muß ein Zeit- und Kostenrahmen zur Verfügung gestellt werden.

Der Ist-Zustand der Energieversorgung im Unternehmen muß erfaßt und dokumentiert werden. Ist die Vorentscheidung zugunsten eines bestimmten Betriebsbereichs gefallen (s.o.) so ist die Erfassung des Ist-Zustandes zunächst nur für diesen Bereich notwendig.

3.2 Dokumentation des Ist-Zustandes

Folgende Strukturen bzw. Daten müssen für die Dokumentation des Ist-Zustandes betrachtet werden:

Versorgungsstruktur

Zur Beurteilung, welche vorhandenen Zähler verwendet werden können und wo neue ergänzt werden müssen, muß die Struktur der Energieverteilung (für Elektrizität, aber auch Wärme, Gas, Wasser etc.) erfaßt werden. Diese Untersuchung beinhaltet (siehe dazu auch VDI Richtlinie 3922):
- Ermittlung der Versorgungskosten (elektrische Energie, Gas, Wasser etc.) aus Abrechnungen
- Aufstellung der innerbetrieblichen Verteilungsschemata (elektrische Energie, Gas, Wasser etc.) einschließlich vorhandener Zähler und Unterzähler
- Bestimmung der wesentlichen Verbrauchseinrichtungen, die generell in drei Gruppen eingeteilt werden können: große Einzel-Verbrauchseinrichtungen (zum Beispiel Ofen, Trockner), Produktionsbereich mit vielen Klein-Verbrauchseinrichtungen (zum Beispiel Montagehalle) und Versorgungssysteme (zum Beispiel zentrale Kälteanlage, gesamte Drucklufterzeugung).

Hilfreich sind hierbei unter anderem die Auswertung existierender Zählerdaten und Abrechnungen sowie Abschätzungen auf der Basis von Anschlußleistungen und Betriebsstundenzählern oder durchschnittlichen Betriebszeiten.

Produktionsdaten

Die wesentlichen Produktionsdaten (Stückzahlen, Tonnagen etc.) sowie weitere Parameter, die den Energieverbrauch wesentlich beeinflussen (Arbeitszeiten, Laufzeiten, Gradtagzahlen etc.), müssen ermittelt werden. Es muß sichergestellt werden, daß diese Daten regelmäßig erfaßt werden können.

Organisationsstruktur

Gemessene Verbrauchswerte müssen den Kostenstellen zugewiesen werden können. Daher ist neben der Versorgungsstruktur auch die Organisationsstruktur wesentliches Kriterium für die Anordnung von Unterzählern.

3.3 Installation von Zählern

Kriterien für die Verwendung vorhandener Unterzähler oder die notwendige Installation neuer Zähler sind:
- Die wesentlichen Verbrauchseinrichtungen müssen separat erfaßt werden.
- Die Zuteilung der Energiekosten zu den Kostenstellen sollte aus gemessenen Verbrauchswerten erfolgen; prozentuale Aufteilungen geben keinen Anreiz zum Energiesparen.
- Zusätzliche Unterzähler sollten jedoch nur dann installiert werden, wenn die in den damit erfaßten Bereichen erzielbaren, abgeschätzten Einsparungen eine akzeptable Amortisation der Zählerkosten (ca. 1.000 DM für die Installation eines Elektrizitätszählers mit Fernzählausgang) erwarten lassen.
- Sind bereits viele Zähler im Unternehmen installiert, ist es oft möglich, den wesentlichen Energieverbrauch über die Auswertung (mit der erforderlichen zeitlichen Auflösung) nur der wichtigsten Zähler zu überwachen.

Zusammenhang zwischen Zähler-Installationskosten und gemessenem Energieverbrauch.

3.4 Festlegung der Art der Datenerfassung

Dieser Punkt kann nicht isoliert nur für das Energiecontrolling betrachtet werden, da die zu erfassenden Daten in der Regel auch für andere Anwendungen im Unternehmen (zum Beispiel Kostenrechnung, Betriebsdatenerfassung, Anlagensteuerung) verwendet werden. Sinnvoll ist eine Verwaltung der Daten an zentraler Stelle. Es sollte möglich sein, diese Daten von verschiedenen Stellen im Unternehmen aus für eigene Auswertungen abzurufen. Eine Datenübergabe über Schnittstellen ist zu empfehlen. Dieses Verfahren spart Zeit und vermeidet Übertragungsfehler.

Die Erfassung von Verbrauchsdaten für das Energiecontrolling ist prinzipiell manuell möglich. Wird ein automatisches Datenerfassungssystem installiert, müssen sich die Anforderungen an dieses System nach allen Anwendungen richten, die später auf diese Daten zugreifen sollen. Dabei stellen Anwendungen, die steuernd in Prozesse eingreifen (zum Beispiel Lastmanagement), wesentlich höhere Anforderungen an die zu verwaltende Datenmenge, Übertragungsrate oder Systemstabilität als das Energiecontrolling, durch das keine weitere Belastung vorhandener Datenerfassungssysteme entsteht. Es muß lediglich sichergestellt sein, daß die zu Grunde gelegte Datenbank in der Lage ist, für das Energiecontrolling aggregierte Daten (Tages-, Wochen- oder Monatswerte) auszugeben. Müssen weitere Zähler installiert werden, empfiehlt sich die Verwendung von Geräten, die für eine automatische Erfassung ausgelegt sind oder dafür nachgerüstet werden können. Die Mehrkosten dafür sind bei Elektrizitätszählern gering.

Nachfolgend werden die Anforderungen des Energiecontrolling an die Datenerfassung dargestellt.

Zeitliche Auflösung der Daten

Wichtig für den Erfolg des Energiecontrolling ist die Auswahl der optimalen zeitlichen Auflösung für die Datenerfassung und -auswertung. Werden zu viele Daten aufgenommen, kann der Aufwand die zu erwartenden Einsparungen übersteigen. Andererseits besteht die Gefahr, durch ein zu grobes Zeitraster die Ursachen für Verbrauchsabweichungen nicht oder zu spät zu erkennen. Damit verringert sich das Einsparpotential.

Monatliche Daten können eine grobe Übersicht geben oder für ein Energiecontrolling von Liegenschaften (Schulen, Supermärkte etc.) sinnvoll sein. Ein wöchentlicher Rhythmus zur Datenerfassung, Auswertung und Berichtserstellung hat sich in großen Betrieben als sinnvoll erwiesen und paßt in der Regel auch zum vorhandenen Berichtswesen in Firmen. Der Aufwand, sich regelmäßig mit Tagesverbräuchen zu beschäftigen, ist meist nur für begrenzte Zeiträume oder sehr große Verbrauchseinrichtungen notwendig. Eine noch feinere zeitliche Auflösung ist für das Energiecontrolling nicht sinnvoll.

Meßintervalle zwischen einem Monat und einem Tag.

Art der Datenerfassung
Es können generell vier Methoden zur Datenerfassung unterschieden werden:
1. Verbrauchsdaten aus monatlichen Abrechnungen des Energieversorgers: Diese einfachste Art der Verbrauchserfassung ist sinnvoll für kleinere Betriebe, öffentliche Gebäude etc. Sie ist jedoch zu grob für Analysen und zu langfristig für Korrekturmaßnahmen in größeren Industriebetrieben.
2. Manuelle Datenerfassung mit Hilfe von Formblättern und anschließender Eingabe in Computer: Diese einfache Methode sollte zumindest in der Einführungsphase immer eingesetzt werden, selbst wenn später automatische Datenerfassungssysteme vorgesehen sind. Abgelesene Zählerstände können auch vor Ort direkt in tragbare EDV-Eingabegeräte („Handheld PC") eingegeben und anschließend über eine Schnittstelle in den Rechner übertragen werden. Dieses Verfahren reduziert Übertragungsfehler und Zeitaufwand.
3. Datenerfassung über lokale Geräte zur Erfassung und Speicherung von Daten (Datenlogger): Lokal eingerichtete Datenspeicher erfassen Zählerstände mit beliebiger zeitlicher Auflösung. Zur Auswertung werden sie manuell, zum Beispiel über tragbare PC, ausgelesen. Dies ist eine sinnvolle Zwischenlösung, insbesondere dann, wenn für die Zukunft eine Fernauslesung geplant ist. Ablese- und Übertragungsfehler werden vermieden.
4. Automatisches Datenerfassungssystem: Hauptnachteile solcher automatischen Systeme sind die hohen Kosten sowie die im Vergleich zu allen anderen Systemen sehr langen Zeiten (typischerweise mindestens ein Jahr), die für die Auswahl und fehlerfreie Installation erforderlich sind. Dies verzögert den Zeitpunkt der Amortisation des Verbrauchs-Controlling erheblich. Vorteile sind die fehlerfreie und mit hoher Auflösung mögliche Datenerfassung bei geringem Zeitaufwand, wenn das System erst einmal installiert ist.

> Manuelle Datenerfassung als Einstieg, automatische Datenerfassung als Ziel.

Abhängig vom Umfang der zu verarbeitenden Daten kann die Auswertung und Darstellung mit Tabellenkalkulationsprogrammen oder spezieller Software für Energiecontrolling erfolgen (s. Literatur: Energieagentur NRW).

Bei der Auswahl der Software sollte auf folgende Leistungsmerkmale geachtet werden:
- übersichtliche Zählerverwaltung, Darstellung und Archivierung von Verbrauchsdaten, basierend auf der manuellen und/oder automatischen Erfassung von Zählerständen,
- Zuordnung von gemessenen oder berechneten Unterverbräuchen zu entsprechenden Kostenstellen unter Berücksichtigung der Tarife,
- verschiedene Möglichkeiten zur Bewertung des Verbrauchs (Analysen, Kennzahlen etc.) und zur Automatisierung der Überwachung (Meldungen bei Grenzwertüberschreitungen) sowie
- Möglichkeit des Datenaustausches mit anderen Anwendungen.

3.5 Auswahl einer Software zur Datenauswertung

Die Darstellung und Analyse des Lastgangs, also des Verlaufs der Bezugsleistung über den Tag, ist für das Lastmanagement notwendig. Für das Energiecontrolling ist eine so feine zeitliche Auflösung der Daten nicht erforderlich.

Es gibt auch Softwarepakete (sogenannte „Energieoptimierungsprogramme"), die, aufbauend auf automatisch erfaßten Meßwerten mit nachgeschalteten Optimierungsrechnungen, steuernd in Prozesse eingreifen. Diese rechnergestützte Verbrauchsoptimierung ist allerdings nur für Prozesse anwendbar, die über Fernwirksysteme gesteuert werden. Manuell gesteuerte Vorgänge, wie Einstellung von Anlagen oder manuelle Bedienung von Maschinen, können damit nicht optimiert werden.

> Auswahl der Software gemäß Zielvorgaben.

4 Analyse- und Bewertungsmethoden

Die reine Darstellung von Verbrauchsverläufen führt zu keiner Energieeinsparung. Energiecontrolling erfordert eine Bewertung des Verbrauchs, die mit unterschiedlicher Motivation erfolgen kann, um Ansätze zur Senkung identifizieren zu können. Ziele können sein:
- (einmalige) Einordnung des Betriebs oder einer Anlage, um ein Einsparpotential und somit Handlungsbedarf abzuschätzen und zu begründen,
- (kontinuierliche) Überwachung des laufenden Betriebs, um Unregelmäßigkeiten zu vermeiden sowie
- Ermittlung der exakten Energiekosten einzelner Produkte für die Kostenplanung.

Abhängig vom verfolgten Ziel und der Art des Unternehmens können unterschiedliche Bewertungsmethoden eingesetzt werden. Zwei Methoden, die unabhängig von spezifischen Herstellungsprozessen angewendet werden können, sind nachfolgend beschrieben.

4.1 Benchmarking/Kennzahlenvergleich

Der Energieverbrauch eines Betriebs oder einer Anlage wird durch eine Bezugsgröße, zum Beispiel die Produktion dieses Betriebs, dividiert und dem entsprechenden Wert des Vorjahres oder den entsprechenden Kennzahlen ähnlicher Betriebe oder Anlagen gegenübergestellt. Durch diesen Vergleich können der betrachtete Verbrauch eingestuft und Einsparpotentiale abgeschätzt werden.

Beispiel Warmhalteofen

Für einen Induktions-Warmhalteofen (Kapazität 20 t, Durchsatz 150 t/Tag) werden folgende Kennzahlen erfaßt: Januar 1998: 80 kWh/t, Januar 1999: 105 kWh/t. Diese Werte lassen folgende Bewertung zu:

Januar 1998: Verglichen mit entsprechenden Literaturwerten liegt ein durchschnittlich guter Ofen vor.

Januar 1999: Der Vergleich mit dem Vorjahreswert zeigt, daß wahrscheinlich die Standzeit des Induktors erreicht oder die Isolierung schadhaft ist. Der Ofen verursacht daher verglichen mit dem Vorjahr tägliche Mehrkosten von etwa 400 DM durch erhöhten Verbrauch an elektrischer Energie.

Beispiel Brauerei

Für eine Brauerei (Ausstoß 600.000 hl/Jahr, eigene Flaschenabfüllung) wird ein spezifischer Verbrauch von 14,8 kWh/hl errechnet. Das „Handbuch der Brauerei-Praxis" nennt einen Vergleichswert von 7 bis 11 kWh/hl. Der betrachtete Betrieb erkennt daher Handlungsbedarf und schätzt das Einsparpotential auf ca. 270.000 DM/a.

Die Beispiele zeigen bereits die grundsätzliche Problematik bei Kennzahlenvergleichen auf. Meistens beeinflussen mehrere Größen den Energieverbrauch. Daher müssen neben der Bezugsgröße (zum Beispiel Tonnage, gebrautes Bier) weitere Parameter angegeben werden (Kapazität, Durchsatz, Biersorte), um einen korrekten Vergleich zu ermöglichen. Insbesondere ist eine Kennzahl meistens von der Auslastung der Produktionsanlagen abhängig.

Weiterhin ist die Wahl der Bezugsgröße entscheidend für die Aussagefähigkeit der Kennzahl. In Gießereien gibt es zum Beispiel die Menge eingesetzten (oder erschmolzenen) Materials sowie die Menge guter Guß, bei der bereits Abbrand, Schlacke, Ausschuß etc. abgezogen sind. Sollen die Energiekosten pro Produkt ermittelt werden, so muß die Tonnage guter Guß als Bezugsgröße verwendet werden. Zur Bewertung des Energieverbrauchs des Schmelzofens sollte die eingesetzte Menge herangezogen werden, da sie von der Produktionsqualität (Ausschuß, Art des Endproduktes) unabhängig ist.

Energieverbräuche für Heizung, Klimatisierung und Lüftung werden auf die beheizte Fläche bzw. das klimatisierte Raumvolumen bezogen. Diese Größen sind jedoch häufig nicht dokumentiert. Hier kann man sich mit Reinigungsflächen (nach deren Größe Reinigungsfirmen bezahlt werden) weiterhelfen. Kennzahlen und Berechnungsmethoden für Energieverbrauch in Gebäuden sowie Verbrauchskennzahlen für industrielle Prozesse, Anlagen und Branchen findet man in der Fachliteratur und bei Verbänden.

Anwendungsgebiete für Kennzahlenvergleiche sind:
- erste, grobe Einschätzung, ob Handlungsbedarf für die Senkung des Energieverbrauchs von Betrieben oder Anlagen besteht,
- Einstieg in ein Verbrauchs-Controlling ohne Investition in neue Zähler, basierend auf den vorhandenen Monatsabrechnungen, und
- kontinuierliche Überwachung des Energieverbrauchs (für Heizung, Klima, Licht) von Liegenschaften, basierend auf den Monatsabrechnungen.

Benchmarking: Aufwand gering, Ergebnisse bedingt aussagefähig.

Eine genauere Bewertungsmethode besteht darin, den Zusammenhang zwischen Energieverbrauch und den diesen wesentlich beeinflussenden Parametern mathematisch zu beschreiben (Theweleit et al. 1997).

4.2 Soll/Ist-Vergleich

Zwischen dem Verbrauch an elektrischer Energie und der Anzahl produzierter Teile in einer Halle mit Fertigungsautomaten besteht ein Zusammenhang. Diese Abhängigkeit („Korrelation") des Verbrauchs von der Produktion ist in Abbildung 1 dargestellt.

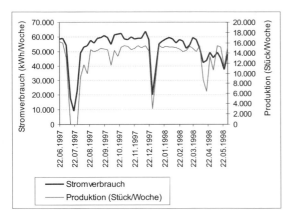
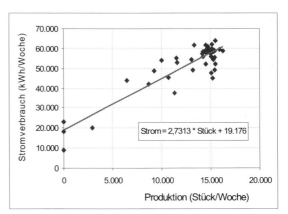

Die Korrelationsanalyse beschreibt die Lage der Meßpunkte in Abbildung 1 mittels einer Geraden, deren Gleichung die Abhängigkeit des Verbrauchs von der Produktion beschreibt:

$$Verbrauch = 19.176 + 2{,}73 \times Produktion \ (in \ kWh/Woche)$$

Abb. 1: Zusammenhang („Korrelation") zwischen Elektrizitätsverbrauch und Produktion

Ist die Beschreibung des Verbrauchs durch die Gleichung zufriedenstellend, kann mit ihrer Hilfe aus der jeweiligen Wochenproduktion der zu erwartende Verbrauch, die Soll-Vorgabe, berechnet und mit dem gemessenen Verbrauch, dem Ist-Wert, verglichen werden. Daraus werden Abweichungen im laufenden Betrieb deutlich (siehe Abbildung 2), die hinterfragt werden müssen.

Schleichende Entwicklungen des Verbrauchs werden deutlich, wenn die Abweichungen im Laufe der Zeit aufsummiert werden (siehe Abbildung 3). Im gezeigten Beispiel wurden seit der Änderung einer Maschineneinstellung im Dezember 1997 ca. 12.000 DM an Energiekosten eingespart.

Geringfügige Veränderungen, die im Laufe der Zeit erhebliche Mehrkosten verursachen können, werden zum Beispiel durch Ablagerungen in Wasserleitungen (erhöhter Pumpstromverbrauch) oder auf Filtern (erhöhter Stromverbrauch des Ventilators) verursacht. Wenn solche Effekte rechtzeitig erkannt werden, kann durch frühzeitige Maßnahmen ein weiteres Ansteigen der Stromkosten vermieden werden.

Soll/Ist-Vergleich zur Beschreibung unterschiedlichster Zusammenhänge.

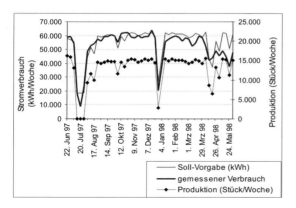
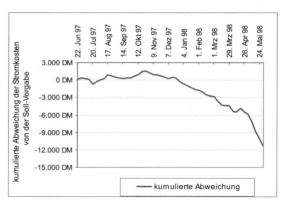

links: Abb. 2: Soll/Ist-Vergleich für den Elektrizitätsverbrauch in einer Produktionshalle

rechts: Abb. 3: Aufsummierte Abweichungen der Kosten für elektrische Energie von der Soll-Vorgabe

Bei der Berechnung der Soll-Vorgaben können auch mehrere Produktionsparameter berücksichtigt werden (siehe Beispiel 5.3: Überwachung eines Gießofens). Statt Korrelationsanalysen können auch theoretische Überlegungen zur Aufstellung der entsprechenden Soll-Gleichung führen.

Soll/Ist-Vergleiche sind prinzipiell zur Bewertung beliebiger (Energie-)Verbräuche anwendbar. Es müssen lediglich die wesentlichen Parameter, die den Verbrauch beeinflussen, meßtechnisch erfaßbar sein.

5 Beispiele aus der Praxis

5.1 Optimierung einer Entstaubungsanlage

In Gießereien sind Entstaubungsanlagen nach elektrisch beheizten Öfen oft die größten Verbrauchseinrichtungen. In Abbildung 4 werden der Elektrizitätsverbrauch einer Lichtbogenofen-Entstaubungsanlage, die Stahlproduktion des Ofens und die Betriebsstunden der Entstaubung für etwa ein halbes Jahr aufgezeigt.

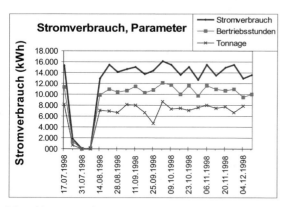
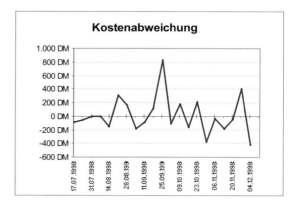

links: Abb. 4: Entstaubung Lichtbogenofen: Verbrauch, Tonnage und Betriebsstunden im Vergleich

rechts: Abb. 5: Abweichung der tatsächlichen Kosten für elektrische Energie von der Soll-Vorgabe

Der Verbrauch korreliert sehr gut mit den Betriebsstunden, aber weniger gut mit der Tonnage. Die Produktionssenkung zum 25. September spiegelt sich beispielsweise nicht in einem entsprechend niedrigeren Verbrauch wieder. Die Analyse ergab, daß die Entstaubung, deren drehzahlvariabler Lüfterantrieb manuell geregelt wird, nicht optimal auf die Produktion und damit den Staubanfall eingestellt wird.

Aus der Korrelation des Verbrauchs mit der Tonnage kann eine Soll-Vorgabe berechnet und die Differenz zum gemessenen Verbrauch ermittelt werden (Abbildung 5). Multipliziert man diese Differenz mit dem Preis für die elektrische Energie, ergibt sich die Abweichung der tatsächlichen Energiekosten von der Soll-Vorgabe (Abbildung 5).

Energiecontrolling

In dem betrachteten Beispiel kann die Regelung durch den Einbau optischer Sensoren, die die Motordrehzahl der Entstaubung abhängig vom Staubgehalt der abgesaugten Luft regeln, optimiert werden. Eine solche Regelung kostet ca. 10.000 DM. Das Einsparpotential kann im genannten Beispiel erst durch eine detailliertere Untersuchung der derzeitigen Regelung ermittelt werden. Die Energiekosten für den Betrieb der Entstaubungsanlage liegen bei ca. 100.000 DM/Jahr.

5.2 Kennzahlenvergleich bei Warmbehandlungsöfen

Gute Vergleichsmöglichkeiten bieten Anlagen unterschiedlicher Bauart, die für ähnliche Prozesse eingesetzt werden. In Warmbehandlungsöfen werden Stahlgußteile durch definierte Aufheiz- und Abkühlvorgänge behandelt, um gezielt die Materialeigenschaften zu verändern.

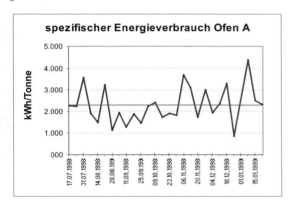
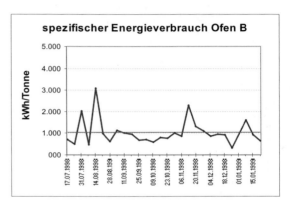

Abb. 6: Spezifischer Energieverbrauch von zwei Warmbehandlungsöfen Ofen A benötigt demnach je durchgesetzte Tonne etwa die doppelte Energiemenge wie Ofen B.

Abbildung 6 zeigt den spezifischen Wärmeverbrauch verschiedener Warmbehandlungsöfen, die für die gleichen Warmbehandlungsprozesse eingesetzt werden. Der auf die durchgesetzten Stahlgußteile (in Tonnen) bezogene Wärmeverbrauch läßt sich direkt vergleichen.

Aus dem Durchsatz läßt sich damit das Einsparpotential für die Sanierung von Ofen A berechnen. Das Einsparpotential beträgt für den derzeitigen Durchsatz ca. 60.000 DM/Jahr Energiekosten. Die Ofensanierung erfordert in diesem Beispiel Investitionen von ca. 300.000 DM.

5.3 Überwachung eines Gießofens

Wenn der Energieverbrauch von mehreren, sich verändernden Parametern abhängt, kann keine Kennzahl mehr berechnet werden. In diesem Fall ist ein Soll/Ist-Vergleich zur Bewertung notwendig. Die Analyse für den Elektrizitätsverbrauch eines Induktions-Gießofens zeigte, daß der Verbrauch gegenläufig zur abgegossenen Menge sowie gleichgerichtet zur Betriebs- und Störzeit der zugehörigen Formanlage verläuft (siehe Abbildung 7).

In einer Korrelationsanalyse wurde die Abhängigkeit des Energieverbrauchs von allen drei Parametern gemeinsam ermittelt. Aus diesem Zusammenhang wurde eine Soll-Vorgabe berechnet (siehe Abbildung 8).

Erst aus diesem Vergleich wird der große Energiemehrverbrauch im November deutlich, der Mehrkosten von etwa 4.000 DM verursachte.

5.4 Überwachung einer pneumatischen Sandförderung

Die Drucklufterzeugung verursacht in Industriebetrieben häufig einen großen Verbrauch an elektrischer Energie. Die Energiekosten können hier durch eine optimierte Drucklufterzeugung oder eine Verringerung des Druckluftverbrauchs gesenkt werden. In kleineren Netzen ist hierfür die Erfassung des Energieverbrauchs der Druckluftkompressoren ausreichend. Im vorliegenden Beispiel wurde der Druckluftverbrauch einer großen Einzel-Verbrauchseinrichtung, der pneumatischen Sandförderung, gemessen.

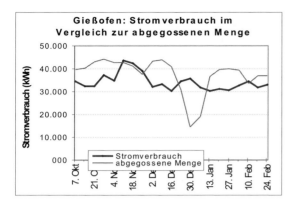
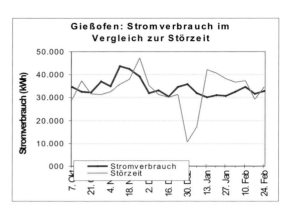
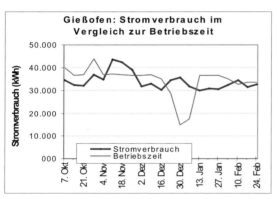
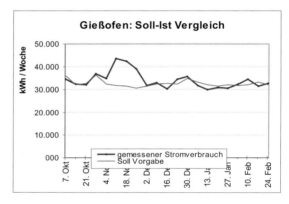

oben links u. rechts / unten links:
Abb. 7: Elektrizitätsverbrauch eines Gießofens (dicke Linie) im Vergleich zur Tonnage, Störzeit und Betriebszeit (jeweils dünne Linien)

unten rechts:
Abb. 8: Induktions-Gießofen: Soll/Ist-Vergleich für den Verbrauch unter Berücksichtigung von Tonnage, Betriebs- und Störzeit

Bei der pneumatischen Sandförderung wird Sand mit Druckluft durch eine Rohrleitung gefördert. Abbildung 9 zeigt den ermittelten spezifischen Druckluftverbrauch für die betrachtete Förderanlage.

Ab November ist ein Anstieg des spezifischen Verbrauchs auf das 2,5fache Niveau deutlich erkennbar. Es stellte sich heraus, daß der Anlagenbetreiber die Steuerung der Luftzufuhr verändert hatte, ohne daß ihm der dadurch verursachte, deutliche Mehrverbrauch bewußt war. Bei der Diskussion der Diagramme beschloß er, die Änderung wieder rückgängig zu machen.

Der Soll/Ist-Vergleich für den wöchentlichen Druckluftverbrauch liefert die gleiche Aussage (Abbildung 10). Insbesondere die Darstellung der kumulierten Kostenabweichung für diesen erhöhten Druckluftverbrauch zeigt, daß durch die Änderung in zwölf Wochen ca. 11.000 DM Mehrkosten entstanden sind (Abbildung 11). Dieser Mehrverbrauch wäre ohne das Energiecontrolling unerkannt geblieben. Die Einrichtung der Druckluft-Meßstelle hat sich damit in ca. sechs Wochen amortisiert.

Energiecontrolling

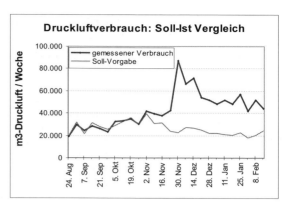

oben links:
Abb. 9: Pneumatische Sandförderung: Druckluftverbrauch je Tonne gefördertem Sand

oben rechts:
Abb. 10: Soll/Ist-Vergleich für den Druckluftverbrauch

rechts:
Abb. 11: Kumulierte Abweichung der tatsächlichen Kosten für die Drucklufterzeugung gegenüber der Soll-Vorgabe

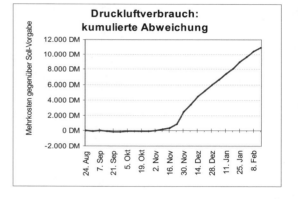

6 Literatur

ages GmbH: Verbrauchskennwerte 1996 – Energie- und Wasserverbrauchskennwerte von Gebäuden in der BRD. Münster 1996

Baumann, Kapmeyer, Muser: Energiesparende Gebäudeplanung für Ingenieure. 1996

Energieagentur NRW: Marktspiegel – Energieeinsparung mit EDV-Unterstützung. Wuppertal 1996

Flanagan, J., Menzler G., Theweleit, M.: Energie-Controlling. VIK Berichte 212, Essen 1999

Hummel, T.: Controlling: Grundlagen und Instrumente. Heidelberg 1995

SIA (Schweizer Ingenieur- und Architekten-Verein) Empfehlung 180/4: Energiekennzahl (Berechnungsmethode)

SIA Empfehlung 380/1: Energie im Hochbau

Theweleit, M., Webster: Controlling von Energie- und Wasserverbrauch in Betrieben – Methode und Praxisbeispiele. VDI Berichte 1368, Düsseldorf 1997

VDI Richtlinie 3807: Energieverbrauchskennwerte für Gebäude

VDI Richtlinie 3808: Energiewirtschaftliche Beurteilungskriterien für heiztechnische Anlagen

VDI Richtlinie 3922: Energieberatung für Industrie und Gewerbe

Heinrich Specht

Lastmanagement

Für die Leistungsabrechnung im Rahmen von Sonderverträgen über die Lieferung elektrischer Energie wird keine Momentanleistung herangezogen. Als Leistung gilt vielmehr der Energiebezug je Meßperiode dividiert durch die Dauer der Meßperiode. Die Meßperiodendauer beträgt in der Regel 15 Minuten. Ziel des Lastmanagement ist es daher nicht, die Momentanleistung zu begrenzen, sondern zu verhindern, daß der Energiebezug je 15-Minuten-Meßperiode einen vorzugebenden Wert übersteigt. Dieses Ziel läßt sich am besten erreichen durch ein automatisches Lastmanagement mit Hilfe eines Optimierungsrechners, der nach dem Prinzip der Bezugsoptimierung arbeitet. Dabei ist die betriebssicherste Lösung der Einsatz eines speziellen Prozeßrechners ohne bewegte Teile. Die Parameter-Eingabe und die Datenauswertung erfolgt mit Hilfe eines PC. Als notwendige Voraussetzung für ein Lastmanagement müssen Verbrauchseinrichtungen zur Verfügung stehen, deren Betrieb aus Lastspitzenzeiten in Zeiten mit geringerer Leistungsinanspruchnahme verlagert werden kann. Solche Geräte sind erfahrungsgemäß in jedem Betrieb zu finden. Das Lastmanagement hat keine produktive Funktion, sondern dient ausschließlich der Kostensenkung. Die Entscheidung über die Installation eines Lastmanagement-Systems sollte daher ausschließlich auf Basis einer fundierten Wirtschaftlichkeitsprognose getroffen werden. Soweit realisierbar, ist das Lastmanagement generell sehr wirtschaftlich: Die Kapitalrückflußzeit liegt erfahrungsgemäß nicht über zwei Jahren.

1 Ziel und Voraussetzungen

Sonderverträge über die Lieferung elektrischer Energie enthalten überwiegend Leistungspreisregelungen. Zu zahlen ist dann ein Arbeitspreis (in Pf/kWh) für die bezogene Energie und ein Leistungspreis (in DM/kW) für die Verrechnungsleistung. Dabei wird für die Abrechnung grundsätzlich keine Momentanleistung herangezogen. Es wird vielmehr im Vertrag eine Meßperiode vereinbart. Die Meßperiodendauer beträgt in der Regel 15 Minuten. Die für die Abrechnung maßgebende Leistung wird dann nach folgender Formel errechnet:

$$Leistung = \frac{Energiebezug\ je\ Meßperiode}{Dauer\ der\ Meßperiode}$$

Ermittlung der für die Abrechnung maßgebenden Viertelstunden-Durchschnittsleistung.

Damit ergibt sich die mittlere Leistung in der Meßperiode, in der Regel also die Viertelstunden-Durchschnittsleistung. Die höchste im Laufe eines Monats gemessene Viertelstunden-Durchschnittsleistung wird als Monatsleistung bezeichnet. Diese Monatsleistung wird dann vom Meßsatz des Elektrizitätsversorgungsunternehmens (EVU) registriert.

Die Liberalisierung des Marktes für elektrische Energie hat dazu geführt, daß überwiegend Monatsleistungspreisregelungen angeboten werden, für die als Verrechnungsleistung die Monatsleistung gilt und ein Monatsleistungspreis zu zahlen ist. Ein Monat hat bei 30 Tagen 720 Stunden und 2.880 Meßperioden. Der Verbrauch in einer von 2.880 Meßperioden bestimmt damit die Höhe der Leistungskosten für den Monat.

Vor der Freigabe des Energiemarktes enthielten Verträge über die Lieferung elektrischer Energie überwiegend Jahresleistungspreisregelungen. Als Verrechnungsleistung gilt hier der arithmetische Mittelwert aus den drei (bei einigen EVU auch zwei) höchsten Monatsleistungen. Ein Jahr hat bei 365 Tagen 8.760 Stunden und 35.040 Meßperioden. Bei einer Jahresleistungspreisregelung wird die Höhe der Leistungskosten also bestimmt durch den Verbrauch in drei (oder zwei) von 35.040 Meßperioden.

Lastmanagement

Nun entstehen hohe Viertelstunden-Durchschnittsleistungen oftmals durch Zufälle und sind betrieblich nicht erforderlich. Ziel des Lastmanagement im engeren Sinne ist es, diese Zufälle zu vermeiden, den Lastgang zu vergleichmäßigen und damit die Leistungskosten zu senken. Zu diesem Zweck wird der Energiebezug überwacht und eine Steuerung der Last vorgenommen. Da die maßgebende Leistung als Mittelwert über 15 Minuten gebildet wird, ist es allerdings nicht erforderlich, die Momentanleistung zu begrenzen. Konkret hat das Lastmanagement vielmehr folgendes Ziel:

Lastmanagement soll durch geeignete Maßnahmen verhindern, daß der Energiebezug je Meßperiode einen vorzugebenden Wert übersteigt.

> Keine Begrenzung der Momentanleistung, sondern des Energiebezugs je Meßperiode.

Realisieren läßt sich ein Lastmanagement nur, wenn der Bezug elektrischer Energie vom EVU vorübergehend reduziert werden kann. Für diese Reduzierung bestehen grundsätzlich zwei Möglichkeiten:

- Abschalten von Verbrauchseinrichtungen
- Inbetriebnahme von Eigenerzeugungsanlagen

Als Eigenerzeugungsanlagen zum Abfahren von Leistungsspitzen kommen vor allem Notstromaggregate in Frage. Diese müssen dann allerdings für den Netzparallelbetrieb eingerichtet sein, das heißt sie müssen die Parallelfahrbedingungen des EVU erfüllen (zum Beispiel Spannungsüberwachung, Frequenzüberwachung). Außerdem muß die Synchronisierung automatisch erfolgen. Daneben ist zu beachten, daß ein häufiger Kurzzeitbetrieb einen erheblichen Verschleiß zur Folge hat. Schließlich muß in die Überlegungen einbezogen werden, daß nach der 5. Durchführungsverordnung zum Energiewirtschaftsgesetz Notstromaggregate neben ihrer eigentlichen Bestimmung maximal 15 Stunden im Monat zur Probe betrieben werden dürfen, ohne daß sich negative Auswirkungen auf den Preis für die vom EVU bezogene elektrische Energie ergeben können. Diese Einschränkung dürfte allerdings auf dem liberalisierten Energiemarkt kaum noch Bedeutung haben.

Auch dann, wenn eine geeignete Eigenerzeugungsanlage vorhanden ist, werden generell zunächst Verbrauchseinrichtungen abgeschaltet, um den Bezug zu verringern. Besonders geeignet sind Verbrauchseinrichtungen, die ständig betrieben werden, aber kurzzeitig ab- und wieder zugeschaltet werden können, ohne daß sich negative Auswirkungen auf den Betriebsablauf ergeben (zum Beispiel Elektroöfen, Gebläse, Pumpen, Mühlen). Weitere Hinweise zu den abschaltbaren Verbrauchseinrichtungen finden sich in Abschnitt 5.

Wie sich aus den vorangegangenen Ausführungen ergibt, ist eine Reduzierung des Energieverbrauchs nicht Ziel des Lastmanagement. Sie kann jedoch als positiver Nebeneffekt auftreten, und zwar bei solchen Anlagen, die einen vermiedenen Energiebezug nicht zu einem späteren Zeitpunkt nachholen (zum Beispiel Beleuchtungsanlagen oder Lüfter in raumlufttechnischen Anlagen).

2 Lastmanagement mittels organisatorischer Maßnahmen

Unter bestimmten Voraussetzungen kann ein Lastmanagement mit Hilfe organisatorischer Maßnahmen erfolgen. In einem Industriebetrieb wurde zum Beispiel festgestellt, daß eine Leistungsspitze immer am Montag zwischen 7 Uhr und 8 Uhr auftrat, weil alle Elektroöfen zu Beginn der Arbeitszeit eingeschaltet wurden. Diese Spitze kann dadurch vermieden werden, daß die Anweisung erteilt wird, einen der Öfen, der innerhalb der ersten Stunden nicht benötigt wird, erst um 9 Uhr einzuschalten. Da die Befolgung von Anweisungen nie völlig sicher ist, könnte als Alternative auch eine Zeitschaltuhr installiert werden, die entsprechend programmiert wird.

> Vorgabe von Sperrzeiten und elektrische Verriegelung.

Eine andere organisatorische Möglichkeit ist die elektrische Verriegelung von Verbrauchern. In einem Restaurant wurde mit Hilfe einer relativ einfachen Schütz-Schaltung verhindert, daß die Geschirrspülmaschine und der große Plattenherd gleichzeitig betrieben werden können.

Auch das Sprinklerpumpen-Problem kann in der Regel durch eine organisatorische Maßnahme gelöst werden. In einem Industriebetrieb wurde festgestellt, daß während der Vormittagsstunden sporadisch erhebliche Leistungsspitzen gemessen wurden, die die Verrechnungsleistung entsprechend erhöhten. Eine Analyse ergab, daß diese Leistungsspitzen immer dann auftraten, wenn die Sprinklerpumpe (Leistungsaufnahme 50 kW) gewartet und anschließend zur Probe betrieben wurde. Der Betrieb produzierte in einigen Teilbereichen zweischichtig, in anderen einschichtig. Ab 14 Uhr sank demgemäß die Leistungsinanspruchnahme regelmäßig. Daraufhin wurde mit der Wartungsfirma vereinbart, daß ein Probebetrieb der Sprinklerpumpe grundsätzlich nur nach 14 Uhr erfolgen darf.

Vorteil der organisatorischen Maßnahmen ist, daß sie keine oder nur geringe Investitionen verursachen. Ihr Nachteil ist jedoch, daß der Betrieb von Verbrauchseinrichtungen auch dann verhindert wird, wenn keine Leistungsspitzen aufzutreten drohen. Dadurch kann eine unnötige Behinderung des Betriebsablaufs entstehen. Zudem wird die zur Verfügung stehende Energiemenge nicht ausgenutzt (vgl. Abschnitt 3).

3 Verfahren für ein automatisches Lastmanagement

Mit Hilfe eines geeigneten Überwachungs- und Steuergerätes läßt sich das Lastmanagement automatisieren. Dies Gerät erhält Verbrauchsinformationen in Form von Verbrauchsimpulsen vom EVU-Zähler. Es muß synchron zur EVU-Meßperiode arbeiten. Die Arbeitsweise verschiedener Gerätearten wird im folgenden anhand des Arbeits/Zeit-Diagramms erläutert.

Durch das Lastmanagement soll vermieden werden, daß der Energiebezug während der Meßperiode einen vorgegebenen Wert übersteigt. Liegt der Energiebezug unterhalb dieses Wertes, so wird die zur Verfügung stehende Energiemenge bzw. mittlere Leistung nicht ausgenutzt. Als Optimum wird daher ein Energiebezug je Meßperiode angestrebt, der genau in Höhe des vorgegebenen Wertes liegt. Im Arbeits/Zeit-Diagramm (Abbildung 1) wird in diesem Fall nach Ablauf der Meßperiodendauer T genau ein Energiebezug von A_{max} erreicht. Die mittlere Leistung beträgt dann A_{max}/T.

> Optimierung auf einen vorgegebenen Energiebezug je Meßperiode.

Abb. 1: Zulässige Wege im Arbeits/Zeit-Diagramm
A_{max} = vorgegebener Energiebezug je Meßperiode
T = Dauer der Meßperiode
1, 2, 3 = zulässige Wege

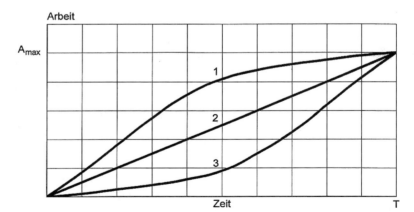

> Mögliche Wege im Arbeits/Zeit-Diagramm.

Die Steigung der Kurve im Arbeits/Zeit-Diagramm ist die Leistung. Problemlos wird der gewünschte Endpunkt erreicht, wenn während der gesamten Meßperiode als Momentanleistung die mittlere Leistung A_{max}/T beansprucht wird (Weg 2). Ein vorsichtiger Betriebsleiter wird vielleicht zunächst mit geringer Leistung arbeiten und diese erst im Lauf der Meßperiode so erhöhen, daß der gewünschte Endpunkt erreicht wird (Weg 3). Der Draufgänger dagegen wird am Anfang der Meßperiode mit möglichst großer Leistung fahren und diese erst im Laufe der Meßperiode so weit reduzieren, daß der gewünschte Endpunkt nicht überschritten wird (Weg 1). Der EVU-Meßsatz registriert jedoch bei allen drei Wegen dieselbe mittlere Leistung, nämlich A_{max}/T. Es kommt also nur darauf an, welche elektrische Arbeit während der Meßperiode verbraucht wird. Dabei kann die Momentanleistung zeitweise erheblich höher liegen als

Lastmanagement

die mittlere Leistung. So wirkt sich zum Beispiel die hohe Leistungsaufnahme beim Anfahren eines Asynchronmotors nur äußerst gering auf die mittlere Leistung je Meßperiode aus, da sie nur wenige Sekunden in Anspruch genommen wird. Ein Lastmanagementgerät muß also immer den Verbrauch je Meßperiode überwachen. Eine Überwachung der Momentanleistung würde zu völlig unnötigen Eingriffen in den Betriebsablauf führen. Sie ist nur in Sonderfällen sinnvoll, zum Beispiel wenn die Gefahr besteht, daß ein Betriebsmittel überlastet wird.

3.1 Arbeitsweise des Maximumwächters

Als elektronische Systeme noch nicht zur Verfügung standen, waren sogenannte Maximumwächter weit verbreitet. Der Name dieses Gerätes ist darauf zurückzuführen, daß die Monatsleistung früher oftmals als Maximum bezeichnet wurde. Die Zusatzeinrichtung des elektromechanischen Zählers, welche diesen Wert festhielt, hieß demgemäß Maximumwerk.

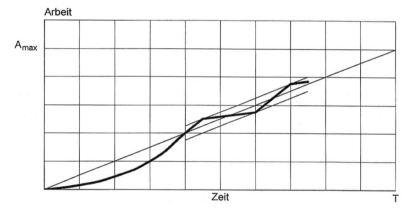

Abb. 2: Zur Arbeitsweise des Maximumwächters

Die Arbeitsweise des Maximumwächters wird im folgenden anhand eines Arbeits/Zeit-Diagrammes (Abbildung 2) erläutert. Als Soll-Gerade wird die lineare Verbindung zwischen Anfangspunkt und Endpunkt (Weg 2 in Abbildung 1) zugrunde gelegt. Wenn der Energiebezug auf dieser Geraden liegt, so wird stets als Momentanleistung die mittlere Leistung in Anspruch genommen. Kontinuierlich erfolgt dann ein Soll/Ist-Vergleich zwischen dem Energiebezug seit Beginn der Meßperiode und dieser Soll-Geraden. Wird die Soll-Gerade überschritten, so erfolgt die Abschaltung einer Verbrauchseinrichtung. Fällt der Bezug unter die Soll-Gerade, so wird eine abgeschaltete Verbrauchseinrichtung wieder zugeschaltet.

> Soll/Ist-Vergleich zwischen dem Energiebezug und einer Soll-Geraden.

Um bei diesem Verfahren die Schalthäufigkeit erträglich zu halten, wird bei einem Maximumwächter in der Regel eine Hysterese (Arbeit oder Zeit) vorgegeben. In Abbildung 2 wird davon ausgegangen, daß der Soll-Wert des Bezugs um einen bestimmten Betrag über- bzw. unterschritten werden darf, ohne daß Schalthandlungen erfolgen. Beim Maximumwächter „hangelt" sich der Bezug also entlang der Soll-Geraden vom Anfangspunkt zum Endpunkt.

Der Maximumwächter besitzt zwei gravierende Nachteile. Erster Nachteil ist, daß der Bezug auch zu Beginn der Meßperiode nicht oberhalb der Soll-Geraden liegen darf, obwohl durch eine Verringerung der Leistungsinanspruchnahme während der Meßperiode der gewünschte Endwert problemlos eingehalten werden könnte (Weg 1 in Abbildung 1). Dieser Nachteil kann dadurch vermieden werden, daß die Soll-Gerade um den Endpunkt nach oben gedreht wird.

Der zweite und entscheidende Nachteil ist die hohe Schalthäufigkeit. Tatsächlich konnte in der Vergangenheit häufig beobachtet werden, daß in einem Industriebetrieb ein Maximumwächter zwar installiert war, eine Ansteuerung schaltbarer Verbrauchseinrichtungen aber nicht mehr erfolgte. Der Grund hierfür war, daß die Schalthäufig-

Abb. 3: Zusammenhang zwischen Schalthäufigkeit und Sollwert-Abweichung beim Maximumwächter
1 Schalthäufigkeit größer, Sollwert-Abweichung geringer
2 Schalthäufigkeit geringer, Sollwert-Abweichung größer

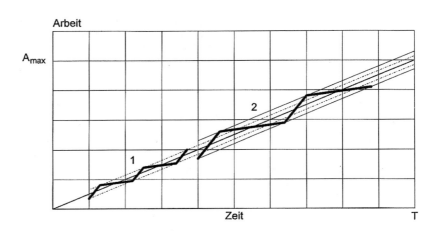

Zusammenhang zwischen Soll-Wert-Abweichung und Schalthäufigkeit.

keit vom Betrieb nicht akzeptiert werden konnte, weil der Betriebsablauf unzulässig beeinflußt wurde und/oder nicht akzeptabel hoher Verschleiß auftrat.

Nun könnte zwar durch eine Vergrößerung der Hysterese die Schalthäufigkeit verringert werden (Abbildung 3). In diesem Fall wird jedoch der gewünschte Endpunkt (Verbrauch von A_{max} am Ende der Meßperiode) mit geringerer Genauigkeit erreicht. Um sicherzustellen, daß der Soll-Wert nicht überschritten wird, müßte dieser um das Hysterese-Intervall verringert werden. Letztendlich müßte beim Maximumwächter immer ein Kompromiß gefunden werden zwischen Schalthäufigkeit und Abweichung vom Soll-Wert.

Die ersten Geräte für das Lastmanagement arbeiteten als Maximumwächter, da sich dieses Prinzip elektromechanisch realisieren ließ. Heute werden generell Mikroprozessoren eingesetzt. Damit ist der Preisunterschied zwischen einem Maximumwächter und einem Optimierungsrechner (vgl. Abschnitt 3.2) gering. Die im Optimierungsrechner praktizierte Trendberechnung liefert jedoch erheblich bessere Ergebnisse als das Maximumwächter-Prinzip. Maximumwächter sollten daher heute generell nicht mehr eingesetzt werden.

3.2 Arbeitsweise des Optimierungsrechners

Die Arbeitsweise eines Optimierungsrechners soll ebenfalls anhand eines Arbeits/Zeit-Diagrammes erläutert werden (Abbildung 4). Ein Optimierungsrechner führt quasi kontinuierlich drei Arbeitsschritte durch. Im folgenden wird der Zeitpunkt t betrachtet.

In einem ersten Arbeitsschritt errechnet der Optimierungsrechner die Momentanleistung $P(t)$ aus dem Abstand der Verbrauchsimpulse oder der Anzahl der Impulse in einem vorgegebenen Zeitintervall. Die Leistung entspricht der Steigung der Kurve. Geht man davon aus, daß für die Restzeit der Meßperiode die Leistung konstant ist, so bewegt sich der Verbrauch bis zum Ende der Meßperiode auf der Trendgeraden 1. In diesem Fall würden natürlich der Verbrauch A_{max} bzw. die vorgegebene mittlere Leistung A_{max}/T überschritten.

In einem zweiten Arbeitsschritt errechnet der Optimierungsrechner die sogenannte optimale Leistung P_{opt} aus der Restarbeit und der Restzeit:

$$P_{opt} = \frac{Restarbeit}{Restzeit} = \frac{A_{max} - A(t)}{T - t}$$

Diese Leistung müßte für den Rest der Meßperiode beansprucht werden, damit der gewünschte Endpunkt genau erreicht wird (Gerade 2 in Abbildung 4).

Lastmanagement

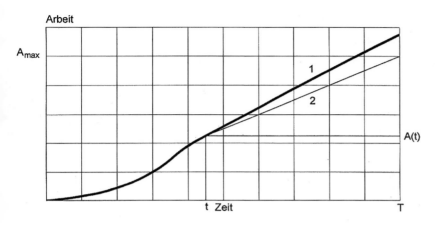

Abb. 4: Zur Arbeitsweise
des Optimierungsrechners
1 Trendgerade
2 Gerade zum gewünschten
Endpunkt

In einem dritten Arbeitsschritt bildet der Optimierungsrechner schließlich die Differenz zwischen der optimalen Leistung und der Momentanleistung. Damit ergibt sich die Korrekturleistung P_{korr}:

$$P_{korr} = P_{opt} - P(t)$$

Die Korrekturleistung gibt an, um welchen Wert die Last vermindert werden muß, damit am Ende der Meßperiode genau A_{max} verbraucht wurde. Für den Zeitpunkt t ist die Korrekturleistung negativ. Würde die Tendgerade auf einen Wert zeigen, der unterhalb von A_{max} liegt, so ergäbe sich eine positive Korrekturleistung. In diesem Fall würde sie die Last angeben, die noch bis zum Ende der Meßperiode zugeschaltet werden kann, um zu erreichen, daß genau A_{max} verbraucht wird.

Wenn zum Zeitpunkt t eine Verbrauchseinrichtung mit der Leistungsaufnahme P_{korr} zur Verfügung stände, so könnte diese abgeschaltet werden, und der gewünschte Endpunkt würde genau erreicht. Ein solcher Zufall wäre jedoch unwahrscheinlich. Die praktische Anforderung an ein Lastmanagement-Gerät sieht vielmehr wie folgt aus: Um sicherzustellen, daß am Ende der Meßperiode genau A_{max} verbraucht wird, soll eine Verbrauchseinrichtung mit einer bekannten Leistungsaufnahme so spät wie möglich abgeschaltet bzw. so früh wie möglich wieder zugeschaltet werden. Wie diese Aufgabe mit Hilfe eines Optimierungsrechners gelöst wird, wird im folgenden anhand eines Beispiels aufgezeigt.

In einem Betrieb liegt die Momentanleistung zu Beginn der Meßperiode bei 110 kW. Es wird angenommen, daß die Leistungsinanspruchnahme konstant ist. Gefordert wird nun, daß am Ende der Meßperiode die mittlere Leistung 100 kW beträgt. Diese Forderung kann natürlich eingehalten werden, wenn für die gesamte Dauer der Meßperiode ein Motor mit einer Leistungsaufnahme von 10 kW abgeschaltet wird. Die gleiche Verbrauchsreduzierung und damit die gleiche mittlere Leistung am Ende der Meßperiode ergibt sich aber auch, wenn nach Ablauf der halben Meßperiode ein Motor mit einer Leistungsaufnahme von 20 kW oder nach Ablauf von zwei Drittel der Meßperiode ein Motor mit einer Leistungsaufnahme von 30 kW außer Betrieb genommen werden. Demgemäß errechnet der Optimierungsrechner zu Beginn der Meßperiode eine Korrekturleistung von −10 kW, nach 7,5 Minuten eine Korrekturleistung von −20 kW und nach 10 Minuten eine Korrekturleistung von −30 kW. Es ergibt sich der in Abbildung 5 dargestellte Anstieg der Korrekturleistung mit der Zeit.

Der Optimierungsrechner vergleicht nun ständig die Leistung der schaltbaren Verbrauchseinrichtung mit der Korrekturleistung. Ist sie negativ und ihr Betrag so

> Ermittlung und Bedeutung der Korrekturleistung.

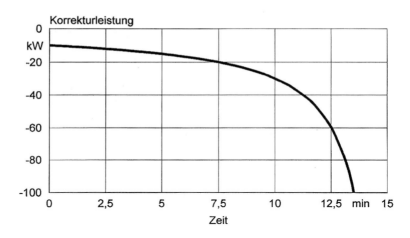

Abb. 5: Abhängigkeit der Korrekturleistung von der Zeit Momentanleistung konstant 110 kW, geforderte mittlere Leistung am Ende der Meßperiode 100 kW

Vergleich von Korrekturleistung und Leistung der schaltbaren Verbrauchseinrichtungen.

groß wie die Leistung der schaltbaren Verbrauchseinrichtung, so wird diese abgeschaltet. Wird die Korrekturleistung positiv und erreicht sie den Wert der Leistung der schaltbaren Verbrauchseinrichtung, so wird diese wieder zugeschaltet. Auf diese Weise wird die schaltbare Verbrauchseinrichtung zum spätest möglichen Zeitpunkt abgeschaltet und zum frühest möglichen Zeitpunkt wieder zugeschaltet. Damit werden die Schalthandlungen auf ein Minimum reduziert, und die zur Verfügung stehende Energie wird optimal ausgenutzt. Angesichts dieser Vorteile sollen für das Lastmanagement ausschließlich Geräte eingesetzt werden, die nach dem Prinzip der Bezugsoptimierung arbeiten.

4 Aufbau und Stand der Technik von Lastmanagement-Systemen

Ein Lastmanagement wird heute generell mit Hilfe von Computern durchgeführt. Dabei werden Systeme angeboten, die mit folgenden Rechnerarten arbeiten:
- PC
- Leitrechner der Anlage für die Gebäudeautomation
- Spezieller Prozeßrechner

Bei keinem Computer ist das Preis/Leistungs-Verhältnis so gut wie beim PC. Die Verwendung eines PC ist also zweifellos eine sehr preisgünstige Lösung. Der entscheidende Nachteil ist jedoch, daß die Betriebssicherheit relativ gering ist, denn ein PC ist nicht für den Dauerbetrieb konzipiert. Das Lastmanagement erfordert jedoch extrem hohe Verfügbarkeit und Zuverlässigkeit, da schon ein relativ kurzzeitiger Ausfall dazu führen kann, daß der Leistungs-Sollwert überschritten wird und die Leistungskosten ansteigen. PC-Lösungen sind daher in der Regel nicht zu empfehlen.

Wenn der Leitrechner der Gebäudeautomation als PC ausgeführt ist, gilt für ihn die gleiche Überlegung. Auch dann, wenn er als Prozeßrechner ausgeführt ist, bleibt jedoch der Nachteil, daß die Fehlerwahrscheinlichkeit durch die Vielzahl der Aufgaben der Gebäudeautomation zunimmt. Schließlich ist darauf zu achten, daß die verwendete Software tatsächlich eine Bezugsoptimierung durchführt und nicht nach dem Prinzip des Maximumwächters arbeitet.

Eigenständiger Prozeßrechner als betriebssicherste Lösung.

Die zweifellos betriebssicherste Lösung ist der Einsatz von speziellen, eigenständigen Prozeßrechnern ohne bewegte Teile. Um unbeabsichtigte Änderungen der Software auszuschalten, wird das Programm in einem Halbleiterspeicher fest abgelegt. Lediglich betriebsspezifische Parameter (zum Beispiel Dauer der Meßperiode, Impulswertigkeit, Leistungswerte, Zeitprogramm) können geändert werden. Die Lastmanagement-Geräte der auf diese Aufgabenstellung spezialisierten Hersteller sind generell nach diesem Prinzip aufgebaut.

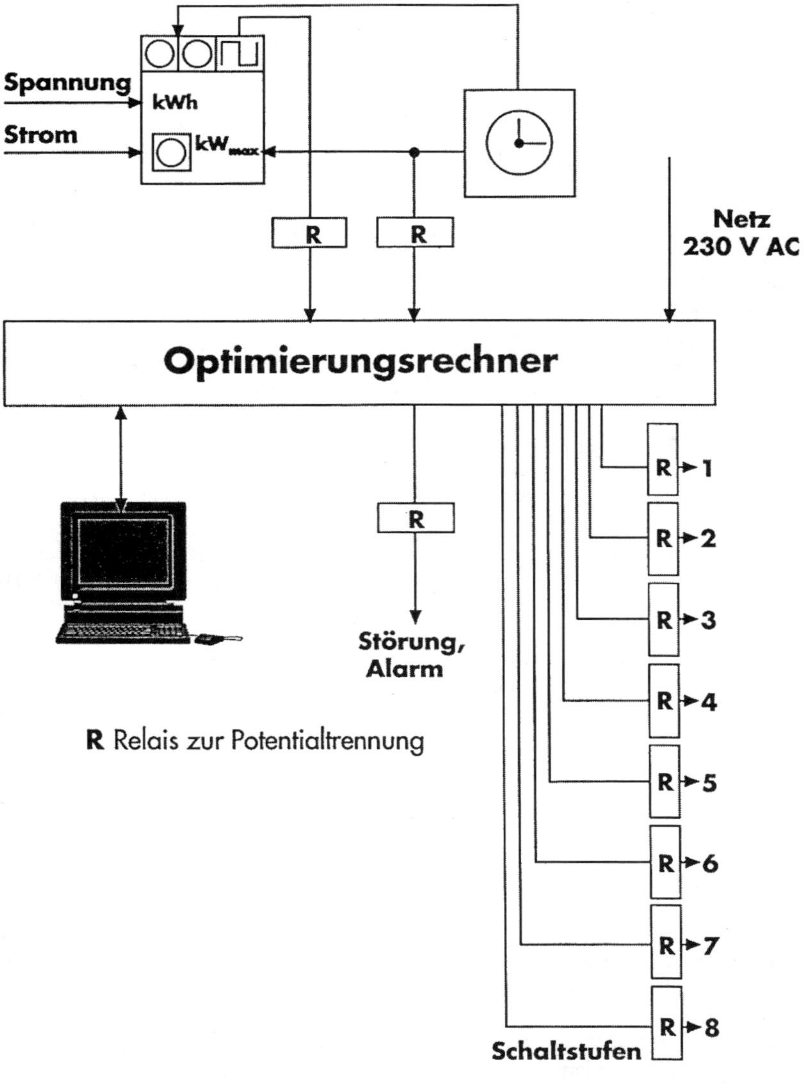

Lastmanagement

Abb. 6: Aufbau einer Lastmanagement-Anlage

Schaltstufen

R Relais zur Potentialtrennung

Den grundsätzlichen Aufbau einer Lastmanagement-Anlage, die dem Stand der Technik entspricht, zeigt Abbildung 6. Der Optimierungsrechner muß synchron zur EVU-Meßperiode arbeiten. Ein Signal für den Beginn der Meßperiode wird generell vom EVU als potentialfreier Kontakt zur Verfügung gestellt. Auch die Verbrauchsimpulse kann der EVU-Meßsatz liefern. Soweit ein EVU die Verbrauchsimpulse nicht zur Verfügung stellt, ist die Installation eines betriebseigenen Zählers mit Impulsausgang erforderlich. Falls aufgrund vertraglicher Bestimmungen (zum Beispiel Starklastzeiten- oder Nachtmehrleistungsregelung) verschiedene Soll-Werte für die Leistung überwacht werden müssen, kann generell mit Umschaltbefehlen des EVU gearbeitet werden. Die von den EVU generell verlangte Potentialtrennung wird mit Hilfe von Trennrelais realisiert.

Wie in Abschnitt 1 dargelegt, werden auf dem liberalisierten Energiemarkt überwiegend Monatsleistungspreisregelungen vereinbart. Bei Betrieben, deren Leistungsinanspruchnahme von der Jahreszeit abhängt, ist es damit zweckmäßig, für die einzelnen Monate des Jahres unterschiedliche Werte für die zu überwachende Soll-Leistung vorzugeben. Leistungsfähige Optimierungsrechner bieten diese Möglichkeit. Dabei muß gewährleistet sein, daß eine Synchronisierung des Abrechnungsmonats zwischen EVU-Meßsatz und Optimierungsrechner erfolgt.

> PC als Eingabe- und Auswertegerät.

Ältere Optimierungsrechner besitzen eine Tastatur für die Eingabe der Parameter. Bei neueren Geräten wird dagegen generell auf die Tastatur verzichtet. Diese Rechner besitzen eine serielle Schnittstelle, über die sie mit einem PC verbunden sind. Die Parametereingabe erfolgt dann komfortabel über den Bildschirm und die Tastatur des PC. Gleichzeitig dient dieser als Auswertegerät. In der Regel sind die Optimierungsrechner in der Lage, die Leistungsmittelwerte über einen bestimmten Zeitraum zu speichern. Auch die Aus- und Einschaltzeiten für die einzelnen Schaltstufen werden registriert. Über die serielle Schnittstelle werden diese Daten mit Hilfe des PC ausgelesen und ausgewertet. Damit kann auch auf die früher üblichen, aber anfälligen Einbau-Protokolldrucker im Optimierungsrechner verzichtet werden. Einige Optimierungssysteme bieten auch die Möglichkeit, die aktuelle Bezugssituation auf dem PC-Bildschirm online darzustellen.

Um der Forderung nach hoher Betriebssicherheit zu genügen, sind die Optimierungsrechner in der Regel mit einer Selbstüberwachung ausgerüstet. Gegebenenfalls werden auftretende Fehler über ein Störmelderelais signalisiert. Auch externe Fehler (zum Beispiel das Fehlen der Verbrauchsimpulse vom EVU-Zähler) sollten erkannt und signalisiert werden. Fehlermeldungen sowie Alarmsignale (zum Beispiel bei drohender Überschreitung des Soll-Wertes) können von der Störmeldeanlage des Betriebs verarbeitet werden.

> Mehrere parametrierbare Schaltstufen.

Optimierungsrechner besitzen generell mehrere Schaltstufen. Üblich sind 4, 8, 16 oder 32 Schaltstufen. Bei einer Meßperiodendauer von 15 Minuten sind in der Regel 16 Schaltstufen ausreichend. Die Ausgabe der Schaltbefehle erfolgt mit Hilfe von Relais, also über potentialfreie Kontakte. Für jede Schaltstufe können die relevanten Parameter wie Leistungsaufnahme der angebundenen Verbrauchseinrichtungen, aber auch Begrenzungszeiten wie maximale Abschaltzeit oder Mindest-Erholzeit getrennt vorgegeben werden. Ist die Anzahl der abschaltbaren Verbrauchseinrichtungen größer als die Anzahl der Schaltstufen, so werden Verbrauchseinrichtungen mit gleichen Rahmenbedingungen zu Gruppen zusammengeschlossen. Die Ansteuerung der Schaltstufen erfolgt nach vorgegebener Priorität und/oder rollierend.

Nun kann es vorkommen, daß der Optimierungsrechner den Abschaltbefehl für eine Verbrauchseinrichtung gibt, die gar nicht eingeschaltet ist. Der Schaltbefehl führt dann natürlich nicht zu der beabsichtigten Reduzierung der Leistungsinanspruchnahme. Dennoch wirkt sich dieser Sachverhalt in der Regel nicht negativ aus, denn er hat praktisch lediglich zur Folge, daß die nächste Schaltstufe entsprechend früher abgeschaltet wird. Auf eine Meldung des Schaltzustandes der angeschlossenen Verbrauchseinrichtungen kann daher im allgemeinen verzichtet werden. Kritisch kann es allerdings werden, wenn Verbrauchseinrichtungen in das Lastmanagement einbezogen werden, deren Leistungsaufnahme einen erheblichen Anteil an der Gesamtleistung besitzt. Wenn diese Verbrauchseinrichtungen mit einer Leistung betrieben werden, die wesentlich kleiner ist als die im Rechner parametrierte Abschaltleistung, so führt die Abschaltung zu einer deutlich geringeren Reduzierung des Verbrauchs, als sie das Lastmanagement-Gerät bei der Optimierungsrechnung zugrunde gelegt hat. Damit kann es zu einer Überschreitung des Soll-Wertes kommen. In einem solchen Fall sollte die Leistungsaufnahme der Verbrauchseinrichtung meßtechnisch erfaßt werden (zum Beispiel durch Installation eines Zählers mit Impulsausgang) und dem Optimierungsrechner als abschaltbare Leistung vorgegeben werden.

Im einfachsten Fall erfolgt die Ansteuerung der schaltbaren Verbrauchseinrichtungen über 230 V-Steuerleitungen. Diese Methode ist sehr sicher, allerdings auch – besonders bei großen Entfernungen – sehr aufwendig. Vorhandene Telefonleitungen

Lastmanagement

können als Niederspannungs-Steuerleitungen genutzt werden. Auch die Verwendung von Zweidraht-Systemen ist möglich, die verschiedene Schaltbefehle als unterschiedlich codierte Signale übertragen. Dieses Verfahren wird in der Regel auch zur Ansteuerung dezentraler Steuereinheiten (auch Unterstationen genannt) benutzt, die einige Hersteller anbieten. Diese Steuereinheiten enthalten mehrere (zum Beispiel acht) Relais zur Ausgabe von Schaltbefehlen, die den einzelnen Schaltstufen des Optimierungsrechners zugeordnet werden können. Schließlich kann natürlich auch eine Übermittlung der Schaltbefehle über ein vorhandenes Bus-System oder per Funk erfolgen. Letztendlich wird die Auswahl des Systems zur Ansteuerung der schaltbaren Verbrauchseinrichtungen nach wirtschaftlichen Gesichtspunkten erfolgen. Es sollte aber unbedingt darauf geachtet werden, daß die Übertragung der Schaltbefehle mit hoher Sicherheit erfolgt, so daß die Überschreitung der Soll-Leistung auch wirksam verhindert wird.

Geräte für das Lastmanagement können zum Teil auch für die Datenerfassung im Rahmen eines Energiecontrolling genutzt werden. In diesem Fall besitzt der Optimierungsrechner eine entsprechend größere Anzahl von Eingängen für Verbrauchsimpulse, und die auf dem PC ablaufende Auswerte-Software ist entsprechend umfangreicher und leistungsfähiger.

Eine Übersicht der Anbieter von Lastmanagement-Geräten wird zum Beispiel regelmäßig in einer Fachzeitschrift veröffentlicht (EET Elektrische Energie Technik).

> Verschiedene Möglichkeiten für die Ansteuerung der schaltbaren Verbrauchseinrichtungen.

5 Abschaltbare Verbrauchseinrichtungen und technisch mögliche Leistungsreduzierung

Notwendige Voraussetzung für ein Lastmanagement ist es, daß elektrische Verbrauchseinrichtungen gefunden werden, deren Betrieb aus Lastspitzenzeiten in Zeiten mit Lasttälern verlagert werden kann. Im günstigsten Fall sind dies elektrische Geräte, die automatisch abgeschaltet werden können, wenn eine Lastspitze aufzutreten droht. Aber auch Geräte, deren Wiedereinschaltung automatisch verhindert werden kann, können einen Beitrag zur Verbrauchsverlagerung liefern.

Wird in einem Betrieb die Frage nach abschaltbaren Verbrauchseinrichtungen gestellt, so lautet häufig die Antwort: „Solche Verbraucher gibt es in unserem Betrieb nicht." Selbstverständlich besitzen alle Verbrauchseinrichtungen eine betrieblich notwendige Funktion, und es macht generell auch keinen Sinn, Produktionsanlagen abzuschalten. Die Erfahrung zeigt jedoch, daß geeignete Geräte in jedem Betrieb vorhanden sind – wenn auch mit sehr unterschiedlicher elektrischer Leistung. Um sie zu finden, ist es generell notwendig, eine systematische Betriebsbegehung durchzuführen.

> Systematische Betriebsbegehung zur Aufnahme der schaltbaren Verbrauchseinrichtungen.

Abbildung 7 zeigt als Beispiel Verbrauchseinrichtungen in einem mittelständischen Betrieb, die in das Lastmanagement einbezogen werden können.

Bei der Ermittlung der möglichen Leistungsreduzierung muß berücksichtigt werden, daß die tatsächliche Leistungsaufnahme in der Regel niedriger liegt als der Nennwert. Sie muß daher gemessen oder geschätzt werden. In dem betrachteten Beispiel wurde bei Elektromotoren generell mit einem Teillastfaktor von 0,8 gerechnet.

Bei den Kältemaschinen und den zugehörigen Ventilatoren wurde weiterhin seitens des Betriebes gefordert, daß diese nach einer Abschaltzeit von maximal zehn Minuten wieder mindestens fünf Minuten betrieben werden, um eine unzulässige Anhebung der Wassertemperatur im Kühlkreislauf zu verhindern. Bei der Ermittlung der tatsächlichen Leistung, mit der ein bestimmtes Aggregat zur Leistungsreduzierung beitragen kann, müssen auch diese Zeiten mitberücksichtigt werden. Für die Kältemaschine A errechnet sich beispielsweise die tatsächliche Leistung zu:

21 kW x 0,8 x 10 Minuten / (10 Minuten + 5 Minuten) = 11,2 kW

Damit ergibt sich aus Abbildung 7 eine Leistung von 141,3 kW, um die sich die Leistungsinanspruchnahme verringern würde, wenn alle Verbrauchseinrichtungen gleichzeitig betrieben und dann abgeschaltet würden. Tatsächlich muß aber auch berücksichtigt werden, daß generell nie alle Geräte gleichzeitig in Betrieb sind. Im vor-

Nr.	Abteilung, Gebäudeteil	Verbrauchseinrichtung	Anschlußleistung in kW	Teillastfaktor	Maximale Abschaltzeit in min	MindestErholzeit in min	Tatsächliche Leistung in kW
1	Kälte I	Kältemaschine A	21,0	0,8	10	5	11,2
2	Kälte I	Kältemaschine B	21,0	0,8	10	5	11,2
3	Kälte I	Kältemaschine C	21,0	0,8	10	5	11,2
4	Kälte I	Kältemaschine D	21,0	0,8	10	5	11,2
5	Kälte I	Ventilator A	1,5	0,8	10	5	0,8
6	Kälte I	Ventilator B	1,5	0,8	10	5	0,8
7	Kälte I	Ventilator C	1,5	0,8	10	5	0,8
8	Kälte I	Ventilator D	1,5	0,8	10	5	0,8
9	Kälte II	Kältemaschine E	22,0	0,8	10	5	11,7
10	Kälte II	Kältemaschine F	30,0	0,8	10	5	16,0
11	Vorbereitung	Durchlauferhitzer	18,0	1,0			18,0
12	Umkleideräume	Waschmaschine	12,0	1,0			12,0
13	Umkleideräume	Wäschetrockner	12,0	1,0			12,0
14	Umkleideräume	Warmwasserbereiter	6,0	1,0			6,0
15	Beschichtung	Dampferzeuger	10,0	1,0			10,0
16	Keller	Destillationsanlage	4,5	0,8			3,6
17	Außenbereich	Müllpresse	5,0	0,8			4,0
Summe			209,5				141,3

Abb. 7: Verbrauchseinrichtungen in einem mittelständischen Betrieb, die in das Lastmanagement einbezogen werden können.

Berücksichtigung von Teillast, Schaltzeiten und Gleichzeitigkeit.

liegenden Beispiel wurde der Gleichzeitigkeitsfaktor zu 0,5 geschätzt. Damit errechnet sich die technisch mögliche Leistungsreduzierung zu:

$$141{,}3\ kW \times 0{,}5 = 71\ kW$$

Um diesen Wert vermindert sich die in Anspruch genommene mittlere Leistung, wenn alle zur Verfügung stehenden Verbrauchseinrichtungen unter Berücksichtigung der oben genannten Randbedingungen abgeschaltet werden. Bemerkenswert ist, daß die technisch mögliche Leistungsreduzierung mit 71 kW nur bei einem Drittel der Gesamt-Anschlußleistung von 209,5 kW liegt. Diese Relation ist durchaus typisch.

6 Erstellung einer Wirtschaftlichkeitsprognose

Sieben Arbeitsschritte für eine Wirtschaftlichkeitsprognose.

Um ein Produkt herzustellen oder eine Dienstleistung zu erbringen, wird das Lastmanagement nicht benötigt. Es hat also keine produktive Funktion, sondern dient ausschließlich der Kostensenkung. Die Entscheidung über die Installation eines Lastmanagement-Systems sollte daher ausschließlich auf Basis einer fundierten Wirtschaftlichkeitsprognose durchgeführt werden. Es hat sich bewährt, zu diesem Zweck folgende Arbeitsschritte durchzuführen:
1. Liefervertrag im Hinblick auf die Leistungspreisberechnung analysieren
2. Lastganganalyse durchführen
3. Abschaltbare Verbrauchseinrichtungen aufnehmen
4. Technisch mögliche Leistungsreduzierung ermitteln
5. Absenkung der Verrechnungsleistung unter Berücksichtigung der Eingriffshäufigkeit abschätzen

6. Technisches Konzept und Anforderungskatalog für den Optimierungsrechner erstellen
7. Kosten/Nutzen-Rechnung durchführen

Im ersten Arbeitsschritt müssen dem Vertrag über die Lieferung elektrischer Energie in der Regel folgende Informationen entnommen werden: Dauer der Meßperiode, Verfahren zur Ermittlung der Verrechnungsleistung und Höhe des Leistungspreises. Wenn der Vertrag weder einen Leistungspreis noch Zuschläge bei Überschreiten einer bestimmten Leistung enthält, ist ein Lastmanagement nicht wirtschaftlich.

Ein Lastmanagement ist nur realisierbar, wenn die Leistungsinanspruchnahme schwankt. Erste Informationen über den Lastgang ergeben sich aus den Monatsleistungen, die den EVU-Rechnungen entnommen werden können. Für eine fundierte Lastganganalyse müssen jedoch die Leistungsmittelwerte für alle Meßperioden innerhalb eines längeren Zeitraums bekannt sein. Soweit diese nicht vom EVU-Meßsatz erfaßt werden, empfiehlt es sich, eine temporäre Lastgangaufzeichnung (siehe Kapitel Messung von Leistung und Energie) durchzuführen. Der Registrierzeitraum sollte mindestens zwei Wochen betragen.

Für die Lastganganalyse (Arbeitsschritt 2) wird in der Regel ein PC-Programm verwendet. Es sollte folgende Informationen liefern: Tageslastgang, Zeitpunkte der Tagesmaxima und Häufigkeitsverteilung der gemessenen Leistungsmittelwerte. Ergebnis der Lastganganalyse muß eine Aussage darüber sein, ob eine Vergleichmäßigung des Lastverlaufs mittels Lastmanagement möglich wäre. Schwankt die Leistungsinanspruchnahme während der Betriebszeiten nicht oder nur geringfügig, erübrigt sich ein Lastmanagement.

Hinweise zur Aufnahme der abschaltbaren Verbrauchseinrichtungen (Arbeitsschritt 3) und zur Ermittlung der technisch möglichen Leistungsreduzierung (Arbeitsschritt 4) finden sich in Abschnitt 5. Im günstigsten Fall kann die Verrechnungsleistung mit Hilfe des Lastmanagement um die technisch mögliche Leistungsreduzierung abgesenkt werden. Oftmals führt jedoch diese Sollwert-Vorgabe zu einer Eingriffshäufigkeit, die für einen reibungslosen Betriebsablauf zu hoch ist. Im fünften Arbeitsschritt sollte daher auf Basis der Lastgang-Daten mit Hilfe der PC-Software ermittelt werden, wie hoch die Eingriffshäufigkeit wäre, wenn eine Absenkung der Verrechnungsleistung um die technisch mögliche Leistungsreduzierung angestrebt würde. Gegebenenfalls muß die angestrebte Leistungsabsenkung so weit vermindert werden, bis sich eine akzeptable Eingriffshäufigkeit ergibt. Diese verminderte Leistungsreduzierung sollte dann der Kosten/Nutzen-Rechnung zugrunde gelegt werden.

Bei der Erstellung des technischen Konzeptes (Arbeitsschritt 6) müssen folgende drei Funktionsbereiche betrachtet werden:
- Ansteuerung des Optimierungsrechners
- Optimierungsrechner mit Auswertegerät
- Ansteuerung der schaltbaren Verbrauchseinrichtungen

Hinweise zu allen drei Funktionsbereichen finden sich in Abschnitt 4. Darüber hinaus wird empfohlen, für den Optimierungsrechner einen möglichst detaillierten Anforderungskatalog auszuarbeiten und diesen als Basis für die Ausschreibung der Anlage zu verwenden. Dadurch wird der Vergleich von Angeboten verschiedener Hersteller deutlich erleichtert.

Für die Durchführung des siebten Arbeitsschrittes müssen die Kosten für das Lastmanagement-System abgeschätzt werden. Wenn auf Basis des in Arbeitsschritt 6 ausgearbeiteten Anforderungskatalogs eine Ausschreibung für den Optimierungsrechner durchgeführt wurde, sind die Kosten für dieses Gerät relativ genau bekannt. Unbedingt zu beachten ist jedoch, daß die Installationskosten – insbesondere für die Ansteuerung der schaltbaren Verbrauchseinrichtungen – bei großen Anlagen ein Vielfaches der Kosten für den Optimierungsrechner betragen.

Die erzielbare jährliche Kostensenkung wird aus der erzielbaren Leistungsabsenkung (Arbeitsschritt 5) und dem Leistungspreis errechnet. Dabei müssen natürlich die

> Kapitalrückflußzeit erfahrungsgemäß nicht über zwei Jahre.

vertraglich vereinbarten Abrechnungsmodalitäten (Arbeitsschritt 1) berücksichtigt werden.

Soweit realisierbar, gehört das Lastmanagement zu den wirtschaftlich besonders interessanten Maßnahmen zur Energiekostensenkung. Erfahrungsgemäß liegt die Kapitalrückflußzeit (Investitionskosten dividiert durch jährliche Kostensenkung) nicht über zwei Jahren. In günstigen Fällen ergeben sich sogar Werte unterhalb von 0,5 Jahren. Mehrere Beispiele für Wirtschaftlichkeitsprognosen finden sich in der Literatur (Fersel, Specht et al.).

Die Liberalisierung des Energiemarktes hat zur Folge, daß die Preise für elektrische Energie sinken. Diese Preissenkung ist jedoch vor allem auf eine drastische Senkung der Arbeitspreise zurückzuführen, während sich die Leistungspreise weitaus weniger ändern. Insofern bleibt das Lastmanagement auch in Zukunft wirtschaftlich interessant.

7 Literatur

EET Elektrische Energie Technik. Hüthig Verlag, Heidelberg

Fersel, F.: Maximumüberwachung im Gewerbe. HEA (Hauptberatungsstelle für Elektrizitätsanwendung e.V.), Frankfurt/Main

Specht, H., Tanneberger, R.: Stromkosten senken durch Bezugsoptimierung. Dr.-Ing. R. Tanneberger GmbH, Golßen

Felix Graf

Gebäudeautomation

Ein Gebäudeautomationssystem (GA-System) umfaßt alle Geräte und Komponenten zur Regelung, Steuerung, Überwachung und Bedienung von gebäudetechnischen Anlagen. Durch Optimierungs- und Managementfunktionen ist es das wichtigste Werkzeug zur kontinuierlichen Verbesserung der Betriebsweise von gebäudetechnischen Anlagen. Es vereinigt die klassische Gebäudeleittechnik (GLT) und die Meß-, Steuer- und Regelungstechnik (MSR).
Unter der Voraussetzung, daß entsprechend geschultes Personal eingesetzt wird und die Gebäudeautomationstechnik für die Anforderungen der Betriebsführung optimal ausgelegt ist, ergeben sich durch den Einsatz einer Gebäudeautomation neben anwendungstechnischen Vorteilen Betriebskostensenkungen in der Größenordnung von 10 bis 30 %. Die Wirtschaftlichkeit bei Neubauten oder Sanierungen läßt sich über Kennzahlen, die das Einsparpotential einzelner Maßnahmen beschreiben, abschätzen. Sie muß jedoch von Fall zu Fall überprüft werden, weil vorhandene Einsparpotentiale aus verschiedenen Gründen nicht immer vollständig umgesetzt werden können. Hinsichtlich der Kapitalrückflußzeit von GA-Systemen kann davon ausgegangen werden, daß sie in der Regel unter vier bis fünf Jahren liegt.

| Kapitalrückflußzeit von Gebäudeautomations-Systemen in der Regel unter 4 bis 5 Jahren.

Der Begriff „Gebäudeautomation" ist offiziell definiert in der DIN 276 „Kosten im Hochbau" (1996), Kostengruppe 480: „Gebäudeautomation ist die Meß-, Steuer-, Regel- und Leittechnik für alle automatisierbaren Baukonstruktionen, technischen Anlagen, Außenanlagen und Ausstattungen." In dieser Definition spiegelt sich die Entwicklung der letzten beiden Jahrzehnte wider: Gebäudeleittechnik (GLT) und MSR-Technik sind durch zunehmende Integration zur technischen Einheit Gebäudeautomation verschmolzen.
  Die Gebäudeautomation dient zugleich als Werkzeug, das die ordnungsgemäße Funktion der gebäudetechnischen Anlagen gewährleistet, und als Managementsystem für Analyse, Bewertung und laufende Optimierung des Anlagenbetriebs. Bei konsequenter Nutzung der Möglichkeiten heutiger Gebäudeautomations-Systeme ergeben sich sowohl für Gebäudebetreiber als auch für Gebäudenutzer viele Vorteile. Zum Beispiel:
- Flexibilität bei Veränderungen der Nutzung, der betrieblichen Organisationsstruktur oder der Raumaufteilung
- reduzierte Energiekosten durch Energiemanagement und Energie-Controlling
- Kostentransparenz, dadurch verbrauchsabhängige Zuordnung der Energiekosten zu einzelnen Kostenstellen
- reduzierte Wartungs- und Instandhaltungskosten durch ereignisabhängige (statt zeitabhängige), von spezieller Software gemanagte Instandhaltung
- schnelle Reaktion auf Notsituationen durch Alarmmanagement

Durch den Einsatz von immer leistungsfähigeren Mikroprozessoren in der Gebäudetechnik (vor allem in Form von „Automationsstationen", den früheren „programmierbaren DDC-Unterstationen") konnten immer mehr regelungs- und steuerungstechnische Aufgaben dezentralisiert werden, weshalb auch von „verteilter Intelligenz" gesprochen wird. Trotz dieser Dezentralisierung, durch die die Ausfallsicherheit und die Verfügbarkeit des Gesamtsystems enorm erhöht werden, umfaßt ein klassisches Gebäudeautomationssystem in der Regel weiterhin drei hierarchische Ebenen: Die Management-, die Automations- und die Feldebene:

1 Grundzüge der Gebäudeautomation

| Gebäudeautomation vereinigt Gebäudeleittechnik und MSR-Technik.

Ein klassisches Gebäudeautomations-System umfaßt in der Regel die Management-, die Automations- und die Feldebene.

- Auf der Managementebene übernimmt die Leitzentrale in Form eines leistungsfähigen Rechners übergeordnete Aufgaben wie das Energie- und Instandhaltungsmanagement, die Eingabe und Verwaltung von Sollwerten und Parametern, aber auch Dienste für untergeordnete Ebenen wie das Protokollieren und Archivieren von Vorgängen und Meßwerten. Hinzu kommen umfangreiche Analyse- und Bewertungsfunktionen. Bei alten Gebäudeautomations-Systemen dient die Leitzentrale zudem der Kommunikation zwischen den Unterstationen.
- Den mit eigenen Mikroprozessoren ausgestatteten Automationsstationen (AS) auf der Automationsebene (oder DDC-Ebene) wurden mit zunehmender Leistungsfähigkeit immer mehr ursprünglich zentrale Managementaufgaben wie Steuern und Regeln übertragen. Heute können die AS direkt, ohne Umweg über die Leitzentrale, miteinander kommunizieren. Die Funktionen der Management- und der Automationsebene ergänzen sich und sind eng aufeinander abgestimmt.
- Auf der Feldebene schließlich befinden sich zum einen die Sensoren wie Temperaturfühler oder Lichtsensoren, die Informationen an die AS geben, und zum anderen die Aktoren, beispielsweise Pumpen, Ventile oder Stellantriebe, die von den AS angesteuert werden.

Der Begriff Managementebene mit seinem Bezug zu den Funktionen des „Technischen Gebäudemanagements" ist zwar eindeutig definiert, kann jedoch aufgrund der Wortwahl sehr leicht zu weit interpretiert werden, wenn man beispielsweise an die Anforderungen denkt, die aus einer optimierten Gebäudenutzung im Flughafen- oder Hotelwesen erwachsen. Daher ist es sinnvoll, als weitere Ebene die Verwaltungsebene einzuführen, aus der alle dem Kerngeschäft des Gebäudenutzers dienenden Aufgaben für das Gebäudemanagement abgeleitet werden. In der Praxis sind dies zum Beispiel:

- Kopplung mit Analyserechnern zur Korrelation von Raumkonditionen mit der Produktqualität
- Kopplung mit Hotelmanagementsystemen zur bedarfsgerechten Konditionierung von Hotelräumen
- Kopplung mit Flugplanrechnern zur bedarfsgerechten Konditionierung von Gates

Die nachfolgende Abbildung zeigt die Hierarchieebenen im Gebäudeautomationsverbund.

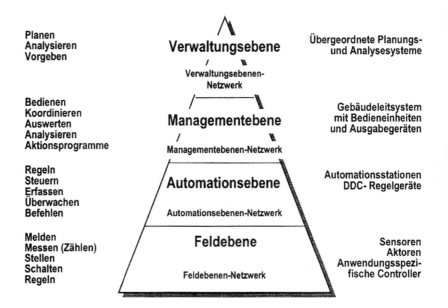

Abb. 1: Hierarchieebenen im Gebäudeautomationsverbund

Die Kommunikation zwischen den Ebenen, Systemen und Geräten erfolgt über sogenannte Bussysteme, die den früher notwendigen Verdrahtungsaufwand zwischen den einzelnen Elementen erheblich reduzieren. Weit verbreitete Bussysteme sind der „Europäische Installationsbus" EIB und das „Local operating network" LON.

> Bussysteme sorgen für die Kommunikation zwischen den Ebenen, Systemen und Geräten.

2 Voraussetzungen für den erfolgreichen Einsatz von Gebäudeautomation zur Energieeinsparung

Während die Installation einer GLT früher in erster Linie der zentralen Bedienung und Störüberwachung der technischen Anlagen und damit der Entlastung des Betriebspersonals diente, stehen bei der modernen Gebäudeautomation der Komfort der Mitarbeiter und vor allem die Senkung der Energie- und damit der Betriebskosten im Vordergrund. Energieeinsparpotentiale ergeben sich durch die Optimierung des Anlagenbetriebs, indem zum Beispiel bei der Klimatisierung die zulässigen Toleranzen für Raumtemperatur und Luftfeuchtigkeit voll ausgeschöpft werden. Während jedoch eine solche Optimierung auch unabhängig von der vorhandenen Leittechnik – manuell und mit viel Erfahrung des Personals – durchgeführt werden kann, bietet eine GA Handhabungsvorteile sowie die Möglichkeit, zeitliche Abläufe und regelungstechnische Verknüpfungen zu automatisieren und dadurch zusätzliche Einsparungen zu erzielen. So kann beispielsweise der Volumenstrom einer Lüftungsanlage in Abhängigkeit vom CO_2-Gehalt der Raumluft geregelt werden; die Zu- und Abluftgebläse können dann über längere Zeiträume im Teillastbereich laufen. Weitere Einsparungen ergeben sich, wenn die Mitarbeiter bzw. Gebäudenutzer von Vorgängen und Aufgaben entlastet werden, die nicht mit ihrer eigentlichen Tätigkeit in Zusammenhang stehen und die sie deswegen als störend empfinden: Abschalten der Beleuchtung bei ausreichendem Tageslichtanteil, Schließen des Heizkörperventils beim Verlassen der Arbeitsstätte etc.

2.1 Organisatorische Voraussetzungen

Die Gebäudeautomation an sich ermöglicht einen automatischen und bedarfsgerechten Betrieb der Anlagen. Um jedoch auch die vorhandenen Energieeinsparpotentiale ausschöpfen zu können, ist ein stetiges Analysieren und Anpassen von Werten und Parametern durch den Betreiber notwendig.

Besonders deutlich zeigt dies die folgende Grafik. Bei diesem Praxisbeispiel handelt es sich um ein von einer Bank genutztes Bürogebäude mit ca. 9.000 m² Nettogrundfläche, das 1984 erbaut und 1995 mit moderner Gebäudeautomationstechnik nachgerüstet wurde (Kröger 1997).

Direkt nach Inbetriebnahme des neuen Gebäudeautomations-Systems im September 1995 ergaben sich noch keine Einsparungen. Erst durch die stetigen Anpassungen, die das technische Personal zum Beispiel an den Zeitschaltprogrammen der Beleuchtung vornahm, wurden Einsparungen erzielt, die sich nach einem Jahr bei ca. 30 % des ursprünglichen Verbrauchs eingependelt hatten.

Das mit dem Gebäudeautomations-System betraute Personal sollte daher folgende Voraussetzungen haben:

- Abgeschlossene Berufsausbildung auf einem der Gewerke der TGA oder langjährige Erfahrung mit gebäudetechnischen Anlagen, um die Anlagentechnik zu verstehen.
- Eine nachweislich ausreichende Schulung auf dem installierten Gebäudeautomations-System, welche das selbständige Anpassen und Erweitern der Programme und Systemparameter ermöglicht. Beim Einkauf von Schulungen sollten daher Schulungsziele vereinbart werden. Diese ergeben sich aus den Möglichkeiten des Personals und der geforderten Kenntnis des Funktionsumfangs des Systems sowie der Meß-, Steuer- und Regeltechnik. Die Anzahl der Schulungstage ist abhängig von der Komplexität des Systems.

Abb. 2: Entwicklung des Energiegesamtbedarfs von Strom und Fernwärme nach Inbetriebnahme eines Gebäudeautomations-Systems

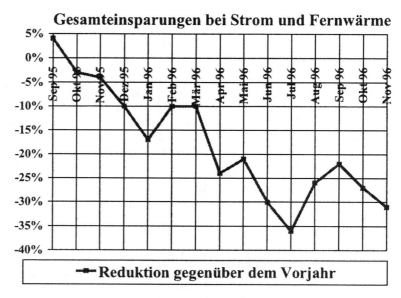

- Die Optimierung der Gebäudeautomation muß als Aufgabe des Gebäudeautomations-Systemverantwortlichen definiert werden. Er sollte daher unter anderem mit Kennzahlverfahren (periodischer Soll-/Ist-Vergleich, Benchmarking) vertraut sein und über sehr viel Berufserfahrung verfügen.

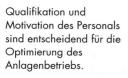

Qualifikation und Motivation des Personals sind entscheidend für die Optimierung des Anlagenbetriebs.

Anlagen energieeffizient zu fahren und gleichzeitig die Gebäudenutzer zufrieden zu stellen, ist keine einfache Aufgabe. Eine gezielte Motivation und Förderung des Personals durch die Vorgesetzten ist daher empfehlenswert. Bei der Umsetzung energiesparender (und eventuell komfortsenkender) Maßnahmen durch das technische Personal ist Rückendeckung durch die Geschäftsführung unerläßlich.

2.2 Technische Voraussetzungen

Die Gebäudeautomation muß durch offene Systemtechnik/Schnittstellen gewerkeübergreifend realisiert werden können.

Das eingesetzte Gebäudeautomations-System sollte möglichst flexibel, herstellerunabhängig und offen sein. Alle Verbraucher sollten selektiv schaltbar sein. Die Verbräuche von Energie und Wasser müssen über ein hinreichend detailliertes Meßnetz erfaßbar sein.

Die Nutzung von Synergien zwischen Anlagen verschiedener Gewerke in einem Gebäude sowie das Anwenden von anlagenübergreifenden Funktionen setzt eine offene Systemtechnik voraus. Die Systeme müssen dafür mit offenen, vom Hersteller eindeutig definierten Systemschnittstellen ausgerüstet sein, die möglichst auf Standards (TCP/IP, FND, Bacnet usw.) basieren sollten. Durch die Verknüpfung von Teilsystemen zu einer Systemkombination entstehen folgende Möglichkeiten:

Verbraucher bzw. Verbrauchergruppen sollten über das Gebäudeautomations-System einzeln schaltbar sein.

- freie und damit optimale Wahl von Teilsystemen
- einheitliche Bedienoberfläche
- Verbindung von alt und neu
- keine Herstellerabhängigkeit bei zukünftigen Veränderungen

Generell sollten alle Verbraucher bzw. Verbrauchergruppen über das Gebäudeautomationssystem einzeln schaltbar sein, damit sie in Abhängigkeit von Regelgrößen wie Temperatur, Helligkeit und elektrischer Leistungsaufnahme selektiv beeinflußt werden können.

Für wirtschaftliche Betriebsführung müssen ständig aktualisierte Unterlagen über die gesamten gebäudetechnischen Anlagen vorliegen.

Im Interesse einer geordneten und wirtschaftlichen Betriebsführung müssen ständig aktualisierte Unterlagen über die gesamten gebäudetechnischen Anlagen vorliegen. Die notwendigen Dokumente sind in der Richtlinie VDI 3814 Blatt 3 (1997) beschrieben. Die Sicherstellung sollte unbedingt im betriebsinternen Qualitätsmanagement festgehalten sein.

Gebäudeautomation

Als Basis für die Analyse des Energieverbrauchs und zur Erfolgskontrolle von Energiesparmaßnahmen durch die Gebäudeautomation muß ein hinreichend detailliertes Meßnetz vorhanden sein, mit dem der Energiefluß der wichtigsten Erzeuger- und Verbrauchereinheiten erfaßt werden kann. Dies bietet darüber hinaus die Möglichkeit, die Energiekosten verbrauchsabhängig auf einzelne Kostenstellen aufzuteilen, was erfahrungsgemäß zu energiesparendem Verhalten der Nutzer führt.

> Detaillierte Verbrauchserfassung und -abrechnung führt zu sparsamem Verhalten.

Eine Beschaffung der Gebäudeautomation im freien Wettbewerb lohnt sich. Nach einem rapiden Anstieg der Umsätze bis 1995 durch die Sonderkonjunktur in den neuen Bundesländern war eine deutliche Stagnation der Nachfrage zu verzeichnen – die Preise sind daher stetig gesunken. Zusätzlich haben sich, bedingt durch die technische Entwicklung, die Preise pro „Funktion" in den letzten fünf Jahren mehr als halbiert. Daher sind bei Kosten-Nutzen-Betrachtungen immer die aktuellen Marktpreise zu berücksichtigen.

2.3 Kaufmännische Voraussetzungen

> Die Preise von Gebäudeautomations-Systemen sind in den letzten Jahren permanent gesunken.

Bei der Erweiterung von bestehenden Systemen kann jedoch nach wie vor noch keine Rede von freiem Wettbewerb sein. Im Gegensatz zur industriellen Automationstechnik sind in der Gebäudeautomations-Systeme unterschiedlicher Hersteller häufig nicht kompatibel. Allerdings geht der Trend zur Verwendung offener Schnittstellen, wie die wachsende Zahl von Herstellern zeigt, die beispielsweise die Bussysteme EIB und LON unterstützen. Ebenso zeichnet sich die Entwicklung des sogenannten BACnet zu einem Standard als übergeordnetes Kommunikationsprotokoll ab. Da die sogenannte Interoperabilität bei Komponenten unterschiedlicher Hersteller dennoch nicht immer gegeben ist, ist es jedenfalls sinnvoll, bei Neuanschaffung entsprechende Schnittstellen mit Standardprotokollen zu fordern und vor allem auch mit Testaufbauten zu belegen. Üblicherweise liegen die Mehrkosten dafür im Vergleich zur Gesamtauftragssumme in einem bescheidenen Rahmen.

> Trotz Standardisierung ist die Integration von Systemen unterschiedlicher Hersteller schwierig; Forderung von offenen Schnittstellen ist Voraussetzung für Wettbewerb.

3 Wo lohnt sich der Einsatz?

Ob und mit welchen Einsparungen sich die Investition in ein Gebäudeautomationssystem lohnt, kann nicht ohne eine objektspezifische Analyse bestimmt werden. Hier systemtechnische Schwellenwerte wie zum Beispiel die kleinste Anzahl von Datenpunkten oder von Anlagen als Faustformel für einen wirtschaftlichen Einsatz zu nennen, ist fragwürdig. Erst eine Kosten-Nutzen-Betrachtung, die das Einsparpotential den Investitionskosten gegenüberstellt, schafft die notwendige Entscheidungsgrundlage. Das Einsparpotential muß dabei jeweils individuell abgeschätzt werden (vgl. Kapitel 5). Anhand von Erfahrungswerten kann davon ausgegangen werden, daß sich durch den Einsatz einer Gebäudeautomation in Gebäuden mit hohem Technisierungsgrad die jährlichen Energie-, Instandhaltungs- und Personalkosten um 10 bis 30 % reduzieren lassen. Die statische Amortisationszeit liegt dabei in der Regel unter vier Jahren.

> Investitionen in eine Gebäudeautomation amortisieren sich in der Regel innerhalb von 4 bis 5 Jahren.

Basierend auf 1997 im Wettbewerb beschafften Systemen können folgende durchschnittliche Kosten angesetzt werden:

Kosten pro physikalischem Datenpunkt (Ein- und Ausgänge) inkl. Parametrierung, jedoch ohne Feldgeräte und ohne Schaltschrankanteil + Elektroinstallation[1]	ca. 250 bis 350 DM
Kosten für die Gebäudeleittechnik	60.000 bis 120.000 DM
Anzahl physikalische Datenpunkte pro Lüftungsanlage	ca. 25 bis 30
Anzahl physikalische Datenpunkte pro Klimaanlage	ca. 30 bis 35
Anzahl Datenpunkte pro 1.000 m² Nutzfläche	ca. 50 bis 70
Anzahl Datenpunkte pro 1.000 m³ umbauten Raum	ca. 10 bis 15

Abb. 3: Spezifische Investitionen und typische Anzahl von Datenpunkten

1) Feldgeräte und Schaltschrankanteil + Elektroinstallation werden bei Anlagen ohne Gebäudeleitsystem auch benötigt, daher spielen sie für die Wirtschaftlichkeitsbetrachtung keine Rolle.

Die Gebäudeautomation ist für einen wirtschaftlichen, automatischen Anlagenbetrieb grundsätzlich erforderlich, unabhängig von der Art der Ausführung, da es sonst nicht warm wird oder keine Luft aus der Klimaanlage kommt. Darum muß die Frage weniger „ob" oder „ob nicht" lauten, sondern eher „Wie muß die optimale Tiefe bzw. der optimale Automatisierungsgrad angelegt werden?" und diese, kommunikationstechnisch miteinander verknüpft, mit einer Mensch-Maschine-Schnittstelle ausgerüstet sein. In der Planung muß also darauf geachtet werden, daß einerseits die notwendigen Datenpunkte bereitgestellt werden, andererseits die Zahl der Datenpunkte nicht unnötig hoch liegt. Hier wird oft quantitativ überzogen, weil die Fähigkeit zur Erfassung und Interpretation von Störmeldungen bis zur Perfektion getrieben werden soll. Die Beschränkung in der Wahl der Datenpunkte auf die notwendige Anzahl ist Voraussetzung für die Wirtschaftlichkeit von GA-Systemen. Gleichzeitig wird die Übersichtlichkeit des Gesamtsystems gewährleistet.

> Beschränkung in der Wahl der Datenpunkte auf die notwendige Anzahl ist Voraussetzung für die Wirtschaftlichkeit von Gebäudeautomations-Systemen.

4 Gebäudeautomation als Werkzeug für das Energiemanagement

Die Gebäudeautomation war immer schon ein Instrument des Energiemanagements. Mit der Weiterentwicklung dieser Technik ist ihre Eignung für das Energiemanagement laufend verbessert worden. Die Gebäudeautomation unterstützt das Energiemanagement in folgenden Bereichen:

- Einsparungen durch laufende Kontrolle der Anlagen und Aktualisierung der Betriebsparameter
  - Nutzung der Grundfunktionen für Überwachen, Beobachten und Registrieren
  - Erkennen von ungünstigen Fahrweisen
  - Erkennen von Fehlern nach Wartungs- und/oder Reparaturarbeiten
  - Erkennen von Mißbrauch der Notbedienebene
  - Planmäßiges Kontrollieren aller wesentlichen Anlagen nach geeigneten Prioritäten
  - Kontrolle von zum Beispiel Raumtemperaturen und anderen Betriebsparametern
- Laufende Überwachung des Energieverbrauchs (Energiecontrolling) durch:
  - Erfassen von Verbrauchswerten durch physikalische Zählwerte
  - Erfassen von Verbrauchswerten durch Rechenprogramme, deren Ergebnisse als Werte virtueller Meß- und Zählwerte abgebildet werden
  - Erfassen der Heizlast (Gradtage)
  - Zusammenfassen der einzelnen Verbrauchswerte zu Gesamtwerten pro Gebäude
  - Führen von Tages-, Monats- und Jahreswerten
  - Vergleich mit anderen Objekten unter vergleichbaren Bedingungen (externes Benchmarking)
  - Vergleich mit anderen Zeiträumen (internes Benchmarking)
  - Erarbeiten von Vorgaben (Budgetwerte)
  - Vergleich mit Budgetwerten
- Einsparungen durch automatisch ablaufende Energiemanagementsysteme (vgl. Kapitel 5.1)

> Gebäudeautomations-Systeme unterstützen das Energiemanagement durch Anlagenüberwachung, Energiecontrolling und automatisch ablaufende Algorithmen (zum Beispiel Lastmanagement-Programm).

5 Erschließbare Einsparpotentiale durch Gebäudeautomation

Ausgehend von einer richtig ausgelegten Anlagentechnik und einer adäquaten Betriebsorganisation läßt sich mit der Gebäudeautomation durch Einsparfunktionen ein Maximum an Nutzen erschließen.

Der Umfang der Einsparpotentiale ist stark abhängig von

- der Gebäudeart,
- dem Technisierungsgrad des Gebäudes,
- der Art und Weise der Nutzung.

Während ein Bürogebäude üblicherweise klare Nutzungszeiten hat, sind sie zum Beispiel bei einem Hotel von der Belegung abhängig. Darüber hinaus gilt in der Regel: Je höher der Technisierungsgrad eines Gebäudes, desto größer das Einsparpotential. Weiterhin spielt die Art und Weise der Nutzung des Gebäudes eine entscheidende Rolle. Beispielsweise kann bei einem Rechenzentrum, das rund um die Uhr in Betrieb ist, nicht von Ein- und Ausschaltoptimierungen bei den Heizungs-, Lüftungs- und Klimaanlagen, sondern von Betriebsoptimierungen gesprochen werden.

> Energieeinsparpotentiale sind vor allem vom Technisierungsgrad und der Nutzung des Gebäudes abhängig.

Die Einsparpotentiale, die sich durch Optimierung einzelner Funktionen der Gebäudeautomation ergeben, wurden 1992 von der Internationalen Energieagentur IEA, unter Mitwirkung des Bundesministeriums für Forschung und Technologie (Institut für Kernenergetik und Energiesysteme der Universität Stuttgart 1992), in fünf Ländern untersucht. Die dabei erhaltenen Daten über erzielbare Einsparungen vor und nach der Einführung von Gebäudeautomation sind Ergebnisse aus vergleichenden Bewertungen in ausgeführten Projekten. In allen fünf teilnehmenden Ländern wurden weitgehend übereinstimmende Ergebnisse erzielt.

5.1 Energieeinsparpotentiale durch Energiemanagementfunktionen (automatische Algorithmen)

Um die Vergleichbarkeit zu gewährleisten, mußte die Leittechnik der untersuchten Gebäude vor Einführung der Gebäudeautomation mindestens folgenden Anforderungen genügen:
- analoge Regelung der HLK-Anlagen
- Steuerung der Anlagen über Zeitschaltuhren
- Einbau der Reglergeräte und der Steuereinrichtung in einem Schaltschrank vor Ort
- zentrale Anzeige wichtiger Alarme über Meldeleuchten

Wie hoch die mehrheitlich als „Von-bis-Werte" definierten Größen für ein bestimmtes Gebäude angesetzt werden können, muß abgeschätzt werden. Dies sollte möglichst praxisbezogen und anlagenweise erfolgen. Zur Verdeutlichung der Vorgehensweise sind die nachfolgend aufgeführten Funktionen mit Bewertungen versehen, wie sie beispielsweise im Rahmen der Energieberatung eines Unternehmens gemacht werden müßten (vgl. Abbildung 4).

Zu den weiteren Energie-Managementfunktionen nach VDI 3814 Blatt 3 (1997) und den damit verbundenen Einsparpotentialen liegen keine allgemein anerkannten und anwendbaren Untersuchungen vor. Zuverlässige Aussagen können daher nur über verfahrenstechnische Berechnungen getroffen werden.

Es empfiehlt sich in jedem Fall, die Anwendbarkeit der unten aufgeführten Funktionen im Einzelnen zu untersuchen. Auf die Angabe von Zahlenwerten für erreichbare Einsparungen wird im Rahmen dieses Artikels verzichtet, da sie durch die verschiedensten Parameter beeinflußt werden. Beispiele für solche im Rahmen von GA-Systemen anwendbare Einsparfunktionen (Energiemanagementfunktionen) sind:
- tageslichtabhängige Beleuchtungssteuerung bzw. -regelung
- tarifabhängiges Schalten (Höchstlastbegrenzung, Lastmanagement)
- raumlastabhängige Sollwertführung von zentralen Anlagen (zum Beispiel gleitendes Schalten oder Aussetzbetrieb bei RLT-Anlagen)
- Wirkungsgradoptimierung von zum Beispiel Kälteaggregaten, Eisspeichern, Wärmetauschern
- Sonnenschutzsteuerung
- bedarfsabhängige Regelung mit Luftqualitätsfühler
- variable Totzone/Totzeit (Heiz-/Kühlsequenzregelung)
- Abschaltung der Energiezufuhr über Fensterkontakt (zum Beispiel bei VVS-Systemen)
- Umschaltung bei Wärmerückgewinnungsanlagen (WRG) durch Enthalpievergleich
- Sequenzregelung Erhitzer/Kühler mit Integration der WRG
- Reduzierung des AU-Anteils ($T_{AU} < 0\ °C$ oder $T_{AU} > 26\ °C$)

Energieeinsparungen		
Funktion	Einsparung	Beispiele für Bewertungen
Sollwertreduzierung um 1 K	5 % möglich durch höhere Regelqualität im Vergleich zu Analogregler (pneumatisch, elektronisch)	Kann als fixer Wert immer übernommen werden: 5 %.
Sollwertanpassung gleitend	3 bis 20 % temperatur- und zeitgesteuert	Bisher nur temperaturgesteuert, daher Annahme 10 % Energieeinsparung.
Zeitschalten	5 bis 20 % Tages-, Wochen- und Jahresprogramme	Die energieintensiven Verbraucher mit einem Energieverbrauchsanteil von 70 % müssen rund um die Uhr in Betrieb sein. Einsparung nur in den Büros möglich. Annahme 5 %.
Nachtabsenkung	1 bis 5 % VL-, ZU- und Raumtemperatur	Wurde schon mit Analogregler realisiert: 0 %
Nullenergieband Grenzwert-Regelung (Temperatur/Feuchte)	1 bis 2 %	Da keine Kühlung/Befeuchtung, kann Einsparung nur über Temperatur erfolgen, daher Annahme 1 %.
Mischluft-Klappensteuerung	1 bis 4 % Temperaturumschaltung	Da keine Lüftungs-/Klimaanlagen mit Umluft: 0 %.
ZU-Druckabsenkung	3 bis 12 %	Keine druckgeregelten Anlagen vorhanden: 0 %.
Freie Nachtkühlung	1 bis 5 %	Das Gebäude hat sehr viel Speichermasse: 5 %
Kesselfolgeschaltung	1 bis 3 %	Das Gebäude wird mit Fernwärme versorgt: 0 %.
Höchstlastbegrenzung	ca. 6 %	Lastgangmessung zeigt deutliche Spitzen. Annahme für mittleren Wert: 3 %.
Gleitendes Schalten	5 bis 15 %	Die energieintensiven Verbraucher mit einem Energieverbrauchsanteil von 70 % müssen rund um die Uhr in Betrieb sein. Einsparung nur in den Büros möglich. Annahme 8 %.
Laufzeitreduzierung durch ereignisabhängiges Schalten/Intervallbetrieb	3 bis 10 %	Grundsätzlich keine Einschränkungen erkennbar. Annahmen für ca. mittleren Wert: 6 %

Abb. 4: Typische Energieeinsparpotentiale für verschiedene Funktionen

5.2 Personaleinsparungen

Bei der Anlagen-Fernüberwachung kann rund 22 % an Personalaufwand eingespart werden.

Durch Übernahme von repetitiven Aufgaben und die Möglichkeit eines Zugriffs über das öffentliche Kommunikationsnetz läßt sich der Personalaufwand durch automatisierte Anlagenüberwachung typischerweise in folgenden Bereichen reduzieren:
- Anlagen-Fernüberwachung: Personaleinsparung von ca. 22 %
- Zentrale Erfassung von Verbrauchswerten: Personaleinsparung von ca. 5 %
- Fernparametrierung von Sollwerten: Personaleinsparung von ca. 1 %

5.3 Materialeinsparungen

Energiesparende Funktionen reduzieren die Laufzeiten der Anlagen. Gegenüber analoger Meß-, Steuer- und Regeltechnik ist die Gebäudeautomation in DDC-Technik weitestgehend wartungsfrei. Verbunden mit einer betriebsstundenabhängigen Wartung kann sich der Materialaufwand durch verbesserte Wartungsorganisation und

Ersatzteilbevorratung sowie Verlängerung der Anlagenlebensdauer um ca. 32 % reduzieren. Bei größeren Anlagen lohnt sich dabei die Nutzung einer mit dem Gebäudeleitsystem verknüpften Instandhaltungssoftware, die durch eine bedarfsgerechte Auslösung von Instandhaltungsmaßnahmen im Vergleich zu einer rein auf Betriebsstunden basierenden Instandhaltungsplanung zu einem optimierten Aufwand führt. Zugleich werden alle Tätigkeiten personenunabhängig und nachvollziehbar vom System dokumentiert. Solche Konzepte sind besonders wirtschaftlich, wenn die Stammdaten der zu wartenden Anlagen im Rahmen der Planung des Gebäudeleitsystems erfaßt werden.

> Materialaufwand kann sich um ca. 32 % reduzieren.

6 Praxisbeispiele: Wirtschaftlichkeit von Gebäudeautomations-Systemen

1. Bei einem geplanten Neubauvorhaben für ein Bürogebäude werden jährlich ca. 250.000 DM Energiekosten erwartet. Die Mehrkosten für ein Gebäudeleitsystem, ausgerüstet mit diversen Optimierungsfunktionen, liegen bei 120.000 DM. Die Einsparungen durch den damit erhöhten Funktionsumfang werden mit 20 %, also 50.000 DM, abgeschätzt (Energie- und Prozeßkosten).
Die statische Kapitalrückflußzeit beträgt 2,4 Jahre.
2. Die bestehende GLT in den Gebäuden einer Fachhochschule wird mit einem Energiemanagementsystem mit Spitzenlastbegrenzung nachgerüstet. Neben den bestehenden Datenleitungen werden teilweise Stromleitungen zur Datenübertragung benutzt. Zusätzlich wird eine umfangreiche Energie- und Tarifberatung durchgeführt. Das gesamte Projekt verursacht Investitionskosten von ca. 100.000 DM. Nach drei Jahren sind Energiekosteneinsparungen in Höhe von rund 700.000 DM zu verzeichnen, von denen die Hälfte auf die verbesserte GA entfallen. Die Investition hat sich also bereits innerhalb des ersten Jahres amortisiert.
3. Bei einem Wohngebäude (Altbau, schlechte Wärmedämmung) wird der bauliche Wärmeschutz (Außenwände und Fenster) den aktuellen gesetzlichen Anforderungen angepaßt, während bei einem vergleichbaren zweiten Gebäude statt dessen eine „abgespeckte" GA installiert wird. Diese umfaßt neben einer Einzelraumregelung für alle Räume der einzelnen Wohnungen einen Rechner, der aus den Informationen der Einzelraumregelung den tatsächlichen Energieverbrauch jeder Wohnung ermittelt. Beide Maßnahmen führen zu erheblichen Energieeinsparungen, die aber durch die Verbesserung des baulichen Wärmeschutzes doppelt so hoch ausfallen wie bei der Einzelraumregelung. Die Kosten betragen allerdings immerhin das Sechsfache, so daß die Einzelraumregelung als zusätzliche Maßnahme erwogen wurde.

7 Literatur

DIN 276: Kosten im Hochbau. Ausgabe 1996
Institut für Kernenergetik und Energiesysteme der Universität Stuttgart: Building Energy Management Systems. April 1992
Kröger. H.: Klein, aber oho! – Große Einsparungen auf wenig Quadratmetern, Der Facility Manager. Juli/Aug. 1997
Verein Deutscher Ingenieure: VDI 3814 Blatt 3. Düsseldorf, Juni 1997

Gerd Marx

Wirtschaftlichkeitsberechnungen

Um Investitionsmaßnahmen bewerten zu können, sind eine Reihe von Wirtschaftlichkeitsberechnungsverfahren entwickelt worden. Dabei wird zwischen vereinfachenden statischen und den dynamischen Verfahren unterschieden. Dynamische Verfahren beziehen im Gegensatz zu statischen Verfahren die rechnerische Veränderung von Zahlungsbeträgen durch Zinsen aufgrund unterschiedlicher Zahlungszeitpunkte mit in die Berechnung ein. Die statische Methode kann zu einer schnellen Entscheidung führen, ob ein Investitionsprojekt weitergeführt oder aufgegeben werden soll. Unter Umständen lohnt dann die genauere dynamische Berechnung nicht den höheren Aufwand. Die dynamischen Verfahren bieten aber in der Regel bessere Entscheidungshilfen als statische Verfahren.

Wirtschaftlichkeitsberechnungen für Energiesparmaßnahmen beruhen auf einem Vergleich verschiedener Investitionsalternativen. Im einfachsten Fall ist die Vergleichsbasis die bestehende Altanlage. Die Neuanlage stellt den Sollfall dar. Für den Vergleich ist die Erfassung der Mehrkosten und des höheren Nutzens ausreichend. Typischerweise sind dies auf der Kostenseite die Investitionen für die Maßnahme und auf der Nutzenseite die erzielten Kosteneinsparungen durch reduzierten Stromverbrauch, Wartungsaufwand, Personalaufwand etc.

Mit Hilfe der Sensitivitätsanalyse können die Einflüsse von Änderungen in den Grundannahmen (zum Beispiel Kalkulationszinssatz, Investitionen, Energiepreise) auf das Ergebnis der Wirtschaftlichkeitsberechnung analysiert werden. Dabei werden typische Fragen wie zum Beispiel „Wie ändert sich die Amortisationszeit, wenn die Strompreise um 5 % steigen oder sinken?" aufgeworfen.

In der Praxis haben sich die beiden folgenden Methoden der Wirtschaftlichkeitsberechnung für Wirtschaftlichkeitsanalysen von Investitionen in energietechnische Anlagen bewährt:

- Ermittlung der *Kapitalrückflußzeit (statische Amortisationsrechnung),* wenn eine schnelle und einfache Wirtschaftlichkeitsberechnung, unter Umständen sogar für eine Vielzahl von Investitionsalternativen, durchgeführt werden soll. Dabei wird jeweils die Investition durch die Summe der eingesparten betriebs- und verbrauchsgebundenen Jahreskosten geteilt. Diese vereinfachte Methode liefert bereits gute Ergebnisse, wenn kurze Kapitalrückflußzeiten bei gleichzeitig niedrigen Kalkulationszinssätzen aus der Wirtschaftlichkeitsberechnung resultieren. Bei einer Vielzahl von Investitionsalternativen können mit dieser Methode in der Regel die unwirtschaftlichen Varianten bereits identifiziert und von einer gegebenenfalls weiteren dynamischen und damit exakten Wirtschaftlichkeitsbetrachtung ausgeklammert werden. Wenn ein sehr hoher Kalkulationszinssatz als Parameter vorgegeben ist oder gleiche Kapitalrückflußzeiten verschiedener Investitionsalternativen bzw. hohe Kapitalrückflußzeiten von zum Beispiel über fünf Jahren das Ergebnis der Wirtschaftlichkeitsberechnung sind, dann ist die statische Betrachtungsweise häufig nicht mehr hinreichend.
- Die *dynamische Amortisationsrechnung* liefert exakte Ergebnisse für die Wirtschaftlichkeitsbetrachtung und sollte nach Möglichkeit, wenn mit vertretbarem Aufwand durchführbar, in allen Einzelfällen angewandt werden. Dabei ist zu beachten, daß ohne Berücksichtigung einer allgemeinen Preissteigerungsrate sich viele Maßnahmen weniger wirtschaftlich darstellen. Daher sollte die Berechnung über längere Betrachtungszeiträume zunächst dynamisch ohne Annahme von Preissteigerungen durchgeführt werden. Stellt unter dieser Voraussetzung das Ergebnis der Berechnung die Wirtschaftlichkeit in Frage, sollte die Berechnung unter Berücksichtigung einer allgemeinen Preissteigerungsrate wiederholt

Wirtschaftlichkeitsberechnungen

werden. Erst danach sollte die Wirtschaftlichkeit der Maßnahme endgültig beurteilt werden. In der Regel kann dabei vereinfachend für alle Betriebskostenelemente – mit Ausnahme allenfalls der Energiekosten – eine gleiche und jährlich gleichbleibende Preissteigerungsrate (die allgemeine Inflationsrate) angenommen werden. Für die Energiepreise wird vielfach eine von der allgemeinen Teuerung abweichende Preissteigerung unterstellt.

In Zeiten von konkurrierenden Investitionen in Unternehmen und Kommunen ist für Entscheider die Kosteneffizienz von Maßnahmen der rationellen Energienutzung einer der wesentlichen Gründe für oder gegen eine Investitionsentscheidung. Um hier Aussagen treffen zu können, ist es für Techniker unabdingbar, Investitionsmaßnahmen auch hinsichtlich ihrer finanziellen Auswirkungen bewerten zu können. In der Praxis hat sich gezeigt, daß Techniker, die Wirtschaftlichkeitsbetrachtungen erstellen können, ihre Kaufleute, die in der Regel die Entscheidungen für Investitionen treffen, wesentlich besser überzeugen können. Hat man es mit Kaufleuten zu tun, so kann es sein, daß diese unter Zugrundelegung der ermittelten Werte weitere Wirtschaftlichkeitsberechnungen durchführen. Dabei werden dann aber Aspekte berücksichtigt (zum Beispiel Steuersätze und andere Interna), die einem Techniker oder anderen Außenstehenden nicht zugänglich sind. Darüber hinaus gibt es erfahrungsgemäß kein geeigneteres Instrument, um verschiedene Investitionsalternativen miteinander vergleichen zu können. Jede Investitionsentscheidung sollte daher durch eine Wirtschaftlichkeitsbetrachtung abgesichert werden.

1 Warum Wirtschaftlichkeitsberechnungen?

Es gibt kein geeigneteres Instrument zum Vergleich verschiedener Investitionsalternativen als Wirtschaftlichkeitsberechnungen.

Wesentliches Element der Wirtschaftlichkeitsberechnung ist die Gegenüberstellung des finanziellen Aufwandes und des Ertrages einer Investitionsmaßnahme, die dann als wirtschaftlich eingestuft wird, wenn ihr Gewinn über die Lebensdauer betrachtet höher ausfällt als der Aufwand. Grundlage einer Wirtschaftlichkeitsberechnung bilden die durch eine Investition ausgelösten Zahlungsströme, die sich grundsätzlich in Ein- und Auszahlungen unterteilen lassen. Darüber hinaus können Zahlungsströme nach einmaligem (Investitionszahlung) oder periodisch wiederkehrendem Auftreten unterschieden werden.

Kosten stellen einen Aufwand dar und spiegeln sich in den Auszahlungen wider. Wie alle Zahlungen wird unterschieden in einmalige Kosten, die sich hauptsächlich als Anschaffungskosten für die Investitionskomponenten darstellen, und periodische (regelmäßig wiederkehrende) Kosten, die betriebsbedingt entstehen.

Einmalige Kosten dürfen mit periodischen nicht unmittelbar rechnerisch verknüpft werden. Einmalige Kosten werden hier daher immer in äquivalente periodische Werte umgerechnet. Hierzu dient als Multiplikator der Annuitätenfaktor. Der Annuitätenfaktor wird errechnet aus der Festlegung einer Nutzungsdauer und eines Zinssatzes für den aufgewendeten Auszahlungsbetrag (vgl. Abbildung 2).

2 Grundlagen der Wirtschaftlichkeitsberechnung

Einmalige und regelmäßige finanzielle Aufwendungen und Erträge einer Investitionsmaßnahme werden gegenübergestellt.

Wirtschaftlichkeitsberechnungen für Energiesparmaßnahmen beruhen auf einem Vergleich verschiedener Investitionsalternativen. Im einfachsten Fall ist die Vergleichsbasis die bestehende Altanlage. Die Neuanlage stellt den Sollfall dar. Für den Vergleich ist die Erfassung der Mehrkosten und des höheren Nutzens ausreichend. Typischerweise sind dies auf der Kostenseite die Investitionen für die Maßnahme und auf der Nutzenseite die erzielten Kosteneinsparungen durch reduzierten Stromverbrauch, Wartungsaufwand, Personalaufwand etc.

2.1 Parameter der Wirtschaftlichkeitsberechnung

Für den Vergleich der Investitionsalternativen ist in der Regel die Erfassung der Kosten (Investitionen) und des Nutzens (Kosteneinsparungen) ausreichend.

2.1.1 Investitionskosten

> Einmalige Kosten werden mittels eines Annuitätenfaktors in Jahreskosten umgerechnet.

> Investitionskosten sind für die verschiedenen Anlagenteile mit den jeweils zugehörigen Nutzungsdauern zu erfassen.

> Es sind nur die Investitionskosten und Einsparungen zu berücksichtigen, die der Sparmaßnahme zuzurechnen sind.

> Fördermittel sind von den Investitionskosten abzuziehen.

Besteht eine Investitionsmaßnahme aus mehreren Komponenten mit unterschiedlichen Nutzungsdauern, so muß jede Anschaffungsauszahlung einer Komponente entsprechend der zugehörigen Nutzungsdauer in den periodischen Betrag umgerechnet werden. Die periodischen Beträge dürfen sodann rechnerisch miteinander und auch mit den übrigen periodischen Kostenbeträgen verknüpft werden.

Zur Bewertung einer Maßnahme sind die Investitionskosten mit den zugehörigen Nutzungsdauern zu erfassen. Komponenten oder Anlagenteile mit unterschiedlichen Nutzungsdauern sind separat auszuweisen.

Für die Ermittlung der Investitionskosten sollten Kostenschätzungen einschlägiger Firmen eingeholt werden, sofern nicht auf Erfahrungswerte zurückgegriffen werden kann. Die Nutzungsdauer vieler technischer Geräte und Anlagen kann der einschlägigen Literatur und der VDI 2067 entnommen werden.

Es sind nur die Investitionskosten und Einsparungen zu berücksichtigen, die der Sparmaßnahme zuzurechnen sind. Dies soll an folgenden zwei Beispielen verdeutlicht werden:
- Der Einsatz zum Beispiel eines Maximumwächters dient ausschließlich dem Zweck der Kosteneinsparung durch Vermeidung von Lastspitzen. Es sind die vollständigen Kosten des Gerätes inklusive Montage und Betriebnahme zu veranschlagen.
- Eine Bürobeleuchtung muß nach Arbeitsstättenrichtlinie mit neuen Leuchten ausgestattet werden. Die Maßnahme sieht verbesserte Leuchten und elektronische Vorschaltgeräte vor. In der Wirtschaftlichkeitsberechnung werden nur die Mehrkosten gegenüber neuen Standardleuchten berücksichtigt.

Kann für eine Maßnahme ein nicht rückzahlbarer Zuschuß aus einem Förderprogramm in Anspruch genommen werden, sind in beiden Fällen die Investitionskosten um den Förderbetrag zu verringern.

2.1.2 Betriebskosten

Zu den betriebsgebundenen Kosten gehören:
- Bedienungskosten
- Reinigungskosten
- Materialkosten
- Wartungskosten
- Überwachungskosten
- Versicherungskosten

Die Ermittlung der Personalkosten erfolgt gemäß der Jahresarbeitszeit. Sofern diese nicht detailliert festgestellt wird, sind Pauschalansätze gemäß der geltenden Tarifabschlüsse anzusetzen. Die Personalkosten müssen der Anlage anteilig zugerechnet werden, wenn die Arbeitskraft zusätzlich noch anderweitig eingesetzt wird.

Materialkosten müssen geschätzt werden. Liegen keine Erfahrungen mit dem Betrieb ähnlicher Anlagen vor, können Informationen über die Höhe der Materialkosten vom Hersteller, anderen Betreibern oder Wartungs- und Reinigungsunternehmen beschafft werden.

Die Höhe der Überwachungs- und Versicherungskosten richtet sich nach bestimmten Gebührensätzen, die von entsprechenden Organen (TÜV, Schornsteinfegerinnung, Versicherungsgesellschaften) zu erfragen sind. Die Höhe der Gebühren ist aufgrund unterschiedlicher Verordnungen in den einzelnen Bundesländern nicht gleich.

> Bei der Bestimmung der Betriebskosten ist auf Erfahrungen bzw. einschlägige Quellen zurückzugreifen; Preissteigerungsraten sind anzusetzen.

Für die Bestimmung zukünftiger betriebsgebundener Kosten sind Preissteigerungsraten anzusetzen. Als Indikatoren kommen die erwarteten Lohnkosten- und Materialkostensteigerungen in Betracht. Wartungs- und Versicherungsverträge enthalten oft Preisanpassungsklauseln, die an der Inflationsrate bzw. der Lohnentwicklung orientiert sind.

2.1.3 Ermittlung verbrauchsgebundener Kosten am Beispiel der Stromkosten

Die unterschiedlichen Kostenkomponenten des Bezugs elektrischer Energie werden hier stellvertretend für andere Energieträger, deren Bezugskosten in entsprechender Weise zu ermitteln wären, kurz vorgestellt.

Der Bezug elektrischer Energie von einem Energieversorgungsunternehmen (EVU) wird durch Vertrag vereinbart. Das EVU unterscheidet zwischen Tarifkunden- und Sonderkundenverträgen sowie zwischen einer Belieferung auf der Niederspannungs- oder auf der Mittelspannungsebene.

Die Leistungs-, Grund- und Verrechnungspreise stellen die jährlichen Entgelte für die Bereitstellung und Zählung der elektrischen Energie auf dem Grundstück des Verbrauchers dar. Sie sind unabhängig von der abgenommenen elektrischen Arbeit und hängen hauptsächlich von der bereitgestellten Maximalleistung ab.

Die Arbeitspreise für Wirk- und Blindstrom gelten für die verbrauchte elektrische Arbeit im Wirk- und Blindstrombereich, wobei die Wirkarbeit nach HT-Arbeit (Bezug elektrischer Energie zu Hochtarifzeit) und NT-Arbeit (Bezug elektrischer Energie zu Niedertarifzeit) unterschieden wird. Blindleistungen sollten möglichst vermieden werden, da sie das Leitungsnetz belasten, die übertragbare Wirkleistung verringern und zudem die Generatoren im Kraftwerk mechanisch beanspruchen.

Da eine Maßnahme zur rationellen Nutzung von elektrischer Energie möglichst sowohl Anschlußleistungen als auch elektrische Arbeit reduzieren soll, ist die damit verbundene voraussichtliche Kosteneinsparung häufig nur mit umfangreichen Berechnungen zu ermitteln. Hierzu wird auf die fachbezogenen Kapitel an anderer Stelle dieses Buches verwiesen.

2.1.4 Zinssatz i

> Der kalkulatorische Zinsfuß ist im Einvernehmen mit dem Investor zu wählen.

Einfluß auf die Wirtschaftlichkeit von Energiesparmaßnahmen hat auch die Wahl des Zinssatzes. Mit steigendem Zinssatz erhöhen sich die Kapitalkosten für die Investition – bei gleichbleibender Einsparung. Die Konsequenz ist eine sinkende Wirtschaftlichkeit der Investitionsmaßnahme.

Im Rahmen von Wirtschaftlichkeitsberechnungen können Zinssätze unterschiedlich ermittelt werden. Im einfachsten Fall verwenden Unternehmen oder öffentliche Verwaltungen bereits definierte Zinssätze für interne Wirtschaftlichkeitsberechnungen.

In allen anderen Fällen richtet sich die Festlegung des Zinssatzes danach, aus welchen Quellen die Maßnahmen finanziert werden würde:
a) Bei Finanzierung aus Eigenmitteln ist die aktuelle oder potentielle Verzinsung der Mittel zu verwenden.
b) Bei Fremdfinanzierung werden die marktüblichen Konditionen für Finanzierungskredite zugrunde gelegt.
c) Bei Inanspruchnahme spezieller Kredite, beispielsweise aus Förderprogrammen, sind die jeweiligen Kreditkonditionen heranzuziehen.

Es ist jeweils die Effektivverzinsung zu ermitteln. Die Höhe dieses (Markt-)Zinssatzes sollte mit dem Entscheidungsträger abgestimmt werden.

> Bei Bestimmung des Zinssatzes ist die Quelle der Finanzierung zu berücksichtigen.

2.1.5 Nutzungsdauer t

Die Nutzungsdauer t kommt als Parameter sowohl in der statischen als auch in der dynamischen Methode vor. Sie ist nicht immer mit dem Betrachtungszeitraum der Investitionsmaßnahme identisch, was häufig übersehen wird. Die Wahl der Annuitätenmethode erübrigt allerdings die Festlegung eines Betrachtungszeitraums, indem sie unterstellt, daß sich die Investitionsmaßnahme ad infinitum erstrecke, wobei einzelne Investitionskomponenten nach Ablauf ihrer Nutzungsdauer identisch reinvestiert werden. Es genügt daher die Festlegung der Nutzungsdauern der Einzelkomponenten nach Erfahrungswerten. Der Ansatz sollte nie höher als der Erfahrungswert sein, sondern eher niedriger. Dadurch wird sichergestellt, daß auch ein eventuell vorzeitiger Ersatz einer Einzelkomponente noch wirtschaftlich ist. In der VDI 2067 sind

> Die Nutzungsdauer der einzelnen Komponenten sollte nach Erfahrungswerten angesetzt werden.

Erfahrungswerte für Komponenten der Wärmeversorgungsanlagen angegeben. Für Komponenten anderer Anlagen gibt es zwar in einigen Bauverwaltungen betriebsinterne Erfahrungswerte; sie erheben aber keinen Anspruch auf allgemeine Anwendbarkeit.

2.1.6 Preissteigerungsrate j

> Vereinfachend kann häufig eine gleichbleibende Preissteigerungsrate angenommen werden; für Energiepreise wird aber vielfach eine abweichende Preissteigerung unterstellt.

Damit die künftigen Kosten und Erlöse in der Wirtschaftlichkeitsberechnung richtig gewichtet werden, sollte die Preissteigerungsrate berücksichtigt werden. In der Regel kann vereinfachend für alle Betriebskostenelemente – mit Ausnahme allenfalls der Energiekosten – eine gleiche und jährlich gleichbleibende Preissteigerungsrate (die allgemeine Inflationsrate) angenommen werden. Für die Energiepreise wird vielfach eine von der allgemeinen Teuerung abweichende Preissteigerung unterstellt. Allgemein gültige Aussagen sind jedoch kaum möglich. Die Annahmen sollten jedenfalls aufgrund der jeweiligen Beurteilung der langfristigen Marktsituation erfolgen.

In diesem Zusammenhang wird auch häufig zwischen dem Kalkulationszinssatz (Nominalzins) und dem Realzinssatz unterschieden. In erster Näherung entspricht der Realzinssatz der Differenz aus Nominalzins und der Teuerungsrate (allgemeine Inflationsrate).

> Preissteigerungen werden mit Hilfe der Mittelwertfaktoren berücksichtigt.

Mit Hilfe der sogenannten Mittelwertfaktoren können Preissteigerungen bzw. -senkungen relativ einfach berücksichtigt werden. Dabei müssen bei Wirtschaftlichkeitsvergleichen unter Umständen unterschiedliche Mittelwertfaktoren für unterschiedliche Energieträger und auch bei unterschiedlichen Nutzungsdauern verschiedener Anlagentechniken angesetzt werden.

2.1.7 Sensitivitätsanalysen

Mit Hilfe der Sensitivitätsanalyse können die Einflüsse von Änderungen in den Grundannahmen (zum Beispiel Kalkulationszinssatz, Investitionen, Energiepreise) auf das Ergebnis der Wirtschaftlichkeitsberechnung analysiert werden. Dabei werden „Was ist, wenn"-Fragen aufgeworfen. Typische Fragestellungen, an die sich eine Sensitivitätsanalyse anschließen sollte, lauten beispielsweise:

> Sensitivitätsanalysen mit Hilfe von Tabellenkalkulationsprogrammen erlauben die Identifizierung der kritischsten Parameter und deren zulässiger Veränderung bei einer Wirtschaftlichkeitsberechnung.

- Wie ändert sich die Amortisationszeit, wenn die Strompreise um 5 % steigen oder sinken?
- Wie ändern sich die Jahresgesamtkosten, wenn der Kalkulationszinssatz um 1 % höher gewählt wird?
- Wie hoch darf die Energiepreissteigerung maximal sein, damit die Amortisationszeit kleiner ist als die Nutzungsdauer?

Bei der Sensitivitätsanalyse besteht die Möglichkeit, nur einen oder auch mehrere Parameter gleichzeitig zu variieren. Ziel muß es in jedem Fall sein, die kritischen Parameter, die das Resultat am nachhaltigsten beeinflussen, zu erkennen. Dies sind in vielen Fällen die Energiepreise. Sind die kritischen Parameter erkannt, dann stellt sich die Frage, um wieviel sie sich verändern dürfen, damit die Maßnahme gerade noch wirtschaftlich ist. Die Sensitivitätsanalysen sollten mit Tabellenkalkulationsprogrammen, die eine einfache und schnelle Parametervariation erlauben, durchgeführt werden.

2.2 Statische Wirtschaftlichkeitsberechnungsverfahren

> Es wird zwischen statischen und dynamischen Wirtschaftlichkeitsberechnungsverfahren unterschieden.

Um Investitionsmaßnahmen bewerten zu können, sind eine Reihe von Wirtschaftlichkeitsberechnungsverfahren entwickelt worden. Dabei wird zwischen statischen und dynamischen Verfahren unterschieden (vgl. Abbildung 1).

Statische Verfahren		Dynamische Verfahren	
Kostenvergleichsrechnung	Kap. 2.2.1	Kapitalwertmethode	Kap. 2.3.1
Gewinnvergleichsrechnung	Kap. 2.2.2	Interne Zinsfuß-Methode	Kap. 2.3.2
Rentabilitätsrechnung	Kap. 2.2.3	Annuitätenmethode	Kap. 2.3.3
Statische Amortisations-rechnung (= Ermittlung der Kapitalrückflußzeit)	Kap. 2.2.4	Dynamische Amortisationsrechnung	Kap. 2.3.4

Abb. 1: Statische und dynamische Wirtschaftlichkeitsberechnungsverfahren

2.2.1 Die Kostenvergleichsrechnung

Mit Hilfe der Kostenvergleichsrechnung werden über einen bestimmten Zeitraum alle anfallenden Kosten (Energie-, Instandhaltungs-, Lohn-, Abschreibungs- und Zinskosten) zweier oder mehrerer Investitionsalternativen einander gegenübergestellt. Dieses Vorgehen kann sowohl im Vergleich zwischen alter und neuer Anlage (Ersatzinvestition), als auch im Vergleich zwischen mehreren neuen Anlagen (Erweiterungsinvestition) durchgeführt werden.

Die Mängel der Kostenvergleichsrechnung liegen in den kurzen Betrachtungszeiträumen, aus denen sich keine sicheren Rückschlüsse über die zukünftigen Kosten- und Erlösentwicklungen ziehen lassen. Außerdem berücksichtigt die Kostenvergleichsrechnung mögliche Veränderungen der Einzahlungen durch Kapazitätserweiterungen und den Restwert der alten Anlage nicht. Aus der Tatsache, daß eine Investitionsalternative unter den zur Wahl stehenden Alternativen die geringsten Kosten verursacht, folgt nicht, daß sie eine vom Investor als ausreichend anzusehende Verzinsung des Kapitals (Rentabilität) ermöglicht.

> Es werden für einen bestimmten Zeitraum anfallende Kosten verglichen; eine Aussage über Verzinsung des eingesetzten Kapitals (Rentabilität) wird nicht getroffen.

2.2.2 Die Gewinnvergleichsrechnung

Die Gewinnvergleichsrechnung bezieht die Erlöse mit in die Rechnung ein und stellt die bei verschiedenen Investitionen zu erwartenden Jahresgewinne gegenüber.

Auch die Gewinnvergleichsrechnung verzichtet wie die Kostenvergleichsrechnung auf eine zeitliche Verteilung zukünftiger Kosten und Erträge auf einzelne Zeitabschnitte innerhalb der Investitionsdauer. Trotz der Berücksichtigung der Gewinne sagt auch die Gewinnvergleichsrechnung nichts über die Verzinsung des eingesetzten Kapitals und damit über die Rentabilität einer Investitionsmaßnahme aus.

> Bei der Gewinnvergleichsberechnung werden die zu erwartenden Erlöse miteinander verglichen; eine Aussage über die Rentabilität wird ebenfalls nicht getroffen.

2.2.3 Die Rentabiltätsrechnung

Die Rentabilitätsrechnung in ihrer einfachsten Form bezieht den zu erwartenden Jahresgewinn alternativer Investitionsprojekte auf das investierte Kapital und vergleicht somit deren Rentabilität.

Damit die Vorteilhaftigkeit einer Investition festgestellt werden kann, wird ihre Rentabilität mit der vom Investor gewünschten Mindestrendite verglichen. Liegt die Rentabilität darüber, so ist die Investition vorteilhaft; liegt die Investition darunter, so wird das Projekt nicht durchgeführt. Die relative Vorteilhaftigkeit einer Investition im Vergleich zu einer anderen ergibt sich unmittelbar aus dem Vergleich der Rentabilitäten beider Investitionsalternativen.

Ebenso wie bei der Kosten- und Gewinnvergleichsrechnung liegen die Schwächen dieses Verfahrens in der kurzfristigen Betrachtungsweise, die zukünftige Veränderungen von Kosten und Erlösen nicht berücksichtigt. Außerdem besteht die Schwierigkeit, Umsätze und Gewinne einzelnen Investitionen zuzurechnen. Im Gegensatz zu den beiden zuerst genannten Verfahren wird zwar die Rentabilität des eingesetzten Kapitals und damit die für eine Investitionsentscheidung wichtige Größe errechnet, jedoch nur für eine Periode. In der Praxis versucht man diese Schwäche dadurch zu überwinden, daß man Rentabilitätsziffern für die einzelnen Jahre der Nutzungsdauer ermittelt und kumuliert. Das setzt allerdings eine Schätzung zukünftiger Werte voraus.

> Der erwartete Jahresgewinn wird auf das investierte Kapital bezogen; eine Aussage über die Rentabilität ist aber nur über eine Periode möglich.

Die Amortisationsrechnung geht von der Fragestellung aus, ob sich eine Investition in einem vom Investor festgelegten Zeitraum amortisiert oder nicht. Die Investitionsentscheidung hängt folglich von der Amortisationszeit ab. Als Amortisationszeit bezeichnet man den Zeitraum, in dem es möglich ist, die Investition wiederzugewinnen. Die Anlage hat sich also amortisiert, sobald die Erlöse die Investitions- und die laufenden Betriebskosten decken. Die statische Amortisationszeit wird auch als Kapitalrückflußzeit bezeichnet.

> Zu geringe zulässige Amortisationszeiten wegen subjektiv zu hoch eingeschätzter Risiken können sinnvolle Investitionen verhindern.

Auch dieses Verfahren beruht auf der Voraussetzung gleichbleibender jährlicher Ein- und Auszahlungen. Die Problematik dieses Verfahrens liegt aber darin, daß die als zulässig angesehene Amortisationszeit auf der subjektiven Festlegung des Investors beruht und in der Praxis meist erheblich unter der wirtschaftlichen Nutzungsdauer liegt. Je höher der Investor für sich die Risiken des Investitionsprojektes einschätzt, desto kürzer setzt er die zulässige Amortisationszeit an. Je kürzer dieser Zeitraum aber im Verhältnis zur wirtschaftlichen Nutzungsdauer angesetzt wird, desto höher müssen insbesondere bei Ersatzinvestitionen die jährlichen Gewinne der Ersatzanlage sein, damit sie aus Sicht des Investors als wirtschaftlich zu bezeichnen sind. In der Praxis wird aus Risikogründen meist keine längere Amortisationszeit als drei bis fünf Jahre akzeptiert, selbst wenn die effektive Nutzungsdauer zehn und mehr Jahre beträgt. Dies hat häufig zur Folge, daß Ersatzanlagen, die – bezogen auf den Zeitraum ihrer wirtschaftlichen Nutzungsdauer – als vorteilhaft anzusehen sind, nicht beschafft werden, weil die zulässige Amortisationszeit überschritten wird. Folglich werden bei Anwendung der Amortisationsrechnung die alten Anlagen häufig länger genutzt, als es ihrer wirtschaftlichen Nutzungsdauer entspricht.

2.3 Dynamische Wirtschaftlichkeitsberechnungsverfahren

> Dynamische Verfahren berücksichtigen die mögliche Verzinsung der Ein- und Auszahlungen zu unterschiedlichen Zeitpunkten.

Dynamische Verfahren beziehen im Gegensatz zu statischen Verfahren die rechnerische Veränderung von Zahlungsbeträgen durch Zinsen aufgrund unterschiedlicher Zahlungszeitpunkte mit in die Berechnung ein. Vom Anfangszeitpunkt aus betrachtet hat eine später anfallende Zahlung nicht denselben Wert wie zum Zeitpunkt ihrer Fälligkeit, sondern einen niedrigeren. Würde man nämlich zum Anfangszeitpunkt die später fällige Zahlung verzinslich anlegen, würde sie bis zum Fälligkeitszeitpunkt Zinsen tragen. Um eben diesen Zinsbetrag könnte der anzulegende Zahlungsbetrag kleiner sein als der Betrag zum Zeitpunkt der Fälligkeit.

2.3.1 Die Kapitalwertmethode

> Bei der Kapitalwertmethode werden alle Ein- und Auszahlungen auf den Zeitpunkt vor der Investition (den Barwert) abgezinst.

Die Kapitalwertmethode, auch Diskontierungs- oder Barwertmethode genannt, geht davon aus, daß die Ein- und Auszahlungen, die durch ein bestimmtes Investitionsobjekt hervorgerufen werden, im Zeitablauf nach Größe, zeitlichem Anfall und Dauer unterschiedlich sein können. Die einzelnen Beträge, die irgendwann während der Investitionsdauer anfallen, können nur vergleichbar gemacht werden, wenn das Zeitmoment in die Rechnung mit einfließt. Diesem Umstand wird dadurch Rechnung getragen, daß alle zukünftigen Ein- und Auszahlungen auf den Zeitpunkt unmittelbar vor Beginn der Investition abgezinst werden. Eine auf einen Zeitpunkt abgezinste Zahlung bezeichnet man als Barwert.

Der Kapitalwert einer Investition ergibt sich als Differenz zwischen der Summe der Barwerte aller Einzahlungen und der Summe der Barwerte aller Auszahlungen, die mit der Investition zusammenhängen.

Die Abzinsung erfolgt mit einem Zinssatz, der als gewünschte Mindestverzinsung (Kalkulationszinsfuß) den Kapitalkosten des Investors entsprechen soll. Dadurch wird zugleich unterstellt, daß sich die Einzahlungen wiederum zum Kalkulationszinsfuß verzinsen (Wiederanlageprämisse). Ist der Kapitalwert gleich Null, so wird gerade noch die Mindestverzinsung erzielt. Die Einzahlungsüberschüsse reichen also aus, die Anfangsauszahlungen zu tilgen und das investierte Kapital zum Kalkulationszinsfuß zu verzinsen.

Ist der Kapitalwert positiv, so gibt er die Zahlungsüberschüsse des Investitionsobjekts an, die neben den Anschaffungsauszahlungen zur Verfügung stehen und verzinst werden können. Ist der Kapitalwert negativ, so bezeichnet er den Teil der Anschaffungsauszahlungen, der aus den Einzahlungsüberschüssen weder getilgt noch verzinst werden kann. Ein positiver Kapitalwert zeigt zugleich, daß eine über dem Kalkulationszinsfuß liegende Verzinsung des eingesetzten Kapitals erzielt wird, während ein negativer Kapitalwert ein Zeichen dafür ist, daß nur eine unter dem Kalkulationszinsfuß liegende Verzinsung erreichbar ist, also die Kapitalkosten des Investors nicht gedeckt werden können.

> Aus der Differenz der Aus- und Einzahlbarwerte ergibt sich der Kapitalwert; positive Kapitalwerte bedeuten, daß eine gewünschte Mindestverzinsung erreicht wird.

Bei dieser Methode geht man nicht von einer gegebenen Mindestverzinsung (Kalkulationszinsfuß) aus, mit deren Hilfe man den Kapitalwert ermittelt, sondern man sucht den Diskontierungszinsfuß, der zu einem Kapitalwert von Null führt, das heißt bei dem die Barwerte der Einzahlungs- und Auszahlungsreihe gleich groß sind (interner Zinsfuß).

Auf diese Weise erhält man die Effektivverzinsung eines Investitionsobjektes vor Abzug von Zinszahlungen. Man kann aber die Vorteilhaftigkeit einer einzelnen Investition nur ermitteln, wenn man die vom Betrieb zur Deckung der Kapitalkosten gewünschte Mindestverzinsung, das heißt den Kalkulationszinsfuß, zusätzlich kennt. Eine Investition ist als vorteilhaft anzusehen, wenn der interne Zinsfuß nicht kleiner als der Kalkulationszinsfuß ist. Die interne Zinsfußmethode liefert also kein Kriterium für die Vorteilhaftigkeit einer Investition, da stets ein Kalkulationszinsfuß als Vergleichsmaßstab gegeben sein muß.

2.3.2 Die Methode des internen Zinsfußes

> Der interne Zinsfuß gibt als Ergebnis die Verzinsung der Investition an, das heißt der Kapitalwert zum Ende des Betrachtungszeitraums wird zu Null gesetzt.
>
> Die Vorteilhaftigkeit der Investition ergibt sich erst nach Vergleich mit dem Kalkulationszinsfuß, der demzufolge bekannt sein muß.

Bei dieser Methode vergleicht man die durchschnittlichen jährlichen Auszahlungen der Investition mit den durchschnittlichen jährlichen Einzahlungen. Man rechnet also mit Hilfe der Zinseszinsrechnung die Zahlungsreihen der Investition in zwei äquivalente Reihen der durchschnittlichen Aus- und Einzahlungen für die Dauer der Investition um. Sind die jährlichen Aus- und Einzahlungen gleichbleibend, so können sie unmittelbar in die Investitionsrechnung übernommen werden. Schwanken dagegen die Jahreswerte, so müssen sie zunächst abgezinst werden. Man muß also ihre Gegenwartswerte errechnen. Danach ist die Summe der Gegenwartswerte aufzuzinsen, das heißt entsprechend der Nutzungsdauer in uniforme Jahreswerte umzuwandeln. In gleicher Weise werden die Anschaffungsauszahlungen und der Restwert behandelt.

2.3.3 Die Annuitätenmethode

> Die Annuitätenmethode vergleicht durchschnittliche jährliche Ein- und Auszahlungen.

Die dynamische Amortisationsrechnung verfolgt die gleichen Ziele einer Wirtschaftlichkeitsberechnung wie die Ermittlung der Kapitalrückflußzeit. Die Berechnungen sind zwar aufgrund der Berücksichtigung von Zinssätzen und Preissteigerungsraten aufwendiger, gleichzeitig liefern die Ergebnisse jedoch exaktere Ergebnisse als die Berechnung der Kapitalrückflußzeit. Die dynamische Amortisationszeit ist grundsätzlich größer als die Kapitalrückflußzeit, wenn man davon ausgeht, daß für Wirtschaftlichkeitsberechnungen in der Energiewirtschaft üblicherweise keine negativen Kalkulationszinssätze (bei vernachlässigten Preissteigerungsraten) und auch in der Regel keine Preissteigerungsraten existieren, die die Kalkulationszinssätze überschreiten.

2.3.4 Die dynamische Amortisationsrechnung

> Die dynamische Amortisationszeit liefert die exakteren Ergebnisse einer Wirtschaftlichkeitsberechnung und ist auch immer größer als die Kapitalrückflußzeit.

In der nachfolgenden Tabelle sind die wichtigsten Formeln für statische und dynamische Wirtschaftlichkeitsberechnungen zusammengestellt.

2.4 Die wichtigsten Formeln für Wirtschaftlichkeitsberechnungen

	Statisch	Dynamisch	
		Feste Preise	Variable Preise
Annuitäten-/ Wiedergewinnungsfaktor	$w(t) = \dfrac{1}{t}$	$w(i;t) = \dfrac{i}{1-(1+i)^{-t}}$	$w(i;j;t) = \dfrac{i-j}{1-\left(\dfrac{1+i}{1+j}\right)^{-t}}$
Berechnung der periodischen Größe z aus der einmaligen Größe Z	$z = Z \times w(t)$	$z = Z \times w(i;t)$	
Amortisationszeit	$t_{Amort} = \dfrac{A}{e}$ (Kapitalrückflußzeit)	$t_{Amort} = \dfrac{\log \dfrac{1}{1 - i \times A/e}}{\log(1-i)}$	$t_{Amort} = \dfrac{\log \dfrac{1}{1-(i-j)\times A/e}}{\log\left(\dfrac{1+i}{1+j}\right)}$
Mittelwertfaktoren	$m = 1$		$m(i,j,t) = \left(\left(1+(i-j)/(1+j)\right)^t - 1\right) / \left((i-j)/(1+j) \times \left(1+(i-j)/(1+j)\right)^t\right)$

Abb. 2: Wichtigste Formeln für Wirtschaftlichkeitsberechnungen. Es bedeuten:
i   Zinssatz pro Jahr
j   Preissteigerungsrate, Inflationsrate pro Jahr
t   Nutzungsdauer einer Investitionskomponente
z   jährlich (periodisch) wiederkehrende Einzahlungen e oder Auszahlungen a
Z   einmalige Zahlung: entweder eine Einzahlung E oder eine Auszahlung A.
A   Anschaffungs-Auszahlung einer Investitionskomponente, einmalig
e   Veräußerungseinzahlungen oder Einsparungen, jährlich (periodisch) wiederkehrend
m   Mittelwertfaktor

Die Näherungsformeln für den Annuitätenfaktor der dynamischen Methode sind wegen ihrer Einfachheit und Anschaulichkeit besonders da nützlich, wo keine rechnerischen Hilfsmittel zur Verfügung stehen und schnelle überschlägige Ergebnisse erwünscht sind.

Die jährlichen Kapitalkosten verändern sich innerhalb der Nutzungsdauer nicht. Jährliche Betriebs- und Energiekosten werden sich jedoch von Jahr zu Jahr verändern, in der Regel werden sie steigen.

3 Wahl der geeigneten Methode der Wirtschaftlichkeitsberechnung

Statische Berechnungen eignen sich für überschlägige Ermittlungen und Betrachtung kurzer Zeiträume; dynamische Verfahren bieten durch Berücksichtigung zeitlich und betragsmäßig variierender Zahlungsflüsse bessere Entscheidungshilfen.

Die beschriebenen Verfahren für Wirtschaftlichkeitsberechnungen gelten grundsätzlich für betriebswirtschaftliche Untersuchungen eines beliebigen Investitionsvorhabens. Die Investitionen im Energiebereich sind allerdings in der Regel durch lange Nutzungsdauern gekennzeichnet. Die Wirtschaftlichkeitsanalyse erfordert daher eine langfristige Sichtweise. Insbesondere sollte der langfristigen Betrachtung der Energiepreisentwicklung Rechnung getragen werden. Bei einem Vergleich verschiedener Investitionsalternativen wird unterstellt, daß alle untersuchten Varianten bezüglich des erzeugten Nutzens (Erzeugung, Qualität der Nutzenergie wie zum Beispiel Beleuchtungsstärke) gleichwertig sind.

In der Regel ist die geeignete Methode für die Wirtschaftlichkeitsberechnung aufgrund der folgenden zwei typischen Fragestellungen zu wählen.
- Rationalisierungsinvestition im Vergleich zum Ist-Zustand
- Kostengünstigste Variante verschiedener energietechnischer Lösungen

In der Praxis haben sich die beiden folgenden Methoden der Wirtschaftlichkeitsberechnung für Wirtschaftlichkeitsanalysen von Investitionen in energietechnische Anlagen bewährt:

- Ermittlung der **Kapitalrückflußzeit (statische Amortisationsrechnung)**, wenn eine schnelle und einfache Wirtschaftlichkeitsberechnung, unter Umständen sogar für eine Vielzahl von Investitionsalternativen, durchgeführt werden soll. Dabei wird jeweils die Investition durch die Summe der eingesparten betriebs- und verbrauchsgebundenen Jahreskosten geteilt. Diese vereinfachte Methode liefert bereits gute Ergebnisse, wenn kurze Kapitalrückflußzeiten bei gleichzeitig niedrigen Kalkulationszinssätzen aus der Wirtschaftlichkeitsberechnung resultieren. Bei einer Vielzahl von Investitionsalternativen können mit dieser Methode in der Regel die unwirtschaftlichen Varianten bereits identifiziert und von einer gegebenenfalls weiteren dynamischen und damit exakten Wirtschaftlichkeitsbetrachtung ausgeklammert werden. Wenn ein sehr hoher Kalkulationszinssatz als Parameter vorgegeben ist oder gleiche Kapitalrückflußzeiten verschiedener Investitionsalternativen bzw. hohe Kapitalrückflußzeiten von zum Beispiel über fünf Jahren das Ergebnis der Wirtschaftlichkeitsberechnung sind, dann ist die statische Betrachtungsweise häufig nicht mehr hinreichend.
- Die **dynamische Amortisationsrechnung** liefert exakte Ergebnisse für die Wirtschaftlichkeitsbetrachtung und sollte nach Möglichkeit – wenn sie mit vertretbarem Aufwand durchführbar ist – in allen Einzelfällen angewandt werden. Dabei ist zu beachten, daß ohne Berücksichtigung einer allgemeinen Preissteigerungsrate sich viele Maßnahmen weniger wirtschaftlich darstellen. Daher sollte die Berechnung über längere Betrachtungszeiträume zunächst dynamisch ohne Annahme von Preissteigerungen durchgeführt werden. Stellt unter dieser Voraussetzung das Ergebnis die Wirtschaftlichkeit in Frage, sollte die Berechnung unter Berücksichtigung einer allgemeinen Preissteigerungsrate wiederholt werden. Erst danach sollte die Wirtschaftlichkeit der Maßnahme endgültig beurteilt werden. In der Regel kann dabei vereinfachend für alle Betriebskostenelemente – mit Ausnahme allenfalls der Energiekosten – eine gleiche und jährlich gleichbleibende Preissteigerungsrate (die allgemeine Inflationsrate) angenommen werden. Für die Energiepreise wird vielfach eine von der allgemeinen Teuerung abweichende Preissteigerung unterstellt.

Abbildung 3 zeigt, wie dabei der grundsätzliche Ablauf der Wirtschaftlichkeitsberechnungen aussehen sollte.

Abb. 3: Grundsätzlicher Ablauf von Wirtschaftlichkeitsberechnungen

4 Beispiele für Wirtschaftlichkeitsberechnungen

4.1 Anpassung von Lüfterlaufzeiten in RLT-Anlagen an die Nutzung

Nachfolgend werden einige Beispiele für Wirtschaftlichkeitsberechnungen aus der Praxis vorgestellt.

Im Hauptgebäude eines Altenheimes befinden sich acht gleichartige Lüftungsanlagen, die bislang rund um die Uhr laufen. In Absprache mit allen Betroffenen und nach einer Testphase können die Laufzeiten je um ein Drittel reduziert werden. Die Berechnung erfolgt für eine Anlage, das Ergebnis kann auf die acht Anlagen hochgerechnet werden.

Abb. 4: Wirtschaftlichkeitsberechnung für Lüfterlaufzeitenoptimierung

Bezeichnung	Berechnung	Wert
Lüfterleistung		2,75 kW
Investition Zeitschaltuhren	AZ	1.600 DM
Investition Stern-Dreieck-Schalter	AS	1.250 DM
Gesamtinvestition	A = AZ + AS	2.850 DM
Lebensdauer Zeitschaltuhr		10 Jahre
Lebensdauer Stern-Dreieck-Schalter		20 Jahre
Zinssatz		6 %
Kapitalkosten Zeitschaltuhren	aKz = AZ × w (6 %/10 a)	1.600 DM × 0,135868/a = 217,39 DM/a
Kapitalkosten Stern-Dreieck-Schaltung	aKs = AS × w (6 %/20 a)	1.250 DM × 0,087184/a = 108,98 DM/a
Kapitalkosten gesamt	aK = aKz + aKs	326,37 DM/a
Arbeitspreis el. Energie		0,15 DM/kWh
Laufzeitreduzierung Lüfter		2.920 h
Kosteneinsparung für elektrische Energie	e	2.920 h/a × 0,15 DM/kWh × 2,75 kW = 1.204,50 DM/a

Da die Kosteneinsparung für elektrische Energie höher als die aufzuwendenden kapitalbedingten Kosten sind, ist die Maßnahme wirtschaftlich vorteilhaft. Die Vorteilhaftigkeit ergibt sich aus dem Verhältnis der Differenz aus Kosteneinsparung für elektrische Energie und kapitalbedingten Kosten zu eben diesen kapitalbedingten Kosten. Die Vorteilhaftigkeit ist (e-aK)/aK = 269 %.

Die Amortisationszeit errechnet man statisch aus A/e zu (2.850 DM)/(1.204,5 DM/a) = 2,37 a. Dynamisch errechnet man aus der Formelsammlung 2,63 a. Die Differenz zum statischen Wert ist aufgrund der kurzen Amortisationszeit jedoch für die Beurteilung der Wirtschaftlichkeit zu vernachlässigen.

4.2 Erneuerung der Klimakälteerzeugung eines Krankenhauses

In einem großen nordrhein-westfälischen Krankenhaus befinden sich drei rund 30 Jahre alte Kältemaschinen (Turboverdichter) für die Klimatisierung. Zwei identische Turboverdichter haben Kälteleistungen von je 419 kW. Die elektrische Nennwirkleistung beträgt ca. 98 kW. Allerdings dient der zweite Verdichter lediglich noch als Ersatzteillager für den ersten. Die dritte Kältemaschine weist eine Kälteleistung von ca. 872 kW auf. Die elektrische Nennwirkleistung beträgt 198 kW.

Auf Basis von Elektrizitätsmessungen sowie Auswertungen von Betriebsstundenzählern kann von folgender notwendiger Jahreskälteleistung und -arbeit ausgegangen werden:
- Kälteleistung: 1.200 kW
- Jahreskältearbeit: 1.320 MWh

Damit beträgt die Benutzungsdauer der Kälteerzeugung im Krankenhaus rund 1.100 h/a.

Wirtschaftlichkeitsberechnungen

	Berechnung	Einheit	Ersatz wie vor	Optimierung
Verdichterbauart			Turbo	Schraube
Anzahl Verdichter			2	2 × 2
Kälteleistung je Verdichter		[kW] [kW]	1 × 870 1 × 420	300
Kälteleistung, gesamt		[kW]	1.290	1.200
El. Leistung Kältemaschine, gesamt		[kW]	296	218
Leistungszahl Kältemaschinen, gesamt			4,36	5,50
Benutzungsstunden, gesamt		[h/a]	1.023	1.100
Jahreskältearbeit, gesamt		[MWh/a]	1.320	1.320
Jährliche elektrische Energie, gesamt		[MWh/a]	302.884	240.000
Elektrische Energie HT (ca. 70%)		[MWh/a]	212.019	168.000
Elektrische Energie NT (ca. 30%)		[MWh/a]	90.865	72.000
Spez. Investition Verdichter, gesamt		[DM/kW]	800	850
Gesamtinvestition	AKä	[DM]	1.032.000	1.020.000
Technische Nutzungsdauer	t	[a]	15	15
Kalkulationszinssatz	i	[%/a]	8,0	8,0
Kapitalkosten	$aKä = A \times w(t,i)$	**[DM/a]**	**120.568**	**119.166**
Arbeitspreis HT		[DM/kWh]	0,115	0,115
Arbeitspreis NT		[DM/kWh]	0,074	0,074
Jahresgesamtkosten el. Arbeit		[DM/a]	31.106	24.648
Spez. Kosten elektrische Leistung		[DM/kW × a]	230	230
Spitzenleistungsbeitrag		[kW]	150	72
Leistungskosten Kälteerzeugung		[DM/a]	34.500	16.602
Geschätzter Frischwasserverbrauch		[m³/a]	6.600	6.600
Frischwasserkosten (2,8 DM/m³)		[DM/a]	18.480	18.480
Verbrauchsgebundene Kosten	aV_{ges}	**[DM/a]**	**84.086**	**59.730**
Wartung/Instandsetzung (3%/a)		[DM/a]	30.960	30.600
Geschäzte Personalkosten		[DM/a]	20.000	10.000
Betriebsgebundene Kosten	aB_{ges}	**[DM/a]**	**50.960**	**40.600**
Jährliche Gesamtkosten Kälte	$a_{ges} = aKä + aV_{ges} + aB_{ges}$	**[DM/a]**	**255.614**	**219.496**

Zunächst war geplant, die beiden noch in Betrieb befindlichen Turboverdichter durch neue Turboverdichter gleicher Leistung zu ersetzen. Dabei würden die Gesamtjahreskosten der Kältebereitstellung (255.614 DM/a) um rund 16,5 % höher liegen gegenüber den Gesamtjahreskosten, die sich bei der alternativen Erzeugung aus zwei Schraubenverdichtersätzen mit angepaßten Kälteleistungen von je 600 kW (219.496 DM/a) ergeben würden. Der Bedarf an elektrischer Energie würde um rund 62,6 MWh/a, entsprechend rund 21 %, reduziert werden. Dabei wären die Investitionen kaum größer, so daß diese Maßnahme als wirtschaftlich zu bezeichnen wäre (vgl. Abbildung 5).

Abb. 5:
Wirtschaftlichkeitsvergleich zwischen Turbo- und Schraubenverdichter-Kälteerzeugungsanlage

4.3 Einsatz eines BHKW

In einem Alten- und Pflegeheim mit 90 Bewohnern und einem spez. Energiebedarf für Heizung und WW-Bereitung von ca. 9.900 kWh/Bewohner/a werden Überlegungen über den Einsatz eines BHKW angestellt.

Derzeit sind zwei Ölkessel mit 390 bzw. 330 kW Nennwärmeleistung im Betrieb. Diese sind überdimensioniert und bei Einsatz eines BHKW könnte auf den kleineren Kessel verzichtet werden.

Im Hinblick auf lange Laufzeiten wird ein Diesel-BHKW-Modul mit einer thermischen Leistung von 36 kW und einem Wirkungsgrad von 87 % ausgewählt. Es werden **Laufzeiten von 7.000 Stunden** erwartet.

Die Preise für Strom betragen zur Zeit 19,5 Pf/kWh (HT) und 14,6 Pf/kWh (NT). Der Leistungspreis ist mit 60 DM/kW/a anzusetzen.

Abb. 6: Wirtschaftlichkeitsvergleich für ein BHKW

Bezeichnung	Berechnung	Wert
Gesamtinvestition BHKW	A	63.500 DM
Nutzungsdauer BHKW	t	15 Jahre
Zinssatz	i	6 %
Kapitalkosten BHKW	aB = A × w (6 %/15 a)	63.500 × 0,102963 = 6.538,14 DM/a
Wartungskosten	aW	6673,00 DM/a
Brennstoffkosten	aBr	17.613,00 DM/a
Kapitalkosten gesamt	aK = aW + aBr	30.824,00 DM/a
Erträge aus		
Wärmeproduktion	eW	11.360,00 DM/a
Stromproduktion HT	eSH	14.742,00 DM/a
Stromproduktion NT	eSN	9.402,00 DM/a
Leistungsabdeckung	eL	600,00 DM/a
Gesamtertrag	eW + eSH + eSN + eL	36.104,00 DM/a
Einsparung	e = eW+eSH+eSN+eL–aW–aBr	11.818,00 DM/a
Stat. Amortisationszeit	t_{Amort} = A/e	5,4 Jahre
Dyn. Amortisationszeit	t_{Amort} = logX/logY; X = 1/(1-i*A/e); Y = 1+ i	6,7 Jahre

Unter den vorgenannten Randbedingungen ist das Projekt wirtschaftlich zu verwirklichen. Bei sinkenden Strompreisen wird der Betrieb eines BHKW jedoch zunehmend unwirtschaftlicher, solange Brennstoffkosten und Anlageninvestitionen im gleichen Maße sinken.

4.4 Nachträgliche Installation eines Frequenzumrichters für einen Ventilator

Zur Drehzahlregelung des Ventilators eines luftgekühlten Verflüssigers einer Kälteanlage in einer Feuerwache soll nachträglich ein Frequenzumrichter eingesetzt werden. Gegenüber der vorherigen Betriebsweise – der Ventilator lief durchgängig auf höchster Antriebsstufe – kann rund ein Drittel der elektrischen Energie, das heißt rund 10.000 kWh/a, eingespart werden. Der Arbeitspreis für den Bezug elektrischer Energie beträgt **15 Pf/kWh**. Damit ergeben sich **Energiekosteneinsparungen von 1.500 DM/a**.

Die **Anschaffungskosten für den Frequenzumrichter (inkl. Installation) betragen insgesamt 7.500 DM**. Die **Nutzungsdauer** wird auf **t = 15 Jahre** angesetzt; Wartungs- und Betriebskosten für den Frequenzumrichter fallen keine an. Der Investor erwartet eine **Kapitalverzinsung von 10 %** jährlich. Die Wirtschaftlichkeit wird für den Fall einer **allgemeinen Preissteigerung von 2,5 %** jährlich untersucht.

Wirtschaftlichkeitsberechnungen

Mit den oben genannten Zahlenwerten werden die Berechnungen entsprechend den Formeln (vgl. Abbildung 2) durchgeführt. Die Ergebnisse sind in der nachfolgenden Tabelle zusammengestellt.

Berechnungsart	statisch	dynamisch	preisdynamisch	Einheit
Jahresbetrag anfänglich	500,00	986,05	837,27	DM/Jahr
Amortisationszeit	5,00	7,27	6,55	Jahre

Abb. 7: Ergebnisse der Wirtschaftlichkeitsberechnung für einen Frequenzumrichter

Ohne Berücksichtigung einer allgemeinen Preissteigerungsrate stellt sich die Maßnahme weniger wirtschaftlich dar. Genau das ist der Grund, daß Maßnahmen, deren Wirtschaftlichkeit bei Preisstabilität gegeben ist, noch einmal unter der Voraussetzung einer mäßigen Inflation zu untersuchen sind. Es ist daher zu empfehlen, Wirtschaftlichkeitsberechnungen über längere Betrachtungszeiträume zunächst dynamisch ohne Annahme von Preissteigerungen durchzuführen. Stellt unter dieser Voraussetzung das Ergebnis der Berechnung die Wirtschaftlichkeit in Frage, sollte sie unter Berücksichtigung einer allgemeinen Preissteigerungsrate wiederholt werden. Erst danach sollte die Wirtschaftlichkeit der Maßnahme endgültig beurteilt werden.

Christian Tögel

Contracting

In der Literatur existiert bis heute keine allgemein anerkannte Definition von Contracting. Im Zusammenhang mit den wirtschaftlichen Aspekten von Contracting-Modellen werden Bezeichnungen wie Drittfinanzierung und Outsourcing, also die Auslagerung von Teilkompetenzen an Dritte, die nicht Bestandteil des Kerngeschäftes sind, verwendet. Contracting ist daher eher ein diffuser Begriff, dessen Umfang sehr stark schwankt. Aber ein gewisser Kern wird jedem Definitionsversuch zugrunde gelegt: Es geht immer um eine Form der Objekt-Finanzierung, um die Auslagerung einer oder mehrerer Funktionen bei der Energiebewirtschaftung an einen Dritten und um die Bereitstellung von Nutzenergie. Insbesondere können mit Hilfe von Contracting die wirtschaftlichen Potentiale der rationellen Energieanwendung ausgeschöpft werden.

Aufgrund der unverändert angespannten finanziellen Situation der öffentlichen Verwaltungshaushalte und des auch weiterhin steigenden allgemeinen Wettbewerbdrucks im Bereich des Gewerbes und der Industrie werden bereits heute erkennbare Tendenzen des 'Outsourcing' wohl auch weiterhin Verbreitung finden. Eine mögliche Lösung liegt in dem Betreiber- und Finanzierungsmodell 'Contracting', wobei speziell die Variante des Einspar-Contractings wegen der unmittelbar eintretenden Kostenentlastung für Gebäudeeigentümer besonders attraktiv erscheint. Dieses Ideal-Modell ist jedoch ausschließlich im Bereich bestehender Gebäude anwendbar und im wesentlichen auf Objekte mit wirtschaftlich interessantem Energieeinsparpotential beschränkt.

Contracting führt in der Regel zu einer schnelleren Realisierung von Energierationalisierungsmaßnahmen, da der personelle Aufwand für Planung, Ausschreibung und Bauleitung für die entsprechende Energieeffizienzmaßnahme auf den Contractor verlagert wird. Die Zeitersparnis resultiert in der Regel daraus, daß der Contractor die Dienstleistung aus einer Hand liefert. Für den Contractingnehmer reduziert sich der Zeitaufwand der Realisierung auf die Abstimmung der technischen Erfordernisse und die Überführung der getroffenen Absprachen in einem beidseitig akzeptierten Vertrag. Mitentscheidend für den zukünftigen Erfolg und die Verbreitung dieses marktwirtschaftlich-ökologisch orientierten Modells werden nicht zuletzt die Auswirkungen der aktuellen energiepolitischen Entscheidungen sein.

1 Contracting – die ganzheitliche Investitionsalternative

Die Umsetzung von Projekten der rationellen Energienutzung scheiterten oft an einem entscheidenden Punkt: Es fehlen die nötigen Investitionsmittel. Ob in der Privatwirtschaft oder der öffentlichen Hand, mangelnde Investitionsmittel sowie knappe Etats verhinderten die Ausschöpfung von vorhandenen wirtschaftlichen Energiesparpotentialen bei der Energieumwandlung und -verwendung. Als alternative Projektrealisierungsform, die diese Hemmnisse nicht kennt, gewann daher in den letzten Jahren insbesondere in Nordrhein-Westfalen das Thema Contracting zunehmend an Bedeutung.

Contracting: Dienstleistungskonzept zur Realisierung von Energie- und Kosteneinsparungen.

Contracting ist ein Dienstleistungskonzept zur Realisierung von Effizienzverbesserungen bei Energieumwandlungs- und -nutzungsanlagen in generell allen Verbrauchsbereichen. Beim Contracting werden energieeffizienzsteigernde Maßnahmen an bestimmten Verbrauchsobjekten durch außenstehende Investoren verwirklicht, die – je nach Vertragsumfang – die Planung, Finanzierung, Bauausführung und den laufenden Betrieb des Investitionsprojekts übernehmen. Vom Energienutzer können also Maßnahmen unabhängig von der Investitionshöhe und unmittelbar ohne eigenen Kapitaleinsatz erfolgen.

Grundsätzliches Ziel des Contracting-Konzeptes ist eine wirtschaftlich optimale Bereitstellung einer vorgegebenen Energiedienstleistung. Neben der Installation von modernen Energieerzeugungsanlagen können im Rahmen von Contracting-Lösungen auch Maßnahmen zur Reduzierung des Nutzenergiebedarfs und Energieträgerumstellungen realisiert werden. Die aus dem Contracting-Projekt resultierenden Energieeinsparungen reichen im Idealfall zur gesamtkostenneutralen Refinanzierung der Maßnahme aus, also hat der Contracting-Kunde trotz der Ausgaben für die Contractoren jährlich keine höheren Energiegesamtbereitstellungskosten. Das bedeutet, daß die Summe der Kosten für Arbeit, Leistung, Wartung/Instandsetzung und Kapitaldienst genauso hoch ist wie vorher.

> Im Idealfall können Investitionen aus Energiekosteneinsparungen finanziert werden.

In der Praxis haben sich zwei wesentliche Formen des Contracting am Markt etabliert, zum einen das Anlagen-Contracting und zum anderen das Einspar-Contracting, häufig auch Performance-Contracting genannt. Auf beide Formen soll im folgenden näher eingegangen werden.

2 Anlagen-Contracting

Beim Anlagen-Contracting handelt es sich um das vertragstechnisch und -rechtlich einfachste Modell. Auf der einen Seite steht der Energieabnehmer, der eine entsprechende Nutzenergielieferung in Form von Wärme, Kälte, Dampf oder Strom von einer Contracting-Gesellschaft (Contractor) erhält. Zu diesem Zweck plant, baut, finanziert, betreibt und wartet der Contractor eine neue Energieerzeugungsanlage auf eigenes Risiko. Anlagen-Contracting wird meist von Anlagenherstellern, Handwerksunternehmen, Energiedienstleistungsunternehmen oder Energieversorgungsunternehmen angeboten. Anlagen-Contracting kommt in der Regel zur Anwendung bei betriebstechnischen Anlagen (zum Beispiel Wärmeerzeugern, Kälteanlagen, Lüftungs- und Klimaanlagen, Beleuchtungsanlagen), die am Ende ihrer technisch-wirtschaftlichen Nutzungszeit angelangt und somit als Ganzes erneuerungsbedürftig sind. Die Energielieferangebote können damit je nach Nutzenergieart und Energieliefermodell beispielsweise „Nutzwärmeservice", „Nahwärmekonzept", „Licht-Contracting" oder auch „Kältelieferservice" heißen.

Der Anwendungsschwerpunkt für diese Variante liegt somit in der Erneuerung von betriebstechnischen Anlagen im Bereich der technischen Gebäudeausrüstung, wobei sich der Leistungsumfang mehrheitlich auf die Energiezentralen beschränkt und nur in Ausnahmefällen das Verteiler- oder Sekundärnetz mit beinhaltet.

> Bei Anlagen-Contracting werden in der Regel betriebstechnische Anlagen erneuert.

Abbildung 1 zeigt die Zusammensetzung der Jahresgesamtkosten vor und nach der Umsetzung eines Anlagen-Contracting-Projekts sowie bei Durchführung der Maßnahmen in Eigenregie.

Die Preise für die Nutzenergielieferungen sind projektbezogen kalkuliert und werden in der Regel aufgesplittet in einen Grund- und Arbeitspreis, wobei im Grundpreis die verbrauchsunabhängigen Kosten (insbesondere die Kapitalkosten) und im Arbeitspreis die verbrauchsgebundenen Kosten enthalten sind. Häufig findet im Rahmen der vertraglich festgelegten Laufzeit eine Vollamortisation der getätigten Investitionen statt, das heißt alle Aufwendungen der Contracting-Gesellschaft einschließlich ihres Gewinns werden durch die Zahlungen, die der Energienutzer im Rahmen der nicht kündbaren Laufzeit leistet, gedeckt. Kernpunkt des Anlagen-Contracting ist, daß die Vergütung der Investitionen des Contractors durch die Festlegung des Grundpreises von der erzielten Energieeinsparung unabhängig ist. Es sind also lediglich die Arbeitskosten von der Menge der bezogenen Nutzenergie abhängig.

> Vergütungen der Investitionen des Contractors sind von Energieeinsparungen unabhängig.

Fallbeispiel Theater- und Konzertgebäude der Stadt Solingen

Unter Mithilfe der Energieagentur NRW ist 1995 ein mustergültiges public-private-partnership-Modell (PPP-Modell) bei der Sanierung der Heizungsanlage im Theater- und Konzertgebäude der Stadt Solingen realisiert worden. Ein Unternehmen aus der privaten Wirtschaft errichtet und betreibt in eigenem Namen für einen Zeitraum von

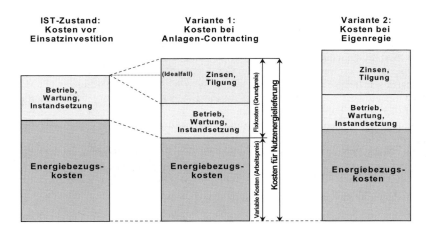

Abb. 1: Kostenstruktur bei Anlagen-Contracting

zehn Jahren eine 1,8 MW-Heizungsanlage für die Kommune. Durch Realisierung eines Konzepts mit modernster Technik kann der Primärenergieeinsatz für die Wärmeversorgung des Theatergebäudes um fast 30 % gesenkt werden, die Wärmekosten sind nur geringfügig höher als die Energiebezugskosten vor dieser 'outsourcing'-Maßnahme. Darüber hinaus stellt das Projekt einen wichtigen Beitrag zur Umsetzung des CO_2-Minderungskonzeptes der Stadt Solingen dar, da durch verringerten Primärenergieeinsatz und Umstellung von Heizöl auf Erdgas rund 46 % der CO_2-Emissionen in dem Gebäude eingespart werden.

3 Einspar-Contracting

Einspar-Contracting in der Regel zur Optimierung bestehender Anlagen.

Im Gegensatz zum Anlagen-Contracting bilden beim Einspar- oder Performance-Contracting die im Vergleich mit dem Zustand vor Umsetzung des Contracting-Modells (Baseline) eingesparten Energiekosten die Grundlage für die Refinanzierung der Maßnahmen und Investitionen des Contractors. Der bevorzugte Anwendungsbereich für das Einspar-Contracting liegt in der Optimierung bestehender energietechnischer Anlagen, die noch nicht am Ende ihrer Nutzungszeit angelangt sind, einen hohen Energieverbrauch verursachen und bei denen durch gezielte Maßnahmen mit geringem spezifischen Investitionsaufwand hohe Energie(kosten)einsparungen erreichbar sind. Bei Anlagen mit besonders niedrigen Nutzungsgraden für die Endenergiebereitstellung und/oder hohen Kosten für Wartung und Instandsetzung kann sogar das Modell des Einspar-Contracting zur Erneuerung der Erzeugungsanlagen genutzt werden. Typische Bereiche, in denen Einspar-Contracting heute mit Erfolg angewendet wird, liegen in der Erneuerung der Meß,- Steuer- und Regelungstechnik für Beleuchtungs-, Heizungs-, Klima-, Lüftungs-, Druckluft- und Kälteanlagen sowie der Austausch veralteter Pumpen, Ventilatoren und Stellantriebe.

Nach Ermittlung des Einsparpotentials, Abschluß des Vertrags sowie Finanzierung und Umsetzung der energiesparenden Maßnahmen durch den Contractor werden sich die Energieverbräuche entsprechend des vertraglich garantierten Einsparpotentials reduzieren.

Für die Dauer der Vertragslaufzeit, üblich sind hier drei bis zehn Jahre, zahlt der Contracting-Kunde dem Contractor eine Contractingrate, die sich aus der Differenz der Energiekosten vorher zu nachher errechnet (vgl. Abbildung 2). Der Effekt der Umweltentlastung tritt somit sofort nach Umsetzung der Maßnahmen ein. Die wirtschaftlichen Vorteile kommen dem Contracting-Kunden nach Ablauf des Vertrags in vollem Umfang zugute. Häufig beinhaltet ein Einspar-Contracting die Optimierung der gesamten Anlagentechnik, so daß sich hierdurch ein für Contracting-Kunden und Contractor wirtschaftlich interessantes Einsparpotential ergibt und gleichzeitig zu einer größtmöglichen Umweltentlastung führt.

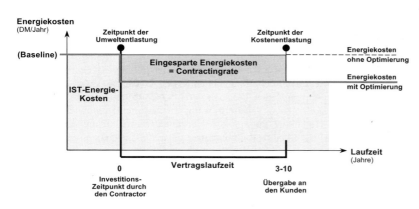

Abb. 2: Kostenverlauf bei Einspar-Contracting

Ein Hauptmerkmal des Einspar-Contracting besteht in der Abhängigkeit der Vergütungen an den Contractor von den tatsächlich erzielten Energieeinsparungen. Wird die vertraglich vereinbarte Einsparquote (Einspargarantie) gegenüber der Baseline nicht erreicht, so geht dies ausschließlich zu finanziellen Lasten des Contractors. Damit ist die Vergütung allein abhängig von der erzielten Energieeinsparung. Wird jedoch am Jahresende nach Bereinigung der Einflüsse des Wetters und durch Nutzungsänderungen eine Mehreinsparung erreicht, so wird in der Regel eine Beteiligung beider Parteien von zum Beispiel jeweils 50 % am Mehrerfolg vereinbart.

> Vergütungen der Investitionen des Contractors sind abhängig von der erzielten Energieeinsparung.

Zum Nachweis der erzielten Energieeinsparungen und zur laufenden Kontrolle der Betriebszustände der einzelnen Anlagen werden durch den Contractor im Regelfall Energie-Controlling-Systeme aufgebaut, die es erlauben, den Betrieb der Anlagen zentral über einen Leitrechner zu steuern und zu überwachen sowie auf abweichende Betriebszustände sofort zu reagieren.

Die Vertragsmodalitäten zu Projekten des Einspar-Contractings können gelegentlich variieren. Es gibt Unternehmen am Contracting-Markt, die den Contracting-Nehmer schon mit Beginn der Vertragslaufzeit an den Einsparungen partizipieren lassen, ohne daß dieser Eigenmittel für die Modernisierung der Anlagentechnik einsetzen muß. Lediglich die Vertragslaufzeit verlängert sich bei dieser Variante.

Definitionen zu Begriffen, Prozeßbeschreibungen, Leistungen und Bewertungskriterien im Bereich Performance-Contracting finden sich im VDMA-Einheitsblatt 24198.

4 Ablauf von Contracting-Projekten
4.1 Die Grundsatzentscheidung

In einem ersten Schritt haben Verwaltungsspitzen bzw. Unternehmensführungen zu entscheiden, ob die Realisierung von Energieeffizienzmaßnahmen in Eigenregie geschehen soll oder aber durch Contracting erfolgen kann. Bei der Realisierung der Maßnahmen durch Contracting können die Unternehmen und Kommunen ihre Kredit- und Liquiditätsspielräume schonen, da das Risiko der Investition auf den Contractor verlagert wird. Dieser minimiert sein Risiko dadurch, daß er in der Regel über ein großes energietechnisches und wirtschaftliches Know-how verfügt, um Energieanlagen effizient planen, bauen, finanzieren, warten und betreiben zu können. Durch dieses Know-how kann er häufig auch die Realisierung von Maßnahmen kostengünstiger realisieren, als dies Unternehmen oder Kommunen könnten, wenn sie die gleichen Maßnahmen in Eigenregie durchführen würden (vgl. Abbildung 1). Während der Projektdurchführung können bei Kommunen oder Unternehmen Lerneffekte entstehen und kleinere Maßnahmen später selbst realisiert werden. Der Contractor steht außerdem nicht unter dem Druck, dem gerade Industrie und Gewerbe gelegentlich ausgesetzt sind, nämlich Investitionen innerhalb von kurzen Zeiträumen amortisieren zu müssen.

Contracting führt in der Regel zu einer schnelleren Realisierung von Energierationalisierungsmaßnahmen, da der personelle Aufwand für Planung, Ausschreibung und Bauleitung für die entsprechende Energieeffizienzmaßnahme auf den Contractor verlagert wird. Die Zeitersparnis resultiert in der Regel daraus, daß der Contractor die Dienstleistung aus einer Hand liefert. Für den Contractingnehmer reduziert sich der Zeitaufwand der Realisierung auf die Abstimmung der technischen Erfordernisse und die Überführung der getroffenen Absprachen in einem beidseitig akzeptierten Vertrag.

> Contractor kann Energierationalisierungsmaßnahmen meist kostengünstiger und schneller realisieren.

Ist die Entscheidung gefallen, Maßnahmen über Contracting zu realisieren, sollte im nächsten Schritt eine Grundlagenermittlung der Rahmendaten, wie zum Beispiel Gebäudegröße- und struktur, Energiekosten, technischer Ausstattungsgrad etc., stattfinden. Einen Überblick über die Rahmendaten, die in diesem Zusammenhang gesammelt werden sollten, gibt der Leitfaden Contracting des nordrhein-westfälischen Wirtschaftsministerium.

4.2 Teilnehmerwettbewerb/ Interessenbekundungsverfahren

In einem nächsten Schritt sollte mit mehreren am Markt tätigen Contracting-Unternehmen ein Interessenbekundungsverfahren durchgeführt werden. Öffentliche Auftraggeber müssen dabei die Hinweise zum Vergaberecht beachten. Im Rahmen eines Interessenbekundungsverfahrens wird auf Basis der Grundlagenermittlung in der Regel eine unentgeltliche Vorstudie erstellt, die als Ergebnis die Durchführbarkeit einer Maßnahme durch Contracting bestätigt oder nicht. Die Vorstudie sollte eine detaillierte Auswertung des Datenmaterials enthalten. Ihr folgt ein technisches Konzept, ergänzt durch machbare, ökonomisch sinnvolle Alternativlösungen, Kostenschätzungen sowie Betrachtungen zur Wirtschaftlichkeit des Projekts.

> Vorstudie zur Darstellung der Durchführbarkeit von Contracting.

Nach Sichtung der verschiedenen Vorstudien erfolgt in der Regel die Auswahl eines Partners. Mit diesem Partner werden dann die Rahmenbedingungen der Zusammenarbeit festgelegt sowie die Erarbeitung einer Feinstudie in Auftrag gegeben. Bei der Gestaltung der Zusammenarbeit ist der Umfang der abzuwickelnden Aufgaben zu klären. Dazu gehören insbesondere Fragen der Planung, des Baus, der Finanzierung und des Betriebs der Energieumwandlungsanlagen. Erforderlich ist in dieser Phase auch die Klärung der Verteilung von Aufgaben und Risiken zwischen den Beteiligten, sowie die Festlegung der Vertragslaufzeit und der Endschaftsbestimmungen. Unter Umständen – je nach Projektumfang – wird auch über die Gründung einer Objektgesellschaft gesprochen werden müssen. Im Gegensatz zur Vorstudie wird in der Feinstudie die Planung detailliert dargestellt, insbesondere unter Berücksichtigung eines Termin- und Finanzplans, wobei letzterer auch mögliche staatliche Fördermittel für das Projekt berücksichtigen sollte. Die Feinstudie sollte auch Angaben zu erforderlichen Genehmigungen enthalten. Wichtig ist hier auch die Darstellung der Wirtschaftlichkeit des Projekts und – daraus abgeleitet – die Preisgestaltung für den Energiebezug. Da der Contractor sein Know-how und viel Zeit in die Erarbeitung der Feinstudie einfließen läßt, wird sie in der Regel durch den Auftragnehmer vergütet. Die Vergütung wird verrechnet, wenn der Auftragnehmer die Maßnahme durch den Contractor realisieren läßt.

> Vergütete Feinstudie für Detailplanung und zur Darstellung der Wirtschaftlichkeit.

5 Contracting funktioniert nur mit Partnern

In Deutschland haben sich seit Mitte der achtziger Jahre eine beachtliche Anzahl unterschiedlicher Unternehmen etabliert, die als Dienstleister unabhängig von anderen Geschäftsfeldern Contracting für Energieanlagen im Industrie- und Kommunalbereich anbieten und durchführen. Nordrhein-Westfalen hat in diesem Bereich hinsichtlich Unternehmensgründungen eine beachtliche Rolle übernommen. Das Leistungsspektrum der Contractoren reicht dabei von der Projektgestaltung bis zum Nachweis und zur Absicherung der technischen und wirtschaftlichen Machbarkeit der Energieprojekte, die Bereitstellung einer projektspezifischen Trägergesellschaft, die Darstellung der erforderlichen Eigenkapitalbasis und die Beschaffung der Fremdmittel zur Projektfinanzierung, die Erarbeitung und den Abschluß der erforderlichen Projektverträge, die Projektkoordination in der Bauphase sowie den späteren Betrieb und die Instandhaltung der im Rahmen des Contracting erstellten oder übernommenen Anlagen zur Energielieferung und -nutzung. Im folgenden werden einige Branchen vorgestellt, denen eine Vielzahl von Contractoren zuzurechnen sind.

5.1 Anlagenplaner

Aufgrund der vorliegenden Erfahrung sowie den meist vorhandenen eigenen Planungsabteilungen ist bei den Anlagenbauern ein hohes Maß an fachlicher Kompetenz vorhanden. Reine Planungsbüros dagegen bilden eher den Ausgangspunkt von Contracting-Gesellschaften, die für konkrete ausgeschriebene Projekte im Rahmen einer Bietergemeinschaft gegründet werden. Da Planer meist frühzeitig mit möglichen Contractingprojekten im Rahmen von Voruntersuchungen oder Ausschreibungen in Kontakt kommen, existieren gute Voraussetzungen in Kooperationen mit Anlagenbau, Banken (Finanzierungsbedarf) oder Stadtwerken/EVU, konkurrenzfähige Angebote für die Projekte zu erarbeiten. Diese Anbietergruppen sind besonders geeignet für größere Projekte (BHKW, GuD-Kraftwerke etc.) mit komplexen Versorgungsaufgaben (technische Medienversorgung, Kälte, Klima etc.). Hierbei wird verstärkt mittelbar die Funktion eines Generalübernehmers übernommen.

5.2 Handwerksbetriebe

Gerade beim Anlagencontracting (Wärmelieferung) ist das Handwerk ein wichtiger Partner. Handwerksbetriebe können dabei nicht nur als Dienstleister der Wärmecontractoren fungieren, sondern das Geschäft auch selbst betreiben. Die Vorteile des Handwerks liegen in ihrer Fachkompetenz, in ihrem engen Kundenkontakt und der hohen fachhandwerklichen Fertigkeit. Besonders gute Chancen haben Unternehmen, die selbst eine hohe Planungskompetenz haben. Darüber hinaus erscheinen Kooperationsmodelle erfolgversprechend. Schwerpunkt für das Handwerk werden, von Ausnahmen abgesehen, kleine bis mittlere Leistungsbereiche in der Wärmeerzeugung sein.

5.3 Energieversorgungsunternehmen

Heute wird Anlagen-Contracting durch größere Stadtwerke als eine Komplettdienstleistung mit dem Ziel angeboten, durch mehr Service und Dienstleistung Kunden langfristig zu binden, Umsatzrückgänge durch Energiesparmaßnahmen zu kompensieren und defizitäre Bereiche der Kommunen zu unterstützen. Die Kundenakquisition erfolgt meist gezielt über die vorhandene Kundenkartei der Altkunden, durch Energiebezugsanmeldungen von Neukunden, durch die örtliche Energieberatung, aber auch durch direkte Information über das örtliche Handwerk bzw. Planer sowie durch Beteiligung an Ausschreibungen.

Das Heizungsbauhandwerk wird häufig nur als Dienstleister (Installation, Wartung etc.) durch die EVU vertraglich gebunden. Andererseits bringt auch ein längerfristiger Wartungsvertrag mit einem potentiellen Partner für das Handwerk einen „sicheren" Umsatz über die Jahre. In einigen Städten gibt es Bestrebungen, Wärmedienstleistungsunternehmen als Kooperation zwischen Stadtwerken und Heizungsbauhandwerk zu betreiben. Positive Erfahrungen gibt es zum Beispiel in Düsseldorf, wo eine solche Kooperationsform als „Nahwärme Düsseldorf GmbH" erfolgreich tätig ist.

Als Vorteile von Energieversorgungsunternehmen am Markt können angesehen werden:
- Hohes Potential an Kompetenz und finanzieller Ausstattung
- Hohe Akzeptanz beim Kunden
- Kompetenz auch für Großprojekte
- Breites Dienstleistungsspektrum

Potentielle Kundengruppen sind für EVU in der Regel alle Zielgruppen ohne Beschränkungen im Leistungsbereich und Anlagenumfang.

5.4 Finanzdienstleistungsunternehmen

Kreditinstitute, Leasing- sowie Fondsgesellschaften bieten spezifische Finanzierungslösungen für energietechnische Investitionen (Finanzierungs-Contracting) an. Neben der reinen Finanzierung wird hierbei auch unternehmerisches Risiko übernommen. Aufgrund des häufig begrenzten technischen Know-hows wird die technische Betriebsführung regelmäßig in die Hände eines außenstehenden Betreibers oder des Nutzers gelegt.

6 Vertragswesen

Erstellung des Contracting-Vertrags in Zusammenarbeit mit Juristen.

Die Zielsetzung von Contracting-Projekten liegt in der Realisierung von wirtschaftlichen Potentialen der rationellen Energieverwendung. Dieses Ziel wird durch den Aufbau eines entsprechenden Vertragswerkes verfolgt. Das Vertragswerk weist den Partnern in der Regel ihre jeweiligen Rechte und Pflichten zu, und es werden Arbeitspakete, Dienstleistungen und Verantwortungen definiert. Bei der Vertragsgestaltung sollte möglichst ein einziges Regelwerk angesetzt werden, um Widersprüche zu vermeiden und die Übersichtlichkeit des Vertrags zu erhöhen. Da Contracting-Projekte individuell auf die Kundenbedürfnisse zugeschnitten sind, bedeutet dies für den Vertrag ebenfalls eine individuelle Ausarbeitung. Standardisierte Vertragsmuster können in den wenigsten Fällen verwandt werden. Es ist dringend geboten, sich bei der Vertragsgestaltung juristisch beraten zu lassen.

7 Energieeinspar-Contracting für kommunale und landeseigene Liegenschaften

Öffentliches Vergaberecht kein rechtliches Hemmnis für Contracting.

Das Ministerium für Bauen und Wohnen und das Ministerium für Wirtschaft und Mittelstand, Technologie und Verkehr des Landes Nordrhein-Westfalen haben, um die Rechtsunsicherheit bei der Vergabe von Contracting-Maßnahmen speziell bei der öffentlichen Hand auszuräumen, ein Gutachten zu „Rechtlichen Anforderungen an Ausschreibung und Vergabe von Energiespar-Contracting-Maßnahmen im Bereich kommunaler und landeseigener Liegenschaften" erstellen lassen. Danach stellt das Vergaberecht kein rechtliches Hemmnis für die Verwirklichung von Contracting-Maßnahmen durch die öffentliche Hand dar. Das Ziel des Contractings, die Energiebewirtschaftung effizienter zu gestalten, steht mit dem Ziel des Vergaberechts, die öffentliche Hand zu einer sparsamen und wirtschaftlichen Haushaltsführung zu verpflichten, durchaus im Einklang. Die Langfassung des Gutachtens kann in den jeweiligen Ministerien kostenfrei bestellt werden.

8 Contracting im Spannungsfeld von Wettbewerb und Energiesteuern

Contracting – mit diesem Instrument setzt man im Bereich der Energierationalisierung mehr und mehr auf die Gesetze der Marktwirtschaft und macht Umweltschutz zu einem betriebswirtschaftlichen Nutzenfaktor.

Durch die Liberalisierung ist mittelfristig mit sinkenden Energiebezugskosten zu rechnen. Diese wirken sich besonders auf den Kundenkreis aus, der auch für das Contracting zum bevorzugten Markt gehört. Es kommt zu einer Reduzierung des wirtschaftlichen Contracting-Potentials. Die Größenordnungen der Einsparungen durch Bezugsverbilligungen belaufen sich mittelfristig auf derzeit ca. 10 bis 15 %. Ob dies aber zu einer langfristigen und dauerhaften Entlastung führen kann, ist in einem im Wandel begriffenen politischen und auch sozialen Umfeld mehr als fraglich.

Contracting bietet andererseits die Möglichkeit, die erhöhten Ausgaben durch Steuern für die verbrauchte Energie zu kompensieren. Die ökologische Steuerreform verbessert die Voraussetzungen für das Contracting.

Ein Beispiel für ein erfolgreich umgesetztes Energieeinspar-Contracting-Modell ist das Georg-Büchner-Gymnasium in Kaarst. Für das zweigeschossige Gebäude aus Betonfertigteilen wurde ein Konzept erstellt, das die Schule als ein Gesamtsystem erfaßt. Es wurde also nicht nur ein einziges Energiegewerk oder die Gebäudetechnik berücksichtigt, sondern Heizung, Lüftung, Isolierung, Beleuchtung, bauliche Vorgaben und darüber hinaus auch das Verhalten der Nutzer mit einbezogen. Dieses ganzheitliche Konzept wird von DeTe Immobilien – Contractor des Projekts in Kaarst – „System-Contracting" genannt.

9 Beispiele für umgesetzte Contracting-Projekte in NRW

9.1 Energieeinspar-Contracting am Georg-Büchner-Gymnasium in Kaarst

Im Rahmen des Projekts wurden die raumlufttechnische Anlage und die Kesselsteuerung des Gymnasiums optimiert, eine bewegungsgesteuerte Beleuchtungstechnik eingebaut, eine Einzelraumtemperaturregelung zur vollautomatischen Wärmezufuhr in den Klassenräumen eingeführt sowie Wärmedämmaßnahmen in den Fensternischen und an den Rohrleitungen vorgenommen. Ein Konzept, das sich für die Stadt Kaarst auszahlt: Lagen die jährlichen Ausgaben der Stadt für die Strom- und Wärmezufuhr des Georg-Büchner-Gymnasiums zuvor noch bei 200.000 DM, so reduzierten sie sich nach Umsetzung des Contracting-Projekts auf 120.000 DM. Neben dieser finanziellen Ersparnis bringt das Projekt auch eine deutliche Entlastung der Umwelt mit sich. So wird erwartet, daß sich der CO_2-Ausstoß (Erdgas und Strom) um 253 Tonnen pro Jahr reduziert.

Das im Georg-Büchner-Gymnasium umgesetzte Projekt ist in dieser Form eines der ersten in NRW. Es gilt als Pilotprojekt für Schulen in Nordrhein-Westfalen und soll bei positivem Verlauf Vorbild für weitere Energieeinsparprojekte an anderen Schulen in Kaarst sein.

Projektablauf

Hintergrund des Energieeinspar-Contracting-Projekts im Georg-Büchner-Gymnasium war der Beschluß einer Bauausschußsitzung Ende 1996, die angespannte Haushaltslage der Stadt Kaarst durch Energiesparmaßnahmen in den städtischen Liegenschaften zu entlasten. Die hierfür notwendigen Investitionsmittel sollten auf einen Außenstehenden übertragen werden. Das Gymnasium bot sich als Pilotobjekt an, da es sich in einem guten baulichen Zustand befand, die technischen Anlagen jedoch sanierungsbedürftig waren. Die gesamte Nutzfläche der Schule beläuft sich auf 8.350 Quadratmeter; dazu gehören 60 Klassenräume auf zwei Etagen und eine angegliederte Dreifach-Turnhalle. Zudem werden die Räumlichkeiten des Gymnasiums nach Schulschluß von Sportvereinen und der Volkshochschule sowie für diverse andere Veranstaltungen genutzt.

Zur Erstellung einer Grobdiagnose verschiedener Firmen aus den Bereichen Meß- und Regeltechnik, Energieversorgung und Gebäudewirtschaft wurde eine Begehung des Gebäudes organisiert, die Anlagentechnik des Gymnasiums und der dazugehörigen Turnhalle besichtigt sowie die Betriebsweise analysiert. Anschließend wurden die eingereichten Grobdiagnosen in Zusammenarbeit mit der Energieagentur NRW ausgewertet. Die Stadt Kaarst entschied sich für die DeTe Immobilien als Contracting-Partner. Die Telekom-Tochter prognostizierte der Stadt eine 40prozentige Energieeinsparung im Georg-Büchner-Gymnasium.

Um dieses Angebot vertraglich garantieren zu können, wurde die DeTe Immobilien mit der Erstellung einer Feinstudie beauftragt. Zu den anschließenden Vertragsverhandlungen bat die Stadt erneut Mitarbeiter der Energieagentur NRW hinzu, die die Verhandlungen begleiteten. Im August 1997 wurde dann der Contracting-Vertrag, der über einen Zeitraum von fünf Jahren läuft, abgeschlossen.

Eckpunkte des Partnerschaftsvertrags

- Energiekosteneinspargarantie durch die DeTe Immobilien von 40 % (liegt die Einsparung über dieser Zusage, wird die Stadt Kaarst zu 50 % an den zusätzlichen Energiekosteneinsparungen beteiligt).

- Die Energieeinsparungen durften nicht zu einem Komfortverlust führen, vorgegebene Standards für den Schulbetrieb mußten also eingehalten werden.
- Die Gasverbräuche sollten von 1.803 MWh/a auf 1.069 MWh/a (41 %) und die Elektrizitätsverbräuche von 329 MWh/a auf 191 MWh/a (42 %) reduziert werden.
- Die Stadt Kaarst ist mit einem Eigenanteil an den Investitionen beteiligt (anteilig aus RWE Energie-ProKom Förderung).
- Es wurde eine monatliche Contracting-Rate vereinbart, die sich an den gemittelten Energiekosten (Wärme und Strom) des Georg-Büchner-Gymnasiums in den letzten fünf Jahren orientiert.
- Der Contractor verpflichtet sich, vorher festgelegte Investitionen in Energiesparmaßnahmen durchzuführen.
- Die Stadt Kaarst erhält einen jährlichen Kostenrückfluß von 10.000 DM (50 % davon gehen direkt an das Georg-Büchner-Gymnasium).
- Nach Vertragsablauf (fünf Jahre) geht die installierte Anlagentechnik ohne Restzahlung in den Besitz der Stadt Kaarst über.
- Die zu erwartende Gesamteinsparung der CO_2-Emissionen beträgt rund 253 t/a.

Besonderheiten des Projekts

Da die einzelnen Klassenräume nicht immer alle zur gleichen Zeiten genutzt werden, mußte eine Einzelraumregelung gefunden werden. Dies wird durch das von DeTe Immobilien entwickelte und patentierte BuES (Building-and-Energy-Service-System) ermöglicht, bei dem die Vernetzung, Steuerung und Überwachung der gesamten Gebäudetechnik über einen Zentralcomputer in Düsseldorf läuft. Von hier aus wird nicht nur die Kippstellung der Fenster gesteuert, sondern auch die Wärme der Heizung in den einzelnen Räumen je nach Bedarf reguliert. Das System ermöglicht eine individuelle Wärme- und Stromzufuhr für jeden Klassenraum abgestimmt auf den Stundenplan. Auch kurzfristige Änderungen der Raumplanung lassen sich berücksichtigen.

Darüber hinaus installierten die Schüler des Georg-Büchner-Gymnasiums im Rahmen einer Projektwoche gemeinsam mit ihren Physiklehrern und den Experten von DeTe Immobilien eine Solaranlage auf dem Dach der Schule, über die der Warmwasserbedarf der Duschen gedeckt wird. Zudem ermöglichen die Solarkollektoren, daß die alte Heizungsanlage außerhalb der Heizperiode ausgeschaltet werden kann. Die direkte Einbindung der Schüler in das Konzept sowie eine Analyse der Energieleistung der Solaranlage im Physikunterricht soll die Akzeptanz der Gymnasiasten für das Projekt und ihr Bewußtsein für einen sparsamen Umgang mit Energie erhöhen.

9.2 Neuer Energiepark für den Gebäudekomplex der Rheinischen Klinik Bonn

Als ein Beispiel der erfolgreichen und nutzbringenden Umsetzung soll im folgenden das Projekt der Rheinischen Klinik Bonn vorgestellt werden, an dem die Energieagentur NRW mit Beratung und individueller Hilfestellung beteiligt war. Die Energiekostenproblematik vor dem Hintergrund veralteter Technik stand für den Landschaftsverband Rheinland bereits Anfang der neunziger Jahre im Mittelpunkt umfassender Überlegungen, wie die in seiner Trägerschaft befindlichen Heileinrichtungen – insbesondere die sieben Rheinischen Kliniken – fit für die aus der Gesundheitsreform resultierenden Anforderungen an Wettbewerbs- bzw. Überlebensfähigkeit gemacht werden können. Allerdings wurden zu dieser Zeit erhebliche Mittel für die Einhaltung der verschärften Vorgaben der TA Luft gebunden, so daß die weitergehende energietechnische Sanierung auch in vielen anderen Krankenhäusern zunächst an fehlenden Geldern scheiterte.

Dies war auch das Hauptproblem in der Rheinischen Klinik Bonn, einer hauptsächlich auf Psychiatrie und Suchtkrankheiten spezialisierten Einrichtung mit 810 Betten und einem 27 Versorgungseinheiten umfassenden Gebäudekomplex. Die Wärmeversorgung des gesamten Klinikkomplexes erfolgte zentral durch eine Heizzentrale mit drei Dampfkesseln – einem Öl- und zwei Öl-/Gaskesseln mit insgesamt 21 MW Leistung. Diese Anlagenkonstellation war allerdings schon lange deutlich überdimensioniert, da im Zuge von Umstrukturierungen einige Gebäude an andere Nutzer abgegeben wurden und seither an deren eigene Energieversorgung angeschlossen sind. Darüber hinaus waren in der Rheinischen Klinik eine Absorptionskälteanlage mit einer Leistung von 1.900 kW, eine zentrale Warmwasserversorgung mit zwei je 15.000 Liter fassenden Speichern sowie Klima- und Lüftungsanlagen im Einsatz. Insgesamt beliefen sich die Energieversorgungskosten für den gesamten Bonner Klinikkomplex auf jährlich ca. drei Millionen DM.

Eine Untersuchung des Hochbauamtes des Landschaftsverbandes im Herbst 1995 kam zu der vorsichtigen Schätzung, daß sich durch gezielte Ersatzinvestitionen und Einsatz moderner, bedarfsgerechter Energietechnik mehrere hunderttausend DM im Jahr einsparen ließen. Allerdings ergab eine grobe Kalkulation, daß sich die erforderlichen Investitionen im Bereich mehrerer Millionen DM bewegen würden. Diese Kosten, auch wenn sie nachweislich wirtschaftlich sinnvoll angelegt sind, hätten sich als entscheidendes Hemmnis erwiesen, da die Haushaltmittel des Rheinischen Landschaftsverbandes mittelfristig für andere wichtige Projekte verplant waren.

Vor diesem Hintergrund mußten für das ehrgeizige Projekt, die gesamte Energieversorgung zu sanieren, andere Finanzierungsquellen gefunden werden. Neben der Alternative, die erforderlichen Finanzmittel auf dem Kapitalmarkt zu leihen, wurde bereits in einer frühen Planungsphase durch Hinzuziehen der Energieagentur NRW auch die noch junge Projektabwicklungsform Contracting in Betracht gezogen. Ergebnis einer ersten Marktrecherche war, daß dieser Weg eindeutig wirtschaftliche Vorteile gegenüber einer Kreditaufnahme bzw. Eigenrealisierung in der für dieses Projekt erforderlichen Größenordnung aufwies.

Nach Analyse des Anbietermarktes und der Grobplanung verschiedener Contracting-Dienstleister folgte im August 1997 die Auftragserteilung an das Mettinger Unternehmen ROM-Contracting. Auf Basis einer umfassenden Studie der IST-Energiebedarfssituation und einer exakten Berechnung der Einsparpotentiale mit Hilfe moderner Computer-Simulationsprogramme hatte der Anbieter eine überzeugende, „maßgeschneiderte" Energiesparstrategie entwickelt, durch die sich deutliche Kostenentlastungen realisieren lassen. Mit neuer Energietechnik – das Investitionsvolumen liegt bei 8,7 Mio. DM – kann zudem der jährliche Primärenergieverbrauch um 5.800 MWh, also um etwa ein Viertel, reduziert werden. Über diese Einsparrate gibt ROM-Contracting der Rheinischen Klinik Bonn eine Garantiezusage im zunächst zehnjährigen Energieeinsparvertrag. Bei der oben genannten Investitionssumme für den neuen Energiepark war es für den Träger der Klinik um so bedeutender, daß er keine eigene Investitionsmark einsetzen mußte.

Die Energiestrategie
Im einzelnen sah das Versorgungskonzept folgende Bausteine vor:
- Umstellung der Energieerzeugungsanlagen vom teuer zu produzierenden Hochdruckdampf auf Warmwasser
- Einrichtung einer neuen Energiezentrale zur Wärme-, Dampf- und Kälteversorgung im Hauptgebäude des Klinikkomplexes, dadurch Energieerzeugung nah an den Hauptverbrauchsstellen
- Eigenstromerzeugung in einem Blockheizkraftwerk mit 660 kW_{el} und 1.100 kW_{th}, vollständige Nutzung der BHKW-Abwärme zur Beheizung der Gebäude und der Therapiebäder sowie zur Brauchwassererwärmung
- Einsatz einer neuen Absorptionskälteanlage
- Teilsanierung der raumlufttechnischen Anlagen
- Vollautomatisierte Steuerung und Überwachung aller Anlagenkomponenten mit Hilfe von modernen Computer-Systemen
- Umfangreiches Energie-Controlling-System zur Überwachung des Betriebs der Anlagen

Nach Installation aller neuen Techniken wird sich nach derzeitigen Berechnungen der CO_2-Ausstoß um jährlich 4.800 Tonnen reduzieren.

Die Schnittstelle zum Aufgabenbereich der Technischen Abteilung der Rheinischen Klinik Bonn ist die Einspeisung der Nutzenergie in die Verteilnetze, so daß Wartung und Reparatur des Sekundärsystems, zum Beispiel Heizkörper, nach wie vor in deren Aufgabenbereich fällt. Der Contractor finanziert nicht nur die Investitionen aus den erzielten Energieeinsparungen, sondern auch die Personalkosten für neue Mitarbeiter. Im Rahmen dieses Projekts konnten zwei neue Arbeitsplätze geschaffen werden. Der Landschaftsverband Rheinland muß keine Mark zu den Investitionskosten beitragen. Vertraglich festgelegt ist zudem, daß mögliche weitere Kosteneinsparpotentiale, bedingt zum Beispiel durch niedrigere Energiepreise oder den durch technischen Fortschritt sinnvollen Einbau weiterer energiesparender Anlagenkomponenten ausgeschöpft werden sollen. Hierbei wird eine Beteiligung des Contractors an den zusätzlichen Energiekosteneinsparungen angestrebt, um für eine entsprechende Motivation für den besonderen Einsatz zu sorgen.

Anwendungs-
techniken

Thomas Knoop, Thomas Müller, Karsten Ehling

Beleuchtung

Das Thema rationelle Beleuchtung wird mit dem steigenden Umweltbewußtsein und den knapper werdenden Energieresourcen immer mehr an Bedeutung gewinnen, insbesondere wenn man bedenkt, daß in Deutschland zum Beispiel ca. 20 bis 60 % des Strombedarfs und ca. 10 bis 15 % des Gesamtenergiebedarfs eines Verwaltungsgebäudes auf die Beleuchtung entfallen (Erhorn et al. 1990, Müller 1992).
In den Produktionshallen der Industrie sind die Anteile geringer, doch liegt das an dem normalerweise hohen Stromverbrauch durch Maschinen und dem dadurch geringen Energieanteil für die Beleuchtung. Daher wird der Beleuchtung in der Industrie bisher eine unter wirtschaftlichen Gesichtspunkten eher geringe Bedeutung beigemessen, obwohl die Investitionen sich in wirtschaftlich vertretbaren Zeiten amortisieren.
Eine Beleuchtungsplanung darf nicht nur unter Optimierung des Energieverbrauchs erfolgen (Abbildung 1), da aus Gründen der Arbeitssicherheit bestimmte Gütemerkmale der Beleuchtung abhängig von der Sehaufgabe eingehalten werden müssen. Die einzuhaltenden Werte sind in verschiedenen Normen und Gesetzen (vgl. Literatur) zusammengefaßt. Auch aus Gründen der Ergonomie kommt der Beleuchtung eine entscheidende Bedeutung zu. Nach Lärm und Luftqualität wird sie als drittwichtigste Einflußgröße auf das Wohlbefinden am Arbeitsplatz empfunden (Çakir 1994).

> Investitionen in moderne Beleuchtungsanlagen amortisieren sich in vertretbaren Zeiten.

> Beleuchtung ist nach Lärm und Luftqualität die drittwichtigste Einflußgröße auf das Wohlbefinden am Arbeitsplatz.

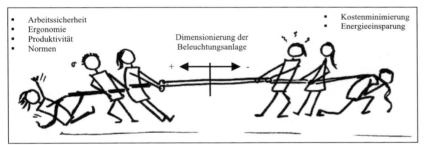

Abb. 1: Dimensionierung einer Beleuchtungsanlage zwischen Kostendruck und Ergonomie

Das Ziel einer Lichtplanung ist daher die ökonomische, ergonomische und ästhetische Versorgung eines Arbeitsplatzes mit ausreichend Licht. Es ist jedoch davon auszugehen, daß durch eine Verminderung von Unfällen oder anderer Beschwerden die Aufwendungen für krankheitsbedingte Arbeitsausfälle reduziert werden und durch höhere Beleuchtungsstärken die Aktivierung und damit die Arbeitsproduktivität gesteigert wird.
Bei den in Deutschland üblichen Lohnkosten ist die Arbeitskraft so teuer, daß sich die Investitionen in einen angenehmen Arbeitsplatz wirtschaftlich rechnen können.

> Investitionen in ergonomische Arbeitsplätze können sich auch wirtschaftlich lohnen.

1 Grundlagen der Lichttechnik

Licht beschreibt die für das menschliche Auge sichtbare elektromagnetische Strahlung im Wellenlängenbereich von 380 nm (ultraviolett UV) bis 780 nm (infrarot IR). Das menschliche Auge sieht nicht alle Wellenlängen gleich hell. Es empfindet gelb-grünes Licht im Wellenlängenbereich von 555 nm am hellsten.

1.1 Lichtstrom, Lichtausbeute, Lichtstärke, Beleuchtungsstärke, Leuchtdichte

> Wichtigstes Effizienzkriterium für Lampen: Lichtausbeute als Verhältnis von Lichtstrom zu elektrischer Leistung.

Der Lichtstrom ist die von einer Lichtquelle (in Form von Strahlung im sichtbaren Bereich) ausgehende Energie. Grundsätzlich könnte diese Strahlungsleistung auch in Watt erfaßt werden. Die optische Wirkung wird auf diese Weise jedoch nicht zutreffend beschrieben. Die unterschiedliche spektrale Empfindlichkeit des menschlichen Auges muß berücksichtigt werden, um dem visuellen Empfinden Rechnung zu tragen. Daher wurde als Maß der Lichtstrom (Einheit Lumen [lm]) eingeführt, der auch von allen Lampenherstellern angegeben wird.

Um die Energieeffizienz von Lampen beurteilen zu können, wurde die sogenannte Lichtausbeute (Einheit Lumen/Watt [lm/W]) als der Quotient von Lampenlichtstrom dividiert durch die aufgenommene elektrische Leistung definiert.

Die Lichtstärke (Einheit candela [cd]) ist der Quotient aus dem von einer Lichtquelle in eine bestimmte Richtung ausgesandten Lichtstrom und dem durchstrahlten Raumwinkel. Man benutzt die Lichtstärke, um eine Aussage über die Lichtverteilungscharakteristik von Leuchten zu machen. Form und Ausführung einer Lampe oder Leuchte bestimmen die räumliche Verteilung der Lichtstärke. Diese wird durch die Lichtstärkeverteilungskurven dargestellt.

> In technischen Regelwerken werden Nennbeleuchtungsstärken vorgegeben.

Die Beleuchtungsstärke (Einheit Lux (lx, lm/m^2)) ist das Maß für den auf eine Fläche auftreffenden Lichtstrom. Sofern man den Reflexionsgrad und das Streuverhalten einer Oberfläche kennt, kann man anhand der Beleuchtungsstärke abschätzen, wie hell bestimmte Flächen erscheinen. Da bei der Planung von Beleuchtungsanlagen die Reflexionsgrade der verwendeten Materialien in der Regel nicht bekannt sind, wird insbesondere in der Innenbeleuchtung die Beleuchtungsstärke in den technischen Regelwerken als Richtgröße angegeben. Beispiele für horizontale Beleuchtungsstärken:

- Vollmond: ca. 0,1 lx
- Notbeleuchtung: ca. 1 lx
- Lager, Durchgang, Parkhaus: ca. 100 lx
- Büroarbeitsplatz: ca. 500 lx
- Trüber Wintertag: ca. 3.000 lx
- Sonniger Sommertag im Freien: ca. 100.000 lx

> Die Leuchtdichte beschreibt den Helligkeitseindruck.

Die Leuchtdichte (Einheit cd/m^2) einer beleuchteten Oberfläche, die vom menschlichen Auge beobachtet wird, ist die lichttechnische Größe, welche den Helligkeitseindruck des menschlichen Auges beschreibt. Um zu erfassen, wie hell eine Oberfläche, zum Beispiel ein Zeichenbrett, dem Beobachter erscheint, gibt man die Leuchtdichte dieser Oberfläche aus der Perspektive des Beobachters an. Da Leuchtdichten den Helligkeitseindruck einer Fläche beschreiben, wird diese Größe auch bei der Bestimmung der Blendung benutzt. Nachfolgend sind typische Werte für Leuchtdichten aufgeführt:

- Untere Grenze der Hellempfindung: 0,000.000.001 cd/m^2
- Gut beleuchtete Straße: 1 – 3 cd/m^2
- Schreibmaschinenpapier in gut beleuchtetem Büro: 200 cd/m^2
- Leuchtstofflampe: 10 – 30.000 cd/m^2
- Glühlampe: 5.000 cd/m^2
- Sonne: 1.600.000.000 cd/m^2

1.2 Leuchtenbetriebswirkungsgrad, Beleuchtungswirkungsgrad, Raumwirkungsgrad

> Entscheidend für die Effizienz einer Beleuchtungsanlage ist der Beleuchtungswirkungsgrad.

Leuchten nehmen die Lampen auf und lenken gegebenenfalls mit ihren optischen Systemen den Lichtstrom in eine gewünschte Richtung. Eine aus energetischer Sicht wichtige Kenngröße ist der Leuchtenbetriebswirkungsgrad, der als Verhältnis von Leuchtenlichtstrom, das ist der Lichtstrom der die Leuchte in eine beliebige Richtung verläßt, zu Lampenlichtstrom definiert ist. Der Leuchtenlichtstrom verringert sich durch jede Reflexion und durch jeden Durchgang durch ein lichtdurchlässiges Material, so daß im selben Verhältnis auch der Leuchtenbetriebswirkungsgrad sinkt, da der Lampenlichtstrom bei konstanter Netzspannung näherungsweise konstant bleibt. Das bedeutet, daß frei strahlende Leuchten zwangsläufig den höchsten Leuchtenbetriebswirkungsgrad besitzen.

Viel entscheidender ist aber, welcher Lichtstrom die Arbeitsfläche erreicht. Wie mit einer einfachen Messung nachgewiesen werden kann, ist die Beleuchtungsstärke auf der Arbeitsfläche bei einer Leuchte mit Reflektor größer als bei einer frei stahlenden Leuchte mit gleicher Lampe. Die Lichtstärkeverteilung hat also einen erheblichen Einfluß auf die Effizienz einer Beleuchtungsanlage. Der Beleuchtungswirkungsgrad wird als Verhältnis von Nutzflächenlichtstrom zu Lampenlichtstrom definiert.

Der Nutzflächenlichtstrom wird darüber hinaus von den Reflexionseigenschaften der raumumschließenden Flächen beeinflußt. Der sogenannte Raumwirkungsgrad wird als Verhältnis von Nutzflächenlichtstrom und Leuchtenlichtstrom definiert. Der Raumwirkungsgrad beschreibt den Anteil des Leuchtenlichtstroms, der tatsächlich die Nutzfläche erreicht und nicht im Raum geschluckt wird.

> Der Beleuchtungswirkungsgrad kann als Produkt von Leuchtenwirkungsgrad und Raumwirkungsgrad berechnet werden.

Die Farbtemperatur beschreibt die Farbe des Lichtes und wird in Kelvin (K) angegeben. Sie ist von der Oberflächentemperatur von glühenden Metallen abgeleitet und wird auch für Lichtquellen genutzt, die das Licht nicht durch hohe Temperaturen erzeugen. Bei der Planung von Beleuchtungsanlagen und beim Lampenwechsel sollte die Mischung verschiedener Farbtemperaturen (auch Lichtfarben genannt) in der Regel verhindert werden.

1.3 Farbtemperatur und Farbwiedergabe

Typische Farbtemperaturen sind:
- Bedeckter Himmel   10.000 K
- Klarer Himmel   6.500 K
- Tageslichtweiße Leuchtstofflampe   5.000 K
- Neutralweiße Leuchtstofflampe   4.000 K
- Warmweiße Leuchtstofflampe   3.000 K
- Glühlampe   2.500 K

Die Farbwiedergabe eines Leuchtmittels gibt an, wie gut die Farben unter der entsprechenden Beleuchtung wiedergegeben werden. Referenzlichtquellen sind dabei die Glühlampe und das Tageslicht. Die Farbwiedergabe wird durch den allgemeinen Farbwiedergabeindex R_a beschrieben. Je höher dieser Wert ist, desto besser ist die Farbwiedergabe, Maximalwert ist 100. In der DIN 5035 wurden folgende Farbwiedergabestufen festgelegt:

Stufen nach DIN 5035	R_a-Bereich	Beispiele für Lampen
1A	> 90	Leuchtstofflampen 'de luxe', Glühlampen
1B	80 bis 90	Dreibanden- und Kompaktleuchtstofflampen
2A	70 bis 80	Standard-Leuchtstofflampen
2B	60 bis 70	Metall-Halogendampflampen
3	40 bis 60	Quecksilberdampf-Hochdrucklampen
4	20 bis 40	Natriumdampf-Hochdrucklampen
Nicht definiert	< 20	Natriumdampf-Niederdrucklampen

> In der DIN 5035 werden für verschiedene Beleuchtungsaufgaben Vorgaben für die Farbwiedergabe gemacht.

Die Lampen werden nach ihrem Lichterzeugungsprinzip unterschieden in Temperaturstrahler (Glühlampen, Halogenglühlampen) und Entladungslampen. Bei den Entladungslampen wird zwischen Niederdrucklampen (Quecksilberdampf-Niederdrucklampen (Leuchtstofflampen, Kompaktleuchtstofflampen), Natriumdampf-Niederdrucklampen) und Hochdrucklampen (Quecksilberdampf-Hochdrucklampen, Natriumdampf-Hochdrucklampen, Halogen-Metalldampflampen) unterschieden.

2 Beleuchtungstechniken für Arbeitsplätze

2.1 Lampen

Bei Glühlampen wird eine Glühwendel durch Zufuhr elektrischer Energie bis zur Weißglut erwärmt. Die Lichtausbeute von Glühlampen ist sehr klein. Ein großer Vorteil der Glühlampen ist aber gegenüber allen anderen Lampentypen die sofortige Helligkeit. Das Nachglühen der Wendel bewirkt, daß auch bei Betrieb mit Wechselspannung bei der Beobachtung bewegter Teile kein stroboskopischer Effekt auftritt.

2.1.1 Glühlampen

2.1.2 Niederdruckentladungslampen

An den Elektroden von Leuchtstofflampen werden Elektronen emittiert, die auf die Gasatome (Quecksilber) in der Lampe treffen, wodurch eine gleichsam unsichtbare und hochfrequente UV-Strahlung in alle Richtungen innerhalb der Lampe ausgesandt wird. Beim Auftreffen auf den Leuchtstoff auf der Innenseite der zylindrischen Glaskolben der Leuchtstofflampen entsteht sichtbares Licht. Unterschiedliche Leuchtstoffe führen dabei zu unterschiedlichen Lichtfarben („de Luxe", Dreibandenspektrum, universalweiß, hellweiß, Warmton). Während die Temperaturstrahler (Glühlampen) sich durch sehr gute Farbwiedergabeeigenschaften auszeichnen, stellen die Entladungslampen die wesentlich wirtschaftlicheren und damit insbesondere für Büro- und Industriebeleuchtungszwecke geeigneteren Lichtquellen dar.

Leuchtstofflampen finden ihre Anwendung zumeist in der Allgemeinbeleuchtung von Büros, Schulen, niedrigen Hallen usw. und zeichnen sich durch hohe Lichtausbeute, geringen Stromverbrauch und lange Lebensdauer aus. Stabförmige und kompakte Leuchtstofflampen unterscheiden sich nur in der Form des Glasrohres. Mit den Dreibanden-Leuchtstofflampen stehen heute gegenüber den Standard-Leuchtstofflampen sehr wirtschaftliche Lichtquellen mit rund 27 % höherer Lichtausbeute zur Verfügung. Die stabförmigen Leuchtstofflampen der neuesten Generation haben einen von 26 mm (T26) auf 16 mm (T16) verringerten Lampendurchmesser und müssen in angepaßte Leuchten eingesetzt werden. Sie besitzen jedoch eine verbesserte Lichtausbeute und eine längere Lebensdauer.

Im Gegensatz dazu werden Natriumdampf-Niederdrucklampen aufgrund ihrer schlechten Farbwiedergabe (monotoner Gelbton) in der Regel nur für Straßen- und Parkplatzbeleuchtungen eingesetzt und sind als Arbeitsplatzleuchten nicht zulässig.

> Dreibanden-Leuchtstofflampen sind gegenüber den Standard-Leuchtstofflampen sehr wirtschaftliche Lichtquellen mit höherer Lichtausbeute.

2.1.3 Hochdruckentladungslampen

Die Hochdrucklampen haben kurze Entladestrecken und sind deshalb bei größerer Leistung viel kleiner als Niederdrucklampen. Sie zeichnen sich durch eine hohe Lichtausbeute und geringe Abmessungen aus.

Bei Quecksilberdampf-Hochdrucklampen wird auf dem Glaskolben ein Leuchtstoff aufgetragen. Die Lichtfarbe der Quecksilber-Gasentladung ist durch den fehlenden Rotanteil bläulich-weiß. Um die Farbwiedergabe zu verbessern, ist ein rötlicher Leuchtstoff aufgetragen. Dieser reduziert gleichzeitig die Leuchtdichte der Lampe. In der Außenbeleuchtung wird die Lampe häufig verwandt, ebenso in der Beleuchtung großer Hallen.

Halogen-Metalldampflampen sind Weiterentwicklungen der Quecksilberdampf-Hochdrucklampen und daher in Aufbau und Funktion vergleichbar. In das Entladegefäß werden neben Quecksilber Halogen-Metallverbindungen eingebracht. Sie bewirken neben der verbesserten Lichtausbeute auch eine Verbesserung der Farbwiedergabe. Nachteilig ist, daß zur Zündung der Halogen-Metalldampflampen ein Zündgerät erforderlich ist. Durch die sehr kleine Bauform und sehr große Lichtleistung ist diese Lampe insbesondere für Anstrahlungen geeignet.

Natriumdampf-Hochdrucklampen sind vom Aufbau her vergleichbar. Natrium ist aber bei hohen Temperaturen chemisch sehr aggressiv. Deshalb wird anstelle eines Quarzglasgefäßes ein Aluminiumoxid-Keramikbrenner verwandt. Bei der Entladung entsteht keine UV-Strahlung, sondern nur sichtbares Licht. Die Beschichtung auf einigen Natriumdampflampen dient ausschließlich der Reduzierung der Lampenleuchtdichte und ist kein Leuchtstoff. Diese Lampen finden wegen der sehr hohen Lichtausbeute häufig Anwendung in der Straßenbeleuchtung, aber mittlerweile werden sie in farbverbesserter Form auch vermehrt in Strahlern, in der Verkaufsbeleuchtung und in der Beleuchtung von Hallen und Produktionsstätten eingesetzt.

Die Entwicklung auf dem Lampensektor zeigt deutliche Tendenzen zur Miniaturisierung, Erhöhung der Lichtausbeute, Verbesserung der Farbwiedergabeeigenschaften und Dimmbarkeit von Lichtquellen. Die Wahl der geeigneten Lichtquelle hängt von lichttechnischen und wirtschaftlichen Aspekten ab. Bis zu einer Raumhöhe von 6–8 m werden in der Regel Leuchten mit Leuchtstofflampen eingesetzt. Bei größeren

> Hochdrucklampen sind bei größerer Leistung viel kleiner als Niederdrucklampen und zeichnen sich durch hohe Lichtausbeuten und geringe Abmessungen aus.

> Natriumdampf-Hochdrucklampen finden Anwendung in der Straßenbeleuchtung, in Strahlern, in der Verkaufsraumbeleuchtung und in der Beleuchtung von Hallen.

> Entladungslampen sind die wirtschaftlicheren Lichtquellen.

Beleuchtung

Montagehöhen ist es meist von Vorteil, Hochdruckentladungslampen mit höherem Lichtstrom zu verwenden, um die Leuchtenanzahl gering zu halten. Die wesentlichen Eigenschaften von Lampen sind in der nachfolgenden Abbildung 2 dargestellt.

Abb. 2: Zusammenfassung der lichttechnischen Eigenschaften von Lampen

	Leuchtstofflampe	Kompaktleucht-stofflampe	Quecksilberdampf-hochdrucklampe	Halogenmetall-dampflampe
Lichtausbeute	60 – 90 lm/W	40 – 70 lm/W	40 – 60 lm/W	60 – 80 lm/W
Lichtstrom	500 – 7.000 lm	100 – 4.800 lm	1.600 – 58.000 lm	3.300 – 320.000 lm
Lichtfarbe	ww, nw, tw	ww, nw, tw	ww, nw	ww, nw, tw
Farbwiedergabe	gut bis sehr gut	gut bis sehr gut	mittel bis gut	gut bis sehr gut
Anlaufdauer	keine	keine	ca. 5 min	ca. 2 – 3 min
Wiederzündung	sofort	sofort	5 – 15 min	5 – 10 min
Lebensdauer	8.000 – 12.000 h	7.000 – 10.000 h	10.000 – 14.000 h	5.000 – 6.000 h
Dimmbarkeit	sehr gut	sehr gut	–	möglich

	Natriumdampf-hochdrucklampe	Natriumdampf-niederdrucklampe	Induktionslampe	Glühlampen/Halogenglühlampen
Lichtausbeute	90 – 120 lm/W	160 – 200 lm/W	80 – 100 lm/W	8 – 25 lm/W
Lichtstrom	2.200 – 130.000 lm	1.800 – 32.000 lm	3.500 – 12.000 lm	ab ca. 100 lm
Lichtfarbe	ww	ww (gelb)	nw, ww	ww
Farbwiedergabe	schlecht – mittel	sehr schlecht	gut bis sehr gut	sehr gut
Anlaufdauer	ca. 5 min	ca. 10 – 20 min	keine	keine
Wiederzündung	sofort bis ca. 5 min	sofort bis ca. 5 min	sofort	sofort
Lebensdauer	12.000 – 18.000 h	12.000 h	ca. 60.000 h	ca. 1.000 – 2.000 h
Dimmbarkeit	–	–	–	sehr gut

Entladungslampen können nicht direkt am Netz betrieben werden. Sie benötigen in der Regel zur Zündung einen Starter- bzw. ein Zündgerät und zur Strombegrenzung ein Vorschaltgerät. Die Verlustleistung konventioneller (13 W) und verlustarmer (8 W) magnetischer Vorschaltgeräte (KVG, VVG) ist aufgrund ihrer starken Erwärmung im Vergleich zu elektronischen Vorschaltgeräten (4 – 6 W) hoch.

Elektronische Vorschaltgeräte (EVG) vereinigen darüber hinaus Vorschalt- und Zündgerät. Sie betreiben die Lampe mit hochfrequenter Wechselspannung zur weiteren Steigerung der Lichtausbeute durch Verringerung der elektrischen Leistung der Lampe bei etwa gleichem Lichtstrom und gleichzeitiger Vermeidung von Flimmer- und Stroboskopeffekten. Insbesondere die Erhöhung der Lampenlebensdauer um rund 50 % reduziert die Betriebskosten erheblich. Ein flackerfreier Sofortstart, automatische Abschaltung defekter Lampen und eventuell Dimmbarkeit sind nur einige von vielen weiteren Vorteilen von EVG, welche die höheren Anschaffungskosten rechtfertigen.

2.2 Betriebsmittel

Elektronische Vorschaltgeräte sparen Energie, steigern den Komfort und mindern die Verlustleistung.

Eine Leuchte besteht aus allen für den Betrieb der Lampe notwendigen und auf den jeweiligen Anwendungsfall abgestimmten elektrischen (Betriebsgeräte, Leitungen, etc.), mechanischen (Gehäuse, Halterung, Verschlüsse etc.) und lichttechnischen (Reflektor, Abdeckung etc.) Komponenten. Die Auswahl der geeigneten Lampen-/Leuchtenkombination hängt von den spezifischen Anforderungen ab. Besonders zu beachten sind bei industriellen Anwendungen die Anforderungen an den Berührungs- und Fremdkörperschutz (IP-Kennziffern), Brandschutz (F-Zeichen), Schutz vor elektrischem Schlag (Schutzklasse), Explosionsschutz (Ex-Zeichen), Funkentstörung und

2.3 Leuchten

Leuchten werden insbesondere nach Lichtverteilung und Blendungsbegrenzung ausgewählt und sollten das Leuchtenprüfzeichen VDE/ENEC besitzen.

Vorhandensein des Leuchtenzeichens VDE/ENEC, das geprüfte Normenkonformität kennzeichnet. Von den lichttechnischen Leuchteneigenschaften sind die räumliche Lichtverteilung, die Blendungsbegrenzung und der für wirtschaftliche Betrachtungen maßgebende Leuchtenbetriebswirkungsgrad von maßgeblicher Bedeutung.

3 Bildschirmarbeits-Verordnung

> Erfüllung der Bildschirmarbeitsplatz-Verordnung durch besser entblendete und angeordnete Leuchten oder moderne Bildschirme.

Die Bildschirmarbeits-Verordnung (BildscharbV) vom 20.12.1996 regelt die Umsetzung der EG-Bildschirm-Richtlinie in deutsches Recht. Sie gilt „für die Arbeit an Bildschirm-Geräten". „Beschäftigte im Sinne dieser Verordnung sind Beschäftigte, die gewöhnlich bei einem nicht unwesentlichen Teil ihrer normalen Arbeit ein Bildschirmgerät benutzen". Die Beleuchtung muß der Art der Sehaufgabe entsprechen und an das Sehvermögen der Benutzer angepaßt sein; dabei ist ein angemessener Kontrast zwischen Bildschirm und Arbeitsumgebung zu gewährleisten. Durch die Gestaltung des Bildschirm-Arbeitsplatzes sowie Auslegung und Anordnung der Beleuchtungsanlage sind störende Blendwirkungen, Reflexionen oder Spiegelungen auf den Bildschirmen und den sonstigen Arbeitsmitteln zu vermeiden. Bildschirm-Arbeitsplätze sind so einzurichten, daß leuchtende und beleuchtete Flächen keine Blendung verursachen und Reflexionen auf dem Bildschirm soweit wie möglich vermieden werden. Die Fenster müssen mit einer geeigneten verstellbaren Lichtschutz-Vorrichtung ausgestattet sein, durch die sich die Stärke des Tageslichteinfalls auf dem Bildschirm-Arbeitsplatz variieren läßt. Ende 1999 läuft die Übergangsfrist der BildscharbV ab, die blendfreie Beleuchtungsanlagen vorschreibt. Zur Erfüllung der BildscharbV können folgende Vorschläge gemacht werden:
1) Austausch der Bürobeleuchtung gegen besser entblendete Leuchten.
2) Einsatz vorwiegend indirekt strahlender Allgemeinbeleuchtung.
3) Änderung der Leuchtenanordnung.
4) Austausch der bislang verwendeten Kathodenstrahl-Bildschirme gegen gut entspiegelte Bildschirme oder LCD-Flachbildschirme.

Der Gesetzgeber begnügt sich – unabhängig vom Ablauf der Übergangsfrist – damit, daß die Umsetzung der Maßnahmen vorbereitet und die notwendigen Mittel im Rahmen eines mittelfristigen Investitionsplans bereitgestellt werden.

Die Bildschirm-Arbeitsverordnung regelt eindeutig die staatliche Zuständigkeit und legt die mit der Durchführung beauftragten Stellen fest. Allerdings stellt sie hinsichtlich der Beleuchtung von Arbeitsstätten nur recht globale Anforderungen. In diesem Zusammenhang kommt den gesetzlichen Unfallversicherungsträgern maßgebliche Bedeutung zu. So geben beispielsweise die Unfallverhütungs-Vorschriften bzw. Sicherheitsregeln der Berufsgenossenschaften definitive Hinweise auf technische Regelwerke, denen zum Beispiel in bezug auf die Beleuchtung Mindestwerte für die Einhaltung der Arbeitsschutz-Bestimmungen zu entnehmen sind. Hierdurch kommt den Beleuchtungsnormen in der jeweils gültigen Form entscheidende Bedeutung zu.

4 Wirtschaftlichkeitsbetrachtungen

> Wirtschaftlichkeitsvergleiche von Beleuchtungsanlagen werden anhand der Kostenvergleichs- oder Amortisationsrechnung durchgeführt.

Entscheidendes Kriterium bei einer Investitionsentscheidung ist die Wirtschaftlichkeit der Maßnahme. Den Investitionskosten für die Beleuchtungsanlage müssen Erträge gegenüberstehen. Welche Beleuchtungsanlage zum Einsatz kommt oder ob sich die Sanierung der Altanlage lohnt, kann anhand einer Kostenvergleichsrechnung oder Amortisationsrechnung im Rahmen der bei technischer Gebäudeausrüstung üblichen Zuverlässigkeit bestimmt werden.

Beleuchtung

4.1 Kosten einer Beleuchtungsanlage

Die Installation und der Betrieb von Beleuchtungsanlagen verursacht Kosten. Um einen zuverlässigen, wirtschaftlichen Vergleich der Beleuchtungsvarianten vornehmen zu können, ist es notwendig, die Kosten in ihrer Gesamtheit zu erfassen. Anhand der Kostenerfassung können dann die jährlichen Gesamtkosten der Beleuchtungsvariante und die dynamische Amortisationszeit gegenüber einer Referenzvariante bestimmt werden. Zudem kann die statische Kapitalrückflußzeit berechnet werden. Letztere beschreibt die Zeitdauer, die benötigt wird, um die höheren Anlagekosten einer Beleuchtungsanlage durch die Betriebskostenreduzierung gegenüber der Referenzanlage wieder zu erwirtschaften. Häufig können die höheren Anlagekosten moderner Beleuchtungsanlagen, bedingt durch eine verbesserte Technik mit geringeren Betriebskosten, innerhalb weniger Jahre wieder erwirtschaftet werden.

> Höhere Anlagekosten moderner Beleuchtungsanlagen amortisieren sich häufig durch die geringeren Betriebskosten in wenigen Jahren.

Voraussetzung für einen aussagefähigen Vergleich mehrerer Beleuchtungsanlagen ist, daß die lichttechnischen Anforderungen nach DIN 5035 eingehalten werden. Grundsätzlich müßten auch ergonomische Aspekte berücksichtigt werden, was aber aufgrund der subjektiven Bewertung schwer möglich ist. Der Einfluß dieser ergonomischen Aspekte kann jedoch, beispielsweise durch eine verbesserte Arbeitsproduktivität, enorm sein.

> Ergonomische Beleuchtung erhöht die Arbeitsproduktivität.

Anlagekosten sind die Kosten, die einmalig bei der Errichtung bzw. dem Kauf der Beleuchtungsanlage anfallen. Bei vereinfachten Berechnungen werden meist nur – mit vielfach ausreichender Genauigkeit – die Leuchten-, Vorschaltgeräte- und Installationskosten (soweit nicht in den Leuchtenkosten enthalten), Kosten für die Lampenentsorgung berücksichtigt. Die Aufwendungen für Planung und Inbetriebnahme werden häufig nicht betrachtet.

Betriebskosten sind die Kosten, die während der Nutzung der Anlage entstehen. Dazu zählen Stromkosten, Lampenkosten sowie Wartungs- und Reinigungskosten.

> Gesamtkosten setzen sich aus Anlage- und Betriebskosten zusammen.

Der Anteil der Betriebskosten an den Gesamtkosten am Ende der Nutzungsdauer liegt in der Regel deutlich über 50 % und kann bis zu 90 % erreichen. Den Betriebskosten kommt also bei der wirtschaftlichen Betrachtung von Beleuchtungsanlagen eine besondere Bedeutung zu.

> Anteil der Betriebskosten an den Gesamtkosten ist in der Regel über 50 %.

4.2 Light-Contracting: Neue Beleuchtungsanlagen ohne Investitionen

Die Umsetzung einer Maßnahme zur Energieeinsparung scheitert – unabhängig von ihrer Wirtschaftlichkeit – häufig an den damit verbundenen hohen Investitionskosten, für die die Kapitaldecke der betroffenen Kommune oder des betroffenen Unternehmens zu dünn ist. In einem solchen Fall bietet sich eine „Contracting"-Lösung als Finanzierungs- und Betriebsmodell an. Bei Contracting, wie es hier im Zusammenhang mit der Modernisierung von Beleuchtungsanlagen zu verstehen ist, werden Finanzierung (Neuinvestition oder Modernisierung), Betrieb, Wartung und Instandhaltung der Beleuchtungsanlagen von einem kompetenten Akteur wahrgenommen, dem „Contractor". Als Contractoren treten häufig Elektrizitätsversorgungsunternehmen oder Leuchtenhersteller auf, aber auch auf Contracting spezialisierte Unternehmen. Der Contractor (Vertragsnehmer) stellt dem Vertragsgeber (Kommune bzw. Unternehmen) gegen ein vereinbartes Entgelt die Energiedienstleistung Licht bereit. Umfang, Dauer und andere wesentliche Punkte werden in einem Vertrag zwischen Vertragsgeber und -nehmer geregelt.

4.2.1 Contracting-Modelle

Man unterscheidet grundsätzlich zwei Formen des Contractings:

Energieeinspar-Contracting: Der Contractor verpflichtet sich zur Durchführung von investiven und operativen Maßnahmen zur Energieeinsparung beim Betrieb oder der Bewirtschaftung von Anlagen und Objekten. Aus den erzielbaren Einsparungen an Energiebezugskosten wird die sogenannte „Contracting-Rate" berechnet. Mit ihr deckt der Contractor seine Planungs-, Investitions- und Betriebskosten während der Vertragslaufzeit. Der Vertragsgeber profitiert von erhöhter Qualität der beanspruchten Energiedienstleistung und kann beispielsweise gesetzlichen Auflagen gerecht werden. Weiterhin kommen dem Vertragsgeber die Kosteneinsparungen zugute, während der Vertragslaufzeit zwar allenfalls geringfügig, nach Vertragsablauf aber in voller

> Beim Energieeinspar-Contracting werden die Investitionen aus eingesparten Verbrauchskosten gedeckt.

Höhe. Zudem geht nach Vertragsablauf die Anlage in den Besitz des Vertragsgebers über. Typischerweise zielt Energieeinspar-Contracting sowohl auf die Reduzierung des Nutzenergiebedarfs (Wärme, Kälte, Licht etc.) eines Gebäudes als auch auf die möglichst effiziente Bereitstellung der Nutzenergie bzw. Energiedienstleistung durch moderne Technik.

Anlagen-Contracting: Der Contractor verpflichtet sich zur Erbringung einer nach Ausmaß und Struktur vorgegebenen Energiedienstleistung zu einer festgelegten bzw. verbrauchsabhängigen Vergütung mit einer von ihm bereitgestellten und üblicherweise in seinem Besitz verbleibenden Anlage. Die Übertragung von Planung, Errichtung und Betrieb von Beleuchtungsanlagen an einen Contractor ist ein Beispiel für Anlagen-Contracting. Dabei sind üblicherweise geeignete Vorkehrungen zur Sicherstellung der Abnahme der Dienstleistung im Vorfeld der Anlagenerrichtung zu treffen.

> Beim Anlagen-Contracting erfolgt die Vergütung in Form eines Grundpreises und eines verbrauchsabhängigen Anteils.

Da sowohl an die Ausschreibung selbst als auch an die Angebote potentieller Contractoren hohe Anforderungen zu stellen sind, garantiert der Wettbewerb die sorgfältige Planung und angemessene Kalkulation des Angebots durch die Anbieter. Zu erwarten ist insgesamt eine wirtschaftlichere oder aufgrund anderweitiger – zum Beispiel ökologischer – Kriterien günstigere Lösung für den Vertragsgeber, als sie durch ihn mit seinen Ressourcen selbst zu erzielen wäre.

> Eine wettbewerbliche Ausschreibung führt in der Regel zu einer günstigeren Lösung für den Vertragsgeber.

4.2.2 Ablauf des Contracting für die Erneuerung von Beleuchtungsanlagen

Das Energieeinsparpotential, das sich durch die Sanierung von Beleuchtungsanlagen erschließen läßt, kann bis zu 65 % betragen. Neben den positiven ökologischen Auswirkungen lassen sich also auch die Energiekosten (als Teil der Betriebskosten) erheblich senken. Allerdings ist die Sanierung in der Regel mit sehr hohen Investitionskosten verbunden; sie wird daher immer häufiger durch Energieeinspar-Contracting finanziert.

Zur Abschätzung der Investitionskosten wird in einem ersten Schritt der Ist-Zustand der Beleuchtungsanlagen aufgenommen. Mit Hilfe geeigneter Planungsprogramme wird dann das Optimum von Energieverbrauch und Investitionsaufwand ermittelt. Für die Durchführung einer Wirtschaftlichkeitsbetrachtung ist die Kenntnis der jährlichen Benutzungsdauer entscheidend. Da deren Ermittlung durch Messungen zu aufwendig und langwierig wäre, muß man sich in der Regel mit Abschätzungen und Erfahrungswerten behelfen.

Besteht über diese grundsätzlichen Überlegungen Übereinstimmung zwischen Vertragsgeber und Contractor, müssen unter anderem die folgenden Punkte vertraglich fixiert werden:
- Vertragsbeginn und -laufzeit
- Höhe der Contracting-Rate
- Regelung bei Betreiberwechsel (Vertragsgeber trennt sich von Gebäude)
- Absicherung des Contractors gegen Konkurs des Vertragsgebers, da Leuchten nur schwer aus Konkursmasse zu retten sind
- Bezeichnung, Anzahl und Lieferumfang der einzubauenden Leuchten und Anlagen
- Bereitstellung von Zwischenlagerkapazität
- Zugangsmöglichkeiten zu den entsprechenden Räumen
- Übernahme von Ausbesserungsarbeiten an Decke und Wänden (streichen/verputzen)
- Übernahme von Reinigungsarbeiten
- Endabnahme der Arbeiten
- Entsorgung der alten Leuchten (bei PCB-Belastung zusätzliche Kosten)

In Abhängigkeit von der Benutzungsdauer lassen sich statische Amortisationszeiten von drei bis zehn Jahren erreichen. Zudem sind finanzielle Gründe bei der Beleuchtungssanierung oft nur von untergeordneter Bedeutung, da häufig gesetzliche Auflagen (Arbeitsstättenverordnung, Bildschirmarbeitsverordnung) oder gestiegene Qualitätsanforderungen (Farbwiedergabe) die Beleuchtungssanierung notwendig machen.

5 Praxisbeispiele für Beleuchtungssanierungen

5.1 Energiesparmaßnahmen bei der Beleuchtungssanierung

5.1.1 Absenkung der Betriebsspannung

Zur Erschließung des Einsparpotentials gibt es eine Reihe von Maßnahmen, die sich sowohl hinsichtlich des mit ihnen verbundenen Aufwands (technisch und finanziell) als auch hinsichtlich der möglichen Einsparungen unterscheiden.

Durch eine Spannungsabsenkung im zulässigen Rahmen (minus 10 %) läßt sich die von den Leuchten aufgenommene elektrische Leistung um bis zu 15 % reduzieren. Gleichzeitig sinkt allerdings die Beleuchtungsstärke, so daß diese Maßnahme nur bei Überdimensionierung der bestehenden Beleuchtung realisiert werden sollte. Die Zündung der Lampen erfolgt weiterhin mit der normalen Betriebsspannung; erst nach einer gewissen Zeit wird die Spannung abgesenkt. Neben dem verringerten Energieverbrauch besteht ein weiterer Vorteil der Maßnahme darin, daß die Lebensdauer bestimmter Lampentypen erhöht wird, was zur Senkung der Betriebskosten beiträgt. Als Nachteil ist der eventuell entstehende schaltungstechnische Mehraufwand zu nennen, außerdem kann es zu Problemen beim Einsatz von elektronischen Vorschaltgeräten (EVG) kommen.

5.1.2 Austausch der Vorschaltgeräte

Bei älteren Leuchten, die mit konventionellen Vorschaltgeräten (KVG) ausgerüstet sind, kann der Austausch der KVG gegen effiziente EVG wirtschaftlich sinnvoll sein. EVG erhöhen die Betriebsfrequenz der Leuchtstoffröhren von 50 Hz auf mehr als 25 kHz. Gleichzeitig werden Lichtausbeute erhöht und Eigenverluste vermindert. Die wichtigsten Vorteile von EVG sind:
- Die Systemleistung beispielsweise einer 58 W-Leuchte läßt sich bei annähernd konstantem Lichtstrom von 71 auf 55 W reduzieren. Der Energieverbrauch der Leuchte sinkt dementsprechend um bis zu 25 %, was sich im wesentlichen auf die Verringerung der Abwärme auswirkt.
- Durch den Einsatz von EVG entstehen niedrigere Wartungs- und Instandsetzungskosten, da die Lampenlebensdauer um rund 50 % auf durchschnittlich 12.000 Stunden erhöht wird und keine Starter getauscht werden müssen.
- Die Lampen werden flackerfrei gezündet. Durch Hochfrequenzbetrieb entsteht ein angenehmes, flimmerfreies Licht ohne Stroboskopeffekte und ohne störende Brummgeräusche.
- Eine elektronische Fehlerüberwachung schaltet defekte Lampen ab.
- Der Leistungsfaktor ist größer als 0,95. Es werden keine zusätzlichen Kondensatoren zur Blindleistungskompensation und keine Starter benötigt.

Die Umrüstung ist in der Regel mit sehr hohem Installationsaufwand verbunden, da die Vorschaltgeräte in das bestehende Gehäuse eingebracht und die Verdrahtung innerhalb der Leuchte geändert werden muß. Die Maßnahme ist daher nur bei Leuchten sinnvoll, die sich in gutem technischen Zustand befinden und bei denen eine Erneuerung aus anderen Gründen mittelfristig ausgeschlossen werden kann.

5.1.3 Austausch der Leuchten

Der Wirkungsgrad einer Leuchte – die Effizienz der Lichtumlenkung durch die Leuchte – hängt nicht nur von Leuchtmittel und Vorschaltgerät ab, sondern in hohem Maße auch vom Gehäuse bzw. der Abdeckung der Leuchte. Gerade durch die häufig anzutreffenden opalen Kunststoffabdeckungen geht ein beträchtlicher Anteil des emittierten Lichts verloren.

5.1.4 Tageslichtabhängige Steuerung der Beleuchtung

Tageslichtabhängige Steuerungen sind Systeme, die fehlendes Tageslicht automatisch durch Kunstlicht kompensieren. Die entscheidenden Eigenschaften von solchen Systemen, die eine hohe Akzeptanz bei den Nutzern erreichen sollen, sind einfache Bedienbarkeit, problemloses Funktionieren und die Möglichkeit zur Einflußnahme auf den Steuerprozeß. Für den Gebäudebetreiber stehen Wirtschaftlichkeit, Energieeinsparung und Verläßlichkeit im Vordergrund.

Folgende Komponenten benötigt man für die Beleuchtungssteuerung (vgl. Abbildung 3):
- Mindestens einen Lichtsensor, der ein zum einfallenden Licht proportionales Ausgangssignal liefert.
- Eine Auswertelogik, die aus dem Signal des Sensors die entsprechende Einstellung des Dimmniveaus errechnet und diese Daten weiterleitet.

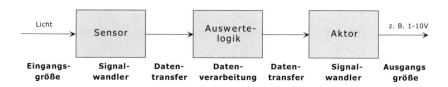

Abb. 3: Tageslichtabhängige Beleuchtungssteuerung

- Einen Aktor, der die Busbefehle der Auswerteeinheit in Steuersignale wandelt (zum Beispiel 1 – 10 V-Schnittstelle oder Relais).

Grundsätzlich bestehen für eine tageslichtabhängige Kontrolle der Beleuchtung die Möglichkeiten der Steuerung und der Regelung. Bei tageslichtabhängiger Steuerung wird ausschließlich das Tageslicht gemessen. Anhand von voreingestellten Werten wird entsprechend des Tageslichtangebotes Kunstlicht zugedimmt (vgl. Abbildung 4). Tageslichtabhängige Steuerungen eignen sich besonders bei sehr hohen Räumen und wenn eine große Anzahl von Leuchten und damit eine große Fläche beleuchtet werden soll.

Tageslichtabhängige Regelungen wurden für Büroräume entwickelt und sind weiter verbreitet als Steuerungen. Prinzip ist die Messung des reflektierten Lichtes einer Arbeitsoberfläche bestehend aus Tages- und Kunstlicht (vgl. Abbildung 5). Durch hohe Decken in Produktions- und Lagerhallen ist zum einen eine Einstellung am Sensor aufwendig, zudem erfaßt ein Sensor Licht aus einem großen Raumbereich, so daß die Aufteilung in Gruppen, zum Beispiel in Abhängigkeit von der Raumtiefe, schwer möglich ist.

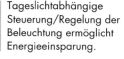

Tageslichtabhängige Steuerung/Regelung der Beleuchtung ermöglicht Energieeinsparung.

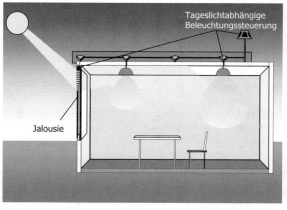

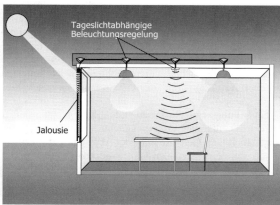

Abb. 4: Tageslichtabhängige Steuerung

Abb. 5: Tageslichtabhängige Regelung

Das Energiesparpotential durch eine tageslichtabhängige Steuerung oder Regelung der künstlichen Beleuchtung läßt sich nicht durch einen Zahlenwert ausdrücken, weil zu viele Parameter das mögliche Einsparpotential bestimmen. Um eine grobe Abschätzung zu geben, ob eine tageslichtabhängige Steuerung zur Einsparung elektrischer Energie beitragen kann, ist in Abbildung 6 die Energieeinsparung abhängig vom geforderten Beleuchtungsniveau gezeigt.

> Das Einsparpotential hängt von vielen Faktoren ab.

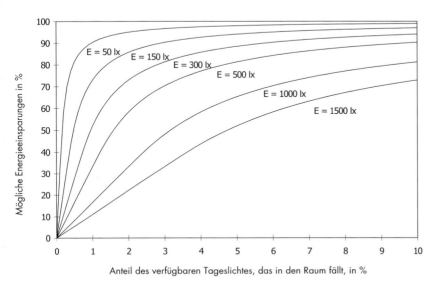

Abb. 6: Mögliche Einsparpotentiale von tageslichtabhängigen Steuerungen (Knoop 1998)

In der Lichttechnik hat die Innenraumbeleuchtung durch Tageslicht für die Minimierung der Bau- und Betriebskosten eines Gebäudes bei steigenden Energiekosten, ständig knapper werdenden Energievorräten und vor allem einem wachsenden ökologischen Bewußtsein an Bedeutung gewonnen. Größere Fensterflächen ermöglichen höhere Beleuchtungsstärken durch Tageslicht im Innenraum und längere Nutzung des Tageslichtes und damit Einsparungen an Betriebskosten der künstlichen Beleuchtung.

Große, industriell genutzte Räume können nur durch Oberlichter mit Tageslicht ausreichend beleuchtet werden. Oberlichter tragen aber zum Sichtkontakt zwischen Innen- und Außenraum nur sehr wenig bei und sind deshalb kein Ersatz für Seitenfenster. Zur Vermeidung direkter Sonnenstrahlung im Innenraum sollten Oberlichtöffnungen im allgemeinen entweder mit Sonnenschutz oder mit gut lichtstreuender Verglasung, also mit ausreichendem Streuvermögen und keinem merklichen gerichteten Anteil der Transmission, versehen werden.

5.1.5 Tageslicht und Oberlichter

> Optimierte Tageslichtnutzung ermöglicht Betriebskosteneinsparung für Kunstlicht.

> Oberlichter benötigen meist einen Sonnen- und Blendschutz.

Die 4-flammigen Rastereinbauleuchten sollten gegen neue 3-flammige Spiegelrasterleuchten mit EVG ausgetauscht werden. Die Leuchtensystemleistung sinkt dadurch von 96 auf 57 W, außerdem steigt die Lebensdauer der Lampen durch den Einsatz des EVG um gut 50 % auf ca. 12.000 Stunden an, was sich ebenfalls erheblich auf die jährlichen Betriebskosten auswirkt. Die neuen Leuchten haben das gleiche Einbaumaß wie die alten, so daß der Deckenaufbau nicht verändert werden muß.

Bei 15,5 Stunden Brenndauer pro Arbeitstag und 250 Arbeitstagen pro Jahr lassen sich gut 7.200 kWh/a an elektrischer Energie einsparen (vgl. Abbildung 7 Soll-Zustand). Zusätzlich wird die Grundlast des Gebäudes um 1,9 kW reduziert.

Die Gesamtinvestition der Maßnahme amortisiert sich innerhalb von etwa 9,5 Jahren.

5.2 Praxisbeispiel: Beleuchtungssanierung in einem Bürogebäude (Flur)

Leuchtentyp	Einheit	Ist-Zustand	Soll-Zustand
		Raster-Einbauleuchten 4x18W	Raster-Einbauleuchten 3x18W
Anzahl der Flure	[1]	4	4
Anzahl der Leuchten pro Flur	[1]	12	12
Anzahl der Lampen pro Leuchte	[1]	4	3
Typ Vorschaltgerät		KVG	EVG
Systemleistung je Leuchte	[W]	96	57
Elektrische Gesamtleistung	[kW]	4,6	2,7
Benutzungsdauer, gesamt	[h/a]	3.875	3.875
Elektrische Energie, gesamt	[kWh/a]	17.856	10.602
Lebendauer Lampen	[h]	7.500	12.000
Anzahl der jährlich auszutauschenden Lampen	[1/a]	99	47
Investitionen pro Leuchte (inkl. Leuchtmittel u. Montage)	[DM]	0	290
Gesamtinvestitionen	[DM]	0	13.920
Technische Nutzungsdauer	[a]	15	15
Kalkulationszinssatz	[%/a]	8,0	8,0
Jährliche Kapitalkosten	[DM/a]	0,00	1.626,27
Lampenwechselkosten (Lampe u. Montage)	[DM]	15	15
Jahreskosten Lampen	[DM/a]	1.488,00	697,50
Arbeitspreis (HT)	[DM/kWh]	0,17	0,17
Leistungspreis	[DM/kW×a]	70	70
Jahresgesamtkosten Elektrizität (Arbeit und Leistung)	[DM/a]	3.358,08	1.993,86
Jährliche Betriebskosten (Lampen und Energie)	[DM/a]	4.846,08	2.691,36
Jährliche Betriebskosteneinsparung	[DM/a]		2.154,72
Amortisation	[a]		9,45

Abb. 7: Wirtschaftlichkeitsbetrachtung für die Sanierung der Flurbeleuchtung.

5.3 Praxisbeispiel: Beleuchtungssanierung in einem Großraumbüro

In den Großraumbüros eines Bürohochhauses sind 9.000 Leuchten mit je 2 x 36 W-Leuchtstofflampen mit konventionellen Vorschaltgeräten (KVG) bestückt; die Leuchtensystemleistung beträgt 92 W. Die gesamte installierte Leistung für die Deckenleuchten beträgt damit 828 kW. Von 6.00 bis 18.00 Uhr wird mit zwei Stufen, also beiden Lampen pro Leuchte und damit einer elektrischen Leistung von jeweils 92 W, beleuchtet; ab 18.00 Uhr nur noch mit einer Stufe und einer elektrischen Leistung von 46 W pro Leuchte. An Tagen mit hohem Außenlichtanteil wird in der Außenzone des Gebäudes auch während der Arbeitszeit eine Stufe abgeschaltet. Die installierten Leuchten sind nicht blendfrei, so daß besondere Maßnahmen zur Umsetzung der BildscharbV ohnehin ergriffen werden müssen. Die insgesamt 9.000 Büroleuchten sollten gegen Spiegelrasterleuchten mit EVG ausgetauscht werden. Neben der Konformität mit der BildscharbV gibt es einen weiteren großen Vorteil der Umstellung: Durch die neuen Leuchten mit je drei 18 W-Leuchtstofflampen und EVG wird die Systemleistung jeder Leuchte auf 57 W reduziert. Damit kann der Bedarf an elektrischer Leistung und Energie für die Beleuchtung der Büros erheblich reduziert werden.

Die gesamte installierte Leistung für die Deckenleuchten beträgt im Ist-Zustand maximal 828 kW. Die Beleuchtung in der Außenzone des Gebäudes wird an Tagen mit hohem Tageslichtanteil um eine Leistungsstufe reduziert, so daß bei der Abschätzung des Elektrizitätsbedarfs differenziert vorgegangen werden muß: In der Außenzone befinden sich 2.200 Leuchten, so daß die aufgenommene Leistung an diesen Tagen (ca. 90 Tage pro Jahr, überwiegend im Sommer) um den Betrag der abgeschalteten Leistungsstufe reduziert wird. An Tagen mit hohem Tageslichtanteil beträgt die Leistungsaufnahme der Bürobeleuchtung während der Betriebszeit damit nur noch 727 kW. Nach Ende der Betriebszeit bleiben von 18 bis 24 Uhr weiterhin alle Leuchten mit einer Stufe in Betrieb (unter anderem für die Gebäudereinigung). Unter Annahme einer Betriebszeit der Bürobeleuchtung von insgesamt 250 Tagen im Jahr, tagsüber während 12 Stunden, abends und nachts während durchschnittlich 6 Stunden pro Tag, besteht also ein abgeschätzter Elektrizitätsbedarf von

$$(727\,kW \times 12\,^h/_d + 0{,}5 \times 828\,kW \times 6\,^h/_d) \times 90\,^d/_a + (828\,kW \times 12\,^h/_d + 0{,}5 \times 828\,kW \times 6\,^h/_d) \times 160\,^d/_a = 2.996\,^{MWh}/_a$$

Die neuen Leuchten werden in eine automatische Lichtsteuerung integriert, die Energieeinsparungen ermöglicht, indem je nach Tageslichteinfall und Nutzung des jeweiligen Raumes bis zu zwei Lampen in jeder Leuchte abgeschaltet werden. Die Betrachtung des Elektrizitätsbedarfs im Soll-Zustand wird dadurch etwas komplexer: Während die gesamte installierte Leistung nach der Sanierung – dem Rückgang der Leuchtensystemleistung von 92 auf 57 W entsprechend – 513 kW beträgt, können an Tagen mit hohem Tageslichtanteil in der Außenzone je Leuchte zwei der drei Leistungsstufen und in der Innenzone je eine Stufe abgeschaltet werden, so daß sich die Leistungsaufnahme auf nur noch 300 kW reduziert. Der Elektrizitätsbedarf berechnet sich differenziert nach Tagen mit und ohne hohen Tageslichtanteil in den Räumen, wobei jetzt zusätzlich die Leistungsreduzierung um ein bzw. zwei Drittel zu berücksichtigen ist. Der Elektrizitätsbedarf für den Betrieb der Beleuchtungsanlagen aller Büros würde sich um über 40 % auf rund 1.750 MWh/a (601 MWh/a + 1.149 MWh/a) reduzieren.

Der Einbau von EVG anstelle der in der Anschaffung günstigeren verlustarmen Vorschaltgeräte (Abbildung 8, Soll-Zustand 1) amortisiert sich aufgrund der erheblich höher ausfallenden Energieeinsparungen und der deutlich erhöhten Lampenlebensdauer innerhalb von 4,4 Jahren (Soll-Zustand 2), so daß bei einem Austausch der Leuchten auf jeden Fall EVG eingesetzt werden sollten.

5.4 Praxisbeispiel: Beleuchtungssanierung in einer Dreherei

Eine Firma in Stuttgart stellt Produkte mit sehr feinen Details (< 0,1 mm) her. In ihrer Produktionshalle sind mehrere Drehbänke, Fräs- und Bohrmaschinen aufgestellt. Es wird an 250 Tagen im Jahr und acht Stunden am Tag (von 7 bis 15 Uhr) gearbeitet. Die Hallendecke ist nicht mehr hell und hat viele Oberlichter (Reflexionsgrad ρ = 56 %). Die Wände bestehen aus Ziegelsteinen (Reflexionsgrad ρ = 20 %) und der Boden ist dunkel (Reflexionsgrad ρ = 20 %).

In der Halle sind acht Lichtbänder aus je 36 zweiflammigen, freistrahlenden Leuchtstofflampen montiert. Insgesamt sind 288 Leuchten vorhanden. Diese sind jeweils mit zwei T38 65 W-Lampen und KVG bestückt. Einige der Lampen sind bereits defekt. Messungen habe eine mittlere Beleuchtungsstärke von 734 lx ergeben.

Der Raum hat folgende Abmessungen:
Länge: 56,0 m
Breite: 30,0 m
Höhe: 6,0 m
Lichtpunkthöhe: 4,5 m

Die Tageslichtversorgung erfolgt durch 24 Oberlichter (Flachdach mittl. Achsabstand von 7 m, Abbildung 9). Die verglaste Fläche eines Oberlichtes beträgt 2 m × 2 m = 4 m², der Transmissionsgrad des Glases 65 % (Milchglas). Der Anteil der verglasten Fläche

Leuchtentyp	Einheit	Ist-Zustand	Soll-Zustand 1	Soll-Zustand 2
		Einbauleuchten 2 × 36W	Einbauleuchten 3 × 18 W	Einbauleuchten 3 × 18W
Anzahl der Leuchten in allen Büroräumen	[1]	9.000	9.000	9.000
Anzahl der Lampen pro Leuchte	[1]	2	3	3
Typ Vorschaltgerät		KVG	VVG	EVG
Systemleistung je Leuchte	[W]	92	67	57
Elektrische Gesamtleistung	[kW]	828	603	513
Elektrische Leistung Spitzenlastzeit (Sommer)	[kW]	727	353	300
Benutzungsdauer, gesamt	[h/a]	3.618	3.412	3.412
Elektrische Energie, gesamt	[kWh/a]	2.995.704	2.057.436	1.750.356
Lebensdauer Lampen	[h]	7.500	8.000	12.000
Anzahl der jährlich auszutauschenden Lampen	[1/a]	8.683	11.516	7.677
Investitionen pro Leuchte (inkl. Leuchtmittel und Montage)	[DM]	0	500	540
Gesamtinvestitionen	[DM]	0	4.500.000	4.860.000
Technische Nutzungsdauer	[a]	15	15	15
Kalkulationszinssatz	[%/a]	8,0	8,0	8,0
Jährliche Kapitalkosten	**[DM/a]**	0	525.733	567.792
Lampenwechselkosten (Lampe u. Montage)	[DM]	15	15	15
Jahreskosten Lampen	**[DM/a]**	130.248	172.733	115.155
Arbeitspreis für elektrische Energie	[DM/kWh]	0,10	0,10	0,10
Leistungspreis für elektrische Energie	[DM/kW×a]	230	230	230
Jahresgesamtkosten Elektrizität (Arbeit und Leistung)	**[DM/a]**	490.010	286.903	244.082
Jährliche Betriebskosten (Lampen u. Energie)	[DM/a]	620.258	459.635	359.237
Jährliche Betriebskosteneinsparung	[DM/a]		160.623	261.022
Amortisation EVG gegen VVG	[a]			4,4

oben: Abb. 8: Wirtschaftlichkeitsbetrachtung für die Sanierung einer Bürobeleuchtung

links: Abb. 9: Anordnung der Oberlichter

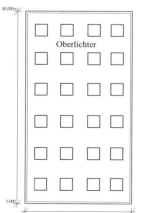

an der Dachfläche beträgt ca. 7 %. Der Tageslichtanteil durch die Seitenfenster kann wegen starker Verbauung vernachlässigt werden.

Trotz der geforderten Nennbeleuchtungsstärke von 500 lx kann laut Berechnung eine maximale Einsparung der elektrischen Energie durch eine tageslichtabhängige Beleuchtungssteuerung von 51 % realisiert werden. Aus diesem Grund ist ein solches System auf jeden Fall aus wirtschaftlichen Gesichtspunkten zu prüfen.

Lösung 1

Realisierung mit 35 Natriumdampf-Hochdrucklampenleuchten HSE 400 W, eingesetzt in Hallentiefstrahlern. Die mittlere Beleuchtungsstärke auf der Nutzebene beträgt 543 lx. Der spezifische Anschlußwert liegt bei 9,2 W/m².

Lösung 2
Realisierung mit 60 Quecksilberdampf-Hochdrucklampenleuchten HME 400, eingesetzt in Hallentiefstrahlern. Die mittlere Beleuchtungsstärke auf der Nutzebene beträgt 505 lx. Der spezifische Anschlußwert liegt bei 15,2 W/m².

Lösung 3
Realisierung mit 28 Halogen-Metalldampflampenleuchten HIE 400, eingesetzt in Hallentiefstrahlern. Die mittlere Beleuchtungsstärke auf der Nutzebene beträgt 462 lx. Der spezifische Anschlußwert liegt bei 7,4 W/m².

Lösung 4
Realisierung mit Dreibanden-Leuchtstofflampen T26 2 x 58 W mit einer abgependelten Leuchtenbandanordnung (Höhe 4,5 m). Es werden einfache, weiße Metallreflektoren mit Deckenaufhellung eingesetzt. Die mittlere Beleuchtungsstärke auf der Nutzebene beträgt 536 lx. Der spezifische Anschlußwert liegt bei 10,2 W/m².

Diskussion der Lösungen aus lichttechnischer Sicht:
Die Lösung 1 hat den Nachteil einer mäßigen Farbwiedergabe (Stufe 3 oder 4) und kann nur bei Einsatz von farbverbesserten Natriumdampf-Hochdrucklampen empfohlen werden. Die Lösung 2 weist ebenfalls eine nur befriedigende Farbwiedergabe (Stufe 3) und eine hohe spezifische Anschlußleistung auf. Die Lösung 3 erreicht die erforderliche Beleuchtungsstärke bei einer befriedigenden Beleuchtungsstärkeverteilung. Die Farbwiedergabe ist hier sehr gut (Stufe 1 B). Auch die Anschlußleistung ist akzeptabel, so daß von den Leuchten mit Hochdruckentladungslampen die Halogen-Metalldampflampe zu empfehlen ist. Die Lösung 4 erreicht die erforderliche Beleuchtungsstärke bei einer guten Beleuchtungsstärkeverteilung und einer sehr guten Farbwiedergabe (Stufe 1 B). Sie ist sowohl ergonomisch als auch lichttechnisch die beste Lösung. Zudem ermöglicht der Einsatz von dimmbaren elektronischen Vorschaltgeräten eine tageslichtabhängige Steuerung, die bei dem berechneten Einsparpotential zu empfehlen ist.

Diskussion der Lösungen aus wirtschaftlicher Sicht:
Durch die hohen Betriebskosten der Altanlage amortisieren sich alle Neuanlagen in angemessenen Zeiträumen (vgl. Abbildung 10). Da jedoch die Amortisationszeiten der Anlagen mit Ausnahme der Quecksilberdampf-Hochdrucklampe sehr kurz sind, ist die Anlage mit den geringsten jährlichen Gesamtkosten zu bevorzugen. Die Einsparung durch die tageslichtabhängige Regelung führt dazu, daß die Anlage 4c die geringsten jährlichen Gesamtkosten verursacht. Die Mehrkosten von 2.000 DM für die Regelung wurden auf die Leuchten umgelegt und die Einsparung von 51 % in der reduzierten Energie berücksichtigt.

6 Neue Lichttechnologien

6.1 Elektrodenlose Hochleistungs-Leuchtstofflampen

Anders als bei klassischen Leuchtstofflampen geht der Elektrodenfluß nicht von Elektroden aus, sondern wird durch ein magnetisches Feld (Induktion) erzeugt. Da die Elektroden wegfallen, enthält die Lampe keine Verschleißteile, so daß eine mittlere Lebensdauer von 60.000 Stunden erreicht wird, die vor allem von der Lebensdauer des Vorschaltgerätes bestimmt wird. Die lange Lebensdauer wirkt sich in hohen Industriehallen und Tunnels besonders positiv aus, weil dort ein Lampenwechsel sehr aufwendig und damit teuer ist. Eine 150 W-Lampe besitzt einen Lichtstrom von ca. 12.000 Lumen und eine 100 W-Lampe rund 8.000 Lumen bei einer Betriebsfrequenz von jeweils rund 250 kHz.

Kleinere Ausführungen mit Leistungsstufen von 55 bzw. 85 W und einer Betriebsfrequenz von 2,65 MHz ermöglichen einen völlig geräuschlosen und flackerfreien Betrieb und ergänzen praktisch die Kompaktleuchtstofflampenreihe nach oben.

Abb. 10: Wirtschaftlichkeitsbetrachtung für die Sanierung der Beleuchtung in einer Dreherei

Leuchtentyp	Einheit	Altanlage 288 Leuchten je 2×T38 65W; KVG	Variante 1 25 Leuchten Na-Hochdruck HSE 400W	Variante 2 60 Leuchten Hg-Hochdruck HME 400W	Variante 3 28 Leuchten Halogen-metalldampf HIE 400E	Variante 4a 160 Leuchten Leuchtstoff-lampem T26 2x58W (WG)	Variante 4b 160 Leuchten Leuchtstoff-lampen T26 2x58W (EVG)	Variante 4c 160 Leuchten Leuchtstofflam-pen T26 2x58W (EVG+Lichtreg.)
Anzahl der Leuchten	[1]	288	35	60	28	160	160	160
Anzahl der Lampen pro Leuchte	[1]	2	1	1	1	2	2	2
Systemleistung pro Leuchte	[W]	156	440	425	440	132	110	110
Elektrische Gesamtleistung	[kW]	44,93	15,40	25,50	12,32	21,12	17,60	17,60
Jahresbenutzungsdauer (100% HT-Zeit)	[h/a]	2.000	2.000	2.000	2.000	2.000	2.000	980
Elektrische Energie, gesamt (100% HT)	[kWh/a]	89.856	30.800	51.000	24.600	42.240	35.200	17.248
Beitrag zur elektrischen Spitzenlast	[kW]	44,93	15,40	25,50	12,32	21,12	17,60	17,60
Lebendauer Lampen	[h]	8.000	10.000	10.000	6.000	8.000	12.000	12.000
Anzahl auszutauschender Lampen	[1/a]	144,0	7,0	12,0	9,3	80,0	53,3	26,1
Investitionen pro Leuchte (inkl. Leuchtmittel)	[DM]	0,00	800,00	550,00	800,00	80,00	140,00	220,00
Kosten pro Leuchte für Montage/Installation	[DM]	0,00	50,00	50,00	50,00	40,00	40,00	40,00
Gesamtinvestitionen	[DM]	0,00	29.750,00	36.000,00	23.800,00	19.200,00	28.800,00	41.600,00
Technische Nutzungsdauer	[a]	15	15	15	15	15	15	15
Kalkulationszenssatz	[%/a]	8,0	8,0	8,0	8,0	8,0	8,0	8,0
Annuität	[1/a]	0,1168	0,1168	0,1168	0,1168	0,1168	0,1168	0,1168
Jährliche Kapitalkosten	[DM/a]	0,00	3.475,68	4.205,86	2.780,54	2.243,13	3.364,69	4.860,11
Lampenwechselkosten (Lampe u. Montage)	[DM]	12,00	75,00	45,00	75,00	15,00	15,00	15,00
Jahreskosten Lampen	[DM/a]	1.728,00	525,00	540,00	700,00	1.200,00	800,00	392,00
Preis für elektrische Energie (HT)	[DM/kWh]	0,13	0,13	0,13	0,13	0,13	0,13	0,13
Jahresleistungspreis	[DM/kW×a]	230,00	230,00	230,00	230,00	230,00	230,00	230,00
Elektrizitätskosten (Arbeit u. Leistung)	[DM/a]	22.014,72	7.546,00	12.495,00	6.036,80	10.348,80	8.624,00	6.290,24
Gesamtkosten Beleuchtungsanlage	[DM/a]	23.742,72	11.546,68	17.240,86	9.517,34	13.791,93	12.788,69	11.542,35
Gesamtkosteneinsparung ggü. Altanlage	[DM/a]	–	12.196,04	6.501,86	14.225,38	9.950,79	10.954,03	12.200,37
Betriebskosten (Lampen u. Energie)	[DM/a]	23.742,72	8.071,00	13.035,00	6.736,80	11.548,80	9.424,00	6.682,24
Betriebskosteneinsparung ggü. Altanlage	[DM/a]	0,00	15.671,72	10.707,72	17.005,92	12.193,92	14.318,72	17.060,48
Amortisation Investition aus Betriebskosten-einsparung ggü. Altanlage	[a]	–	2,14	4,07	1,54	1,75	2,28	2,82
Statistische Kapitalrückflußzeit (KRZ) der Investitionen aus Betriebskosteneinsparung	[a]	–	1,90	3,36	1,40	1,57	2,01	2,44

6.2 Beleuchtung mit Halbleitern (LED)

Die jüngste Generation von Leuchtmitteln auf der Basis von Light Emitting Diodes (LED) ergänzt die bekannten Arten von Glüh-, Entladungs- und Induktionslampen mit einer für die Lampenindustrie vollkommen neuen Technologie. Die Lichtabstrahlung von grünen, roten und blauen, auf einer Platine angeordneten, lichtstarken Dioden erzeugt mittels der additiven Farbmischung weißes Licht. Je nach Ansteuerung kann prinzipiell jede gewünschte Lichtfarbe erzeugt werden. LED-Lampen richten die Lichtabstrahlung, was zur Folge hat, daß lichttechnische Systeme und Leuchtenkonzepte keinen zusätzlichen lichtbündelnden oder die Blendung begrenzenden Reflektor benötigen. Wegen der minimalen Wärmeentwicklung können Leuchtengehäuse konstruktiv extrem flach ausgelegt werden. Die Lebensdauer der LED soll rund 100.000 Stunden betragen.

6.3 Beleuchtung mit Lichtleitfasern

Faseroptische Systeme basieren auf Lichtquellen, deren Energie auf einem Lichtleiter konzentriert weitergeleitet und am Ausgang wieder abgegeben wird. Die Leistung ist abhängig von dem Material, dem Durchmesser und der Länge des Lichtleiters. Die Lichtleiter bestehen aus Glas oder Kunststoffmaterialien, die wegen ihrer optischen Vorzüge geeignet sind. In den Fasersträngen werden die Lichtstrahlen durch Totalreflexion weitergeleitet. Mehradrige Lichtleitersträge, bestehend aus tausenden von Einzelfasern, bilden Kabelbündel für individuelle Anwendungsbereiche. Die Lichtleiter sind Miniatur-Lichtquellen, die als Einbauleuchten oder Strahler ausgelegt werden können und mit denen das Licht je nach gewünschtem Effekt gestaltet werden kann. Es muß aber beachtet werden, daß Einspeisung und Übertragung mit erheblichen Verlusten behaftet sind, was den Einsatzbereich als wirtschaftliche Beleuchtung einschränkt.

Einsatzgebiete sind Dekorativ- und Funktionalbeleuchtungen sowie die Beleuchtung von Werkzeugmaschinen, von Sicherheitseinrichtungen und in der Produktionskontrolle. Glasfasersysteme können zusammen mit Schildern und Zeichen informieren, warnen, bestätigen und führen. Darüber hinaus können Glasfasersysteme durch Lichtbrunnen, Skulpturenbeleuchtung und Sternenhimmel Stimmungen schaffen oder in Geschäften als Schaufensterbeleuchtung und in Schaukästen Aufmerksamkeit erregen.

7 Literatur

Çakir, A. E.: Licht und Gesundheit. Bericht des Ergonomic Instituts für Arbeits- und Sozialforschung. 1994
Erhorn, H., Szerman, M.: Zukünftige Tageslichtnutzung in Verwaltungsgebäuden. Licht '90, 1990, S. 206-216
Knoop, T.: Tageslichtabhängige Beleuchtungssysteme auf der Basis von Installationsbussen. Dissertation TU Berlin. VDI-Verlag, 1998 (ISBN 3-18-339606-8)
Müller, H. F. O.: Solartechnik für den klimagerechten Bürobau. Deutsche Bauzeitschrift, Heft 4 (1992), S. 557-558

Normen, Richtlinien, Empfehlungen
DIN-Normen, VDE-Vorschriften (Beuth-Verlag GmbH, Berlin):
DIN 5032 (Teile 1 – 8) Lichtmessung
DIN 5034 (Teile 1 – 8) Tageslicht
DIN 5035 (Teile 1 – 8) Innenraumbeleuchtung mit künstlichem Licht
DIN 5039 (Entwurf 93) Licht, Lampen, Leuchten
DIN 5040 (Teile 1 – 3) Leuchten für Beleuchtungszwecke
DIN VDE 0711 Leuchten (EN 60598)
DIN VDE 0712 Entladungslampenzubehör mit Nennspannung bis 1000 V
DIN VDE 0100 IP-Schutzarten und zugehörige VDE-Symbole
IEC DIN 40050 Aufbau des IP-Schutzsystems
Arbeitsstätten-Richtlinien (Bundesministerium für Arbeit):
ASR 7/3 Künstliche Beleuchtung

ASR 7/4 Sicherheitsbeleuchtung
ASR 41/3 Künstliche Beleuchtung im Freien

Sonstige Richtlinien:
ZH 1/190 (10.1996), Hauptverband der gewerblichen Berufsgenossenschaften
GUV 17.9 (4.1997), Bundesverband der Unfallversicherungsträger der öffentlichen Hand
UVV VGB 125, Sicherheitskennzeichnung am Arbeitsplatz
UVV VGB 4, Elektrische Anlagen und Betriebsmittel
UVV 1.0 Basisvorschrift der Unfallverhütungsvorschriften
VDS Richtlinien der Sachversicherer, Formblatt 2005
TAB Technische Anschlußbedingungen für den Anschluß an das Niederspannungsnetz

J. Mario Pacas, Günter Schröder

Elektrische Antriebe

Im Industriesektor wird heute etwa 70 % der elektrischen Energie in elektrischen Antrieben eingesetzt. Obwohl die verwendeten Antriebe als Komponenten einen sehr hohen Wirkungsgrad aufweisen, zeigen verschiedene in Deutschland und anderen Industrieländern durchgeführte Untersuchungen, daß sie nicht immer optimal betrieben werden und deshalb hier wesentliche Energiesparpotentiale zur Verfügung stehen. Bei Anwendung von modernen Komponenten und Techniken und bei optimaler Abstimmung von Antrieben, Arbeitsprozessen und Maschinen läßt sich eine deutlich bessere Ausnutzung der Energie im Gesamtsystem erzielen. Es ergeben sich also kleinere Energie- und Anlagenkosten bei gleichzeitig verbesserter Betriebssicherheit und Lebensdauer. Eine erfolgreiche Durchsetzung von Maßnahmen zur Einsparung von Energie und Kosten setzt auf jeden Fall ein entwickeltes Energiebewußtsein der Unternehmen voraus, die über die entsprechenden Investitionen zu entscheiden haben.

Im folgenden werden verschiedene Ansätze zur Wirkungsgraderhöhung und rationelleren Verwendung elektrischer Energie in der Antriebstechnik erläutert, wobei sowohl auf die technischen Aspekte wie auf die Wirtschaftlichkeit der Lösungen eingegangen wird.

1 Energiebedarf bei Elektroantrieben

Der Einsatz elektrischer Antriebe geschieht in der Regel mit dem Ziel, die Maschinen, die industriellen Prozesse und die Anlagen und deren Gesamtkosten zu optimieren. Dabei wurde bisher das Thema Energiesparen kaum beachtet.

Die verfügbaren Statistiken über Elektroantriebe ergeben für die Bundesrepublik ein für ein Industrieland typisches Bild. Elektrische Antriebe stellen ca. 70 % des Verbrauchs elektrischer Energie in der Industrie und ca. 50 % in der Gesamtwirtschaft dar und bieten deshalb ein großes Potential hinsichtlich der rationelleren Verwendung elektrischer Energie.

Eine genaue Quantifizierung des Motorenbestands und eine Aufteilung nach Leistungsklassen erweist sich aufgrund mangelnder Statistiken als sehr schwierig. Eine Abschätzung des Motorenbestands in den alten Bundesländern ergibt die in Abbildung 1 gezeigte Verteilung.

Es ist daraus ersichtlich, daß Asynchronmotoren im unteren Leistungsbereich den Schwerpunkt bilden. Der Energieumsatz erfolgt im wesentlichen mit ungesteuerten Antrieben, wobei eine steigende Tendenz zu geregelten Antrieben zu erkennen ist. Die Antriebstechnik von Drehstrommotoren wird von Asynchronmotoren für Niederspannung beherrscht. Für Europa wird laut PROGNOS (Europäisches Zentrum für Angewandte Wirtschaftsforschung in Basel) die Dominanz des Asynchronmotors unter den Industriemotoren in den nächsten Jahren weiter zunehmen.

▋ Motorenbestand

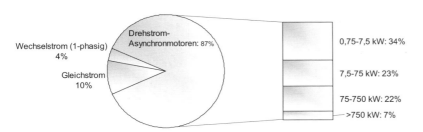

Abb. 1: Verteilung des Motorenbestandes in den alten Bundesländern

Anwendungen

Der Anteil an Gleichstrommotoren mit einer installierten Leistung von ca. 21 GW enthält die Antriebe variabler Drehzahl, die traditionell in Gleichstromtechnik ausgeführt wurden und heute vorwiegend mit Frequenzumrichtern und Drehstrommotoren – mit der entsprechenden Verschiebung im Bestand – realisiert werden. Die Einphasenwechselstrommotoren (16 Mio. Stück) stellen nur eine installierte Leistung von ca. 8 GW dar. Eine Aufteilung von Leistungen und Motorenarten auf Wirtschaftssektoren und Branchen ist aufgrund der ungenügenden Datenlage in Deutschland kaum möglich.

Der angesprochene Trend in der Verschiebung des Verhältnisses zwischen Drehstrom- und Gleichstromantriebstechnik zugunsten der Drehstromantriebstechnik wird sich verstärken, da die früher dominierende Rolle der Gleichstrommaschinen bei der Realisierung drehzahlvariabler Antriebe in zunehmendem Maße vom umrichtergespeisten Asynchronmotor übernommen wird.

Bezüglich der möglichen Anwendungen von Elektroantrieben lassen sich weder die installierte Leistung noch der Motorenbestand an Hand konkreter Zahlen einzeln aufschlüsseln. Erfahrungswerte belegen, daß Antriebe zur Medienförderung – Ventilation und Pumpen – und die (Luft-)Kompression die wichtigsten Klassen von Anwendungen darstellen. Dieser Klasse von Antrieben wird deshalb besondere Aufmerksamkeit geschenkt.

2 Ansatzpunkte für Energieeinsparung

Neue Entwicklungen im Elektromaschinenbau, in der Leistungs- und Steuerungselektronik und in der Prozeßautomatisierung ermöglichen es heute, die elektrische Energie beim Einsatz von elektrischen Antrieben noch rationeller zu verwenden. Hierfür gibt es grundsätzlich mehrere Möglichkeiten, die sich aus der Betrachtung des Gesamtsystems (Abbildung 2) ergeben.

2.1 Erhöhung des Wirkungsgrades der Komponenten

Der erste Ansatz besteht darin, die Anwendung des elektrischen Antriebs als gegeben hinzunehmen und den Antrieb im Hinblick auf Verlustminimierung zu untersuchen. Dabei sind alle Komponenten der Antriebe getrennt zu untersuchen: Motor, leistungselektronische Komponenten und Hilfseinrichtungen.

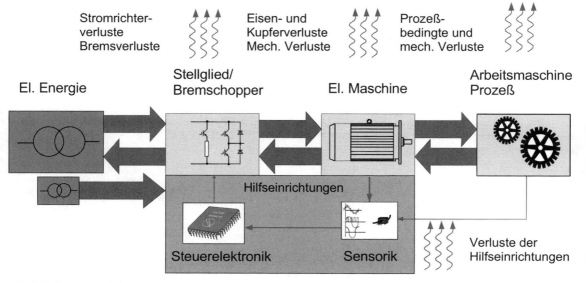

Abb. 2: Verluste in elektrischen Antrieben

Die Motorverluste teilen sich auf in elektrische und mechanische Verluste. Die elektrischen Verluste entstehen zum einen in den Wicklungen der Maschinen als Stromwärmeverluste in Ständer und Läufer, zum anderen als Ummagnetisierungs- und Wirbelstromverluste im Eisen. Sie lassen sich nicht ganz vermeiden, aber durch konstruktive Maßnahmen in der Maschine (Energiesparmotor) sowie durch geschickte Auswahl der Maschine (Maschinentyp, Leistungsklasse) für den jeweiligen Prozeß minimieren. Die immer wieder zu betrachtende Kennzahl in diesem Zusammenhang ist der Wirkungsgrad. Der Wirkungsgrad elektrischer Maschinen ist keine Konstante, sondern von den Betriebsbedingungen abhängig. In der Nähe des Nennpunktes ist der Wirkungsgrad maximal. Sowohl Betrieb unterhalb als auch oberhalb der Nennleistung setzt den Wirkungsgrad herab (Abbildung 3).

2.1.1 Wirkungsgrad elektrischer Maschinen

▌ Verluste und Wirkungsgrad

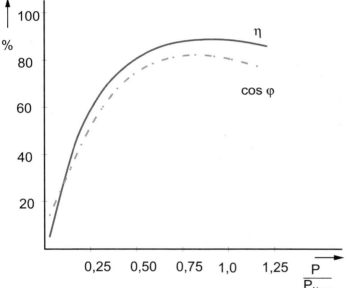

Abb. 3: Typischer Verlauf vom Wirkungsgrad und Leistungsfaktor beim Asynchronmotor

Der Wirkungsgrad elektrischer Maschinen wächst mit der Baugröße. Große Maschinen haben recht geringe Verluste. Bei Kleinmaschinen hingegen geht teilweise mehr Energie verloren, als genutzt werden kann. Diese Tatsache geht aus den Wachstumsgesetzen für elektrische Maschinen hervor. Die theoretisch erreichbaren Wirkungsgradwerte werden allerdings von den Kleinmaschinen in der Regel nicht erreicht, da sie bisher nur selten mit der Vorgabe des größtmöglichen Wirkungsgrades entwickelt werden. Wie eingangs erläutert, entfällt der weitaus größte Anteil im Leistungsumsatz auf die kleineren Maschinen. Daher muß gerade dieser Gruppe die größte Beachtung geschenkt werden. Hier zeichnet sich bei vielen Herstellern die Tendenz ab, zusätzlich zu den Standard-Baureihen sogenannte Energiesparmotoren mit einem höheren Wirkungsgrad anzubieten (siehe Kap. 3.1).

Zur Anpassung der Spannung und der Frequenz werden in Antrieben leistungselektronische Komponenten eingesetzt, die in der Regel einen sehr hohen Wirkungsgrad aufweisen. Auch hier sind Ansatzpunkte zur Wirkungsgraderhöhung zu finden. So können beispielsweise Schaltungen, die die Bremsenergie in Wärme umsetzen (Bremschopper), durch rückspeisefähige Konfigurationen ersetzt werden. So wird die vom Prozeß gelieferte Bremsenergie in das speisende Netz zurückgespeist. Andere in den leistungselektronischen Schaltungen enstehenden Verluste können durch die richtige

2.1.2 Wirkungsgrad der Leistungselektronik und der Hilfseinrichtungen

▌ Verluste der elektronischen Komponenten

Auswahl der eingesetzten Bauelemente, der Schaltfrequenz und der Schaltart minimiert werden.

Bei der Gesamtbetrachtung darf nicht nur der Teil des Antriebs betrachtet werden, der dem Verbraucher die Nutzleistung zuführt. Ebenso verlustbehaftet sind die sogenannten Hilfseinrichtungen. Darunter fallen zum Beispiel die Verluste der Lüfter zur Kühlung von Motor und Elektronik, die Verluste in Relais- und Schützspulen und die Gesamtverlustleistung der Informationselektronik.

Weiter zu erwähnen sind Verluste in Drosselspulen und Kondensatoren. Diese Bauteile weisen zwar idealerweise keine Verluste auf, in der Praxis entstehen aber auch hier Stromwärmeverluste.

2.2 Systemoptimierung

Globale Systembetrachtung

Ein weiterer Ansatzpunkt zur Verbesserung der energetischen Verhältnisse in Antriebssystemen ist die systemtechnische Betrachtung des ganzen Systems und die bessere leistungsmäßige Anpassung des eingesetzten Elektromotors an die Anforderungen der angetriebenen Arbeitsmaschine bzw. des Prozesses.

Dieser Ansatz zur Reduzierung von prozeßbedingten Verlusten gelingt nur, wenn die energieoptimale Betriebsweise von Prozeß und Antrieb sowohl den Prozeß- als auch den Antriebstechnikern bekannt sind und ein Optimum gemeinsam erarbeitet wird. Die Optimierung ist also nur durch eine ganzheitliche Projektierung duchführbar. Selten genügt dazu der Ersatz bzw. die Veränderung des elektrischen Antriebes. Durch Änderung der Fahrweise von Prozessen und Änderung von Prozeßkonzepten können hier große Energieeinsparpotentiale genutzt werden.

Konkrete Maßnahmen

Als wichtige Ansatzpunkte für energetische Prozeßoptimierungen aus Sicht der Antriebstechnik sind zu nennen:
- Vermeidung großer Massenträgheiten bei bewegten Teilen, um lange Hochlaufzeiten und damit verbundene Verluste zu minimieren
- Verringerung von Haft- und Gleitreibung
- Verwendung von kraftübertragenden Elementen wie Getrieben und Treibriemen mit hohem Wirkungsgrad
- Vergleichmäßigung des Prozeßablaufes, um die im Prozeß gespeicherte Energie nicht übermäßig häufig auf- und abzubauen.

2.3 Auswahl des richtigen Antriebssystems

Unabhängig von Kosten- und Energiebetrachtungen sind für manche höherwertigen Antriebsaufgaben nur bestimmte Maschinentypen geeignet, was die Entscheidungsfreiheit einengt. Wenn dagegen die Anforderungen an den Antrieb gering sind, sollten die Betriebskosten in die Überlegung einbezogen werden.

Einfache Anwendungen (Drehzahl und Drehmoment konstant oder umschaltbar)

Antriebe für einfache Anwendungen

Meistens kommen Asynchronmaschinen zum Einsatz, da sie einfach aufgebaut, daher robust und preiswert sind. Eine eventuell notwendige Drehzahlverstellung kann im einfachsten Fall über Polumschaltung erfolgen. Asynchronmaschinen werden als sogenannte Normmotoren von vielen Herstellern angeboten. Da die Leistungsstufung genormt ist, sind auch Maschinen unterschiedlicher Hersteller in der Regel leicht gegeneinander austauschbar. Trotzdem sind die Maschinen unterschiedlicher Hersteller aufgrund gewisser Unterschiede (zum Beispiel im Blechschnitt und im Materialeinsatz) energetisch durchaus unterschiedlich zu bewerten. Eine Herstellerangabe zum Wirkungsgrad bei Voll- und Teillast sollte also eingeholt werden. Eine Besonderheit in diesem Zusammenhang bildet der sogenannte Energiesparmotor. Er wird im folgenden noch eingehend behandelt.

Ungeregelte drehzahlvariable Antriebe

Wenn die Drehzahl zwar frei eingestellt werden muß, die Ansprüche an die Genauigkeit der Einstellung aber nicht sehr hoch sind, ist heutzutage die Asynchronmaschine am Frequenzumrichter der Standardantrieb. Hier multiplizieren sich allerdings – wie bei allen stromrichtergespeisten Antrieben – die Wirkungsgrade von Stromrichter und Maschine und somit wird bei Betrieb im Nennpunkt der Gesamtwirkungsgrad geringer als der der Maschine allein. Durch die einstellbare Drehzahl kann jedoch der Wirkungsgrad des Prozesses erhöht werden.

Drehzahl- und positionsgeregelte Antriebe

Hier werden sowohl die Asynchron-, als auch die Synchron- und die Gleichstrom-Maschinen mit einer geeigneen Regelung verwendet. Die beiden letzten Maschinentypen erlauben eine hohe Regelgüte bei begrenztem Aufwand. Die Asynchronmaschine dringt wegen ihrer Robustheit trotz aufwendigerer Regelung jedoch auch hier immer mehr vor. Energetisch lassen sich mit der Synchron- und Gleichstrommaschine günstigere Konzepte realisieren. Speziell Maschinen mit Erregung durch Permanentmagnete (keine Erregerverluste) sind durch den systembedingt höheren Wirkungsgrad im Vorteil.

> Antriebe für spezielle Anwendungen

Letztendlich ist bei Motorauswahl für die unterschiedlichen möglichen Konzepte die Gestaltung der notwendigen Abfuhr der Verlustwärme zu beachten. Bei ständig hohen Drehzahlen kann die Maschine sich durch ein Lüfterrad auf der Welle selbst belüften. Wenn der Drehzahlstellbereich allerdings groß ist und die zu erwartende Wärmeabstrahlung durch Konvektion nicht ausreicht, ist eine Fremdbelüftung durch einen angebauten Lüfter erforderlich. Damit ist ein zweiter (kleinerer) Motor notwendig.

2.4 Verstellung der Förderleistung bei Strömungsmaschinen

Ein großer Teil der Strömungsmaschinen beruht auf dem Prinzip, Gase oder Flüssigkeiten durch Zentrifugalkräfte zu beschleunigen. Maschinen dieses Typs sind zum Beispiel Ventilatoren, Kreiselradpumpen oder Turbokompressoren. Die Kennlinien dieser Maschinen sind einander sehr ähnlich. Wenn die Förderleistung im Betrieb verstellt werden soll, gibt es grundsätzlich zwei Möglichkeiten: Eingriff auf der Antriebsseite oder Eingriff auf der Lastseite.

Der zweite Weg war und ist wegen seiner einfachen Realisierung nach wie vor beliebt: Der Förderstrom wird durch Drosselung vermindert, oder ein Bypass befördert den nicht gewünschten Teil des Förderstromes wieder auf die Saugseite. Wenn diese Verstellmethode gewählt wird, ist prinzipbedingt der Wirkungsgrad des Gesamtsystems niedrig. Die Herstellkosten sind gering, die Betriebskosten allerdings höher als notwendig.

> Drehzahlverstellung bei Pumpen und Lüftern

Eine energetisch wesentlich bessere Methode ist die Verstellung der Förderleistung über die Antriebsdrehzahl. Dies kann im einfachsten Fall stufig geschehen, aber auch kontinuierlich mit einem Frequenzumrichter. Auf diese Art gelingt es, sowohl den elektrischen Antrieb als auch die Pumpe oder den Ventilator mit einem für diese Förderleistung maximalen Wirkungsgrad zu betreiben. Einfache Beispielrechnungen beweisen, daß die Mehrkosten für den Frequenzumrichter in einer Vielzahl der Fälle bereits nach wenigen hundert Tagen durch Energiekosteneinsparung erwirtschaftet sind.

Abbildung 4 zeigt exemplarisch den prinzipiellen Verlauf der von einem Lüfter benötigten Leistung in Abhängigkeit der Fördermenge Q bei den verschiedenen Steuerungsmethoden: Drosselung, feste Drehzahl, zwei feste Drehzahlstufen, Blattverstellung und kontinuierliche Drehzahlverstellung mittels Frequenzumrichter. Daraus ist der Vorteil der Frequenzumrichtertechnik ersichtlich – insbesondere, wenn die Strömungsmaschine hauptsächlich im Teillastbereich arbeitet.

Abb. 4: Verlauf der aufgenommenen Leistung eines Lüfters bei verschiedenen Steuerungsmethoden

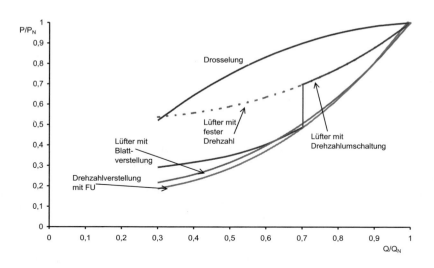

Fallbeispiel 1: Lüfterantrieb
Technische Daten
    benötigter Volumenstrom: V_N = 38000 m³/h   bei p = 3825 Pa
    Lüfterdaten: V = 31000–39500 m³
        bei p = 4170 – 3435 Pa
        P_{max} = 54 kW n_L = 1450 1/min
    Motordaten: P_N = 75 kW n_N = 1480 1/min

Varianten für die Volumenstromregelung
- Drosselregelung mit Drosselklappe und Stellantrieb
- Drehzahlregelung mit Frequenzumrichter

Investitionskosten
- Lüfter und Motor mit Drosselregelung: 22 700 DM
- Lüfter und Motor mit Frequenzumrichter: 44 600 DM

Mittlere elektrische Leistung

Beispielrechnungen

Wenn man berücksichtigt, daß sich der Wirkungsgrad bei Teillast verringert, und ferner die Lüfterkennlinie in Betracht zieht, ergibt sich folgende mittlere Leistungsaufnahme:
- für Drosselregelung: 41,1 kW
- für Drehzahlregelung: 16,8 kW

Energiebedarf der Varianten bei einer angenommenen Betriebszeit von 5366 h/a
    E_{B1} = 220500 kWh für Drosselregelung
    E_{B2} = 90100 kWh für Drehzahlregelung

Die heutigen Energiekosten betragen bei einem Strompreis von 0,10 DM/kWh
    K_{V1} = 22050 DM für Drosselregelung
    K_{V2} = 9010 DM für Drehzahlregelung

Jährliche Kosten mit statischer Wirtschaftlichkeitsrechnung

	Drosselregelung	Drehzahlregelung
Investitionskosten	22.700 DM	44.600 DM
Mittlerer Energiebedarf	220.500 kWh	90.100 kWh
Energiekosten	22.050 DM	9.010 DM

Elektrische Antriebe

Die mittlere jährliche Energiekosten-Einsparung beträgt 13.040 DM.

Vereinfachte statische Berechnung der Kapitalrücklaufzeit
m = Δ I / Δ K = (44.600 – 22.700)DM / (13.040 DM/a) = 1,68 Jahre

Die Mehrkosten für eine Drehzahlregelung werden in weniger als zwei Jahren gedeckt. In diesem Beispiel ist der Einsatz eines Frequenzumrichters wirtschaftlich sinnvoll!

Fallbeispiel 2: Saugzuggebläse in der chemischen Industrie
Meßwerte an einem Saugzuggebläse, das der Ofenleistung angepaßt werden muß:

Arbeits punkt	Ofenlei- stung	Betriebs- dauer pro Jahr	Aufgenommene Leistung		Leistungs- einsparung
			Drossel- regelung	Drehzahl- regelung	
1	160 t/h	30 %	120 kW	130 kW	–10 kW
2	150 t/h	50 %	100 kW	75 kW	25 kW
3	125 t/h	15 %	95 kW	30 kW	65 kW
4	90 t/h	5 %	84 kW	16 kW	68 kW

Bei der Drehzahlregelung muß zusätzlich der Wirkungsgrad des Umrichters berücksichtigt werden. Deshalb ist die aufgenommene Leistung des Antriebes im Arbeitspunkt 1 bei Drehzahlregelung höher.

Da der Ofen zum größten Teil im Teillastbetrieb gefahren wird, ergibt sich eine durchschnittliche Leistungseinsparung von ΔP = 22,65 kW.

Bei einer jährlichen Betriebszeit von 7.700 h können somit durch die Drehzahlregelung $\Delta W = \Delta P \times t_B$ = 174.400 kWh eingespart werden.

Vereinfachte statische Berechnung der Kapitalrücklaufzeit:
Die Differenz der Investitionskosten für die beiden Lösungen wird durch die jährliche Energiekosteneinsparung dividiert.
m = $\Delta I / \Delta K$ = (DM 100.000 – DM 50.000)/(200.000 kWh/a × 0,10 DM/kWh)
= DM 50 000/(DM 17.440/a) = 2,9 a
Nach 2,9 Jahren ist die Investition durch Einsparung erwirtschaftet!

2.5 Vermeidung von Teillast

Jede Antriebsmaschine nimmt auch bei Leerlauf Energie auf, da bestimmte Verluste auch im Leerlauf entstehen. Bei der am häufigsten verwendeten Asynchronmaschine sind das die Eisenverluste, die Reibungsverluste und auch die Ständer-Kupferverluste, denn auch im Leerlauf fließt ein Strom in der Größenordnung von 30 bis 60 % des Nennstromes. Dieser Strom ist zum größten Teil ein Blindstrom, der sogenannte Magnetisierungsstrom und belastet das Netz mit den in den Zuleitungen erzeugten Verlusten. Zwischen Leerlauf und Vollast ändert sich der Wirkungsgrad arbeitspunktabhängig. In der Nähe des Nennpunktes ist er maximal. Sowohl bei Teillast als auch bei Überlast sinkt der Wirkungsgrad (siehe Abbildung 3). Daher gilt für den einzelnen Antrieb: Ständige oder vorwiegende Teillast ist unwirtschaftlich. Wenn der Antrieb sogar häufig leerläuft, sollte er in diesen Phasen besser abgeschaltet werden.

Es soll nicht unerwähnt bleiben, daß in manchen Fällen eine Überdimensionierung der Asynchronmaschine erforderlich oder erwünscht ist. Für die richtige Projektierung sind viele Faktoren zu berücksichtigen. Der gesamte Verlauf des Wirkungsgrades über die Leistung, die Drehmomentkennlinie, die thermische Belastung, die Typensprünge und schließlich die Wachstumsgesetze der elektrischen Maschinen und etwaige Sicherheitsreserven müssen unbedingt beachtet werden.

Nach Beachtung aller Betriebsbedingungen ist ständige Teillast aus energetischer Sicht sträflich. In diesem Falle sollte der Ersatz des Motors durch einen Motor kleinerer

Vermeidung von Teillast bei der Asynchronmaschine

Spannungsanpassung

Nennleistung erwogen werden. Selbstverständlich muß dabei die maximale thermische Beanspruchung des Motors innerhalb zulässiger Grenzen bleiben. In anderen Fällen kann eine lastabhängige Anpassung der Statorspannung vorgenommen werden. Beispielsweise kann eine Umschaltung zwischen Stern- und Dreieckschaltung durch Reduktion des Magnetisierungsstromes helfen, Energie zu sparen. So läßt sich der Magnetisierungsstrom auf etwa ein Drittel senken. Bei anschließender neuerlicher Belastung entfällt bei dieser Steuerungsart der Anlauf und damit die Problematik des erhöhten Anlaufstromes.

Die Entscheidung über Teillast/Leerlauf oder Vollast kann steuerungstechnisch über den Zustand der Anlage getroffen werden oder meßtechnisch durch Messung der aufgenommenen Leistung (siehe Kap 2.6). Manche Sanftanlaufgeräte enthalten diese Messung bereits. Sie reduzieren die Klemmenspannung der Antriebsmaschine, wenn der aufgenommene Wirkstrom klein ist, um den Blindstrom ebenfalls abzusenken.

Leistungsfaktor im Teilastbetrieb

Die für den Betrieb der Asynchronmaschine wichtige Kennzahl $\cos \varphi$ (Leistungsfaktor) beschreibt das Verhältnis Wirkleistung/Scheinleistung, wobei sich die Scheinleistung aus Wirk- und Blindleistung zusammensetzt. Bei Entlastung der Maschine gehen sowohl die Wirk- als auch die Blindleistung zurück, die Wirkleistung jedoch wesentlich stärker als die Blindleistung. Dadurch ergibt sich der in Abbildung 3 gezeigte Verlauf von $\cos \varphi$. Da der Magnetisierungsstrom bei Entlastung nicht größer als im Nennpunkt wird, entsteht im Teillastfall keine zusätzliche Blindarbeit, obwohl der Wert von $\cos \varphi$ schlechter wird. Dennoch sollte versucht werden, den Blindstrom zu reduzieren, um die Leerverluste zu minimieren.

2.6 Anbindung der Antriebe an Automatisierungssysteme

Einsparungen in Automatisierungssystemen

Die Anbindung der Antriebe an Automatisierungssysteme mit dem Ziel einer besseren Betriebsführung ist eine weitere, besonders wichtige Möglichkeit der Systemoptimierung. Heutige Schalt- und Antriebsregelgeräte sind in der Lage, Informationen mit dem übergeordneten Automatisierungssystem auszutauschen (Abbildung 5). Das Leitsystem kennt also den Prozeßzustand und kann folglich die Antriebe nach Bedarf ein- und ausschalten bzw. ihre Drehzahl an die aktuellen Erfordernisse des Prozesses anpassen. Leerlaufende Antriebe können ganz abgeschaltet werden, oder zumindest kann ihre Spannung reduziert werden. Mit der zunehmenden Verbreitung von Bussystemen wie PROFIBUS, Interbus, CAN usw. in der Automatisierungstechnik wird diese Lösung nicht nur wirtschaftlich, sondern ihre technische Durchsetzung wird auch erheblich vereinfacht.

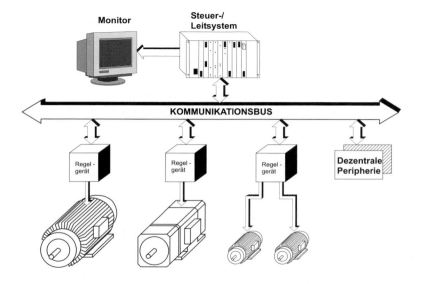

Abb. 5: Antriebe als Aktoren in Automatisierungssystemen

Die erläuterten Maßnahmen zur Energieeinsparung können in drei verschiedenen Kategorien gruppiert werden:
- Maßnahmen zur Steigerung des Wirkungsgrades, insbesondere Einsatz von Energiesparmotoren
- Drehzahlverstellung mittels Frequenzumrichter
- Maßnahmen zur Systemoptimierung

Der potentielle Beitrag der einzelnen Maßnahmen zur Energieeinsparung hängt von der betrachteten Anwendung und der jeweiligen Leistungsklasse ab, so daß eine allgemein gültige Aussage nicht möglich ist. Generell steigt das Potential in der Reihenfolge: Wirkungsgradsteigerung, Einsatz von Frequenzumrichtern, Systemoptimierung. In derselben Reihenfolge steigt aber auch das zur Umsetzung der Maßnahme erforderliche Know-how.

Betrachtet man nun die hinsichtlich der installierten Leistung wichtigsten Anwendungen von elektrischen Antrieben, so kommt man in der Studie von Jochem/Landwehr zu der Gegenüberstellung in Abbildung 6.

Die erheblichen Potentiale der Drehzahlstellung mittels Frequenzumrichter werden mit den ständig sinkenden Preisen der Geräte zunehmend wirtschaftlich, auch ihr Einsatz wird sich mit der steigenden Intelligenz der Geräte vereinfachen, so daß die Attraktivität dieser Technologie steigt. Im unteren Leistungsbereich ist diese Entwicklung bereits vollzogen. Die Umrichtergeräte werden in großen Stückzahlen produziert, und ihre Bedienung erfordert kein besonders qualifiziertes Personal.

2.7 Potentiale der verschiedenen Maßnahmen

Vergleich der Maßnahmen

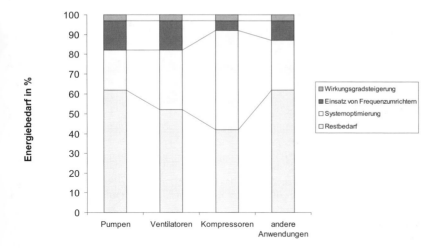

Abb. 6: Gegenüberstellung der Sparpotentiale bei den wichtigsten Anwendungsfeldern

Von den vielen innovativen Ideen, die heute die Entwicklung in der Antriebstechnik vorantreiben, werden hier nur einige erörtert, die einen besonderen Einfluß auf die energetischen Verhältnisse haben.

Seit einigen Jahren ist der Energiesparmotor im Gespräch. Damit ist ein Asynchronmotor gemeint, der durch konstruktive Maßnahmen im Hinblick auf einen hohen Wirkungsgrad entwickelt wurde. Durch die Priorisierung des Wirkungsgrades bei der Optimierung ergibt sich, daß mehr Material das heißt mehr Eisen und mehr Kupfer zum Einsatz kommen als in den üblichen Normmotoren. Dadurch werden die Verluste im Kupfer und im Eisen verringert (Abbildung 5). Der Maximalwert des Wirkungsgrades steigt. Ebenso läßt sich ein flacherer Verlauf des Wirkungsgrades über der Belastung erreichen. Damit ist der Energiesparmotor gerade bei Teillast oder Überlastung dem herkömmlichen Normmotor überlegen. Da die Abmessungen bei der Wir-

3 Entwicklungstendenzen in der Antriebstechnik

3.1 Energiesparmotor (high efficiency motor)

High efficiency motor (HEM)

kungsgraderhöhung eine große Rolle spielen, werden die Aktivteile der Energiesparmotoren größer, zum Beispiel länger, als die Normmotoren gleicher Leistung. Sie lassen sich aber durch geeigneten Entwurf ohne weiteres in die IEC- oder NEMA-Reihen einordnen, so daß der Projektierer auf die genormten Abmessungen zurückgreifen kann.

Da die Popularität der Energiesparmotoren noch nicht sehr groß ist, ist es häufig notwendig, die Hersteller gezielt auf diese Maschinen anzusprechen. **Die eingesparten Betriebskosten (Energiekosten) über die Gesamtlebensdauer liegen bei Asynchronmaschinen wesentlich höher als die Mehrkosten bei der Anschaffung.** Eine Berechnung der eingesparten Energiekosten zeigt in vielen Fällen, daß die Mehrausgaben für den Energiesparmotor sich sehr schnell rechnen.

Dazu das Europe Commission Directorate for Energy: „Allgemein kann gesagt werden, daß geringfügige Verbesserungen des Wirkungsgrades, die durch Motoren mit erhöhtem Wirkungsgrad erreicht werden, allein nicht ausreichen, um einen Austausch von Motoren zu rechtfertigen. Wenn jedoch ein neuer Motor eingebaut werden soll, oder ein Motor durchgebrannt ist und neu gewickelt werden müßte, dann können die zusätzlichen Kosten für einen Ersatz durch einen Motor mit erhöhtem Wirkungsgrad normalerweise in weniger als zwei Jahren wieder wettgemacht werden."

Beispiel: Vergleich zweier Baureihen des gleichen Herstellers (VEM)

Abb. 7: Nenn-Wirkungsgrade von Standard- und Energiesparmotoren

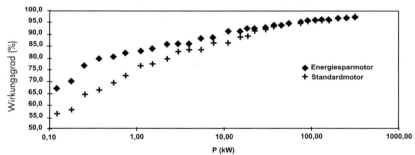

Wie aus Abbildung 7 zu ersehen ist, ist das Potential für eine Wirkungsgraderhöhung vor allem im Bereich der Nennleistungen unterhalb 20 kW sehr ausgeprägt.

Fallbeispiel 3: Energiesparmotor

Kapitalkosten von Asynchronmaschinen im Vergleich zu den Betriebskosten (ABB):

Leistung [kW]	5,5	18,5	90	250
Motorpreis [DM]	600	1.600	7.500	21.000
Typischer Wirkungsgrad [%]	85	90	92	94
Aufgenommene Leistung [kW]	6,47	20,56	97,83	265,96
Betriebskosten pro Tag [DM]*	15,53	49,34	234,8	638,3
Zeit, bis Betriebskosten gleich Anschaffungskosten [Tage]*	39	32	32	33
Betriebskosten pro Jahr [DM]**	3.364	10.691	50.872	138.300

*Annahme: 24-Stunden-Betrieb bei einem Tarif von 0,10 DM/kWh
**Annahme: Betriebsdauer 5200h/a bei einem Tarif von 0,10 DM/kWh

Elektrische Antriebe

Ein moderner Energiesparmotor mit 18,5 kW erreicht einen gegenüber dem Standardmotor um etwa 3,5 % erhöhten Wirkungsgrad. Dadurch reduzieren sich die täglichen Betriebskosten. Aus der obigen Tabelle ergibt sich eine jährliche Energiekosteneinsparung von

$$\Delta K = (10.691 - 10.288)\ DM/a = 403\ DM/a$$

Unter der Annahme, daß der Energiesparmotor 50 % teurer als der Standardmotor ist, ergeben sich Mehraufwendungen von DM 800,–.

Vereinfachte statische Berechnung der Kapitalrücklaufzeit:

$$m = \Delta I / \Delta K = DM\ 800 / (DM\ 403/a) = 1,99\ Jahre$$

Nach zwei Jahren ist die Investition durch Einsparung erwirtschaftet!

Hinweis: Häufig ist der Arbeitspreis für elektrische Energie höher als 10 Pf/kWh und die Benutzungsdauer ebenfalls höher als 5200h/a. Dann reduziert sich entsprechend die Kapitalrücklaufzeit. Der Betreiber sollte also die obige Berechnung einmal mit seinen eigenen Zahlen durchrechnen!

> Energiekosteneinsparung durch Wirkungsgraderhöhung

3.2 Neue elektromechanische Aktoren

Permanenterregte Synchron- und Reluktanzmaschinen gehören seit Jahren zu den elektrischen Maschinen, die in der Antriebstechnik unter anderem wegen des besseren Wirkungsgrads eine gute Alternative zur Asynchronmaschine darstellen.

Der Rotor der permanenterregten Synchronmaschine trägt Permanentmagnete, die den magnetischen Fluß im Luftspalt der Maschine aufbauen. Es entstehen deshalb keine Erregerverluste. Folglich wird der Wirkungsgrad der Maschine erhöht. Der Rotor weist außerdem ein kleineres Trägheitsmoment auf als bei der Asynchronmaschine, wodurch auch der Gesamtwirkungsgrad positiv beeinflußt wird.

Gegen die Verbreitung dieser Maschine spricht der Preis der Magnete und die Tatsache, daß sie sich nicht direkt am Netz betreiben läßt. Sie muß mit einem leistungselektronischen Regelgerät betrieben werden.

Die Entwicklungen auf dem Material- und dem Bauelementensektor wirken aber diesen beiden Nachteilen entgegen und machen die Verbreitung von permanenterregten Synchronmaschinen in vielen Anwendungen wirtschaftlich.

Reluktanzmaschinen arbeiten wie die permanenterregten Synchronmaschinen auch ohne Erregerverluste, tragen jedoch keine Magnete im Rotor und sind deshalb kostengünstiger. Sie benötigen allerdings eine aufwendigere Regelelektronik. Es ist damit zu rechnen, daß sie in Zukunft für bestimmte Anwendungen eingesetzt werden.

> Neue Entwicklungen der Motorentechnik

3.3 Systemintegration

Aus heutiger Sicht bringt der Gedanke der Systemintegration die wichtigsten Impulse für die Antriebstechnik der kommenden Jahre und führt zu neuartigen Maschinenkonzepten im Sinne der sogenannten Mechatronik.

Die erheblichen Potentiale zur Einsparung von Energie, Zeiten und Produktionskosten stecken in neuen Konzepten für Maschinen und Anlagen. So können mechanische Komponenten in einem gegebenen System oder in einer Maschine durch elektronische Komponenten ersetzt werden.

Moderne Antriebe können koordinierte Bewegungen mit extremer Präzision bei hohen Geschwindigkeiten ausführen und eignen sich zur Substitution von mechanischen Komponenten wie Getriebe, Synchronisationswellen, Kurvenscheiben usw. Der erste Einspareffekt ist die Beseitigung von verlustbehafteten Komponenten mit der entsprechenden Wirkungsgraderhöhung. Als weitere Vorteile der mechatronische Systeme können erwähnt werden:

- Durch den Wegfall von mechanischen Kopplungen brauchen nur diejenigen Maschinen- oder Prozeßteile angetrieben werden, die gerade benötigt werden. Leerlaufende Maschinenteile produzieren keine unnötigen Verluste.

> Mechatronik und Systemintegration

- Durch die sehr hohe erreichbare Präzision können zum Teil ganze Bearbeitungsschritte eingespart werden, was Energie- und Produktionskosten senkt.
- In kontinuierlichen Prozessen kann bereits in der Anlaufphase ohne Ausschuß produziert werden, wodurch die Prozeßausbeute erhöht und die Kosten gesenkt werden.
- Durch die elektronische Kopplung zwischen den Maschinen- bzw. Prozeßteilen ist eine größere Flexibilität vorhanden und dadurch eine einfachere Anpassung bei veränderten Anforderungen oder neuen Produkten. Standzeiten werden dadurch minimiert und Kosten gesenkt.

4 Literatur

Almeida, A., Bertoldi, P., Leonhard, W.: Energy efficiency improvements in electric motors and drives. Springer 1997

Landwehr M.; Jochem E.: Stromverbrauch in Elektroantrieben. Fraunhofer Institut für Systemtechnik und Innovationsforschung, Karlsruhe 1997

Pacas, J., Schröder, G.: Effiziente elektrische Antriebe mit RAVEL NRW. Teilnehmerunterlage zum gleichnamigen Kurs der Energieagentur NRW

VDI-Bericht 1385: Innovationen bei der rationellen Energieanwendung – neue Chancen für die Wirtschaft. ISBN 3-18-091385-1

Simon Meier
Lüftung

Ob RLT-Anlagen energieoptimal betrieben werden können, entscheidet sich nicht erst im Betrieb, sondern bereits in der Planungsphase. Verschiedene Studien belegen, daß energetisch sehr gute Lüftungen im Vergleich zu verbrauchsintensiven Anlagen bis zu achtmal geringere Stromkosten verursachen. Hinzu kommt: Energie-schlanke Anlagen führen nicht nur zu spürbar niedrigeren Ausgaben für Energie, Betrieb und Unterhalt, sondern häufig auch zu deutlich kleineren Investitionskosten (Impulsprogramm RAVEL 1993 sowie Weinmann et al.).

Die wichtigsten Maßnahmen zur Reduktion des Elektrizitätsverbrauchs von RLT-Anlagen sind (Impulsprogramm RAVEL 1993):

- Bauliche, betriebliche und organisatorische Voraussetzungen schaffen zur Ermöglichung eines geringen Energieverbrauchs der Anlage.
- Grundsätzliche Überprüfung der Notwendigkeit der vorgesehenen Anwendung.
- Dimensionierungskriterien bedarfsgerecht festlegen. Verzicht auf unnötige Funktionen, überdimensionierte Anlagen und Komponenten.
- Komponenten mit guten Wirkungsgraden im ganzen Betriebsbereich einsetzen.
- Anlagen für einen bedarfsgerechten Betrieb konzipieren und betreiben. Bereits mit einer einfachen Schaltuhr sind wesentliche Einsparungen möglich. Bedarfsgeregelte Lüftungen senken die Kosten noch wesentlich stärker, ohne daß dadurch der gewünschte Komfort reduziert wird.
- Messung der relevanten Betriebsparameter und Energieverbräuche ermöglichen und im Betrieb regelmäßig vornehmen. Durchführung eines Energiecontrolling.

Es kann aber nicht darum gehen, ohne Rücksicht auf alle anderen Parameter Kosten zu sparen! Arbeitsmedizinische Untersuchungen belegen, daß ein Zusammenhang zwischen dem Wohlbefinden und der Leistungsbereitschaft besteht.

Da die über den Einsatzzeitraum aufsummierten Betriebskosten die einmaligen Investitionskosten massiv überschreiten, sollten beim Systementscheid Gesamtkostenbetrachtungen angestellt werden, statt nur die Investitionskosten allein zu berücksichtigen.

Mit den besten Maßnahmen kann aber kein nachhaltiger Nutzen verzeichnet werden, wenn die regelmäßige Wartung und Pflege der Anlagen vernachlässigt wird. Ein einziger völlig verschmutzter Filter kann mehr Auswirkungen auf die internen Druckverluste haben als alle Bogen der Anlage zusammengenommen. Die ein- fachste Art der Energieeinsparung ist somit die regelmäßige Anlagenwartung!

1 Einführung

Oberste Aufgabe von raumlufttechnischen Anlagen (RLT-) ist – neben der Gewährleistung eines thermisch behaglichen Innenraumklimas – die Sicherstellung guter Raumluftqualität bei minimalem Energieverbrauch. Die Luftförderung hat, auch im Vergleich zur Kühlung, einen hohen Anteil am Elektrizitätsverbrauch von lüftungstechnischen Anlagen (Abbildung 1). Ausgehend von der Nutzung des Gebäudes, müssen daher frühzeitig die Anforderungen an die Außenluftzufuhr und die Raumkonditionierung geklärt werden. Eine unreflektierte Erhöhung der dem Raum zugeführten Außenluftmenge führt nicht zwangsläufig zu einer Verbesserung des Wohlbefindens, wie Untersuchungen in Zusammenhang mit dem sogenannten Sick Building Syndrom (SBS) zeigen (Roulet et al. 1994). Bei ungenügend gewarteten Anlagen oder nichtoptimaler Planung kann sogar der gegenteilige Effekt eintreten (Geräusch, Zugerscheinungen etc.). Energieoptimierte Lüftungs- und Klimaanlagen zeichnen sich dadurch aus,

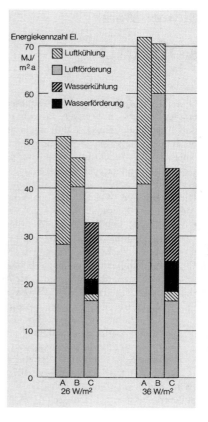

Abb. 1: Elektrizitätsverbrauch typischer lüftungstechnischer Systeme für spezifische freie Wärmen von 26 W/m² und 36 W/m² (RAVEL Handbuch 1992).
A: Mischlüftungssystem mit variablem Volumenstrom.
B: Quell-Lüftungssystem mit variablem Volumenstrom.
C: Quell-Lüftungssystem mit Wasserkühldecke.
Der Außenluft-Volumenstrom ist auf das hygienisch notwendige Minimum beschränkt.

Energieoptimierte und kostenoptimierte Anlagen

daß alle Einflußgrößen in sich und mit Blick auf das Gesamtsystem optimiert sind. Kostenoptimierte Anlagen entstehen, wenn nicht nur die Investitionskosten allein, sondern die Kosten über die ganze Nutzungsdauer betrachtet werden. Ziel dieses Kapitels ist es, Gedankenanstöße zu vermitteln. Details können in der Literatur nachgelesen werden.

Will man den Energieverbrauch optimieren, muß man die wesentlichsten Einflußgrößen und ihre Wechselwirkung untereinander kennen. Bekanntlich ist der Elektrizitätsbedarf für den Lufttransport proportional zum Luftvolumenstrom, der zu überwindenden Druckdifferenz und der Betriebszeit und umgekehrt proportional zum Gesamtwirkungsgrad:

$$W = \frac{\dot{V} \cdot \Delta p \cdot t}{\eta_{ges} \cdot 3.6 \cdot 10^6}$$

mit w Jahresenergiebedarf für den Lufttransport [kWh/a]
$\dot{V}$ Luftvolumenstrom [m³/h]
Δp zu überwindende Gesamtdruckdifferenz [Pa]
t Betriebsstunden pro Jahr [h/a]
η_{ges} Mittlerer Gesamtwirkungsgrad (von Motor, Ventilator, Antrieb; Durchschnitt von Zu- und Abluftventilator)

2 Erforderlicher Luftvolumenstrom

Entkoppelung von thermischer Konditionierung und Lufterneuerung

Eine der wirksamsten Maßnahmen zur Optimierung des Energieverbrauchs für den Lufttransport ist die Entkoppelung von thermischer Konditionierung (heizen, kühlen) und Lufterneuerung, indem mit statischen Systemen geheizt und/oder gekühlt wird (Radiatoren, Heiz- oder Kühldecken). Dadurch reduziert sich der erforderliche Luftvolumenstrom, der dem Raum zugeführt wird, auf den hygienisch notwendigen Außenluftstrom. Gemäß der DIN 1946 Teil 2, die nach der Ablehnung der prENV 1752 nach wie vor gültig ist, wird der erforderliche Auslegungs-Außenluftstrom entweder personen- oder flächenbezogen ermittelt oder aus der Schadstoffbelastung errechnet. Aus energetischer Sicht ist anzustreben, den Außenluftstrom aufgrund der erforderlichen Außenluftrate pro Person zu bemessen. Dabei ist zu beachten, daß der notwendige Außenluftstrom von der Art und Stärke der Geruchsquellen abhängt:

Tabelle 1: Erforderlicher, personenenbezogener Außenluft-Volumenstrom $[m^3/h \times Person]$:
- Nur Personen im Raum – Verwendung von emissionsarmen Materialien (Schlatter et al. 1988):
  normale Ansprüche   (1500 ppm CO_2) 12 – 15 $m^3/h \times$ Person
  hohe Ansprüche   (1000 ppm CO_2) 25 – 30 $m^3/h \times$ Person
  falls Rauchen erlaubt (Schlatter et al. 1988) 30 – 70 $m^3/h \times$ Person
- In der DIN 1946 Teil 2 sind folgende Außenluftraten angegeben:
  Theater, Konzertsäle, Museen, Kinos, Lesesäle, Messehallen, Verkaufsräume, Turn- und Sporthallen 20 $m^3/h \times$ Person
  Ruheräume, Kantinen, Gaststätten, Konferenzräume, Hörsäle, Klassenräume, Pausenräume 30 $m^3/h \times$ Person
  Einzelbüros 40 $m^3/h \times$ Person
  Großraumbüros 60 $m^3/h \times$ Person
  Bei belästigenden Gerüchen (zum Beispiel Tabakrauch) sollen die Werte um 20 $m^3/h \times$ Person erhöht werden.

Energieoptimale Lösungen sind möglich, wenn
- Schadstoffquellen vermieden oder die Emissionen mindestens örtlich abgesaugt werden,
- die Luftführung (von Zuluft- zu Abluftgitter) optimiert wird (hohe Lüftungseffektivität; Recknagel et al. 1997) oder die Luft in der Umgebung der Personen eingebracht wird (zum Beispiel Quelllüftung),
- ein Rauchverbot existiert. Wenn dies nicht möglich ist, soll der Außenluftstrom wenigstens nach der erwarteten Anzahl Zigaretten pro Stunde dimensioniert werden (50 – 130 m^3/Zigarette; Schlatter et al. 1988),
- ein großes Luftvolumen pro Person existiert (Zeitkonstante für den dynamischen Verlauf der Luftbelastung!).
- Bei kleinen Räumen (bis ca. 100 m^3) können die Belastungen durch Tabakrauch mittels Luftreiniger reduziert werden.

Werden diese Maßnahmen umgesetzt, sollte zusammen mit dem Nutzer überlegt werden, ob und wie stark man sich an die DIN 1946 Teil 2 halten will (Wahlen 1998).

Bei Nur-Luft-Anlagen mit thermischen Lasten, die einen Zuluftvolumenstrom verlangen, der größer ist als der hygienisch notwendige Außenluftstrom, soll die zusätzliche Luftmenge als Umluft eingebracht werden. Umluft sollte aber nur bei Arbeiten mit geringen, durch Arbeitsprozesse bedingten Verunreinigungen angewendet werden – es sei denn, daß die Umluft mittels geeigneten Filtern soweit gereinigt wird, daß sie Außenluftqualität hat (Steinemann 1998, Weber 1995, Ackermann et al. 1995).

3 Optimierung der zu überwindenden Druckverluste

Die Hauptparameter zur Beeinflussung der Druckverluste sind
- die Luftgeschwindigkeiten (Lüftungsgerät, Kanalnetz),
- Kanalform (rund, rechteckig),
- Art, Anzahl und Gestaltung der Bogen und Querschnittsänderungen,
- eingesetzte Materialien (Rauhigkeit),
- die Disposition der Lüftungszentrale (Kanallänge, Anzahl Bogen etc.),
- keine unnötigen Prozesse (beispielsweise Tropfenabscheider oder Kühler, die nur selten gebraucht werden),
- der Einsatz von Komponenten mit minimiertem Druckverlust.

Der Druckverlust im Kanalnetz ist mit guter Näherung proportional zum Quadrat der Luftgeschwindigkeit (Recknagel et al. 1997). Daraus folgt, daß bei einer Verdoppelung des Kanalquerschnitts für den Transport der gleichen Luftmenge nur noch ein Viertel der Energie aufgewendet werden muß. Abbildung 2 zeigt das Resultat einer Modell-

Abb. 2: Jahreskosten in Abhängigkeit von der Luftgeschwindigkeit für das Kanalnetz

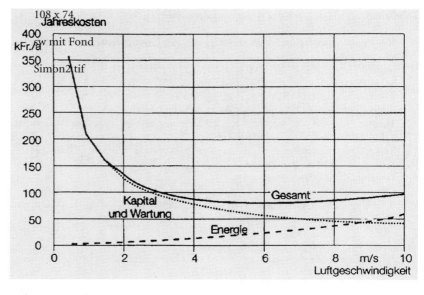

rechnung zur Abschätzung der optimalen Luftgeschwindigkeit: Nach dieser Rechnung betragen die Jahreskosten für Energie, Kapital und Wartung für das Kanalnetz zwischen 4 und 8 m/s (Impulsprogramm RAVEL 1993).

Der Druckverlust kann nicht nur durch Geschwindigkeitssenkungen, sondern auch durch eine geeignete Auswahl von Kanalkomponenten optimiert werden. Der Reibungsverlust von runden Kanälen ist beispielsweise wesentlich geringer als der von rechteckigen. Und bei Rechteckkanälen wird der Widerstandsbeiwert mit zunehmendem Verhältnis zwischen Breite und Höhe ungünstiger. In Zahlen: Gegenüber einem runden Rohr ist der Druckverlust bei einem quadratischen Querschnitt gleicher Fläche um ca. 20 % größer. Ist der Kanal rechteckig (Breite zu Höhe = 5 zu 1) beträgt der Druckverlust ca. 150 % des Verlusts eines runden Rohrs gleichen Querschnitts. Weitere Verluste entstehen auch durch Richtungs- und Querschnittsänderungen. Für verlustoptimierte Bogen gelten folgende Grundsätze:

- Rechteckbogen sollten mit Radien und Leitblechen ausgeführt werden,
- die Leitbleche sind möglichst nahe der inneren Rundung zu plazieren, da Ausrundungen der äußeren Wand wenig wirksam sind,
- Rohrbogen sollten aus möglichst vielen Segmenten bestehen.
- Bei Bogen aus gerilltem Metall oder Kunststoff liegen die Widerstandsbeiwerte um ca. 25 % höher als bei glattem Material.

Nicht zu vergessen ist die Disposition der Lüftungszentrale. Durch geschickte oder dezentrale Anordnung können Kanallängen reduziert und Umlenkungen vermieden werden.

Die für die detaillierte Berechnung notwendige Hintergrundinformation findet sich beispielsweise im Taschenbuch für Heizung und Klima Technik (Recknagel et al. 1997).

Es ist aber nicht nur das Kanalnetz, das Druckverluste verursacht. Auch die Komponenten und die Gestaltung der Lüftungs- und Klimageräte führen zu beträchtlichen Einzelwiderständen. Auch hier lohnt sich eine Optimierung. Entscheidet man nicht nur aufgrund der Investitionskosten, sondern der Gesamtkosten über die Nutzungszeit, zeigt sich die Wirtschaftlichkeit einer Reduktion der Luftgeschwindigkeit im Lüftungsgerät durch einen größeren lichten Strömungsquerschnitt (Haibel 1997)! Aber auch die Bauweise der Geräte hat einen großen Einfluß auf den Elektrizitätsverbrauch für den Lufttransport. Wenn an Stelle von Geräten mit druckseitiger Mischkammer

> Minimierung der Druckverluste durch geeignete Auswahl von Kanalkomponenten.

Lüftung

und geschalteten Ventilatoren solche mit saugseitiger Mischkammer, einem Fortluftventilator mit variablem Volumenstrom an Stelle der Mischklappen sowie einem zulufttemperaturgeregelten Zuluftventilator mit variablem Volumenstrom gewählt werden (Abbildung 3), kann ebenfalls beträchtlich Transportenergie gespart werden (Loose 1996, Schartmann 1996, Loose o. J.). Eine detailliertere Beschreibung dieser innovativen Lösung findet sich in Abschnitt 3.1.

> Reduzierung der Gesamtkosten durch Verminderung der Luftgeschwindigkeit im Lüftungsgerät.

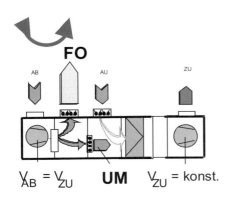
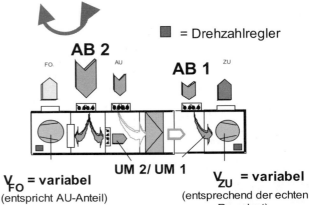

Abb. 3: Vergleich konventionelle (linke Abbildung) – druckverlustoptimierte Lösung (rechte Abbildung) für RLT-Geräte für Mischluftbetrieb

Ein weiterer innovativer Ansatz zur Optimierung der Gesamtkosten ist die Idee, die Abluft aus den Räumen mittels geeigneter Filter derart zu reinigen, daß diese Außenluftqualität hat („Abluft-Recycling"). Dadurch kann auf den bei konventionellen Anlagen notwendigen Lufterhitzer zur Erwärmung der Außenluft verzichtet werden (Abbildung 4). Dieses Verfahren wird beispielsweise im 4-Sterne „Grand-Hotel Hof" und im 5-Sterne Hotel „Quellenhof" in Bad Ragaz (Schweiz) erfolgreich eingesetzt, wie wissenschaftliche Untersuchungen des Instituts für Hygiene und Arbeitsphysiologie der Eidgenössischen Technischen Hochschule, Zürich nachweisen (Weber 1997). Eine detailliertere Beschreibung dieser innovativen Lösung findet sich in Abschnitt 3.2.

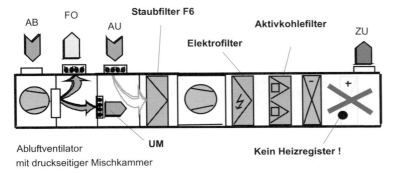

Abb. 4: Geräteaufbau einer typischen Rezirkulations-Lüftungsanlage

In Abbildung 5 sind die Gesamtkosten einer konventionellen Lösung mit geschaltetem Betrieb nach Schaltuhr denen von innovativen, aber leider noch zu wenig verbreiteten Lösungen gegenübergestellt. Betrachtet man nicht nur die Investitionskosten allein, sondern auch die Kosten für Energie, Wartung und Unterhalt über einen Zeitraum von beispielsweise 15 Jahren, stellt man fest, daß bei konventionellen Anlagen die Betriebskosten zwischen zwei- und dreimal so hoch sind wie die Investitionskosten!

Wird die Anlage nicht einfach nach Schaltuhr, sondern bedarfsabhängig betrieben (vgl. Abbildung 9), reduzieren sich die Betriebskosten wesentlich (Abbildung 5). Die Mehrkosten für den zusätzlichen Fühler und die raffiniertere Regelung amortisieren sich innerhalb von einem Jahr. Nach 15 Jahren betragen die Minderkosten für diese Anlagengröße und Nutzung bereits 47.500 DM. Optimiert man zusätzlich auch noch das Gerät (Reduzierung der Druckverluste, Reinigung der Abluft mittels Filter auf Außenluftqualität, stetig geregelte Ventilatoren mit freilaufenden Rädern und EC-Antrieb), resultieren aus diesen Maßnahmen nicht nur nochmals geringere Betriebskosten, sondern zum Teil auch niedrigere Investitionskosten! Die Einsparung nach 15 Betriebsjahren beträgt dann für diese Anlagengröße und Nutzung sogar 53.200 bzw. 76.000 DM.

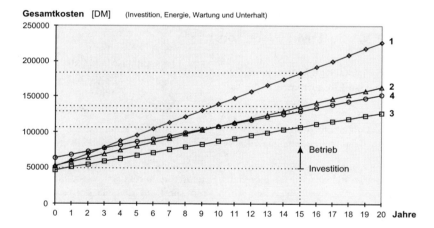

Abb. 5: Kumulierte Gesamtkosten (Investition, Energie, Wartung und Unterhalt) für eine RLT- Anlage mit 7500 m³/h Luftvolumenstrom für ein Dienstleistungsgebäude im Raum Stuttgart. (Bezüglich Details zu den Randbedingungen vgl. Loose 1999.]

Kurve 1: Einstufig nach Schaltuhr betriebene Anlage mit 2.750 Betriebsstunden pro Jahr.
Kurve 2: Bedarfsgeregelte Lüftung mit 50 % der Nutzungszeit Stufe 1 (66 %) und 25 % Stufe 2 (100 % Volumenstrom).
Kurve 3: Anlage mit geregeltem Fortluftventilator (Abbildung 3 rechts bzw. Abschnitt 3.1)
Kurve 4: Rezirkulations-Lüftungsanlage (Abbildung 4 bzw. Abschnitt 3.2).

Optimierungspotential bezüglich Kosten und Energie

Mit diesen Beispielen soll gezeigt werden, daß ein beträchtliches Optimierungspotential bezüglich Kosten und Energie bei der Anlage und dem Verteilsystem besteht. Was aber im Einzelfall technisch machbar und wirtschaftlich realisierbar ist, muß aufgrund einer Gesamtbetrachtung beurteilt werden.

Die gesamten Druckverluste (Summe der Zu- und Abluftanlagen) sollten im allgemeinen nicht mehr als 1200 Pa, bei energetisch sehr guten Anlagen nicht mehr als 900 Pa betragen!

3.1 Druckverlustoptimiertes Lüftungsgerät

Eine innovative Lösung zur Reduzierung des Energieverbrauchs ist das druckverlustoptimierte Lüftungsgerät „System Loose". Hauptmerkmale, Einsatz-Voraussetzungen und Hauptanwendungen dieses Systems werden im folgenden Abschnitt dargestellt.

Hauptmerkmale

Mit dem Ziel, den Heiz-, Kühl-, Befeuchtungs- und Lufttransportenergiebedarf zu minimieren, wird der Zuluft einerseits Umluft beigemischt. Andererseits wird der Weg durch das Lüftungsgerät möglichst druckverlustoptimal gestaltet: Der stetig geregelte Zuluftventilator saugt die Luft aus der saugseitig angeordneten Mischkammer. Diese hat zwei Umluftpfade: Einen direkten und einen, der via Staubfilter und einen Bypass bzw. Kühler geführt ist. Durch Mischen des Außenluft- und Umluftvolumenstroms wird die für die Quellüftung gewünschte Zulufttemperatur eingestellt. Ist die Außentemperatur zu hoch, kann die Luft mittels eines Tauschers gekühlt werden. Ein Lufterhitzer ist in der Regel nicht oder nur in kleiner Ausführung notwendig. Meist wird dann ein Elektrolufterhitzer eingesetzt. Die Drehzahl des stetig geregelten Fortluftventilators wird mittels eines Differenzdruckreglers derart angepaßt, daß der Zu- und Abluftvolumenstrom unabhängig von den Klappenstellungen etwa identisch sind. Als Ventilatoren werden freilaufende Räder, die mit stetig regelbaren EC-Motoren angetrieben sind, eingesetzt.

Die Anlage kann entweder nach Schaltuhr oder als sogenannte bedarfsgeregelte Lüftung betrieben werden (vgl. Abbildung 10). Dadurch kann die Energieeffizienz nochmals verbessert werden. Morgens wird mittels Schaltuhr eine forcierte Spülung durchgeführt.

Voraussetzungen

Dieses System ist für Räume mit einer wahrnehmbaren Geruchsbelastung (Laborräume, Küchen, Toilettenanlagen und Räume, in denen geraucht werden darf) nicht geeignet. Ideal ist das System für Räume mit hoher interner Last. Aus Räumen mit einer ausgeprägten Temperaturschichtung kann am meisten Wärme zurückgewonnen werden (beispielsweise Räume mit Quelluftsystem).

Hauptanwendungen

Das System eignet sich für personenbesetzte Räume wie Kaufhäuser, Hörsäle, Kassenhallen und Theaterräume, aber auch für Technikräume wie Kommunikationszentren, Bühnen, Studios, Leitwarten und Flugleitzentralen.

Hinweise zu den Investitions- und Betriebskosten finden sich in Abbildung 5. (Bezüglich Details vgl. Loose 1996, Schartmann 1996, Loose o. J.)

3.2 Rezirkulations-Lüftungsanlagen

Eine weitere innovative Lösung, die auf eine Optimierung der Gesamtkosten abzielt, ist die Rezirkulations-Lüftungsanlage „System Kalberer". Im folgenden werden Hauptmerkmale, Einsatz-Voraussetzungen und Hauptanwendungen vorgestellt.

Hauptmerkmale

Mit dem Ziel, den Heiz-, Kühl-, Befeuchtungs- und Lufttransportenergiebedarf zu minimieren, wird der Zuluft in jeder Betriebsphase Umluft beigemischt. Damit die dem Raum zugeführte Luft den hygienischen Anforderungen trotzdem genügt, wird die Zuluft zuerst mittels eines Feinstaub-, dann mittels eines Elektro- und schließlich mittels eines Aktivkohlefilters gereinigt. Der Elektrofilter entfernt Schwebstoffe mit Durchmessern von etwa 40 mm bis unterhalb 0.1 mm. Er eliminiert somit auch einen hohen Prozentsatz der kleinen, lungengängigen Partikel, die von den üblicherweise eingesetzten Filtern nur mangelhaft zurückgehalten werden. Der Aktivkohlefilter bindet eine breite Palette von Gasen und Geruchstoffen. Wie Untersuchungen des Instituts für Hygiene und Arbeitsphysiologie der Eidgenössischen Technischen Hochschule Zürich zeigen (Ackermann et al. 1995, Weber 1997), genügt die Zuluft nicht nur den in 5-Sterne Hotels üblichen Anforderungen, sondern sie hat oft eine höhere Qualität als die Außenluft. Sie kann dadurch für empfindlichere Bevölkerungsgruppen vorteilhaft sein, beispielsweise für Kranke, Asthmatiker, Staub- und Pollenallergiker sowie ältere Personen. Durch diese Maßnahme sind weder ein Lufterhitzer noch ein

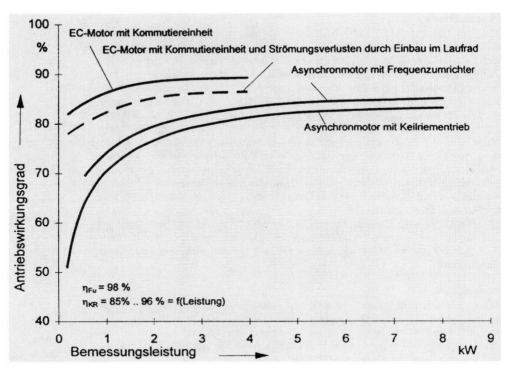

Abb. 6: Zur Funktionsweise der Rezirkulations-Lüftungsanlage. 1: Feinstaubfilter, 2: Elektrofilter, 3: Aktivkohlefilter.

Befeuchter notwendig, was Investitions- und Betriebskosten spart. Ein zusätzlicher Druckverlust entsteht zwar durch den Elektro- und Aktivkohle-Filter. Wegen der Optimierung der Luftgeschwindigkeit im Lüftungsgerät ist dieser Druckverlust aber kleiner als der eines Lufterhitzers, wie er bei konventionellen Systemen notwendig ist (vgl. Dp in Abbildung 6 im Vergleich zu 150 bis 350 Pa für einen Platten-Wärmetauscher (Beck et al. 1999).

Abbildung 6 zeigt den Aufbau einer Rezirkulations-Lüftungsanlage. Eingetragen ist weiterhin der mittlere Druckverlust über alle Betriebszustände einer Anlage mit einem Auslegungsluftvolumenstrom von 7.500 m³/h sowie die Häufigkeit des Auftretens der einzelnen Zustände. Bei kalter Witterung wird der Umluft soviel Außenluft beigemischt, daß sich die erforderliche Zuluft-Temperatur einstellt. Ein Lufterhitzer ist dadurch nicht notwendig. Ist bei warmer Witterung die Außenluft kälter als die Rückluft, wird mit 100 % Außenluftanteil gefahren. Ist die Außenluft wärmer als die Rückluft, wird der Außenluftanteil auf 10 bis 15 % reduziert. Dadurch sinken der Kältebedarf und die erforderliche Kühlleistung (Investitions- und Betriebskosten!). Rezirkulations-Lüftungsanlagen können entweder nach Schaltuhr oder als sogenannte bedarfsgeregelte Lüftung betrieben werden (vgl. Abbildung 7). Dadurch kann die Energieeffizienz nochmals verbessert werden. Der VOC-Fühler (sogenannter Mischgasfühler) kann dabei zusätzlich zur Überwachung des Aktivkohlefilters eingesetzt werden. Am Morgen wird mittels Schaltuhr eine forcierte Spülung durchgeführt.

Voraussetzungen

Einsatzgrenzen gibt es in Chemiebetrieben und anderen Gebäuden mit einer Freisetzung von Gasen, die durch das Aktivkohlefilter nicht genügend eliminiert werden können. Ebenfalls wenig geeignet sind Räume mit hoher Luftfeuchtigkeit oder Fettdünsten in der Rückluft (zum Beispiel Küchen), weil solche Bedingungen die Wirkung der Aktivkohlefilter beeinträchtigen können. Für diese Fälle existieren angepaßte Rezirkulations-Lüftungsanlagen.

Lüftung

Hauptanwendungen

Ausgeführt und mit Erfolg betrieben werden Rezirkulations-Lüftungsanlagen in folgenden Umgebungen: Restaurant, Bar, Hotel, Kurhaus, Alters- und Pflegeheim, Bibliothek, Einkaufszentrum, Mehrzweckhalle, Fitnessclub etc.

Hinweise zu den Investitions- und Betriebskosten finden sich in Abbildung 5. (Bezüglich Details vgl. Ackermann 1995, CADDET 1997, Müller-Lemans et al. 1997, Weber 1995, 1996 sowie 1997.)

4 Energieoptimierte Ventilatoren und Antriebe

Nachdem in einem ersten Schritt die Volumenströme nutzungsgerecht dimensioniert wurden und in einem zweiten Schritt das Kanalnetz und das Lüftungsgerät bezüglich der Druckverluste energie- und kostenmäßig optimiert sind, geht es nun in einem dritten Schritt darum, den Ventilator und seinen Antrieb so auszuwählen und zu dimensionieren, daß der Gesamtwirkungsgrad über den relevanten Arbeitsbereich optimal ist. Zu beachten ist dabei, daß dies nur möglich ist, wenn die Druckverlustberechnung zuverlässig durchgeführt wurde.

Grundsätze für die Auswahl des Ventilators

Eine Zusammenstellung aller verfügbaren Ventilatortypen mit ihren charakteristischen Eigenschaften und den Haupteinsatzgebieten findet sich in der Literatur (Impulsprogramm RAVEL 1993, Recknagel et al. 1997). Folgende Grundsätze sind bei der Auswahl des geeignetsten Ventilators wichtig, wenn nicht nur die Investitionskosten, sondern die Gesamtkosten über die gesamte Nutzungsdauer maßgebend sind:
- Richtig dimensionierte Hochleistungs-Radialventilatoren mit rückwärtsgekrümmten Schaufeln sind energiesparender und leiser als die billigeren Trommelläufer.
- Bei den in der Lüftungstechnik wichtigen Anwendungen sind auch die Axialventilatoren im Wirkungsgrad den Hochleistungs-Radialventilatoren meistens unterlegen.

Maßgebend für den Gesamtwirkungsgrad und damit für den Verbrauch an elektrischer Energie für den Lufttransport ist das Produkt aus den Wirkungsgraden der Energieversorgung, des Motors, der Transmission und des Ventilators. Auf der Basis von Radialventilatoren mit hohem aerodynamischen Wirkungsgrad mit rückwärtsgekrümmten, profilierten Schaufeln kommen unterschiedliche Antriebskonzepte zum Einsatz. Prinzipielle Unterscheidungsmerkmale liegen in riemengetriebenen und direktgetriebenen Lösungen. Riemengetriebene Ventilatoren stellen meist nicht regelbare, aber für beliebige Drehzahlen einfach anpaßbare Systeme dar. Direktgetriebene machen meist drehzahlveränderliche Antriebe erforderlich. Für die Antriebe zeigt sich deutlich, daß mit EC-Motoren (elektronisch kommutierte Motoren) bei kleinen Leistungen erheblich höhere Wirkungsgrade erreicht werden als mit Asynchronmotoren (Abbildung 7). Die Alternative, ein frequenzumrichtergeregelter Direktantrieb mit Normmotor, ist bei Leistungen größer als 4 kW durchaus vergleichbar, bei darunter liegenden Leistungen ist der Wirkungsgrad jedoch deutlich geringer. Keilriemenantriebe zeigen aufgrund steigender Riemenantriebsverluste mit abnehmender Leistung ein noch ungünstigeres Verhalten im unteren Leistungsbereich. Optimierte Flachriemenantriebe führen bei nicht drehzahlgeregelten Ventilatoren zu vergleichbaren Wirkungsgraden wie bei

Wirkungsgrade verschiedener Antriebssysteme

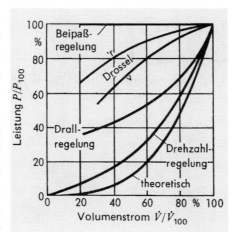

Abb. 7: Antriebswirkungsgrad in Abhängigkeit von der Bemessungsleistung (Anschütz et al. 1997)

direktgetriebenen mit Asynchron-Normmotor und Frequenzumrichter und sind daher bei Betrieb mit konstanter Drehzahl eine wirtschaftliche Lösung. In Verbindung mit wirkungsgrad-optimierten Motoren werden die Wirkungsgrade von EC-Motoren erreicht (Anschütz et al. 1997, Anschütz et al. 1998, Steinemann 1999).

Es ist aber nicht die Transmission, die Verluste verursacht. Auch der Motor selbst führt zu Strömungsverlusten, die den Wirkungsgrad verkleinern (Abbildung 7). Für die Antriebe zeigt sich deutlich, daß auch für den im Laufrad integrierten EC-Motor bei kleinen Leistungen erheblich höhere Wirkungsgrade erreicht werden als mit Asynchronmotoren. Mit freilaufenden Rädern (Laufrad ohne Gehäuse in Lüftungsanlage eingebaut) kann der Wirkungsgrad nochmals verbessert werden (Sigloch 1997, Kaup 1997).

5 Regelung

Abhängigkeit des relativen Leistungsbedarfs von der Regelmethode.

Die Regelung von Druck oder Volumenstrom hängt von der Aufgabe ab. (Bezüglich der grundsätzlichen Fälle vgl. Recknagel et al. 1997.) Im Falle von volumenstromgeregelten RLT-Anlagen gibt es mehrere Gründe, um den Luftvolumenstrom in Stufen oder stetig zu variieren. Bei extremen Wetterbedingungen im Sommer und Winter ermöglicht eine bedarfsgerechte Anpassung des Luftvolumenstroms eine Reduktion des Energieverbrauchs für die Luftaufbereitung. Da sich der Leistungsbedarf an der Welle des Ventilators proportional zur zweiten bis dritten Potenz des Drehzahlverhältnisses bzw. des Luftvolumenstroms ändert, ist ein bedarfsgerechter Betrieb vor allem zur Reduktion des Energieverbrauchs für die Luftförderung von großer Bedeutung.

Für Radialventilatoren bieten sich folgende Regelverfahren an (Impulsprogramm RAVEL 1993):
- Drehzahlregelung: verstellbare Keilriemenantriebe für fixe Drehzahlen (stufig geregelt) oder Änderung der Motorendrehzahl (stetig geregelt, eleganteste Lösung).
- Drallregelung: Leitapparate zur Beeinflussung des Eintrittswinkels. Hat bei Radialventilatoren einen eng begrenzten Anwendungsbereich und wird wegen ihres mechanischen Aufwandes zunehmend von der Drehzahlregelung verdrängt.
- Bypassregelung: mittels einer Kurzschlußklappe. Muß aus Energiegründen vermieden werden!
- Drosselregelung: mittels einer Drosselklappe. Hat bei kleinen Trommelläufer-Ventilatoren immer noch ihre Berechtigung.

Abbildung 8 zeigt den relativen Leistungsbedarf von Radial-Ventilatoren bei Änderung des Volumenstroms für die vier Regelverfahren.

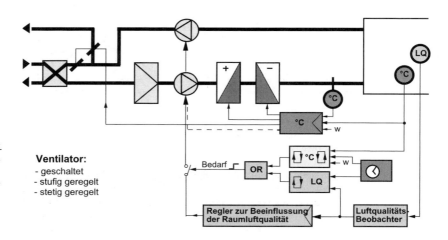

Abb. 8: Relativer Leistungsbedarf von Radialventilatoren bei verschiedenen Regelmethoden (ohne Verluste des Antriebsmotors), Laufschaufelregelung bei Axialventilatoren angenähert wie Drehzahlregelung (Recknagel et al. 1997).
r = rückwärts gekrümmt
v = vorwärts gekrümmt (Trommelläufer)
theoretisch = Anlagenkennlinie mit $\Delta p_t \sim V^2$

Wie in Schritt 1 beschrieben, soll der Außenluftvolumenstrom einer RLT-Anlage personenbezogen für die maximale Anzahl Personen ausgelegt werden. Die Erfahrung zeigt, daß die Vollbelegung eines Raums mit Personen die Ausnahme ist. Normalerweise halten sich weit weniger Leute im Raum auf, und die Belegung ändert sich von Tag zu Tag und über den Tag sehr. Betreibt man nun die Lüftungs- oder Klimaanlage während der ganzen potentiellen Nutzungszeit mit dem Auslegungs-Luftvolumenstrom, verschwendet man Energie, ohne daß dabei der Luftqualitätskomfort besser wird. Unter einer bedarfsgeregelten Lüftung versteht man eine optimierte Betriebsweise von RLT-Anlagen, bei der der Luftvolumenstrom während der Nutzungszeit mittels einer Regelung dauernd an den Bedarf angepaßt wird. Dieser Ansatz geht wesentlich weiter als ein Betrieb nach Schaltuhr! Bei der Ermittlung des Bedarfs werden die Aspekte Raumluftqualität und thermische Behaglichkeit berücksichtigt. Als Meßgrößen für die Raumluftqualität existieren zwei Arten von Fühlern: CO_2-Fühler und sogenannte Mischgas-Fühler. CO_2-Fühler werden in Nichtraucherumgebungen wie beispielsweise Hörsäle, Theater, Kinos, Verbrauchermärkte und Messehallen eingesetzt. Ist Rauchen erlaubt, beispielsweise in Restaurants, kommt nur der Mischgas-Fühler in Frage. Es werden auch kombinierte Fühler angeboten, die beide Meßgrößen gleichzeitig erfassen.

In Abbildung 9 ist die Umsetzung der bedarfsgeregelten Lüftung am Beispiel einer Teilklimaanlage mit den Funktionen heizen/kühlen dargestellt. Zur bestehenden Steuerung und Regelung zur Gewährleistung des thermischen Komforts wird noch ein Regelkreis zu Beeinflussung der Raumluftqualität hinzugefügt. Dieser Regelkreis beeinflußt den Außenluftvolumenstrom definiert (geschaltet, stufig oder stetig geregelte Ventilatoren, stetig oder AUF/ZU betriebene Luftklappen etc.). Die Zeitplansteuerung wird ersetzt durch eine Freigabe aufgrund von Bedarfsmeldungen (2-Punkt-Regler in Verbindung mit Freigabe durch eine Schaltuhr). Da für die bedarfsgeregelte Lüftung keine zusätzlichen Stellglieder notwendig sind, ist eine Nachrüstung bestehender Anlagen einfach realisierbar.

Erfahrungswerte für Energieeinsparpotentiale finden sich in Tabelle 2. Wie Modellrechnungen zeigen, sollten Anlagen mit einem Luftvolumenstrom größer als 2.000 m³/h grundsätzlich bedarfsabhängig betrieben werden. Das gegenüber einer konventionellen Lösung zusätzlich investierte Kapital wird bei Anlagen größer als 4.000 m³/h infolge der Minderkosten im Betrieb innerhalb von weniger als zwei Jahren amortisiert (Meier 1994, Meier 1997, VDMA-Einheitsblatt 24 773).

6 Bedarfsgeregelte Lüftung zur Optimierung der Anlagenlaufzeit

Berücksichtigung von Raumluftqualität und thermischer Behaglichkeit.

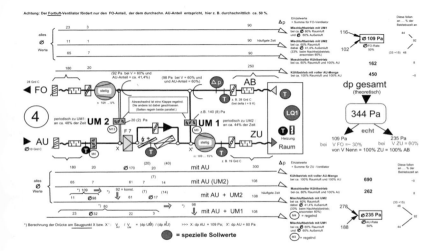

Abb. 9: Bedarfsgerechte Lüftung am Beispiel einer Teilklimaanlage

Tabelle 2: Erfahrungswerte für Energiekosteneinsparpotentiale:

• Restaurants	30–50 %
• Hörsäle	20–50 %
• Großraumbüros, 40 % der Personen im Mittel anwesend	20–30 %
90 % der Personen im Mittel anwesend	3– 5 %
• Foyers, Schalter- u. Kassenhallen, Abfertigungsbereiche v. Flughäfen	20–60 %
• Messehallen, Sporthallen	40–70 %
• Versammlungsstätten, Konferenzräume, Theater, Kinos	20–60 %

Energiekosteneinsparung durch bedarfsgerechte Lüftung.

7 Überwachung und Energiecontrolling

Um nach der Inbetriebnahme eine Optimierung des Betriebsverhaltens und später in der Betriebsphase eine Überwachung des Energieverbrauchs vornehmen zu können, sind bei der Planung der Anlage ein geeignetes Meß- und Auswertekonzept zu erarbeiten und die dazu notwendigen Meßmöglichkeiten vorzusehen. Dabei ist zu unterscheiden zwischen Fühlern, die nur temporär während der Inbetriebnahme- und Optimierungsphase benötigt werden und solchen, die dauernd überwacht und ausgewertet werden sollen.

Die Grundsätze der Abnahme von RLT-Anlagen sind in der VDI 2079 „Abnahmeprüfungen an RLT-Anlagen" beschrieben. Die Erfahrung zeigt, daß bei vielen Anlagen ein großes Optimierungspotential unter Berücksichtigung der tatsächlichen Betriebsbedingungen und Nutzungen besteht. Dazu sind nach der Abnahme der Anlagen häufig weitere Messungen und langfristige Meßprogramme zweckmäßig. Ein Energiecontrolling ermöglicht zum Beispiel den Vergleich mit den Vorjahreswerten. Eine schleichende Verschlechterung des Energieverbrauchs oder nicht optimale Betriebsphasen können dadurch erkannt werden.

8 Wartung und Unterhalt

Mit den besten Maßnahmen kann aber kein nachhaltiger Nutzen verzeichnet werden, wenn die regelmäßige Wartung und Pflege der Anlagen vernachlässigt wird. Ein einziger völlig verschmutzter Filter kann mehr Auswirkungen auf die internen Druckverluste haben als alle Bogen der Anlage zusammengenommen. Die einfachste Art der Energieeinsparung ist somit die regelmäßige Anlagenwartung!

Damit Anlagen wartbar sind, muß dies schon in der Planung vorgesehen werden. Es sind beispielsweise entsprechende Öffnungen in die Kanäle einzubauen. Bei der Montage ist darauf zu achten, daß nur sauberes Material eingebaut wird.

Es gelten die untenstehenden Vorschriften:
- VDI 6022 Hygienebewußte Ausführung von RLT-Anlagen
- VDI 2079 Abnahmeprüfung an RLT-Anlagen
- VDI 2080 Meßverfahren und Meßgeräte für RLT-Anlagen
- VDI 6022 Hygienebewußter Betrieb und Instandhaltung von RLT-Anlagen
- VDI 3801 Betreiben von RLT-Anlagen
- VDMA 24 186 Wartung von RLT-Anlagen
- VDMA 24 176 Inspektion von RLT-Anlagen

9 Sanierung von RLT-Anlagen

Bei der Sanierung von RLT-Anlgen sollten – soweit möglich – alle in den Abschnitten 2 bis 6 behandelten Aspekte berücksichtigt werden. Letztendlich wird es jedoch von den im Einzelfall vorliegenden Rahmenbedingungen abhängen, welche technischen Lösungen wirtschaftlich vertretbar sind. Vor diesem Hintergrund ist es nicht möglich, allgemeingültige Konzepte für die Sanierung vorzulegen. In der Literatur finden sich jedoch wertvolle Hinweise (BINE Informationsdienst; Hochstrasser 1993, Wahlen 1998).

10 Literatur

Ackermann, M., Cavigelli, I., Kalberer, F., Müller-Lemans, H.: Energiesparen in Lüftungs- und Klimaanlagen durch Luftaufbereitung mit Elektro- und Aktivkohlefiltern. Schlußbericht zum NEFF-Projekt 544, 1995 (NEFF = Nationaler Energie-Forschungs-Fonds, Basel)

Anschütz, J., Albig, J., Waldenburg XXAutor oder Ort?XX: Antriebskonzepte für geregelte Ventilatorsysteme in der Raumlufttechnik. HLH 8/1997

Anschütz, J., Waldenburg XXAutor oder Ort?XX: Die Regelbarkeit von Ventilatoren für den Einsatz in Klimageräten. CCI 2/1998

Beck, E., Hausladen, G.: Energieverbrauch von RLT-Anlagen. ISH Jahrbuch für Gebäudetechnik 1999, S. 58-64

BINE Informationsdienst (Mechenstraße 57, 53129 Bonn): Sanierung von RLT-Anlagen: Klimaanlagen im Gebäudebestand – Beispiele

CADDET: Energy conservation in hotels using an air recycling system. Energy efficiency, Result 281, 1997 (CADDET = IEA/OECD Centre for the Analysis and Dissemination of Demonstrated Energy Technologies)

Haibel, M.: Konstruktive und systemtechnische Merkmale energetisch optimierter Lüftungs- und Klimageräte. Luft- und Klimatechnik 8/1997

Hochstrasser, W.: Elektrizität sparen in Heizungs-, Lüftungs-, Klima- und Kälteanlagen. HeizungKlima 1993, S. 56-58

Impulsprogramm RAVEL: Energie-effiziente lüftungstechnische Anlagen. September 1993 (ISBN 3-905233-40-1)

Kaup, C.: Einsatz von freilaufenden Rädern als Mischeinrichtung. HLH 8/1997

Lehmann, R.: Frequenzumformer und Asynchronmotor – ideal und kompakt kombiniert. Technische Rundschau 6/1998

Loose, J.: Energieeinsparung durch neuartige RLT-Geräte. TAB 7/1996

Loose, J.: Gegenüberstellung der Gesamtkosten von konventionellen und innovativen RLT-Anlagen. Internes Arbeitspapier, Mai 1999

Loose, J.: Innovationen für die Raumkühlung – Standardisierte RLT bei der Deutschen Telecom mit Ausblick auf andere Einsatzfälle. Eigenverlag J. Loose, Philippstrasse 28, D-82377 Penzberg, Tel. 088 56/818 50 (ohne Jahresangabe)

Matthesius, M.: Frequenzumrichter in der Klimatechnik. TAB 3/1998

Meier, S.: Bedarfslüftung – ein großes Energie-Sparpotential liegt brach. HLH 9/1994

Meier, S.: Bedarfsgeregelte Lüftung – Automatisierungskonzept mit Zukunft. TAB 6/1997

Müller-Lemans, H., Carlucci, L.: Rezirkulations-Lüftungsanlagen – Innovativer Einsatz von Elektro- und Aktivkohle-Filtern. Schweizer Ingenieur und Architekt 4/1997, S. 57-61

RAVEL Handbuch: Strom rationell nutzen. vdf Verlag der Fachvereine an den schweizerischen Techniken und Hochschulen, Zürich 1992 (ISBN 3 7281 1830 3)

Recknagel, Sprenger, Schrameck: Taschenbuch für Heizung und Klima Technik. R. Oldenbourg Verlag, München 1997 (ISBN 3-486-26214-9)

Roulet, C. A., Foradini, F., Bernhard, C.-A., Carlucci, L.: European audit project to optmise indoor air quality and energy consumption in office buildings. National report of Switzerland, Dezember 1994

Schartmann, H.: Der geregelte Fortluftventilator ersetzt den Abluftventilator. IKZ – Haustechnik 23/1996

Schlatter, J., Wanner, H. U.: Raumluftqualität und Lüftung in Schweizer Bauten. Schriftenreihe des Bundesamtes für Energiewirtschaft, Studie Nr. 44. ETH Zürich 1988

Sigloch, U.: Ventilatoren ohne Gehäuse mit EC-Technik – Amortisation dank Investition. CCI 12/1997

Steinemann, J.: Abluft-Recycling. TAB 8/1998

Steinemann, J.: Gesamtwirkungsgrade von Ventilator-Aggregaten bei variablen Volumenströmen. TAB 2/1999, S. 63-65

Steinemann, J.: Optimale Auslegung von Ventilator-Aggregaten. ISH Jahrbuch für Gebäudetechnik 1999, S. 34-44

VDMA-Einheitsblatt 24 773: Bedarfsgeregelte Lüftungen – Begriffe, Anforderungen, Regelstrategien

Wahlen, B.: Energieoptimierte Lüftung: Traditionelle Werte in Frage stellen. Heizung-Klima 1998, S. 52-54

Weber, R.: Energy saving in ventilation systems by recirculating and filtering air. Nationaler Energie-Forschungs-Fonds NEFF, Förderung der Energieforschung, vdf Hochschulverlag, Zürich 1997, S. 258-265

Weber, R.: Lüftungs- und Klimaanlagen – Verstärkter Trend zum Luft-Recycling. Haus Tech 8/1995, S. 59-61

Weber, R.: Umluftbeimischung: Energiesparend, hygienisch und billiger! Heizung und Lüftung 2/1996, S. 25-30

Weber, R.: Verstärkter Trend zum Luft-Recycling. Haus Tech 4/1995

Weinmann, C., Brunner, C.: Fallstudie. Unterlagen zum Kurs „Energie-effiziente lüftungstechnische Anlagen"

Anton Reinhart

Kältebereitstellung mit Kaltwassersätzen

Bei Kälteanlagen bestimmen unter anderem sowohl Anlagen- und Verdichtertyp, Kältemittel, Temperaturniveau von Kälteträger und Kühlmedium als auch Temperaturspreizung von Kälteträger und Kühlmedium die Kälteleistungszahl ε der Kompressions-Kälteanlage bzw. das Wärmeverhältnis ζ der Absorptions-Kälteanlage. Der spezifische Energiebedarf ist dann niedrig, wenn ε beziehungsweise ζ möglichst groß ist.
Die Wahl des Kältemittels beeinflußt bereits den künftigen Energiebedarf. Wenn die spezifische Leistungszahl des Kältemittels günstig, die volumetrische Kälteleistung und die Stoffwerte des Kältemittels aber ungünstig sind, können erhöhte Investitionskosten die Folge sein. Ammoniak ist in dieser Hinsicht ein günstiges Kältemittel, obwohl es in seiner Anwendung eingeschränkt ist und meist etwas mehr Einrichtungen zur Überwachung erfordert.
Betriebstemperaturen sind wesentliche Einflußgrößen auf den Energiebedarf. Sie sollten nicht unnötig tief angesetzt werden, denn jedes Grad tiefere Vorlauftemperatur erfordert 1,5 bis 4,5 % mehr Antriebsleistung. Ebenso kann die Art und umlaufende Menge des Kälteträgers und seine Einbindung den Energiebedarf beeinflussen. Der Verdampfer vermittelt die Wärmezufuhr vom Kälteträger an das Kältemittel. Je kleiner die Temperaturdifferenz, um so mehr Fläche (Investitionskosten) ist einzubauen. Kleine Temperaturdifferenzen in Wärmeübertragern erfordern große Flächen. Kleine Temperaturspreizungen der Kälteträger-/Kühlmedien erfordern dagegen große Pumpenleistungen.
Die Wahl des Kühlmediums Luft oder Wasser (Kühlturm) geht direkt in den künftigen Energiebedarf ein. Hier erfordert jedes Grad höhere Austrittstemperatur eine um 1,5 bis 3 % höhere Antriebsleistung der Kältemaschine. Die Kondensatoren können als luftgekühlte Verflüssiger oder in Verbindung mit Rückkühlwerken ausgeführt werden. Die Luftkühlung erfordert gegenüber Rückkühlwerken oder Brunnenwasserkühlung bei gleicher Spitzenlast-Kälteleistung größere Verdichter und einen höheren Energieverbrauch der Verdichter. Neben den höheren Investitionen für Wasser-Rückkühlwerke sind die Energiekosten für Pumpen und Ventilatorantriebe sowie die Kosten für Frischwasserzusatz, Wasseraufbereitung und Reinigung zu berücksichtigen. Bei der Luftkühlung müssen die Energiekosten für Ventilatoren und den höheren Energieverbrauch der Verdichter sowie Reinigungskosten berücksichtigt werden. Mit Axialventilatoren kann gegenüber Radialventilatoren der Bedarf an elektrischer Energie für den Ventilatorantrieb im Rückkühlwerk um rund 40 bis 50 % gesenkt werden.
Wird die Kältelast nur zu Spitzenzeiten voll gefordert, kann durch die Wahl des Verdichtertyps unter Berücksichtigung der Kälteleistungszahl und des Teillastverhaltens sowie durch Einbeziehen eines Kältespeichers elektrische Energie und/oder Leistung eingespart werden. Ein Eisspeicher erfordert bei der Ladung einen höheren Energieaufwand. Dagegen kann zu Spitzenlastzeiten elektrische Leistung eingespart werden. Der Einsatz von Eisspeichern ist meist nur dann sinnvoll, wenn die vorhandene Kälteleistung für die Kältebedarfsdeckung nicht mehr ausreicht und ein Zubau erforderlich wird. Für die Aufladung des Kältespeichers ist ein Mehrenergiebedarf von rund 25 % zu veranschlagen.
Im Betrieb erhöhen insbesondere verschmutzte Wärmeübertragerflächen den Energiebedarf ganz erheblich. Eingebaute voll- oder halbautomatisch arbeitende Reinigungssysteme führen zu Energieeinsparungen. Unter bestimmten Betriebsbedingungen und entsprechend ausgewählten Kältemitteln kann darüber hinaus eindringende

Luft den Energiebedarf erhöhen und sogar zu Ausfällen durch Korrosion führen. Laufende Entlüftung oder die Wahl eines angepaßten Kältemittels kann hier Abhilfe schaffen.

Soll ein sehr großer Leistungsbereich (zum Beispiel von 100 bis 10 %) energetisch günstig bedient werden, sollte die Leistung auf mehrere Verdichter oder sogar auf mehrere parallelgeschaltete Kältesätze verteilt werden. Damit kann die jeweils in Betrieb verbleibende Maschine bei energetisch günstiger Vollast arbeiten. Zu beachten ist, daß die unterschiedlichen Bauarten der Verdichter unterschiedliche Leistungszahlen im Nennleistungsbereich (100 % Kälteleistung) haben. Es müssen daher die tatsächlich benötigten elektrischen Leistungen der jeweiligen Kälteanlage unter Berücksichtigung des Teillastverhaltens und der Nenn-Kälteleistungszahlen ermittelt werden.

1 Prinzipieller Aufbau von Kälteanlagen

Um Wärme von niedrigem auf höheres Temperaturniveau zu heben, ist Energie aufzuwenden. Bei den überwiegend eingesetzten Kompressions-Kälteanlagen ist dies elektrische (mechanische) Antriebsenergie, bei Absorptions-Kälteanlagen ist es thermische Energie bei 80 °C oder höher. In Abbildung 1 sind die Prinzipschaltungen von Kompressions- und Absorptions-Kälteanlagen dargestellt.

Der Energieaufwand für Kälteanlagen wird mit einer spezifischen Kennzahl beziffert. Bei Kompressions-Kälteanlagen ist es die Leistungszahl ε als Verhältnis der bei tiefer Temperatur aufgenommenen Wärme („Kälteleistung") zur Antriebsleistung (COP = coefficient of performance). Die Kälteleistungszahl wird je nach Bauart des Verdichters auf die Wellenleistung am Verdichter oder auf die elektrische (Klemmen-) Leistung am Motor bezogen; bei Vergleichen ist dies zu beachten.

> Spezifischer Leistungsbedarf durch Leistungszahl (elektrisch) oder Wärmeverhältnis (thermisch) definiert.

$$\varepsilon = Q_o/P_e \text{ (kW Kälteleistung/kW elektrische Antriebsleistung)}$$

Dabei bestimmen unter anderem sowohl Kältemittel, Temperaturniveau von Kälteträger und Kühlmedium als auch Temperaturspreizung von Kälteträger und Kühlmedium die Kälteleistungszahl der Kompressions-Kälteanlage.

Bei Absorptions-Kälteanlagen wird entsprechend zur Darstellung des spezifischen Energiebedarfs das Verhältnis der Kälteleistung zur Antriebswärme als Wärmeverhältnis ζ beziffert.

$$\zeta = Q_o/Q_H \text{ (kW Kälteleistung/kW thermische Heizleistung)}$$

Der spezifische Energiebedarf ist dann niedrig, wenn ε beziehungsweise ζ möglichst groß ist.

2 Einflußfaktoren für den Energiebedarf von Kompressions-Kälteanlagen

In Abbildung 2 sind die Eigenschaften der Kältemittel zur spezifischen Leistung dargestellt.

Je größer die volumetrische Kälteleistung eines Kältemittels, um so kleiner kann der vorzusehende Verdichter sein. Weitere Gesichtspunkte betreffen die Einsatzgrenzen. Volumetrisch fördernde Maschinen (Schrauben-, Scroll-, Kolbenverdichter) beherrschen wechselnde Verdampfungs- und Verflüssigungsdrücke in der genannten Reihenfolge gut. Turboverdichter sind besonders sorgfältig auszulegen, da ihr erreichbarer Druckhub beschränkt ist und bei überhöhtem Gegendruck (Sommer mit hoher Kühlwassertemperatur) versagen kann.

2.1 Verdichter

> Das gewählte Kältemittel beeinflußt die Größe des Verdichters.

2.2 Kältemittel für Kompressions-Kälteanlagen

Nur im idealtheoretischen Fall ist der Kälteprozeß unabhängig von den Betriebsmitteln Kältemittel, Kälteträger und Kühlmedium. In der Praxis kann mit der Wahl dieser Stoffe auch die Leistungszahl und damit der Energiebedarf der Kälteanlage beeinflußt werden. Der Vergleich in Abbildung 3 zeigt die Unterschiede der eingesetzten Kältemittel bei einem typischen Einsatzfall auf.

Kältebereitstellung mit Kaltwassersätzen

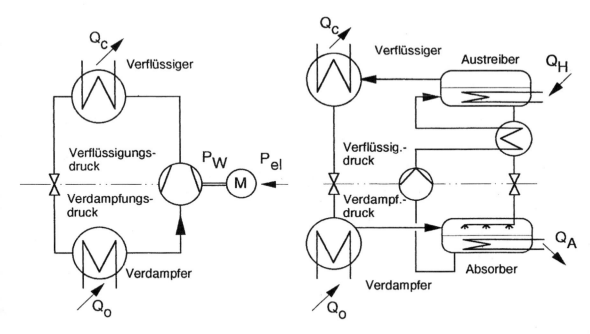

Abb. 1: Prinzipschaltungen von Kompressionskälteanlage mit Verdampfer, Verdichter und Antriebsmotor, Verflüssiger und Expansionsventil sowie Absorptionkälteanlage mit Verdampfer, Absorber, Gegenstromwärmeübertrager, Austreiber, Verflüssiger und Expansionsventil

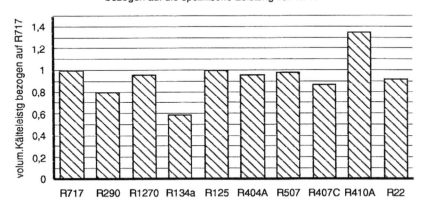

Abb. 2: Die volumetrische Kälteleistung der Kältemittel, alle bezogen auf den Wert von 717 bei 0 °C/35 °C

Bei tieferen Verdampfungstemperaturen wird die Leistungszahl der aufgeführten Kältemittel relativ zu Ammoniak (R717) noch etwas schlechter. Alle im Diagramm aufgeführten Kältemittel verdampfen bei praktisch gleichbleibender Temperatur, außer R407C. Bei R407C nimmt bei gleichbleibendem Druck die Siedetemperatur mit der Verdampfung zu und zwar um 4 bis 5 K. Bei strikter Gegenstromführung des Kältemittels zum wärmeabgebenden (wärmeaufnehmenden) Medium kann die Kälteleistungszahl von R407C verbessert und nahe an diejenige von R717 herangebracht werden. Diese Besonderheit gilt natürlich für alle Gemische, die mit gleitender Temperatur verdampfen oder kondensieren. Bei Luft als Kälteträger und Kühlmedium wird

> Spezifischer Leistungsbedarf einer Kälteanlage wird durch die Wahl des Kältemittels beeinflußt.

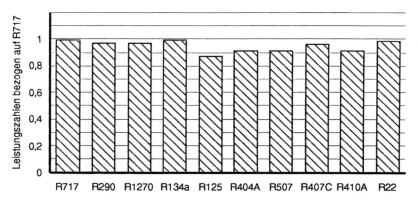

Abb. 3: Kälteleistungszahlen verschiedener Kältemittel bezogen auf die Kälteleistungszahl von 717 bei 0 °C/35 °C

dies durch entsprechend konzipierte Wärmeübertrager verwirklicht. Bei flüssigen Kälteträger-/Kühlmedien beschränkt sich diese Anpassung auf kleinere Leistungen, die Grenze liegt bei etwa 100 kW.

2.3 Verdampfer

Der Verdampfer vermittelt die Wärmezufuhr vom Kälteträger an das Kältemittel. Je kleiner die Temperaturdifferenz, um so mehr Fläche (Investitionskosten) ist einzubauen. Die nachfolgend genannten Wärmeleistungen sind lediglich Richtwerte. Die Bauarten sind kurz charakterisiert.

Trockenverdampfer führen das eingeschleppte Öl wieder in den Kreislauf. Kleinste Füllmengen pro umgesetzte Wärmeleistung (40 bis 100 g/kW) können realisiert werden. Teillast unter 25 % ist nur mit besonderen Maßnahmen möglich. Der Leistungbereich reicht von einigen Watt bis etwa 1.200 kW. Aus regelungstechnischen Gründen kann die Verdampfungstemperatur nur bis etwa 2 bis 3 K an die Austrittstemperatur des Kälteträgers herangeführt werden.

> Bauart des Verdampfers beeinflußt Kältemittel-Füllmenge, Temperaturdifferenz zum Kälteträger und das Regelverhalten der Kälteanlage.

Überflutete Verdampfer holen das eingeschleppte Öl durch eine zusätzliche Einrichtung zurück. Große Füllmengen pro umgesetzte Wärmemenge (bis 1 kg/kW) müssen bereitgestellt werden. Dadurch entsteht aber auch eine gewisse Speicher- und Ausgleichswirkung. Der Leistungsbereich beginnt bei etwa 400 kW. Mit besonderen Rohren können kleine Temperaturdifferenzen bis etwa 1 K realisiert werden.

Umlaufverdampfer sind meist mit Plattenapparaten ausgestattet. Die Füllmengen liegen zwischen denen von Trocken- und überfluteten Verdampfern. Eine Ölrückführung ist vorzusehen. Die Leistungen reichen von 200 bis 2.000 kW. Es können kleine Temperaturdifferenzen von 1 bis 4 K realisiert werden.

2.4 Temperaturniveau von Kälteträger und Kühlmedium

Die Austrittstemperatur ϑ_{KA} des Kälteträgers bestimmt wesentlich die Verdampfungstemperatur ϑ_o des Kältemittels, ebenso ist die Austrittstemperatur ϑ_{WA} des Kühlmediums an der wärmeabgebenden Seite bestimmend für die Verflüssigungstemperatur ϑ_c des Kältemittels. Da die Verdampfungs- und Verflüssigungstemperatur dem Verdampfungs- und Verflüssigungsdruck entsprechen, sind damit die maßgebenden Größen des Energiebedarfs beim Betrieb einer Kälteanlage festgelegt.

Variiert die Verdampfungstemperatur um 1 K um den Bezugspunkt 0 °C, so steigt beziehungsweise sinkt die Leistungszahl um 2,5 bis 4,5 %. Bei der Bezugstemperatur –20 °C sind die Änderungen der Leistungszahl 1,5 bis 3,5 % pro Kelvin Verdampfungstemperaturänderung.

Kältebereitstellung mit Kaltwassersätzen

Ähnlich bewirkt auch eine Veränderung der Verflüssigungstemperatur um je 1 K bei der Bezugstemperatur 35 °C eine Zu- oder Abnahme der Leistungszahl. Beim Betriebspunkt 0/+35 °C steigt beziehungsweise fällt die Leistungszahl um 1,5 bis 3 %, beim Betriebspunkt –20/+35 °C ergeben sich ebenfalls 1,5 bis 3 %. Dieser Energiemehrbedarf ist bei gleichzeitiger Kälte- und Wärmenutzung der Anlage zu bedenken. Wenn die Warmwassertemperatur zu hoch gewählt wird, steigt die Leistungsaufnahme der Anlage.

Die kleine Temperaturdifferenz $\Delta\vartheta_{klein}$ wird bei Wasser auf 3 bis 5 K, im Extremfall auf 1 K eingestellt. Sie ist eine bestimmende Größe für die erforderliche Fläche der Wärmeübertrager von Verdampfer und Verflüssiger. Hier ist abzuwägen, ob eine größere Fläche, verbunden mit höheren Investitionskosten, gegenüber den niedrigeren Betriebskosten aufgewogen werden kann. Die Betriebsstunden pro Jahr sind dabei ein wichtiges Beurteilungskriterium, denn sie bestimmen ja letztlich den Jahresstromverbrauch der Anlage.

In Abbildung 4 sind die Temperaturen und Temperaturdifferenzen einer Kälteanlage dargestellt. Hier ist eine weitere Einflußgröße abzulesen, nämlich die Temperaturspreizung des Kälteträgers und des Kühlmediums. Je flacher der Verlauf eingestellt wird und je näher die Verdampfungs-(Verflüssigungs-)temperatur an die jeweilige Eintrittstemperatur herangeführt werden kann, um so günstiger kann der Kälteprozeß gefahren werden. So wünschenswert es aus energetischer Sicht auch wäre, die Verdampfungstemperatur anzuheben, so ist doch die Kälteträgertemperatur durch den zu kühlenden Prozeß vorgegeben. So ist zum Beispiel in Klimaanlagen die Kaltwassertemperatur auf 5 bis 7 °C zu halten, um die gewünschte Trocknung der Luft zu erreichen.

Auf der Verflüssigerseite ist ebenfalls eine Temperaturgrenze zu beachten. Würde mit kälterer Umgebung die Verflüssigungstemperatur beliebig abgesenkt, käme ein Punkt, an dem nicht mehr ausreichend Druckdifferenz zur Förderung des Kältemittels durch das Expansionsventil vorhanden wäre. Eine minimale Druckdifferenz, äquivalent einer minimalen Temperaturdifferenz zwischen Verdampfer und Verflüssiger, ist einzuhalten.

> Pro Grad tiefere Temperatur des Kälteträgers: 1,5 bis 4,5 % höhere Antriebsleistung.

> Pro Grad höhere Austrittstemperatur des Kühlmediums: 1,5 bis 3 % höhere Antriebsleistung.

> Kleine Temperaturdifferenz in Wärmeübertragern erfordert große Flächen.

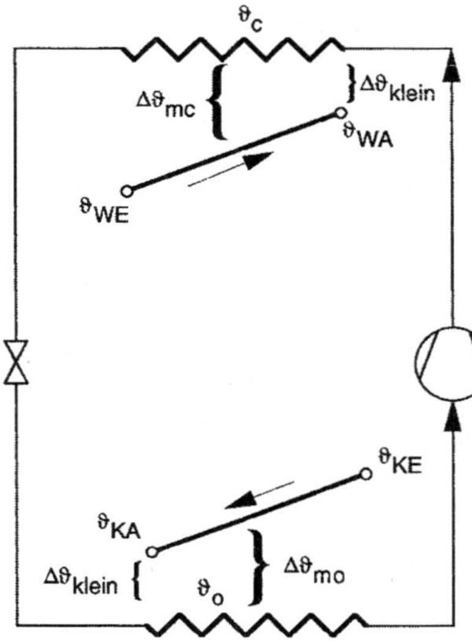

Abb. 4: Schema der Kompressionskälteanlage mit Temperaturniveau von Verdampfer und Temperaturverlauf des zugehörigen Kälteträgers sowie Temperaturniveau des Verflüssigers mit zugehörigem Temperaturverlauf des Kühlmediums

2.5 Temperaturspreizung von Kälteträger und Kühlmedium

Die üblichen flüssigen oder gasförmigen Kälteträger kühlen sich bei der Wärmeabgabe an den Kältemittelkreis um die Temperaturdifferenz $\Delta\vartheta_K$ ab.

$$Q_o = m\,c\,(\vartheta_{KE} - \vartheta_{KA}) = V\,\rho\,c\,\Delta\vartheta_K$$

Die Kälteleistung Q_o ist vorgegeben, die Temperaturspreizung $\Delta\vartheta_K$ kann innerhalb praktischer Grenzen variiert werden, wobei der umzuwälzende Kälteträgervolumenstrom V anzupassen ist. Der Volumenstrom wird aber auch durch die Wahl des Mediums bestimmt, weil die Stoffeigenschaften $\rho\,c$ (Dichte ρ und spezifische Wärme c) direkt in die Rechnung eingehen.

Entsprechend gilt dies auch für den Kreislauf des Kühlmediums mit der Wärmeleistung

$$Q_c = Q_o + P_e.$$

Die Grenzen der möglichen Temperaturspreizung ergeben sich aus der Antriebsleistung für Pumpe und Verdichter. Ein flacherer Verlauf der Medientemperatur verkleinert den Abstand der Kältemitteltemperatur zur Kühlmediumtemperatur, erfordert aber eine größere umzuwälzende Menge und erhöht damit die Pumpen- oder Ventilatorantriebsleistung P_P, da

$$P_P = V \Delta_P / \eta_P,$$

ist, wobei η_P der Pumpen-(Ventilator-)wirkungsgrad sein soll. In Abbildung 5 ist die Antriebsleistung der Pumpe und des Verdichters in einem Kühlkreislauf mit Kühlturmwasser über der Temperaturspreizung der Aufwärmung im Verflüssiger dargestellt.

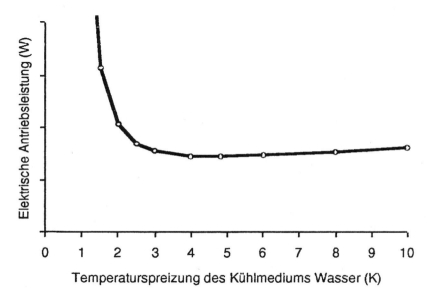

Abb. 5: Elektrische Antriebsleistung einer Kälteanlage (Verdichterantrieb und Pumpenantrieb des Kühlmediums) als Funktion der Temperaturdifferenz des Kühlmediums

> Kleine Temperaturspreizung der Kälteträger-/Kühlmedien erfordert große Pumpenleistung.

Es ergibt sich ein flaches Minimum der erforderlichen elektrischen Antriebsleistung. Da sehr viele Parameter in diese Berechnung eingehen, wird die Ordinate ohne Zahlenwerte gezeigt, der Verlauf ist jedoch in vielen praktischen Fällen ähnlich. Das Minimum liegt im Bereich der Temperaturspreizung von 3 bis 6 K. Die Verhältnisse auf der Verdampferseite mit seinem Kälteträger stellen sich ähnlich dar.

Es gibt aber Prozesse, die mit möglichst gleichbleibender Temperatur gekühlt werden sollten. Hier wird das Kältemittel selbst zum Verbraucher gebracht und verdampft direkt an der Kühlstelle. Die Kältemittel-Füllmengen solcher Anlagen sind groß. Alternativ kann eine gleichbleibende Kühltemperatur durch einen verdampfenden Kälteträger erreicht werden, der bei praktisch konstanter Temperatur Wärme beim Verbraucher aufnimmt, dabei verdampft und ebenso mit konstanter Temperatur im Verdampfer der Kälteanlage wieder verflüssigt wird. CO_2 ist unter anderem ein geeigneter Stoff.

2.6 Verschmutzung der wärmeübertragenden Flächen

Beim Bau von Verdampfern und Verflüssigern wird ein großer Aufwand betrieben, um den Wärmeübergang sowohl auf der Kältemittel- als auch auf der Kühlmittelseite zu verbessern. Damit lassen sich die erforderlichen Flächen und/oder die erforderlichen Temperaturdifferenzen Kühlmittel/Kältemittel verkleinern. Der Wärmeleitwiderstand im Rohr- oder Plattenmaterial ist von untergeordneter Bedeutung. Dagegen kann die Verschmutzung dieser Flächen zu einer erheblichen Verschlechterung der Betriebsbedingungen führen. Sie wird mit einem Verschmutzungszuschlag ff berücksichtigt. Je größer die Wärmestromdichte im Wärmeübertrager ist, umso empfindlicher reagiert die Verdampfungs- oder Verflüssigungstemperatur auf den zusätzlichen Widerstand durch eine Verschmutzungsschicht. Näherungsweise kann die Veränderung der Verdampfungstemperatur mit zunehmender Verschmutzung Δff folgendermaßen dargestellt werden:

$$\Delta \vartheta_o = - q \times \Delta ff$$

Je größer die Wärmestromdichte q und je größer die Zunahme der Verschmutzungsschicht, um so stärker sinkt die Verdampfungstemperatur, so daß die Kälteleistungszahl kleiner wird. Bei einer Wärmestromdichte $q = 20.000$ W/m² und einer Zunahme der Verschmutzung um nur 1×10^{-4} m² K/W würde die Verdampfungstemperatur um 2 K sinken und damit die Leistungszahl um $2 \times (2,5...4,5 \%/K) \approx 7 \%$ schlechter werden. Umgekehrt würde bei gleichem Vorgang auf der Verflüssigerseite die Verflüssigungstemperatur ansteigen und sich die Leistungszahl um den Betrag $2 \times (1,5...3 \%/K) \approx 5 \%$ verschlechtern.

> Verschmutzung der Wärmeübertragerflächen geht direkt in den Leistungsbedarf der Anlage ein.

Abhilfe schaffen inhibierte, geschlossene Kreislaufsysteme, deren Verschmutzung gering bleibt, offene Systeme mit automatischen Reinigungssystemen oder eine periodische Reinigung. Bei chemischer Reinigung ist aber auf Werkstoffverträglichkeit zu achten. Bei luftbeaufschlagten Wärmeübertragern mit dünnen Lamellen oder Rippen sollte die Reinigungsmöglichkeit bei der Spezifikation der Komponenten geklärt werden.

2.7 Luft im Kältekreislauf

Vor der Befüllung der Kälteanlage wird der Kreislauf evakuiert, um die Luft so weit wie möglich zu entfernen. Ein Rest an Luft verbleibt in der Anlage und sammelt sich während des Betriebs im Verflüssiger. Zu beachten ist, daß Luft auch bei Reparaturarbeiten in den Kreislauf gelangen kann. Luft im Verflüssiger bewirkt einen ungewollten Druckanstieg. Der Verdichter muß ein größeres Druckverhältnis bewältigen, was eine Verschlechterung der Leistungszahl zur Folge hat. Zudem blockiert dieses Luftpolster einen Teil der Fläche und behindert den Wärmeübergang.

> Luft im Verflüssiger verursacht Druckanstieg und damit sinkende Leistungszahl.

Sinkt der Verdampferdruck im Betrieb unter den Atmosphärendruck von 100 kPa, ist das Eindringen von Luft in den Kreislauf möglich. Die Anlage sollte bei solchen Bedingungen mit einer automatischen Entlüftungseinrichtung ausgerüstet oder periodisch kontrolliert und entlüftet werden.

2.8 Teillastverhalten von Kompressions-Kälteanlagen

Der Verdichter einer Kälteanlage wird gewöhnlich für die maximal erforderliche Kälteleistung ausgelegt. Die geometrischen Bedingungen der Maschine stimmen selten mit den Erfordernissen exakt überein. Zudem erfordern Belastungsschwankungen eine Leistungsanpassung der Kälteanlage an die Betriebsbedingungen. Der Verdichter muß also leistungsregelbar sein. Das Teillastverhalten der Anlage wird weitgehend vom Regelverhalten des Verdichters bestimmt.

Soll ein sehr großer Leistungsbereich (zum Beispiel von 100 bis 10 %) energetisch günstig bedient werden, sollte die Leistung auf mehrere Verdichter oder sogar auf mehrere parallel geschaltete Kältesätze verteilt werden. Damit kann die in Betrieb verbliebene Maschine bei energetisch günstiger Vollast arbeiten und durch Sequenzumkehr die Betriebsstunden aller Maschinen gleich gehalten werden.

> Bei Teillast ist der relative Leistungsbedarf von Verdichtern je nach Bauart unterschiedlich.

Abbildung 6 zeigt qualitativ das Teillastverhalten der am meisten verwendeten Verdichter.

Der Kolbenverdichter weist ein recht günstiges Teillastverhalten auf. Zu beachten ist jedoch, daß die minimale Teillast begrenzt ist. Die Kühlung der Zylinder muß darüber hinaus durch eine Mindest-Sauggasmenge gewährleistet sein. Die Teillastkurve

Abb. 6: Teillastverhalten der Kolben-, Schrauben- und Turboverdichter bei Zylinderabschaltung (Kolbenverdichter), Schieberregelung (Schraubenverdichter) und Vordrallverstellung (Turboverdichter)

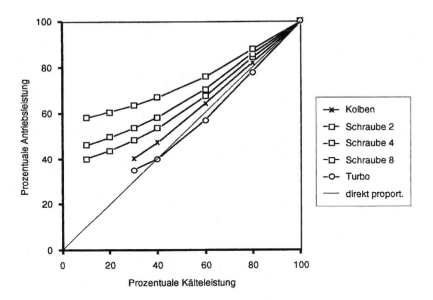

verläuft eigentlich treppenartig, da jeweils Zylinder zu- oder weggeschaltet werden. Bei einer Drehzahlregelung des Antriebsmotors wird die untere Grenze bei 30 bis 50 % erreicht, da die gekoppelte Schmierölpumpe eine minimale Drehzahl erfordert.

Der Schraubenverdichter kann dank der Kühlung durch direktes Einspritzen von Öl in den Verdichtungsraum ein hohes Druckverhältnis realisieren, wo zum Beispiel ein Kolbenverdichter bereits zweistufig arbeiten müßte. Beim Schraubenverdichter regelt ein Steuerschieber stufenlos die Saugleistung, so daß diese Maschinen hier einen weiteren Vorteil bieten. Bei der Lastanpassung unter 30 bis 40 % verläuft die erforderliche Antriebsleistung allerdings ungünstiger. Je höher das Druckverhältnis, um so ungünstiger wird der Verlauf der Teillastkurve. Die Drehzahlregelung wird beim Schraubenverdichter durch die zunehmende Rückströmung aus den Schraubengängen begrenzt. Das Regelverhalten durch Drehzahländerung ist jedoch im Lastbereich 100 bis 30 % günstig.

Beim Turboverdichter kann die Teillastregelung bei praktisch allen Konstruktionen durch die Verstellung von Vordrallschaufeln stufenlos geschehen. Bei entsprechender Auslegung durchfährt die Teillastkurve einen Bereich sehr günstigen Wirkungsgrades, so daß die erforderliche Antriebsleistung überproportional abnimmt. Die Drehzahlregelung des Turboverdichters ist möglich, aber nur in begrenztem Umfang sinnvoll. Da der Saugstrom mit der Drehzahl proportional zurückgeht, der aufgebaute Druck aber mit dem Quadrat der Drehzahl abnimmt, kann die Teillastkurve bei Drehzahlregelung aus dem Bereich des Verdichterkennfeldes geraten. Betriebskennlinie und Maschinenkennlinie sind daher bei der Planung sorgfältig aufeinander abzustimmen.

2.9 Eisspeicheranlagen

Eisspeicheranlagen eröffnen die Möglichkeit, Kälteenergie in Niedriglastzeiten zu erzeugen und dann für Spitzenlastzeiten sowohl während des Elektrizitäts- als auch Kältebedarfs zu „lagern". Hierzu werden die Eisspeicher in Lasttälern, also überwiegend in Nachttälern und zu NT-Zeiten durch die Erzeugung von Eis „beladen" und zu den Zeiten höchsten Kälte- oder Elektrizitätsbedarfs wieder „entladen". Neben einer Reduzierung von Arbeitskosten (NT statt HT) und Leistungskosten bei Reduzierung von Sommerspitzenlasten kann auch die installierte Kompressorleistung reduziert werden. Der Einsatz von Eisspeichern ist meist nur dann sinnvoll, wenn die vorhandene Kälteleistung für die Kältebedarfsdeckung nicht mehr ausreicht und ein Zubau erforderlich wird.

Sollen dagegen Eisspeicheranlagen als Rationalisierungsinvestition gegenüber Kompressoranlagen vorgezogen werden, ist eine Wirtschaftlichkeit in der Regel nicht mehr gegeben, insbesondere wenn die Leistungsspitzen in die Wintermonate fallen und/oder die Preisdifferenz zwischen den letzten Preiszonen der Hochtarif- und der Niedertarifzeit sehr gering sind.

Eisspeicher besitzen eine theoretische Speicherdichte von 84,4 kWh/m³, da die Schmelzwärme des Wassers als Kälteenergie zur Verfügung steht. Für den Durchfluß des Wassers und die Kühlerrohre geht jedoch Platz verloren, so daß die praktische Speicherdichte im Mittel rund 50 kWh/m³ beträgt. In der Regel werden die Eisspeicher so ausgelegt, daß an Tagen höchsten Kältebedarfs rund ein Drittel der Kältearbeit aus dem Eisspeicher gedeckt werden kann.

Es ist aber zu berücksichtigen, daß die Kälteenergie zur Eiserzeugung bei tieferer Temperatur zu erbringen ist. Die Verdampfungstemperatur bei der Eiserzeugung ist ca. −5 bis −8 °C, während die entsprechenden Temperaturen für Kaltwasser von 5 bis 6 °C bei 0 bis +3 °C sind. Die tiefere Verdampfungstemperatur bedeutet einen um 25 % höheren Strombedarf.

> Eisspeicher nur dann sinnvoll, wenn vorhandene Kälteleistung nicht mehr ausreicht und ein Zubau erforderlich wird.

> Elektrischer Anschlußwert und elektrische Spitzenlasten beim Vergleich von Anlagenvarianten einbeziehen.

> Für die Aufladung des Kältespeichers ist ein Mehrenergiebedarf von rund 25 % zu veranschlagen.

3 Absorptions-Kälteanlagen

3.1 Arbeitsprinzip der Absorptionskälteanlage

Bei Absorptionsanlagen geschieht der Temperaturhub durch thermische und einen kleinen Anteil elektrischer Energie. In Abbildung 1 kann die Gruppe Absorber/Pumpe/Austreiber als thermischer Kompressor bezeichnet werden, denn diese hebt das Kältemittel von Verdampfungs- auf Verflüssigungsdruck. Die Absorption des aus dem Verdampfer kommenden Kältemittels kann als Saughub bezeichnet werden, die Druckerhöhung in der Pumpe als Druckerzeugung und das Austreiben des Kältemittels aus der Lösung als Ausschieben aus einem Verdichter. Auch das Wärmeverhältnis ξ von Nutz-(Kälte-)energie Q_0 zu Antriebs-(Heiz-)energie Q_H als kennzeichnende Größe entspricht der Leistungszahl der Kompressionskältemaschine. Ein direkter Vergleich ist aber nicht zulässig, da ja bei Kompressionsanlagen hochwertige elektrische bzw. mechanische Energie eingesetzt wird. Verdampfer und Verflüssiger entsprechen den Apparaten in Kompressions-Kälteanlagen.

Gegenüber der Kompressionskälteanlage sind die Investitionskosten höher. Ebenfalls höher ist der Wasserverbrauch, da neben der Verflüssigung des Kältemittels auch der Absorptionsvorgang gekühlt werden muß.

Die klassische Stoffpaarung der Absorption ist Wasser/Ammoniak, wobei das leichter flüchtige Ammoniak als Kältemittel und Wasser als Lösemittel dient. Der Einsatzbereich reicht bis ca. −45 °C hinunter.

Bei Nutztemperaturen über 0 °C wird die Lösung des Salzes Lithiumbromid mit Wasser als Kältemittel verwendet. Das Kältemittel Wasser verdampft bei 3 bis 4 °C und kühlt den Kälteträger Wasser auf 6 bis 8 °C. Wegen des niedrigen Druckes auf der Kältemittelseite muß auf Dichtheit der Anlage und ausreichende Abgrenzung der Lösung großes Gewicht gelegt werden. Ein periodisches Absaugen eingedrungener Luft ist unerläßlich.

Drei Temperaturen legen den Prozeß fest. Die Kälteträger-Vorlauftemperatur bestimmt die Verdampfungstemperatur und damit den niedrigsten Druck im System (0,7 bis 0,8 kPa). Die Kühlwassertemperatur bestimmt die Absorptionstemperatur und nachgeordnet auch die Verflüssigungstemperatur. Die Heiztemperatur bestimmt den Austreiberdruck und die Verflüssigungstemperatur. Die Wahl der drei bestimmenden Temperaturen beeinflußt sich gegenseitig und kann nicht willkürlich erfolgen. Die Kühlwassertemperatur des Absorbers und Verflüssigers darf eine vom Hersteller vorgegebene Grenze nicht unterschreiten. Die vermeintliche Verbesserung des

> Kälte kann mit thermischer Energie (zum Beispiel Überschußwärme aus der Kraft-Wärme-Kopplung) wirtschaftlich bereitgestellt werden.

| Einstufige Anlagen erreichen Wärmeverhältnisse von 0,6 bis 0,7.

Prozesses führt zu unerwünschten und gefährlichen Verschiebungen der Salzkonzentrationen.

Einstufige Anlagen mit Lithiumbromid-Wasser arbeiten mit Heizmediumtemperaturen von 80 bis ca. 120 °C Warmwasser oder Dampf. Die erreichbaren Wärmeverhältnisse $\zeta = Q_O/Q_H$ sind 0,6 bis 0,7 kW Kälteleistung/kW Heizleistung. Der Kühlwasserverbrauch reicht von 0,25 bis 0,4 m³/h pro kW Kälteleistung.

| Zweistufige Anlagen erreichen Wärmeverhältnisse von 1,3 bis 1,4.

Zweistufige Anlagen erfordern Heizdampf von 160 bis 180 °C. Durch die Zweifachnutzung des Dampfes erreichen die Wärmeverhältnisse $\zeta = Q_O/Q_H$ Werte von 1,3 bis 1,4 kW Kälteleistung/kW Heizleistung. Der Kühlwasserverbrauch liegt bei 0,3 bis 0,35 m³/h pro kW Kälteleistung.

3.2 Adsorptionsanlagen DEC

„DEC" steht für <u>D</u>esiccative and <u>E</u>vaporative <u>C</u>ooling und besagt, daß Luft durch Trocknen (desiccate) und Verdunsten (evaporate) gekühlt wird. Das „DEC"-Sorptionsverfahren nutzt die Fähigkeit eines Feststoffes, Wasserdampf aufzunehmen und beim Aufheizen wieder abzugeben (vgl. Abbildung 7). Umgebungsluft wird gefiltert und in einem langsam rotierenden Silikagelbett entfeuchtet (1 – 2), anschließend in einem Wärmeübertrager vorgekühlt (2 – 3), im Befeuchter (3 – 4) durch den Verdunstungseffekt gekühlt und in den zu klimatisierenden Raum gefördert. Warme und mäßig feuchte Abluft (5) wird durch Befeuchten gekühlt (5 – 6) und nimmt im Wärmeübertrager (6 – 7) Wärme von der Zuluft auf. Im Erhitzer (7 – 8) wird die Luft auf Regeneriertemperatur gebracht und trocknet das Silikagelbett (8 – 9). Die Fortluft enthält den Wasserdampf der Entfeuchtung und die zur Kühlung eingebrachte und verdunstete Wassermenge.

Abb. 7: DEC-Verfahren; mögliche Ausführungsart der Entfeuchtung und Verdunstungskühlung von Zuluft

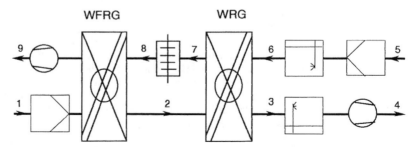

| DEC-Anlagen nutzen die Fähigkeit von Feststoffen, Wasser aufzunehmen und abzugeben; dabei kann Luft durch Wasserverdunstung gekühlt werden.

Mit Silikagel als Adsorber und mäßig feuchter Luft können mit solchen Anlagen Räume klimatisiert werden. Die spezifischen Verbrauchszahlen liegen bei 0,4 bis 0,7 kW Kühlleistung pro kW Heizleistung. Die Heizenergie kann Warmwasser von 60 bis 100 °C sein. Die erreichbare Temperatur und relative Feuchte der zu konditionierenden Luft ist beschränkt und ist fallweise zu klären.

4 Wahl des Rückkühlwerkes

| Luftkühlung erfordert gegenüber Rückkühlwerken oder Brunnenwasserrkühlung bei gleicher Spitzenlast-Kälteleistung größere Verdichter und damit höheren Energieverbrauch.

Die Kondensatorkühlung muß auf eine Wärmeleistung ausgelegt werden, die der Summe der Kälteleistung und der Verdichter- bzw. Heizleistung entspricht. Die Kondensatoren können als luftgekühlte Verflüssiger oder in Verbindung mit Rückkühlwerken ausgeführt werden. Die Luftkühlung erfordert gegenüber Rückkühlwerken oder Brunnenwasserkühlung bei gleicher Spitzenlast-Kälteleistung größere Verdichter und damit einen höheren Energieverbrauch der Verdichter. Bei Luftkühlung ist darüber hinaus zu beachten, ob Steighöhen in dem Gebäude für die Kältemittel zu überbrücken sind und ob die Luftvolumenströme in dem Gebäude unterzubringen sind.

Wasserrückkühlwerke arbeiten grundsätzlich in der Weise, daß das aus dem Verflüssiger kommende warme Wasser, über Füllkörper rieselnd, mit Luft in Berührung gebracht wird, wodurch es je nach Temperatur und Feuchte der Luft mehr oder weniger gekühlt wird. Danach kehrt das Wasser wieder zum Verflüssiger zurück, und der Kreislauf beginnt von neuem (offenes Rückkühlwerk). Zum kleineren Teil erfolgt die Abkühlung durch Abgabe fühlbarer Wärme an die kühle Luft, zum größeren Teil jedoch durch Verdunstung eines geringen Teils des Wassers.

Die Wasserrückkühlwerke sind heute in der Regel mit Ventilatoren zwangsbelüftet. Der Luftvolumenstrom beträgt rund 130 bis 170 m^3/h je 1 kW Verflüssigerleistung. In diesem Zusammenhang ergeben sich elektrische Leistungen für Axialventilatorenantriebe von 6 bis 10 W und für Radialventilatorantriebe von rund 10 bis 20 W je 1 kW Verflüssigerleistung. Damit kann allein schon mit der Wahl des Axialventilators der Bedarf an elektrischer Energie für den Ventilatorantrieb im Rückkühlwerk um rund 40 bis 50 % gesenkt werden. Da die höchste Feuchtkugeltemperatur von 18 bis 21 °C nur an wenigen Tagen im Jahr auftritt, ist es zur Energieersparnis zweckmäßig, die Ventilatordrehzahl in Abhängigkeit von der Feuchtkugeltemperatur oder der Wasseraustrittstemperatur zu regeln (zum Beispiel über Frequenzumformer).

Bei offenen Rückkühlwerken muß mit einem stündlichen Frischwasserzusatz von rund 4 kg pro kW Kälteleistung des Verdichters zur Deckung der Verluste an Verdunstungs-, Spritz- und Absalzwasser gerechnet werden. Moderne Rückkühlwerke besitzen eine leitfähigkeitsgeregelte Absalzung.

Im Gegensatz zu offenen Rückkühlwerken fließt in geschlossenen Rückkühlwerken das rückzukühlende Wasser oder auch Wasser-Glykol-Gemisch in den Rohren; das über das Rohrsystem rieselnde Sprühwasser zirkuliert in einem eigenen Kreislauf. Der Vorteil ist, daß das Kühlwasser nicht mit der Kühlluft in Berührung kommt. Es wird also nicht verschmutzt und nicht durch Luftsauerstoff- und Salzanreicherung aggressiv. Nachteile liegen einerseits in den deutlich höheren Investitionskosten und insbesondere in dem etwa zwei- bis dreifachen Gewicht der geschlossenen Rückkühlwerke gegenüber offenen Rückkühlwerken.

> Mit einem Axialventilator kann gegenüber einem Radialventilator der Bedarf an elektrischer Energie für den Ventilatorantrieb im Rückkühlwerk um rund 40 bis 50 % gesenkt werden.

> Offene Rückkühlwerke verursachen aufgrund des Frischwasserzusatzes höhere Betriebskosten gegenüber geschlossenen Rückkühlwerken.

> Geschlossene Rückkühlwerke besitzen zwei- bis dreifaches Gewicht gegenüber offenen Rückkühlwerken und verursachen deutlich höhere Investitionen.

Uwe Franzke
Klimatisierung

Neben technologischen Anforderungen ist vor allem die thermische Behaglichkeit des Menschen ein Kriterium für den Einsatz von raumlufttechnischen Anlagen. Entsprechend den zum Einsatz kommenden Komponenten einer RLT-Anlage wird dann von Teil- oder Vollklimatisierung gesprochen. Der Energieaufwand für Klimatisierung wird bestimmt durch die Wahl des Außenluftvolumenstroms zur Sicherung hygienischer Forderungen sowie durch die Festlegung der Raumlufttemperatur und -feuchte.

Je nach Konfiguration des Klimagerätes kommen verschiedene Elektroenergieverbraucher zum Einsatz. Wesentliche Beiträge zur Leistungsspitze der elektrischen Anschlußleistung liefern Kompressionskältemaschine inklusive Kühlturm, Dampfbefeuchter bei elektrischer Direktbeheizung, Ventilatoren sowie Pumpen und elektrische Stell- und Überwachungseinrichtungen. Die Leistungsspitze bei RLT-Anlagen wird von der elektrischen Anschlußleistung der Kompressionskälteanlage im Sommer bzw. des Dampfbefeuchters im Winter verursacht.

Die Einsparung an elektrischer Energie ist im Bereich der Klimatisierung in verschiedenen Realisierungsetappen möglich. Dazu gehört neben der Frage der Energiekosteneinsparung vor allem die Höhe an Ersatz- oder Zusatzinvestitionen. Insgesamt ergeben sich somit:

1. kurzfristige Einsparpotentiale durch:
    - Veränderung der Sollwerte für die Raumlufttemperatur und -feuchte auf die notwendigen Verhältnisse
    - Überprüfung der vorhandenen Sonnenschutzeinrichtung bezüglich ihrer Wirksamkeit
    - Abschalten von Anlagen bei Nichtnutzung
2. mittelfristige Einsparpotentiale durch:
    - Einsatz von CO_2-Sensoren zur bedarfsgerechten Lüftung und somit zur Reduzierung des Energieverbrauchs der Klimatisierung
    - Ergänzung von Sonnenschutzeinrichtungen
    - Realisierung der intensiven Nachtlüftung
3. langfristige Einsparpotentiale durch:
    - Einsatz von Enthalpierückgewinnungssystemen zur Reduzierung der Befeuchtungsmenge
    - Nutzung eines Sorptionsregenerators zur Realisierung der Luftentfeuchtung und dadurch Verkleinerung der Kälteleistung
    - Ersatz der Kompressionskälteanlage durch Absorptionskälteanlage bei Vorhandensein von Abwärme oder preiswerter Fernwärme
    - Austausch der elektrischen Dampfbefeuchter gegen Verdunstungs- oder Sprühdüsenbefeuchter bei Nutzungsmöglichkeit von Niedertemperaturwärme und genügend langen Befeuchtungsstrecken

1 Notwendigkeit der Klimatisierung

Die Notwendigkeit der Klimatisierung ergibt sich aus den Nutzungsanforderungen eines Gebäudes. Neben technologischen Anforderungen ist vor allem die thermische Behaglichkeit des Menschen ein Kriterium für den Einsatz von raumlufttechnischen Anlagen (nachfolgend RLT-Anlagen genannt). In DIN 1946 Teil 2 (1994) wird definiert, daß „thermische Behaglichkeit dann gegeben ist, wenn der Mensch Lufttemperatur, Luftfeuchte, Luftbewegung und Wärmestrahlung in seiner Umgebung als optimal empfindet".

Klimatisierung

Demzufolge müssen mit Hilfe von RLT-Anlagen direkt die Lufttemperatur, Luftgeschwindigkeit, Luftfeuchte und Luftqualität des Raumes beeinflußt werden. Eine Abschirmung von Räumen gegen die direkte Sonneneinstrahlung ist in Form von Sonnenschutzeinrichtungen vorzunehmen. Entsprechend den zum Einsatz kommenden Komponenten einer RLT-Anlage wird dann von Teil- oder Vollklimatisierung gesprochen.

Aus Sicht der Nutzer der Klimatechnik sind verschiedene Beweggründe für den Einsatz dieser Technik anzumerken. Vorrangig sind dabei technologische Gründe ausschlaggebend, wenn bei der Produktion von Gütern bestimmte Raumluftfeuchten bzw. -temperaturen in engen Grenzen eingehalten werden müssen. Zunehmend spielt jedoch auch die Leistungsfähigkeit der Mitarbeiter eine Rolle. Entsprechend der Abbildung 1 zeigt sich, daß schon bei Raumtemperaturen von 28 °C Leistungseinbußen von etwa 25 % hinzunehmen sind.

> Thermische Behaglichkeit erhöht die Leistungsfähigkeit der Mitarbeiter.

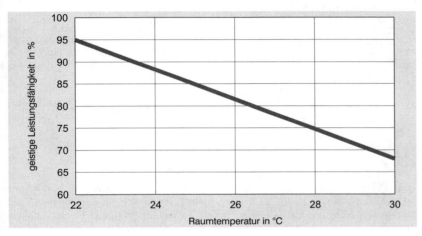

Abb. 1: Geistige Leistungsfähigkeit des Menschen (Wyon)

Einen Anspruch auf eine definierte Temperatur am Arbeitsplatz ist im Prinzip nicht vorhanden; die Verordnung über Arbeitsstätten (ArbStättV) nennt eine Ausnahme:
„§ 6 Raumtemperaturen
(1) In Arbeitsräumen muß während der Arbeitszeit eine unter Berücksichtigung der Arbeitsverfahren und der körperlichen Beanspruchung der Arbeitnehmer gesundheitlich zuträgliche Raumtemperatur vorhanden sein.
(4) Bereiche von Arbeitsplätzen, die unter starker Hitzeeinwirkung stehen, müssen im Rahmen des betrieblich Möglichen auf eine zuträgliche Temperatur gekühlt werden."

Insgesamt muß festgestellt werden, daß mit diesen Vorgaben keine konstante sommerliche Raumtemperatur gefordert wird. Damit gelten allgemein die Aussagen nach DIN 1946 Teil 2, wonach bei hohen Außenlufttemperaturen und bei kurzzeitig auftretenden hohen thermischen Lasten ein Anstieg der Raumtemperatur zugelassen wird und somit auch zeitweilige Temperaturen von 27 °C möglich sind. Darüber hinaus sollen die in Tabelle 1 aufgeführten Werte für die Luftfeuchtigkeit nicht überschritten werden (ArbStättV):

Lufttemperatur [°C]	Relative Luftfeuchtigkeit [%]
20	80
22	70
24	62
26	55

Tabelle 1: Grenzwerte relativer Luftfeuchtigkeiten

Ausgehend von der Wahl der Raumtemperatur und Feuchtigkeit ergeben sich für die Kälteleistung unterschiedliche Auslegungsdaten. In Abbildung 2 ist über einen weiten Bereich des spezifischen Außenluftvolumenstromes die spezifische Kälteleistung aufgetragen.

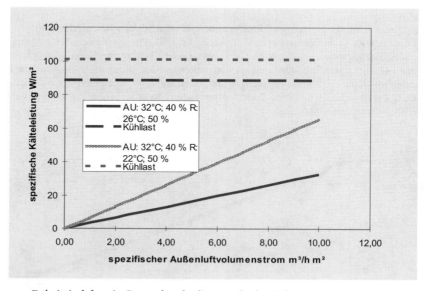

Abb. 2: Kälteleistung in Abhängigkeit der Auslegungsparameter
(AU = Außenluftzustand;
R = Raumluftzustand)

> Energieaufwand für Klimatisierung wird bestimmt durch Wahl des Außenluftvolumenstromes zur Sicherung hygienischer Forderungen sowie Festlegung der Raumlufttemperatur und -feuchte.

Dabei sind für ein Bürogebäude die Anteile der Kälteleistung für die Kühllast (gestrichelte Linie) und die Außenluftaufbereitung (durchgezogene Linie) bei Raumlufttemperaturen von 26 und 22 °C dargestellt. Es ergibt sich ein starker Einfluß der Auslegungsbedingungen auf die spezifische Kälteleistung. Während bei der Kühllast des Gebäudes ein geringerer Unterschied zwischen den verschiedenen Raumlufttemperaturen vorhanden ist, muß bei dem Anteil für die Außenluftaufbereitung je nach spezifischen Außenluftvolumenstrom eine größere Differenz berücksichtigt werden. Typische Volumenströme liegen im Bereich von etwa 6 bis 8 m³/h m², so daß eine Differenz von bis zu 30 W/m² in der spezifischen Kälteleistung vorhanden ist.

Die Auslegung der RLT-Anlagen wird wesentlich durch die architektonische Gestaltung des Gebäudes geprägt. Während der Heizenergiebedarf aufgrund der stärkeren Nutzung solarer Gewinne zurückgeht, ist für die Verringerung des Kühlenergiebedarfs eine Optimierung des Gebäudes hinsichtlich Speichermassen, Verschattungseinrichtungen, Tageslichtlenkung und Nutzeranforderungen unbedingte Voraussetzung. Die Einhaltung der Forderungen der DIN 1946 Teil 2 wird in der Regel ohne den Einsatz von RLT-Anlagen nicht möglich sein.

2 Elektrizitätsverbräuche und -kosten der Komponenten der Klimatisierung

Je nach Konfiguration des Klimagerätes kommen verschiedene Elektroenergieverbraucher zum Einsatz. In der Reihenfolge Ihres Beitrages zur Leistungsspitze der elektrischen Anschlußleistung sind das:

- Kompressionskältemaschine inklusive Kühlturm
- Dampfbefeuchter bei elektrischer Direktbeheizung
- Ventilatoren
- Pumpen für Kalt- und Warmwasser
- Pumpen für Befeuchtungseinrichtungen
- Elektrische Stell- und Überwachungseinrichtungen

Klimatisierung

Aufgeführt sind nur die Komponenten, die einen nennenswerten Beitrag zum Verbrauch an elektrischer Energie leisten. Während die Leistungsspitze von der elektrischen Anschlußleistung der Kompressionskälteanlage (Sommer) und des Dampfbefeuchters (Winter) abhängt, sind bei der elektrischen Arbeit neben den genannten Komponenten auch der Antrieb des Ventilators von Bedeutung. Beispielhaft werden nachfolgend für einige Komponenten spezifische Angaben gemacht:

> Bei der Betrachtung der Leistungsspitze der elektrischen Energie ist zwischen Sommerfall (Kompressionskältemaschine) und Winterfall (elektrischer Dampfbefeuchter) zu unterscheiden.

Ausgehend von der Abbildung 3 kann für eine Kompressionskältemaschine die Leistungszahl in Abhängigkeit der Temperaturdifferenz zwischen Verdampfungs- und Kondensationstemperatur ermittelt werden.

2.1 Kompressionskältemaschine und Rückkühlwerk

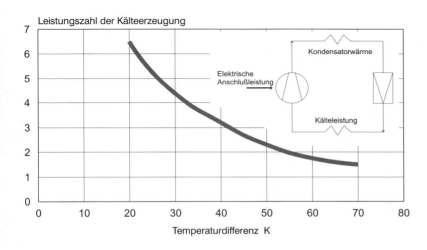

Abb. 3: Leistungszahl einer Kompressionskälteanlage

Für die Leistungszahl gilt die allgemeine Definition:

$$P = \frac{\dot{Q}_0}{\varepsilon}$$ mit P Elektrische Leistung; $\dot{Q}_0$ Kälteleistung; ε Leistungszahl

Bei der Bestimmung der Temperaturdifferenz ist darauf zu achten, daß die Verdampfungstemperatur wesentlich niedriger ist als die Lufteintrittstemperatur in den Verdampfer. Eine analoge Aussage läßt sich für die Kondensationstemperatur treffen, welche oberhalb der luft- oder wasserseitigen Eintrittstemperaturen in den Kondensator liegen muß. Als Richtwerte können folgende Temperaturdifferenzen angenommen werden (Heinrich et al., 1997):

$$t_{L,E,0} - t_0 = t_C - t_{L,E,C} = 10...20 K$$

mit $t_{L,E,0}$ Lufteintritttemperatur in den Verdampfer
       t_0 Verdampfungstemperatur
       t_C Kondensationstemperatur
       $t_{L,E,C}$ Lufteintrittstemperatur in den Kondensator

Unter sommerlichen Auslegungsbedingungen (32 °C; 40 % rel. Feuchte) entstehen somit zwischen Verdampfer und Kondensator Temperaturdifferenzen von 40 bis 50 K. Als Folge davon wird die Leistungszahl der Kälteerzeugung Werte zwischen 2 und 3 annehmen, das heißt für eine Kälteleistung von 300 kW wird damit eine elektrische Leistung zwischen 100 und 150 kW benötigt.

> Geringe Temperaturdifferenzen zwischen Verdampfer und Kondensator erhöhen Leistungszahl.

Bei der Ermittlung des Verbrauchs an Kälteenergie ist zwischen einer exakten Berechnung unter Nutzung von Simulationsprogrammen und der pauschalen Berechnung mittels Kennzahlen zu unterscheiden. Für die Abschätzung des Anteils des Verbrauchs an elektrischer Energie, der durch die Kältemaschinen verursacht wird, reicht der Einsatz von Kennzahlen in Form der Vollaststunden.

Für den Verbrauch an Kälteenergie gilt:

$$Q_0 = \dot{Q}_0 \cdot b$$

bzw. für die elektrische Energie:

$$E_0 = \frac{\dot{Q}_0}{\varepsilon} \cdot b \quad \text{mit } \dot{Q}_0 \text{ Verbrauch an Kälteenergie}$$
E_0 Verbrauch an elektrischer Energie durch Kältemaschinen
b Vollaststunden

In SIA 380/4 sind beispielhaft für die Schweiz Vollaststunden für unterschiedliche Anwendungen aufgeführt. Die angegebenen Vollaststunden decken sich mit Erfahrungswerten für Deutschland, so daß bei weiteren Rechnungen auf diese Kennzahlen zurückgegriffen werden kann.

Tabelle 2: Vollaststunden der Kühlung für unterschiedliche Gebäudezonen

Zone Nutzungsstunde	Mittlere interne Wärmelast (W/m²)	Vollaststunden Kühlung (h/a)	
		allgemeine Richtwerte	verschärfte Richtwerte
Büro 2750 h/a	30	550	400
	40	800	600
Verkauf 3600 h/a	30	650	400
	40	1.000	600
Schulraum 2000 h/a	30	400	250
	40	600	350

Kälteenergie kann sehr gut über Vollaststunden der Kühlung abgeschätzt werden.

Neben dem Verdichter der Kälteanlage ist vor allem auch der Kühlturm oder das Rückkühlwerk hinsichtlich der elektrischen Energie von Bedeutung. Für offene Rückkühlwerke werden folgende Werte angegeben (Recknagel et al. 1994/1995):
- Axialventilatoren: 6 bis 10 W je kW Kondensatorwärme
- Radialventilatoren: 10 bis 20 W je kW Kondensatorwärme

Die Kondensatorwärme berechnet sich zu:

$$\dot{Q}_c = \dot{Q}_0 + P$$

Das heißt neben der Kälteleistung muß zusätzlich die Verdichterleistung über das Rückkühlwerk an die Umgebung abgeführt werden.

Für die Ermittlung des Verbrauchs an elektrischer Energie durch die eingesetzten Ventilatoren gelten in erster Näherung die gleichen Vollaststunden wie für die Kältemaschine. Dabei ist jedoch zu beachten, daß es aufgrund der freien Kühlung in den Übergangs- und Wintermonaten zu einer längeren Benutzungszeit der Rückkühlwerke kommen kann.

Elektrische Energie für Rückkühlwerk-Ventilatoren kann in erster Näherung über Vollaststunden der Kühlung abgeschätzt werden; bei freier Kühlung aber gegebenenfalls Erhöhung der Benutzungsdauer.

2.2 Dampfbefeuchter mit elektrischer Direktbeheizung

Für die Auslegung des Elektrodampfbefeuchters werden folgende Richtwerte angegeben (Iselt et al. 1996):
- 0,76 kW je kg/h Dampfleistung
- durchschnittliche Vollbenutzungsstunden: 3.000 h/a bei durchgängigem Betrieb der RLT-Anlage

Für den Elektroenergieverbrauch des Dampfbefeuchters gilt näherungsweise (VDI 2067):

Klimatisierung

$$G_{DA} = \dot{V}_L \cdot \rho_L \cdot Z_5 \cdot (x_{TP} - x_{a5}) \cdot 3600 \, kg/a$$

mit
- G_{DA} — Dampfmenge
- $\dot{V}_L$ — Luftvolumenstrom
- ρ_L — Dichte der Luft
- Z_5 — jährliche Stunden mit $x_a < x_{TP}$ und $t_a < t_i$
- x_{TP} — Feuchte im Taupunkt
- x_{a5} — mittlere absolute Feuchte der Außenluft

Die Größen x_{TP}, x_{a5}, Z_5 können aus der VDI 2067 für verschiedene Orte Deutschlands entnommen werden. Beispielhaft sind in folgender Zusammenstellung für die Randbedingungen (t_i = 22 °C; h_{TP} = 33kJ/kgK) einige Orte aufgeführt (vgl. Tabelle 3).

Ort	x_{TP}	x_{a5}	Z_5
Berlin	8,54 g/kg	4,8 g/kg	7.313 h/a
Essen	8,54 g/kg	5,2 g/kg	7.133 h/a
Hamburg	8,54 g/kg	5,0 g/kg	7.375 h/a
München	8,54 g/kg	4,8 g/kg	7.013 h/a
Stuttgart	8,54 g/kg	4,9 g/kg	7.110 h/a

Tabelle 3: Parameter für die Dampfbefeuchtung an verschiedenen Orten Deutschlands

Bei der Verwendung der oben genannten Gleichung sind die Korrekturfaktoren für die Betriebszeit und den veränderlichen Außenluftanteil zu berücksichtigen. Rákóczy nennt ein vereinfachtes Verfahren zur Ermittlung der jährlichen Dampfmenge (1997). Dabei können Raumluftfeuchtigkeiten berücksichtigt werden.

Durch die Überprüfung des Einsatzes von Enthalpierückgewinnungsgeräten zur Feuchterückgewinnung im Winter kann die Auslegung des Befeuchtungssystems kleiner erfolgen.

Die elektrische Leistung des Ventilators ist durch Gesamtdruckerhöhung und Volumenstrom bestimmt.

2.3 Ventilatoren

$$P = \frac{\dot{V} \cdot \Delta p}{\eta}$$

mit
- P — Elektrische Leistung
- $\dot{V}$ — Volumenstrom
- Δp — Gesamtdruckverlust
- η — Wirkungsgrad

Die Berechnung des jährlichen Elektroenergieverbrauchs wird im wesentlichen durch die Anzahl der Betriebsstunden des Ventilators geprägt.

$$E_V = P \cdot b$$

mit
- P — Elektrische Leistung des Ventilators
- b — Vollaststunden

Die so ermittelten elektrischen Verbräuche gelten nur für einen konstanten Volumenstrom. Bei variablen Volumenströmen ist vor allem daran zu denken, daß nicht nur der Volumenstrom reduziert wird. Aufgrund der reduzierten Luftgeschwindigkeiten im Kanalnetz kommt es zu einer deutlichen Verringerung der Druckverluste.
 Der Wirkungsgrad der Ventilatoren variiert stark mit der Baugröße. Während kleine Ventilatoren Wirkungsgrade von etwa 20 % aufweisen, sind bei größeren Geräten durchaus Wirkungsgrade von etwa 70 bis 80 % erreichbar.

Ausreichende Kanaldimensionierungen und bedarfsgerechte Volumenströme ermöglichen geringe Druckverluste und dadurch geringere Verbräuche an elektrischer Energie.

3 Stromkennwerte zur Beurteilung des Stromverbrauchs

Die übliche Bewertung des Energieverbrauchs erfolgt im Bereich der Gebäudeklimatisierung in Form von Endenergie. Dadurch werden sowohl Strom und Wärme als auch Kälte in Primärenergie zurückgerechnet. Recknagel et al. (1994/1995) geben folgende Beziehungen für die Energiekennzahl, bezogen auf den m² Nutzfläche, an:

$$E_{PE} = u \cdot E_S + u \cdot v \cdot E_K + w \cdot E_W \text{ in } kWh/m^2a$$

mit $u \cdot E_s$ Primärenergiekennzahl Stromanwendungen (außer Kälteerzeugung)
$u \cdot v \cdot E_K$ Primärenergiekennzahl Kälteerzegung
$w \cdot E_w$ Primärenergiekennzahl Wärme

Für die Umrechnungsfaktoren gilt (vgl. Tabelle 4):

Tabelle 4: Umrechnungsfaktoren für End- in Primärenergie im Bereich der Gebäudeklimatisierung

Strom	$u = 3$		entsprechend Wirkungsgrad 33 % von Kondensationskraftwerken
Kälte	$u \cdot v = 1{,}2 = 3/(3{,}0 \cdot 0{,}9 \cdot 0{,}92)$	3,00 0,90 0,92 3,00	Leistungszahl Kältemaschine Wirkungsgrad Elektromotor Verluste der Verteilung Faktor u Strom in Primärenergie
Wärme	$w = 1{,}5 = 1/(0{,}8 \cdot 0{,}92 \cdot 0{,}92)$	0,75 bis 0,85 0,92 0,92	Jahresnutzungsgrad Kessel Verluste der Verteilung Umwandlung Rohöl in Heizöl

Kennwerte für die Beurteilung des Endenergieverbrauchs können beispielhaft aus VDI 3804 entnommen werden. Eine Unterscheidung in die einzelnen Energiearten wäre nur nach Umrechnung der Endenergie möglich.

Recknagel et al. (1994/1995) stellen für verschiedene Systemkonfigurationen die spezifischen Energieverbräuche dar, welche sich gut mit neuesten Angaben von Rákóczy (1997) decken.

Tabelle 5: Netto-Energiebedarf je m² Nutzfläche bei ca. 3.000 Betriebsstunden pro Jahr (Recknagel et al. 1994/1995)

Energieart	Induktions-Anlage [kWh/m² a]	VVS-Anlage [kWh/m² a]	Zweikanalanlage mit konst. Volumenstrom [kWh/m² a]
Wärme für Transmission (tagsüber u. nachts)	100 bis 110	100 bis 110	100 bis 110
Wärme für Lüftung (tagsüber)	50 bis 60	55 bis 65	70 bis 140
Kälte	30 bis 45	28 bis 43	60 bis 90
elektrischer Strom für Lufttransport	25 bis 32	28 bis 40	60 bis 90
elektrischer Strom für Pumpen	5 bis 8	4 bis 7	5 bis 10

> Bei Bewertung der unterschiedlichen Energiearten innerhalb der Klimatisierung ist idealerweise auf die Primärenergie umzurechnen.

Eine Aussage zum Verbrauch an elektrischer Energie kann für die nachfolgenden Energiearten durch eine Umrechnung getroffen werden. Für die Luftbefeuchtung wurde auf die Daten aus VDI 3804 zurückgegriffen.

Klimatisierung

Energieverwendung und -art	Elektroenergiebedarf [kWh/m² a]
Luftkühlung	12 bis 18
Luftbefeuchtung	22 bis 45
Lufttransport	25 bis 40

Tabelle 6: Kennwerte zum Elektroenergiebedarf

Neben dieser pauschalen Angabe von Kennwerten ohne zugehörige Nutzung sind nur wenige weitere Quellen nutzbar. In VDI 3807 wird zwar der Heizenergieverbrauch nach Gebäudeklassen spezifiziert; für den Elektroenergieverbrauch werden jedoch nur Summenwerte für Beleuchtung, Klima, EDV und dergleichen angegeben.

Besser nutzbar sind die in SIA 380/4 veröffentlichten Daten (vgl. Tabelle 7). Dabei zeigt sich im Vergleich, daß die Daten nach Tabelle 6 deutlich höhere Werte zeigen, als die Grenzwerte nach Tabelle 7 zulassen. Die Ursachen liegen zum einen in einer stärkeren Restriktion hinsichtlich des sommerlichen Wärmeschutzes und vergleichsweise geringen Kühllasten und zum anderen in dem durchgängigen Verzicht auf Befeuchtung. Weiterhin wurde nur die Förderung des Außenluftvolumenstromes berücksichtigt, so daß die zur Abfuhr von Kühllasten notwendigen Wasser- oder Luftströme

> Besonders hohe Elektrizitätskennwerte werden im Warenhausbereich bzw. bei EDV-Zentralen erreicht.

Tabelle 7: Verbrauchskennzahlen für elektrische Energie, verursacht durch RLT-Anlagen (SIA 380/4)

Zone Nutzungsstunden	Nutzungsbedingungen	Beispiele	Grenzwert kWh/m² a
Büro 2.750 h/a	15 m²/P, Nichtraucher, $\dot{q}_{KL} < 20\ W/m^2$	Büro mit normalen Arbeitshilfen, keine Kühlung oder Befeuchtung	2,8
	10 m²/P, Nichtraucher, $\dot{q}_{KL} = 30\ W/m^2$	Büro mit hoher Technisierung	11,1
	15 m²/P, Raucher, $\dot{q}_{KL} < 20\ W/m^2$	Büro mit normalen Arbeitshilfen, keine Kühlung oder Befeuchtung	6,9
	10 m²/P, Raucher, $\dot{q}_{KL} = 30\ W/m^2$	Büro mit hoher Technisierung	16,7
Verkauf 3.600 h/a	8 m²/P, Nichtraucher, $\dot{q}_{KL} < 20\ W/m^2$	einfacher Verkaufsladen, ohne Kühlung und Befeuchtung	6,9
	5 m²/P, Nichtraucher, $\dot{q}_{KL} = 30\ W/m^2$	Food- oder Nonfoodgeschäft	16,7
	3 m²/P, Nichtraucher, $\dot{q}_{KL} = 40\ W/m^2$	Mode- oder Warenhaus	33,3
Schulraum 2.000 h/a	7 m²/P, Nichtraucher, $\dot{q}_{KL} < 20\ W/m^2$	Volksschule, Gewerbeschule, Gymnasium	4,2
	10 m²/P, Nichtraucher, $\dot{q}_{KL} = 30\ W/m^2$	Übungsraum mit hoher Technisierung	8,3
	3 m²/P, Nichtraucher, $\dot{q}_{KL} = 40\ W/m^2$	Hörsaal, Konferenzsaal, PC-Schulungsraum	16,7
Bettenzimmer 8.760 h/a	15 m²/P, Nichtraucher, $\dot{q}_{KL} < 20\ W/m^2$	Krankenhauszimmer	9,7
Hotelzimmer 2.000 h/a	10 m²/P, Raucher	Hotelzimmer	8,3
Restaurant 3.600 h/a	2 m²/P, 50 % Raucher, 50 % Nichtraucher	Restaurant mit gehobenem Standard (schwache Belegung)	13,9
	1,2 m²/P, 50 % Raucher, 50 % Nichtraucher	Restaurant mit mittlerer Belegung	22,2

> Die Luftbefeuchtung mit Hilfe von Elektrodampfbefeuchtern verursacht zusammen mit dem Lufttransport den größten Verbrauch an elektrischer Energie.

gesondert zu erfassen sind (sofern der Außenluftvolumenstrom kleiner als der notwendige Zuluftvolumenstrom ist). In Tabelle 7 zeigt sich eine große Bandbreite des Verbrauchs an elektrischer Energie verursacht durch Komponenten der RLT-Anlagen.

Generell zeigt sich weiterhin, daß für eine endgültige Abschätzung des Verbrauchs an elektrischer Energie auch die Form der Kühllastabfuhr im Raum (zum Beispiel Kühldecken, Quelllüftung) von entscheidender Bedeutung ist.

4 Einsparpotentiale

4.1 Gebäude – Kühllast

Die Gebäude stellen insbesondere hinsichtlich der Speichereigenschaften einen nicht zu unterschätzenden Einfluß dar. Während stark speichernde Baukonstruktionen geeignet sind, die Nachtkühlung (NL) auszunutzen und somit die Kühllastspitze zu verringern, ist bei vielen modernen Bauausführungen die Speicherfähigkeit stark eingeschränkt. Ein Beispiel dafür zeigt Abbildung 4, bei der der Kühllastverlauf für zwei unterschiedliche Gebäude der Bauschwereklassen „leicht" und „mittel" mit ansonsten gleichen Randbedingungen dargestellt ist.

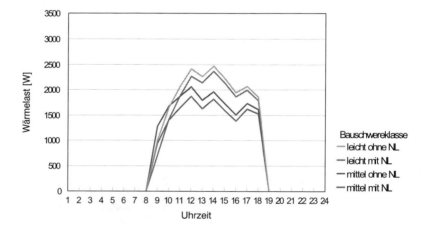

Abb. 4: Einfluß der Baukonstruktion auf die Kühllast

> Große thermische Speicherfähigkeiten können Lastspitzen der Kühlung und gegebenenfalls auch den Bedarf an elektrischer Energie für die Klimatisierung senken.

Die Kühlung ist in beiden Fällen nur während der Nutzungszeit am Tag in Betrieb. Die Nachtlüftung von 22 bis 8 Uhr wird mit einem 5-fachen Luftwechsel betrieben.

Bei Gebäuden ohne nennenswerte Speicherung ist der Einfluß der intensiven Nachtlüftung zwar vorhanden, jedoch wesentlich geringer als bei Gebäuden mit der Bauschwereklasse „mittel". Insgesamt fällt die niedrigere Wärmelast bei mittlerer Bauschwere auf. Die Kühllastberechnung für den durchgehenden Betrieb ergab, daß die Wärmemenge bei der geringeren Wärmelastspitze durch höhere Wärmelasten in den Nachtstunden ausgeglichen wird. Erst im Fall der intensiven Nachtlüftung, das heißt mit einem fünffachen Luftwechsel, kann diese Wärmemenge von der kühleren Außenluft besser abgeführt werden.

Abbildung 5 zeigt das Einsparpotential an elektrischer Energie als Funktion des Gesamtdruckverlustes.

Ausgehend von den Berechnungsergebnissen (vgl. Abbildung 4) wurde für die maximale Verringerung der Kühllast und auf der Grundlage von 500 Vollaststunden eine maximale Einsparung von 4,63 kWh/m²a ermittelt. Mit einer mittleren Leistungszahl von 3 ergibt sich das Einsparpotential an elektrischer Energie in Höhe von 1,54 kWh/m² a. Demgegenüber muß mit Hilfe der mechanischen Lüftung der fünffache Luftwechsel in täglich 10 Stunden realisiert werden. Können passive Fassadenelemente

Klimatisierung

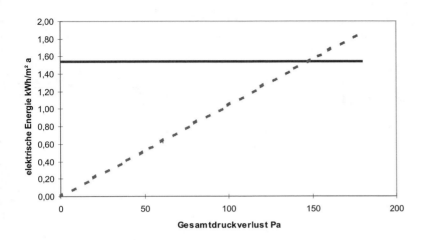

Abb. 5: Potential der Einsparung an elektrischer Energie durch intensive Nachtlüftung

zur Nachtlüftung verwendet werden, so kann generell die gesamte Einsparung genutzt werden. Muß mit Hilfe eines Ventilators ein Gesamtdruckverlust in Höhe 150 Pa überwunden werden (zum Beispiel Einbau von zusätzlichen Kanälen, Wetterschutzgittern), so ist kein positiver Einfluß der Nachtlüftung auf den Verbrauch an elektrischer Energie vorhanden.

Einen weiteren wesentlichen Einfluß auf die Kühllast hat der Sonnenschutz. Besonders wirkungsvoll ist ein außenliegender Sonnenschutz. In Tabelle 8 sind die mittleren Durchlaßfaktoren für die Sonnenschutzeinrichtungen dargestellt. Diese Daten wurden der VDI 2078 entnommen. Bei der Anwendung dieser Faktoren ist die Wechselwirkung mit den Glaseigenschaften zu berücksichtigen.

Zusätzliche Sonnenschutzvorrichtungen	b
Außen	
Jalousie, Öffnungswinkel 45 °	0,15
Stoffmarkise, oben und seitlich ventiliert	0,30
Stoffmarkise, oben und seitlich anliegend	0,40
Zwischen den Scheiben	
Jalousie, Öffnungswinkel 45 ° mit unbelüftetem Zwischenraum	0,5
bei belüftetem Zwischenraum (Abluftfenster)	0,2 bis 0,4
Innen	
Jalousie, Öffnungswinkel 45 °	0,7
Vorhänge, hell, Gewebe aus Baumwolle, Nessel, Chemiefaser	0,5
Kunststoffolien absorbierend	0,7
metallisch reflektierend	0,35

Tabelle 8: Mittlerer Durchlaßfaktor b der Sonnenstrahlung (VDI 2078)

> Passive Maßnahmen in Form von speichernden Massen und Sonnenschutzeinrichtungen ermöglichen dauerhafte Verringerung des Verbrauchs an elektrischer Energie.

4.2 Trennen von Lüften und Lastabfuhr

Der Einsatz von Kühldecken und anderen Systemen der Kühllastabfuhr im Raum hat dazu geführt, daß die Lüftung von Räumen auf den hygienisch notwendigen Anteil reduziert werden kann. In Abbildung 6 sind die Systeme der „stillen Kühlung" dargestellt.

Durch die Verwendung von Wasser als Energieträger kann der Anteil der elektrischen Energie der Ventilatoren verringert werden. Folgendes Beispiel verdeutlicht die Einsparungen an elektrischer Energie bei Einsatz von Wasser als Energieträger (vgl. auch Tabelle 9) (Zeitgemässe Lüftungssysteme).

Abb. 6: Systemeinordnung der „Stillen Kühlung"

Tabelle 9: Vergleich von Luft-Luft-Niederdrucksystem und Luft-Wasser-Kühldeckensystem

Annahmen für Luft-Luft-System (Niederdrucksystem):
- Abzuführende Last   5 kW
- Temperatur der Zuluft   17 °C
- Raumlufttemperatur   25 °C
- Δt 8 K
- Luftvolumenstrom   1950 m³/h

Annahmen für Luft-Wasser-System (Kühldeckensystem):
- Abzuführende Last   5 kW
- Wassertemperatur   17 °C
- Raumlufttemperatur   25 °C
- Δt Vor-/Rücklauf Wasser 3 K
- Wasserdurchsatz   1430 l/h

Luft-Luft-System (Niederdrucksystem)		Luft-Wasser-System (Kühldeckensystem)	
Δp Luft Kanäle	500 Pa	Δp Wasser Rohrnetz	20.000 Pa
Δp Luft Monobloc	700 Pa	Δp Wasser Kühldecke	20.000 Pa
Δp Luft Gitter	100 Pa	Δp Wasser Total	40.000 Pa
Δp Luft Total	1.300 Pa		
Gesamtwirkungsgrad Ventilator	60 %	Gesamtwirkungsgrad Umwälzpumpe	40 %
Notwendige Ventilatorleistung	1,1 kW	Notwendige Pumpenleistung	0,04 kW

Der Transport der Kälteleistung bei einem Kühldeckensystem erfolgt mit einem etwa 30mal geringeren Verbrauch an elektrischer Energie als bei Verwendung von Luft.

Dieses Beispiel zeigt deutlich, daß für die gleiche Kühllastabfuhr aus dem Raum etwa dreißig mal mehr Elektroenergie für den Transport mit Luft als für Wasser benötigt wird. Dabei ist jedoch zu bedenken, daß der Einsatz einer Kühldecke ohne Lüftung weder eine ausreichende Frischluftversorgung noch eine Garantie für die Vermeidung von Kondensation geben kann.

Klimatisierung

4.3 Variable Volumenstromregelung

Unter variabler Volumenstromregelung (VVS) wird die Anpassung des Zuluftvolumenstromes an die Anforderungen des Raumes verstanden. Zur Abfuhr der Kühllast im Raum stehen somit die Parameter Zulufttemperatur und Volumenstrom zur Verfügung. Die klassische Volumenstromregelung hat zum Ziel, auf die dezentrale, thermische Nachbehandlung der Zuluft zu verzichten und trotzdem eine individuelle Einzelraumregelung zu ermöglichen. In Kombination mit Kühldecken im Sommer bzw. statischen Heizflächen im Winter kann die variable Volumenstromregelung auch zur Bedarfslüftung verwendet werden. Dabei wird der Volumenstrom nicht mehr von der Kühllast, sondern von der Luftqualität geregelt. Es ergeben sich speziell im jährlichen Energieverbrauch der Ventilatoren beachtliche Einsparungen an Elektroenergie. Für die Reduzierung des Druckverlustes des Kanalnetzes gilt näherungsweise:

$$\Delta p_{red} = \Delta p\, max \cdot \left(\frac{\dot{V}_{red}}{\dot{V}_{max}}\right)^2$$

, das heißt der Druckverlust wird sich quadratisch verringern.

Das folgende Beispiel zeigt den Einfluß auf die elektrische Leistung des Ventilators. Über die Anzahl der Betriebsstunden mit einem geringeren Volumenstrom ergibt sich somit auch die Einsparung an elektrischer Energie.

		Konstanter Volumenstrom; max. Werte	Variabler Volumenstrom; red. Werte
Volumenstrom	m³/h	10.000	5.000
Druckverlust	Pa	1.000	250
Wirkungsgrad	%	70	70
Leistung	W	3.968	496

Tabelle 10: Vergleich von Systemen mit konstantem Volumenstrom und variablem Volumenstrom

Die Einsparung an Kälteleistung bzw. Befeuchterleistung ist dagegen eher von untergeordneter Bedeutung. Die Kältemaschinen und elektrischen Dampfbefeuchter werden ohnehin leistungsgeregelt, so daß zusätzliche Energieeinsparungen nicht vorhanden sind.

Ein Beispiel für einen sinnvollen Einsatz von CO_2-Sensoren besteht bei der Hörsaalklimatisierung.

> In Kombination mit CO_2-Sensoren kann die Klimatisierung heruntergefahren werden, wenn keine Nutzer im Raum sind und der CO_2-Sensor keinen Anstieg der Konzentration feststellen kann.

4.4 Dampfbefeuchtung kontra Verdunstungs- oder Sprühbefeuchtung

Der Einsatz von Verdunstungsbefeuchtern ist im Prinzip in allen Volumenstrombereichen möglich. Der Vorteil gegenüber elektrischen Dampfbefeuchtern liegt darin, daß sie bei großen Leistungen keinen Einfluß auf die elektrische Lastspitze haben. Die Wärme zum Übergang vom flüssigen in den dampfförmigen Zustand wird von der Luft aufgebracht. Damit kann Wärme zum Einsatz gelangen, die auf einem geringeren exergetischen Gehalt zur Verfügung steht. Gegenüber der elektrischen Dampfbefeuchtung ändert sich vor allem die Aussage zum Endenergieeinsatz.

Bei der elektrischen Dampfbefeuchtung wird die zum Verdampfen notwendige Wärme extern zugeführt. Die Temperatur muß dabei oberhalb der Verdampfungstemperatur liegen, das heißt bei normalen Druckbedingungen oberhalb von 100 °C. Die Zustandsänderung verläuft nahezu isotherm.

Es werden etwa 0,76 kW elektrische Leistung zum Verdampfen von einem Kilogramm Dampf pro Stunde benötigt. Damit ergibt sich eine erhebliche elektrische Anschlußleistung, die durch den Übergang auf die Verdunstungsbefeuchtung und den damit verbundenen Einsatz von Warmwasser vermieden werden kann.

Neben den energetischen Belangen sind vor allem aber auch hygienische Anforderungen zu berücksichtigen. In VDI 6022 (Blatt 1, 1997) sind die Vorgaben für einen ordnungsgemäßen Betrieb sowohl für Elektrodampfbefeuchter als auch Verdunstungs- und Umlaufsprühbefeuchter aufgeführt. Zur Sicherstellung eines hygieni-

> Sprühdüsen- oder Verdunstungsbefeuchter ermöglichen die Verwendung von Abwärme oder Niedertemperaturwärme zur Realisierung des Phasenwechsels flüssig/dampfförmig

schen Betriebs der Befeuchter sind regelmäßige Wartungen und Kontrollen unumgänglich.

Tabelle 11 zeigt den Wirtschaftlichkeitsvergleich von elektrischer Dampfbefeuchtung und Sprühdüsenbefeuchtung für eine Auslegung mit einem Volumenstrom von 10.000 m³ pro Stunde.

Tabelle 11: Vergleich von elektrischer Dampfbefeuchtung und Sprühdüsenbefeuchtung

		Elektrische Dampfbefeuchtung	Sprühdüsenbefeuchtung
Volumenstrom	m³/h	10.000,00	10.000,00
Befeuchtung (Auslegung)	g/kg	7,50	7,50
Wassermenge	kg/h	90,00	90,00
elektrische Leistung	kW	68,40	0,90
spezifische Kosten Befeuchter	DM/kg/h	260,00	460,00
Investitionskosten	DM	23.400,00	41.400,00
Annuität (8 % Zinsen; 15 Jahre)	%	11,68	11,68
Kapitalkosten	DM/a	2.733,12	4.835,52
Wasserverbrauch	kg/a	328.207	328.207
zusätzliche Kosten Wasseraufbereitung	DM/m³	0,80	3,00
Kosten Wasserverbrauch	DM	262,57	984,62
Verbrauch elektrische Energie	kWh	249.438	328
spezifische Kosten elektrische Energie	DM/kWh	0,20	0,20
Kosten elektrische Energie	DM	49.887,60	65,60
Verbrauch Wärmeenergie	kWh		227.922
spezifische Kosten Wärmeenergie	DM/kWh		0,12
Kosten Wärmeenergie	DM		27.350,64
Betriebskosten	DM/a	50.150,17	28.400,86
anteilige Kosten Wasseraufbereitung	DM/a	25,23	189,22
Wartung	DM/a	1.000,00	6.000,00
Gesamtkosten (inkl. Kapitalkosten)	DM/a	53.908,52	39.425,60

Elektrische Dampfbefeuchtung aufgrund hoher Elektrizitätskosten in der Regel unwirtschaftlicher als Sprühdüsenbefeuchtung.

Es zeigt sich der erwartete Unterschied in den Gesamtkosten. Der größte Einfluß besteht in Form der Kosten für die elektrische Energie. Eine deutliche Reduzierung dieser Kosten (wie häufig bei Großabnehmern üblich) führt eher dazu, daß die elektrische Dampfbefeuchtung kostenmäßig gleichwertig zur Sprühdüsenbefeuchtung wird.

4.5 Ab- und Adsorptionskälteanlagen statt Kompressionskältemaschine

Die Kompressionskälteanlagen tragen insbesondere zur Erhöhung der elektrischen Leistungsspitze bei. Aufgrund der relativ geringen Anzahl von Vollbenutzungsstunden ist der Verbrauch an elektrischer Energie eher gering, was sich auch in den Kennwerten darstellt (vgl. Tabelle 12). Zum Abbau der Leistungsspitze können Ab- und Adsorptionskälteanlagen zum Einsatz kommen. Diese Art von Kälteanlagen benutzen Wärme als Antriebsenergie. Die Energiebilanz für Ab- und Adsorptionskälteanlage lautet unter Vernachlässigung der Antriebsleistungen für Pumpen und Wärmeverluste:

$$\dot{Q}_0 + \dot{Q}_H = \dot{Q}_C + \dot{Q}_A$$

Klimatisierung

Näherungsweise kann ferner die Wärmeabgabe $\dot{Q}_A$ am Absorber vernachlässigt werden. Das Wärmeverhältnis ζ beschreibt das Verhältnis von Kälteleistung zu Heizleistung.

$$\zeta = \frac{\dot{Q}_0}{\dot{Q}_H}$$

Gegenüber einer Kompressionsanlage kann die elektrische Leistung des Verdichters eingespart werden. Dafür muß am Rückkühlwerk mehr Kondensatorwärme abgeführt werden, wie folgendes Beispiel zeigt:

	Kompression	Absorption
Kälteleistung	100 kW	100 kW
Leistungszahl	3 kW	
Wärmeverhältnis		0,6
Elektrische Leistung Verdichter	33 kW	
Heizleistung		166 kW
Kondensatorwärme	133 kW	266 kW
Elektrische Leistung Radialventilator Rückkühlwerk	1.330 W	2.660 W

Tabelle 12: Vergleich der Anlagenkennwerte von Kompressions- und Absorptionskälteanlagen

Bei Verwendung von Ab- und Adsorptionskälteanlagen muß eine wesentlich größere Leistung des Rückkühlwerkes vorgesehen werden.

Die Investitionskosten für Adsorptionskälteanlagen liegen derzeit noch deutlich über denen der Absorptionskälteanlagen. Aufgrund der insgesamt niedrigeren Heizmedientemperaturen sind die Adsorptionsanlagen jedoch vor allem bei Abwärmenutzung von Interesse.

Für eine endgültige Beurteilung der Wirtschaftlichkeit sind vor allem Kenntnisse des Wärmepreises notwendig. Vielfach haben die Energieversorger großes Interesse, die Fernwärmelieferung oder – in Form des Contracting – auch die Kaltwasserlieferung bei Einsatz von Absorptionskälteanlagen zu übernehmen.

Die Investitionskosten für Absorptionskälteanlagen liegen derzeit noch über denen der Kompressionskältemaschinen. Vor allem in Kombination mit im Sommer ungenutzter Fernwärme oder BHKW-Anwendungen, die hier in einem niedrigen Fernwärme-Durchschnittsarbeitspreis von 30 DM/MWh berücksichtigt wurden, können leichte wirtschaftliche Vorteile bei der Anwendung der Absorptionskälteanlagen erreicht werden, wie die nachfolgende Gegenüberstellung von Kompressions- und Absorptionskälteanlage zeigt (vgl. Tabellen 13, 14). Dabei war ein Kältebedarf von 505,05 MWh pro Jahr bei einer Kälteleistung von 481 kW (1.050 Vollaststunden pro Jahr) zu decken. Es wurde für die Kompressionskältemaschine eine Leistungszahl von 3,5 und für die Absorptionskältemaschine ein Wärmeverhältnis von 0,7 angenommen.

Im Vergleich beider Systeme kommt es unter den beschriebenen Randbedingungen zu einem geringen wirtschaftlichen Vorteil der Absorptionkälteanlage. Insbesondere die niedrigen Kosten der Fernwärme, die realen Verhältnissen für Sommer entsprechen, ermöglichen einen wirtschaftlichen Betrieb der Absorptionskälteanlage.

Deutlich wird aber auch, daß ein Wirtschaftlichkeitsvergleich in jedem Einzelfall durchgeführt werden muß, da die Jahreskosten annähernd gleich hoch sind.

Zur Sicherung einer wirtschaftlichen Betriebsweise von Absorptionskälteanlagen sind niedrige Kosten für die Wärmeenergie unbedingte Voraussetzung.

4.6 Trennen von Kühlen und Entfeuchten

Eine Alternative zur Entfeuchtung durch Taupunktunterschreitung besteht im Einsatz hygroskopischer Materialien. Dabei werden sowohl feste als auch flüssige Sorptionssysteme eingesetzt. Technisch am stärksten durchgesetzt haben sich in den letzten Jahren die Sorptionsregeneratoren, bei denen die Speichermasse hygroskopische Eigenschaften durch Tränkung oder Beschichtung erhält. Ein wesentliches Merkmal für den Einsatz innerhalb der Komfortklimatisierung besteht in der zur Regeneration notwendigen Temperatur. Je nach notwendiger Entfeuchtung können schon Temperaturen

	Investitionskosten DM	Nutzungsdauer Jahre	Annuität bei 8% Zins	Jahreskosten DM/a	Instandsetzung %/a	DM/a
Kapitalgebundene Kosten						
Kompressionskälteerzeuger 481 kW	144.300	15	11,68 %	16.854,24	3,00 %	4.329,00
1 Stck. Rückkühlwerk à 620 kW	46.500	15	11,68 %	5.431,20	1,50 %	697,50
Rohrnetz inkl. Dämmung	54.000	25	9,37 %	5.059,80	1,00 %	540,00
Pumpen, Zubehör	45.000	10	14,90 %	6.705,00	2,00 %	900,00
MSR- und ZLT-Technik	65.000	10	14,90 %	9.685,00	0,50 %	325,00
Wasseraufbereitungssysteme	11.000	15	11,68 %	1.284,80	2,00 %	220,00
Anschlußkosten Zusatz Trafo, Kabelanlagen	40.000	15	11,68 %	4.672,00	0,50 %	200,00
Sonstige, Schall- und Schwingungsschutz	30.000	15	11,68 %	3.504,00	0,50 %	150,00
Inbetriebnahme						
Zwischensumme A	435.800			53.196,04		7.361,50
Verbrauchsgebundene Kosten						
Elektroenergie (n. Kältemasch.) 0,25 DM/kWh				36.075,00		
Kosten f. elektr. Hilfeenergie 0,168 DM/kWh				4.068,56		
Kosten für Zusatzwasser 3,65 DM/m³ (RKW)				4.585,86		
Kosten für Abwasser 3,28 DM/m³				1.373,66		
Zwischensumme B				46.103,80		
Betriebsgebundene Kosten						
Bedienung, Reinigung, Wartung (3,5 %)				15.253,00		
Meßpreis				2.700,00		
Zwischensumme C				17.953,00		
Jahreskosten – Summe A + B + C				124.614,34		
Spezifische Jahreskosten				246,74 DM/MWh		

Tabelle 13: Wirtschaftlichkeitsbetrachtung für eine Kompressionskälteanlage

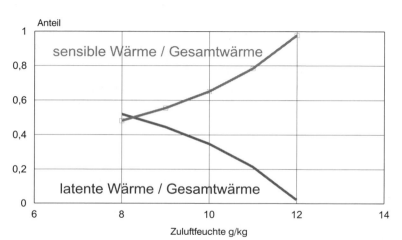

Abb. 7: Einfluß der latenten Wärme auf die gesamte Kälteleistung (in %)

	Investitionskosten DM	Nutzungsdauer Jahre	Annuität bei 8,0 % Zins	Jahreskosten DM/a	Instandsetzung %/a	Instandsetzung DM/a
Kapitalgebundene Kosten						
Absorptionskältemaschine 481 kW	228.200	20	10,19 %	23.253,58	1,50 %	3.423,00
Rückkühlwerk à 1.178 kW	63.700	15	11,68 %	7.440,16	1,50 %	955,50
Rohrnetz inkl. Dämmung	88.000	25	9,37 %	8.245,60	1,00 %	880,00
Pumpen, Zubehör	77.500	10	14,90 %	11.547,5	2,00 %	1.550,00
MSR- u. ZLT-Technik	65.000	10	14,90 %	9.685,00	0,50 %	325,00
Wasseraufbereitungssysteme	11.000	15	11,68 %	1.284,80	2,00 %	220,00
Zwischensumme A	533.400			61.456,64		7.353,50
Verbrauchsgebundene Kosten						
Fernwärme 30 DM/MWh (721,5 MWh/a)				21.645,00		
Kosten für elektr. Hilfeenergie 0,168 DM/kWh				8.569,23		
Kosten für Zusatzwasser 3,65 DM/m³ (RKW)				9.362,80		
Kosten für Abwasser 3,28 DM/m³				2.816,01		
Zwischensumme B				42.393,04		
Betriebsgebundene Kosten						
Bedienung, Reinigung, Wartung (2 %)				10.668,00		
Meßpreis				2.700,00		
Zwischensumme C				13.368,00		
Jahreskosten – Summe A + B + C				124.571,18		
Spezifische Jahreskosten				246,65 DM/MWh		

von 50 °C zum Einsatz gelangen. Der Vorteil des Trennens von Kühlung und Entfeuchtung wird anhand Abbildung 7 sichtbar.

In Abbildung 8 ist der Einfluß einer stärkeren Luftentfeuchtung bzw. -trocknung erkennbar. Wird die Verdunstungskühlung zur Erreichung des Zuluftzustandes eingesetzt, so muß der Feuchtegehalt der Außenluft im Sorptionsregenerator stärker verringert werden als im Fall der trockenen Nachkühlung der Luft. Die rote Prozeßführung verdeutlicht den Fall, daß nur die Entfeuchtung bis zur Zuluftfeuchte im Sorptionsregenerator realisiert wird. Die grüne Prozeßführung ist für den Fall der Verdunstungskühlung in der Zuluft idealisiert dargestellt. Die Außenluft wird bis auf den Zustand X_{TR} entfeuchtet. Diese stärkere Entfeuchtung äußert sich in der deutlich höheren Regenerationstemperatur.

Das energetische Verhalten der Kombination von Sorptionsregenerator und Kältemaschine hängt im wesentlichen von den unterschiedlichen Lastanteilen ab. Dabei kommt der Nutzung der Kondensatorabwärme zur Regeneration des Sorptionsregenerators große Bedeutung zu (vgl. Abbildung 9).

Ein großer Anteil an Kälteerzeugung durch die Kältemaschine bedeutet, daß durch den Kondensator der Kompressionskälteanlage mehr Abwärme zur Verfügung gestellt wird, als durch Sorptionsregenerator verbraucht werden kann. Somit muß dieser Überschuß mittels Rückkühlwerk an die Umgebung abgeführt werden. Ein zu geringer Anteil der Kältemaschine hätte zur Folge, daß durch zusätzliche Heizregister Wärmeenergie in den Prozeß der Regeneration eingebracht werden müßte. Bei richti-

Tabelle 14:
Wirtschaftlichkeitsbetrachtung für eine Absorptionskälteanlage

> Der zur Entfeuchtung der Luft benötigte Anteil beträgt bis zu 50 % der Gesamtkälteleistung; Einsparung dieser Kälteleistung, wenn die Entfeuchtung durch Sorptionsregeneratoren erfolgt.

Abb. 8: Luftentfeuchtung mittels Taupunktunterschreitung und durch Sorption im Vergleich (Heinrich et al. 1997)

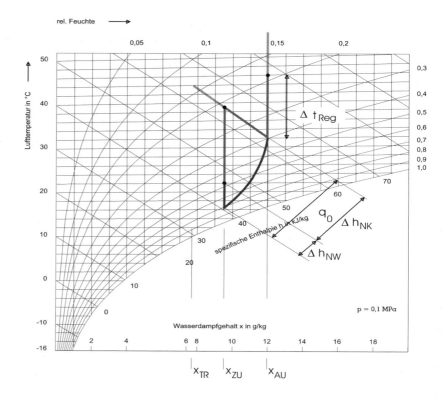

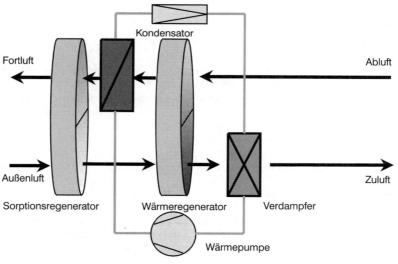

Abb. 9: Trennen von Kühlung und Entfeuchtung

ger Auslegung der Teilkomponenten „sensible Zuluftkühlung" und „sorptive Luftentfeuchtung" wird durch eine derartige Kopplung der Energiebereitstellung der Entfeuchtungsanteil der Luft quasi energetisch umsonst zur Verfügung gestellt. Die Elektroenergie zum Betrieb der Ventilatoren und Pumpen ist natürlich gesondert nachzuweisen.

Beim Einsatz dieser Technik stellt sich die Frage nach den Mehrkosten. Eine konkrete Aussage zu den Betriebskosten kann nur eine Berechnung der Wirtschaftlichkeit in Anlehnung an die VDI 2067 ergeben. Das Verhältnis der Investitionskosten aufgrund des Wegfalls der Entfeuchtungsaufgabe bei der konventionellen Klimaanlage und Realisierung der Entfeuchtung durch Einsatz des Sorptionsregenerators bringt folgendes Beispiel zum Ausdruck:

Technische Daten		Konventionelle Klimaanlage	SECO, WRG und Kältemaschine mit Abwärmenutzung
Volumenstrom	m³/h	10.000	10.000
Raumkühllast	kW	38,5	38,5
Kälteleistung der KKM	kW	60	29,5
spez. Kosten der KKM	DM/kWKälte	850	1.000
Investition Kältemaschine	DM	51.000	29.500
Investition SECO	DM	0	11.400
Investition WRG	DM	0	5.300
Gesamt	DM	51.000	46.200
Verbrauch Kälteenergie	kWh	30.000	14.750
Verbrauch elektr. Energie	kWh	10.000	4.916

Tabelle 15: Vergleich von Investitionen und Energieverbrauch von konventioneller Klimaanlage und Klimaanlage mit Sorptionsregenerator, Wärmerückgewinnung und Kältemaschine; ohne Berücksichtigung des Verbrauchs an elektrischer Energie durch Luftförderung

Es sind nur die Mehr- oder Minderkosten gegenüber der konventionellen Anlage zum Ansatz gebracht worden. Bei der Wärmerückgewinnung und dem Sorptionsregenerator (SECO) sind die Kosten inklusive Regler und Antrieb berücksichtigt.

Im Ergebnis zeigt sich, daß es aufgrund der Verkleinerung der Kälteleistung durch Integration des Sorptionsregenerators insgesamt zu einer Verringerung der Investitions- als auch der Betriebskosten kommt.

> Sorptionsregeneratoren zur Luftentfeuchtung können sowohl die Leistung der Kältemaschine verringern als auch den Verbrauch an elektrischer Energie bei der Kälteerzeugung reduzieren.

5 Literatur

Bundesamt für Energiewirtschaft (BEW) und Verband Schweizerischer Heizungs- und Lüftungsfirmen (VSHL): Zeitgemäße Lüftungssysteme. 1994
DIN 1946 Teil 2: „Raumlufttechnik – Gesundheitstechnische Anforderungen". Ausgabe Januar 1994
Heinrich, G., Franzke, U.: Sorptionsgestützte Klimatisierung. C.F. Müller Verlag, Heidelberg 1997
Iselt, P., Arndt, U.: Grundlagen der Luftbefeuchtung. C.F. Müller Verlag, Heidelberg 1996
Rákóczy, T.: Kostenermittlung für Raumlufttechnische, Wärme- und Kältetechnische Anlagen. Vortrag zur DKV Mitgliederversammlung, Hamburg 1997
Recknagel, Sprenger, Schramek: Taschenbuch für Heizung und Klimatechnik. R. Oldenbourg Verlag, München Wien 1994/1995
SIA 380/4: Elektrische Energie im Hochbau
VDI 2067 Berechnung der Kosten von Wärmeversorgungsanlagen Blatt 3: Raumlufttechnik
VDI 2078: Berechnung der Kühllast klimatisierter Räume. Ausgabe Juli 1996
VDI 3804 Raumlufttechnische Anlagen für Bürogebäude
VDI 3807 Blatt 2: „Energieverbrauchskennwerte für Gebäude – Heizenergie- und Stromverbrauchskennwerte". Ausgabe März 1997
VDI 6022 Blatt 1: „Hygienebewußte Planung, Ausführung, Betrieb und Instandhaltung raumlufttechnischer Anlagen." Entwurf März 1997
Wyon, D.: Forschungsarbeiten am „National Swedish Institut of Building Research"

Stefan Scherz, Hans-Dieter Schnörr, Andreas Heinrichs

Lebensmittelkühlung

Die Kälteleistung der Verkaufskühlmöbel und der Kühlräume wird in den Lebensmittelmärkten ausschließlich mittels elektrischer Energie mit Hilfe von Kompressionskältemaschinen bereitgestellt. Auch die sonstigen Energieverbraucher des Bereichs Kühlung (Kondensator- und Verdampferventilatoren, Dauer- und Abtauheizungen, Motoren von automatischen Rollos etc.) werden elektrisch betrieben. Bei Betrachtung der typischen Zusammensetzung des Elektrizitätsverbrauchs in Lebensmittelmärkten zeigt sich, daß der Verbrauch an elektrischer Energie in einer Größenordnung von 50 bis 70 % von dem Verbrauchssektor Lebensmittelkühlung dominiert wird.

Die vorliegenden Ausführungen beschäftigen sich daher vertieft mit Einsparpotentialen elektrischer Energie in dem Verbrauchssektor Kühlung. Dabei werden der Stand der Technik für die Fälle der Neuinstallation und der energetischen Sanierung dargestellt sowie Abschätzungen zur Wirtschaftlichkeit dieser Maßnahmen getroffen.

Im Bereich der Lebensmittelkühlung bestehen viele Möglichkeiten, den Bedarf an elektrischer Energie zu reduzieren:

- Verbundkälteanlagen sparen gegenüber Einzelverdichteranlagen bzw. steckerfertigen Geräten 20 bis 40 % elektrische Energie.
- Die in den Kondensatoren entstehende Verflüssigerwärme sollte für die Warmwasserbereitung (z.B. für angeschlossene Fleischereien) oder für die Raumlufterwärmung genutzt werden.
- Der Einbau einer Maschinenraumentlüftung mit thermostatgeregeltem Entlüfter führt zu Energieeinsparungen von bis zu 20%.
- Bei der Planung von Neuanlagen kann die optimale Auswahl der Kälteaggregate und die Anschaffung energiesparender Kühlmöbel (Ausstattung z.B. mit Nachtabdeckungen und elektronischem Kühlstellenreglern) zu erheblichen Energieeinsparungen führen. Beispielsweise kann bei Kühlmöbeln mit transparenter Abdeckung bis zu 50% der elektrischen Energie eingespart werden.
- Optimale Lagerung der Ware und beschickung der Kühlmöbel vermeidet Energieverbrauch von bis zu 20%.

Die geschilderten Möglichkeiten der Reduzierung des Elektrizitätsbedarfs resultieren aus den Erfahrungen aus insgesamt 50 untersuchten Lebensmitteleinzelhandelsbetrieben mit Verkaufsflächen von 300 bis 2000 m².

Die Übertragbarkeit von Maßnahmen in andere Branchen, in denen Kühlmöbel und -räume in ähnlicher Art genutzt werden, ist prinzipiell möglich.

> 50 bis 70 % des Verbrauchs an elektrischer Energie wird für die Kühlung eingesetzt.

1 Energieverbräuche und -kosten im Lebensmitteleinzelhandel

> Rund 37 % der gesamten Energie und rund 57 % der gesamten Energiekosten für Kühlmöbel/Kälteanlagen; rund 63 % des Elektrizitätsbedarfs für Kühlmöbel/Kälteanlagen.

Die Energieverbräuche und -kosten für elektrische Energie und Brennstoffe im Lebensmitteleinzelhandel teilen sich nach einer Untersuchung der KEA Klimaschutz- und Energieagentur Baden-Württemberg GmbH („Energieeinsparung im Lebensmitteleinzelhandel") gemäß nachfolgender Tabelle auf:

Anwendung	Energieverbrauchsanteil	Energiekostenanteil
Heizung	41,4 %	11,3 %
Kühlmöbel/Kälteanlagen	36,8 %	56,8 %
Beleuchtung	11,3 %	17,1 %
Sonstige	10,5 %	14,8 %

Lebensmittelkühlung

Um die Höhe des Elektrizitätsverbrauchs eines Lebensmittelmarktes mit anderen vergleichen zu können, wird der jährliche Gesamtverbrauch auf eine charakteristische Größe des Lebensmittelmarktes bezogen (zum Beispiel die Verkaufsfläche, der Umsatz etc.). Das Ergebnis ist der spezifische Elektrizitätsverbrauch, der für verschiedene Lebensmittelmärkte sehr starken Schwankungen unterworfen ist. Der Durchschnittswert, bezogen auf die Verkaufsfläche, liegt bei etwa 540 kWh/(m²a), allerdings treten minimale Werte von etwa 150 kWh/(m²a) und maximale Werte von etwa 900 kWh/(m²a) auf (vgl. Abbildung 1).

1.1 Spezifische Elektrizitätsverbräuche im Lebensmitteleinzelhandel

> Die durchschnittliche spezifische Elektrizitätsverbrauch in Lebensmittelbetrieben beträgt 540 kWh/m² Verkaufsfläche.

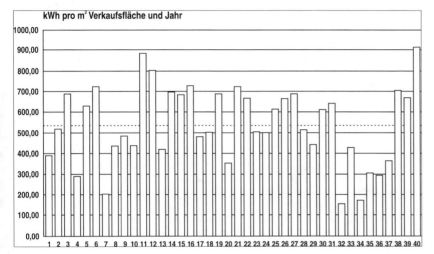

Abb. 1: EKZ (Verkaufsfläche) für den Elektrizitätsverbrauch von 40 untersuchten Lebensmittelbetrieben

1.2 Kosten für elektrische Energie

Der Anteil der Kosten für elektrische Energie am Umsatz liegt zwischen 0,5 und 2,8 %. Dabei liegt der Anteil bei den kleineren Lebensmitteleinzelhändlern eher darüber, bei größeren Läden meist unter 1,5 %.

1.3 Spezifische installierte elektrische Leistungen für die Kühlung

Um die Intensität einer bestimmten Elektrizitätsanwendung eines Lebensmittelbetriebes mit anderen vergleichen zu können, wird die installierte Geräteleistung einer Elektrizitätsanwendung auf eine charakteristische Größe des Lebensmittelgeschäfts bezogen. Das Ergebnis ist die spezifische installierte elektrische Leistung. Die folgende Abbildung zeigt die spezifischen elektrischen Leistungen für die Kühlung, wofür die gesamte installierte Kälteaggregatsleistung in Watt eines Lebensmittelbetriebes auf die

> Installierte Kälteaggregatsleistung von durchschnittlich 45 W/m² Verkaufsfläche.

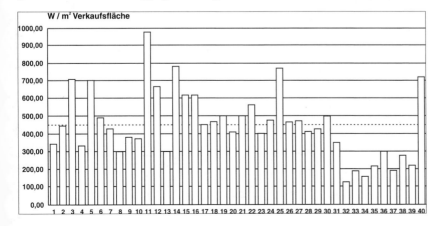

Abb. 2: Spezifische elektrische Leistungen von Kälteaggregaten (Verkaufsfläche) für die Kühlung von 40 untersuchten Lebensmittelbetrieben

2 Strukturen von Kühlanlagen in Lebensmittelmärkten

Kälteerzeugung: Steckerfertige Geräte, Einzelverdichteranlagen oder Verbundkälteanlagen.

Verkaufsfläche in Quadratmetern bezogen wird. Dabei treten Werte zwischen 12 und 97 W/m² auf, der Durchschnittswert liegt bei etwa 45 W/m².

Die von den Verkaufskühlmöbeln benötigte Kälte kann auf drei verschiedene Arten erzeugt werden:

- Bei steckerfertigen Möbeln sind Verdichter und Verflüssiger direkt in einem Gerät eingebaut. Sie benötigen keinen Installationsaufwand und sind dadurch sehr flexibel einsetzbar. Eine Wärmerückgewinnung und viele andere energiesparende Maßnahmen sind bei steckerfertigen Möbeln nicht anwendbar. Aufgrund der vielen energetischen Nachteile sollten sie nach Möglichkeit überhaupt nicht für den Dauerbetrieb eingesetzt werden.
- Verfügt jede Kühlstelle über einen eigenen, vom Möbel getrennt aufgestellten Verdichter, so handelt es sich um eine Einzelverdichteranlage. Diese Anlagen werden meist mit luftgekühlten Verflüssigungssätzen oder mit zentralem, luftgekühltem Verflüssiger (Mehrkreislaufverflüssiger) ausgeführt. In bestehenden größeren Lebensmittelgeschäften sind Einzelverdichter heute noch mit Abstand am häufigsten anzutreffen.
- Beste Voraussetzungen für einen energiesparenden Betrieb bieten Verbundanlagen. Mehrere parallel geschaltete Verdichter sorgen für die nötige Kältemittelverdichtung für alle Plus-Kühlstellen sowie in einer zweiten Verbundanlage für alle Minus-Kühlstellen. In neuen, größeren Lebensmittelgeschäften werden heute in der Regel Verbundanlagen installiert. Der energetische Vorteil von Verbundanlagen ergibt sich im wesentlichen aus einer deutlich verbesserten Anpassung der Kälteerzeugung an den -bedarf (Teillastverhalten). Durch eine entsprechende Regelungstechnik können sowohl die Verdichter als auch die Rückkühlwerke optimaler ausgelegt und betrieben werden.

Die Abb. 3 zeigt den Aufbau einer Verbundkälteanlage mit den dazugehörigen Kühlmöbeln bzw. Kühlräumen zur Nahrungsmittelkühlung in einem Lebensmittelmarkt:

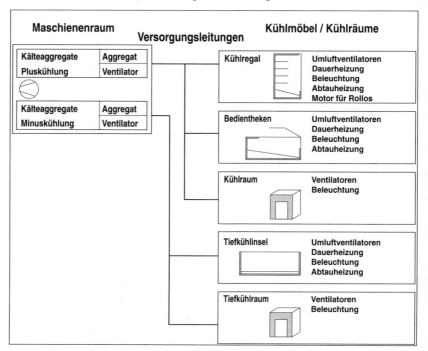

Abb. 3: Verbundkälteanlage mit Kühlmöbeln/-räumen und deren elektrische Verbraucher

Lebensmittelkühlung

Der Bereich der Kälteanlage, der Kühlraumvolumen mit Temperaturen größer als 0 °C bereitstellt (Kühlregale, Bedientheken, Kühlräume etc.), wird als „Pluskühlung" bezeichnet. Entsprechend wird der Bereich mit einem Kühlraumvolumen unter 0 °C (Tiefkühlinseln und -schränke, Tiefkühlräume etc.) mit „Minuskühlung" benannt.

Die Kühlmöbel/-räume sind darüber hinaus mit folgenden elektrischen Verbrauchern ausgestattet, die einen einwandfreien Betrieb der Verkaufskühlmöbel gewährleisten:

- **Umluftventilatoren**
  Kühlmöbel/-räume mit Umluftkühlung besitzen Umluftventilatoren, die die Kälte gleichmäßig im Kühlraumvolumen und über das Kühlgut verteilen. Die elektrischen Anschlußleistungen (50 bis 200 Watt) variieren mit der Art und Größe des Kühlmöbels.
- **Elektrische Abtauheizungen**
  Alle größeren Kühlmöbel/-räume aus dem Bereich der Minuskühlung (Tiefkühlinseln, Tiefkühlkombinationen, Tiefkühlräume) und manche Kühlmöbel aus dem Bereich der Pluskühlung (zum Beispiel Fleischkühlregale, die mit Kühlraumtemperaturen nahe 0 °C betrieben werden) besitzen elektrische Abtauheizungen, die in regelmäßigen Abständen die Verdampferoberfläche kurzzeitig aufheizen, um einer Vereisung der Verdampfer entgegenzuwirken. Die installierte Leistung ist von der Art und Größe des Kühlmöbels abhängig. Bei einer üblichen Ausstattung sind 2,5 kW elektrische Anschlußleistung für die Abtauheizung installiert.
- **Elektrische Dauerheizungen**
  Elektrische Dauerheizungen von Verglasungsscheiben (bei Tiefkühlkombinationen) und von Griffleisten (Tiefkühlinseln, Kühlregalen) verhindern eine Kondensation der Raumluftfeuchte auf den kalten Oberflächen. Auch in diesem Bereich sind die installierten Leistungen geräteabhängig und betragen bei standardisierter Ausstattung je Kühlstelle zwischen 50 und 160 Watt.
- **Elektrische Motorrollos**
  Das Öffnen und Schließen der Nachtabdeckungen bei großen Kühlmöbeln wird von automatisch betriebenen elektrischen Motorrollos übernommen. Die benötigten Anschlußleistungen sind gering. Aufgrund der geringen Benutzungsdauern der elektrischen Motorrollos kann deren Bedarf an elektrischer Energie vernachlässigt werden.
- **Beleuchtung der Kühlmöbel/Kühlräume**
  Die Beleuchtung der Kühlmöbel/-räume dient zur komfortablen Beladung bzw. Entnahme der gekühlten Nahrungsmittel.

Wenn auch die Bereitstellung der notwendigen Kälteleistung den Hauptteil des Elektrizitätsverbrauchs der Kälteanlage ausmacht, so benötigen die angeführten elektrischen Hilfseinrichtungen beim heutigen Stand der Technik je nach Kühlmöbeltyp noch einmal zwischen 15 und 40 % der elektrischen Energie, die zur Kälteerzeugung im Maschinenraum (Kälteaggregate, Kondensatorventilatoren, Abluftventilatoren) aufgewendet wird.

„Minuskühlung" < 0 °C < „Pluskühlung"

Hohe installierte Abtauleistungen, insbesondere bei offenen Minus-Möbeln.

Elektrische Dauerheizungen verhindern Kondensation der Raumluftfeuchte auf kalten Oberflächen.

Installierte Leistung der Beleuchtung im Kühlmöbel variiert mit der Art der Warenpräsentation. Anteil des elektrischen Energieverbrauchs für Hilfsfunktionen noch mal 15 bis 40 % des Energieverbrauchs für die Kälteerzeugung.

3 Maßnahmen zur Einsparung elektrischer Energie

3.1 Maßnahmen bei Neuinstallation und Sanierung von Kühlräumen und Kühlmöbeln

3.1.1 Verbundkälteanlage statt Einzelkälteanlage

Bei Verbundkälteanlagen versorgen drei bis sechs parallel geschaltete Verdichter über einen gemeinsamen Kältemittelkreislauf sämtliche Kühlstellen der Plus- oder der Minuskühlung. Mit Optimierungen wie zum Beispiel maximale Kältemittelunterkühlung werden bei Verbundkälteanlagen gegenüber Einzelkälteanlagen – das sind entweder Einzelverdichteranlagen oder steckerfertige Geräte – Elektrizitätseinsparungen von 20 bis 40 % erzielt.

Der untere Bereich zum Einsatz von Verbundkälteanlagen beginnt bei einer Kälteaggregatsleistung von ca. 6 kW. Können auf diese Art mindestens drei bis vier Kühlstellen zusammengefaßt werden, so ist die untere Grenze zum sinnvollen Einsatz einer Verbundkälteanlage überschritten. Der Investitionsmehraufwand beträgt ca. 20 % gegenüber der Installation von entsprechenden Einzelkälteanlagen. Diese Mehraufwendungen amortisieren sich aber innerhalb von zwei Jahren.

3.1.2 Wärmerückgewinnung

> Nutzung der Abwärme zur Brauchwassererwärmung in Lebensmittelbetrieben mit großem Warmwasserbedarf (zum Beispiel mit angeschlossener Fleischerei) wirtschaftlich sinnvoll.

Die im Kondensator der Kälteanlage abgeführte Verflüssigungswärme kann über Wärmetauscher zur Warmwasserbereitung oder zur indirekten Luftheizung genutzt werden.

Die Verflüssigungswärme aus Kälteanlagen kann in Lebensmittelmärkten mit großem Warmwasserbedarf (zum Beispiel Fleischbearbeitung) genutzt werden. Das vom Verdichter mit erhöhtem Druck und Temperatur kommende dampfförmige Kältemittel wird in dem zylinderförmigen, den Warmwasserspeicher umgebenden Wärmetauscher kondensiert, wobei die Verflüssigungswärme an das Wasser im Speicher abgegeben wird (Wärmetauscherspeicher). Wenn dort eine Warmwassertemperatur von ca. 50 °C erreicht ist, wird der nachgeschaltete luftgekühlte Kondensator eingeschaltet, der dann die Verflüssigung des Kältemittels übernimmt.

Beispielrechnung: Unter der Annahme eines täglichen Warmwasserbedarfs von ca. 200 Litern für einen Lebensmitteleinzelhandelsbetrieb mit Fleischverarbeitung beträgt der jährliche Verbrauch an elektrischer Energie für die Aufheizung des Wassers ca. 3.500 kWh. Die von Lebensmitteleinzelhandelsbetrieben geforderte Amortisationszeit von maximal drei Jahren führt im vorliegenden Beispiel dazu, daß für eine Lösung zur Abwärmenutzung maximal 2.500 bis 3.000 DM Investitionskosten zur Verfügung stehen. Je nach äußeren Randbedingungen im betrachteten Betrieb (zum Beispiel notwendige Leitungslängen, Preis für die eingesparte elektrische Energie) reichen diese Investitionen zu einer wirtschaftlichen Umsetzung der Maßnahme.

> Für größere Betriebe mit RLT-Anlagen wird die Nutzung der Abwärme zur Raumlufterwärmung interessant.

In Lebensmittelmärkten mit größerem Raumvolumen und bei Kälteanlagen mit Zentralverflüssigern kann die Verflüssigungswärme zur direkten Luftheizung genutzt werden. Die zu erwärmende Raumluft und gegebenenfalls frische Außenluft wird über Kanäle zum Kondensator geführt, dort mit der Verflüssigungswärme aufgeheizt und dann wiederum über Kanäle zur Beheizung der Räume zugeführt.

3.1.3 Einbau einer Maschinenraumlüftung

Bei kleineren Lebensmittelbetrieben fehlt dem Kältemaschinenraum zum Teil die Entlüftung. Die dann mangelhafte Wärmeabfuhr erhöht den Energiebedarf der Kälteanlage. Der Mehrverbrauch an elektrischer Energie ist stark vom Einzelfall (Verhältnis Kälteaggregatsleistung zu Raumgröße, Wärmeverlust des Raums etc.) abhängig und kann bis zu 20 % betragen.

> Einbau einer Maschinenraumlüftung mit thermostatgeregeltem Entlüfter führt zu Energieeinsparungen von bis zu 20 %.

Durch Einbau eines thermostatgeregelten Entlüfters kann dieser Mehrverbrauch verhindert werden. Der zusätzliche Elektrizitätsbedarf zum Betrieb der Maschinenraumlüftung beträgt etwa 10 % des eingesparten Elektrizitätsverbrauchs für die Kälteaggregate. Die notwendigen Investitionskosten sind abhängig von der Raumgröße und den dort installierten Aggregaten und betragen meist zwischen 1.200 und 2.000 DM.

Lebensmittelkühlung

Abbildung 4 zeigt weitere Möglichkeiten zur Einsparung elektrischer Energie bei Kälteanlagen durch konstruktive Verbesserungen.

3.1.4 Berücksichtigung weiterer Konstruktionsvorteile

Maßnahme	Einsparpotential an elektr. Energie der Kälteanlage	Akteure bei der Umsetzung			Investitionsmehraufwand	stat. Amortisationszeit in Jahren
		Hersteller	Planer/ausführende Firma	Einzelhändler		
Verwendung elektron. Einpritzventile bei den Verdampfern	< 5 %	×	×		mittel bis hoch	eventuell innerhalb der Lebensdauer
Isolation der Saug- und Druckleitungen	< 5 %		×	×	niedrig	sicher innerhalb der Lebensdauer
Verminderung der Druckverluste	< 5 %	×	×		niedrig	weniger als ein Jahr
Opt. Auswahl Kälteaggregate; Anpassung Verdichterleistungen (Drehzahlregelung)	< 5 %	×	×		niedrig bis nicht erforderlich	sicher innerhalb der Lebensdauer

Die Angabe für die Investitionskosten (mittel bis hoch, niedrig, niedrig bis nicht erforderlich) ist nicht genauer zu fassen, da sie im Einzelfall von den Kühlmöbeln abhängt. Entscheidend ist die Angabe der Lebensdauer, die über die Umsetzbarkeit einer Maßnahme maßgebend entscheidend ist.

Folgende weitere Maßnahmen sollten bei der Planung der Kälteerzeugungsanlagen geprüft werden:
- Optimale Plazierung der Anlagenkomponenten, also möglichst kleine Distanzen zwischen Kühlstellen, Maschinenraum und außen aufgestellten Verflüssigern.
- Druckverluste in der Saug- und Druckleitung vermindern; Druckverluste, die einer Änderung der Verdampfungstemperatur bzw. der Verflüssigungstemperatur von 1 K entsprechen, führen zu einem Mehrleistungsbedarf von 3 % (Sauggasseite) bzw. 2 % (Druckgasseite). Durch Kugelventile anstatt Absperrventilen, Rohrbögen anstatt Kniestücken und Wahl größerer Leitungsquerschnitte sind die Sauggas-, Druckgas- und Flüssigkeitsgeschwindigkeiten und damit deren Druckverluste zu minimieren.
- Es sollten Ölabscheider nach dem Verdichter eingesetzt werden.

Abb. 4: Energieeinsparpotentiale durch energiesparende Konstruktionsmerkmale

> Optimale Auswahl der Kälteaggregate erfordert keine Investitionsmehrkosten.

Bei der Neuplanung von kältetechnischen Anlagen in Lebensmittelbetrieben kann allein durch die sorgfältige Auswahl der Kühlmöbel elektrische Energie in erheblichem Maße eingespart werden.

Im Bereich der Minuskühlung kann in der Regel davon ausgegangen werden, daß zum Beispiel Tiefkühlschränke mit Glastüren einen niedrigeren Energiebedarf haben als Tiefkühlinseln/-truhen ohne Verglasungen. Im Bereich der Pluskühlung verbrauchen offene Kühlregale mehr Energie als Kühlinseln/-truhen und Kühlregale mit Glastüren.

Verkaufskühlmöbel werden nach der EN 441-6 in verschiedene Klassen eingestuft, wobei die Prüfung und Einteilung nach in der EN 441 vorgegebenen Prüfbedingungen zu erfolgen hat. Da in der EN 441-4 sechs Klimaklassen definiert sind, ist darauf zu achten, daß bei Möbelvergleichen nur Werte miteinander in Bezug gesetzt werden, die bei gleichen Klimaklassen gemessen wurden. Bei der Beschaffung sollte darauf hingewirkt werden, daß Hersteller Leistungs- und Verbrauchsangaben unter

3.1.5 Wahl des Kühlmöbels mit dem geringsten Elektrizitätsbedarf

> Im Bereich der Minuskühlung haben in der Regel Tiefkühlschränke mit Glastüren, im Bereich der Pluskühlung Kühlregale mit Glastüren den niedrigsten Energiebedarf.

| Vergleich von Leistungs- und Verbrauchsangaben nur unter eindeutigen Prüfbedingungen durchführen.

klar definierten Randbedingungen nach EN 441 angeben. Dabei ist aber darauf zu achten, daß die Prüfbedingungen auch tatsächlich angegeben werden.

3.1.6 Nachtabdeckungen für Verkaufskühlmöbel

| Opake Nachtabdeckungen können rund 25 % elektrische Energie einsparen.

Über die täglichen Verbrauchsmitschriften (Meßzeitraum eine Woche jeweils morgens und abends) für ein Kühlregal (16,5 m Länge) und eine Tiefkühltruhe (7,0 m Länge) in einem Lebensmitteleinzelhandelsbetrieb ließen sich entsprechende jährliche Energieeinsparungen durch opake Nachtabdeckungen berechnen. Diese gemessenen Einsparungen an elektrischer Energie betragen 12 bis 30 % für Kühlregale und 15 bis 25 % für Tiefkühltruhen.

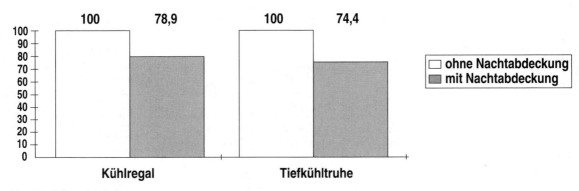

Abb. 5: Einfluß von Nachtabdeckungen auf den Energieverbrauch von Verkaufskühlmöbeln

3.1.7 Permanente transparente Abdeckungen für Tiefkühlmöbel

Noch deutlichere Verbrauchsreduktionen werden durch transparente Abdeckungen für Tiefkühlinseln und -schränke erzielt. Anfänglich wurden Bedenken der Lebensmitteleinzelhändler laut, die einen Rückgang des Verkaufs von Tiefkühlprodukten prognostizierten. Dieser Trend konnte nicht bestätigt werden, sondern eher im Gegenteil wurde das Vertrauen der Konsumenten gestärkt, daß sich „unter" den transparenten Abdeckungen Waren befinden, deren ausgewiesene Haltbarkeit durch die Temperaturkonstanz gewährleistet ist.

| Transparente Abdeckungen für Tiefkühlmöbel sparen bis zu 50 % elektrische Energie.

Die erzielbaren Elektrizitätseinsparungen liegen in der Größenordnung von 50 % im Vergleich zu Tiefkühltruhen ohne Abdeckung. Selbst wenn die Tiefkühltruhen bereits über opake Nachtabdeckungen verfügen, wird die nachträglich installierte transparente Abdeckung zu einer erheblichen Einsparung führen. Die dafür notwendige Investition amortisiert sich innerhalb von zwei bis drei Jahren.

3.1.8 Einsatz elektronischer Kühlstellenregler

| Intelligente Kühlstellenregler führen zu einer Energieeinsparung von bis zu 10 % bei der Bedarfsabtauung.

Durch die Kühlmöbelöffnungen dringt ständig Feuchtigkeit ins Innere der Kühlmöbel ein, was zu Wasserausscheidung und Eisbildung auf den Verdampferoberflächen führt (besonders bei Tiefkühlmöbeln ohne transparente Abdeckung). Daher wird die sich bildende Eisschicht zur Aufrechterhaltung der Kälteübertragung durch regelmäßiges, kurzzeitiges Erwärmen der Verdampferoberfläche entfernt. Üblicherweise wird dazu heute über Zeitschaltuhren zweimal täglich zur gleichen Zeit ein Abtauvorgang durchgeführt, unabhängig davon, ob die Verdampferoberfläche tatsächlich vereist ist.

Intelligente Kühlstellenregler können feststellen, ob ein Abtauvorgang eingeleitet werden muß (variabler Zeitpunkt des Abtaubeginns) und wann er beendet werden

Lebensmittelkühlung

kann (variable Dauer des Abtauvorgangs). Diese bedarfsgerechte Abtauung führt je nach Kühlmöbeltyp zu einer Energieeinsparung von bis zu 10 %.

Neben diesem direkten Energiespareffekt wird bei der Bedarfsabtauung dem Kühlmöbel weniger Heizwärme zugeführt, wodurch der Kältebedarf des Kühlmöbels sinkt (indirekter Energiespareffekt). Als weiterer Nebeneffekt ergibt sich eine seltenere „Erwärmung" des Kühl-/Tiefkühlguts (Qualitätserhalt) durch eine genauere Einhaltung der Warentemperatur durch kleinere Temperaturschwankungen.

Elektrisch dauernd betriebene Rahmen-, Scheiben- und Handlaufheizungen – „Dauerheizungen" – verhindern auf den äußeren Kühlmöbeloberflächen die Kondensation der Raumluftfeuchte (Schwitzwasserbildung). Die elektrische Leistung der Dauerheizungen ist für den Fall hoher Raumtemperatur und -feuchtigkeit ausgelegt (bei 25 °C und 60 % r. F. liegt die Mindestoberflächentemperatur zur Verhinderung der Schwitzwasserbildung bei 17 °C). Für die meisten Stunden im Jahr liegt die Mindestoberflächentemperatur jedoch erheblich niedriger (zum Beispiel bei 18 °C und 50 % r. F. bei 8 °C), so daß dann die Heizleistung reduziert werden kann. Mittels eines Kühlstellenreglers mit Taupunktregelung werden die Heizungen bedarfsgerecht ein- und ausgeschaltet, wodurch der Verbrauch an elektrischer Energie reduziert wird.

> Elektronische Kühlstellenregler schalten Dauerheizungen (Rahmen-, Scheiben- und Handlaufheizungen) bedarfsgerecht.

Elektronische Kühlstellenregler ermöglichen einen minimalen Verflüssigungsdruck, indem sie die Verdampfungstemperatur absenken. Dabei ist eine Auslegung des Außenluft-Verflüssigers anzustreben, bei der die maximale Temperaturdifferenz von rund 10 K zwischen Lufteintrittstemperatur und Verflüssigungstemperatur, gegenüber der heute noch üblichen Auslegung von 15 K, erreicht wird.

Weitere Vorteile von elektronischen Kühlstellenreglern:
- Verbessertes Regelverhalten
- Hohe Funktionssicherheit
- Integrierte Störmeldung
- Exakte Einstellung und Kontrolle von Betriebsparametern
- Integrierte Energiesparfunktionen
- Anzeige von Betriebszuständen und Temperaturen
- Einfache Aktualisierung der Reglersoftware (update)
- Kommunikationsfähigkeit mit übergeordneten elektronischen Bausteinen über Bussysteme im Rahmen von zum Beispiel einer Gebäudeautomation und/oder eines Lastmanagements
- Nachtsparschaltung durch angepaßte Anhebung der Möbelinnentemperatur

> Amortisation von elektronischen Kühlstellenreglern liegt in der Regel unter zwei Jahren.

3.1.9 Heiß- und Kaltgasabtauung

Eine weitere energiesparende Alternative zur elektrischen Abtauung ist die Enteisung der Verdampferoberflächen mittels Heißgas (Bezeichnung für das aus dem Verdichter austretende dampfförmige Kältemittel mit einer Temperatur größer 90 °C) oder Kaltgas (das im Kondensator enthitzte dampfförmige Kältemittel im Gasraum des Sammlers mit einer Temperatur kleiner 50 °C). Die Heiß- und Kaltgasabtauung weist gegenüber den elektrischen Abtauheizungen einige Vorteile auf. Der Verbrauch an elektrischer Energie verringert sich durch die effizientere Abtauung. Die Abtauzeit reduziert sich, wodurch die Temperatur im Kühlmöbel weniger stark ansteigt. Daraus ergeben sich Vorteile für die Kältebilanz des Kühlmöbels und die Qualitätserhaltung der gekühlten Produkte.

> Effiziente Abtauung bei gleichzeitiger Einsparung von elektrischer Energie.

3.1.10 Weitere Maßnahmen bei der Planung von Kühlmöbeln

Folgende weitere Maßnahmen sollten bei der Planung von Kühlmöbeln geprüft werden:
- Optimale Kühlmöbelkonstruktion hinsichtlich verbesserter Luftführung und Luftschleier.
- Bei Tiefkühlinseln und -truhen wird die Hälfte des Kälteleistungsbedarfs des Möbels durch den Wärmeaustausch mittels Infrarotstrahlung zwischen den Tief-

> Infrarot-reflektierende Schirme und Leuchtstofflampen reduzieren den Wärmeeintrag in die Kühlprodukte.

kühlprodukten und der warmen Ladendecke verursacht. Durch das Anbringen von infrarot-reflektierenden Schirmen über Inseln und Truhen sind nennenswerte Einsparungen möglich.

- Es sollten Leuchtstofflampen anstelle von Glühlampen bei der Beleuchtung von Kühlmöbeln zur Verringerung des Infrarotstrahlungsanteils eingesetzt werden. Dabei sollten die Lampen grundsätzlich möglichst weit von der Kühlzone entfernt angebracht werden.
- Wenn auf eine Anordnung von Leuchtstofflampen im Kühlmöbel nicht verzichtet werden kann, so sollten idealerweise elektronische Vorschaltgeräte (EVG) eingesetzt werden, um die Verlustwärme und den Blindstrombezug zu minimieren.

3.2 Maßnahmen bei der Nutzung kältetechnischer Anlagen

Beim Betrieb der Kälteanlagen und der Kühlmöbel/Kühlräume sollten zwecks Minimierung des Elektrizitätsverbrauchs folgende Punkte beachtet werden:

Kälteanlagen
- Optimale Frischluftzufuhr zu den Verflüssigern und Kälteaggregaten
- Regelmäßige Reinigung der luftgekühlten Verflüssiger

Kühlmöbel/Kühlräume
- Regelmäßige Reinigung der Kühlmöbelverdampfer
- Regelmäßige Kontrolle der Einspritzventile
- Fachgerechtes Nutzen der Kühlmöbel (Einhalten der Stapelgrenzen, Zustellen der Luftschleieröffnungen vermeiden usw.)
- Zusammenstellen und Gegenüberstellen möglichst vieler Kühlmöbel innerhalb eines Bereichs im Verkaufsraum senkt die Umgebungstemperatur der Kühlmöbel und damit ihren Kältebedarf (Schaffen von „Kühlzonen" und „Warmzonen" im Verkaufsraum)
- Vermeiden von unnötig langen Öffnungszeiten von Kühlmöbeltüren durch die Kundschaft (Aufkleber mit Hinweis!)

> Optimale Lagerung der Ware und Beschickung der Kühlmöbel vermeidet Energieverbrauch von bis zu 20 %.

Die möglichen Energieeinsparungen werden sehr stark von den bisherigen Nutzungsgewohnheiten abhängen. Die optimale Lagerung der Ware und Beschickung der Kühlmöbel vermeidet aber unnötigen Energieverbrauch von bis zu 20 % durch optimale Kaltluftzirkulation und trägt darüber hinaus zu einer ansprechenden Präsentation der Ware bei.

Gert Hinsenkamp
Druckluft

Druckluft wird aufgrund ihrer Sicherheit und ihrer guten Speicher-, Transport- und Dosiereigenschaften in nahezu jedem Betrieb als Energieträger eingesetzt. Bis zu 90 % der laufenden Kosten bei der Drucklufterzeugung fallen bei hochausgelasteten Druckluftanlagen als Energiekosten an. Besonders unwirtschaftlich ist die Erzeugung mechanischer Energie aus Druckluft, zum Beispiel in Druckluftwerkzeugen: hier beträgt die Energieausbeute nur ca. 10 % bei einem Primärenergie-Nutzungsfaktor von weniger als 5 %. Die rationale Nutzung von Druckluft birgt daher bislang ungenutzte Einsparmöglichkeiten, deren Umfang auf durchschnittlich 20 % der eingesetzten elektrischen Energie und mehr geschätzt wird (Münst 1992). Nach einer aktuellen Studie des VDMA handelt es sich auf dem industriellen Sektor um eines der größten Energie-Einsparpotentiale mit rund 5 TWh/Jahr (VDMA 1999). Wieviel davon in jedem Einzelfall tatsächlich nutzbar ist, hängt direkt ab von der Anzahl an jährlichen Betriebsstunden der Verdichteranlage(n), deren Auslastung sowie dem bislang noch nicht ausgeschöpften Ausmaß der technischen Möglichkeiten der Effizienzsteigerung.

Ohne zusätzliche Investitionen können die Energiekosten häufig bereits durch gezielte Verbesserung der Wartung (z.B. Beseitigung von Leckagen) und Ausschöpfung des Druckabsenkungspotentials um 10 % und mehr gesenkt werden. Weitere 10 % und mehr lassen sich über die Substitution der Druckluft durch effizientere Technologien (zum Beispiel elektrische Antriebe, Hochfrequenz-Elektrowerkzeuge, Hydraulik) oder durch Prozeßumstrukturierung (zum Beispiel EDV statt Rohrpost) einsparen. Gezielte Investitionsmaßnahmen in den Bereichen Wärmerückgewinnung, Mehranlagensteuerung und Drehzahlregelung können bei Berücksichtigung der im nachfolgenden Beitrag aufgezeigten Hauptparameter Amortisationszeiten von zwei Jahren und darunter erreichen. Besonders vorteilhaft für die Energie- und auch die CO_2-Bilanz ist die Berücksichtigung dieser Gesichtspunkte bereits bei der fundierten Neuplanung von Druckluftanlagen nach dem heutigen Stand der Drucklufttechnik (vgl. Energieagentur NRW 1997).

> Bis zu 90 % Energiekostenanteil bei der Drucklufterzeugung.
>
> Energieausbeute von Druckluftwerkzeugen nur 10 %.
>
> 10 % Einsparung ohne Investitionen.
>
> Substitution wo immer möglich.
>
> 2jährige Amortisationszeit erreichbar.

1 Drucklufteigenschaften, Verbrauchsstrukturen und Einsparkriterien

Der weit verbreitete Einsatz von Druckluft beruht auf der einzigartigen Kombination an charakteristischen Eigenschaften dieses Energieträgers:

Druckluft ist
- speicherbar auch für hohe Engpaßleistungen
- transportierbar ohne Rückführung
- gut dosier- und regelbar
- sauber, ungiftig und als Medium überall verfügbar
- sicher auch in kritischen Bereichen (zum Beispiel Ex-Schutzzone)

Ein weiteres Merkmal der Drucklufterzeugung besteht in der vollständigen Umsetzung der Antriebsenergie in Wärme. Gründe hierfür sind unter anderem die mechanische Reibung in Motor, Antrieb, Lagern und Dichtungen sowie die Eigenschaft von Gasen, zugeführte Energie in Form von Molekülschwingungen (= Wärme) zu speichern. Diese Wärme wird der Druckluft vor Verlassen des Verdichters über Einspritzfluide (Öl oder Wasser), Nachkühler oder Gehäusewände wieder entzogen. Auch Fachleute staunen oft über die Tatsache, daß ein Kilo Druckluft bei Umgebungstemperatur genau denselben Energiegehalt aufweist wie die entsprechende Masse Umgebungsluft. Bei der Entspannung der Druckluft am Verbraucher geschieht genau das Umgekehrte: die zur Expansion benötigte Energie wird der Umgebung entzogen – das kann sogar zur Vereisung von Düsen infolge gefrierender Luftfeuchtigkeit führen.

> Alle Antriebsenergie wird zu Wärme.

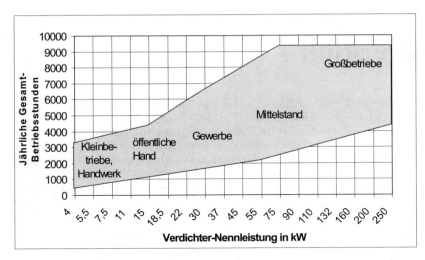

Abb. 1: Durchschnittliche jährliche Gesamtbetriebsstunden

Kleine Betriebe – kleine Verdichter – geringe Laufzeiten – geringe Auslastung.

Verfügbares Einsparpotential wächst mit Verdichterleistung, Jahresbetriebsstunden und der Auslastung.

Einsparpotentiale zugeschnitten auf alle Betriebsgrößen.

Ebenso vielfältig wie die Druckluftigenschaften ist auch die Bandbreite der Einsatzfälle. In Abbildung 1 sind für die wichtigsten Betriebsstrukturen die durchschnittlichen jährlichen Gesamtbetriebsstunden über der Verdichter-Nennleistung in kW aufgetragen. Die höchsten Laufzeiten von bis zu 8.500 Bh erzielen Großbetriebe, die oft rund um die Uhr in drei Schichten produzieren und vor allem große Verdichteranlagen oberhalb von 110 kW in zentralen Druckluftstationen einsetzen. Den mittleren Leistungsbereich bei entsprechend geringeren Laufzeiten im Ein- bis Zweischichtbetrieb teilen sich mittelständische Industrie- und Gewerbebetriebe. Im Bereich der öffentlichen Hand sind vorwiegend kleine Verdichtereinheiten unterhalb von 22 kW Nennleistung mit wenigen Betriebsstunden pro Tag zu finden. Noch kleinere Verdichter zwischen 1,1 und 7,5 kW werden von Kleinbetrieben und Handwerk eingesetzt. Dabei fällt auf dem Handwerkssektor der durchschnittliche Druckluftbedarf tendenziell am geringsten aus.

Das verfügbare Einsparpotential wächst mit der installierten Verdichterleistung, den jährlichen Gesamtbetriebsstunden und der Auslastung, das heißt dem Verhältnis von Last- zu Gesamtbetriebsstunden. Im Bereich von Handwerk und Kleinbetrieben ist das Ausmaß der Einsparmöglichkeiten aufgrund der dort vorherrschenden kleinen Verdichterleistungen bei gleichzeitig geringer Zahl an Jahresbetriebsstunden sehr begrenzt. Wirtschaftlich ist in derartigen Betrieben aber immer die Vermeidung von Leckagen im Druckluftnetz. Einen groben Überblick lohnender Einsparpotentiale aufgeschlüsselt nach Betriebsstrukturen gibt Tabelle 1.

Die Anwendbarkeit der in Tabelle 1 aufgeführten Maßnahmen steigt mit zunehmender Größe des Betriebes bzw. seines Druckluftbedarfs. Handwerker und Kleinbetriebe werden aufgrund des geringen absoluten Druckluftverbrauchs nur Maßnahmen ergreifen, die praktisch ohne zusätzliche Investitionen möglich sind (Substitution, Verlustminimierung, Wartung). Maßnahmen mit großen Einsparpotentialen, zum Beispiel die Wärmerückgewinnung, sind dagegen oft so aufwendig, daß sie größeren Unternehmen mit höherem Druckluftverbrauch vorbehalten bleiben. Die Planung und Beschaffung von energieeffizienten Neuanlagen als Ersatz für veraltete Systeme steht aufgrund des technisch möglichen Einsparpotentials ebenfalls eher bei größeren Betrieben zur Debatte, während dem Handwerker und Mittelständler ein Verdichter oft so lange erhalten bleibt, bis die Instandsetzung nicht mehr lohnt.

Ein hoher Anteil des Druckluft-Energieverbrauchs am elektrischen Gesamtenergieverbrauch eines Unternehmens ist ein weiterer Hinweis auf mögliche ungenutzte Einsparpotentiale. Ein hoher anteiliger Druckluft-Energieverbrauch liegt in der Regel bei Anwendung folgender Geräte und Technologien vor:

Maßnahme	Investitionsumfang (0-3)	Einsparpotential ca. (%)	Handwerk Kleinbetriebe	Gewerbe	Mittelstand Öffent. Hand	Großbetriebe
			(-- / - /O/ + / ++)			
Subsitution	1	10	++	++	++	++
Planung / Beschaffung Neuanlage	3	bis 30	O	+	+	++
Abwärmenutzung	2	bis 94	--	O	+	++
Drehzahlregelung	2	bis 30	--	O	+	++
Mehranlagensteuerung	2	bis 25	--	O	O	++
Altanlage: Druckabsenkung	0	5 – 10	+	++	++	++
Altanlage: Beseitigung Leckagen	0	5 – 25	++	++	++	++
Altanlage: Minimierung Druckverluste	0	5 – 10	++	+	+	++
Altanlage: vorbeugende Wartung	1	5 – 25	++	+	+	++
Altanlage: Verdichtergröße, -typ	2	bis 25	O	+	+	++
Altanlage: Druckluftaufbereitung	2	5 – 10	–	+	+	++

- Druckluftwerkzeuge und -motoren (Schrauber, Schleifer, Bohrer, Meißel, etc.)
- Verpackungsmaschinen
- Spritzgußmaschinen
- Textilmaschinen
- pneumatische Förderanlagen
- Zerstäuber und Düsen (Reinigung/ Abblasen, Lackierung, Befeuchtung, Eindüsung, etc.)

Tabelle 1: Einschätzung lohnender Einsparpotentiale

Obwohl der anteilige Energieverbrauch eine meßtechnisch leicht zu bestimmende Größe darstellt, existieren derzeit noch keine statistisch abgesicherten branchenspezifischen Daten. Grund hierfür ist die enorme Streubreite an Produktionsverfahren und Betriebsstrukturen sowie das sehr unterschiedliche Ausmaß an bereits ausgeschöpften, technisch sinnvollen Einsparmaßnahmen (Optimierungsgrad). Letzterer läßt sich für jede Druckluftanlage durch Bildung der im folgenden Abschnitt erläuterten Energiekennwerte abschätzen, die den Energieverbrauch pro erzeugtem m³ Druckluft charakterisieren. Je näher eine Druckluftanlage am technisch machbaren Optimalwert liegt, desto höher ist bereits der Optimierungsgrad – das Substitutionspotential muß aber gesondert betrachtet werden.

Besser noch als statistisch gemittelte Zahlen zeigen in den Abschnitten zur Wärmerückgewinnung und zu Regelung/Lastmanagement/Betriebsparameter (vgl. S. 189-193) neuentwickelte Schaubilder detailliert für den Einzelfall, ob und unter welchen Schlüsselkriterien Einsparmöglichkeiten vorhanden und betriebswirtschaftlich sinnvoll auszuschöpfen sind.

> Abschätzung von Einsparpotentialen durch Energiekennwerte.

2 Energiekennwerte

Die gebräuchlichste Optimierungsgröße für die Drucklufterzeugung ist der „spezifische Energieverbrauch" als Quotient aus elektrischer Arbeit A_{el} (in kWh) und der damit produzierten Druckluftmenge V (in m³ bezogen auf Ansaugzustand). Dies entspricht der häufig benutzten „spezifischen Leistungsaufnahme" P_{spez}, gebildet als Verhältnis aus Leistungsaufnahme P_{el} (in kW) und der damit produzierten Liefermenge $\dot{V}$ (in m³/h bezogen auf Ansaugzustand). Um bequemere Zahlenwerte zu erhalten, setzt man den Volumenstrom oft in der Einheit m³/min ein, entsprechend einem konstanten Faktor von 60:

$$P_{spez} = \frac{P_{el}}{\dot{V}} \quad \text{mit } P_{el} \text{ in kW und } \dot{V} \text{ in m}^3/\text{min}$$

$$= 60 \cdot \frac{P_{el}}{\dot{V}} \quad \text{mit } P_{el} \text{ in kW und } \dot{V} \text{ in m}^3/\text{h}$$

$$= 60 \cdot \frac{A_{el}}{V} \quad \text{mit } A_{el} \text{ in kWh und } V \text{ in m}^3$$

Wirtschaftlich ist eine möglichst niedrige spezifische Leistungsaufnahme.

Je weniger elektrische Energie zur Erzeugung eines m³ Druckluft benötigt wird, desto niedriger liegt auch der Energiekennwert P_{spez}. Somit können Verdichteranlagen verschiedener Hersteller, Bautypen und Leistungsgrößen in bezug auf ihren Energieverbrauch verglichen werden. In der Praxis ist bei der Berechnung von P_{spez} jedoch Vorsicht geboten. Ein direkter Wertevergleich ist nur zulässig unter Beachtung folgender Punkte:

- Ansaugdruck und Verdichtungs-Enddruck für alle betrachteten Verdichter gleich
- Einheitliche Definition der elektrischen Leistungsaufnahme mit/ohne Berücksichtigung von Hilfsantrieben (Lüfter, Pumpen, etc.), zum Beispiel nach ISO 1217 (vgl. ISO 1996) bzw. PNEUROP/CAGI PN 2 CPTC 1 – 3 (PNEUROP 1993)
- Einheitliche Definition des nutzbaren Volumenstroms (zum Beispiel unter Berücksichtigung von Spülluftverlusten für die Druckluftrocknung) und des Ansaug-Bezugszustands zur Umrechnung (zum Beispiel 20 °C, 1 bar)
- Einhaltung wichtiger Randbedingungen wie zum Beispiel Kühlwasser- oder Umgebungstemperaturen, Kühlmittel-Massenströme, Ansaug-Luftfeuchtigkeit
- Der zeitliche Verlauf von Leistungsaufnahme und Liefermenge (zum Beispiel durch Netzdruck- bzw. Druckluftverbrauchs-Schwankungen, Regelungsverluste, Trocknerregeneration) führt zu einer zeitlichen Variation des Momentanwertes von P_{spez}. Dies kann bei vorhandenen Anlagen am besten durch Langzeitmessungen von Energieverbrauch und gelieferter Druckluftmenge erfaßt werden. In der Planungsphase erfordert dieser Punkt dagegen möglichst realistische Vorgaben der tatsächlichen Verhältnisse. Bei größeren Druckluftanlagen werden daher häufig vom Hersteller vorab vertragliche Energieverbrauchsgarantien verlangt.

Vorsicht: Vergleichsvoraussetzungen beachten!

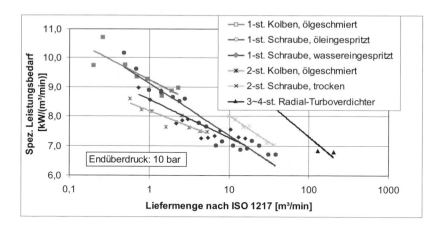

Abb. 2: Spezifische Leistungsaufnahme unterschiedlicher Verdichtertypen

In Abbildung 2 ist die spezifische Leistungsaufnahme unterschiedlicher Verdichtertypen bei einem Verdichtungs-Enddruck von 10 bar (ü) aufgetragen. Berücksichtigt ist jeweils nur der eigentliche Verdichter im Vollastbetrieb (Leistungsaufnahme an den Motorklemmen, Liefermenge am Druckstutzen bezogen auf 1 bar, 20 °C). Hieraus wird folgendes deutlich:

- Jede Verdichterbauart tritt nur innerhalb bestimmter Liefermengenbereiche auf. Zu jeder Liefermenge läßt sich daher aus diesem Diagramm der nominell „sparsamste" Verdichtertyp ablesen.
- Innerhalb der Verdichterbauarten besteht ein gleichgearteter Baugrößeneinfluß: je größer, desto sparsamer. Zu beachten ist hierbei, daß große, zentral angeordnete Verdichter zwar eine geringe spezifische Leistungsaufnahme aufweisen, dafür aber höhere Druckverluste im Leitungsnetz mit den entsprechenden Verlusten verursachen.

- Der Einfluß der Druckluftqualität (Restöl-, Wasser- und Partikelanteile) wurde nicht berücksichtigt. Es muß also im Einzelfall noch eine mehr oder minder aufwendige Druckluftaufbereitung mit entsprechenden Druckverlusten, Energie- und Spülluftbedarf mit in die Gesamtbetrachtung einfließen. Wie in Abschnitt 4.2 beispielhaft dargestellt wird, kann dies die Rangfolge der „Sparsamkeit" in Abbildung 2 grundlegend verändern.

> Für jede Liefermenge, jeden Enddruck und jede geforderte Druckluftqualität gibt es einen „optimalen" Verdichter.

Im Zuge einer unternehmerischen Betrachtungsweise stellt die spezifische Leistungsaufnahme nur einen von mehreren Faktoren dar, die den „Gesamtwirkungsgrad" eines Produktionsprozesses maßgeblich beeinflussen. Versteht man unter dem „Nutzen" nicht die Menge der erzeugten Druckluft, sondern die Zahl der erzeugten Produkteinheiten, das heißt die Produktivität, so sollte der mit dem Drucklufteinsatz verbundene Aufwand durch Ausschöpfung aller in den Abschnitten 4 und 5 genannten technischen Möglichkeiten minimiert werden.

> Gesamtwirkungsgrad und „Nutzen"-Definition beachten!

Die in Tabelle 1 enthaltene grobe Einschätzung der lohnenden Einsparpotentiale wird in den nachfolgenden Abschnitten detaillierter untersucht hinsichtlich der Überarbeitung bereits bestehender Druckluftanlagen.

3 Energieeinsparpotentiale bei bestehenden Anlagen

3.1 Substitution

„Die effizienteste Druckluft ist die, welche gar nicht erst eingesetzt wird" – dieser bewußt provokante Leitsatz drückt aus, was mit Substitution gemeint ist. Der Ersatz von Druckluft durch effizientere Technologien oder durch Prozeßumstrukturierung beinhaltet ein geschätztes Einsparpotential von bundesweit ca. 10 % der insgesamt zur Drucklufterzeugung eingesetzten Energie. Aufgrund des schlechten Nutzungsgrads der Druckluft-Prozeßkette kann im Einzelfall durch Substitution eine typische Energieeinsparung von über 80 % erreicht werden. Zu beachten ist allerdings die in Abschnitt 3. diskutierte „Nutzen"-Definition, denn die Substitution von Druckluft darf keinesfalls zur Minderung der Produktivität, Qualität oder Produktionssicherheit führen. Als motivierendes Beispiel für Substitution sei eine große deutsche Universitätsbibliothek genannt, für deren Rohrpostbetrieb eine Druckluftanlage mit 2 x 7,5 kW Nennleistung pro Jahr rund 35.000 kWh verschlang. Als eine vernetzte EDV-Lösung an die Stelle der alten Rohrpost trat, ließen sich rund 90 % des Energieeinsatzes einsparen.

> Nicht eingesetzte Druckluft ist die effizienteste!

Weitere Beispiele liegen im Einsatz elektrischer statt pneumatischer Antriebe, zum Beispiel Hochfrequenz-Elektrowerkzeuge als Ersatz für Druckluftschrauber, -bohrer und -schleifer. Auch die Hydraulik ist auf dem Vormarsch: mit Wasser als Arbeitsfluid erobert sie Bereiche, die aus Sicherheitsgründen bislang oft der Druckluft vorbehalten waren. Schließlich setzt sich auch immer mehr die Erkenntnis durch, daß das „Reinigen" durch Abblasen mit Druckluft nur eine Schmutzverlagerung darstellt, während Absauganlagen effizienter, leiser und kostengünstiger echte Reinigungsfunktion ausüben.

3.2 Wärmerückgewinnung

Bei der Wärmerückgewinnung wird die im Verdichter vollständig in Wärme umgesetzte Antriebsenergie zum großen Teil in einem nachgeschalteten Prozeß nutzbar gemacht. Diese Abwärmenutzung erspart den Einsatz einer entsprechenden Menge an Primärenergie. Da hier letztlich über den Umweg elektrischer Energie mit schlechtem Primärenergie-Nutzungsgrad geheizt wird, macht diese Art von Substitution als „willkommener Zusatzeffekt" nur dort Sinn, wo Drucklufterzeugung unabdingbar erforderlich ist.

> Abwärmenutzung als willkommener Zusatzeffekt.

Die Realisierbarkeit und Wirtschaftlichkeit einer Wärmerückgewinnung ist an einige Grundvoraussetzungen geknüpft:

Abb. 3: Wärmeflussbild eines luftgekühlten ölfreien Schraubenverdichters

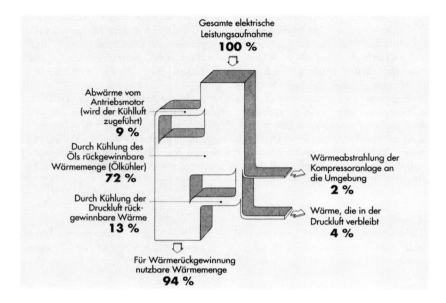

Abb. 4: Wärmerückgewinnung / Warmwasserheizung: erforderliche Jahresbetriebsstunden für 2-jährige Amortisationsdauer

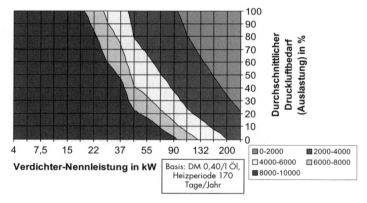

- ein ausreichend hohes Temperaturniveau der Abwärme
- die Gleichzeitigkeit von Wärmeanfall und -verbrauch
- eine möglichst hohe Anzahl an jährlichen Vollast-Nutzungsstunden
- eine Verdichter-Nennleistung von mindestens 30 kW (siehe Abbildung 4)

Besonders geeignet für den Einbau einer Wärmerückgewinnung sind Schrauben- und Turboverdichter. Kaum lohnend ist sie dagegen bei Kolbenverdichtern im Aussetzbetrieb. In nahezu idealer Weise erfüllt der speziell für trockenlaufende Verdichter entwickelte eigenwärmeregenerierte Adsorptionstrockner die genannten Grundvoraussetzungen. Mit dieser Technologie lassen sich durch Nutzung der heißen Druckluft am Verdichteraustritt zur Regeneration des Trocknungsmittels bei kontinuierlichem Betrieb bis zu 20 % der Energiekosten bei der Drucklufterzeugung einsparen. Damit kehrt sich die in Abbildung 2 gezeigte Tendenz des ungünstigen spezifischen Leistungsbedarfs P_{spez} trockenlaufender Verdichter ins Gegenteil um. Bezieht man also die häufig erforderliche Drucklufttrocknung mit in die Betrachtung ein, so stellt die Kombination aus trockenlaufendem Verdichter und dem eigenwärmeregenerierten Adsorptionstrockner die insgesamt günstigste Lösung zur Erzeugung ölfreier, trockener Druckluft dar.

Besonders wirtschaftliche Kombination: Trockenläufer und eigenwärmeregenerierter Adsorptionstrockner.

Zur Verdeutlichung des Einsparpotentials zeigt Abbildung 3 das Wärmeflußbild eines luftgekühlten öleingespritzten Schraubenverdichters. Lediglich 4 % der gesamten elektrischen Leistungsaufnahme des Verdichters verbleiben in der Druckluft, weitere 2 % gehen über Wärmeabstrahlung an die unmittelbare Umgebung „verloren". Die restlichen 94 % landen als Abwärme im Kühlluftstrom und sind damit prinzipiell nutzbar, im einfachsten Fall über eine Warmluftheizung. Dabei wird die erwärmte Verdichterabluft direkt in die zu beheizenden Räume eingeblasen oder auch zur Versorgung von Warmluftschleusen an Toren eingesetzt. Über ein Klappensystem wird diese Heizung bei Bedarf in der kalten Jahreszeit aktiviert und versorgt dann Wärmeabnehmer im engeren Umkreis (geringe Energiedichte des Heizmediums Luft), während im Sommer die Abluft ungenutzt ins Freie gelangt. Dies verdeutlicht sogleich die Einschränkung, daß der erwünschte Einspareffekt nur innerhalb der Heizperiode nutzbar ist.

> Bis zu 94 % der Antriebsenergie sind in Warmluftheizungen nutzbar.

Letzteres gilt auch für die Wärmerückgewinnung in Form einer Warmwasserheizung. Hierbei wird die Verdichterabwärme über einen Wärmetauscher in den Rücklauf einer Zentralheizung eingespeist. Als Vorteile gelten die gute Integrierbarkeit in bestehende Heizsysteme und die Möglichkeit des flexiblen innerbetrieblichen Wärmetransports. Häufig wird auch noch eine Brauchwasser-Erwärmung mit Warmwasserspeicher mit in die Planung einbezogen. Hier muß dem Gleichzeitigkeitskriterium besondere Beachtung geschenkt werden: Warmwasser für Duschen wird gewöhnlich nach Schichtende benötigt, wenn auch der Kompressor Pause hat und somit keine Abwärme liefert.

> Kombination von Warmwasserheizung und Brauchwassererwärmung für mehr Flexibilität.

Für welche Anwendungen rechnet sich nun die Installation einer Wärmerückgewinnung? Mit den oben genannten Grundvoraussetzungen wird als Wirtschaftlichkeitskriterium eine höchstens zweijährige Amortisationsdauer der erforderlichen Investition angesetzt. Am Beispiel Warmwasserheizung sind in Abbildung 4 als Ergebnis umfangreicher Parameterstudien die entsprechenden Betriebsbereiche eingezeichnet. Als Haupteinflußgrößen treten auf der horizontalen Diagrammachse die Verdichter-Nennleistung, auf der vertikalen Achse der durchschnittliche Druckluftbedarf (Auslastung) sowie als Kurvenschar-Parameter die Jahresbetriebsstunden auf. Je größer die Verdichter-Nennleistung (weiter rechts im Diagramm) und je höher die Auslastung (weiter oben), desto weniger jährliche Betriebsstunden sind für die wirtschaftlich sinnvolle Installation einer Wärmerückgewinnung erforderlich. Dagegen liegt links und unterhalb der Linie von 8.000 Jahresbetriebsstunden der generell unrentable Bereich. Beispielsweise sollte demnach ein 110 kW-Verdichter, der in aller Regel mehr als 80 % ausgelastet ist, schon bei weniger als 2.000 Jahresbetriebsstunden mit einer Wärmerückgewinnung ausgerüstet werden. Geht man entlang einer Linie konstanter Auslastung, zum Beispiel 70 %, so liegt die Grenze der Wirtschaftlichkeit für 2.000 Jahresbetriebsstunden bei einer Nennleistung von 132 kW, für 4.000 Bh reichen bereits 55 kW, für 6000 Bh genügen 37 kW; unterhalb 30 kW wird generell keine 2jährige Amortisation mehr erreicht.

> Größere Verdichter-Nennleistung und Auslastung erfordern weniger Jahresbetriebsstunden für eine 2jährige Amortisationsdauer.

3.3 Regelung/Lastmanagement/Betriebsparameter

Die Regelung von Verdichtern dient der Anpassung von Druckluftproduktion und Verbrauch. Als Führungsgröße wird bei allen Regelungsvarianten der Druckverlauf im Druckluftnetz herangezogen. Übersteigt der Druckluftverbrauch die Produktion, so fällt der Netzdruck (und umgekehrt). Stetige Regelungen (zum Beispiel Drehzahl-, Drossel-, Schieber-, Drallregelung) kompensieren fortwährend jede Abweichung vom Netzdruck-Sollwert, während Zweipunktregelungen (Aussetz-, Last-/Leerlaufregelung) zwischen dem minimal erforderlichen und dem maximalen Netzdruck mit 100 % bzw. 0 % Liefermenge des Verdichters hin- und herpendeln. Die Druckluftverbraucher benötigen lediglich den Minimal-Netzdruck – für jedes Bar Höherverdichtung sind 6 bis 10 % Mehraufwand an Verdichter-Antriebsenergie aufzubringen. Aus Gründen der begrenzten Schalthäufigkeit des Verdichters kann die Netzdruckspanne

> Regelung = Anpassung von Produktion und Verbrauch.

> Bis 10 % Energiemehraufwand pro Bar Höherverdichtung.

dennoch nicht beliebig verkleinert werden. Generell gilt: je größer das Volumen des Druckluftnetzes in Relation zur Verdichtergröße, desto kleiner kann die Netzdruckspanne sein. Eine Faustregel für die Dimensionierung von Druckluftbehältern geht zum Beispiel für Schraubenverdichter von einem Behältervolumen von 30 % der Verdichter-Liefermenge pro Minute bei einer Netzdruckspanne von 2 bar aus. Verdoppelt man das so ermittelte Behältervolumen, so halbiert sich die erforderliche Netzdruckspanne auf 1 bar, entsprechend einer Energieeinsparung von 6 bis 10 %.

> Behältergröße und Netzdruckspanne sind umgekehrt proportional.

In Betrieben mit hohen anteiligen Druckluft-Energiekosten kann die Druckluftanlage vorteilhaft in Lastmanagementkonzepte einbezogen werden. Durch gezieltes Vorhalten von Druckluft in Speicherbehältern können in Spitzenstromzeiten Kompressoren vorübergehend weggeschaltet werden. Die hierbei verfügbare Wegschaltzeitspanne Δt in s ergibt sich aus:

$$\Delta t = \frac{60 V}{\dot{V}} \cdot \Delta p$$

mit
V in m³   gesamtes Behälter- und Netzvolumen
$\dot{V}$ in m³/min   Druckluftverbrauch bezogen auf Ansaugbedingungen gemäß ISO 1217
Δp in bar   zulässige Druckabsenkung während der Wegschaltung

Bei einem Behälter-/Netzvolumen von V = 20 m³ kann zum Beispiel für eine zulässige Druckabsenkung von 0,5 bar und einen Verbrauch von 10 m³/min die komplette Verdichterstation für eine Minute in den Leerlauf- bzw. Aussetzbetrieb gefahren werden, was den Momentanwert der Leistungsaufnahme um rund 75 kW drosselt. Der Vorgang kann erst dann wiederholt werden, wenn der Luftvorrat im Netz wieder ergänzt ist.

> Lastmanagement:: Wegschalten der Kompressorstation im Minutenmaßstab möglich.

Jede Regelung ist verlustbehaftet und bringt daher eine Erhöhung des spezifischen Leistungsbedarfs gegenüber den Vollastwerten in Abbildung 2. Kleine Kolbenkompressoren arbeiten mit einer Aussetzregelung, die (abgesehen von der erforderlichen Netzdruckspanne) recht wirtschaftlich ist: kein Druckluftverbrauch – kein Energieverbrauch. Im Bereich der industriellen Druckluftversorgung ist heute der öleingespritzte Schraubenverdichter mit Last-/Leerlaufregelung am weitesten verbreitet. Beim Erreichen des maximalen Netzdrucks wird die Saugseite des Verdichters über ein Ventil geschlossen und der interne Verdichterkreislauf entlüftet. Die Druckluftförderung wird hierdurch unterbrochen, und der Verdichter läuft im „Leerlauf", die Leistungsaufnahme geht gegenüber dem Lastbetrieb auf ca. 25 % zurück. Bei herkömmlichen Kompressorsteuerungen wird der Antriebsmotor ja nach Nennleistung erst nach einer Mindest-Leerlaufzeit abgeschaltet, um im Bedarfsfall sofort ohne Überschreitung der zulässigen Schaltspielanzahl wieder ans Netz zu gehen. Moderne, energieoptimierte Steuerungen zählen die erforderliche Motorlaufzeit bereits ab dem Beginn des jeweiligen Lastzyklus und können so den Kompressor mit minimierter Leerlaufzeit betreiben. Der gesamte Leistungsbedarf des Verdichters im Last-/Leerlaufbetrieb ergibt sich in Abhängigkeit von der Auslastung X aus einem Last- und einem Leerlaufanteil:

> Aussetzregelung: kein Verbrauch – keine Energiekosten.

> Last-/Leerlaufregelung begrenzt die Motorschaltspiele.

$$P_{ges} = X \cdot P_{el} + (1-X) \cdot P_{el} \cdot \frac{25\%}{100\%} = P_{el} \cdot (0{,}75 \cdot X + 0{,}25)$$

Aus energetischer Sicht ist also eine möglichst hohe Auslastung anzustreben, was in der Praxis einem Grundlastbetrieb gleichkommt. Die auftretenden Lastspitzen können energetisch vorteilhaft über einen drehzahlgeregelten Spitzenlastverdichter abgedeckt werden. Der hierin integrierte Frequenzumformer paßt die Verdichterdrehzahl und damit die Liefermenge von 100 % bis herab zu ca. 20 % kontinuierlich dem aktuellen Verbrauch an. Vorteil: der Verdichter produziert auch in Schwachlastzeiten genau die benötigte Menge an Druckluft, und der Energieeinsatz wird minimiert. Aufgrund der Ausregelung von Abweichungen vom festgelegten Netzdruck-Sollwert werden zusätzlich Verluste durch Höherverdichtung vermieden. Unter Berücksichtigung der Leistungsverluste des Frequenzumformers von 3 bis 5 % zeigt sich die Drehzahlregelung unterhalb von 80 % durchschnittlicher Verdichterauslastung energetisch jeder Zwei-

> Überlegene Drehzahlregelung für Spitzenlastverdichter.

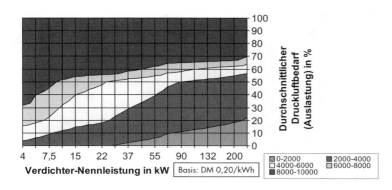

Abb. 5: Drehzahlregelung: erforderliche Jahresbetriebsstunden für 2-jährige Amortisationsdauer

punktregelung überlegen. Je geringer die Auslastung, um so mehr macht sich die günstigere Regelungscharakteristik bezahlt. Je kleiner der Verdichter, um so höher ist allerdings auch der Investitionskostenanteil für den Frequenzumrichter. Diese Tendenzen für die Drehzahlregelung sind in Abbildung 5 unter Berücksichtigung der bereits aus Abbildung 4 bekannten Haupteinflußgrößen als Bereiche mit maximal zweijähriger Amortisationsdauer eingetragen.

Verdichter mit kleineren Nennleistungen (links im Diagramm) kommen nur bei geringen Auslastungen (unterer Diagrammbereich) und gleichzeitig hohen Jahresbetriebsstunden in den rentablen Bereich. Legt man zum Beispiel 50 % Auslastung zugrunde, müßte ein 11 kW-Verdichter bereits 8.000 Bh laufen, ein 30 kW-Verdichter noch 6.000 Bh und ein 90 kW-Verdichter nur 4.000 Bh. Oberhalb 70 % Auslastung lohnt sich eine Drehzahlregelung erst ab einer Nennleistung von 250 kW aufwärts.

Noch einen Schritt weiter geht die verbrauchsabhängige Mehranlagensteuerung durch energieoptimierte Regelung aller in einem Druckluftnetz vorhandenen Verdichter. Für jeden aktuellen Druckluftverbrauch wird also diejenige Verdichterkombination betrieben, deren Druckluftproduktion dem Bedarf am nächsten kommt. Besonders vorteilhaft kann dabei als Spitzenlastmaschine ein drehzahlgeregelter Verdichter eingesetzt werden. Da jeweils nur die benötigte Verdichter-Mindestleistung in Betrieb ist, werden Leerlaufverluste besonders bei geringer Auslastung drastisch reduziert: bis zu 18 % der vorher eingesetzten elektrischen Energie werden so eingespart. Da auf dem Druckluftnetz lediglich eine einzige Steuerung arbeitet, entfällt die übliche Druckabstufung zwischen den Einzelkompressoren. Die Netzdruckspanne kann dadurch auch ohne stetige Verdichterregelung bis auf ein Minimum von 0,3 bar verringert werden, entsprechend einer weiteren Energieeinsparung von ca. 7 %. Die Kosten für die Installation bzw. Nachrüstung einer Mehranlagensteuerung sind praktisch unabhängig von der Verdichtergröße und nur geringfügig abhängig von deren Anzahl. So ergeben sich für die Installation einer Mehranlagensteuerung bei Annahme einer zweijährigen Amortisationsdauer die in Abbildung 6 wiedergegebenen Bereiche.

Vorausgesetzt sind für diesen Fall 3 last-/leerlaufgeregelte Einzelkompressoren mit zusammen 150 % Auslegungsliefermenge. Eine solche Redundanz wird in der Praxis häufig aus Gründen der Ausfallsicherheit, der Zugänglichkeit bei Wartung und der Abdeckung von Lastspitzen oberhalb 100 % Liefermenge vorgehalten. In bezug auf die Größenabstufung der eingesetzten Verdichter sind aus energetischer wie auch aus gesamtwirtschaftlicher Sicht gleich große Nennleistungen ungünstiger als eine abgestufte Auslegung (Weidner 1997). Klarheit bringt hier im Einzelfall eine Langzeit-Verbrauchsmessung, die mit Hilfe der Simulationssoftware einer Mehranlagensteuerung unter Einsatz verschiedener Verdichterkombinationen nachgefahren und unter Energie- und Kostengesichtspunkten analysiert werden kann. Zu beachten ist dabei, daß die Energiekosten eines Druckluftsystems bereits nach einem Jahr leicht dieselbe Größenordnung erreichen können wie dessen gesamten Investitionskosten!

| Wirtschaftlicher Bereich der Drehzahlregelung: Verdichter ab 30 kW bei mittlerer Auslastung.

| Mehranlagensteuerung: energieoptimierte Regelung aller vorhandenen Verdichter.

| Einsparungen bis 25 % durch verringerte Leerlaufverluste und engeres Druckband.

| Kosten für Mehranlagensteuerung nahezu unabhängig von Verdichtergröße und -anzahl.

| Optimale Verdichter-Größenabstufung durch Verbrauchsmessung feststellbar.

| Druckluft-Energiekosten bereits nach einem Jahr höher als die Gesamtinvestitionskosten.

Abb. 6: Mehranlagensteuerung: erforderliche Jahresbetriebsstunden für 2-jährige Amortisationsdauer

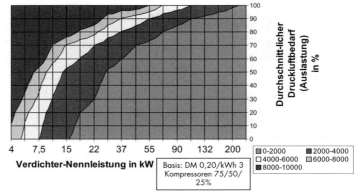

Kleine installierte Verdichterleistung und hohe Auslastung erfordern viele Jahresbetriebsstunden für 2jährige Amortisation.

Aus Abbildung 6 ergibt sich als generelle Tendenz: je kleiner die insgesamt installierte Verdichterleistung (weiter links im Diagramm) und je größer die Auslastung (weiter oben), um so mehr Jahresbetriebsstunden sind für die hier zugrundegelegte zweijährige Amortisationsdauer einer Mehranlagensteuerung zu erbringen. Obwohl bei den theoretisch möglichen 100 % Auslastung jegliche Regelung überflüssig wäre, ergibt sich in diesem Fall aufgrund der Einengung der Netzdruckspanne dennoch eine Rentabilität oberhalb 55 kW installierter Verdichter-Nennleistung. Legt man eine durchschnittliche Auslastung von 70 % zugrunde, so amortisiert sich eine Mehranlagensteuerung bereits bei 2000 Jahresbetriebsstunden für 45 kW Nennleistung, bei 22 kW sind doppelt so viele Betriebsstunden pro Jahr erforderlich.

3.4 Wartungsmaßnahmen (Verdichter, Aufbereitung, Netz, Verbraucher)

Vorbeugende Wartung für Betriebssicherheit und Wirtschaftlichkeit.

Riemenantriebe regelmäßig kontrollieren.

Kühlrippen und Kühler regelmäßig reinigen.

Netzdruckverluste und Leckagen minimieren.

Die letzten Meter zum Verbraucher sind für 90 % der Druckverluste verantwortlich!

Einen maßgeblichen Beitrag zum energieoptimierten Betrieb einer Druckluftanlage leistet die vorbeugende Wartung. Dabei geht es nicht nur um die Erhaltung der Betriebssicherheit, sondern in Anbetracht von Energiekostenanteilen von 70 bis 90 % auch um handfeste wirtschaftliche Interessen. Beispielsweise wird von vielen Schraubenverdichterherstellern ein Lagerwechsel nach ca. 25.000 Bh empfohlen, da die hochbeanspruchte Axiallagerung dann bereits mit vergrößertem Spiel läuft, was die Liefermenge um bis zu 5 % mindert. Auch die Wartungsintervalle von Zungen- und Plattenventilen an Kolbenverdichtern sind unter energetischen Gründen tunlichst einzuhalten.

Der regelmäßigen Kontrolle von Riemenantrieben auf richtige Spannung und Fluchtung kommt ebenfalls große Bedeutung zu, da über diese Baugruppe die gesamte Antriebsleistung des Verdichters übertragen wird, und sich bereits prozentual geringe Verluste zu großen jährlichen Energiemengen bzw. Kosten addieren.

Gerne vernachlässigt wird auch die Überprüfung von Kühlrippen und Wärmeübertragungsflächen auf Verschmutzung. Neben der bei Kolbenverdichtern akuten Gefahr des Kolbenfressers bedeutet eine schlechte Wärmeabfuhr aus dem Verdichter einen um 5 bis 10 % erhöhten Energieaufwand für die Verdichtung.

Bei der Druckluftaufbereitung und Verteilung können über gezielte Wartungsmaßnahmen Leckagen und Druckverluste minimiert werden. In gut gewarteten Druckluftnetzen können Leckageraten von nur 5 % erreicht werden – gegenüber bis zu 30 % und mehr Leckageverlusten in „rauhen" Betrieben. Leckagen sind ohne großen Aufwand akustisch, mittels Ultraschalldetektoren oder durch die Überwachung von Verdichterlaufzeiten an Wochenenden aufzuspüren. Dagegen erfordert die Beseitigung von Druckverlusten die Kenntnis einiger Zusammenhänge. Der Gesamtdruckverlust zwischen Verdichter und Verbraucher beträgt in einem gut gewarteten Druckluftnetz ca. 1 bar, davon entfallen 0,9 bar auf die letzten Meter der Stichleitung mit Ventilen, Wartungseinheiten, Kupplungen, Spiralschläuchen, usw. Hier kann durch Einbau moderner Armaturen und Fittings mit großer lichter Weite mit wenig Aufwand rund 5 % der gesamten Energie für die Drucklufterzeugung eingespart werden!

Auch unnötige Druckverluste in Filtern zur Druckluftaufbereitung lassen sich dank neuzeitlicher Technik recht einfach vermeiden. Hierbei spielen vor allem vergrößerte Filteroberflächen (zum Beispiel durch plissierte Elemente) sowie die Einhaltung des optimalen Zeitpunkts für den Filterwechsel eine Rolle. Wie aus Abbildung 7 hervorgeht, ergibt sich dieser Zeitpunkt (Pfeil) unter Berücksichtigung der Energie- und der Filterkosten (gestrichelte Linien) bereits wesentlich früher, was durch eine reine Differenzdrucküberwachung angezeigt wird. Aus diesem Grund sind heute ohne wesentlichen Mehrpreis anwendungsspezifisch einstellbare Wartungsanzeiger für Filterelemente erhältlich, die alle relevanten Parameter berücksichtigen und den günstigsten Zeitpunkt des Filterwechsels direkt anzeigen.

> Wirtschaftlichster Filterwechsel-Zeitpunkt bestimmt durch Energie- und Filterkosten.

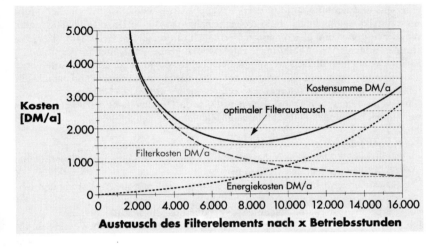

Abb. 7: Optimaler Zeitpunkt für den Filterwechsel

4 Energieeinsparpotentiale bei Neuplanung

Prinzipiell sind für eine Neuplanung die bereits genannten Gesichtspunkte ohne Einschränkung gültig. Die Spielräume einer systematischen Bearbeitung, beginnend mit einer grundlegenden Strukturanalyse und Prozeßoptimierung, der Untersuchung von Substitutionspotentialen und der Ermittlung der zu erwartenden Druckluft-Bedarfsstruktur sind aber ungleich größer. Berücksichtigt werden sollten hierbei neben der räumlichen und organisatorischen Betriebsstruktur vor allem der voraussichtliche Tages-, Wochen-, Saison- oder Jahres-Lastgang, die Erfordernisse an Druckniveau(s) und Druckluftqualität(en) sowie geplante Erweiterungen. Einer fundierten Planung ist in bezug auf die im Betrieb weit überwiegenden Energiekosten größte Bedeutung beizumessen. In den folgenden Abschnitten können hierzu lediglich einige wichtige Gesichtspunkte und Anregungen vermittelt werden, die nicht das Hinzuziehen erfahrener Fachleute oder einschlägiger Fachliteratur (zum Beispiel Ruppelt 1996) ersetzen. Immer mehr Bedeutung gewinnt in diesem Zusammenhang das Contracting, welches dem Druckluftanwender effiziente, schlüsselfertige Lösungen und verbrauchsabhängige Kostenverrechnung bietet. (Abschnitt 4.3).

> Systematische Bedarfsanalyse, Prozeßoptimierung und Nutzung von Substitutionspotentialen ergänzen sich.

4.1 Energieoptimierter Einsatz von Druckluft

Bereits im Vorfeld der Planung einer Druckluftversorgung sind aus energetischer Sicht wichtige Entscheidungen zu treffen mit dem Ziel, Druckluft nur dann einzusetzen, wenn die im Abschnitt 2. genannten speziellen Eigenschaften unabdingbar gefordert sind und damit der Gesamtnutzen gegenüber anderen Energieträgern positiv zu bewerten ist. Im Sinne der Substitution (vgl. Abschnitt 3.1) sind als primäre Einsparmaßnahme druckluftintensive Produktionsverfahren nach Möglichkeit durch ener-

> Wirtschaftlichkeit erhöhen durch Druckabsenkung und -vereinheitlichung.

gieeffizientere Technologien zu ersetzen. Die verbleibenden Druckluftanwendungen sollten im Hinblick auf sparsamen Druckluftverbrauch sowie möglichst einheitliches und niedriges Druckniveau ausgelegt werden.

4.2 Optimierte Auslegung der Druckluftanlage

> Wirtschaftlichkeit zentraler Druckluftstationen steigt mit dem Druckluftbedarf, mit der räumlichen Nähe zu Druckluftverbrauchern und mit den Jahresbetriebsstunden.
>
> Druckluft-Ringleitungen bevorzugen.

Ist das primäre Substitutionspotential ausgeschöpft, beginnt die eigentliche Auslegung einer Druckluftanlage mit der Ermittlung der Randbedingungen. Hierzu zählen die Umgebungsparameter, die Verbraucherstruktur (Anzahl, Druck, Luftbedarf, Einschaltdauer und -häufigkeit) sowie Anforderungen an die Druckluftqualität. Ein wesentlicher Punkt der Gesamtbetrachtung ist die Entscheidung zwischen einer großen zentralen Druckluftstation mit entsprechend ausgelegtem Druckluftnetz einerseits und dezentral am Ort des Verbrauchs aufgestellten Kleinverdichtern. Eine zentralisierte Lösung ist um so sinnvoller, je näher am Ort der Drucklufterzeugung ein möglichst großer und gleichmäßiger Verbrauch mit möglichst vielen Jahresbetriebsstunden auftritt. Wie Abbildung 2 zeigt, weisen große Verdichter im Vergleich zu Kleinanlagen einen niedrigeren spezifischen Leistungsbedarf auf. Dieser Vorteil muß aber den mit steigender Leitungslänge anwachsenden Druckverlusten und der schwerfälligeren Regelungscharakteristik gegenübergestellt werden. Bewährt hat sich die Ausführung des Druckluftnetzes als Ringleitung, da die Druckverluste hierbei rechnerisch nur auf der halben Rohrleitungslänge auftreten.

Zur Auswahl des geeigneten Verdichtertyps einige Praxiserfahrungen:
- Kolbenverdichter: kleine Nennleistung, geringe Auslastung und Jahres-Bh, erschwerte Umgebungsbedingungen
- Schraubenverdichter: mittlere Nennleistung, mittlere/hohe Auslastung und Jahres-Bh
- Turboverdichter: große Nennleistung, hohe Auslastung und Jahres-Bh

Für ölfreie Verdichtung sind Turboverdichter, trockenlaufende Kolben- und Schraubenverdichter sowie wassereingespritzte Schraubenverdichter verfügbar. Wo immer möglich, sollte eine Wärmerückgewinnung in das Konzept mit einbezogen werden. Besonders hervorzuheben ist für trockenlaufende Verdichter der eigenwärmeregenerierte Adsorptionstrockner mit einem Energiesparpotential von bis zu 20 % (vgl. Abschnitt 3.2). Für die gesamte Druckluftaufbereitung unter den Gesichtspunkten Restfeuchte, Restölgehalt und Partikelkonzentration gilt der Grundsatz: nur soviel wie nötig.

> Druckluftaufbereitung: nur soviel wie nötig!

4.3 Druckluft-Contracting

> Druckluft wie „Strom aus der Steckdose".

Unter diesem Begriff verbirgt sich die energieeffiziente Bereitstellung von Druckluft durch ein Vertragsunternehmen, vergleichbar dem Bezug von elektrischer Energie durch ein EVU. Für den Druckluftanwender heißt das:
- kalkulierbare, vertraglich festgeschriebene Festkosten pro m³ Druckluft
- stets neueste, geprüfte und garantierte Technologie („transparente Druckluft-Versorgung")
- Outsourcing des gesamten Engineering und Verfügbarkeitsbereichs (wie „Strom aus der Steckdose")
- nur die tatsächliche Abnahme wird berechnet
- keine Investitionskostenplanung notwendig

Die Erfüllung dieser Anforderungen fordert vom Contracting-Anbieter:
- Energiegarantien von allen Zulieferern
- Übernahme bzw. vertragliche Absicherung von Restrisiken (zum Beispiel Finanzierung, technische Verfügbarkeit der installierten Anlagen, Kundeninsolvenzen etc.)
- fundiertes Engineering: korrekte Bedarfsermittlung, optimierte Technologieauswahl
- enger Kontakt zum Kunden/Druckluftanwender

5 Literatur

Energieagentur NRW: Druckluft rationell nutzen mit RAVEL NRW. Teilnehmerunterlage des REN Impuls-Programms RAVEL NRW, Wuppertal, 1997
ISO 1217 Displacement Compresssors – Acceptance Test, 1996
Münst, F.: Wirkungsgradoptimierung der Drucklufterzeugung und -verteilung. Materialien zu RAVEL, Schweizerisches Bundesamt für Konjunkturfragen, Bern, 1992
PNEUROP/CAGI: PN 2 CPTC 1 – 3 Test Standards for Displacement Compressors. 1993
Ruppelt, E. (Hrsg.): Druckluft-Handbuch, Vulkan-Verlag, 3. Aufl., 1996
VDMA: Eine Milliarde läßt sich sparen. Produktion, 20.05.1999
Weidner, W. K.: Wie sieht die richtige Kompressorenkombination aus? Drucklufttechnik 9 – 10, 1997

Heinrich Kühlert
Wärmepumpen

Umweltgesichtspunkte haben einen immer stärkeren Einfluß auf die Bauweise von Gebäuden und die Auswahl von Heizungssystemen. Die Wärmepumpe bietet in diesem Zusammenhang interessante Perspektiven, da Emissionen nicht beim Verbraucher, sondern in kontrollierter Weise im Großkraftwerk ausgestoßen werden.
Aus energetischer Sicht kann bei gut abgestimmten Anlagen mit möglichst geringen Vorlauftemperaturen der Heizungssysteme durch Nutzung der überall verfügbaren Wärmequellen Luft und Erdreich eine Jahresarbeitszahl größer als 3 erreicht werden. Eine Schonung von Primärenergieressourcen ist damit gegeben.
Aus wirtschaftlicher Sicht kann die Wärmepumpe einem Vergleich mit konventionellen Heizungssystemen nur unter günstigen Voraussetzungen standhalten. Hält jedoch der derzeitige Trend zum Niedrigenergiehaus mit geringstem Wärmebedarf und Zwangslüftungssystemen weiter an, so bieten sich hier Marktchancen für die Wärmepumpe. Die Wärmepumpe ist damit in vielen Fällen das Heizungssystem von morgen.

1 Einführung

Unter bestimmten Voraussetzungen bietet die Wärmepumpe eine Alternative zu konventionellen Heizungssystemen.

Umweltschutz und energiesparende Bauweisen prägen die Heiztechnik von morgen.

Die Wärmepumpe hat sich gegenüber anderen konventionellen Heizungsanlagen in der Vergangenheit nicht durchsetzen können, obwohl sie entscheidende Vorteile bietet. Begründet wird dies dadurch, daß die Energieströme innerhalb einer Wärmepumpe sich von anderen Heizungssystemen grundlegend unterscheiden. Gerade diese Unterschiede können aber bei entsprechenden Randbedingungen von Vorteil sein. Hinzu kommt, daß die Wärmepumpentechnik hinsichtlich Zuverlässigkeit, Leistungs- und Arbeitszahlen deutlich verbessert worden ist. Die Wärmepumpe bietet in Form der Elektrowärmepumpe eine ernstzunehmende Alternative zu konventionellen Heizungssystemen. In diesem Beitrag wird daher nur auf den Einsatz der Elektrowärmepumpe eingegangen.

Der Umweltschutz ist zum zentralen Diskussionspunkt geworden. Für die Heizung bedeutet dies eine möglichst schadstoffarme Verbrennung ohne Ruß, Schwefel- und Stickoxyde in den Rauchgasen. Bei Großfeuerungsanlagen in Kraftwerken ist dieses Ziel durch den Einbau von Elektrofiltern, Entschwefelungs- und Entstickungsanlagen nahezu erreicht. Infolgedessen ist die kontrollierte Verbrennung in einer Großfeuerungsanlage umweltfreundlicher, als dies in einer Heizungsanlage in einem Einfamilienhaus möglich ist. Anders ist die Situation beim Kohlendioxid (CO_2), da es sich hierbei um das Endprodukt einer jeden Verbrennung handelt. Hier kann nur eine Verbesserung durch einen geringeren Primärenergieeinsatz oder zum Beispiel durch Nutzung der Wind- und der Wasserenergie erzielt werden.

Beim Bau von Einfamilienhäusern ist ein deutlicher Trend zu einer energiesparenden Bauweise erkennbar (Abbildung 1). Herrschten in den sechziger Jahren noch überwiegend Häuser ohne zusätzliche äußere Dämmung vor, so werden heute effektive Wärmedämmungen eingesetzt. In Verbindung mit wärmeschutzverglasten Fenstern und Vermeidung von lokalen Schwachstellen wie Kältebrücken führt dies zu einer erheblichen Reduzierung der erforderlichen Heizleistung und -wärme.

Erlebt die Heizungstechnik infolge dieser Entwicklung einen Wandel? Führen Umweltschutz und Energieeinsparungen zu neuen Heizungskonzepten? Diese Frage kann zur Zeit noch nicht eindeutig beantwortet werden. Fest steht jedoch, daß sich sowohl Planer, Architekten und Handwerker als auch Bauherren mit diesen Fragen auseinandersetzen müssen. Könnte die Wärmepumpe eine Alternative zum konventionellen Heizungssystem darstellen?

Wärmepumpen

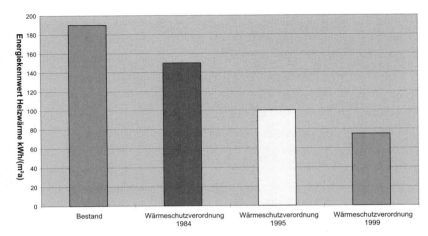

Abb. 1: Energiekennwerte für Heizwärme im Vergleich

Die Nutzung der in der Umgebung in Form von Wärme gespeicherten Sonnenenergie mit einer Elektrowärmepumpe bietet in diesem Zusammenhang interessante Perspektiven. Der Ausstoß an Kohlendioxid, Stickoxiden und Schwefeldioxid kann reduziert werden. Angesichts des beträchtlichen Anteils der Raumheizung an den Gesamtemissionen bringt der Einsatz von Elektrowärmepumpen ein großes Potential an Emissionsverminderung. Steigt der Anteil regenerativer Energien an der Stromerzeugung, verstärkt sich der positive Einfluß, den Wärmepumpen auf die Umweltsituation haben.

Schon heute gilt: Die Wärmepumpe ist ein energiesparendes und umweltschonendes Heizsystem, das den gleichen Komfort bietet wie konventionelle Heiztechniken und damit eine ernstzunehmende Alternative darstellt. Die Wärmepumpe bietet darüber hinaus eine neue Marktchance für das Handwerk.

> Die Wärmepumpe verlagert den Einsatz von Primärenergie vom Eigenheim zu Großkraftwerken.

2 Physikalisches Grundprinzip

Das physikalische Grundprinzip einer Elektrowärmepumpe ist relativ einfach. Im Gegensatz zu herkömmlichen Heizungssystemen wird die zum Heizen erforderliche Energie nur zu etwa einem Viertel durch elektrische Energie aufgebracht. Der überwiegende Teil wird der Umgebung in Form von Wärme entzogen. Technisch realisiert wird dieses Prinzip durch einen geschlossenen Kreislauf innerhalb der Wärmepumpe, bei dem ein geeignetes Kältemittel ständig verdampft und anschließend wieder kondensiert. Beim Verdampfen wird Wärme aus der Umgebung aufgenommen, beim Kondensieren wird Wärme an das Heizungssystem abgegeben (vgl. Abbildung 2). Daraus ergeben sich wichtige Beurteilungskriterien für die Praxis. Die insgesamt zu Heizungszwecken bereitgestellte Energie setzt sich zusammen aus der Umweltenergie Q und der zugeführten elektrischen Energie W.

> Bei der Elektrowärmepumpe wird der Großteil der Heizenergie direkt der Umwelt entzogen.

$$Q_{ab} = Q + W$$

Wichtig ist das Verhältnis der Heizenergie Q_{ab} zur zugeführten elektrischen Energie W. Dieses Verhältnis bezeichnet man als Arbeitszahl β.

$$\beta = \frac{Q_{ab}}{W}$$

Neben der Arbeitszahl wird oft das Verhältnis von abgegebener Heizleistung $\dot{Q}_{ab}$ zur aufgenommenen elektrischen Leistung $\dot{W}$, das als Leistungszahl ε bezeichnet wird, betrachtet.

> Arbeitszahl β und Leistungszahl ε sind wichtige Kennzahlen zur Beurteilung von Elektrowärmepumpen.

$$\varepsilon = \frac{\dot{Q}_{ab}}{\dot{W}}$$

Bei der Leistungszahl wird im Gegensatz zur Arbeitszahl lediglich die vom Verdichter aufgenommene Leistung berücksichtigt. Leistungen zum Betrieb von Pumpen, Ventilatoren und sonstiger Hilfsaggregate bleiben unberücksichtigt. Damit läßt sich die Leistungszahl unmittelbar mit einer theoretischen Obergrenze vergleichen. Danach kann die Leistungszahl maximal gleich dem Temperaturverhältnis

$$\varepsilon_C = \frac{T}{T - T_0}$$

sein, wobei ε_C die Leistungszahl nach Carnot,
 T_0 die Temperatur der Wärmequelle und
 T die Heizungsvorlauftemperatur ist.

Die Leistungszahl nach Carnot bildet eine theoretische Obergrenze für die Wärmepumpe.

Für Überschlagsrechnungen kann ε etwa gleich $0{,}5 \times \varepsilon_C$ gesetzt werden. Die Temperaturdifferenz (T-T_0) ist ein wichtiges Indiz für grundsätzliche Auslegungsüberlegungen. Danach sind die Leistungszahl wie auch die Arbeitszahl um so größer, je geringer die Temperaturdifferenz zwischen dem wärmeabgebenden und dem wärmeaufnehmenden Medium ist. Die Temperatur des wärmeabgebenden Mediums sollte folglich so hoch wie möglich sein. Wird das Erdreich, die Umgebungsluft oder in Ausnahmefällen auch das Grundwasser als Wärmequelle gewählt, so sind die Möglichkeiten relativ begrenzt. Steht jedoch eine andere Wärmequelle, wie Industrieabwärme, zur Verfügung, so ist dies ein wichtiges Kriterium. Auf der warmen Seite sollte die erforderliche Heizungsvorlauftemperatur so gering als möglich gewählt werden. Optimal ist daher zum Beispiel die Verwendung einer Fußbodenheizung. Interessant ist ebenso der Einsatz von Elektrowärmepumpen in Verbindung mit Wohnungslüftungsanlagen, wo der Wärmebedarf über die Zuluft abgedeckt werden kann.

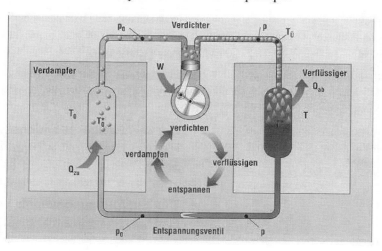

Abb. 2:
Kreisprozeß einer Wärmepumpe
(Quelle: Initiativkreis Wärmepumpe)

Bei einer Arbeitszahl größer 3 wird bei der Elektrowärmepumpe mehr Wärme erzeugt, als im Kraftwerk an Primärenergie eingesetzt wird.

Die qualitativ hochwertige elektrische Energie stellt unter Berücksichtigung von Übertragungsverlusten nur noch etwa ein Drittel der ursprünglich im Kraftwerk eingesetzten Primärenergie dar. Wird also mit der Elektrowärmepumpe eine Arbeitszahl von mehr als 3 erreicht, so stellt sie mehr Wärme bereit, als im Kraftwerk an Primärenergie aufgewendet wird. Bei einer Arbeitszahl größer als 3 kann folglich Primärenergie ein-

Wärmepumpen

gespart werden. Ein zusätzlicher Aspekt: Im Gegensatz zur Verbrennung von Gas oder Heizöl in Wohngebäuden können Primärenergieformen niedrigerer Qualität wie Steinkohle und Braunkohle in Großkraftwerken so umweltschonend wie möglich ohne Einbußen an Komfort verbrannt werden.

Entsprechend den örtlichen Gegebenheiten können Wärmepumpen entweder allein oder in Verbindung mit anderen Heizungssystemen betrieben werden.

Bei der bivalenten Betriebsweise wird die Wärmepumpe zusammen mit einer Zusatzheizung betrieben. Diese Betriebsweise ist anzuwenden, wenn eine Wärmequelle nicht immer zu den gleichen Bedingungen zur Verfügung steht oder den Wärmebedarf nur bis zu einer bestimmten Außentemperatur voll decken kann.

Dieser Punkt ist besonders zu beachten, falls die Umweltwärme der Außenluft entzogen wird. Nimmt die Außentemperatur ab, so erhöht sich der Wärmebedarf des Gebäudes. Gleichzeitig nimmt die Temperaturdifferenz zwischen wärmeabgebender und wärmeaufnehmender Seite zu, womit ein Absinken der Leistungs- und Arbeitszahl verbunden ist. Die Einplanung einer Zusatzheizung ist hier unumgänglich.

3 Betriebsarten

3.1 Bivalente Betriebsweise

Bei der bivalenten Betriebsweise wird die Wärmepumpe in Verbindung mit einer Zusatzheizung betrieben.

Nachteilig an einer bivalenten Betriebsweise ist, daß Investitionen für zwei Heizungssysteme getätigt werden müssen. Wird die Wärmepumpe so ausgelegt, daß die Zusatzheizung nur an wenigen Tagen im Jahr benötigt wird, so kann hierzu eine kostengünstige Elektrowiderstandsheizung („Tauchsieder" am Wärmespeicher) verwendet werden. In diesem Fall werden sowohl die Wärmepumpe als auch die Zusatzheizung mit elektrischer Energie betrieben. Man spricht daher von einem monoenergetischen Betrieb. Auf den ersten Blick erscheint dies widersprüchlich, da durch eine Elektrowiderstandsheizung wertvolle und teure elektrische Energie unmittelbar in Wärme umgewandelt wird. Trotzdem kann dies zu einer kostengünstigen Lösung führen, da die Investitionskosten niedrig und die Energiekosten aufgrund der geringen Jahresnutzungsdauer für die Elektrowiderstandsheizung nicht ausschlaggebend sind. Selbstverständlich ist die Gesamtwirtschaftlichkeit im Einzelfall zu prüfen.

3.2 Bivalent monoenergetische Betriebsweise

Die monoenergetische Betriebsweise bedeutet den Betrieb der Elektrowärmepumpe in Verbindung mit einer Elektrozusatzheizung.

Wird die Wärmepumpe so dimensioniert, daß sie den gesamten Wärmebedarf des Jahres abdeckt, so handelt es sich um eine monovalente Betriebsweise. Nachteilig daran ist, daß die Wärmepumpe danach ausgelegt werden muß, daß auch an den kältesten Tagen der Wärmebedarf abgedeckt werden kann. Dieser maximale Wärmebedarf wird jedoch während der überwiegenden Zeit nicht benötigt, so daß ein entsprechender Intervallbetrieb gefahren werden muß.

Der monovalente Betrieb ist durchführbar, falls eine Wärmequelle mit näherungsweise konstanter Temperatur zur Verfügung steht. Diese Voraussetzung ist zum Beispiel bei Grundwasser oder näherungsweise bei der Nutzung von Erdwärme gegeben.

3.3 Monovalenter Betrieb

Bei monovalenter Betriebsweise deckt die Elektrowärmepumpe den gesamten Wärmebedarf.

Zu den beschriebenen Betriebsarten sind Beispiele aufgeführt. Dabei handelt es sich um Anlagen in Einfamilienhäusern. Die Energieverbräuche sind jeweils über eine Heizperiode aufgenommen und ausgewertet worden. Zur Beurteilung der Anlagen wird dabei die im Vergleich wichtige Arbeitszahl über die gesamte Heizperiode angeführt. Angaben zur Wirtschaftlichkeit werden im Abschnitt 5 im Vergleich zu anderen Heizungssystemen wiedergegeben.

4 Ausführungsbeispiele

4.1 Die Luft/Wasser-Wärmepumpe

> Bei der Luft/Wasser-Wärmepumpe wird die Umgebungsluft als Wärmequelle genutzt.

Der Wärmebedarf eines Gebäudes steht in unmittelbarem Zusammenhang mit der jeweiligen Außentemperatur. Bei der für einen Standort zu erwartenden niedrigsten Außentemperatur ist zur Beheizung des Gebäudes der Nennwärmebedarf erforderlich. Bei einer höheren Außentemperatur ist der Wärmebedarf entsprechend geringer.

Bei einer Außentemperatur von 20 °C ist der Wärmebedarf gleich Null. Eine Beheizung des Gebäudes ist nicht erforderlich. Zwischen der maximalen Heizleistung bei der minimalen Außentemperatur und 20 °C Außentemperatur nimmt die erforderliche Heizleistung näherungsweise linear ab. In der Abbildung 3 ist dies an der Kurve für den Wärmebedarf des Gebäudes erkennbar.

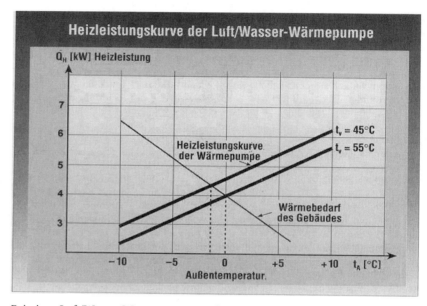

Abb. 3: Heizleistung einer Luft/Wasser-Wärmepumpe (Quelle: Initiativkreis Wärmepumpe)

Bei einer Luft/Wasser-Wärmepumpe ist das Verhalten genau entgegengesetzt. Die benötigte Wärme muß der Umwelt bei der jeweiligen Außentemperatur entzogen werden. Bei einer niedrigen Außentemperatur kann der Umwelt also nur Wärme auf einem niedrigen Temperaturniveau entzogen werden. Die Temperaturdifferenz zwischen der Wärmequelle und der Wärmeabgabe an das Heizungssystem ist folglich sehr groß. Dies führt dazu, daß die Wärmepumpe nur eine geringe Leistung abgibt. Dieser Zusammenhang ist ebenfalls in Abbildung 3 erkennbar.

Bei einer höheren Außentemperatur sinkt der Wärmebedarf des Gebäudes, während die Heizleistung der Wärmepumpe ansteigt. Ab einer bestimmten Außentemperatur ist die Heizleistung der Wärmepumpe größer als der Wärmebedarf des Gebäudes. Die Wärmepumpe wird im Aussetzbetrieb gefahren. Durch den Einsatz eines Wärmespeichers zwischen der Wärmepumpe und der Wärmenutzungsanlage können die Einschaltzeiten der Wärmepumpe im Aussetzbetrieb verlängert werden.

> Luft/Wasser-Wärmepumpen benötigen eine Zusatzheizung (bivalenter Betrieb).

> Der Einsatz eines Wärmespeichers verlängert Ein- und Ausschaltzeiten der Wärmepumpe im Aussetzbetrieb.

> Die Auslegung einer Luft/Wasser-Wärmepumpe auf 60 bis 80 % des Norm-Gebäudewärmebedarfs führt zu einer Deckung der Jahresheizarbeit von 85 bis 95 %.

Die Dimensionierung einer Luft/Wasser-Wärmepumpe sollte so vorgenommen werden, daß die Wärmepumpenleistung etwa 80 % der Nennwärmeleistung entspricht. Damit kann etwa 85 bis 95 % der Jahresheizarbeit erbracht werden. Die verbleibenden 5 bis 15 % der Jahresheizarbeit können zum Beispiel durch eine Elektrowiderstandsheizung abgedeckt werden. Bei einer einfachen Widerstandsheizung wird zwar hochwertige elektrische Energie zur Abdeckung des Restwärmebedarfs benötigt. Die so erzeugte Wärmemenge rechtfertigt aus wirtschaftlichen Gründen jedoch nicht den Einsatz einer teuren Öl- oder Gaszusatzheizung.

Wärmepumpen

Abb. 4: Verbrauchsdaten für ein Einfamilienhaus mit einer Luft/Wasser-Wärmepumpe einschließlich Warmwasserbereitung (Quelle: EMR)

Gebäude:	Einfamilienhaus in Herford
beh. Fläche:	160 m²
Wärmebedarf:	10 kW
Baujahr:	1993
Inbetriebnahme:	Oktober 1993
Wärmequelle:	Luft
Wärmepumpe:	Kälte-Klima-Technik
Stromversorger:	Elektrizitätswerk Minden-Ravensberg GmbH

	$Q_{Heizung}$ kWh	$Q_{Brauchwasser}$ kWh	Wirkarbeit kWh
August	51	296	79
September	502	237	172
Oktober	805	55	211
November	1945	132	573
Dezember	2925	135	937
Januar 95	2796	149	772
Februar	2377	277	726
März	2758	464	867
April	1758	322	501
Mai	1051	234	311
Juni	345	159	106
Juli	0	112	20
Summe 94/95	**17313**	**2572**	**5275**

Bei der in Abbildung 4 aufgeführten Beispielanlage handelt es sich um eine Luft/Wasser-Elektrowärmepumpe, deren Verdampfer außerhalb des Gebäudes und deren Wärmepumpe selbst wettergeschützt im Keller untergebracht ist (Split-Aufstellung). Die Warmwasserbereitung erfolgt über einen Tandem-Verflüssiger. Hierbei wird nicht ein spezieller Brauchwasserbetrieb mit hohen Vorlauftemperaturen und damit geringen Leistungszahlen gefahren. Vielmehr findet parallel zum Heizbetrieb ständig eine Brauchwassererwärmung statt, unter Nutzung der hohen Temperaturen des überhitzten Kältemittels.

| Mit einer Luft/Wasser-Wärmepumpe konnte eine Jahresarbeitszahl von 3,77 erzielt werden. | In der Heizperiode 1994/95 betrug die erzeugte Wärme 17.313 kWh und beim Brauchwasser 2.572 kWh, wofür an elektrischer Arbeit insgesamt 5.275 kWh aufgewendet wurden. Damit ergab sich eine Jahresarbeitszahl von |

$$\beta = \frac{Q_{Heizung} + Q_{Brauchwasser}}{W_{elektr}} = \frac{(17.313\,kWh + 2.572\,kWh)}{5.275\,kWh} = 3,77$$

Die Luft/Wasser-Wärmepumpe wurde in Verbindung mit einem Elektroheizflansch zur Abdeckung des Wärmebedarfs an extrem kalten Tagen betrieben. Insofern handelt es sich hier um eine monoenergetische Betriebsweise. Streng genommen entspricht die berechnete Jahresarbeitszahl dem Jahresnutzungsgrad der Anlage, da die für den Elektroheizflansch benötigte Arbeit mit berücksichtigt wurde.

4.2 Die Sole/Wasser-Wärmepumpe

Die im Erdreich gespeicherte Wärme wird über horizontal verlegte Erdwärmetauscher – auch als Erdkollektoren bezeichnet – oder über senkrecht verlegte Wärmetauscher – sogenannte Erdsonden, Erdspieße oder Erdlanzen – gesammelt.

4.2.1 Der Jahrestemperaturverlauf im Erdreich

| Die Sole/Wasser-Wärmepumpe nutzt das Erdreich als Wärmequelle. | Da im Gegensatz zu einer Luft/Wasser-Wärmepumpe die Wärmequellentemperatur nahezu unverändert bleibt, werden Sole/Wasser-Wärmepumpen in der Regel monovalent betrieben. Einige Elektroversorgungsunternehmen erlauben nur den monovalenten Betrieb einer Wärmepumpe, so daß eine Luft/Wasser-Wärmepumpe im Normalfall nicht in Frage kommt. |

Ab 5 m Tiefe beträgt die Erdreichtemperatur näherungsweise konstant 10 °C.

Die Temperatur in der obersten Erdschicht variiert mit den Jahreszeiten. Sobald aber die Frostgrenze unterschritten wird, sind diese Schwankungen deutlich geringer. Ab einer Tiefe von 5 m kann von einer konstanten Erdreichtemperatur von 10 °C ausgegangen werden. Dieser Temperaturwert ist die Wärmequellentemperatur für Erdsonden.

Zwischen 1 und 2 m Tiefe liegt die Erdreichtemperatur bei 7 °C (Winter) bis 13 °C (Sommer).

In oberflächennahen Schichten zwischen 1 m und 2 m Tiefe werden die Flächenkollektoren verlegt. Hier schwankt die Bodentemperatur zwischen etwa 7 °C im Winter und 13 °C im Sommer. Die Temperaturschwankungen zwischen Sommer und Winter betragen also lediglich etwa 6 °C.

4.2.2 Horizontal-Kollektoren

Unter Horizontal-Kollektoren sind Rohrschlangen zu verstehen, die großflächig in einer Tiefe von etwa 1,2 m bis 1,4 m und einem Abstand von etwa 80 cm verlegt werden. Wie groß ein Erdkollektor sein muß, hängt vom Wärmebedarf des Gebäudes und von den Speichereigenschaften des Erdreiches ab. Der Boden speichert die Wärme um so besser, je höher der Wassergehalt ist. Richtwerte für die spezifische Wärmeentzugsleistung verschiedener Böden sind nachfolgend angegeben:

Bodenqualität	Spez. Wärmeentzugsleistung
trockener, sandiger Boden	10 – 15 W/m²
feuchter, sandiger Boden	15 – 20 W/m²
trockener, lehmiger Boden	20 – 25 W/m²
feuchter, lehmiger Boden	25 – 30 W/m²
grundwasserführender Boden	30 – 35 W/m²

Bei Horizontalkollektoren wird eine spezifische Wärmeentzugsleistung zwischen 10 und 35 W/m² erzielt.

Mit Hilfe der spezifischen Wärmeentzugsleistung können die Kollektorgröße und die notwendige Rohrlänge bestimmt werden. Bei der Planung des Erdkollektors sollte man sich stets nach den Angaben des Wärmepumpenherstellers richten. Eine großflächige Regenwasserversickerung über den Wärmetauscherrohren im Erdreich erhöht den Feuchtigkeitsgehalt des Bodens.

Die Fläche richtet sich einerseits nach der spezifischen Wärmeentzugsleistung des Erdreichs und andererseits nach dem für den Verdampfungsvorgang notwendigen Wärmestrom, der sogenannten Kälteleistung $\dot{Q}$.

Die Kälteleistung ergibt sich als Differenz zwischen Heizleistung und elektrischer Antriebsleistung:

Abb. 5: Verbrauchsdaten für ein Einfamilienhaus mit einer Sole-Wasser-Wärmepumpe (1 x 60 m Erdwärmesonde in Festgestein und 80 m² Erdwärmetauscher horizontal) (Quelle: RWE)

Gebäude: Einfamilienhaus in Essen
beh. Fläche: 160m²
Wärmebedarf: 6,3 kW
Baujahr: 1994
Inbetriebnahme: Dezember 1994
Wärmequelle: Erdwärmesonden (1 x 60m in Festgestein) + 80m² Erdwärmetauscher horizontal
Wärmepumpe: Hautec VWS 41P
Stromversorger: RWE Energie Regionalversorgung Essen

	Wärmemenge kWh	Betriebszeit h	Wirkarbeit kWh
Juli	42	4	7
August	68	7	12
September	896	101	173
Oktober	1191	146	246
November	2597	384	638
Dezember	3582	569	974
Januar 96	3622	597	996
Februar	3808	627	1045
März	3340	506	905
April	1925	277	488
Mai	1548	213	353
Juni	481	51	87
Summe 95/96	**23100**	**•3482**	**5924**

> Mit einer Sole/Wasser-Wärmepumpe mit Erdwärmesonde und 80 m² Horizontalkollektor betrug die Arbeitszahl 3,9.

$$\dot{Q} = \dot{Q}_{ab} - \dot{W}$$

Bei der Auslegung kann von einer Leistungszahl ε = 4 ausgegangen werden. Das bedeutet, daß ein Viertel der Heizleistung als Strom zugeführt wird und drei Viertel der Heizleistung dem Erdreich entzogen werden muß.

Die in Abbildung 5 angeführte Anlage einer Sole/Wasser-Wärmepumpe basiert auf einer Kombination von Flächen-Kollektoren und Vertikal-Kollektoren. Die Anlage wird monovalent betrieben. Anhand der Verbrauchsdaten ließ sich eine Jahresarbeitszahl von

$$\beta = \frac{Q_{Wärme}}{W_{elektr}} = \frac{23.100\,kWh}{5.924\,kWh} = 3,9$$

erzielen.

4.2.3 Vertikal-Kollektoren

> Vertikal-Erdsonden erreichen spezifische Entzugsleistungen von bis zu 100 W/m Sondenlänge.

Ist die Fläche für einen horizontalen Erdkollektor nicht vorhanden, so gibt es die Möglichkeit senkrechter oder schräger Anordnung. Diese Art Kollektoren werden als Erdsonde, Erdlanze oder Erdspieße bezeichnet. Eingebürgert hat sich die Bezeichnung Erdsonde. Erfahrungen zeigen, daß der spezielle Wärmestrom von Erdsonden sehr stark schwankt und zwischen 25 und 100 W/m Sondenrohr liegt. Vorliegende Erfahrungswerte sind in der Abbildung 6 zusammengestellt.

Abb. 6: Spezifische Wärmeentzugsleistungen für vertikale Erdsonden (Quelle: Initiativekreis Wärmepumpe)

Die in Abbildung 7 dargestellte Wärmepumpenanwendung enthält die Daten eines Einfamilienhauses, bei dem die Wärmequelle durch 2 Erdsonden von je 60 Meter Länge erschlossen wird. Auch hier liegt die Jahresarbeitszahl mit β = 3,63 deutlich oberhalb von 3.

Abb. 7: Verbrauchsdaten für ein Einfamilienhaus mit einer Sole-Wasser-Wärmepumpe (2 x 60 m Erdwärmesonde in Sandgestein) (Quelle: RWE)

Gebäude: Einfamilienhaus in Essen
beh. Fläche: 180 m²
Wärmebedarf: 8,1 kW
Baujahr: 1994
Inbetriebnahme Oktober 1994
Wärmequelle: Erdwärmesonden (2 x 60m in Sandstein)
Wärmepumpe: Hautec VWS 41P
Stromversorger RWE Energie Regionalversorgung Essen

	Wärmemenge kWh	Betriebszeit h	Wirkarbeit kWh
August	86	8	19
September	846	77	189
Oktober	1358	134	324
November	3280	375	884
Dezember	4436	540	1244
Januar 96	4793	606	1391
Februar	4853	611	1404
März	3167	385	890
April	1886	214	504
Mai	1590	169	400
Juni	238	23	53
Juli	0	0	0
Summe 95/96	26533	3142	7302

Mit einer Sole/Wasser-Wärmepumpe mit zwei 60 Meter langen Vertikal-Erdsonden betrug die Arbeitszahl 3,63.

Entscheidende Voraussetzung für den Einsatz von Wärmepumpen ist das Vorhandensein bzw. die Auswahl einer geeigneten Wärmequelle. Luft als Wärmequelle steht überall uneingeschränkt zur Verfügung. Die Wärmequelle Luft kann mit vergleichsweise geringem Aufwand erschlossen werden, so daß die Luft/Wasser-Wärmepumpe die kostengünstigste Elektrowärmepumpe darstellt. Nachteilig ist jedoch, daß die Temperatur der Umgebungsluft und damit die Wärmequellentemperatur nicht konstant ist.

Dies führt dazu, daß eine Luft/Wasser-Wärmepumpe nur sinnvoll als bivalentes System betrieben werden kann.

Erdreich als Wärmequelle ist ebenfalls überall verfügbar. In Abhängigkeit von den örtlichen Gegebenheiten können Flächenkollektoren oder Vertikal-Kollektoren, aber auch eine Kombination verwendet werden. Bei ausreichender Dimensionierung kann von einer nahezu konstanten Wärmequellentemperatur ausgegangen werden, so daß die Voraussetzungen für eine monovalente Betriebsweise gegeben sind. Dem stehen relativ hohe Kosten für die Erschließung der Wärmequelle gegenüber.

5 Wirtschaftlichkeit von Elektrowärmepumpen

Für Elektrowärmepumpen können Zuschußförderungen oder Strom-Sondertarife in Anspruch genommen werden.

Unter günstigen Voraussetzungen bietet die Elektrowärmepumpe auch aus wirtschaftlicher Sicht eine ernstzunehmende Alternative zu konventionellen Heizungssystemen.

Bei der Wärmepumpe ist eine umfassende Wirtschaftlichkeitsberechnung fundamental, da die Investitionskosten vergleichsweise hoch, während die Betriebs- und Verbrauchskosten im allgemeinen günstiger sind als bei anderen Heizungsanlagen. Ein Vergleich mit anderen Heizsystemen ist daher nur sinnvoll bei einer gleichzeitigen Betrachtung von kapital- und betriebsgebundenen Kosten. Dabei sind auch mögliche Förderinstrumente zu berücksichtigen.

Zur Finanzierung kann entweder eine einmalige Förderung von 25 % Festgeldzuschuß (REN-Programm des Landes NRW) oder ein Sondertarif, wie er von verschiedenen Energieversorgungsunternehmen angeboten wird, in Anspruch genommen werden. Ohne Förderung – als dritte Variante – bedeutet, daß lediglich allgemeine Tarife berücksichtigt werden.

Bei einem Vergleich der drei verschiedenen Finanzierungsvarianten ist festgestellt worden, daß die Wärmepumpe nicht viel besser, aber auch nicht viel schlechter ist als eine konventionelle Heizungsanlage oder die Gas-Brennwert-Heizung abschneidet. Unter optimalen Bedingungen ist die Wärmepumpe eine gute Alternative zur konventionellen Beheizung. Das Ergebnis zeigt Abbildung 8, die einen Vollkostenvergleich der verschiedenen Heizungssysteme darstellt. Der Vergleich geht von einem Einfamilienhaus mit 140 m^2 Wohnfläche und einem Wärmebedarf von 6,3 kW aus. Dies entspricht einem Brennstoffverbrauch von 11.340 kWh/Jahr bei 1.800 Vollbenutzungsstunden. Die Vollbenutzungsstunden gehen in die Wirtschaftlichkeitsbetrachtung mit kapitalgebundenen- und betriebsgebundenen Kosten unmittelbar ein. Sind die tatsächlichen Vollbenutzungsstunden höher, so wirkt sich dies positiv auf Anlagen mit

Abb. 8: Vollkostenvergleich verschiedener Heizsysteme

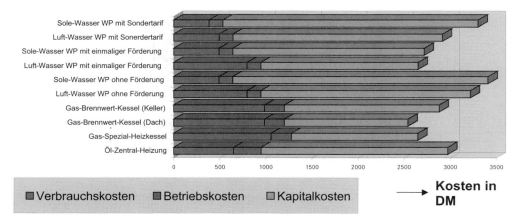

hohen kapitalgebundenen Kosten, wie einer Wärmepumpenanlage, und vergleichsweise niedrigen Betriebskosten aus.

Einem Vergleich mit Gas- und Ölheizungen hält die Wärmepumpe danach nur unter günstigen Voraussetzungen stand. Geht der Wärmebedarf weiter zurück, wie dies beim Niedrigenergiehaus zu beobachten ist, so erhöhen sich bei konventionellen Anlagen relativ gesehen die kapitalgebundenen Kosten. Bei der Ölheizung sind dies der Schornstein und das Heizöllager, bei der Gasheizung die Erschließungskosten.

> Von den verschiedenen Elektrowärmepumpen verursacht die Luft/Wasser-Wärmepumpe mit einer einmaligen Zuschußförderung die geringsten Vollkosten.

6 Literatur

„Initiativkreis Wärmepumpe" = Arbeitsordner Wärmepumpe, Initiativkreis Wärmepumpe e.V., Marketing & Wirtschaft Verlagsgesellschaft mbH, München
„EMR" = Elektrizitätswerk Minden-Ravensberg GmbH, Herford
„RWE" = RWE Energie AG, Regionalverwaltung Essen

Petra Hesselbach
Warmwasserbereitung

Warmes Wasser wird für hygienische und technische Anwendungen gebraucht. Dabei wird elektrische Energie direkt, für die Erwärmung von Wasser, und indirekt, als Hilfsenergie für Pumpen u.ä., benötigt. Um elektrische Energie bereitzustellen muß das 2- bis 3fache an Primärenergie eingesetzt werden. Der Einsatz von elektrischer Energie für die direkte Wärmeerzeugung führt somit zu höheren CO_2-Emissionen, als zum Beispiel die Wärmeerzeugung über Gas oder Heizöl. Zudem liegen auch die Betriebskosten meist höher. Schwerpunkt ist deshalb, den Einsatz von elektrischer Energie für die direkte Warmwasserbereitung zu substituieren und den Einsatz als Hilfsenergie auf das Nötigste zu beschränken.

Einsparmöglichkeiten bei der Warmwasserbereitung liegen in der Verbrauchsreduktion, der Senkung von Wärmeverlusten bei Erzeugung und Verteilung und dem rationellen Einsatz als Hilfsenergie, zum Beispiel durch Einschränkung der Betriebszeiten von Pumpen.

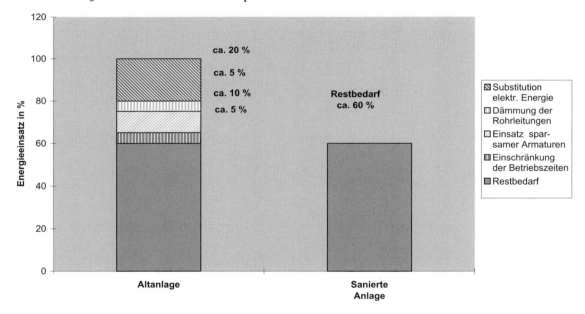

Abb. 1: Einsparpotentiale bei der Warmwasserbereitung mit elektrischer Energie

1 Einteilung der Warmwassersysteme nach der Versorgungsart

Anlagen zur Warmwasserbereitung werden unterteilt in Anlagen zur
- Einzelversorgung: Ein Gerät versorgt eine Zapfstelle.
- Gruppenversorgung: Mehrere, meist nah beieinander liegende Zapfstellen werden über ein Gerät versorgt.
- Zentralversorgung: Die Zapfstellen eines Gebäudes werden durch eine zentrale Warmwasserbereitung versorgt.

Bei der Zentralversorgung wird das Warmwasser über ein ausgedehntes Rohrleitungsnetz an die einzelnen Zapfstellen verteilt. Um ein Auskühlen des Wassers in der Leitung während der Entnahmepausen zu verhindern, werden Zirkulationssysteme (Zirkulationsleitung und Pumpen) oder Begleitheizungen eingesetzt. Bei Anlagen mit

Warmwasserbereitung

Gruppenversorgung kann normalerweise auf eine Zirkulation verzichtet werden, da die Leitungswege erheblich kürzer sind.

Elektrische Energie wird zur direkten Wassererwärmung meist bei Geräten zur Einzel- oder Gruppenversorgung eingesetzt. Der alleinige Einsatz elektrischer Energie bei Anlagen mit Zentralversorgung ist eher selten. Häufiger ist hier die Kombination mit einem weiteren Energieträger, zum Beispiel Warmwassererzeugung während der Heizperiode über die Heizungsanlage mit Brennstoff Gas oder Öl, außerhalb der Heizperiode über Elektrospeicher.

2 Möglichkeiten der Energieeinsparung

2.1 Warmwasserbedarf reduzieren

Der Warmwasserbedarf für hygienische Anwendungen ist stark abhängig von Verhalten und Ansprüchen der Nutzer und kann auch für gleichartig genutzte Anlagen sehr unterschiedlich sein. Richtwerte für die Planung findet man zum Beispiel im „Taschenbuch für Heizung- und Klimatechnik" (Recknagel et al. 1997), aus dem auch die nachfolgenden Werte stammen.

Einrichtung	Bedarf	Temperatur
– Bürogebäude	10 … 40 l/Tag u. Person	45 °C
– Krankenhäuser	100 … 300 l/Tag u. Bett	60 °C
– Kaufhäuser	10 … 40 l/Tag u. Beschäftigte	45 °C
– Sportanlagen mit Dusche	30 … 50 l/Tag u. Sportler	45 °C
– Hotels, Zimmer mit Dusche	50 … 100 l/Tag u. Gast	60 °C
– Mittelwert Industrie (für hygienische Zwecke, einschließlich Küche)	50 … 70 l/Tag u. Beschäftigte	45 °C

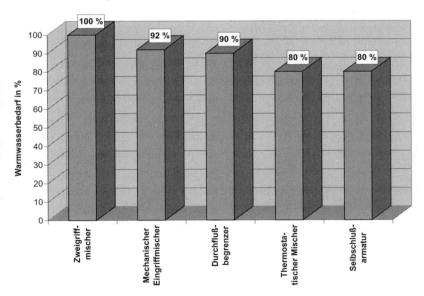

Abb. 2: Einfluß sparsamer Armaturen auf den Warmwasserverbrauch

Möglichkeiten, den Warmwasserverbrauch zu senken, bietet der Einsatz sparsamer Armaturen, zum Beispiel thermostatischer Mischer oder Selbstschlußarmaturen sowie der Einsatz von Durchflußbegrenzern, die auch nachgerüstet werden können. Je nach dem bisherigen Verhalten der Nutzer können in Duschanlagen bis zu 20 % des benö-

Sparsame Armaturen senken den Warmwasserbedarf um bis zu 20 %.

tigten Warmwassers durch Ersatz alter Armaturen gespart werden. In Bereichen, die von ständig wechselnden Nutzergruppen frequentiert werden, zum Beispiel Duschen in Schwimm- und Sporthallen, liegen die Amortisationszeiten oft unter fünf Jahren.

2.2 Richtige Versorgungsart wählen

> Sorgfältige Planung senkt den Energieverbrauch und die Betriebskosten

Die Wärmeverluste bei der Verteilung von Warmwasser sind direkt abhängig von der Länge des Leitungsnetzes. Um die Wärmeverluste klein zu halten, ist für die jeweiligen Anforderungen die günstigste Versorgungsart (Einzel-, Gruppen-, Zentralversorgung) zu wählen. Werden Sanitärräume möglichst zentral angeordnet, so wird das Leitungsnetz möglichst klein gehalten. Bei weitläufigen Gebäuden mit weit auseinanderliegenden Zapfstellen oder bei stark unterschiedlichen Nutzungszeiten der Zapfstellen kann der Einsatz mehrerer Warmwassergeräte mit Gruppenversorgung günstiger sein als eine zentrale Anlage. Auf selten genutzte oder weit entfernt liegende Zapfstellen sollte verzichtet werden. Gegebenenfalls ist eine Einzelversorgung vorzusehen.

Bei einzeln versorgten Zapfstellen, zum Beispiel Handwaschbecken, sind Durchlauferhitzer Speichergeräten vorzuziehen, da diese nur Energie verbrauchen, wenn tatsächlich Warmwasser angefordert wird. Durchlauferhitzer benötigen allerdings eine höhere Anschlußleistung als Speichersysteme, da das Wasser in kurzer Zeit erwärmt wird. Bei einzeln versorgten Duschen werden durch Einsatz eines Durchlauferhitzers auch hygienische Probleme vermieden.

> Die Mehrkosten für einen elektronischen Durchlauferhitzer amortisieren sich nach vier bis fünf Jahren.

Bei Durchlauferhitzern unterscheidet man zwischen elektronisch, thermisch und hydraulisch gesteuerten Geräten. Elektronisch gesteuerte Geräte benötigen bis zu 20 % weniger Energie, sind aber teurer in der Anschaffung. Bei einer Betriebszeit von ca. zehn Minuten pro Tag amortisieren sich die Mehrkosten in vier bis fünf Jahren.

Typische Beispiele für den wirtschaftlichen Einsatz elektronischer Durchlauferhitzer sind einzeln versorgte Duschen, die täglich oder mehrmals wöchentlich genutzt werden.

2.3 Wärmeverluste vermindern

Neben der Länge des Rohrnetzes sind Wärmeverluste bei der Verteilung und Zirkulation von Warmwasser abhängig von der Temperaturdifferenz zwischen Warmwasser und Umgebung und dem Zustand der Leitungen.

Energetisch sinnvoll ist es, die Temperatur für Warmwasser auf 45 bis 50 °C abzusenken. Wird zum Beispiel die Wassertemperatur bei einem 500 Liter Speicher von 60 auf 50 °C gesenkt, spart man ca. 2.500 kWh pro Jahr. Bei Einsatz von elektrischer Energie und einem Preis von 16 Pf/kWh sind dies ca. 350,– DM pro Jahr. Allerdings empfehlen die Gesundheitsämter zur Legionellen-Prävention für zentrale Warmwasserversorgungsanlagen eine Temperatur von mindestens 60 °C. Die Lösung zwischen hygienischen Anforderungen und Energiespar-Verordnungen ist abhängig vom Zweck der Warmwasseranlage. Bei hygienisch relativ unbedenklichen Anwendungen, zum Beispiel Handwaschbecken oder Putzwasser, kann dauernd ein niedrigeres Temperaturniveau eingehalten werden. Gefährlich sind Legionellen vor allem für Personen mit schwachem Immunsystem. Für Duschanlagen in Krankenhäusern, Alten- und Pflegeheimen ist eine generelle Absenkung der Warmwassertemperatur nicht zu empfehlen. Lösungen können hier nur individuell vor Ort gefunden werden. Bei anderen Anlagen wird empfohlen, Speicher und Zirkulationsleitungen einmal wöchentlich auf 60 °C aufzuheizen und die Anlage in der übrigen Zeit bei abgesenkter Temperatur zu betreiben.

> Das Absenken der Wassertemperatur spart Energie, hygienische Vorschriften sind zu beachten.

Nach der Heizungsanlagenverordnung sind Rohrleitungen und Armaturen gegen Wärmeverluste zu dämmen. Die Verordnung gibt die Dämmstärken in Abhängigkeit von Rohrnennweite und Wärmeleitfähigkeit des eingesetzten Dämmaterials vor und regelt Ausnahmen.

Eine mangelhafte Dämmung vervielfacht die Wärmeverluste auf den Leitungen. Deshalb sollte die Dämmung regelmäßig überprüft, Beschädigungen ausgebessert und

Warmwasserbereitung

fehlende Dämmung ergänzt werden. Eine nach Heizungsanlagenverordnung gedämmte Zirkulationsleitung hat einen Wärmeverlust von ca. 10 kWh je Meter und Jahr. Fehlt die Dämmung, so betragen zum Beispiel die Wärmeverluste einer Kupferleitung 100 bis 200 kWh (je nach Betriebsdauer der Anlage) pro Meter und Jahr. Bei einem Preis für elektrische Energie von ca. 16 Pf/kWh verursachen diese Verluste Kosten von ca. 16,– bis 32,– DM. Bei Isolierkosten von ca. 40,– bis 100,– DM pro Meter (je nach Rohrnennweite und Material) amortisiert sich die Investition nach drei bis fünf Jahren.

> Ergänzung fehlender Dämmung an Zirkulationsleitungen amortisiert sich nach drei bis fünf Jahren.

Überdimensionierte Warmwasserspeicher führen zu hohen Investitions- und Betriebskosten. Um täglich einmal 100 Liter Wasser von 20 auf 40 °C aufzuheizen, sind ca. 2,5 kWh Energie notwendig. Pro Jahr sind dies ca. 900 kWh. Bei Einsatz von elektrischer Energie mit einem Preis von ca. 16,0 Pf/kWh verursacht ein zu großes Speichervolumen Kosten von ca. 140,- DM pro 100 Liter. Bei zu langer Verweildauer des Wassers im Speicher treten auch hygienische Probleme auf. Der Speicherinhalt sollte nicht über dem Tagesbedarf liegen. Allerdings läßt sich das bei Anwendungen, die häufig wechselnden Bedarf zeigen, zum Beispiel Sportanlagen, nicht immer vermeiden. Vor dem Ersatz von Altanlagen sollte der Verbrauch, zum Beispiel über eine Wasseruhr im Kaltwasserzulauf des Speichers, gemessen werden. Achtet man bei Anlagen mit mehreren Speichern darauf, daß diese getrennt voneinander betrieben werden, können unbenötigte Speicher später außer Betrieb genommen werden.

> Überdimensionierte Speicher führen zu hohen Betriebskosten und hygienischen Problemen.

2.4 Einsatz von Zeitschaltuhren

Um elektrische Energie rationell zu nutzen, sollten die Betriebszeiten von Elektrospeichergeräten und Pumpen den Nutzungszeiten angepaßt werden.

Für Zirkulationspumpen ist der Betrieb über eine Zeitschaltuhr in der Heizungsanlagenverordnung vorgeschrieben. Oft fehlt diese aber. Mit Hilfe dieser Zeitschaltuhr kann die Betriebszeit der Zirkulationspumpe in allen Anlagen, die Warmwasser nur zu bestimmten Zeiten benötigen, stark eingeschränkt werden. In Betrieben, zum Beispiel Hotels, wird Warmwasser rund um die Uhr benötigt. Hier sollte man prüfen, ob die Zirkulationspumpe getaktet geschaltet werden kann, zum Beispiel zehn Minuten an, zwanzig Minuten aus. Durch mehrmaliges Ein- und Ausschalten am Tag wird die Lebensdauer der Pumpe nicht beeinflußt. Die meisten Pumpen sind auch für getakteten Betrieb zugelassen. Im Zweifelsfall sollte man sich beim Installateur oder beim Hersteller erkundigen. Das zeitweilige Abschalten der Zirkulationspumpe spart elektrische Energie und senkt die Wärmeverluste in den Zirkulationsleitungen. Die Nachrüstung einer Zeitschaltuhr rechnet sich hier meist innerhalb von ein bis zwei Jahren.

> Amortisationszeiten für Zeitschaltuhren liegen meist bei ein bis zwei Jahren.

Werden Elektrospeichergeräte über eine Zeitschaltuhr betrieben, bieten sich mehrere Vorteile. Unnötiges Aufheizen, zum Beispiel an Wochenenden, wird vermieden. Zusätzlich können bei entsprechendem Vertrag mit dem Energieversorger günstigere Tarife, zum Beispiel Niedertarif- oder Schwachlastzeiten, zur Aufheizung genutzt und das Nachheizen zu Hochtarifzeiten auf ein Minimum reduziert werden. Dadurch lassen sich bis zu 30 % der Kosten für elektrische Energie sparen.

> Reduzierung der Speicheraufladung in Hochtarifzeiten spart bis zu 30 % der Kosten.

2.5 Elektrische Energie substituieren

Allgemeines

Elektrische Energie ist eine hochwertige Energieform. Der Einsatz zur direkten Wärmeerzeugung sollte möglichst vermieden werden. Sinnvoller ist oft der Einsatz von konventionellen Energieträgern (zum Beispiel Gas, Heizöl), die Ausnutzung alternativer Energiequellen (Abwärme, Umweltwärme, Solarthermie usw.) oder die Kombination von beiden (zum Beispiel Vorerwärmung von Wasser über Abwärme, Resterwärmung elektrisch).

Abwärmenutzung

Abwärme fällt zum Beispiel in Fertigungsprozessen und Kühlanlagen an. Energetisch am günstigsten ist die Wärmerückführung, das heißt die Wärme wird im gleichen

> Abwärmenutzung über Wärmetauscher benötigt wenig Hilfsenergie und hat einen hohen Nutzungsgrad.

Prozeß wieder verwendet. Ist dies nicht möglich, bietet sich die Ausnutzung für andere Zwecke an, zum Beispiel die Brauchwassererwärmung oder die Erwärmung von Abwässern (bei Desinfektionsprozessen). Voraussetzung für die Nutzung von Abwärme sind günstige zeitliche, örtliche und temperaturmäßige Verhältnisse zwischen Wärmequelle und Wärmeabnehmer.

Liegt die Temperatur der Wärmequelle über der des Wärmeabnehmers, kann mit Wärmetauschern gearbeitet werden. Sie erfordern nur einen geringen Einsatz von Hilfsenergie, zum Beispiel elektrische Energie für Ventilatoren oder Pumpen, und erreichen dadurch ein hohes Verhältnis von gewonnener Wärme zu eingesetzter elektrischer Energie. Typische Anwendungsfälle für den Einsatz von Wärmetauschern sind zum Beispiel die Nutzung von Prozeßwärme oder Wärme aus Ab- und Kühlwässern.

Liegt die Temperatur der Wärmequelle unter der des Wärmeabnehmers, muß eine Wärmepumpe eingesetzt werden. Typische Anwendungsfälle sind die Nutzung von Umgebungswärme, Abwärme aus Kühlanlagen und Wärme aus Ab- oder Grundwasser. Elektrowärmepumpen zur Brauchwassererwärmung nutzen die eingesetzte Energie bis zu dreimal so gut aus wie eine direkte elektrische Warmwasserbereitung. Um die Wirtschaftlichkeit einer Wärmepumpe zu gewährleisten und den Einsatz von elektrischer Energie für die Antriebe möglichst gering zu halten, ist eine sorgfältige Planung notwendig. Zusätzlich ist zu prüfen, zu welchem Preis die elektrische Energie bezogen wird (Sondertarife für Wärmepumpen ausnutzen). Bei hohen Preisen für elektrische Energie (höher als der 2,5fache Gas- oder Heizölpreis) ist die Wärmeerzeugung über Gas oder Heizöl günstiger als der Einsatz einer Wärmepumpe.

> Wärmepumpen arbeiten zwei- bis dreimal effektiver als direkte Elektroheizung

Wird die benötigte Brauchwassertemperatur durch reine Abwärmenutzung nicht erreicht, muß eine Nachheizung kombiniert werden. Ob die Nutzung von Abwärme günstiger ist als die direkte Erwärmung über einen konventionellen Energieträger wie Gas oder Heizöl, ist für jeden Anwendungsfall individuell zu prüfen. Bei günstigen Bedingungen, zum Beispiel Prozeßabwärme mit hohem Temperaturniveau und geringem technischen Aufwand (Wärmetauscher, kurze Leitungswege, kein Wärme-Zwischenspeicher notwendig usw.), können bis zu 70 % der benötigten Energie zur Wassererwärmung durch Abwärme ersetzt werden, die Amortisationszeit liegt unter fünf Jahren. Auch beim Wärmepumpeneinsatz ist eine sorgfältige Planung und Wirtschaftlichkeitsberechnung, mit Vergleich zur Wärmeerzeugung über konventionelle Energieträger wie Gas oder Heizöl, notwendig. Neben der Wirtschaftlichkeit kommen aber auch andere Entscheidungsgründe, zum Beispiel das ökologische Gesamtkonzept eines Betriebs, zum Tragen.

Solarthermische Anlagen

Bei solarthermischen Anlagen ist zu unterscheiden zwischen Absorberanlagen für die direkte Wassererwärmung und Kollektoranlagen, die das Wasser indirekt über Wärmetauscher aufheizen. Absorberanlagen werden zum Beispiel für die Beckenwassererwärmung in Freibädern, Kollektoranlagen zum Beispiel für die Duschwassererwärmung eingesetzt.

Für die Wirtschaftlichkeit dieser Anlagen gilt das gleiche wie bei der Abwärmenutzung. Ob eine solarthermische Anlage kostengünstiger arbeitet als eine Anlage mit konventioneller Wärmeerzeugung, muß stets für den Einzelfall geprüft werden und ist abhängig vom benötigten technischen Aufwand, der zeitlichen Übereinstimmung von Wärmeangebot und Wärmeabnahme, den Ansprüchen der Nutzer (Nachheizung notwendig?) usw. Eine sorgfältige Planung der Anlagen für die einzelne Anwendung ist immer notwendig. Andererseits wird auch bei Solaranlagen oft nicht nur die Wirtschaftlichkeit der Anlage als Entscheidungskriterium gesehen.

> Beste Bedingungen für den Einsatz von Solar-Absorberanlagen bieten Freibäder.

Sehr günstige Einsatzmöglichkeiten bieten sich immer dann, wenn das Angebot an Sonne sich mit der Nachfrage nach Warmwasser deckt, wie zum Beispiel in Freibädern. Werden witterungsunabhängige Wassertemperaturen gewünscht, muß die Anlage dabei mit einer Nachheizung, vorzugsweise über Gas oder Heizöl, kombiniert werden.

Warmwasserbereitung

3 Beispiele für Einsparpotentiale bei der Warmwasserbereitung

3.1 Verwaltungsgebäude

In Verwaltungsgebäuden wird Warmwasser meist nur zum Händewaschen, Putzen usw. benötigt. Die Bereitstellung erfolgt oft in Einzelversorgung über Durchlauferhitzer oder Untertisch-Elektrospeicher. Je nach sonstiger Ausstattung können diese Einzelverbraucher für die Warmwasserbereitung 5 bis 10 % des Gesamtverbrauchs an elektrischer Energie des Gebäudes ausmachen. Üblicherweise werden die Geräte unkontrolliert betrieben, das heißt die Speicher schalten unkontrolliert zum Nachheizen ein, Durchlauferhitzer werden je nach Bedarf von den Nutzern ein- und ausgeschaltet. Wird die elektrische Energie über einen Tarif mit Leistungsmessung verrechnet, so verursachen die durch dieses unkontrollierte Einschalten verursachten Leistungsspitzen oft mehr Kosten als der Verbrauch der Geräte.

Größere Elektrospeicher, zum Beispiel für Putzwasser, die direkt über eine Elektroverteilung angeschlossen werden, sollten immer über eine Zeitschaltuhr betrieben werden, da das Warmwasser meist nur wenige Stunden pro Tag und am Wochenende oft gar nicht benötigt wird. Dadurch kann der Verbrauch der Geräte je nach Einschaltdauer um ca. 30 % reduziert werden. Die Investition amortisiert sich normalerweise innerhalb eines Jahres.

Elektrospeicher mit Steckdosen-Anschluß, zum Beispiel 5-Liter-Geräte unter Handwaschbecken, laufen meist rund um die Uhr, an 365 Tagen im Jahr. In allen nicht öffentlichen Bereichen sollten auch hier Zeitschaltuhren verwendet werden. An öffentlich zugänglichen Geräten ist der Einsatz von Zeitschaltuhren oft nicht möglich, da diese nach kurzer Zeit verschwinden. In diesen Fällen sollte die Gerätezahl auf ein Mindestmaß reduziert werden, zum Beispiel an jedem zweiten Handwaschbecken Gerät demontieren oder zumindest Stecker ziehen. Die übrigen Geräte sind auf die niedrigste Temperaturstufe zu stellen.

> Selten benötigte Geräte ausschalten oder demontieren.

Beispiel:
In einem Verwaltungsgebäude, Jahresverbrauch ca. 300000 kWh elektrische Energie, sind ca. 50 Untertisch-Elektrospeichergeräte installiert. Der Verbrauch je Gerät beträgt ca. 0,8 kWh pro Tag (nach Messung). Die installierten Geräte verbrauchen demnach pro Jahr ca. 365 x 50 x 0,8 kWh = 14.600 kWh (ca. 4,8 % des Gesamtverbrauchs!) und verursachen damit Kosten von ca. 2.400,– DM. Nach einer Befragung über die Nutzung der Geräte wurden in Abstimmung mit den Nutzern 19 Geräte abgeschaltet bzw. demontiert. Dadurch wird eine Einsparung von ca. 5.550 kWh, entsprechend ca. 900,– DM, erreicht.

3.2 Dienstleistungsunternehmen

Je nach Branche ist in Dienstleistungsunternehmen der Warmwasserverbrauch sehr unterschiedlich. Bereiche mit hohem Warmwasserverbrauch sind zum Beispiel Hotels, Seniorenheime oder Friseure. Hier wird warmes Wasser ganztägig bzw. während der gesamten Arbeitszeit benötigt. Der Anteil der Warmwasserbereitung am Gesamtwärmeverbrauch kann bis zu 30 % betragen. Meist wird Warmwasser zentral über konventionelle Energieträger erzeugt, elektrische Energie wird als Hilfsenergie für die Zirkulationspumpen eingesetzt.

Die Abschaltung der Zirkulation über einen längeren Zeitraum ist oft nicht möglich. Es ist zu prüfen, ob die Ansprüche an die Warmwasserversorgung auch bei einem getakteten Schalten der Zirkulationspumpe erreicht werden. Je nach Schalttakt ist damit eine Reduzierung des elektrischen Energieverbrauchs der Pumpe um bis zu 60 % möglich. Vorab ist zu klären, ob die Pumpe für diese Schaltart zugelassen ist.

> Zeitweiliges Abschalten der Zirkulationspumpe spart bis zu 60 % der von der Pumpe benötigten Hilfsenergie.

Beispiel:
In einem Hotel läuft die Zirkulationspumpe, elektrische Leistung 150 Watt, durchgehend. Der Verbrauch an elektrischer Energie beträgt damit 365 x 0,15 kW x 24 h = 1.314 kWh pro Jahr, entsprechend ca. 210,– DM pro Jahr. Über eine Zeitschaltuhr wird die Pumpe getaktet geschaltet, zehn Minuten an, zwanzig Minuten aus. Die Betriebszeit der Pumpe und damit Verbrauch und Kosten vermindern sich auf ein Drittel der bisherigen Werte.

Ersparnis ca. 880 kWh, entsprechend ca. 140,– DM, pro Jahr. Für den Einbau der Zeitschaltuhr ist eine Investition von ca. 250 DM notwendig, die Maßnahme amortisiert sich nach ca. zwei Jahren.

3.3 Schwimmbäder und Sporthallen

Die Wasserverbrauchswerte von Sportanlagen sind oft sehr unterschiedlich und stark abhängig von den Ansprüchen und Gewohnheiten der einzelnen Nutzer. Der Bedarf an Warmwasser am Gesamtwärmebedarf beträgt bei Sporthallen bis zu 20 % des Gesamtwärmebedarfs.

Meist erfolgt die Warmwasserbereitung zentral, zum Beispiel über die Heizungsanlage. In diesem Fall erfolgt die Warmwasserbereitung außerhalb der Heizperiode häufig mit Elektrospeichern. Dies ist sinnvoll, wenn der Nutzungsgrad der Heizungsanlage bei ausschließlichem Betrieb für die Warmwasserbereitung niedrig liegt (unter 35 %), was bei älteren Anlagen und Anlagen mit relativ weiten Wärmeleitungen oft der Fall ist. Werden Elektrospeicher eingesetzt, sind diese unbedingt über Zeitschaltuhren zu betreiben. Durch Senkung der Betriebszeiten und Ausnutzen günstiger Tarifzonen, zum Beispiel Schwachlastzeiten, lassen sich bis zu 30 % der Betriebskosten sparen. Die Amortisationszeiten für den Einbau einer Zeitschaltuhr liegen meist unter einem Jahr.

Sparsame Armaturen rechnen sich nach fünf bis sieben Jahren.

Für Duschanlagen in Sporthallen und Schwimmbädern, die von vielen verschiedenen Vereinen genutzt werden, empfiehlt sich der Einbau von Selbstschlußarmaturen, die das Duschwasser nur für eine gewisse Zeit freigeben und selbsttätig abschalten. Je nach den bisherigen Gewohnheiten der Nutzer läßt sich der Warmwasserverbrauch um bis zu 20 % reduzieren, die Investition rechnet sich nach fünf bis sieben Jahren.

Freibäder bieten günstige Bedingungen für den wirtschaftlichen Einsatz von Solar-Absorbern.

Freibäder sind optimale Einsatzgebiete für solarthermische Anlagen. Die Zeiten des Wärmebedarfs decken sich hier mit dem größten Angebot an Sonnenenergie. Zur Beckenwassererwärmung können Absorberanlagen eingesetzt werden, für die im Vergleich zu Kollektoranlagen, zum Beispiel für Duschwasser, niedrigere Investitionskosten entstehen. Bei bisher elektrisch geheizten Freibädern lohnt der Ersatz der Anlage durch eine Absorberanlage fast immer. Voraussetzung für die Installation einer Absorberanlage ist das Vorhandensein genügend unbeschatteter Fläche für die Verlegung der Absorber. Die für die Beheizung notwendige Absorberfläche liegt je nach Beckendaten, gewünschter Temperatur und klimatischen Gegebenheiten bei 50 bis 80 % der Beckenoberfläche.

Verzicht auf eine Zusatzheizung führt zu niedrigen Investitions- und Betriebskosten

Besonders niedrige Investitions- und Betriebskosten verursachen Anlagen, die rein solar betrieben werden. Es wird auf eine zusätzliche Beheizung des Beckenwassers verzichtet. Dabei ist in Kauf zu nehmen, daß die Beckenwassertemperatur witterungsabhängig ist. Will man Besuchern auch an kälteren Tagen eine Mindest-Beckentemperatur garantieren, ist der Einbau einer Zusatzheizung, vorzugsweise nicht elektrisch betrieben, notwendig.

4 Literatur

Bundesamt für Konjunkturfragen Bern (Hrsg.): Strom rationell nutzen. RAVEL-Handbuch. Verlag der Fachvereine Zürich; 1992

Hessisches Ministerium für Umwelt, Energie, Jugend, Familie und Gesundheit (Hrsg.): Solarthermische Aktivierungsstudie Hessen. Wiesbaden, 1994

Hessisches Ministerium für Umwelt, Energie, Jugend, Familie und Gesundheit (Hrsg.): Modelluntersuchung zur Stromeinsparung in kommunalen Gebäuden. Zusammenfassender Endbericht. Wiesbaden 1995

Recknagel, Sprenger, Schramek: Taschenbuch für Heizung + Klimatechnik. R.Oldenbourg Verlag, München Wien 1997

Verordnung über energiesparende Anforderungen an heizungstechnische Anlagen und Brauchwasseranlagen (Heizungsanlagen-Verordnung) vom 22.3.1994

Egbert Baake

Wärmeprozeßtechnik

Etwa zwei Drittel des gesamten Endenergiebedarfs der deutschen Industrie entsteht durch die Erzeugung von Prozeßwärme. Bislang werden etwa 11 % dieses Bedarfs durch elektrische Energie gedeckt. Bei vielen Produktionsprozessen bietet der Einsatz elektrischer Energie jedoch verfahrenstechnische, energetische und wirtschaftliche Vorteile gegenüber dem Einsatz von Brennstoffen. Infolge sinkender Preise für elektrische Energie und der Tatsache, daß zahlreiche innovative Verfahren nur mittels elektrothermischer Prozesse realisiert werden können, wird der Elektrizitätsverbrauch für Prozeßwärmezwecke zunehmen. Insbesondere bei neuen Technologien führt der Einsatz elektrischer Energie häufig zu einer Reduzierung des Primärenergiebedarfs und der Kosten. Anhand der beiden Beispiele Schmiedeblockerwärmung und Schmelzen von Aluminium wird aufgezeigt, daß und auf welche Weise bei herkömmlichen Verfahren zur Elektrowärmeerzeugung Energieverbrauch und -kosten gesenkt werden können.

1 Bedarf elektrischer Energie in Industriezweigen mit Wärmeprozeßtechnik

Der gesamte industrielle Bedarf an elektrischer Energie in Deutschland betrug im Jahr 1996 etwa 190 TWh (VDEW 1996). Damit entfallen 29 % des gesamten industriellen Endenergiebedarfs auf diesen Energieträger. Die Betrachtung bedeutender Branchen zeigt, daß der Anteil elektrischer Energie am jeweiligen Endenergiebedarf sehr unterschiedlich ist (Abbildung 1). Der größte Anteil elektrischer Energie mit 52 % ist im Bereich der Nichteisenmetalle und Gießereien zu finden. Dagegen beträgt dieser Anteil in der Eisenschaffenden Industrie nur 11 %.

Branche	Eisen	NE-Met. Gießerei	Chemie	Masch.-Bau	Fahrzeug	Nahr.- u. Genußm.
Endenergie in GWh	153.546	31.622	124.438	17.562	28.001	46.251
Elektrische Energie in GWh	17.234 11 %	16.505 52 %	40.723 33 %	6.552 37 %	12.400 44 %	10.534 23 %

Der Anwendungsbereich Industrielle Prozeßwärme hatte im Jahr 1994 mit etwa 443 TWh einen Anteil von 66,4 % am gesamten Endenergiebedarf der Industrie (VDEW 1996). Der Endenergiebedarf dieses mit Abstand größten industriellen Anwendungsbereichs wurde zu 87,3 % durch fossile Brennstoffe und zu 10,9 % durch elektrische Energie gedeckt. Der geringe restliche Anteil wird durch Fernwärme bereitgestellt.

Diese Situation begründet sich zum Teil durch niedrigere Investitionskosten für brennstoffbeheizte Anlagen, vor allem aber durch den bislang deutlich geringeren Energiepreis für fossile Brennstoffe im Vergleich zum Preis für elektrische Energie. Außerdem muß berücksichtigt werden, daß in vielen Branchen, insbesondere in der chemischen Industrie, wo überwiegend Prozeßtemperaturen bis etwa 500 °C zu finden sind, die Bereitstellung dieser Niedertemperatur-Wärme preisgünstig durch Dampf erfolgt. Hochtemperatur-Prozeßwärme im Bereich zwischen 1.000 und 2.000 °C, die beispielsweise in Eisen- und Nichteisengießereien oder in der Glas- und Keramikindustrie benötigt wird, kann aber in vielen Fällen vorteilhafter durch elektrische Energie alternativ zu fossilen Brennstoffen bereitgestellt werden. Zudem haben die Änderung der energierechtlichen Rahmenbedingungen und der daraus resultierende Wettbe-

Abb. 1: Bedarf an Endenergie und elektrischer Energie der verschiedenen Branchen in Deutschland (alte Bundesländer) im Jahr 1994

> Zwei Drittel des industriellen Energiebedarfs zur Erzeugung von Prozeßwärme benötigt.

> Prozeßwärme zu 11 % aus elektrischer Energie erzeugt, Tendenz steigend.

werb dazu geführt, daß die Preise für elektrische Energie sinken. Vor diesem Hintergrund kann erwartet werden, daß in Zukunft verstärkt elektrische Energie zur Prozeßwärmeerzeugung eingesetzt wird.

2 Kennwerte des elektrischen Energiebedarfs in der Wärmeprozeßtechnik

Der spezifische Energiebedarf von Erwärmungs- und Schmelzanlagen unterliegt einer Vielzahl von Einflußfaktoren. Aufgrund von unterschiedlichen Betriebsweisen bzw. technischen und betriebsorganisatorischen Umständen streut der Energiebedarf für vergleichbare Prozesse zum Teil um mehr als den Faktor 2. Im folgenden werden typische Kennwerte für den elektrischen Energiebedarf zweier ausgewählter energieintensiver Wärmeprozesse angegeben und im Vergleich zu entsprechenden brennstoffbeheizten Verfahren aus end- und primärenergetischer Sicht dargestellt (Baake et al. 1996). Die benötigte Primärenergie ergibt sich aus einer vollständigen Prozeßkettenanalyse in Anlehnung an den Entwurf zur VDI-Richtlinie 4600 unter Berücksichtigung des deutschen Kraftwerksmixes und der Datenbasis des Gesamt-Emissions-Modells Integrierter Systeme (GEMIS) (Fritsche et al.1993).

Es ist zu beachten, daß Faktoren wie Anlagengröße, Durchsatz, Beschaffenheit des zu erwärmenden bzw. zu schmelzenden Materials oder Produktionsunterbrechungen den Energiebedarf sowohl bei brennstoffbeheizten als auch bei elektrisch betriebenen Prozessen entscheidend beeinflussen, so daß für jeden Anwendungsfall eine genaue energetische Analyse unumgänglich ist.

2.1 Erwärmen von Stahl zum nachfolgenden Schmieden

Abbildung 2 zeigt eine Gegenüberstellung des durchschnittlichen End- und Primärenergiebedarfs gasbefeuerter und elektrisch betriebener Anlagen zum Erwärmen von einer Tonne Stahl auf etwa 1.250 °C zum Schmieden.

Es wird deutlich, daß infolge des niedrigen Prozeßwirkungsgrads gasbeheizte Kammer- oder Stoßöfen einen wesentlich größeren Endenergiebedarf aufweisen als elektrisch betriebene konduktive oder induktive Anlagen. Außerdem ist der kumulative Energieaufwand zur Deckung der Materialverluste durch Zunderbildung bei Gasöfen um den Faktor 4 höher als bei den elektrischen Anlagen. Im Fall der konduktiven Erwärmungsanlagen ergeben sich somit auch primärenergetische Einsparpotentiale gegenüber den gasbeheizten Öfen.

> Vorteile elektrothermischer Erwärmung in Schmieden: geringerer Energiebedarf, weniger Zunderbildung.

Abb. 2: End- und Primärenergiebedarf beim Erwärmen von einer Tonne Stahl zum Schmieden in gasbeheiztem Kammer- und Stoßöfen sowie elektrisch betriebenen Anlagen (Baake et al. 1996)

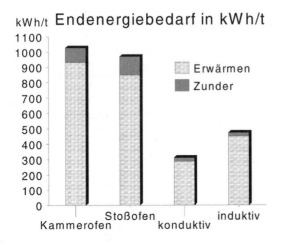
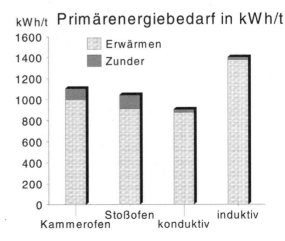

Abbildung 3 zeigt den erforderlichen End- und Primärenergiebedarf zum Schmelzen und Überhitzen von einer Tonne Aluminium auf 750 °C für eine ausgewählte typische Ofengröße mit etwa 2,5 t Fassungsvermögen (Baake et al. 1996). Dieser Vergleich des Energieaufwands von brennstoffbeheizten Anlagen und elektrisch betriebenen Widerstandsöfen bzw. Netzfrequenz-Induktionstiegelöfen (NF-ITO) zum Schmelzen von Aluminium einschließlich der energetischen Berücksichtigung der Materialverluste durch Abbrand zeigt, daß die elektrischen Öfen weniger als 50 % des Endenergiebedarfs und einen bis zu etwa 30 % geringeren Primärenergiebedarf als die gas- und ölbefeuerten Öfen aufweisen.

2.2 Schmelzen von Aluminium

Abb. 3: End- und Primärenergiebedarf beim Schmelzen von Aluminium in brennstoffbefeuerten und elektrisch betriebenen Öfen mit etwa 2,5 t Fassungsvermögen (Baake et al. 1996)

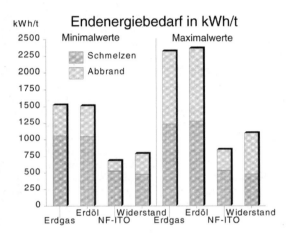
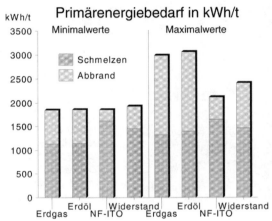

Da beim Schmelzen von Aluminium neben den Energiekosten die Materialkosten für den Ersatz des Abbrands dominierend sind, resultieren daraus zum Teil auch insgesamt wirtschaftliche Vorteile der elektrisch betriebenen Anlagen im Vergleich zu den brennstoffbefeuerten Öfen. Letztere weisen jedoch bei der Verwendung von stark verschmutztem Recyclingmaterial eindeutige verfahrenstechnische Vorteile auf.

Erhebliche Kosten- und Primärenergieeinsparungen durch geringeren Abbrand beim elektrischen Schmelzen von Aluminium.

Der energetische Betriebszustand der Erwärmungs- und Schmelzanlagen in der Wärmeprozeßtechnik unterliegt einer Vielzahl von Einflußfaktoren, deren quantitative Wirkungen dem Anlagenbetreiber oft unbekannt sind. Infolgedessen arbeiten zahlreiche Anlagen mit überhöhtem Energie- und Materialaufwand. Zur Bestimmung möglicher Einsparpotentiale müssen in einem ersten Schritt alle erforderlichen Prozeßparameter über bestimmte Zeiträume meßtechnisch erfaßt und zusammen mit den charakteristischen Daten des Produktionsprozesses protokolliert werden, um zunächst den Ist-Zustand herauszuarbeiten. Durch den Vergleich des Ist-Zustands mit typischen charakteristischen Kennwerten können mögliche technische und organisatorische Einsparpotentiale aufgedeckt und Maßnahmen zu deren Nutzung unter Berücksichtigung ihrer Wirtschaftlichkeit eingeleitet werden.

Im folgenden sollen an zwei ausgewählten charakteristischen Beispielen, der Schmiedeblockerwärmung und dem Schmelzen von Aluminium, technische und organisatorische Maßnahmen zur Energieeinsparung bei energieintensiven Wärmeprozessen dargestellt werden. Die beschriebenen Maßnahmen lassen sich unter Berücksichtigung der spezifischen Randbedingungen prinzipiell auf andere Wärmeprozesse übertragen. Die Erfahrung zeigt jedoch, daß insbesondere bei der Untersuchung der Wirtschaftlichkeit eine individuelle Betrachtung erforderlich ist.

3 Technische und organisatorische Einsparpotentiale in der Wärmeprozeßtechnik

3.1 Maßnahmen zur Energieeinsparung bei der Schmiedeblockerwärmung

In Schmiedebetrieben hat sich seit einigen Jahren die induktive Erwärmung von Stahl zur anschließenden Warmumformung gegenüber den brennstoffbefeuerten Erwärmungsverfahren durchgesetzt. Die induktive Schmiedeblockerwärmung bietet zahlreiche verfahrenstechnische Vorteile und ermöglicht eine schnelle, reproduzierbare zunderarme Erwärmung auf eine gewünschte Soll-Temperaturverteilung. All dies hat dazu geführt, daß heute in den Gesenkschmieden zu 80 % die induktive Erwärmung eingesetzt wird.

Der anzustrebende durchschnittliche spezifische Energiebedarf induktiver Durchlauferwärmungsanlagen in Schmiedebetrieben sollte etwa 400 kWh pro Tonne zu schmiedendes Material nicht übersteigen. Durch falsche Betriebsweisen der Anlagen kommt es mitunter zu deutlich überhöhten Werten von mehr als 800 kWh/t. Darüber hinaus resultieren aus Störungen der Produktionslinie höhere Produktionskosten, bedingt durch Abschaltung und Anfahren der Anlagen. Die damit verbundenen Fehlerwärmungen führen zu Umlauf- bzw. Ausschußmaterial.

Für die Beurteilung jeder Erwärmungsanlage und des Produktionsprozesses ist es erforderlich, Energiemessungen bei wechselnden Produktionsbedingungen mit beispielsweise unterschiedlichen Werkstückabmessungen und Durchsätzen durchzuführen. Im ersten Abschnitt wird während eintägiger Kurzzeitmessungen die aufgenommene elektrische Leistung, der Leistungsfaktor und die mit dem Kühlwasser abgeführte thermische Verlustleistung bestimmt. Mit Hilfe der Umrichterleistung und des Materialdurchsatzes kann der Gesamtwirkungsgrad der Erwärmungsanlage und des Umrichters bestimmt werden. Im zweiten Meßabschnitt, der Langzeitmessung, protokolliert das Betriebspersonal über einen Zeitraum von mehreren Wochen charakteristische Betriebsdaten des gesamten Produktionsprozesses. Dies ergibt einen Überblick über die typische Betriebsweise der Erwärmer und führt zu einer Statistik des Energiebedarfs. Hieraus werden dann ungünstige Betriebszustände detektiert und Maßnahmen zur Energieeinsparung abgeleitet.

Die wesentliche Ursache für den hohen spezifischen Energiebedarf vieler Schmieden ist der häufige Betrieb mit reduziertem Durchsatz (Börgerding 1997). Die Ursache für verminderte Durchsätze der induktiven Erwärmer liegt meist in der vom zugehörigen Umformaggregat vorgegebenen Taktzeit. Als Optimierungsmaßnahme bietet sich die Verkürzung der Erwärmungsstrecke zur Anpassung an den reduzierten Durchsatz an, die zu Energieeinsparungen von beispielsweise 10 % führen kann. Im günstigsten Fall sind vom Spulenhersteller bereits Spulenanzapfungen vorgesehen, so daß diese Maßnahme kostenneutral durchzuführen ist. Sind derartige Anzapfungen nicht vorhanden, bietet sich bei großen Chargen die Anschaffung einer Kurzspule an, die für geringe Durchsätze ausgelegt ist.

Neben dem Betrieb mit reduziertem Durchsatz führt vor allem ein hoher Anteil an Umlaufmaterial, ausgedrückt durch eine geringe Werkstückausnutzung, zu erhöhten Erwärmungskosten. Umlaufmaterial entsteht durch Unterbrechungen des Erwärmungsprozesses oder aufgrund einer ungünstigen Kombination von Materialdurchsatz und Pressenleistung. Für den ersten Fall können sich durch regelmäßige Wartung der Transportvorrichtung einer Induktionsanlage erhebliche Verbesserungen ergeben, da die Unterbrechungen vor allem durch Vorschubstörungen des Erwärmers verursacht werden. Unterbrechungen, die auf organisatorische Ursachen in der Produktionslinie (zum Beispiel Verzögerungen im Materialnachschub) zurückzuführen sind, sollten vermieden werden. Führt ein zu großer Durchsatz des Erwärmers aufgrund geringerer Taktzeit der Presse zu Umlaufmaterial, kann der spezifische Energiebedarf, bezogen auf das geschmiedete Material, durch eine Reduzierung des Durchsatzes gesenkt werden. Dabei wird für die reine Erwärmung der Werkstücke ein erhöhter spezifischer Energiebedarf in Kauf genommen.

Als weitere Ursache für einen erhöhten Energiebedarf im stationären Betrieb tritt die Verwendung einer Frequenz auf, die an den zu erwärmenden Werkstückquerschnitt nicht angepaßt ist. Die optimale Abstimmung zwischen Einsatzquerschnitt und Betriebsfrequenz führt neben der Reduzierung des Energiebedarfs auch zu einer besseren Temperaturhomogenität im Werkstück. Bei Betriebsfällen mit extremen Werkstückquerschnitten kann auch das Zu- oder Abschalten der Kondensatoren des Erwärmers sinnvoll sein.

Eine weitere Möglichkeit zur Kosteneinsparung ist das Lastmanagement (RWE Energie AG 1994). Durch die Planung des Betriebsablaufs über die Steuerung des Produktionsablaufs bis hin zur automatischen Lastkontrolle werden überhöhte und somit teure Leistungsspitzen vermieden. Außerdem werden die Kosten für die elektrische Energie gesenkt, ohne daß dabei der Produktionsablauf negativ beeinträchtigt wird.

> Ansatzpunkte für die Senkung von Energieverbrauch und -kosten: Verkürzung der Erwärmungsstrecke bei reduziertem Durchsatz, Vermeidung von Umlaufmaterial, Anpassung der Frequenz.

3.2 Maßnahmen zur Energieeinsparung beim Schmelzen von Aluminium

Theoretisch ist zum Schmelzen und Überhitzen von einer Tonne Aluminium auf 750 °C eine Wärmemenge von etwa 330 kWh nötig. Der tatsächliche Energiebedarf liegt in vielen Schmelzbetrieben zwischen etwa 400 kWh/t bis hin zu 850 kWh/t. Dabei zeigt sich, daß der zum Teil sehr hohe Energiebedarf durch das Schmelzaggregat selbst, die ungünstige Ofenfahrweise und die produktionstechnischen Randbedingungen verursacht wird.

Einen nicht unerheblichen Einfluß auf den Energiebedarf und insbesondere auf die Kosten für den Materialeinsatz beim Schmelzen von Aluminium hat der Metallabbrand, also der Verlust von Aluminium durch Oxidation. Die Höhe des Abbrands hängt im wesentlichen vom verwendeten Ofentyp sowie der Art, der Beschaffenheit und der Verunreinigung des einzuschmelzenden Aluminiums ab. Auch die Höhe der Temperatur, die Dauer und der Verlauf des Schmelzvorgangs, die Einwirkdauer und Art der Ofenatmosphäre sowie der Betrieb im Vakuum oder mit vermindertem Druck beeinflussen den Abbrand. Er geht für den Materialkreislauf verloren und muß durch energiereiches Primäraluminium ersetzt werden. Für den Schmelzbetrieb entstehen zusätzliche Materialkosten, die bei gasbeheizten Öfen mit etwa 40 % neben den Energiekosten mit 35 % den größten Schmelzkostenanteil verursachen. Ausgangspunkt für eine materialschonende Verarbeitung ist die Wahl eines geeigneten Schmelzaggregates. Dabei zeigt sich, daß in brennstoffbeheizten Öfen der Kontakt des Materials mit den Abgasen und das gerade bei leichtem Einsatzmaterial erschwerte Einrühren in die Schmelze zu erhöhten Abbrandverlusten führen. Die ausgeprägte Badbewegung besonders des Induktionstiegelofens hingegen macht ihn zu einem idealen Aggregat für das Einschmelzen leichter Produktionsabfälle, wie Folien und Späne. Das Material wird bei der Zugabe spontan in die Schmelze eingerührt und aufgeschmolzen ohne zu oxidieren. Durch den Einsatz von Induktionsöfen sind aufgrund der geringen Abbrandverluste (s. Abbildung 4) erhebliche Materialeinsatzkosten einzusparen.

	Gasbeheizter Schmelzofen	Induktionsofen
Abbrandverlust in %	1 – 5	0,3 – 1
Endenergie in kWh/t	310 – 1.550	93 – 310
Primärenergie in kWh/t	472 – 2.361	142 – 472

Abb. 4: Gegenüberstellung energetischer Einsparpotentiale durch Reduzierung der Abbrandverluste beim Schmelzen von Aluminium (Baake 1997)

In Abbildung 4 wird ebenfalls die energetische Bedeutung des Abbrands beim Schmelzen von Aluminium in einem gasbeheizten Ofen gegenüber einem Induktionsofen deutlich. Die Reduzierung des Abbrands durch den Einsatz des elektrisch betriebenen Schmelzaggregats bewirkt eine erhebliche Verminderung des End- und Primärenergiebedarfs.

Um Maßnahmen zur Energieeinsparung durchführen zu können, muß zunächst der Ist-Zustand in der zu betrachtenden Gießerei erfaßt und analysiert werden. Aufgrund dieser Analyse können Einsparpotentiale aufgezeigt und Empfehlungen für die Auswahl, Fahrweise und Chargierung der Öfen gegeben werden. Hierbei ist der gesamte Produktionsablauf mit einzubeziehen.

Der Aufschmelzvorgang sollte stets mit möglichst hoher Leistungsdichte und somit möglichst schnell durchgeführt werden, was zu einer Verbesserung des thermischen Wirkungsgrades durch Verringerung der Wärmeverluste führt. Danach muß die Schmelze möglichst schnell vergossen oder dem Warmhalteofen zugeführt werden. Eine wichtige und einfache Maßnahme zur Senkung des Energiebedarfs besteht in einer ständigen Kontrolle der Schmelzentemperatur, um eine unnötig hohe Überhitzung der Schmelze und den damit einhergehenden Energieverlust zu vermeiden. Optimal wäre hierbei eine temperaturgeführte Regelung der Induktionstiegelöfen, etwa durch den Einsatz eines Schmelzprozessors und eine meßtechnische Überwachung der Temperatur. Beim Schmelzen in Sumpffahrweise sollte darauf geachtet werden, daß der Sumpf vor dem Nachchargieren nicht zu weit absinkt. Wenn der Induktionstiegelofen mit einem Mindestsumpf von etwa 50 % gefahren wird, vermindert sich der spezifische Energiebedarf zum Schmelzen gegenüber einer Fahrweise mit nur 10 % Restsumpf um etwa 10 %.

| Energieeinsparung bis zu 30 % durch Optimierung der Ofenfahrweise.

Nebenzeiten, in denen die Schmelze nur warm gehalten wird, sollten auf ein Minimum beschränkt werden, um einen erhöhten Energiebedarf aufgrund des Wärmeverlustes des Tiegels zu vermeiden. So ist für einen typischen Induktionstiegelofen mit 5 t Fassungsvermögen eine Warmhalteleistung von bis zu 200 kW erforderlich. Eine Verminderung der Warmhaltezeit um eine Stunde führt damit zu Einsparungen von 40 kWh/t beim spezifischen Energiebedarf für eine Charge. Der Schmelzzyklus der Induktionstiegelöfen sollte optimal an den Durchsatz der Gießanlage angepaßt sein, so daß der Ofen ohne längere Betriebspausen gefahren werden kann und das Tiegelfutter keine Gelegenheit zum Auskühlen hat. Eine ausgekühlte Ofenzustellung erhöht den Energiebedarf für die jeweilige Charge um etwa 15 %. In vielen Fällen läßt sich mit der Realisierung der beschriebenen Maßnahmen für eine energetisch optimierte Ofenfahrweise eine Energieeinsparung von bis zu 30 % erzielen.

4 Technologische Entwicklungen in der elektrothermischen Prozeßtechnik

Aufgrund ihrer besonderen Eigenschaften kann die elektrische Energie jeden anderen Energieträger ersetzen oder zumindest sinnvoll ergänzen. Neben der Effizienzsteigerung bestehender Herstellungs- und Bearbeitungsverfahren wird durch elektrothermische Technologien die Herstellung vieler zukunftsweisender Materialien und Produkte überhaupt erst möglich oder wirtschaftlich vertretbar. Die moderne Mikroelektronik auf der Basis von hochreinem Halbleitersilizium ist hierfür ein überzeugendes Beispiel. Ein weiteres innovatives Anwendungsgebiet mit wachsender industrieller Bedeutung ist das elektrothermische Schmelzen hochreiner Sonderwerkstoffe (beispielsweise Titan- oder Nickellegierungen) und das Schmelzen von Oxiden, Gläsern oder Halbleitern. Gerade das induktive Schmelzen im Kaltwand-Induktions-Tiegelofen ermöglicht hierbei ein Herstellungsverfahren, das den Einsatz dieser Sonderwerkstoffe auch in Massenmärkten erlaubt. Zukünftige Forschungsanstrengungen zielen dabei auch auf eine Steigerung des Wirkungsgrades unter der Prämisse, die Produktionskapazität der Aggregate zu erhöhen.

| Induktionserwärmung zur thermischen Aushärtung hochfester Klebverbindungen.

Im Bereich der Fahrzeugindustrie werden aus Gründen der Energieeinsparung zunehmend leichte Materialien wie Kunststoffe und Aluminium- oder Magnesiumlegierungen eingesetzt. Die Klebtechnik bietet zahlreiche Möglichkeiten, hochfeste Verbindungen herzustellen. Zur thermischen Aushärtung des Klebstoffs ist die Induktionserwärmung geradezu prädestiniert. Die induktive Erwärmung ermöglicht ein sekundenschnelles, örtlich begrenztes Aufheizen der zu verklebenden metallischen Bauteile auf eine Zieltemperatur von maximal 200 °C. Dabei werden die Bauteile mit einer flexibel einsetzbaren Induktionszange paßgenau zusammengedrückt.

Weitere Beispiele für die innovative Nutzung elektrischer Energie sind im Bereich der endabmessungsnahen Fertigungsprozesse zu finden. Die elektrothermischen Technologien ermöglichen eine reproduzierbare, kontrollierte und exakte Temperaturführung des Erwärmungs- und Schmelzprozesses. Induktive Verfahren können beispielsweise bei der endabmessungsnahen Herstellung von Flachprodukten aus Stahl die Temperaturverteilung während des Gießvorgangs und vor dem Einlaufen in die Fertigstraße gezielt beeinflussen oder das elektromagnetische Bremsen, Rühren und Abstützen der Schmelze während des Gießvorgangs bewirken. Auch die direkte Kombination des Gieß- und Umformschrittes zur Herstellung von komplizierten Formteilen in einer Anlage, das sogenannte Thixo-Forming, ist nur durch die Anwendung elektrothermischer Prozeßwärme möglich. Die Formgebung erfolgt dabei im teilerstarrten Zustand, in dem das Material, in der Regel induktiv, auf eine exakte Temperatur zwischen Solidus und Liquidus erwärmt wird. Diese vielfältigen innovativen Technologien, die zum Teil schon heute im industriellen Bereich eingesetzt werden, führen zur Durchsatz- und Produktivitätssteigerung des Gieß- und Umformprozesses und tragen in vielen Fällen entscheidend zur Qualitätsverbesserung der Produkte bei.

| Nutzung induktiver Verfahren bei endabmessungsnahen Fertigungsprozessen.

In der metallverarbeitenden Industrie gewinnen Laseranwendungen für das Schneiden, Schweißen und Bohren zunehmend an Bedeutung. Aber auch bei der thermischen Oberflächenbehandlung wie dem Umwandlungshärten, Umschmelzen oder Be- und Entschichten bietet der Laser interessante Anwendungsmöglichkeiten. Beim Rapid Prototyping wird das Laserauftragsschweißen genutzt, um auf elegante Weise dreidimensionale Modelle mit vielfältigen Einsatzbereichen herzustellen. Gegenüber konventionellen Verfahren ergeben sich Kostenvorteile für den Laser insbesondere bei größerer Vielfalt der Produkte und geringen Losgrößen, da dann die Flexibilität des Lasers besonders zum Tragen kommt. Die Beispiele zeigen, daß die Lasererwärmung zu einem anerkannten thermischen Bearbeitungsverfahren herangereift ist und zunehmend konventionelle Fertigungstechniken substituiert oder sinnvoll ergänzt. Diese Entwicklung vollzieht sich nicht nur unter technologischen Gesichtspunkten, sondern auch aufgrund der fortschreitenden wirtschaftlichen und energetischen Optimierung der thermischen Bearbeitungsprozesse.

| Thermische Bearbeitung mittels Lasertechnik.

In den Gießereien werden bei der Gießkernherstellung aus Umweltschutzgründen anstelle von Alkoholschlichten zunehmend Schlichten auf Wasserbasis verwendet. Zur Trocknung des Schlichteüberzuges wird damit die Mikrowellentrocknung alternativ zur üblichen Konvektionstrocknung in einem Gasofen interessant. Die Mikrowellenanlagen zeichnen sich durch hohe Trocknungsgeschwindigkeiten und geringen spezifischen Endenergiebedarf aus, da die Mikrowellenenergie selektiv auf das Wasser wirkt. Dadurch erwärmt sich der Kern nur auf etwa 50 °C, während in den konventionellen Öfen der gesamte Kern eine Temperatur um 120 °C erreicht. Mikrowellenanlagen weisen außerdem eine hohe Flexibilität, geringen Platzbedarf und hohe reproduzierbare Produktqualität auf. Der Endenergiebedarf liegt bei etwa 40 % im Vergleich zu gasbeheizten Konvektionstrocknern. Trotz höherer Investitions- und Energiekosten ist durch den Einsatz einer Mikrowellenanlage zur Trocknung von Gießereikernen anstelle eines konventionellen Konvektionstrockners insgesamt eine Kosteneinsparung von etwa 25 % realisierbar.

| Kostensenkung durch Mikrowellentrocknung.

Im Bereich der thermochemischen Oberflächenveredelungsprozesse werden niedrigenergetische Plasmaerwärmungsverfahren eingesetzt. Hierzu gehören das Plasmanitrieren und Plasmacarburieren. Diese arbeitsplatzgerechten und umweltfreundlichen Prozesse zeichnen sich gegenüber konventionellen Nitrierverfahren (wie Pulver-, Salzbad- und Gasnitrieren) durch eine bessere Verschleiß- und Dauerfestigkeit, genauere Maßhaltigkeit und geringere Rauhigkeitszunahme der behandelten Oberflächen aus. Eine kostenintensive mechanische Nacharbeit der Werkstücke ist nicht erforderlich. Das gesamte Verfahren ist frei von Gift- und Abfallstoffen, und der Bedarf an Einsatzstoffen ist relativ gering. Dies hat zur Folge, daß im Vergleich zu den konkurrierenden Verfahren trotz höherer Investitionskosten ein deutlicher Kostenvorteil besteht.

| Plasmaerwärmung in thermochemischen Oberflächenveredlungsprozessen.

Ein weiteres, innovatives elektrothermisches Verfahren mit zunehmenden Anwendungsbereichen ist die Infraroterwärmung. Beim Trocknen von lackierten Oberflächen ist der Einsatz einer elektrischen Infrarot-Trocknung anstelle einer Kon-

Infrarot-Lacktrocknung

vektions-Trocknung mit energetischen, technologischen und wirtschaftlichen Vorteilen verbunden. Ein Beispiel hierfür ist die Infrarot-Trocknung in der Autolackiererei. Bei der konventionellen Konvektions-Trocknung muß nach einer Reparatur und Lackierung einer Teilfläche das gesamte Fahrzeug in einer Trocknungskabine über längere Zeit bei 70 °C getrocknet werden. Bei der flexiblen Infrarot-Trocknung erfolgt die Trocknung der Teilflächen in wenigen Minuten, wobei die Kabine unbeheizt bleibt. Diese Vorteile reduzieren den Energiebedarf um 90 % und die Betriebskosten um 60 %. Zusätzlich spricht die bessere Trocknungsqualität für die Infrarot-Erwärmung.

5 Literatur

Baake, E., Jörn, K.-U., Mühlbauer, A.: Energiebedarf und CO_2-Emission industrieller Prozeßwärmeverfahren. Vulkan-Verlag Essen 1996

Baake, E.: Bewertung von Einsparpotentialen am Beispiel der Aluminiumherstellung. VDI-Berichte Nr. 1292, S. 101-114, VDI-Verlag Düsseldorf 1997

Börgerding, R.: Optimierung des Betriebs induktiver Schmiedeblockerwärmer. Dissertation, Universität Hannover, Institut für Elektrowärme. VDI-Verlag Düsseldorf 1997

Fritsche, U. et. al.: Gesamt-Emissions-Modell Integrierter Systeme (GEMIS). Version 2.0. Hessisches Ministerium für Umwelt, Energie und Bundesangelegenheiten (Hrsg.), Wiesbaden 1993

RWE Energie AG (Hrsg.): Lastmanagement. Essen 1994

VDEW (Hrsg.): VDEW-Jahresbericht 1996. Vereinigung der deutschen Elektrizitätswerke VDEW e.V., Frankfurt

Wendelin Friedel, Paul Fay

Kraft-Wärme- und Kraft-Wärme-Kälte-Kopplung

Rationeller Umgang mit Energie ist eine der wichtigsten Aufgaben in Gegenwart und Zukunft, wenn die Ziele der Bundesregierung zur Reduzierung der CO_2-Emissionen erreicht werden sollen. Die Technik der Kraft-Wärme-Kopplung (KWK) verbindet hierbei, durch die gekoppelte Erzeugung von Wärme und elektrischer Energie bei hoher Brennstoffausnutzung, die Zielsetzungen von Ökologie und Ökonomie in hohem Maße. Der Gesamtwirkungsgrad ist in reinen Kondensationskraftwerken im Vergleich zu KWK-Anlagen klein, denn die Abwärme muß, weil Wärmeabnehmer nicht zur Verfügung stehen, im wesentlichen über die Kühltürme abgeführt werden.
Die in Kraft-Wärme-Kopplungsanlagen ausgekoppelte Wärme wird in den meisten Fällen zur Raumheizung, Warmwasserbereitung oder für Prozeßwärme verwendet. Die gleichzeitig erzeugte elektrische Energie wird entweder direkt genutzt oder aber in das Netz des jeweiligen Stromversorgers eingespeist. Der Nachteil der KWK besteht darin, daß nur ein über einen großen Zeitraum eines Jahres gleichzeitiger Bedarf an elektrischer Energie und Wärme einen wirtschaftlichen Betrieb der KWK ermöglicht.
Kraft-Wärme-Kopplungsanlagen gibt es ab Leistungen von etwa 3 kW bis zu elektrischen Leistungen von mehr als 100 MW. Für den Leistungsbereich unter 1.000 kW werden fast ausschließlich mit Erdgas oder Heizöl betriebene Motor-Heizkraftanlagen (MHKA) eingesetzt. Bei Leistungen über 1.000 kW bis ca. 10.000 kW werden neben Motor-Heizkraftanlagen auch Gasturbinenanlagen verwendet. Bei Anlagenleistungen von mehr als 10.000 kW kommen in der Regel nur noch Gasturbinen zum Einsatz. Seit kurzer Zeit werden von einigen Herstellern auch Gasturbinen im Leistungsbereich von 28 bis 100 kW angeboten.

> Motor-Heizkraftanlagen mit elektrischen Nennleistungen von 5 kW bis 100 MW.

Im vorliegenden Artikel werden ausschließlich Motor-Heizkraftanlagen behandelt, die entweder als kompakte Blockheizkraftwerke (BHKW) oder als Motor-Heizkraftwerke mit einem mit Erdgas oder Heizöl befeuerten Heizkessel (MHKW) ausgeführt werden. In einem MHKW wird üblicherweise die MHKA zur Wärmegrundlasterzeugung eingesetzt; die Spitzenlast stellt der Heizkessel bereit. Der Schwerpunkt der Betrachtungsweise insbesondere bei den Wirtschaftlichkeitsuntersuchungen wird dabei auf erdgasbetriebene Anlagen gelegt, da in den meisten Anlagen Erdgas als Brennstoff insbesondere auch aufgrund der geringeren Emissionen eingesetzt wird. Daneben gibt es aber auch Anlagen, die mit regenerativen Brennstoffen (Rapsöl, Biogas, Klärgas oder Deponiegas) betrieben werden können. Für elektrische Energie aus erneuerbaren Energiequellen, die ins öffentliche Netz eingespeist wertden, sind die Vergütungssätze im Energiegesetz geregelt.
Die Wirtschaftlichkeit der Anlagen hängt wesentlich von dem Verhältnis Brennstoffkosten zu Stromvergütung und der Auslastung der Anlage ab. Da aus Gründen des rationellen Umgangs mit Energie KWK-Anlagen in der Regel wärmegeführt betrieben werden, stellt die Kombination der KWK-Anlage mit Absorptionskältemaschine eine interessante Variante da. Hierbei wird die Abwärme aus der KWK-Anlage zum Antrieb der Absorptionskälteanlage genutzt (Kraft-Wärme-Kälte-Kopplung, KWKK). Die Auslastung der KWK-Anlage und damit die Wirtschaftlichkeit der Gesamtinvestition kann dadurch verbessert werden. Durch den Einsatz von Absorptionskälteanlagen anstelle von elektrisch betriebenen Kompressionskälteanlagen wird auch die sommerliche Strombezugsspitze reduziert. Besonders wirtschaftlich ist es, wenn die KWKK zur Grundlastabdeckung und bestehende Anlagenteile (zum Beispiel Kompressionskälteanlage, Heizkessel) zur Spitzenlastabdeckung eingesetzt werden.

1 Kraft-Wärme-Kopplung (KWK)

Motor-Heizkraftanlagen bestehen aus erprobten Serienprodukten.

Eine MHKA besteht aus einem erdgas- oder dieselbetriebenen Motor mit einem Generator und verschiedenen Wärmetauschern. Das Prinzip ähnelt dem, das man von Motoren aus Autos kennt. Anstatt jedoch die Drehbewegung des Motors für den Antrieb des Autos zu nutzen, wird hier ein Generator zur Produktion elektrischer Energie angetrieben. Die Abwärme, die im PKW zur Beheizung im Winter genutzt wird, dient bei der MHKA ganzjährig zur Beheizung des Gebäudes und zur Warmwasserbereitung bzw. zur Deckung jeglichen Grundlastwärmebedarfs. Die MHKA-Technik ist zuverlässig und ausgereift. Zum Einsatz kommen Teile aus Serienproduktionen (Gas-Industriemotoren, Schiffsmotoren, LKW-Motoren).

1.1 Energiebilanz und Umweltaspekte

Mit KWK können gegenüber getrennter Erzeugung in Kraftwerken und Heizkesseln ca. 37 % Primärenergie eingespart werden.

Im Gegensatz zu einem herkömmlichen Kraftwerk wird bei der KWK die Abwärme aus der Stromerzeugung genutzt und muß nicht „vernichtet" werden. Dies ist ein deutlicher Vorteil, der sich in der Primärenergiebilanz niederschlägt (vgl. Abbildung 1). Durch den Einsatz einer MHKA wird gegenüber der Erzeugung der gleichen Menge elektrischer Energie im Kraftwerk und der gleichen Menge Wärme mit einer modernen Kesselanlage eine Primärenergieeinsparung von 37 % erzielt.

In dieser Bilanz wurden für die Wirkungsgrade nur die Mittelwerte für die Motoren über den gesamten Leistungsbereich eingesetzt. Im oberen Bereich ab 100 kW (Heizöl) und 2 MW (Erdgas) werden von MHKA elektrische Wirkungsgrade von über 40 % erreicht. Der Vorteil der Heizölmotoren beim elektrischen Wirkungsgrad wird bei der Bilanzierung des Primärenergieeinsatzes durch den schlechteren thermischen

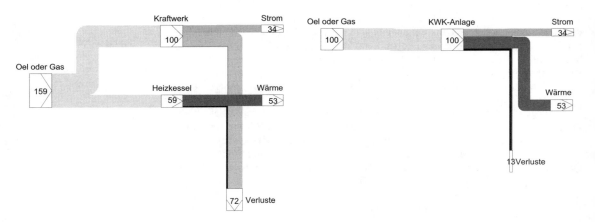

Abb. 1: Primärenergiebilanz für die Erzeugung von Wärme und Strom (Quelle: ASUE)

Wirkungsgrad zum Teil kompensiert. Außerdem weisen die Heizölmotoren (noch) deutlich schlechtere Emissionswerte (zum Beispiel 2.000 mg NOx/Nm³ gegenüber 250 mg NOx/Nm³) als Erdgasmotoren auf.

1.2 Einsatzbereiche und Auslegung der MHKA

Temperaturniveau der Wärmeabnehmer ist wichtigstes Kriterium für die Auswahl der MHKA.

Die Einsatzgebiete für MHKA sind breit gestreut, da man die Abwärme der Motoren auf unterschiedlichen Temperaturniveaus nutzen kann. Für Industriebetriebe mit Prozeßdampfbedarf wird über Abgaswärmetauscher (Temperaturen über 500 °C) Niederdruckdampf erzeugt. Die „Restwärme" (Ladeluftkühler, Ölkühler, Motorkühlung, eventuell Generatorkühlung) fällt auf einem Temperaturniveau an, das für die Gebäude-Heizung genutzt werden kann. Auch der Betrieb von Absorptionskältemaschinen, zum Beispiel für Klimaanlagen, ist möglich. In der Regel wird mit den Motoren Heizwärme mit 90/70 °C für die Beheizung und Warmwasserbereitung oder für die Fern-/Nahwärmeversorgung produziert.

Kraft-Wärme- und Kraft-Wärme-Kälte-Kopplung

Die sehr breite Leistungspalette von MHKA ergibt thermische Leistungen ab etwa 10 kW pro Maschine, so daß in der Regel aus jeder Heizungsanlage eine MHKA gemacht werden kann.

Die hydraulische Einbindung kann bei einer bestehenden Kesselanlage als „einfache" Rücklaufanhebung erfolgen. Damit können aufwendigere Steuer- und Regelanlagen sowie Pumpen entfallen. Nachteil hierbei ist, daß die nachgeschalteten Kessel immer durchströmt werden (Regelgröße Vorlauftemperatur), und eine Brennwertnutzung mit der Kesselanlage unmöglich wird.

Die Größe des Motors hängt vom Einsatzfall ab und sollte so bemessen sein, daß etwa 5.000 bis 6.000 Vollbenutzungsstunden pro Jahr erreicht werden. Für die thermischen Nennleistungen der MHKA bezogen auf die Wärmehöchstlast können für verschiedene Einsatzgebiete folgende Richtwerte gelten:

- Wohnungsbau   10 – 20 %
- Industrie mit Prozeßwärme   20 – 40 %
- Krankenhaus   30 – 40 %
- (Alten-)Heime, Hotels   15 – 30 %
- Bürogebäude mit Absorptionskältemaschine 20 – 40 %

Die Vollbenutzungsdauer der Motoren kann bei wärmegeführtem Betrieb durch eine Auslegung auf die Wärmegrundlast optimiert werden. Eine weitere Möglichkeit einer besseren Anpassung an den Wärmebedarf (und damit einer längeren Laufzeit für die Gesamtanlage) bietet ein modularer Aufbau der MHKA. Abbildung 2 zeigt das Prinzipschaltbild eines Motor-Heizkraftwerks.

> In der Regel kann aus jeder Heizungsanlage eine MHKA gemacht werden.

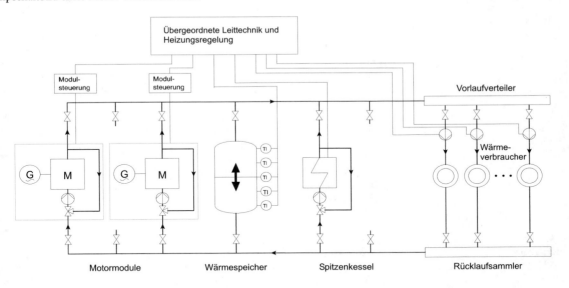

Abb. 2: Prinzipschaltbild von Motor-Heizkraftwerken (MHKW)

1.3 Erzeugung von elektrischer Energie

In der Regel wird die MHKA parallel zum öffentlichen Stromversorgungsnetz betrieben, da der Wärmelastgang meist nur teilweise zeitgleich mit dem Stromlastgang ist. Daher wird ein Teil der erzeugten elektrische Energie in das Stromnetz abgegeben. Das Ziel ist jedoch, möglichst die gesamte erzeugte elektrische Energie zur eigenen Bedarfsdeckung einzusetzen, da die Vergütung für eingespeisten Strom immer kleiner ist als die eingesparten Kosten bei Eigennutzung. Einzig beim Betrieb mit erneuerbaren Energien kann die Einspeisevergütung über den Strombezugskosten liegen. Gleichzeitig sollte keine Überschußwärme erzeugt werden. Im Sinne von echter Kraft-Wärme-Kopplung ist dies der sinnvollste Betriebsfall. Diese Betriebsweise, die sich am Nutzwärmebedarf des Versorgungsobjektes orientiert, nennt sich dann auch wärmegeführte Betriebsweise.

> Wärmegeführter Betrieb orientiert sich an Nutzwärmebedarf.

Rein stromgeführter Betrieb meist nur im Inselbetrieb.	Im Gegensatz dazu steht die stromgeführte Betriebsweise, die im klassischen Fall bei sogenanntem Inselbetrieb zum Tragen kommt. Beim Inselbetrieb steht die Versorgung eines Objektes mit elektrischer Energie im Vordergrund. Die Abwärme aus der Stromerzeugung wird dabei in der kalten Jahreszeit als willkommene Zusatzwärmeversorgung genutzt und im Sommer über Kühleinrichtungen abgeführt. Die Motoren laufen nur bei gleichzeitigem Strombedarf.
Meist gemischte wärme- und stromgeführte Betriebsweise, da so auch Strombezugsspitzen reduziert werden können.	Die meisten MHKA werden mit einer Mischform aus wärme- und stromgeführter Betriebsweise betrieben, da durch die Reduzierung von Strombezugsspitzen mit der MHKA die Wirtschaftlichkeit der Anlage durch verringerte Leistungskosten und damit höhere Stromerlöse deutlich verbessert werden kann.
Überschußwärme in einem Wärmespeicher speichern oder über Notkühlung abführen.	Die bei Auftreten der Strombezugsspitze nicht parallel benötigte Wärme kann im Idealfall in einem Pufferspeicher aufgenommen werden, dessen Kapazität mindestens für einen halbstündigen Betrieb der MHKA ausgelegt sein sollte. Bei einer bestehenden Kühlturmanlage kann auch diese zur „Notkühlung" genutzt werden.
Mehrmodulanlagen erhöhen die Verfügbarkeit des MHKA.	Um die Verfügbarkeit der Anlage bei teilweise stromgeführter Betriebsweise zu verbessern, können anstelle eines Modules mehrere Module kleinerer Leistung eingesetzt werden. Dadurch ist gewährleistet, daß bei Ausfall eines Motors immer noch die restlichen Motoren am Netz sind. Diese Betriebsweise hat weiterhin den Vorteil, daß eine bessere Anpassung der Motorleistung an den Wärmebedarf des zu versorgenden Objektes erreicht wird.
Sicherer und wirtschaftlicher Betrieb erfordert Gebäude-Leittechnik und qualifiziertes Personal.	Mehrmodulanlagen haben jedoch den Nachteil, daß aufgrund der Kostendegression bei größeren Anlagen der Investitionsbedarf gegenüber Anlagen mit einem Modul gleicher Leistung höher ist. Außerdem werden damit die Fehler, die zu einem Gesamtausfall der MHKA führen können (Fehler in der Regelung, Fehler im Stromnetz, hydraulische Probleme, etc.) nicht ausgeschaltet. Dafür ist eine Gebäude-Leittechnik erforderlich, die im Falle eines Ausfalls der MHKA und gleichzeitiger Strombezugsspitze ein Notprogramm fährt (Lastabwurf, gegebenenfalls Inbetriebnahme einer Netzersatzanlage), bis die Motoren wieder am Netz sind. Entsprechend qualifiziertes und motiviertes Personal zur Betreuung ist eine Grundvoraussetzung, um einen sicheren Betrieb zu gewährleisten.
Aus wirtschaftlichen Gründen ist der Anteil der rückgespeisten elektrischen Energie zu minimieren.	Unproblematischer und mit geringeren Investitionskosten verbunden ist die vollständige Einspeisung der elektrischen Energie in das Netz des Stromversorgers. Hierfür gibt es regional unterschiedliche Vergütungsregelungen. In der Regel kann mit einer Mindestvergütung nach Verbände-Vereinbarung in Höhe von zur Zeit ca. 7 Pf/kWh gerechnet werden. Leider ist damit in den seltensten Fällen ein wirtschaftlicher Betrieb zu erzielen. Es gibt jedoch bundesweit Bestrebungen, die Vergütung für elektrische Energie, die in KWK erzeugt wird, anzuheben.
1.4 Not- und Netzersatzanlagen	In vielen Bereichen (Hotels, Krankenhäuser, Theater, Flugplätze, Hochhäuser etc.) werden Anlagen zum Netzersatz bzw. Notstromanlagen gefordert. Diese Anlagen werden zwar von Zeit zu Zeit im Probebetrieb gefahren, leisten aber keinen relevanten Beitrag zur Energieversorgung der Gebäude. MHKA bieten sich in idealer Weise an, solche Anlagen zu ergänzen oder gegebenenfalls zu ersetzen. Man erzielt dadurch eine Erhöhung der Betriebssicherheit der Netzersatzanlage (durch Dauerbetrieb) und die wirtschaftliche Nutzung einer sonst ruhenden Anlage.

Wenn die MHKA Netzersatzfunktion übernehmen soll, muß sie mit einem Synchrongenerator ausgestattet sein, was ab einer Leistung von 300 kW meist der Fall ist. Diese Kombination benötigt im Gegensatz zu der sonst üblichen Verbindung mit Asynchrongeneratoren keine elektrische Energie aus dem Netz, um anfahren zu können.

Weiterhin muß bei einer Netzersatzanlage die Wärmeabfuhr gewährleistet sein (Notkühleinrichtungen, eventuell Frischwasserkühlung). Für bestimmte Fälle wird eine gesicherte Brennstoffversorgung gefordert. Dies wird in der Regel durch einen zweiten Brennstoff (Heizöl oder Flüssiggas) gewährleistet. Bei einem Erdgasnetz, dessen Druckhaltung schon über Netzersatzanlagen abgesichert ist, genügt oft eine separate Gaszuleitung, um diese Forderung zu erfüllen.

Nachteil bei der Verwendung von Gas-Otto-Motoren ist das Last-Übernahme-Verhalten gegenüber Heizöl-Motoren. Hier ist es nötig, die Netzersatzlast in Stufen auf den Motor aufzuschalten.

Mit den zum Teil deutlich gesunkenen Investitionskosten hat sich auch die Wirtschaftlichkeit der Anlagen verbessert. Die spezifischen Investitionskosten von MHKA liegen, bezogen auf die elektrische Leistung, zwischen 6.000 DM/kW bei sehr kleinen Anlagen und ca. 1.300 DM/kW bei Anlagen ab etwa 250 kW. Ab 500 kW werden Anlagen sogar schon für unter 1.000 DM/kW angeboten (vgl. Abbildung 3).

1.5 Wirtschaftlichkeitsbetrachtung für Kraft-Wärme-Kopplung

1.5.1 Investitionskosten

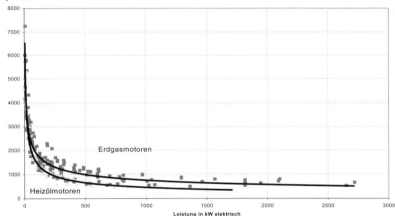

Abb. 3: Spezifische Investitionskosten von MHKW (MHKW-Richtpreisübersicht 2000)

Die Kosten für Wartung und Instandhaltung haben einen großen Einfluß auf die Wirtschaftlichkeit von MHKA. Hierbei ist zu prüfen, mit welchem Modell die besten Ergebnisse erzielt werden können. Die Wartung und Instandhaltung der Anlage kann entweder durch eigenes Personal oder im Rahmen eines Vollwartungsvertrages (1,5 – 6,0 Pf/kWh$_{el}$) durch den Hersteller durchgeführt werden. Vollwartungsverträge beinhalten alle Wartungsarbeiten an der MHKA, inklusive des Austausches kompletter Anlagenteile und der Kosten für Schmieröl. In der Regel werden Vollwartungsverträge über einen festen Zeitraum abgeschlossen und entsprechen einer bezahlten Garantieleistung.

Die Brennstoffpreise sind bei erdgasbetriebenen Anlagen von den Lieferverträgen der Gasversorgungsunternehmen – und im Rahmen von Preisgleitklauseln von den aktuellen Heizölpreisen – abhängig. Ein niedriger Erdgaspreis wirkt sich günstig auf die Wirtschaftlichkeit einer KWK-Anlage aus.

Die Höhe der Stromerlöse hängt davon ab, ob die in der KWK-Anlage erzeugte elektrische Energie vom Betreiber genutzt werden kann (vermiedene Bezugskosten) oder in das Netz eines Stromversorgers eingespeist wird (Einspeisevergütung). Hier ist genau zu prüfen, ob bei einer Leistungsmessung des Stroms auch die MHKA in der Lage ist, zu den jeweiligen Strombezugsspitzen „am Netz" zu sein.

1.5.2 Betriebskosten

▎Wartung und Instandsetzung durch eigenes Personal- oder Abschluß eines Vollwartungsvertrages.

▎Niedrige Brennstoffpreise erhöhen die Wirtschaftlichkeit.

1.5.3 Ermittlung der Stromerlöse (Stromgutschrift) oder der Stromgestehungskosten

▎Stromerlöse in Form von vermiedenen Bezugskosten und/oder Einspeisevergütung.

| Ermittlung der Stromgestehungskosten erlaubt den Vergleich verschiedener KWK-Anlagen.

Eine einfache, in der Stromwirtschaft übliche Betrachtungsweise, um die Wirtschaftlichkeit von Stromerzeugungsanlagen miteinander vergleichen zu können, ist die Ermittlung der Stromgestehungskosten. Diese werden bei der KWK-Anlage berechnet, indem man die erzeugte Wärme mit den vermiedenen Brennstoffkosten einer Kesselanlage (Brennstoffkostenäquivalent) bewertet. Auch im Hinblick auf tendenziell sinkende Strompreise behält diese Einschätzung ihre Gültigkeit.

Basierend auf den Ergebnissen der Richtpreisübersicht für MHKW-Anlagen 2000, der Daten zu Investitions- und Vollwartungskosten zugrunde liegen, wurden beispielhaft die Stromgestehungskosten über einen Leistungsbereich von 5 bis 2.000 kW_{el} berechnet (vgl. Abbildung 4). Die Berechnungen wurden in Anlehnung an VDI 2067 für eine Vollbenutzungsdauer von 6.000 h/a durchgeführt und beinhalten alle der KWK-Anlage zurechenbaren Kosten. Die Erdgaspreise wurden anhand der Preisgleitklauseln des Gasversorgers für einen Heizölpreis von 40 DM/hl ermittelt. Deutlich wird, daß bei gleichen Vollbenutzungsstunden und Energiepreisen die Stromgestehungskosten wesentlich von der Größe der MHKA und damit von den Investitionen abhängen (vgl. Abbildung 4).

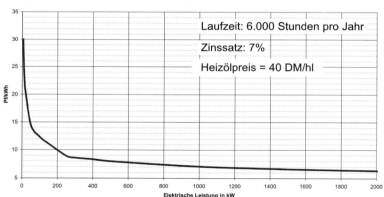

Abb. 4: Stromgestehungskosten MHKW (MHKW-Richtpreisübersicht 2000)

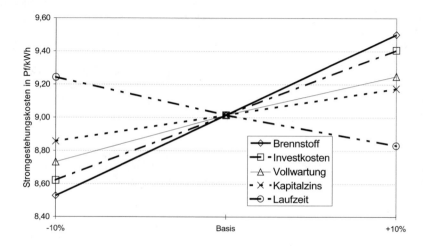

Abb. 5: Sensitivität am Beispiel der Stromgestehungskosten einer Anlage von 250 kWel

Für eine Beispielanlage mit 250 kW$_{el}$ wurden die Auswirkungen einer Veränderung verschiedener Parameter auf die Wirtschaftlichkeit, hier die Stromgestehungskosten, untersucht (vgl. Abbildung 5).

Die dargestellten Parameter wurden um +/– 10 % variiert. Im Basisfall wurde von 500.000 DM Gesamtinvestition, 7 % Kapitalzinssatz, 40 DM/hl Heizöl, 6.000 Vollbenutzungsstunden pro Jahr und 2,6 Pf/kWh$_{el}$ Vollwartungskosten ausgegangen. Am stärksten wirkt sich eine Veränderung des Brennstoffpreises und der Investitionskosten auf die Stromgestehungskosten aus. Deutlich wird aber auch, daß der Auslegung der MHKA hinsichtlich möglichst hoher Laufzeiten bzw. Vollbenutzungsstunden ebenfalls große Beachtung geschenkt werden muß, da der Planer hierauf den größten Einfluß hat. Am wenigsten verändern sich die Stromgestehungskosten bei einer Veränderung des Kalkulationszinssatzes.

1.5.4 Einfluß verschiedener Parameter auf die Wirtschaftlichkeit von MHKA

> Brennstoffpreis und Anlagendimensionierung bzw. Investition haben größten Einfluß auf Stromgestehungskosten.

Durch die ökologische Steuerreform soll unter anderem der Einstieg in dezentrale Energieversorgungsstrukturen gelingen, da alle KWK-Anlagen ab einem Jahresnutzungsgrad von 70 % von der bestehenden Mineralölsteuer (z.Zt. 0,68 Pf/kWh) befreit werden. Die Eigenerzeugung von Strom in Anlagen unter zwei MW wird von der Stromsteuer befreit. Das sogenannte „Contracting" ist der Eigenerzeugung gleichgestellt – und damit ebenfalls von der Stromsteuer befreit. Dadurch erhalten die neuen Energiedienstleister, die die Energieversorgung für Unternehmen oder ganze Häuserblocks übernehmen, einen wichtigen Vorteil.

Wenn das die KWK-Anlage betreibende Unternehmen dem produzierenden Gewerbe (pG) zugeordnet werden kann, würde der Einfluß der Ökosteuer aber nur sehr klein sein. Die Stromsteuer und die Mineralölsteuererhöhung treffen das produzierende Gewerbe nur zu 20 % für Heizöl, Gas und Strom (keine Steuererleichterung bei Kraftstoff). Maßgebend ist allerdings die Klassifikation der Wirtschaftszweige des Statistischen Bundesamtes, darunter fallen der Bergbau, das verarbeitende Gewerbe, die Elektrizitäts-, Gas-, Fernwärme- und Wasserversorgung. Ausschlaggebend ist die Haupttätigkeit des Unternehmens. Nicht dazu zählen unter anderem Dienstleister, Transportunternehmen, Handel.

1.5.5 Kraft-Wärme-Kopplung im Rahmen der ökologischen Steuerreform

Gerade Bürogebäude, die im Sommer keinen oder nur einen sehr geringen Wärmebedarf aufweisen, sind auf den ersten Blick weniger für den Einsatz von KWK geeignet. Dennoch kann, wenn der Strombezugsvertrag entsprechende, für KWK attraktive Konditionen aufweist, eine KWK-Anlage interessant sein. Aber auch hier gilt, je geringer die Investitionskosten (das heißt einfache Versorgungssituation, ausreichende Räumlichkeiten, kurze Wege für die Anbindung etc.), desto eher kann ein kostendeckender Betrieb erzielt werden. Am Beispiel eines bestehenden Bürogebäudes mit nachfolgend aufgeführtem Bedarf an Wärme und Kälte werden verschiedene Versorgungsalternativen auf ihre Wirtschaftlichkeit hin betrachtet.

- Wärmehöchstlast: 1.600 kW
- Wärmebedarf: 2.772 MWh
- Kühllast: 600 kW
- Kühlbedarf: 410 MWh

Die in Abbildung 6 dargestellte geordnete Jahresdauerlinie des Wärmebedarfs zeigt den für eine MHKA eher ungünstigen Lastfall aufgrund vernachlässigbarer Grundlast.

Zunächst wird eine konventionelle Versorgung mit einer Kesselanlage und einer Kompressionskältemaschine (Variante 1) mit einer Versorgung mit KWK (Variante 2) verglichen. Die Ergebnisse der Berechnungen können Abb. 12 bzw. Tab. 1 entnommen werden.

1.6 KWK am Beispiel eines Bürogebäudes

Abb. 6: Jahresdauerlinie des Wärmebedarfs für ein Bürogebäude

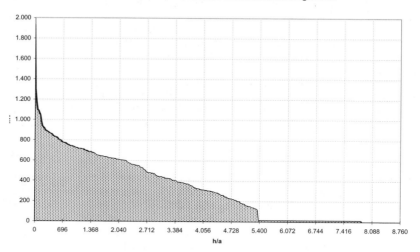

Variante 1:
Wärme- und Kälteversorgung mit Heizkessel und Kompressionskältemaschine
Zwei Kessel mit je 800 kW sowie eine Kompressionskälteanlage mit 600 kW Kälteleistung. Die Gesamtinvestitionskosten liegen bei 880.000 DM. Die Jahreskosten betragen 290.000 DM für Kapitaldienst, Brennstoff, elektrische Energie, Wartung und Instandhaltung.

Variante 2:
KWK mit Spitzenlastkessel und Kompressionskältemaschine
Zwei Kessel mit je 700 kW sowie eine Kompressionskälteanlage mit 600 kW Kälteleistung. Außerdem eine KWK-Anlage mit 110 kW elektrischer und 200 kW thermischer Leistung. Die KWK-Anlage erreicht, optimal dimensioniert, Laufzeiten von 5.300 h/a. Die Gesamtinvestitionskosten liegen bei 1,2 Mio. DM. Die Jahreskosten betragen 288.000 DM für Kapitaldienst, Brennstoff, elektrische Energie, Wartung und Instandhaltung. Die erzeugte elektrische Energie kann dabei mit 12,8 Pf/kWh „gutgeschrieben" werden.

Kraft-Wärme-Kopplung kann für Bürogebäude wirtschaftlich sein.

Ein sommerlicher Grundlast-Kältebedarf bietet gute Voraussetzungen für Absorptionskältemaschine in Verbindung mit KWK.

Das Beispiel zeigt, daß die Variante mit KWK nur geringfügig unter den Jahreskosten einer konventionellen Versorgung liegt. Das liegt hier im wesentlichen an der verhältnismäßig geringen Bewertung der erzeugten elektrischen Energie (keine Leistungspreisgutschrift möglich, da die KWK-Anlage 3 Monate im Jahr stillsteht). In solchen Fällen bietet es sich an, die KWK-Anlage um eine Absorptionskältemaschine zu ergänzen, und die Wärme aus der KWK-Anlage zum Antrieb der Kältemaschine zu verwenden. Der gegenläufige Bedarf an Wärme und Kälte ermöglicht einen ganzjährigen Betrieb der KWK-Anlage und kann damit deutlich zur Verbesserung der Wirtschaftlichkeit beitragen.

Kraft-Wärme- und Kraft-Wärme-Kälte-Kopplung

Bei Kraft-Wärme-Kälte-Kopplung treibt die Abwärme aus einer KWK-Anlage eine Absorptionskältemaschine (AKM) an.

Sowohl bei der Absorptions- als auch Kompressionskälteerzeugung verdampft ein Kältemittel bei tiefem Temperatur- und Druckniveau. Dabei nimmt das Kältemittel Wärme auf und erzeugt so den gewünschten Kühleffekt. Nach der Verdampfung wird das Kältemittel verdichtet und auf hohem Druck- und Temperaturniveau kondensiert.

Während bei der Kompressionskältemaschine der Kältemitteldampf in einem mechanischen Verdichter auf einen höheren Druck gebracht und anschließend kondensiert wird, wird der Kältemitteldampf in einer Absorptionskältemaschine (AKM) von einer Flüssigkeit absorbiert und dann – verflüssigt – von einer Pumpe auf einen höheren Druck gebracht. Bei der Absorption des Kältemittels im Lösungsmittel (kältemittelreiche Lösung) wird Lösungswärme frei, die im Absorber abgeführt wird. Nach Druckerhöhung der kältemittelreichen Lösung wird durch Wärmezufuhr das Kältemittel ausgetrieben und danach dem Kondensator zugeführt.

Je nach Anwendungsfall wird als Arbeitsstoffpaar Ammoniak (NH3)/Wasser (Tieftemperatur bis –60 °C) oder Lithiumbromid (LiBr)/Wasser (Klimabereich +4 °C bis +12 °C) angewendet.

Das typische Anwendungsgebiet für AKM in Verbindung mit einer KWK-Anlage ist der Bereich der Klimatechnik. In Abhängigkeit von der Bauart der AKM (ein- oder zweistufig) sind Heizmitteltemperaturen von 80 bis 140 °C (einstufige AKM) bzw. 150 bis 180 °C (zweistufige AKM) erforderlich. Als Kraft-Wärme-Kopplungs-Technik für den Einsatz mit zweistufiger AKM eignen sich Gasturbinenanlagen oder Dampfturbinen. Für einstufige AKM, die nachfolgend ausführlicher behandelt werden, werden MHKA verwendet.

2 Kraft-Wärme-Kälte-Kopplung

2.1 Funktionsprinzip der Absorptionskälteerzeugung

Arbeitsstoffpaare und Temperaturbereiche der Kälteerzeugung

Heizmitteltemperaturen abhängig davon, ob ein- oder zweistufige AKM versorgt werden muß.

Die Kraft-Wärme-Kälte-Kopplung hat gegenüber der getrennten Energieerzeugung (elektrische Energie und Kälte) deutliche Vorteile:
- bessere Auslastung der KWK-Anlage
- geringerer Strombedarf
- geringerer Wartungsaufwand bei AKM
- hohe Brennstoffausnutzung und damit geringe Umweltbelastung
- kein Einsatz von FCKW oder FKW
- geringerer Primärenergiebedarf (bis 25 %) (vgl. Abbildung 7)

Dem stehen als Nachteile höhere Gesamtinvestitionskosten, deutlich größerer Platzbedarf für die Maschinen (Faktor 1,5 bis 2,5) und Rückkühlwerke (etwa Faktor 2) und ein höherer Wasserverbrauch bei Naßkühlung (etwa Faktor 2) gegenüber.

2.2 Vorteile und Nachteile beim Einsatz von Absorptionskältemaschinen

Vorteile der AKM: Umweltfreundlicher, da Strombedarf und Primärenergiebedarf geringer.

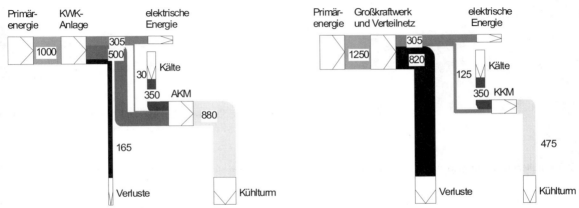

Abb. 7: Primärenergiebilanz bei Absorptionskältemaschinen und Kompressionskältemaschinen

2.3 Optimierung der Wirtschaftlichkeit einer Absorptionskältemaschine

Entscheidend beeinflußt werden die Investitionskosten auch die Betriebskosten, einer Absorptionskältemaschine durch die Auslegungsparameter. Hohe Heiztemperaturen (zum Beispiel > 100 °C) bzw. hohe Dampfdrücke (zum Beispiel 150 kPa), möglichst hohe Kaltwasser-Austrittstemperaturen (zum Beispiel 8 oder 9 °C) und niedrige Kühlwasser-Eintrittstemperaturen auf der Kühlturmseite (zum Beispiel 27 °C) tragen erheblich zur Verkleinerung der Absorptionskältemaschine und damit zur Verbesserung der Wirtschaftlichkeit bei. Darüber hinaus ist eine Optimierung der Kälteversorgung des zu versorgenden Objektes anzustreben. Eine Vergleichmäßigung der Kältelast wirkt sich positiv auf die Laufzeiten der Kälteanlage aus. Das führt zu höheren Vollbenutzungsstunden, und die Anlage muß nicht auf kurzzeitige Kälteleistungsspitzen ausgelegt werden.

> Ausgefeilte Konzeption erfordert gründliche Planung.

Eine pauschale Aussage zur Wirtschaftlichkeit von AKM in Verbindung mit einer KWK-Anlage oder Fernwärme ist schwierig, da die individuellen Gegebenheiten einer Versorgungssituation berücksichtigt werden müssen. Daher ist in jedem Fall eine Einzelfallbetrachtung der zu versorgenden Objekte durch ein kompetentes Planungsbüro notwendig. Mit den sogenannten Schubladenlösungen hat eine Konzeption für Kraft-Wärme-Kälte-Kopplung nichts mehr zu tun.

Die vorgestellten Beispiele können daher nur eine Tendenz zeigen, ab welcher Anlagengrößenordnung bzw. Versorgungssituation es sinnvoll ist, eine detailliertere Untersuchung der Wirtschaftlichkeit durchzuführen.

2.3.1 Investitionskosten

Betrachtet man die Investitionskosten von Kälteerzeugungsanlagen, sollte bei einem echten Vergleich immer die gesamte Anlage, also inklusive Leitungen, Kühlturm, Pumpen, Regelung, Wasseraufbereitung und Gebäude, betrachtet werden. Hier wurden beispielhaft die Gesamtinvestitionskosten für Kompressions- und Absorptionskälteanlagen zwischen 250 und 1.500 kW Kälteleistung kalkuliert (vgl. Abbildung 8).

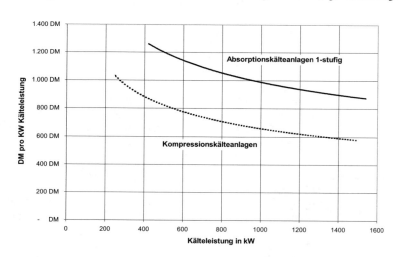

Abb. 8: Spezifische Investitionen für KKM und AKM

> Spezifische Investitionen für Absorptionskälteanlagen rund 50 % höher als bei Verdichtern.

Der zurechenbare Kostenanteil für die Kältemaschine an den Gesamtkosten liegt bei KKM im Schnitt bei 30 % und bei AKM zwischen 30 und 38 %.

2.3.2 Kältebereitstellungskosten

Die Kältebereitstellungskosten ergeben sich aus den jährlichen Gesamtkosten für die Kälteanlage, bezogen auf die jährliche Kälteerzeugung (DM/MWh$_{Kälte}$). Die Gesamtkosten setzen sich zusammen aus dem Kapitaldienst für das eingesetzte Kapital, den Betriebskosten, den Energiekosten und den Verwaltungskosten.

Kraft-Wärme- und Kraft-Wärme-Kälte-Kopplung

Der Vorteil für die AKM in Verbindung mit einer MHKA liegt im wesentlichen in der Substitution von Strombezug. Dieser Vorteil ist um so größer, je mehr eine KKM zur Strombezugsspitze beitragen würde und je höher die in KWK erzeugte elektrische Energie bewertet werden kann.

Ein seriöser Vergleich der Kältekosten für Kraft-Wärme-Kälte-Kopplung und Kompressionskälteerzeugung ist deshalb schwierig. Die Berechnungen beruhen daher auf einer Reihe von Annahmen (vgl. Abbildung 9).

Annahmen	KKM	AKM
Vollbenutzungsstunden Kälte	1.000 h/a	1.000 h/a
Abdeckung der Kälteleistung zu	100 %	100 %
Beitrag der elektrischen Anschluß-leistung zum Leistungspreis	50 %	0 %
Leistungspreis	220 DM/kW	220 DM/kW
Arbeitspreis elektrische Energie	12 Pf/kWh	12 Pf/kWh
Wasserverbrauch	3 m³/MWh Kälte	6,25 m³/MWh Kälte
Wasserpreis (inkl. Wasseraufbereitung)	7,65 DM/m³	7,65 DM/m³
Vollbenutzungsstunden KWK	–	4.800 h/a
Heizmitteltemperaturen	–	100/90 °C
Stromerlöse KWK	–	11 – 12 Pf/kWh
Kälteleistungszahl (COP)	3 – 4	0,7

Abb. 9: Annahmen für den Wirtschaftsvergleich zwischen AKM und KKM

In Abbildung 10 sind zwei Kurvenverläufe für unterschiedliche Kälteleistungsziffern der Kompressionskälteanlagen und für unterschiedliche Stromerlöse bei einer einstufigen AKM dargestellt. Die Grafik zeigt die deutliche Abhängigkeit der Kraft-Wärme-Kälte-Kopplung von den Stromerlösen. Ein hoher Kältebedarf sowie hohe Stromerlöse ermöglichen geringere Kältebereitstellungskosten durch die AKM im Vergleich zur KKM.

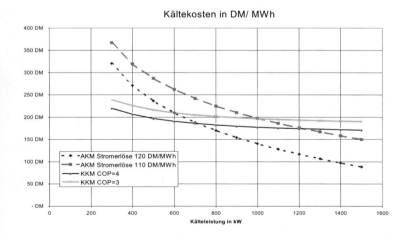

Abb. 10: Kältebereitstellungskosten von AKM und KKM

> Kraft-Wärme-Kälte-Kopplung lohnt sich erst im oberen Leistungsbereich und bei hohen Preisen für die elektrische Arbeit.

Außerdem wird deutlich, daß eine vollständige Deckung des Kältebedarfs mit einer AKM ausschließlich durch die KWK-Anlage im Leistungsbereich bis 600 kW Kälteleistung nicht die wirtschaftlichste Variante darstellt. Damit trotzdem eine unter ökologischen Gesichtspunkten sinnvolle Anlagenkonzeption zum Tragen kommt, wäre zum Beispiel denkbar, daß die Absorptionskälteanlage nur den Grundlastkältebedarf deckt und durch eine Kompressionskältemaschine in der Spitzenlast ergänzt wird.

2.4 Kraft-Wärme-Kälte-Kopplung am Beispiel eines Bürobebäudes

Für das Bürogebäude aus Kapitel 1.6 ist in Abbildung 11 der jahreszeitliche Verlauf des Wärmebedarfs, ergänzt um den Zusatzwärmebedarf, der für die Absorptionskälteerzeugung erforderlich ist, dargestellt:

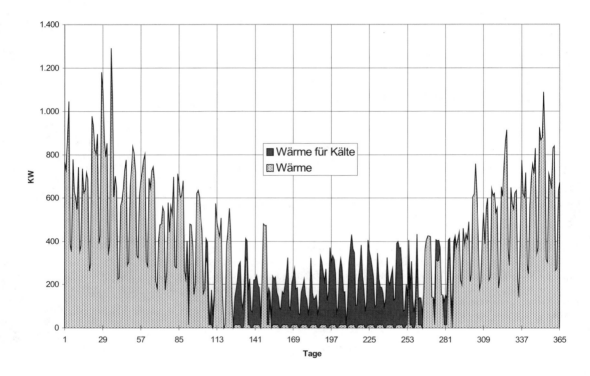

Abb. 11: Jahreszeitlicher Verlauf des Wärmebedarfs mit Absorptionskältemaschine

In den nächsten drei Varianten soll untersucht werden, ob eine Absorptionskältemaschine die Wirtschaftlichkeit einer Wärmeversorgung mit KWK verbessern kann. (vgl. Abb. 12)

Variante 3.0: Auslegung der KWK-Anlage auf 100 % der AKM

Ein Kessel mit 800 kW sowie eine KWK-Anlage mit 440 kW elektrischer und 800 kW thermischer Leistung (vier Motoren). Die KWK-Anlage erreicht mittlere Laufzeiten von 3.900 h/a und kann den Wärmedarf der Absorptionskälteanlage mit 600 kW Kälteleistung weitestgehend abdecken. Die Gesamtinvestitionskosten liegen bei 2,5 Mio. DM. Die Jahreskosten betragen 317.000 DM für Kapitaldienst, Brennstoff, elektrische Energie, Wartung und Instandhaltung. Die erzeugte elektrische Energie kann mit rund 13,3 Pf/kWh „gutgeschrieben" werden. Dabei kann ein Motor mit 110 kW_{el} zu 100 % auf die Leistungspreisgutschrift angerechnet werden.

Variante 3.1: Wärme für AKM auch aus Kesselanlage

Zwei Kessel mit 750 kW sowie eine KWK-Anlage mit 160 kW elektrischer und 300 kW thermischer Leistung (zwei Motoren). Die KWK-Anlage erreicht mittlere Laufzeiten von 6.700 h/a und kann den Wärmedarf der Absorptionskälteanlage mit 600 kW Käl-

Kraft-Wärme- und Kraft-Wärme-Kälte-Kopplung

teleistung nur zu 80 % abdecken. Die Gesamtinvestitionskosten liegen bei 1,5 Mio. DM. Die Jahreskosten betragen 279.000 DM für Kapitaldienst, Brennstoff, elektrische Energie, Wartung und Instandhaltung. Die erzeugte elektrische Energie kann mit rund 14,2 Pf/kWh „gutgeschrieben" werden. Dabei kann ein Motor mit 80 kW$_{el}$ zu 100 % auf die Leistungspreisgutschrift angerechnet werden.

Variante 3.2: Spitzenkälte durch KKM

Zwei Kessel mit 750 kW sowie eine KWK-Anlage mit 160 kW elektrischer und 300 kW thermischer Leistung (zwei Motoren). Die KWK-Anlage erreicht mittlere Laufzeiten von 6.700 h/a und kann den Wärmebedarf der Absorptionskälteanlage mit 200 kW Kälteleistung abdecken. Als Spitzenanlage wird eine konventionelle Kompressionskältemaschine mit 400 kW Kälteleistung installiert. Die Gesamtinvestitionskosten liegen bei 1,6 Mio. DM. Die Jahreskosten betragen 293.000 DM für Kapitaldienst, Brennstoff, elektrische Energie, Wartung und Instandhaltung. Die erzeugte elektrische Energie kann mit ca. 14,2 Pf/kWh „gutgeschrieben" werden. Dabei kann ein Motor mit 80 kW$_{el}$ zu 100 % auf die Leistungspreisgutschrift angerechnet werden.

Abb. 12: Zusammenfassung der Ergebnisse der Wirtschaftlichkeitsberechnungen

	Variante 1	Variante 2	Variante 3.0	Variante 3.1	Variante 3.2
Kurzbeschreibung	2 Kessel; KKM	2 Kessel; KKM, MHKA	1 Kessel; AKM, MHKA	2 Kessel; AKM; MHKA	2 Kessel; AKM + KKM; MHKA
Jahreswärmebedarf in MWh	2.772	2.772	3.358	3.358	3.257
Strombedarf für Kälte in MWh	143	143	24	24	57
Benutzungsdauer KWK in h/a		5.300	3.900	6.700	6.700
Jahresenergieerzeugung					
KWK-Anlage MWh Wärme		1.060	3.120	2.010	2.010
Kessel MWh Wärme	2.772	1.712	238	1.348	1.227
KWK-Anlage MWh Strom		583	1.716	1.072	1.072
KKM MWh Kälte	410	410			85
AKM MWh Kälte			410	410	325
Jahresverbrauchswerte					
KWK-Anlage MWh Gas		1.828	5.379	3.589	3.589
Kessel MWh Gas	3.080	1.902	264	1.498	1.363
Kälte MWh Strom	143	143	24	24	57
Rückkühlung m³ Wasser	1.230	1.230	2.563	2.563	2.286
Wirtschaftlichkeitsdaten in DM/a					
Investition	876.000	1.202.000	2.460.000	1.522.000	1.588.000
Verbrauchskosten	186.642	206.821	247.520	230.835	233.394
Betriebskosten	24.680	44.382	66.387	53.972	59.122
Kapitalkosten	79.173	111.257	229.230	145.591	152.534
Stromerlöse	0	−74.405	−228.426	−151.892	−151.892
Jahresgesamtkosten	290.495	288.055	314.711	278.506	293.158
Umweltaspekte					
Primärenergiebilanz in MWh/a	3.787	2.612	646	2.119	2.080
CO_2-Bilanz in t/a	802	557	151	458	449

> Häufig wirtschaftlich: KWKK zur Grundlastabdeckung, bestehende Anlagenteile zur Spitzenlastdeckung.
>
> Deutliche Umweltentlastung durch Kraft-Wärme-Kälte-Kopplung zu erreichen.

Das Beispiel zeigt, daß die Jahreskosten der Versorgungsvarianten lediglich in einem Bereich von +7/-5 % variieren. Am günstigsten schneidet zunächst die Variante 3.1 ab. Aber gerade wenn noch vorhandene Komponenten von bestehenden Anlagen (zum Beispiel Kompressionskältemaschine zur Spitzenlastabdeckung) genutzt werden können, ist es interessant, über eine Ergänzung mit einer Kraft-Wärme-Kälte-Kopplungsanlage, die auf die Kältegrundlast dimensioniert ist, nachzudenken.

Die Zusammenfassung der Beispielvarianten zeigt auch, daß unter Umweltgesichtspunkten die Variante mit dem höchsten KWK-Anteil am besten abschneidet. Gegenüber einer konventionellen Versorgung (Variante 1.0) werden nur 17 % der Primärenergie verbraucht. Die Reduktion der CO_2-Emissionen beträgt dabei 81 %. Diese Umweltentlastung führt allerdings zu höheren Jahreskosten.

Wenn die MHKA auch Netzersatzfunktionen übernimmt, sind bei dem Wirtschaftlichkeitsvergleich nur die Differenzkosten gegenüber einer konventionellen Netzersatzanlage anzusetzen. Dadurch wird das Betriebsergebnis zugunsten einer KWK-Lösung weiter verbessert.

3 Literatur

Erneuerbare-Energien-Gesetz (EEG)
MHKW-Richtpreisübersicht 2000. Energiereferat Stadt Frankfurt am Main, Juli 2000
Mineralölsteuergesetz; Antrag an das zuständige Hauptzollamt
Ruhrgas-Handbuch. 2. Auflage 1988

Rationelle Energieverwendung im produzierenden Gewerbe

Herbert Pfeifer, Lothar Beck
Stahlindustrie

Im Bereich der Stahlerzeugung ist insbesondere die Elektrostahlerzeugung von Interesse, da es sich dabei um eine Anwendung elektrischer Energie handelt. Hier wird die zeitliche Entwicklung des spezifischen elektrischen Energieverbrauchs dargestellt und analysiert. Das Hauptgewicht der Ausführungen liegt auf der energetischen Prozeßoptimierung mit den Schwerpunkten fossile Zusatzbrennstoffe, Brennstoff-Sauerstoff-Brenner, Sauerstoff-Metallurgie und CO-Nachverbrennung. Die Einflüsse auf den spezifischen Stromeinsatz werden quantifiziert. Als Schwerpunkte werden die Schrottvorwärmung, die Bereitstellung von Prozeßdampf und die Auskopplung von Heizwärme behandelt. Insbesondere die prozeßintegrierte Schrottvorwärmung ist als Tendenz neuer, zukunftsorientierter Ofenkonzepte zu beachten.

1 Stromverbrauch und Stromkosten in der Stahlindustrie

Eine Klassifizierung des Energieeinsatzes der Eisenschaffenden Industrie nach Endenergieträgern ist für den Zeitraum 1950 bis 1994 dargestellt (Abbildung 1). Die wichtigsten Endenergieträger bei der Erzreduktion sind Kohle und deren Produkte (z.B. Koks). Gasförmige Brennstoffe (Erdgas) werden im wesentlichen in den Wärmöfen der Warm- und Kaltwalzwerke und den Wärmebehandlungsanlagen sowie für die Aufheizung metallurgischer Reaktoren eingesetzt. Der gesamte Stromverbrauch der Stahlindustrie betrug in 1997 $20{,}53 \cdot 10^9$ kWh. In den Warm- und Kaltwalzwerken sind die Antriebe der Walzgerüste (Umformarbeit) und Haspel die Schwerpunkte des Stromeinsatzes. In den Bereichen Sinter- und Erzvorbereitungsanlagen, Hochofenwerke und Oxygenstahlwerke wird elektrische Energie im wesentlichen für Antriebe, Pumpen und Gebläse sowie zur Beleuchtung eingesetzt. Die Prozeßenergie liefert Kohle in Form von Kohlenstaub, Koks dient als Reduktionsmittel. Die metallurgische Aufgabe des Kohlenstoffs besteht darin, im Hochofen den am Erz an den Eisenatomen gebundenen Sauerstoff zu reduzieren. Bei diesem Prozeß entsteht ein flüssiges Roheisen mit höheren Gehalten an Kohlenstoff als in gebrauchsfähigen Stählen. Deshalb wird in einem nachfolgenden Schritt, dem Sauerstoff-Aufblas- oder LD-Prozeß, der Kohlenstoff mit Sauerstoff aus der Schmelze gefrischt.

Beim Elektrostahlprozeß dient dagegen Schrott als Einsatzstoff. Als Prozeßenergie wird hier Strom zum Schmelzen von Schrott in Drehstrom- oder Gleichstrom-Lichtbogenöfen eingesetzt.

Der Vergleich der Werksselbstkosten für die alternativen Bereiche Elektrostahlwerk (Lichtbogenofen und Sekundärmetallurgie) mit festem Schrott als Einsatzstoff und Blasstahlwerk (LD-Konverter und Sekundärmetallurgie) auf der Basis von flüssigem Roheisen und Kühlschrott zeigt für 1995 in der Summe einen geringen Kostenvorteil des Blasstahlverfahrens gegenüber dem Elektrostahlverfahren bei unterschiedlichen Anteilen der Verarbeitungs- und Werkstoffkosten (Abbildung 2).

Dem steht jedoch eine deutlich höhere Flexibilität der kleineren Elektrostahlwerke im Vergleich zu den größeren Blasstahlwerken gegenüber. Die Kostennachteile der Elektrostahlerzeugung gegenüber der Blasstahlerzeugung betragen bei den Verarbeitungskosten 90 bis 100 DM/t Rohstahl. Davon entfallen ca. 60 DM/t auf anlagen- und prozeßspezifische Kosten für Schmelzstrom und Grafitelektroden. Dieser Nachteil bei den Verarbeitungskosten wird durch Vorteile bei den Werkstoffkosten ausgeglichen. Bei geringeren Kosten von ca. 70 DM/t für Schrott gegenüber flüssigem Roheisen werden gleiche Werksselbstkosten für beide Verfahren erzielt. Schrottpreisschwankungen von bis zu ± 50 DM/t führen letztlich zu temporären Vorteilen des

Abb. 1: Entwicklung des Endenergieverbrauchs nach Energieträgern der Eisenschaffenden Industrie der Bundesrepublik Deutschland (alte Bundesländer)

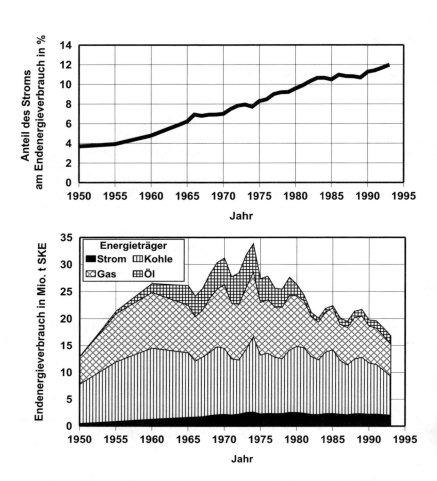

einen oder anderen Verfahrens. Außerdem ist zu berücksichtigen, daß beide Verfahren unterschiedliche Marktsegmente hinsichtlich der zu erzeugenden Stahlsorten und Abmessungen abdecken.

2 Elektrizitätskennwerte in der Stahlindustrie

Der spezifische Stromverbrauch in der Stahlindustrie ist von 1960 bis 1980 von 320 auf 460 kWh/t Rohstahl angestiegen und liegt nun bei Werten von 430 bis 470 kWh/t Rohstahl (Abbildung 3).

Die Gründe für die Steigerung des Strombedarfs sind eine Zunahme der Elektrostahlerzeugung, die Mechanisierung und Elektrifizierung von Transport-, Verarbeitungs- und Bearbeitungsvorgängen, die Erweiterung von Anlagen der Sekundärmetallurgie und der Weiterverarbeitung sowie der Betrieb von Umweltschutzanlagen, die zu einer Erhöhung des spezifischen Stromverbrauchs führen. Daß tendenziell der statistisch ausgewiesene spezifische Stromverbrauch seit 1980 sinkt, ist mit der Tatsache begründet, daß zusätzliche Maßnahmen zur Erhöhung der Eigenstromerzeugung in den integrierten Hüttenwerken, zum Beispiel durch Hochofengas-Entspannungsturbinen oder die Nutzung des LD-Gases, erfolgt sind.

Stellt man der jährlichen Elektrostahlerzeugung den statistisch ausgewiesenen Stromverbrauch (Schmelzstrom, Betriebsstrom) gegenüber und betrachtet den spezifischen Stromverbrauch, so sind drei typische Entwicklungen erkennbar (Abbildung 4).

Kostenanteil des Schmelzstroms an den Verarbeitungskosten beträgt ca. 30 %.

Stahlindustrie

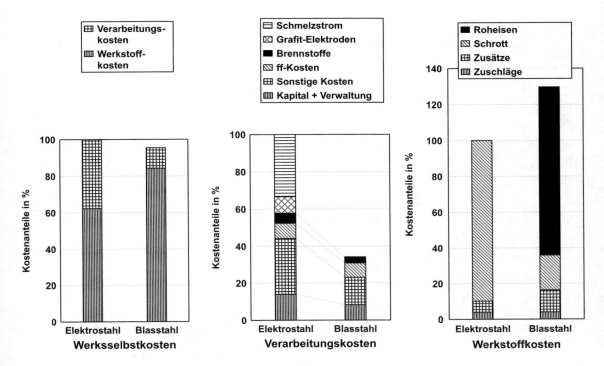

Abb. 2: Vergleich der Werksselbstkosten, Verarbeitungs- und Werkstoffkosten von Elektro- und Blasstahlerzeugung in Deutschland 1995 (nach Ewers 1997)

- Verminderung des spez. Stromverbrauchs um ca. 7 kWh/t von 1960 bis 1970 (Ursache: größere Ofeneinheiten).
- Anstieg des spez. Stromverbrauchs von 550 kWh/t auf 620 kWh/t von 1970 bis 1975 (Ursachen: Entstaubung der Lichtbogenöfen, höhere Abstichtemperaturen aufgrund zunehmender Sekundärmetallurgie, Wasserkühlung von Ofenkomponenten – Deckel, Wand).
- Verminderung des spezifischen Stromverbrauchs um ca. 5 kWh/t seit 1975 (Ursachen: Weiterentwicklung der Verfahrenstechnik, Sauerstoffmetallurgie, Schaumschlackeverfahren).

> Verringerung des spezifischen Stromverbrauchs um ca. 5 kWh/t pro Jahr.

3 Technische und organisatorische Einsparpotentiale bei der Elektrostahlerzeugung

Wegen des hohen Anteils der Energiekosten an den Verarbeitungskosten bei der Elektrostahlerzeugung muß der Energiebilanz des Lichtbogenofens eine hohe Bedeutung zukommen. Die Zielsetzungen von Energiebilanzen bei der Elektrostahlerzeugung sind:
- energetische Bewertung des Prozesses
- Reduzierung der Energiekosten durch Verringerung der Energieverluste und Nutzung von Abwärmeströmen
- Substitution elektrischer Energie sowie
- Verbesserung des energetischen Nutzungsgrades

Die typische Rangfolge für die Durchführung von Energiesparmaßnahmen an Produktionsanlagen beginnt in der Regel mit hochwirtschaftlichen Maßnahmen zur energetischen Optimierung des eigentlichen Prozesses und kann dann erweitert werden auf Energierückgewinnungsmaßnahmen mit den Prioritäten Nutzung im Prozeß (höchste Zeitgleichheit), Nutzung im eigenen Werk (hohe Zeitgleichheit mit interner Organisation) und Fremdnutzung (geringere Zeitgleichheit und Organisation mit externen Stellen) (Tabelle 1).

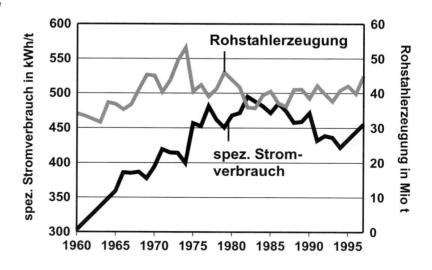

Abb. 3: Rohstahlerzeugung und spezifischer Stromverbrauch für die Stahlindustrie der Bundesrepublik Deutschland, Aufteilung des Stromverbrauchs auf die verschiedenen Bereiche für 1997 (Quelle: Statistisches Bundesamt, Eisen- und Stahlstatistik)

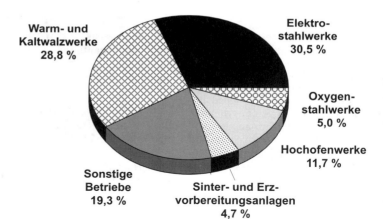

Tabelle 1: Rangfolge für die Durchführung von Energiesparmaßnahmen an Produktionsanlagen mit den Möglichkeiten beim Elektro-Lichtbogenofen (nach Aichinger 1997)

Nr.	Energiesparmaßnahme	Wirtschaftlichkeit	Investitionsaufwand	Beispiele für LBO
1	Energetische Prozeßoptimierung	hoch	niedrig	Prozeßorganisation Substitution elektrischer Energie durch Brennstoffe/O$_2$ Anlagentechnische Optimierungen
2	Energierückgewinnung (Eigennutzung Prozeß)	hoch	mittel	Schrottvorwärmung Neue Ofenkonzepte mit integrierter Schrottvorwärmung
3	Energierückgewinnung (Eigennutzung Werk)	mittel	mittel	Dampferzeugung für Werksnetz
4	Energierückgewinnung (Fremdnutzung)	niedrig	hoch	Wärmeauskopplung für Fernwärmenetze

Im folgenden werden bevorzugt die Maßnahmen zur energetischen Prozeßoptimierung (1) und die Energierückgewinnung für den Fall der Eigennutzung (2) behandelt. Die Maßnahmen der Kategorien (3) und (4) wurden nur Ende der 70er und Anfang der 80er Jahre als Folge der Energiepreiskrisen der 70er Jahre realisiert.

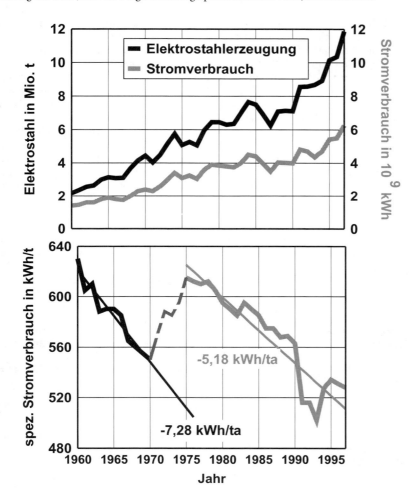

Abb. 4: Entwicklung der Erzeugung und des absoluten sowie spezifischen Stromverbrauchs für die Elektrostahlerzeugung

Eine Überprüfung, ob eine Energiesparmaßnahme sinnvoll und wirtschaftlich ist, hat derzeit zum Beispiel folgende Aspekte zu berücksichtigen: Höhe der Einsparung von Primärenergie, zusätzlicher Investitionsaufwand, Kapitalrücklaufzeiten, Zinsniveau, Abschreibungszeiten, Inflationsentwicklungen bei den Kosten von Energieträgern und Kapitalinvestitionen, Auslastung der Anlage, Verfügbarkeiten, Lebensdauer der Komponenten, Wartungs- und Bedienungsaufwand, Umweltaspekte, Genehmigungsfragen, Substitutionsmöglichkeiten und Marktentwicklung.

Die Wirtschaftlichkeit von Maßnahmen zur energetischen Prozeßoptimierung des Lichtbogenofens kann an dieser Stelle nur sehr allgemein beurteilt werden, wobei insbesondere die Kriterien Einsparung an elektrischer Energie, Erhöhung der Produktivität und Senkung des Elektrodenverbrauchs beobachtet werden. Aufgrund der genannten Vielfalt der Einflußgrößen kann die Wirtschaftlichkeit von Fall zu Fall sehr unterschiedlich sein.

Aus den nachfolgend gezeigten Energieflußbildern von Lichtbogenöfen ist ersichtlich, daß sich die gesamte zugeführte Energie zusammensetzt aus elektrischer Energie, Brennstoffen (Gas, Öl, Kohle) und exothermen (chemisch-metallurgischen) Reaktionen. Neben der Enthalpie des flüssigen Stahls, die als Nutzenergie des Lichtbogenofenprozesses angesehen wird, setzt sich die abgeführte Energie zusammen aus der Enthalpie der Schlacke und der Rauchgase, der Wärmeabfuhr durch das Kühlwasser der wassergekühlten Ofenelemente und aus Abstrahlverlusten.

Die gezeigten Energiebilanzen unterscheiden sich wesentlich voneinander. Das Energieflußbild eines 120-t-Ofens gilt für die Erzeugung nichtrostender Stähle (Abbildung 5). Dieser Ofen ist mit einer Heißkühlung zur Auskopplung von Prozeßdampf für die Eigennutzung im Werk (Rangfolge 3 in Tabelle 1) ausgestattet. In diesem Fall ist die Enthalpie des bereitgestellten Prozeßdampfes aus der Ofenwandkühlung und dem Abgassystem als Nutzenergie zu behandeln.

Eine weitere Energiebilanz eines 60-t-Ofens (Abbildung 6) zeichnet sich dadurch aus, daß bei diesem Ofen ein sehr hoher Sauerstoffanteil zugeführt wird und außerdem eine Schrottvorwärmung installiert ist (Rangfolge 2 in Tabelle 1). Die gesamte zugeführte Energie beträgt 729 kWh/t und liegt etwa in der Größenordnung der vorher gezeigten Energiebilanz. Der Anteil der durch chemische Reaktionen freiwerdenden Wärme beträgt 30 % und die durch Wärmerückgewinnungsmaßnahmen zurückgewonnene Energie beträgt 31 kWh/t.

Diese Energiebilanz zeigt, daß beim Elektrolichtbogenofen neben der elektrischen Energie gezielt zusätzliche Energie über Brennstoffe (Erdgas, Kohle) und Sauerstoff für die Reaktion mit Eisen und Eisenbegleitelementen wie Silizium und Mangan eingesetzt wird.

> Senkung des spezifischen Stromverbrauchs durch zusätzliche Zufuhr von fossilen Brennstoffen.

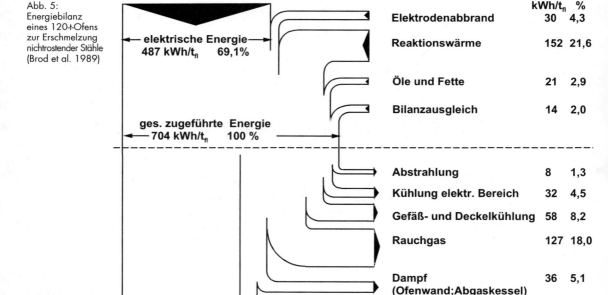

Abb. 5: Energiebilanz eines 120-t-Ofens zur Erschmelzung nichtrostender Stähle (Brod et al. 1989)

Organisatorische Maßnahmen orientieren sich insbesondere an den von Werk zu Werk unterschiedlichen Rahmenbedingungen, die den Energieeinsatz des Lichtbogenofens bestimmen (Abbildung 7). Diese können sich je nach konjunktureller Lage auch zeitlich ändern. Das betriebswirtschaftliche Ziel ist üblicherweise die kostengünstigste Erzeugung der erforderlichen Stahlmenge und Stahlqualität unter den vorgegebenen Randbedingungen. Von Bedeutung ist hier unter anderem die Engpaßsituation in der Erzeugungskette Lichtbogenofen, sekundärmetallurgische Behandlungsanlagen und Stranggießanlage. Für den Fall des Lichtbogenofens als Engpaßaggregat steht die Erhöhung der Produktivität im Mittelpunkt. Diese kann erzielt werden durch den Anstieg der „Power-on"-Zeit, zum Beispiel als Folge der Reduzierung von Nebenzeiten für Abstich, Reparatur und Chargieren des Schrotts. Eine Produktivitätssteigerung, und damit in der Regel eine Senkung des spezifischen Energieverbrauchs, kann auch durch die Erhöhung der Leistungszufuhr über die Elektroden (elektrische Energie) bzw. durch sonstige Reaktionen (Sauerstoffmetallurgie) erreicht werden.

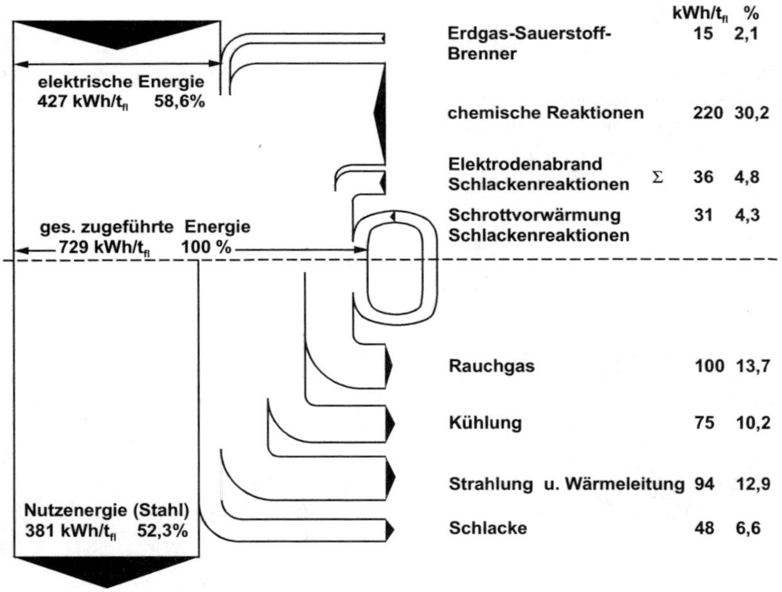

3.1 Organisatorische Maßnahmen

	kWh/t_{fl}	%
Erdgas-Sauerstoff-Brenner	15	2,1
chemische Reaktionen	220	30,2
Elektrodenabrand Schlackenreaktionen Σ	36	4,8
Schrottvorwärmung Schlackenreaktionen	31	4,3
Rauchgas	100	13,7
Kühlung	75	10,2
Strahlung u. Wärmeleitung	94	12,9
Schlacke	48	6,6

elektrische Energie 427 kWh/t_{fl} 58,6%

ges. zugeführte Energie 729 kWh/t_{fl} 100 %

Nutzenergie (Stahl) 381 kWh/t_{fl} 52,3%

Abb. 6: Energiebilanz eines 60-t-Ofens mit Schrottvorwärmung (Gripenberg et al. 1990)

Das Hauptaugenmerk bei der energetischen Optimierung des Lichtbogenofens liegt bei den Maßnahmen der Stufe 1 mit hoher Wirtschaftlichkeit und in der Regel geringerem Investitionsaufwand (Tabelle 1).

3.2 Energetische Prozeßoptimierung

Die komplexen Einflußfaktoren auf den Energieverbrauch des Lichtbogenofens und deren Zusammenhänge sind in Abbildung 7 dargestellt. Nachfolgend werden diese Einflüsse quantifiziert.

Die Einflußgrößen des spezifischen elektrischen Energiebedarfs aus statistischen Betrachtungen von 14 Öfen ohne Schrottvorwärmung und ausschließlichem Schrotteinsatz wurden ermittelt und in einer Gleichung für den berechneten elektrischen Energiebedarf W_R zusammengefaßt (Köhle 1992).

3.2.1 Verfahrenstechnische und anlagentechnische Einflüsse auf die Energiebilanz

$$W_R = 300\frac{kWh}{t} + 900\frac{kWh}{t}\left(\frac{G_E}{G_A} - 1\right) + 1600\frac{kWh}{t}\frac{G_Z}{G_A} + 0{,}7\frac{kWh}{t \cdot K}(T_A - 1600°C) + 0{,}85\frac{kWh}{t \cdot \min}t_c$$
$$- 8\frac{kWh}{m^3}M_G - 4{,}3\frac{kWh}{m^3}M_L - 2{,}8\frac{kWh}{m^3}M_N$$

G_E Einsatzgewicht in t
G_A Abstichgewicht in t
G_Z Zuschlaggewicht in t
T_A Abstichtemperatur in °C
t_C Chargenzeit in min
M_G spezifischer Erdgasverbrauch der Brenner in m³/t
M_L spezifischer Sauerstoffverbrauch der Lanze in m³/t
M_N spezifischer Sauerstoffverbrauch für CO-Nachverbrennung in m³/t
(Ergänzung 1996)

3.2.2 Einfluß der Einsatzstoffe

Setzt man Schrottsorten mit niedrigem spezifischen Gewicht ein, so ist aufgrund des geringeren Ausbringens ein Übereinsatz erforderlich. Dieser wirkt sich in einem Mehraufwand an Energie aus. Ameling, Strunck und Wolf (1985) ermitteln einen vergleichbar hohen Wert von 850 kWh/t×(G_E/G_A-1) wie aus der gegebenen Gleichung.

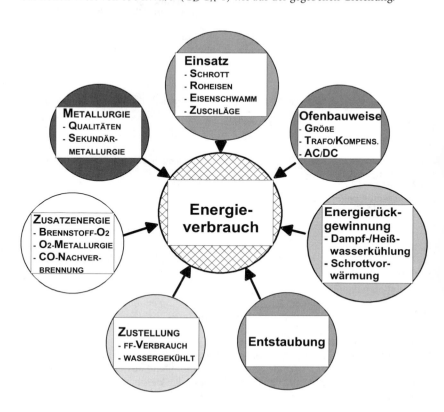

Abb. 7: Einflußfaktoren auf den Energieverbrauch des Lichtbogenofens

Beim Einsatz von Eisenschwamm steigt der elektrische Energieverbrauch mit zunehmendem Anteil des Eisenschwamms (ca. 1 kWh/% Eisenschwamm) und abnehmendem Metallisationsgrad (+5,5 kWh pro 1% geringerem Metallisationsgrad) (Schliephake et al. 1995). Jedoch können über diesen Einsatzstoff Stähle mit geringsten Anteilen an unerwünschten Stahlbegleitelementen im Lichtbogenofen erschmolzen werden, die dann für die Herstellung von Flacherzeugnissen geeignet sind.

Der Stromverbrauch kann durch den Einsatz von festem oder flüssigem Roheisen deutlich gesenkt werden. Die spezifische Verringerung des Stromeinsatzes beträgt 3 bis 4 (kWh/t_{fl})/% Roheisen$_{fl}$ (Scheidig 1995). Der mit dem Roheisen eingebrachte Kohlenstoff wird mit O_2-Lanzen gefrischt.

3.2.3 Zufuhr von fossilen Zusatzenergien

Wesentliches Ziel moderner Lichtbogenöfen ist es, die Produktivität durch erhöhte Leistungszufuhr zu steigern und den spezifischen Einsatz elektrischer Energie zu reduzieren. Dies geschieht durch den Einsatz von Brennstoff-Sauerstoff-Brennern und/oder das Einblasen von Kohle mit Sauerstoff.

3.2.4 Brennstoff-Sauerstoff-Brenner

Der Einsatz von Brennstoff-Sauerstoffbrennern, die vorwiegend mit den fossilen Brennstoffen Öl oder Erdgas betrieben werden, ist unter folgenden Gesichtspunkten zu sehen:
- Leistungssteigerung der Ofenanlage in der Einschmelzphase (additive Zufuhr von Energie durch Brennstoffe)
- thermische Symmetrierung des Drehstrom-Lichtbogenofens während der Einschmelzphase
- energetische Verbesserung des Einschmelzprozesses.

Beim Einsatz dieser Technologien ist zu beachten, daß eine Erhöhung der spezifischen Abgasmengen auftritt. Durch die Abnahme des feuerungstechnischen Wirkungsgrads der Brennstoff-Sauerstoff-Brenner mit zunehmender Schmelzzeit ist die energetisch günstige Einsatzdauer dieser Zusatzbrenner auf den frühen Einschmelzprozeß begrenzt. Die zugeführte spezifische Erdgasmenge beträgt 3,5 bis 6 m³/t. Dies entspricht einer spezifischen Energiezufuhr von ca. 30 bis 50 kWh/t (Köhle 1992; Adolph et al. 1989) bei einem Heizwert für Erdgas von h_u = 32,6 MJ/m³ (h_u = 9,05 kWh/m³). Betriebsuntersuchungen zur Ermittlung des Substitutionspotentials der elektrischen Energie durch Brennstoff-Sauerstoff-Brenner an einem 100-t-UHP-Ofen haben gezeigt, daß der spezifische Energieverbrauch aus elektrischer Energie und Brennstoffen nur leicht zunimmt (Heinen 1983). Somit reduziert sich die erforderliche elektrische Energie um 7,3 bzw. 8,4 kWh_{el}/m^3_{EG}. Neben Erdgas kann auch Kohle als Brennstoff verwendet werden, wobei modifizierte Brenner erforderlich sind.

3.2.5 Sauerstoff-Metallurgie

Einen wesentlichen Beitrag zur Leistungssteigerung von Lichtbogenöfen leistet der Einsatz von Sauerstoff. Als Reaktionspartner für die Oxidation dienen Kohlenstoff, Eisen, Silizium, Mangan sowie Öle und Fette und die organischen Bestandteile des Schrotts. Die Ziele der Sauerstoff-Metallurgie sind im wesentlichen:
- Erhöhung der Produktivität
- Verringerung des spezifischen Stromeinsatzes.

Nach dem derzeitigen Stand der Technik werden bis zu 30 % der zugeführten Energie durch exotherme Reaktionen bereitgestellt (Abbildung 6). Die wichtigsten chemischen Reaktionen für den Abbrand von Eisen und Eisenbegleitern sind in Tabelle 2 zusammengestellt. Durch die Verbrennung von Kohlenstoff zu Kohlenmonoxid wird eine Reduzierung des Stromverbrauchs von ca. 2,5 kWh/m³O_2 erzielt (Adolph et al. 1989). Bei der Reaktion des Sauerstoffs mit Eisen sind höhere Werte von 3 bis 5 kWh/m³O_2 zu erwarten.

Tabelle 2: Chemische Reaktionen für die Energiebilanz des Lichtbogenofens

Reaktion			Energieumsatz der Reaktion	
Si	+ O_2	$\rightarrow SiO_2$	- 8.70 kWh/kg$_{Si}$	- 10,92 kWh/m^{3}O$_2$
Mn	+ 0.5 O_2	$\rightarrow$ MnO	- 1.95 kWh/kg$_{Mn}$	- 9,56 kWh/m^{3}O$_2$
2 Cr	+ 1.5 O_2	$\rightarrow Cr_2O_3$	- 3.05 kWh/kg$_{Cr}$	- 9,44 kWh/m^{3}O$_2$
S	+ O_2	$\rightarrow SO_2$	- 2.75 kWh/kg$_S$	- 3,94 kWh/m^{3}O$_2$
2 Fe	+ 1.5 O_2	$\rightarrow Fe_2O_3$	- 2.03 kWh/kg$_{Fe}$	- 6,74 kWh/m^{3}O$_2$
Fe	+ 0.5 O_2	$\rightarrow$ FeO	- 1,32 kWh/kg$_{Fe}$	- 6,58 kWh/m^{3}O$_2$
C	+ O_2	$\rightarrow CO_2$	- 9.10 kWh/kg$_C$	- 4,88 kWh/m^{3}O$_2$
C	+ 0.5 O_2	$\rightarrow$ CO	- 2.55 kWh/kg$_C$	- 2,73 kWh/m^{3}O$_2$
CO	+ 0.5 O_2	$\rightarrow CO_2$	- 2.81 kWh/kg$_{CO}$	- 7,02 kWh/m^{3}O$_2$

3.2.6 CO-Nachverbrennung

In den Abgasen des Lichtbogenofens liegen je nach Schmelzzustand im Fall ohne Nachverbrennungsmaßnahmen Konzentrationen von CO bis 25 %, von CO_2 zwischen 15 und 25 % sowie von H_2 bis 10 % vor (Pfeifer 1980). Für eine Steigerung des Sauerstoff-Inputs zwischen 4 und 10 m^3/t werden Absenkungen des spezifischen Strombedarfs von 15 bis 18 kWh/t erreicht (Abbildung 8). Weitere, hier nicht näher betrachtete Einflußgrößen sind in ihren Auswirkungen auf den Stromeinsatz ebenfalls in Abbildung 8 angegeben.

Abb. 8: Einflußgrößen auf den elektrischen Energieeinsatz für den Lichtbogenofen

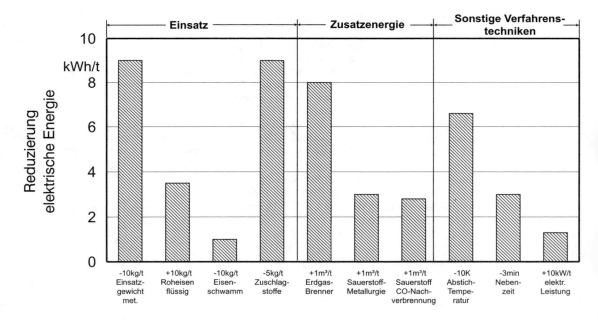

3.3 Energierückgewinnungsmaßnahmen beim Lichtbogenofen

Die Abgasverluste von Lichtbogenöfen an die Umgebung betragen 80 bis 170 kWh/t$_{fl}$. Zur Nutzung dieses Potentials werden Energierückgewinnungsmaßnahmen durchgeführt, welche die Enthalpie der Rauchgase direkt (Schrottvorwärmung) oder indirekt (Dampfkühlung) nutzen, so daß die ausgewiesenen Rauchgasverluste an die Umgebung geringer sind als die direkt aus dem Ofen austretenden.

Für die in Tabelle 1 gezeigte Rangfolge von Energiesparmaßnahmen an Produktionsanlagen ergeben sich speziell für den Lichtbogenofen folgende Möglichkeiten (Abbildung 9):

1 Energetische Prozeßoptimierung aufgrund der Verminderung der Rauchgasverluste durch die Verbesserung der Rauchgasabsaugung und/oder CO-Nachverbrennung.
2 Energierückgewinnung (Eigennutzung Prozeß) durch Schrottvorwärmung.
3 Energierückgewinnung (Eigennutzung Werk) durch Prozeßdampferzeugung.
4 Energierückgewinnung (Fremdnutzung) durch Heißwasserkühlung für Heizzwecke.

3.3.1 Schrottvorwärmung

Die Schrottvorwärmung (Abbildungen 6 und 9) ist eine Energierückgewinnungsmaßnahme, die direkt die Energiebilanz und die Produktivität des Lichtbogenofens positiv beeinflußt. Neben den Vorteilen wie Verringerung des spezifischen Stromverbrauchs, Verkürzung der Einschmelzzeit, Senkung des Elektrodenverbrauchs sowie Trocknung des Schrotts gibt es auch Nachteile wie Schadstoffbildung und Geruchsbelästigung durch im Schrott enthaltene nichtmetallische Bestandteile, die Zusatzmaßnahmen zur Erfüllung gesetzlicher Vorschriften erforderlich machen können.

Bei der Betrachtung des zur Schrottvorwärmung zur Verfügung stehenden Abgaspotentials (vgl. Abbildungen 5 und 6) muß berücksichtigt werden, daß nicht die gesamten Rauchgase durch das vierte Deckelloch direkt abgesaugt werden. Der Anteil der indirekt abgesaugten Rauchgase beträgt etwa 20 bis 30 % der gesamten Abgase. Das Stromeinsparpotential liegt bei 40 bis 50 kWh/t für konventionelle Schrottvorwärmanlagen. Bei integrierten Systemen (zum Beispiel Schachtofen) können bis zu 80 kWh/t eingespart werden. Diese Werte gelten unter der Bedingung, daß keine zusätzlichen Maßnahmen aus Umweltschutzgründen erforderlich sind. Zur Einhaltung der gesetzlichen Vorschriften des jeweiligen Standortes müssen die Abgase vielfach durch die Zufuhr zusätzlicher Energie nachverbrannt werden, da sie zumeist Schadstoffe, wie Restkohlenwasserstoffe (VOC) und Kohlenmonoxid, enthalten. Über die zur Nachverbrennung erforderlichen Energien liegen keine Informationen vor.

3.3.2 Prozeßdampf

In den 80er Jahren wurden in Nordrhein-Westfalen die Lichtbogenöfen in den Stahlwerken Bochum (Bettzieche et al. 1984), Oberhausen (Nagel, Gierig 1984) und Krefeld (Bredehöft et al. 1986) mit sogenannten Heißkühlungen für das Ofengefäß und die Abgaskühlstrecke ausgerüstet. Das Energierückgewinnungspotential wird mit Werten von 39 kWh/t (Oberhausen) bis 90 kWh/t (Krefeld) angegeben. Energiewirtschaftlich bedeutend ist die große zeitliche Übereinstimmung des Angebots und der innerbetrieblichen Nachfrage nach Prozeßdampf. Für den Betrieb des Lichtbogenofens sind diese Maßnahmen jedoch kritischer zu sehen, da das Dampfkühlungssystem (Abbildung 10) sensibler auf Änderungen des Betriebszustandes reagiert als das klassische Kaltwasser-Kühlsystem. Die Folgen sind höherer I&R-Aufwand sowie geringere Verfügbarkeit des Lichtbogenofens.

3.3.3 Heizenergie

Eine realisierte Warmwasserkühlung zur Bereitstellung von Heizwärme wurde mit einer Vorlauftemperatur der wassergekühlten Ofenteile von 90 °C bei 5 bar und der Rücklauftemperatur von 105 °C betrieben (Abbildung 11). Die Wärme wurde über einen Plattenwärmetauscher an den Heizkreislauf eines Fernwärmenetzes (80/60 °C) oder, sofern das Energieangebot nicht genutzt werden konnte, über einen Kühler an die Umgebung abgegeben. Kühl- und Heizkreislauf waren in diesem Fall voneinander getrennt. Als Reserve standen außerdem noch zwei Heizkessel zur Verfügung (Ottmar et al.). In diesem Fall hat sich gezeigt, daß Maßnahmen der Rangfolge 4 nach Tabelle 1, unter anderem wegen der fehlenden Zeitgleichheit von Angebot und Nachfrage, sehr oft nicht wirtschaftlich sind. Diese Anlagenkonfiguration wird heute nicht mehr in dieser Form betrieben.

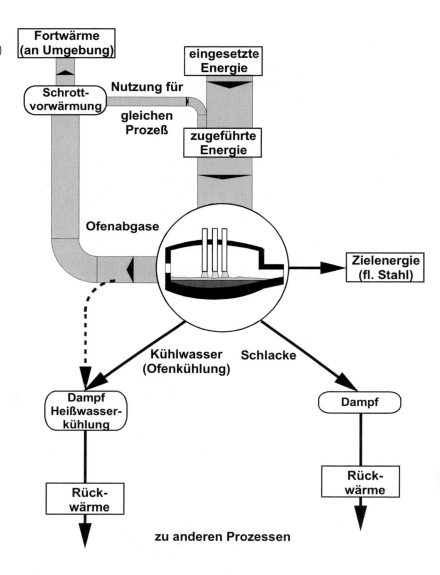

Abb. 9: Prinzipielle Möglichkeiten zur Energierückgewinnung beim Lichtbogenofen (Pfeifer et al. 1988)

4 Neue technische Entwicklungen für stromeffiziente Lichtbogenöfen

> Energiesparmaßnahmen durch Auskopplung von Energie für andere Prozesse zur Zeit unwirtschaftlich.

Die derzeitigen Entwicklungslinien des Lichtbogenofenbaus sind unter den Gesichtspunkten Energieoptimierung, Emissionsminderung und Flexibilität hinsichtlich der Einsatzstoffe zu sehen. Die Energieeinsatzoptimierung bedeutet die Bestimmung des wirtschaftlich optimalen Verhältnisses von elektrischer Energie und Primärenergie. Vor diesem Hintergrund sind moderne Ofenkonzepte, die bereits industriell erprobt werden, dargestellt (Abbildung 12). Wie die Abbildung zeigt, ist eine integrierte Schrottvorwärmung Bestandteil jedes Ofenkonzepts. Zum Teil werden neue Schrottchargiertechniken eingesetzt. Dabei wirkt die aufzuheizende Schrottsäule gleichzeitig emissionsmindernd mit der Folge, daß geringe Aufwendungen, auch in Form elektrischer Energie für die Antriebe der Gebläse der Entstaubungsanlagen erforderlich sind. Vor diesem Hintergrund sind spezifische Verbräuche an elektrischer Energie von unter 350 kWh/t vorstellbar. Dieser Wert liegt unterhalb der Energie, die zum Schmelzen von Schrott (ca. 365 kWh/t bei t = 1530 °C) erforderlich ist. Es wird aber auch deut-

Stahlindustrie

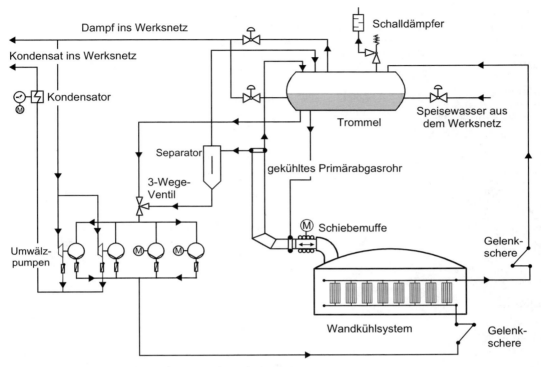

Abb. 10: Verdampfungskühlung des UHP-Ofens (Bettzieche et al. 1984)

Abb. 11: Warmwasserkühlung am Lichtbogenofen mit Energierückgewinnung (Ottmar et al.)

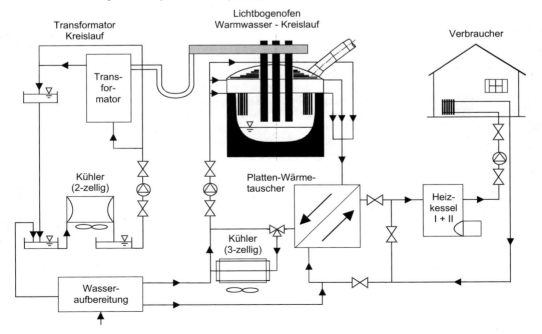

Zukünftige Konzepte setzen auf integrierte Schrottvorwärmung.

lich, daß dem Lichtbogenofen neben der elektrischen Energie im steigenden Umfang Energie in Form fossiler Brennstoffe und durch Reaktionen von Sauerstoff und Eisen sowie den Eisenbegleitern zugeführt wird.

Name	Twin-Shell-EAF	Consteel	Fuchs-Schacht-Ofen	
Lieferant	verschiedene Öfen	Intersteel Technologie	Fuchs	IHHI
Stand der Entwicklung	mehrere Öfen	mehrere Öfen	mehrere Öfen	1. Ofen in Betrieb
Anteil vorgewärmter Schrott	50 %	100 %	40 – 70 %	100 %
Schrottchargierung	chargenweise	kontinuierlich	chargenweise	kontinuierlich
Emission beim Chargieren	ja	nein	ja	nein
Hallenentstaubung	ja	nein	ja	nein
Power-on-Zeit	91 %	> 75 %	66 %	> 75 %
Nutzung von Primärenergie	zeitweise, η sinkt mit Schmelzzeit	kontinuierlich, η niedrig	zeitweise, η sinkt mit Schmelzzeit	kontinuierlich, η hoch

Abb. 12: Ausgeführte neue Ofenkonzepte

5 Literatur

Adolph, H., Paul, G., Klein, K.-H., Lepoutre, E., Vuillermoz, J.C., Devaux, M.: A New Concept for Using Oxy-Fuel Burners and Oxygen Lances to Optimize Electric Arc Furnace Operation. Iron and Steelmaker (1989) 2, S. 29-33

Aichinger, H. M.: Betriebliche Energiewirtschaft von Ministahlwerken. In: Heinen, K.-H. (Hrsg.): Elektrostahlerzeugung. Verlag Stahleisen, Düsseldorf, 1997

Ameling, D., Strunck, F.-J., Wolf, J.: Ausbringungsuntersuchungen bei verschiedenen Schrottsorten. Stahl und Eisen 105 (1985) 20, S. 1055-1058

Bettzieche, W., Brod, H., Figge, H.-J., Wendt, P.: Anlagentechnische Erfahrungen am UHP-Ofen der Krupp Stahl AG im Werk Bochum. Stahl und Eisen 104 (1984) 3, S. 115-121

Bredehöft, R., Hammer, E. E., Unger, K.-D.: Umbau eines 80-t-Lichtbogenofens der Thyssen-Edelstahlwerke AG – Kühlkreisläufe unter besonderer Berücksichtigung der Verdampfungskühlung für Wand- und Deckelelemente. Stahl und Eisen 106 (1986) 19, S. 1011-1015

Brod, H., Kempkens, F., Strohschein, H.: Energierückgewinnung aus einem UHP-Elektrolichtbogenofen. Stahl und Eisen 109 (1989) 5, S. 229-238

Ewers, R.: Wirtschaftliche Gesichtspunkte beim Einsatz des Lichtbogenofens. In: Heinen, K.-H. (Hrsg.): Elektrostahlerzeugung. Verlag Stahleisen, Düsseldorf, 1997

Gripenberg, H., Brunner, M., Petersson, M.: Optimal Distribution of Oxygen in High-Efficiency Electric Arc Furnaces. Iron and Steel Engineer (1990) 7, S. 33-37

Heinen, K.-H., Siegert, H., Polthier, K., Timm, K.: Einsatz von Erdgas-Sauerstoffbrennern an Hochleistungslichtbogenöfen. Stahl und Eisen 103 (1983) 18, S. 855-861

Köhle, S.: Einflußgrößen des elektrischen Energieverbrauchs und des Elektrodenverbrauchs von Lichtbogenöfen. Stahl und Eisen 112 (1992) 11, S. 59-67

Nagel, F.-J., Gierig, H.: Erfahrungen mit dem Kühlsystem der Elektrolichtbogenöfen der Thyssen Niederrhein AG in Oberhausen. Stahl und Eisen 104 (1984) 3, S. 123-125

Ottmar, H., Oerter, A., Thanisch, E., Knapp, H.: Energierückgewinnung an einem Lichtbogenofen mit Warmwasserkühlsystemen

Pfeifer, H.: Erstellung einer Massen-, Energie- und Exergiebilanz für den 100-t-UHP-Elektroofen der Krupp Stahlwerke Südwestfalen. Diplomarbeit, Fachbereich Maschinentechnik, Universität GH Siegen, 1980

Pfeifer, H.; Fett, F.N.; Heinen, K.-H.: Möglichkeiten zur Verbesserung der Energiebilanz des Lichtbogenofens. Elektrowärme international 46 (1988) B2, S. 71-77

Scheidig, K.: Roheisen aus dem Sauerstoff-Kupolofen als alternativer Einsatzstoff für den Elektrolichtbogenofen. Stahl und Eisen 115 (1995) 5, S. 59-65

Schliephake, H., Röpke, G., Piotrowski, W.: Einsatz von Eisenschwamm in den Elektrolichtbogenofen der Ispat-Hamburger Stahlwerke. Stahl und Eisen 115 (1995) 5, S. 69-72

The Electric Arc Furnace. International Iron and Steel Institute, Brussels, 1990

Volker Rickert, Rolf Schwarze
Metallverarbeitung

Die Rahmenbedingungen vieler mittelständischer Produktionsbetriebe sind durch wachsenden Kostendruck und gestiegenes Umweltbewußtsein gekennzeichnet. Daher ist es konsequent, den bisher häufig vernachlässigten Energiekosten erhöhte Aufmerksamkeit zu schenken. Eine Reduzierung dieser Kosten kann durch rationelle Energienutzung erreicht werden.

Im Rahmen der Beratungsaktivitäten eines regionalen Energieversorgungsunternehmens für Industriekunden wurde in einem mittelständischen metallverarbeitenden Unternehmen eine energetische Betriebsanalyse durchgeführt. Die Untersuchung zeigte Optimierungsmöglichkeiten durch das Umstellen von Produktionsabläufen und den Austausch von Schmelzöfen auf. Neben Energieeinsparungen konnte durch die realisierten Maßnahmen auch die Schmelzqualität und die Arbeitssicherheit verbessert werden. Außerdem wurden weitere Optimierungspotentiale durch Lastmanagement und eine verbesserte Druckluftnutzung aufgezeigt.

Durch die Umsetzung der Maßnahmen werden jährlich über 250.000 kWh elektrische Energie eingespart. Die Lastspitzen konnten um ca. 25 % (350 kW) reduziert werden.

1 Allgemeine Energiedaten aus der Metallindustrie

Die Metallindustrie (Metallerzeugung und -bearbeitung, Herstellung von Metallerzeugnissen) zählt zu den energieintensiven Branchen in der Industrie. Etwa ein Drittel des Endenergiebedarfs und ein Viertel des elektrischen Energiebedarfs des verarbeitenden Gewerbes werden in der Metallindustrie benötigt (Statistisches Bundesamt Wiesbaden 1997). Energieoptimierungen können gerade hier zu deutlichen Energiekosteneinsparungen führen. Dabei muß zwischen den Segmenten Metallerzeugung und -bearbeitung sowie Herstellung von Metallerzeugnissen unterschieden werden. Das in diesem Kapitel beschriebene Beispiel bezieht sich auf den letztgenannten Bereich, der im folgenden analysiert wird.

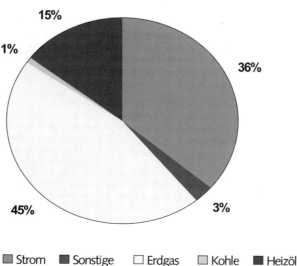

Abb. 1: Endenergiebedarf bei der Herstellung von Metallerzeugnissen, 1996 (Statistisches Bundesamt Wiesbaden 1997)

Metallverarbeitung

Um einen Überblick zu erhalten, ist zunächst eine Betrachtung des gesamten Endenergiebedarfs dieses Branchensegments interessant (Abbildung 1). Dadurch kann die Struktur des Energiebezugs verdeutlicht werden.

Mehr als drei Viertel des Endenergiebedarfs werden durch Erdgas (45 %) und elektrische Energie (36 %) gedeckt. Die weiteren Endenergieträger sind Heizöl (15 %), Kohle (1 %) und Sonstige (3 %). Anhand dieser Aufteilung wird deutlich, wo Schwerpunkte bei energetischen Untersuchungen zu setzen sind. Diese finden sich besonders bei den Energieträgern Erdgas und elektrische Energie.

Die Metallindustrie zählt zu den energieintensiven Branchen. In dem Segment Herstellung von Metallerzeugnissen, auf den sich das nachfolgende Beispiel bezieht, wird der Endenergiebedarf vor allem durch Erdgas und elektrische Energie gedeckt.

Aufgrund der Bedeutung von Energie ist es in den energieintensiven Branchen der Metallindustrie sinnvoll, eine effiziente und rationale Energieverwendung anzustreben, um die Energiekosten nachhaltig zu senken. Dabei ist eine ganzheitliche Betrachtung des Energieeinsatzes erforderlich, um Zusammenhänge zwischen einzelnen Energieträgern zu berücksichtigen (Bergelt et al. 1997).

Anhand einer Untersuchung, die in einem aluminiumverarbeitenden mittelständischen Betrieb durchgeführt wurde, sollen im folgenden beispielhaft Optimierungsmöglichkeiten aufgezeigt werden. Die speziellen Bedingungen dieses Betriebs weisen Einsparpotentiale bei der elektrischen Energie und beim Erdgas auf (Hillebrand et al. 1994).

2 Einsparpotentiale in der Metallindustrie am Beispiel eines mittelständischen Produktionsbetriebes

Im Rahmen einer energetischen Betriebsanalyse erfolgte zunächst eine umfassende Bestandsaufnahme der energietechnischen Anlagen, der Produktions- und Betriebsweise sowie der Energieflüsse. Auf dieser Basis schloß sich eine Schwachstellenanalyse

2.1 Energetische Betriebsanalyse und Schwachstellenanalyse

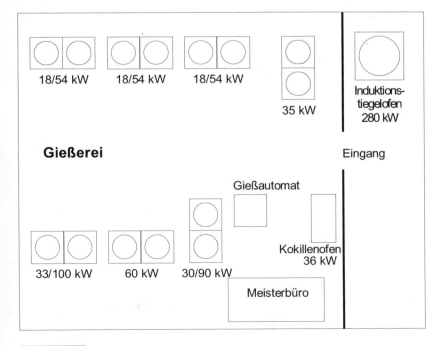

Abb. 2: Übersichtsplan der Kokillengießerei

> In einem mittelständischen metallverarbeitenden Unternehmen wurde eine energetische Betriebsanalyse durchgeführt mit dem Ziel, den Produktionsablauf energietechnisch zu optimieren und Schwachstellen aufzuzeigen.

an. Diese mündete in einen entsprechenden Maßnahmenkatalog zur Minimierung der Energiekosten.

Das untersuchte Unternehmen produziert an zwei Standorten unter anderem Türklinken und Zubehör aus Aluminium und Edelstahl und gehört zu den bedeutendsten Unternehmen seiner Branche in Europa. Der gesamte Produktionsprozeß gliedert sich in zwei energieintensive Produktionsschritte, die Elektroschmelze und die Eloxalanlage. Die energetischen Untersuchungen, die im Betrieb durchgeführt wurden, beschränkten sich zunächst auf die besonders energieintensive Produktion von Türklinken aus Aluminium (Schmelzprozeß) (Schardt et al. 1996).

Bei der Produktion wurde das in Barren angelieferte Aluminium bisher in einem mittelfrequenzbetriebenen Induktionstiegelofen eingeschmolzen und zum Teil warmgehalten, durch den Betrieb transportiert und in widerstandsbeheizten Doppelöfen in Formen vergossen (Abbildung 2). Im nächsten Produktionsschritt werden die Rohklinken mechanisch vorbehandelt und in einer Eloxalanlage veredelt.

Basierend auf den aus der Ist-Untersuchung erhaltenen Informationen und Daten erfolgte eine Schwachstellenanalyse. Im folgenden sind die gravierendsten Schwachpunkte aufgeführt.

Energieverluste in der Elektroschmelze

Der vorhandene Induktionstiegelofen (Baujahr 1972) wurde durch einen Wasserkreislauf gekühlt, um die Stromwärmeverluste in der Induktionsspule und die Wärmeverluste durch den Tiegel abzuführen. Beim Kühlvorgang wurden rund 35 % der zugeführten Energie als Abwärme wieder abgeführt.

Wie bereits beschrieben, werden im Betrieb täglich rund 2.000 kg Aluminium zentral geschmolzen. Die Schmelze wurde bisher in einer Transportpfanne mit einem Fassungsvermögen von 120 kg zu den dezentralen Warmhalteöfen transportiert. Zur Beschickung der Öfen mußten somit täglich 17 Transporte durchgeführt werden. Durch den Transport und das Umfüllen verringerte sich die Temperatur der Schmelze um bis zu 40 K.

Zudem waren die Isolierung und Temperaturregelung der einzelnen widerstandsbeheizten Warmhalteöfen technisch nicht mehr einwandfrei und führten zu erhöhten Energieverlusten.

> Im Rahmen der Analyse wurde festgestellt, daß durch die vorhandenen Schmelzöfen und den Produktionsablauf erhebliche Energieverluste auftreten. Außerdem beeinträchtigt der Produktionsablauf die Qualität der Schmelze und die Arbeitssicherheit der Mitarbeiter.

Qualität, Instandhaltung und Arbeitssicherheit

Gravierender als der bei Transport und Umfüllen entstehende Energieverlust durch Abkühlung war die dabei stattfindende Anreicherung mit Luft. Dadurch oxidierte das Aluminium stärker und brachte zusätzliche Verunreinigungen in die Schmelze ein.

Das Umfüllen und der Transport des flüssigen Aluminiums durch den Betrieb gefährdete außerdem das Gießereipersonal. In der Vergangenheit kam es bereits zu Arbeitsunfällen durch heiße Aluminiumspritzer.

Die Betriebszeit der einzelnen Schmelztiegel konnte bisher nur sehr ungenau kontrolliert werden. Um zusätzliche Energieverluste, Verunreinigungen oder gar ein Durchbrennen der Tiegel zu verhindern, wurden deshalb die Tiegel grundsätzlich nach 65 Produktionstagen ausgetauscht.

Verursachung von Leistungsspitzen

Leistungsspitzen bildeten sich im Verlauf eines Tages durch zufälliges Zusammentreffen von Betriebs- und Produktionsabläufen. Um zu untersuchen, wodurch diese verursacht wurden, erfolgten detaillierte Messungen (Hillebrand et al. 1994). Abbildung 3 zeigt den Ausschnitt von drei Lastganglinien eines typischen Produktionstages.

Der Verlauf der Lastganglinie des gesamten Werkes mit einer Tageslastspitze von 1.149 kW (08:00 Uhr) ist im Hintergrund der Abbildung zu erkennen. Durch zeitglei-

Metallverarbeitung

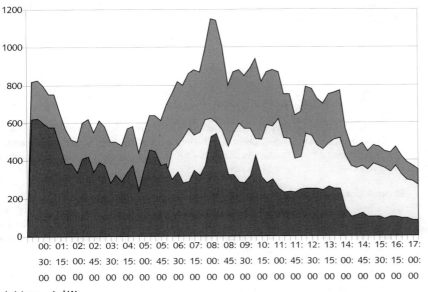

Abb. 3: Vergleich unterschiedlicher Lastganglinien eines typischen Produktionstages

che Messungen konnte der Bereich Elektroschmelze als Hauptverursacher der Lastspitzen ermittelt werden, was anhand der Lastganglinie im Vordergrund der Abbildung 3 zu erkennen ist. Das Bezugsprofil der sonstigen elektrischen Anlagen im Unternehmen ist dem mittleren Lastganglinienverlauf zu entnehmen. Die Leistungsspitzen in der Elektroschmelze und im angeschlossenen Fertigungsbetrieb entstanden dadurch, daß die elektrisch betriebenen Öfen und weitere elektrische Anlagen aus der Elektroschmelze entsprechend dem Produktionsablauf zeitlich rein zufällig ein- und ausgeschaltet wurden.

Drucklufterzeugung

Für unterschiedliche Produktionsabläufe wird im Unternehmen Druckluft benötigt, die in einer zentralen Druckluftstation von vier Schraubenkompressoren erzeugt wird (gesamte installierte Motorenleistung ca. 145 kW). Die Erzeugung von Druckluft ist sehr energieintensiv und mit erheblichen Energieverlusten verbunden (Wieczorek 1991). Eine Betrachtung der Energiebilanz (Wärmeflußbild) verdeutlicht die hohen Energieverluste.

Im untersuchten Unternehmen entstanden durch den Betrieb der Kompressoren außerdem Abwärmeströme, welche bisher ungenutzt an die Umgebung abgegeben wurden.

Außerdem entstanden weitere Verluste bei der Verteilung der Druckluft. Deshalb wurde das Druckluftnetz genauer untersucht. Die Leckagemessung zeigte, daß neben Druckverlusten in den Verteilungsleitungen (vernachlässigbar) ein Leckagevolumenstrom von ca. 134 m³/h auftritt. Dies entspricht einer prozentualen Leckage von ca. 15 bis 18 % (vgl. Abbildung 4). Die Messung wurde in einem Zeitraum durchgeführt, in dem keine Druckluft benötigt wurde. Dazu wurde der Verdichter mit der geringsten Motorenleistung (22 kW) ausgewählt.

> Besonders elektrische Lastspitzen verursachen im Unternehmen erhöhte Energiekosten. Die entsprechenden Verursacher sind im wesentlichen im Bereich der Elektroschmelze zu finden. Ein weiteres Optimierungspotential ist bei der Drucklufterzeugung und -verteilung zu finden.

Abb. 4: Ergebnis der Leckagemessung
* Die prozentuale Leckagemenge ist bezogen auf den durchschnittl. Gesamtförderstrom während der Frühschicht von 750-850 m³/h

Versorgungs-bereich	Leckage-Volumenstrom *in m³/h*	durchschnittl. elektr. Leistungsaufnahme *in kW*	prozentuale Leckage* *in %*
Werkbereich 1	81,6	9,2	9,6 – 10,9
Werkbereich 2	52,3	5,9	6,1 – 7,0
Gesamt	133,9	15,1	ca. 15 – 18

2.2 Maßnahmen und Ergebnisse

Auf Basis der Daten aus der energetischen Betriebsanalyse wurden wirtschaftlich darstellbare Optimierungsmaßnahmen für die beschriebenen Schwachstellen erarbeitet. Die Umsetzung der Maßnahmen, die größtenteils abgeschlossen sind, und die ersten Ergebnisse sind nachfolgend beschrieben.

Produktionsumstellung, Schmelzöfen

Der zentrale Induktionstiegelofen wurde durch moderne, dezentral angeordnete und widerstandsbeheizte Öfen ersetzt. Im Vergleich zu den vorhandenen, ca. 20 Jahre alten Tiegelöfen besitzen moderne Öfen eine wesentlich bessere Isolierung. Hinzu kommt, daß sich die Tiegeltemperatur durch den Einsatz elektronischer Komponenten präziser regeln und der Warmhaltebetrieb dadurch rationeller betreiben lassen. Neben primärenergetischen Vorteilen bieten elektrisch beheizte Öfen gegenüber brennstoffbeheizten Öfen weitere Vorteile wie einen guten Prozeßwirkungsgrad, weniger Abbrand, geringen Platzbedarf und eine gute Automatisierbarkeit (Baake et al. 1996).

Die produktionstechnischen Umstellungen und der Einsatz moderner, elektrisch betriebener Tiegelöfen führten zu folgenden Einsparungen an elektrischer Energie:
- rund 170.000 kWh/a durch die Umstellung von zentralem auf dezentrales Schmelzen;
- rund 75.000 kWh/a durch den Einsatz moderner widerstandsbeheizter Öfen;
- rund 5.000 kWh/a durch den Wegfall des Transportes und das Umfüllen der Schmelze.

Der spezifische Energieeinsatz für das Schmelzen und Gießen bestimmter Produkte konnte um ca. 18 % reduziert werden.

Da die Anschaffung neuer Öfen notwendig war, diente die Untersuchung auch zur Entscheidungshilfe bei der Auswahl von neuen Öfen. Neben den Energieeinsparungen waren weitere Faktoren zu berücksichtigen. Da das Umfüllen und der Transport der Aluminiumschmelze entfällt, wurde die Qualität der Schmelze verbessert. Die Ausschußzahl (ausgewählte Stücke) verringerte sich dadurch von 6,1 auf 4,3 %. Verbesserungen konnten auch bei der Arbeitssicherheit des Bedienpersonals erzielt werden.

Die Ergebnisse der Untersuchung dienten dem Unternehmen als Basis für die Neuanschaffung von elektrisch betriebenen Widerstandsschmelzöfen und der Umstrukturierung des Produktionsablaufs. Insgesamt werden durch diese Maßnahmen etwa 250.000 kWh elektrische Energie jährlich eingespart.

Energiemanagement-System

Der Einsatz moderner, widerstandsbeheizter Öfen ermöglicht es, mit einem Energiemanagement-System den Ofenbetrieb und den Lastverlauf zu optimieren (Hillebrand 1994). Neben den neu eingesetzten Öfen wurden weitere elektrische Anlagen aus dem Bereich der Elektroschmelze (Gleitschleifer, Lack- und Durchlauföfen) in das System integriert. Eine wesentliche Aufgabe des Systems war die Realisierung eines effektiven Lastmanagements. Aufgrund ihres wärmespeichernden Verhaltens sind die Tiegelöfen für die Integration in ein Lastmanagement optimal geeignet.

Der Abbildung 5 ist der Verlauf der Monatshöchstleistung des gesamten Werkes und der Verlauf des Sollwertes für den Bereich der Elektroschmelze der Jahre 1994 bis 1997 vor und nach Inbetriebnahme des Lastmanagements zu entnehmen. Deutlich ist zu erkennen, daß die monatliche Höchstleistung seit Inbetriebnahme des Lastmanagements dem jeweils eingestellten Sollwert ungefähr folgt. Diese nur annähernde Anpassung an den Sollwert ist dadurch begründet, daß noch nicht alle Verbrauchsbezirke an

Metallverarbeitung

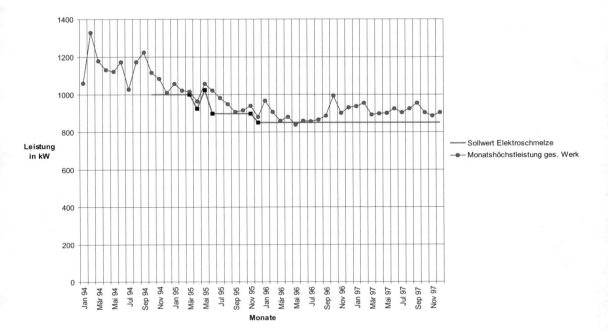

Abb. 5: Verlauf der Monatshöchstleistung und des eingestellten Sollwertes

das System angeschlossen sind. Innerhalb der Elektroschmelze wird der Sollwert jedoch eingehalten. Geht man von der durchschnittlichen Monatshöchstleistung vor der Inbetriebnahme des Systems aus, so konnte durch Lastgangoptimierung die Monatshöchstleistung bisher um mehr als 350 kW abgesenkt werden. Dies entspricht einer Reduzierung der durchschnittlichen Monatshöchstleistung um etwa 25 %.

Neben der Funktion des Lastmanagements ermöglicht das Energiemanagement-System weitere Funktionen, wie zum Beispiel das automatische Schmelzen von Aluminiumbarren vor Beginn der Produktion. So kann direkt zu Produktionsbeginn mit dem Gießen begonnen werden.

Eine weitere Funktion des Systems ist die Kontrolle der Tiegelstandzeiten. Durch die Erfassung und Auswertung der Zustände „Einschaltzeit" und „Schaltzustand" der Schmelzöfen sind der zeitlich optimale Austausch der Tiegel und verbesserte Instandsetzungsintervalle gewährleistet.

Ohne die Vorteile dieser zusätzlichen Funktionen zu berücksichtigen, amortisiert sich das beschriebene System bei Investitions- und Installationskosten von etwa 40.000 DM in weniger als einem Jahr. Abbildung 6 zeigt das Schema des realisierten Systems.

Drucklufterzeugung

Als eine weitere Optimierungsmaßnahme wurde die Wartung und Instandhaltung des Druckluftnetzes vorgeschlagen. Die Auswertung der durchgeführten Leckagemessung ergab, daß ca. 75.000 kWh elektrische Energie jährlich zur Deckung der Leckagen benötigt werden. Die Wartung und Instandhaltung des Druckluftnetzes ist mit geringen Investitionen verbunden, so daß sich diese Maßnahmen in weniger als einem Jahr amortisieren.

Die Nutzung der entstehenden Abwärme der Kompressoren wurde ebenfalls geprüft. Im vorliegenden Fall können zwei Kompressoren dazu genutzt werden (Nutzwärmemenge: ca. 140.000 kWh). Dies entspricht einem Brennstoffeinsatz (bezogen

> Die optimierte Wartung des Druckluftnetzes kann zu einer Reduzierung des elektrischen Energiebedarfs von bis zu 75.000 kWh pro Jahr führen. Dazu sind relativ geringe Investitionskosten notwendig. Durch gezielte Abwärmenutzung ist es außerdem möglich, ca. 210.000 kWh Erdgas pro Jahr zu substituieren.

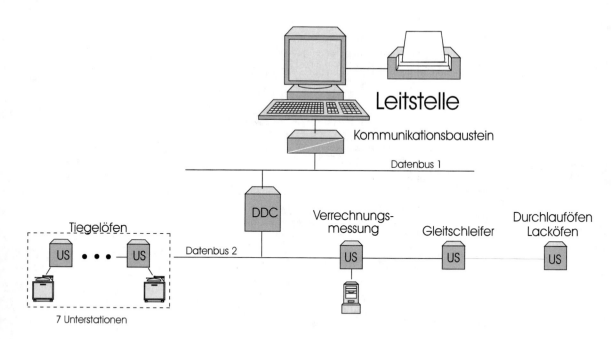

Abb. 6: Übersichtsschema des realisierten Energiemanagement-Systems (Hillebrand et al. 1994)

auf Erdgas) von etwa 210.000 kWh. Aufgrund der ganzjährigen Nutzung der Druckluft ist auch eine kontinuierliche Nutzung der Abwärme sinnvoll. Im vorliegenden Fall kann die Abwärme als Prozeßwärme in der Eloxalanlage genutzt werden. Die Amortisationszeit für die entsprechenden Wärmerückgewinnungsanlagen, die Umrüstung der Kompressoren und die hydraulische Anbindung beträgt ca. 3,5 Jahre. Die Umsetzung dieser Maßnahme ist im Rahmen des Neubaus einer Eloxalanlage vorgesehen.

3 Literatur

Baake, E., Jörn, K.-U., Mühlbauer, A.: Energiebedarf und CO_2-Emissionen industrieller Prozeßwärmeverfahren. Vulkan-Verlag, Essen 1996

Bergelt, D., Schwarze, R.: Neue Beratungsstrategien für die mittelständische Industrie. Energiewirtschaftliche Tagesfragen. Heft 10, 47 Jg. (1997)

Hillebrand, W., Rahe, M., Schwarze, R.: Energetische Optimierung einer Elektroschmelze mit Hilfe von zentraler Leittechnik. Elektrowärme international. Heft B4 (1994)

Schardt, P., Schwarze, R.: Energetische Optimierung einer Elektroschmelze. Fachtagung „Wettbewerbsfähig durch effizienten Energieeinsatz", veranstaltet von der Forschungsstelle für Energiewirtschaft, München. Schliersee. VDEW, Frankfurt 1996

Statistisches Bundesamt Wiesbaden: Statistisches Jahrbuch 1997 für die Bundesrepublik Deutschland. Metzler-Poeschel, Stuttgart 1997

Wieczorek, Jörg: Die wirtschaftliche Druckluftstation. Planung, Installation, Betrieb. Resch Verlag, Gräfelfing/München 1991

Karl Heinrich Maier

Chemische Industrie

Mit einem Jahresverbrauch von 46,5 Mrd. kWh elektrischer Energie ist die chemische Industrie die energieintensivste Branche der Bundesrepublik Deutschland. Neben dem direkten Elektrizitätsverbrauch zur Herstellung werden bei verschiedenen Chemieprodukten erhebliche Mengen an elektrischer Energie zur Bereitstellung anderer Energieträger wie Dampf, Druckluft oder Kühlwasser benötigt. Sowohl beim direkten als auch beim indirekten Einsatz der elektrischen Energie bestehen Einsparpotentiale. Die Umsetzung dieser Möglichkeiten erfordert eine systematische Vorgehensweise, die sich an verschiedenen Denkansätzen orientieren kann. Eine Vielzahl von Stichworten gibt Anregungen für Energiesparmaßnahmen.

1 Einführung

Die chemische Industrie ist der größte industrielle Elektrizitätsverbraucher der Bundesrepublik Deutschland. Im Jahr 1996 wurden 36,0 Mrd. kWh elektrischer Energie aus dem öffentlichen Netz bezogen und 16,1 Mrd. kWh in eigenen Erzeugungsanlagen produziert. Von diesen insgesamt 52,1 Mrd. kWh wurden 5,6 Mrd. kWh an Dritte geliefert. Damit ergab sich ein Stromverbrauch der chemischen Industrie von 46,5 Mrd. kWh. Innerhalb der Branche war die Koppelproduktion von Chlor und Natronlauge in der Chloralkali-Elektrolyse mit rd. 9,5 Mrd. kWh der bedeutendste Einzelverbrauch. Für alle anderen Zwecke wurden 37,0 Mrd. kWh eingesetzt.

Abbildung 1 zeigt für eine Reihe von bedeutenden Chemieprodukten den spezifischen Verbrauch der jeweils eingesetzten Energieträger und Medien (Maier, Thomas 1998). Bei allen Produkten ist angegeben, von welchen Rohstoffen bei der Berechnung der spezifischen Energieverbräuche ausgegangen wurde. Ein hoher spezifischer Verbrauch an elektrischer Energie bei Produkten, die in erheblichem Umfang Erzeugnisse der Alkalichlorid-Elektrolysen (Chlor und Natron- bzw. Kalilauge) benötigen, war für den Fachmann zu erwarten. Dagegen mag der ebenfalls hohe spezifische Verbrauch zur Herstellung der anderen in der Tabelle aufgeführten Produkte eher überraschen.

> Größter industrieller Elektrizitätsverbraucher: chemische Industrie.

2 Methodisches Energiesparen: zwölf Denkansätze

Jeder Standort (Werk, Industriepark) ist ein gewachsener Komplex mit speziellen Anlagen zur Energieerzeugung und -verteilung, die mit angemessenem finanziellen Aufwand meist nur begrenzt verändert werden können. Auf diese vorgegebenen Strukturen muß jede einzelne Produktionsanlage optimal abgestimmt werden. Die Aufgabe des Energiemanagers besteht damit nicht nur in der Minimierung von Energiekosten und -verbrauch der einzelnen Anlagen, sondern des gesamten Standorts. Hierzu dient eine Analyse der Energieversorgung und der Energieverbrauchseinrichtungen. Zu betrachten sind dabei zum Beispiel die Möglichkeiten der Eigenstromerzeugung aus Abfallenergien und der Reduzierung von Energieverlusten, die Vorteile eines Energieverbundes von Anlagen sowie die Auswirkungen des Einsatzes anderer Energieträger, aber auch die Einhaltung der durch Umweltschutzauflagen vorgegebenen Grenzwerte.

Die Aufgaben beim Energiesparen lassen sich folgendermaßen definieren (Schäfer 1989):
- Vermeiden unnötigen Verbrauchs
- Senken des spezifischen Nutzenergiebedarfs
- Verbessern der energetischen Nutzungsgrade, Energierückgewinnung und Nutzung regenerativer Energiequellen.

Abb 1: Verbrauch an Energie und Medien zur Herstellung ausgewählter Produkte

Produkt	Rohstoff	Kühl-wasser in m³	Vollent-salztes Wasser in m³	Dampf in t	Elektrische Energie in kWh	Erdgas in m³	Stick-stoff in m³	Druck-luft in m³	Kälte in GJ	Wasser-stoff in m³	Restgas in t
Chlor, Natronlauge; in m³	NaCl	65	1,0	0,1	1.470	–	4	20	0,03	–	–
Chlor, Kalilauge; in m³	KCl	5	1,0	0,1	1.375	–	7	50	–	–	–
Pottasche; in m³	KCl, CO2	45	1,0	0,9	2.050	–	17	100	–	150	–
Ethylen, Propylen; in m³	Naphta	167	1,3	1,7	83	–	17	45	–	–	0,35
Polyethylen, (LDPE) in m³	Naphta	340	2,2	1,9	1.110	–	31	105	–	–	0,34
PVC; in m³	Naphta, NaCl	455	3,5	3,5	2.320	120	55	560	0,04	–	0,17
Polypropylen; in m³	Naphta	270	1,3	22,5	420	–	75	78	–	–	0,34
Propylenoxid; in m³	Naphta, NaCl	533	7,9	7,2	4.602	–	45	173	–	–	0,28
Synthese-Kautschuk; in m³	Butadien, Styrol	155	4,0	2,6	310	–	35	35	–	–	–
Pharmawirkstoff; in kg	Vorprodukte	20	0,15	0,425	77	–	4,94	1	0,050	–	–
Polykrist. Silizium; in kg	Roh-Silizium; NaCl, Erdgas	20	0,09	0,070	155	–	0,80	8	0,025	–	–

Zur Erfüllung dieser Aufgaben muß dem Energieverantwortlichen (Ingenieur, Betriebsleiter oder Meister) eine Anleitung gegeben werden, wie Energiesparmöglichkeiten gefunden werden können. Es haben sich folgende zwölf Denkansätze bewährt (Maier 1991):

Verlustquellen
Es werden alle Aggregate bzw. Stellen des Betriebes aufgelistet, an denen Energieverluste entstehen können (zum Beispiel Drosselverluste oder überhöhter Druck bei Flüssigkeitstransport). Anschließend wird die Vermeidung dieser Verluste angestrebt.

Makroanalyse
Die Makroanalyse betrachtet das Betriebsgeschehen von außen und im großen Überblick, das heißt bezogen auf das gesamte Werk. Wichtiges Hilfsmittel ist das Energiecontrolling, also die systematische Auflistung des monatlichen, wöchentlichen und täglichen Verbrauchs (in kWh) und des Leistungsbedarfes (in kW) sowie deren Abgleich mit Produktionsmengen, Arbeitsstunden oder ähnlichen Bezugsgrößen durch Bildung spezifischer Kennzahlen (zum Beispiel kWh/t Produkt, kW/Produktionsprogramm).

Verbrauchsaggregate
Es wird eine Liste aller Aggregate erstellt, in denen elektrische Energie eingesetzt wird. Die anschließende Ermittlung und Bewertung des jeweiligen Energienutzungsgrades bzw. ein Vergleich von Aggregaten, die dem gleichen Zweck dienen, kann Einsparmöglichkeiten aufzeigen (zum Beispiel Pumpen und Pumpenantriebe, Gebläse).

Energienutzung
Es wird der theoretische Nutzenergiebedarf zur Herstellung eines Produktes (in kWh je Stück, Kilogramm, Liter) errechnet. Von der/den Berührungsstelle/n zwischen Nutzenergie und Produkt ausgehend wird verfolgt, wie und wie effektiv die Nutzenergie auf das Produkt übertragen wird und wo welche Verluste auftreten.

Medien
Für die Erzeugung verschiedener Medien (zum Beispiel Druckluft, Kühlwasser), die für die Produktion notwendig sind, muß elektrische Energie aufgewendet werden. Der Fluß der einzelnen Medien wird mit dem vorrangigen Ziel verfolgt, über eine Reduzierung des Medienverbrauchers eine Energieeinsparung zu erreichen.

Prozeßablauf
Der Prozeßablauf wird vom Einsatz der Rohstoffe bis zum Fertigprodukt verfolgt. Alle Stellen, an denen elektrische Energie eingesetzt wird, werden im Hinblick auf Reduzierung des Verbrauchs analysiert (zum Beispiel Vakuumpumpen und -kreisläufe, Druckabsenkung oder Temperaturerhöhung zur Senkung des Verbrauchs).

Betriebsablauf
Das kritische Durchleuchten des Betriebsablaufes kann Hinweise auf unrationellen Energieeinsatz liefern (zum Beispiel Warmhalteöfen, Kühlwasserverbrauch oder Raumkonditionierung nicht auf geringere Produktion abgestimmt, nicht abgeschaltete Nebenaggregate). Organisatorische Änderungen können zur Einsparung elektrischer Energie führen.

Temperatur- und Druckniveau
Für alle Prozesse und Anlagen werden die im Ist-Zustand gefahrenen Temperaturen und Drücke aufgelistet und mit den tatsächlich notwendigen bzw. optimalen Werten verglichen.

Black box
Der Gesamtprozeß, die Anlage, der Betrieb oder Teile des Betriebes werden als Black box betrachtet, für die Energieinput und -output miteinander verglichen und aus den Unterschieden Schlußfolgerungen gezogen werden.

Mikroanalyse
Bei einer Mikroanalyse werden ein Betrieb oder ein Prozeß sowie deren einzelne Apparate und Maschinen im Detail im Hinblick auf Energieeinsatz, Umwandlung, Verluste und Nutzenergieverwendung untersucht.

Bilanzen
Für den Betrieb oder seine wesentlichen Teile werden die Massen-, die Energie- und eventuell die Exergiebilanzen sowie die Wärmeintegrationsanalyse erstellt.

Ist-Zustand
Der Ist-Zustand des Betriebes, des Prozesses und seiner Aggregate in Bezug auf Stoff- und Energieeinsatz, -umwandlung, -verluste und Nutzenergieverwendung wird vollständig erfaßt (einschließlich aller Bilanzen).

> Wahl des geeigneten Denkansatzes.

Der Aufwand zur Durchführung der notwendigen Arbeiten gemäß den einzelnen Denkansätzen nimmt etwa in der angegebenen Reihenfolge zu. Während eine Auflistung der Verlustquellen relativ einfach erstellt werden kann, erfordern geschlossene Energiebilanzen einen hohen Zeitaufwand von qualifizierten Technikern. Die umfassende Ermittlung des Ist-Zustands enthält prinzipiell alle elf vorhergehenden Ansätze. Den verschiedenen Denkansätzen liegen unterschiedliche Methoden zugrunde. Durch die Wahl des geeigneten Ansatzes kann dem Ausbildungs- und Kenntnisstand der mit dem Energiesparen beauftragten Mitarbeiter Rechnung getragen werden. Alle Denkansätze dienen jedoch dem gleichen Ziel. Da sie mehr oder weniger umfassend sind, überschneiden sie sich teilweise.

Die grundlegenden Zusammenhänge der industriellen Energieversorgung und des Energiesparens wirken theoretisch, wenn sie nicht durch Beispiele illustriert werden, die praxisnah und verständlich sein sollten. Sie regen damit zum Mitdenken an, verhelfen zur Akzeptanz der neuen – und häufig zusätzlichen – Aufgabe und motivieren zu unmittelbarem Handeln. Eine Auswahl derartiger Beispiele ist in den folgenden Abschnitten zusammengestellt.

3 Maßnahmen zur Energieeinsparung

Das Reduzieren des Verbrauchs an elektrischer Energie ist generell schwieriger als das Einsparen von Wärmeenergie. In den meisten Betrieben bzw. Anlagen gibt es eine geringe Anzahl von Aggregaten mittlerer und größerer Leistung, in denen Wärmeenergieträger eingesetzt werden. Die Anwendung elektrischer Energie erfolgt dagegen in einer Vielzahl von Verbrauchseinrichtungen mit häufig kleiner und kleinster Leistung (zum Beispiel Motoren, Leuchten, Steuerungen). Eine deutliche Senkung des Elektrizitätsverbrauchs erfordert damit oft Änderungen an vielen Aggregaten.

Im folgenden werden Produktionsanlagen sowie Neben-, Hilfs- und Energiebetriebe getrennt betrachtet.

3.1 Energieeinsparung in Hilfs- und Energiebetrieben

Abbildung 1 kann entnommen werden, welche Mengen an anderen Energieträgern oder Medien zusätzlich zur direkt eingesetzten elektrischen Energie zur Herstellung bestimmter Chemieprodukte benötigt werden. Zur Bereitstellung der aufgeführten Energieträger wie Dampf, Druckluft oder Kühlwasser wird mechanische Energie gebraucht, die überwiegend aus Elektrizität gewonnen wird. Der Verbrauch an elektrischer Energie zur Erzeugung dieser Energieträger wurde ermittelt und in Abbildung 2

Chemische Industrie

Produkt		Direkter Verbrauch in Produktionsanlagen	Zusätzlicher Verbrauch zur Medienbereitstellung	
		in kWh	in kWh	in %
Chlor, Natronlauge	in m³	1.470	32	2
Chlor, Kalilauge	in m³	1.375	15	1
Pottasche	in m³	2.050	107	5
Ethylen, Propylen	in m³	83	84	101
Polyethylen (LDPE)	in m³	1.110	158	14
PVC	in m³	2.320	281	12
Polypropylen	in m³	420	325	77
Propylenoxid	in m³	4.602	277	6
Synthese-Kautschuk	in m³	310	105	34
Pharmawirkstoff	in m³	77	23	30
Polykrist. Silizium	in kg	155	13	8

Abb. 2: Verbrauch an elektrischer Energie zur Bereitstellung von anderen Energieträgern und Medien im Vergleich zum direkten Verbrauch in den Produktionsanlagen

dem direkten Verbrauch in den Produktionsanlagen gegenübergestellt. Die Ergebnisse zeigen, daß dieser zusätzliche indirekte Verbrauch – je nach Produkt – sehr stark schwanken kann.

> Indirekter Energieverbrauch bei einigen Produkten sehr hoch.

Der Verbrauch für die Bereitstellung von Energieträgern wie Druckluft, Dampf, Kühlwasser usw. kann auf zwei Wegen vermindert werden: zum einen durch ihren rationellen Einsatz in den Produktionsanlagen, zum anderen durch Reduzierung des Elektrizitätsverbrauchs in den Anlagen zur Erzeugung dieser Energieträger. Letzteres kann und sollte erfolgen, ohne die Betreiber der Produktionsanlagen bei ihrer Fertigungsaufgabe zu beeinträchtigen.

Für Elektrizität, Druckluft und Kälte soll im folgenden beispielhaft und in Stichworten aufgezeigt werden, welche Ansatzpunkte zur Energieeinsparung in betrieblichen Energieversorgungsanlagen bestehen.

> Ansatzpunkte für die Reduzierung des indirekten Energieverbrauchs.

Stromversorgung

Analyse der Leistungsganglinie (zu welchen Zeiten und mit welcher Häufigkeit treten Lastspitzen auf); Anwendung eines Lastmanagementsystems prüfen (Spitzen im Winter, Prioritätenliste für abschaltbare Anlagen); Lastganglinien für Strom, Wärme und Kälte vergleichen, um die Einsatzmöglichkeit einer zentralen Kraft-Wärme-Kälte-Kopplungsanlage zu ermitteln; hoher Erdgasverbrauch bei gleichfalls hoher Benutzungsdauer und hohem Vordruck kann eine Entspannungsmaschine zur Eigenstromerzeugung wirtschaftlich machen; Transformatoren durch Auslegung und im Betrieb durch (automatisches) Zu- und Abschalten dem jeweiligen Leistungsbedarf anpassen, um die Verluste zu verringern; schaltbare Blindstromkompensation prüfen.

Druckluftversorgung

Vor Installation einer zentralen Drucklufterzeugung Bedarf nach Menge und Druckniveau erfassen; größere Mengen mit abweichendem Druck (dezentral) in separaten Maschinen oder Zweistufen-Verdichtern erzeugen; Fördermenge der Kompressoren durch Auslegung und im Betrieb durch automatisches Zu- und Abschalten dem jeweiligen Druckluftbedarf anpassen, um die Verluste zu verringern; Leitungsnetz überprüfen, um durch richtige Dimensionierung der Querschnitte die Druckverluste zu senken; größeren Elektroantrieb eventuell durch Erdgasantrieb ersetzen, sofern dessen Abwärme sinnvoll genutzt werden kann; die vom Kompressor angesaugte Luft sollte möglichst kalt sein (je kühler die angesaugte Luft, um so geringer die aufzuwendende elektrische Energie); bei zentraler Erzeugung durch vorsichtiges und schrittweises Reduzieren des Drucks erforderlichen Mindestdruck ermitteln, der eventuell nach Engpaßbeseitigung weiter abgesenkt werden kann.

Kälteversorgung

Vor Auslegung einer Kälteerzeugung Bedarf nach Temperatur und Menge erfassen; wird Kälte mit unterschiedlichen Temperaturen benötigt, nicht alle Kältemaschinen auf die niedrigste Temperatur (mit dem höchsten spezifischen Energieverbrauch) auslegen, sondern geeignete Aufteilung und eventuell auch dezentrale Anordnung prüfen; Kälteleistung der (leistungsgeregelten) Kompressionskältemaschinen zur Reduzierung der Verluste durch Auslegung und automatisches Zu- und Abschalten dem jeweiligen Bedarf anpassen; bei genügend verfügbarer Abwärme Absorptionskältemaschinen einsetzen.

3.2 Energieeinsparung in Produktionsanlagen

Möglichkeiten zur Reduzierung des Energieaufwands bei der Herstellung chemischer Produkte.

Bei der Herstellung chemischer Produkte werden feste, flüssige und gasförmige Ausgangsstoffe gemischt, zur Reaktion gebracht und das Endprodukt abgetrennt. Die Ausgangsmaterialien müssen vorbereitet (zum Beispiel gemahlen, gemischt, komprimiert) und die Produkte aufbereitet (zum Beispiel filtriert, zentrifugiert, extrudiert) werden. Rohstoffe, Zwischen- und Endprodukte müssen in vielfältiger Weise transportiert werden. Als Energieträger wird bei all diesen Arbeitsschritten elektrische Energie eingesetzt.

Im folgenden werden Möglichkeiten zur Reduzierung des Verbrauchs an elektrischer Energie unter sieben Stichworten beispielhaft aufgezählt.

Elektrowärme-Anlagen

Isolierung prüfen (zum Beispiel bei Trockenschränken); Optimierung des Ablaufs (zum Beispiel von Schmelz-, Härte- oder Trockenprogrammen); Überprüfen, ob bei Ersatz einer alten oder Bau einer neuen Elektrowärme-Anlage Erdgas statt Strom eingesetzt werden kann; Abschalten von bereitzuhaltenden Elektrowärme-Anlagen ist energetisch günstiger als Durchheizen; diese Geräte eignen sich häufig für die Einbeziehung in das Lastmanagement.

Transport von Medien

Die Druckverluste bei der Förderung von flüssigen und gasförmigen Medien entstehen durch Rohrreibung, Formstücke, Einbauten (zum Beispiel Heizregister, Schalldämpfer, Filter), Diffusoren, Konfusoren sowie Trennung und Vereinigung von Strömen. Der Energieaufwand kann durch Minimierung von Entfernungen, niedrige Strömungsgeschwindigkeiten, kleine Druckverhältnisse und niedrige Druckdifferenzen reduziert werden; geringe hydraulische Verluste durch geeignete Leitungswahl und -verlegung, Entfernung von Verschmutzungen sowie Regel- bzw. Stellventile mit geringem notwendigen Druckverlust; Reduzierung des Druckverlusts in Kolonnen, zum Beispiel durch Einsatz von geordneten Packungen mit geringem Druckverlust je Boden (Arnold, Bartmann 1981); bei der Förderung von flüssigen Medien auf geringe Zähigkeit durch geeignete Temperatur achten; häufig sind Pumpen, Drehkolbengebläse, Ventilatoren in Fördersystemen überdimensioniert, was zu Mengenstrombegrenzung durch Abblasen oder Androsseln mit Armaturen und Regelgeräten führt, daher Fördermenge, Förderhöhe und Antriebsleistung von Pumpen und Gebläsen dem Bedarf anpassen (zum Beispiel durch Veränderung der Drehzahl, der Riemenscheibe oder des Pumpen-Laufraddurchmessers); je nach Anordnung der Aggregate kann man den freien Auslauf nutzen und dadurch ganz auf Pumpen verzichten.

Drehzahlregelbare Drehstromantriebe

Die von Elektromotoren angetriebenen Arbeitsmaschinen lassen sich in drei Gruppen zusammenfassen: Strömungsmaschinen (zum Beispiel Kreiselpumpen, Turboverdichter, Ventilatoren), Verdrängermaschinen (zum Beispiel Kolbenpumpen, Schraubenverdichter, Extruder) und sonstige Maschinen (zum Beispiel Rührwerke, Mühlen, Transportanlagen). Zur Anpassung der Fördermenge (bzw. der Leistung) dieser Maschinen können außer drehzahlregelbaren Drehstromantrieben bei Strömungsmaschinen Drosseln oder Drallregler, bei Verdrängermaschinen Bypass-Regelung und bei sonstigen Maschinen polumschaltbare Motoren oder Getriebe-Radsätze verwendet werden. Neben verfahrenstechnischen Vorteilen ist eine Elektrizitätseinsparung durch drehzahlregelbare Antriebe besonders dann zu erwarten, wenn sie anstelle einer Bypass- bzw. einer Drossel-Regelung eingesetzt werden (Nachtkamp 1983).

Verfahrensänderungen

Überprüfen, ob alle in der Anlage vorhandenen Verfahrensschritte mit Elektroantrieben noch erforderlich sind (Beispiel: Ein Reaktionsprodukt wurde über Förderschnecke und Rüttelsieb auf eine Mühle gegeben. Nach der Umstellung ging das Produkt direkt auf die Mühle. Dadurch entfielen drei Elektroantriebe.); Verlegung von Teilschritten in die NT-Zeit (Beispiel: Die in eine Anlage integrierte Abwasserbehandlung wurde kontinuierlich betrieben. Die vorhandenen Becken, Pumpen etc. waren so groß, daß die Nachtzeit zur Abwasserbehandlung ausreichte.); Luftdurchsatz an Trocknern in Abhängigkeit von der Belastung regeln und Falschlufteinzug verhindern; auch die Installation dezentraler KWK-Anlagen durch direkte Zuordnung zu geeigneten Produktionsanlagen (zum Beispiel Trockner) prüfen.

Raum- und Hallenbeleuchtung

Umstellung auf effektivere Leuchten; bedarfsgerechte oder helligkeitsabhängige Schaltung oder Regelung.

Kühlwasser

Die Höhe, in der ein Wärmeaustauscher in die Anlage eingebunden wird, entscheidet über den Energieverbrauch, unnötig hoch angeordnete Wärmeaustauscher erfordern hohen Druck im Kühlwassernetz (Anordnung ändern, in Einzelfällen Druckerhöhungspumpen); durch die Anordnung der Rohrleitungen bzw. der Wasseraustrittsstellen kann die Heberwirkung genutzt und Hubenergie eingespart werden; Rohrleitungen und Armaturen ausreichend dimensionieren (Druckverlust steigt mit dem Quadrat der Strömungsgeschwindigkeit); bei Absperrorganen sind Kugelhähne mit freiem Durchgang oder Absperrklappen den Ventilen vorzuziehen (Druckverlustkurven von Armaturen beachten); Druckverluste durch Querschnittsverengungen (wegen Verschmutzungen, Ablagerungen oder Korrosion) und Wandaufrauhungen während des Betriebs testen, verhindern und beseitigen; bei zentraler Kühlwassererzeugung durch vorsichtiges und schrittweises Reduzieren des Drucks erforderlichen Mindestdruck ermitteln, der eventuell nach Engpaßbeseitigung weiter abgesenkt werden kann (Müller 1983); bei Rückkühlanlagen kann Antriebsenergie durch Anheben des Umlaufwasserspiegels eingespart werden.

Änderung der Betriebsweise

Konsequentes bzw. zweckgebundenes oder automatisches Abschalten von Geräten bei Nichtnutzung, besonders von Öfen, Beleuchtungsanlagen und Absaugungen; generelles oder zweckgebundenes Abschalten von Nebenaggregaten; Verlagerung des Stromverbrauchs von der HT- in die NT-Zeit (Trockenkammern, Mahlanlagen); Information und Motivation des Personals zum Energiesparen.

4 Literatur

Arnold, D., Bartmann, L.: Energieeinsparung in der Verfahrenstechnik. Chem.-Ing.-Tech. 7/1981

Maier, K. H.: Energie-Optimierung von Anlagen in der Industrie. Wärmeaustauscher. Handbuch, 1. Ausgabe, Essen 1991

Maier, K. H., Thomas, G.: Energie-, Fertigungs- und Herstellkosten wichtiger Chemieprodukte. VIK-Mitteilungen, 1/1998

Müller, E.: Spar-Spur. Tips und Tricks zur Energieeinsparung. Betrieb und Energie, 4/1983

Nachtkamp, J.: Einsatzmöglichkeiten drehzahlregelbarer Drehstromantriebe in der chemischen Industrie. Chem.-Ing.-Tech. 8/1983

Schaefer, H.: Möglichkeiten und Grenzen der industriellen Abwärmenutzung. VIK-Mitteilungen, 6/1989

Dirk Kaczmarek, Michael Neumann,
Thorsten Schroer

Kunststoffverarbeitung

Der größte Anteil des Energieverbrauchs bei der Verarbeitung von Kunststoffen entfällt auf das Aufbereiten und Schmelzen des Materials. Die für diese Prozesse benötigte Wärme wird generell ausschließlich aus elektrischer Energie erzeugt: Zum Teil werden Widerstandsheizungen eingesetzt, zum Teil wird Bewegungsenergie in Wärme umgewandelt. Daneben wird elektrische Energie benötigt für Maschinenbewegungen sowie die Kühlwasser-, Warmluft- und Drucklufterzeugung.

Der Energiekostenanteil beträgt zwischen 2 und 8 % der Gesamtkosten für die Fertigung eines Kunststoffproduktes. Der Energieverbrauch sowohl von Extrudern und Spritzgußmaschinen als auch von Trocknern läßt sich durch moderne Technologien deutlich verringern. Daneben kann eine Verbrauchsreduzierung auch durch organisatorische Maßnahmen erreicht werden, insbesondere in der Spritzgießtechnik. Unter Berücksichtigung wirtschaftlicher Gesichtspunkte kann eine Verminderung des Verbrauchs um bis zu 30 % erzielt werden. Damit stellt sich eine deutliche Erhöhung der Umsatzrendite ein. Hervorzuheben ist, daß ein Kunststoffverarbeiter in diesem Bereich durch eigenes Know how erheblichen Einfluß auf seine variablen Kosten ausüben kann.

1 Spezifischer Energieverbrauch

Für die Kalkulation des Kunststoffverarbeiters sind der stündliche Energieverbrauch je Maschine in (kWh/h) und der Energieverbrauch je Produkteinheit (in kWh/Stück oder kWh/Längeneinheit) von Bedeutung. Der auf das Produktgewicht bezogene Energieeinsatz (in kWh/kg) ermöglicht den Vergleich verschiedener Maschinen, Verarbeitungsverfahren und Kunststoffe.

Der minimal mögliche spezifische Energieverbrauch (in kWh/kg) ist durch die Enthalpiedifferenz der Kunststoffe zwischen der Lagerungstemperatur und der gewünschten Schmelztemperatur gegeben. Je nach Kunststoff und Schmelztemperatur liegt diese Differenz zwischen 0,10 kWh/kg und 0,25 kWh/kg. Der tatsächliche Energieverbrauch liegt aber erheblich höher als dieses theoretische Minimum. Dabei erschweren in der Praxis die schwankende Stromaufnahme bei zyklischen Prozessen und die erheblichen Stromverzerrungen, die durch Antriebsregler hervorgerufen werden, eine einfache und zuverlässige Messung. Gute Meßwerte für den elektrischen Energieverbrauch in der Extrusion liegen heute um 0,30 kWh/kg (Haberstroh, Gliese 1985; Energieströme und Energiekosten 1995); beim Spritzgießen gelten 0,40 kWh/kg bis 0,80 kWh/kg als ausgezeichnet (Mapleston 1997: 54-59). Diese Bandbreiten zeigen die Energieverluste heutiger Maschinentechnik und das Potential für Energieeinsparungen auf.

> Tatsächlicher Energieverbrauch erheblich höher als theoretisch notwendig.

2 Energieeinsparpotentiale bei verschiedenen Fertigungsverfahren

Die folgenden grundsätzlichen Überlegungen gelten für alle Kunststoffverarbeitungsverfahren.

Besonders kosteneffektiv ist ein möglichst geringer Materialverbrauch für ein bestimmtes Kunststoffprodukt. Auf diese Weise wird auch der Energieeinsatz je Formteil am wirksamsten reduziert.

In der Fertigung sind häufig Maschinen zu groß gewählt, so daß nur im Teillastbetrieb gefahren wird. Dann ist der Wirkungsgrad der eingesetzten Antriebe systembedingt relativ niedrig. Anzustreben sind daher hohe Maschinenausnutzungen, am besten über 70 %. Weiterhin sollten alle beheizten Maschinenteile gut isoliert sein.

> Wirksamste Energieeinsparmöglichkeiten: geringer Materialverbrauch je Formteil und hohe Maschinenauslastung.

Bezüglich der Kühlwassererzeugung sollte geprüft werden, ob sehr niedrige Kühlmitteltemperaturen, die den Betrieb von Kältemaschinen mit hohem Energieaufwand erfordern, für alle Kühlstellen notwendig sind. Häufig ist auch die Kühlung mit wärmeren Wasser, das über einfache Wasser/Luft-Wärmetauscher rückgekühlt wird, ausreichend (zum Beispiel bei Hydraulikkreisläufen an Spritzgußmaschinen).

Wegen der Vielfalt an Kunststoffen, Produkten, Maschinenkonzepten und Maschinengrößen lassen sich die für die Realisierung konkreter Einsparmöglichkeiten notwendigen Investitionen und Amortisationszeiten aber nicht generell angeben. Es ist immer eine Analyse des Einzelfalls notwendig.

2.1 Extrusion von Kunststoffen mit Einschneckenextrudern

Bis vor wenigen Jahren stand bei Einschneckenextrudern die Suche nach Möglichkeiten zur Einsparung von elektrischer Energie nicht im Vordergrund. Bei der Auslegung und Konstruktion wurde vielmehr auf Kriterien wie geringe Investitionskosten, hohe spezifische Durchsatzleistung (auf den Schneckendurchmesser bezogen) und hohe Schmelzequalität geachtet. Besonders die Forderung nach hoher Durchsatzleistung führt zu einem relativ hohen spezifischen Energieverbrauch. Zur genaueren Analyse der Energieeinsparmöglichkeiten bei Extrudern ist es sinnvoll, im folgenden einerseits den Leistungsbedarf und die Energieverluste der Plastifiziereinheit und andererseits die Energieeffizienz des Extruderantriebs zu betrachten. Die Schnittstelle zwischen diesen beiden Baugruppen ist der Schneckenzapfen, über den die Antriebsleistung vom Getriebe auf die Schnecke übertragen wird.

Die am Schneckenzapfen eingebrachte elektrische Antriebsleistung wird bei Extrudern vollständig in die Erwärmung der Schmelze umgesetzt. Der Schmelztemperaturverlauf würde deshalb qualitativ dem Drehmomentverlauf entsprechen, sofern Heizungen und Kühlvorrichtungen nicht in Betrieb sind. Die vom Verarbeiter gewünschte Schmelztemperatur ist jedoch konstant und richtet sich nach dem verarbeiteten Material und der Weiterverarbeitung hinter dem Extruder. Grundsätzlich sollte sie so niedrig wie möglich sein, um beim Aufschmelzen den Energieeinsatz sowie beim Abkühlen den Zeitbedarf gering zu halten (Haberstroh, Gliese 1985). Für die in der Praxis gewünschten Temperaturen muß bei geringen Schneckendrehzahlen zusätzlich Wärme über die Zylinderheizung zugeführt werden, bei hohen Drehzahlen ist dagegen in der Regel eine Kühlung der Schmelze in den letzten Zonen des Extruderzylinders notwendig. Bei Polyolefinen (Polyethylen, Polypropylen) entspricht eine Abkühlung um 10 °C ungefähr einem Energieverlust von 10 %.

Aus der Sicht einer optimalen Nutzung der eingesetzten elektrischen Energie wäre es daher sinnvoll, Extruder nur unterhalb der Grenzdrehzahl zu betreiben, bei der die in Wärme umgesetzte Antriebsenergie genau zur Erreichung der gewünschten Schmelzetemperatur ausreicht. In der Praxis wird jedoch eine möglichst hohe Durchsatzleistung und damit eine hohe Schneckendrehzahl angestrebt, um mit möglichst kleinen Extrudern und geringen Investitionskosten einen möglichst hohen Ausstoß zu erreichen. Besonders deutlich wird diese Vorgehensweise bei den vielfach nachträglich durchgeführten Massedurchsatzsteigerungen an vorhandenen Extrudern, die mit Hilfe von geänderten Schnecken und leistungsgesteigerten Antrieben realisiert werden. Hierbei ist häufig von untergeordneter Bedeutung, daß der höhere spezifische elektrische Energiebedarf bei hohen Drehzahlen zu höheren Kosten führt.

Es gibt unterschiedliche Konzepte zur Optimierung der Schneckengeometrie, durch die der energetisch günstige Betriebsbereich zu höheren Drehzahlen hin verschoben werden kann. Darüber hinaus können Wärmerohre in die Schnecke eingesetzt werden, um Wämeenergie von der Schneckenspitze, in den Bereich der Aufschmelzzone zu leiten.

Die Forderung nach hohen und gegendruckunabhängigen Durchsatzleistungen haben zum bevorzugten Einsatz von Nutbuchsextrudern bei der Polyolefinverarbeitung geführt. Gegenüber Extrudern mit glatter Einzugszone, die diesen Anforderungen nicht so gut entsprechen können, verursacht die zur Aufrechterhalten der Förderwirkung notwendige Flüssigkeitstemperierung der genuteten Einzugszone häufig einen zusätzlichen Verlust an Antriebsenergie. Die in älteren Untersuchungen ermittelten Kühlleistungen von bis zu 50 % der Antriebsleistung wurden tatsächlich oft als Maß für die Wirksamkeit der Förderwirkung der Einzugszone angesehen. Sie sind aber vielmehr Energieverluste, die ohne einen Verlust an Förderwirksamkeit durch geometrische Optimierung der Nutbuchse und der Schnecke wesentlich gesenkt werden können. Außerdem ist es sinnvoll, die Kühlleistung zu verringern und die Nutbuchse bei einer so hohen Temperatur zu betreiben, daß in diesem Bereich ein Aufschmelzen und der Verlust der Förderwirksamkeit gerade noch nicht stattfinden. Mit diesen Maßnahmen lassen sich die Energieverluste der Nutbuchse auf 5 bis 10 % verringern.

Bei den Extruderantrieben können Energieeinsparungen von 4 bis 6 % durch die Verwendung von Asynchron- oder Synchronantrieben statt der bisher durchweg eingesetzten thyristorgeregelten Gleichstromantriebe realisiert werden (Fischer 1997). Dazu ist derzeit bei Antriebsleistungen von über 100 kW noch mit höheren Investitionskosten zu rechnen, die sich jedoch in 2 bis 3 Jahren amortisieren.

Abbildung 1 zeigt zusammenfassend einen Vergleich der Energieverluste in den Funktionsbereichen eines typischen Einschneckenextruders und eines energieoptimierten Extruders. Einsparpotentiale bestehen also sowohl beim Antrieb als auch in der Plastifiziereinheit.

	typische Einschneckenextruder		energieoptimierter Extruder	
Antrieb	Stromrichter	0,75	Frequenzumrichter	2
	Gleichstromrichter	12	Asynchronmotor	6 – 8
	Keilriemenpaket	3 – 5	Zahnriemengetriebe	2
	Stirnradgetriebe	3 – 4	Drucklager	0,5
	Drucklager	0,5		
Plazifizier -einheit	gekühlte Nutbuchse	10 – 20	gekühlte Nutbuchse	5
	Wärmeverluste	5 – 10	Wärmeverluste	0 – 5
	Zylinderkühlung	0 – 20	Zylinderkühlung	0 – 20

> Asynchron- oder Synchronantriebe statt Gleichstromantriebe: Reduzierung des elektrischen Energieverbrauchs um 4 bis 6 %.

Abb. 1: Energieverluste in % der Antriebs-Nennleistung (55 kW) bei Vollast

2.2 Spritzgießtechnik

Da es sich beim Spritzgießen um ein diskontinuierliches Verarbeitungsverfahren handelt, bewirken Anfangsvorgänge und die zyklische Bewegung von schweren Maschinenteilen einen im Vergleich zur Extrusionstechnik generell höheren Energieverbrauch (Frieges 1983).Um kurze Zykluszeiten zu erreichen, wird mit hoher Leistung Energie für das Aufschmelzen und Umformen eingebracht, die anschließend durch eine intensive Kühlung des Werkzeugs dem Formteil wieder entzogen werden muß. Der Leistungsbedarf während der einzelnen Phasen im Zyklus ist sehr unterschiedlich und hängt in hohem Maße von der Formteilgeometrie und vom eingesetzten Material ab. Die Vielfalt der Anwendungen führt zu unterschiedlichen Bauteilkonstruktionen und einem großen Materialspektrum. Schon bei der Bauteilgestaltung (zum Beispiel Wanddickenreduzierung durch Rippenbauweise) und der Werkstoffauswahl wird ein entscheidender Einfluß auf den späteren spezifischen Energiebedarf ausgeübt. Teilkristalline Kunststoffe benötigen für das Aufschmelzen wesentlich mehr Energie als amorphe Kunststoffe.

> Werkstoffauswahl und Formteilgestaltung beeinflussen den Energieeinsatz.

Starker Einfluß der Ausnutzung auf den Energieverbrauch von Spritzgießmaschinen.

Der Lastgang des Spritzgießzyklusses ist geprägt durch hohe Leistungsspitzen während der Einspritzphase und für die Werkzeugbeschleunigung. Da diese Vorgänge jedoch relativ schnell ablaufen, verursachen sie einen relativ geringen Energieverbrauch. Der weitaus größte Anteil am Energieverbrauch von bis zu 70 % entfällt beim Spritzgießen auf den Plastifiziervorgang.

Nach der Produktfestlegung bestimmen die Einstellung, die Größe und das Antriebskonzept der Spritzgießmaschine, welche Energiemengen aufgewendet werden müssen.

Oberstes Gebot sollte es sein, eine hohe Maschinenauslastung zu erreichen, indem Formteil und Maschine so klein wie möglich gewählt werden. Das ist wichtig, weil insbesondere hydraulische Spritzgießmaschinen im Teillastbetrieb erheblich geringere Wirkungsgrade als im Vollastbereich aufweisen. Der Gesamtwirkungsgrad eines elektrohydraulischen Antriebssystems kann im Teillastbereich auf Werte um 0,4 absinken, während er bei Vollast um 0,8 liegt (Frieges 1983: 690-695) (Abbildung 2, Lampl 1994).

Bei der Maschineneinstellung sollten die Einrichter darauf achten, daß nicht unnötig lange Zykluszeiten (zum Beispiel durch lange Kühlzeiten) vorgesehen werden, da sonst natürlich die Ausstoßleistung nicht optimal ist und höhere Leerlaufverluste auftreten. Auch die Schneckendrehzahl sollte zur Erzielung einer optimalen Schmelzqualität und zur Minimierung des Energiebedarfes an die zur Verfügung stehende Zeit angepaßt sein. Insbesondere die Reduzierung der Massetemperatur bewirkt eine Energieverbrauchs- und Zykluszeitverminderung. Sie sollte daher soweit wie möglich abgesenkt werden.

Die Auswahl der richtigen Maschinengröße bezogen auf das Formteil und eine optimale Maschineneinstellung stellen rein organisatorische Maßnahmen dar und erfordern demzufolge keine Investitionen, sondern ausreichend qualifiziertes und sensibilisiertes Personal.

Wirkungsgradkette der Antriebssysteme

Hydraulischer Antrieb

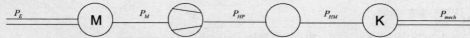

	Elektromotor $\eta_E = \frac{P_M}{P_E}$	Hydropumpe $\eta_{HP} = \frac{P_{HP}}{P_M}$	Hydromotor $\eta_H = \frac{P_{HM}}{P_{HP}}$	mech. Kopplung $\eta_{mech} = \frac{P_{mech}}{P_{HM}}$	Gesamt $\eta_{ges} = \frac{P_{mech}}{P_E}$
drehend $P_{mech} = M \cdot n$	0,88 – 0,96	0,78 – 0,95	0,75 – 0,90	0,80 – 0,96	0,41 – 0,79
geradlinig: $P_{mech} = \cdot v$	0,88 – 0,96	0,78 – 0,95	0,75 – 0,90	0,90 – 0,98	0,46 – 0,79

Elektromechanischer Antrieb

	Elektromotor $\eta_E = \frac{P_M}{P_E}$	Zahnriemen $\eta_Z = \frac{P_Z}{P_M}$	Getriebe / Kugelspindel $\eta = \frac{P_{mech}}{P_Z}$	Gesamt $\eta_{ges} = \frac{P_{mech}}{P_E}$
drehend: $P_{mech} = M \cdot n$	0,85 – 0,92	0,95 – 0,97	Getriebe 0,93 – 0,95	0,75 – 0,86
geradlinig: $P_{mech} = \cdot v$	0,85 – 0,92	0,95 – 0,97	Kugelspindel 0,93 – 0,97	0,75 – 0,87

nach /A. Lampl/

Größere Investitionen sind dagegen erforderlich, wenn beim Kauf der Maschine energetische Gesichtspunkte so weit wie möglich berücksichtigt werden sollen. Dabei ist häufig der Wert der gesamten installierten Leistung nicht ausschlaggebend für den später erreichten Gesamtwirkungsgrad einer Spritzgießmaschine. Dieser hängt vielmehr ab von der Auswahl der integrierten Pumpen- und Regelkonzepte (Konstantpumpe, Regelpumpe, Speicherbetrieb usw.). Auch Drosselverluste, die durch Querschnitt, Rohrlänge und Ventilart bestimmt werden, haben einen deutlichen Einfluß. Bei vollelektrisch angetriebenen Spritzgießmaschinen ist der Wirkungsgrad wesentlich höher. Der Wirkungsgrad einer elektro-mechanischen Antriebsachse bewegt sich je nach Last in Bereichen von 0,7 bis 0,9 (Abbildung 2) (Mapleston 1997: 54-59).

Die praxisrelevanten Unterschiede zwischen dem Energieverbrauch einer hydraulischen und einer vollelektrisch angetriebenen Spritzgießmaschine hängen, wie bereits erläutert, stark vom Formteil, der Zykluszeit und von dem zum Vergleich herangezogenen hydraulischen Maschinentyp ab. Verschiedene Quellen (Thoma, Stillhard 1992: 891ff; Robers, Michaeli: 1993) beziffern die Verbrauchsreduzierung beim Einsatz vollelektrisch angetriebener Spritzgießmaschinen gegenüber hydraulisch angetriebenen Maschinen auf 30 bis 70 %. Diese Werte werden durch eigene Messungen bestätigt.

> Vollelektrische Spritzgießmaschinen verbrauchen 30 bis 70 % weniger Energie als hydraulische.

Aufgrund der geringeren Anschaffungskosten für hydraulisch angetriebene Spritzgießmaschinen dominieren diese derzeit dennoch den Markt. Bei Investitionen in neue Maschinen sollte aber das Antriebskonzept unter Berücksichtigung des vorgesehenen Einsatzbereiches differenziert bewertet werden. Dabei muß berücksichtigt werden, daß der Energieverbrauch die laufenden Kosten während der gesamten Maschinenlebensdauer entscheidend mitbestimmt.

Will man nicht gleich in eine vollelektrische Maschine investieren, so kann ein elektromechanischer Schneckenantrieb für die Plastifizierung helfen, den Energieverbrauch deutlich zu senken (Hybridmaschine). Eine Nachrüstung amortisiert sich oft aufgrund des überschaubaren maschinentechnischen Aufwands in Form von Getrieben und Motoren (die zu konkurrenzfähigen Preisen erhältlich sind) sowie der hohen Energieeinsparung innerhalb eines Jahres. Deshalb bieten viele Maschinenhersteller die Antriebsvariante optional an, zumal sie Parallelfunktionen und bessere Reproduzierbarkeiten ermöglicht.

> Ein Jahr Amortisationszeit für elektrischen Schneckenantrieb.

Neben der Maschineneinstellung und dem Antriebskonzept können auch Details in der Maschinentechnik einen nennenswerten Beitrag zur Energieeinsparung im Spritzgießbetrieb leisten. Die nachfolgend aufgeführten Beispiele sind in vielen Betrieben bereits realisiert: Die Reduzierung der an die Umgebung abgeführten Wärmeenergie ist ein Ziel, das z.B durch eine Isolierung der Plastifiziereinheit erreicht werden kann. Sie wird von vielen Maschinenherstellern bereits serienmäßig angeboten. Werkzeuge, die mit deutlich höheren oder niedrigeren Temperaturen als die Umgebungstemperatur betrieben werden, sollten durch Wärmedämmplatten von der Maschine thermisch getrennt werden. Die Temperiermittelzuleitungen sind so kurz wie möglich auszuführen und unter Umständen zusätzlich zu isolieren. Auch die Integration von Heißkanalverteilersystemen in das Werkzeug kann zu nennenswerten Material- und Energieeinsparungen führen.

2.3 Trocknung von Kunststoffen

Hygroskopische Kunststoffe, zum Beispiel PET, PMMA, PA, PC, ABS, werden vor der Verarbeitung in der Regel mittels erwärmter und oftmals zusätzlich entfeuchteter Luft getrocknet. Dazu ist ein nicht zu unterschätzender Energieeinsatz notwendig. Der Verbrauch an elektrischer Energie zur kontinuierlichen Trocknung von Kunststoffen liegt bei 0,05 bis 0,25 kWh/kg. Bei diskontinuierlicher, chargenweiser Trocknung sind oft noch höhere Werte zu verzeichnen.

Der Trocknungsvorgang wird im wesentlichen durch die Parameter Lufttemperatur und Taupunkt, Trockenzeit und Luftvolumenstrom beeinflußt. Aus den Datenblättern der Materialhersteller sind in der Regel Angaben über Trocknungstemperatur und -zeit zu entnehmen. Diese Vorgaben sollten eingehalten werden.

Zu lange Trockungszeiten führen in jedem Fall zu einem unnötig hohen Energieverbrauch. Daneben kann sogar eine dauerhafte Materialschädigung eintreten. Für den Luftvolumenstrom gilt, daß eine bestimmte Mindest-Luftmenge erforderlich ist, um das Granulat auf Trocknungstemperatur zu erwärmen und die vorhandene Feuchtigkeit zu verdampfen. Wesentlich höhere Luftmengen beschleunigen zwar den Trocknungsvorgang, führen aber insgesamt zu einem größeren Energieverbrauch (Gräff 1992: 32-37). Der Taupunkt ist ein Maß für den absoluten Wassergehalt der Luft. Je niedriger der Taupunkt, desto weniger Feuchte ist in der Luft enthalten. Obwohl ein niedriger Taupunkt den Trocknungsprozeß beschleunigt, wird dieser Größe oftmals eine zu große Bedeutung beigemessen. Taupunkte zwischen -25 °C und -30 °C sind für die meisten Trocknungsaufgaben ausreichend. Deutlich niedrigere Taupunkte bewirken keine wesentliche Verbesserung des Trocknungsergebnisses, erhöhen aber unnötig den Energieverbrauch (Zlotos 1996: 488-493). Lufttemperatur, Taupunkt, Luftmenge und Trocknungsdauer sollten also nicht nur materialspezifisch, sondern auch im Hinblick auf den Energieverbrauch optimiert werden.

Eine weitere Möglichkeit zur Einsparung elektrischer Energie ist die Verwendung verfahrenstechnisch optimierter Trocknungssysteme. Die in der Praxis vorwiegend eingesetzten Trockenlufttrockner zeichnen sich durch Unabhängigkeit des Trocknungsergebnisses von den Umgebungsbedingungen, aber auch durch systembedingte Energieverluste aus, die insbesondere bei hohen Trocknungstemperaturen auftreten. In Abbildung 3 ist dazu ein Beispiel für den Energiefluß bei der Trocknung von PET dargestellt. Durch Energierückgewinnung aus der warmen Abluft läßt sich der elektrische

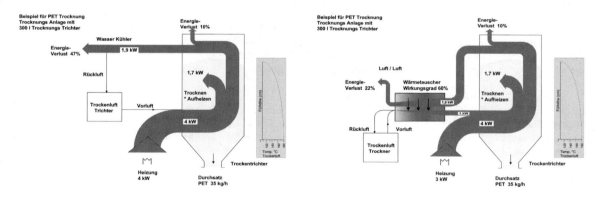

Energieverbrauch um bis zu 30 % reduzieren (N. N. 1994: 84-89). Für einfache Trocknungsaufgaben wie zum Beispiel das Entfernen von Oberflächenfeuchte können einfache Warmlufttrockner eingesetzt werden. Diese Systeme verbrauchen weniger Energie als Trockenlufttrockner, da die Regenerierung des Trocknungsmittels entfällt. Für anspruchsvolle Trocknungsaufgaben sind Warmlufttrockner dagegen nicht zu empfehlen, weil die Trocknungsergebnisse wetterabhängig sind und die erforderlichen Restfeuchtegehalte unter Umständen nicht erreicht werden können.

Eine weitergehende Möglichkeit zur Einsparung elektrischer Energie bei der Trocknung von Kunststoffen wird in der nahen Zukunft die Substitution der üblicherweise verwendeten elektrischen Heizsysteme durch gas- oder ölbefeuerte Systeme sein.

3 Literatur

Energieströme und Energiekosten. In: Kostensenkung beim Aufbereiten von Kunststoffen. VDI-Verlag, Düsseldorf 1995

Fischer, H.: Elektrische Antriebe in der Extrusion. In: Der Einschneckenextruder – Grundlagen und Systemoptimierung. VDI-Verlag, Düsseldorf. 1997

Frieges, A.: Anregungen zur Verringerung des Energieverbrauchs in der kunstoffverarbeiteten Industrie. Kunststoffe 73 (1983), S. 690-695

Gräff, R.W.: Optimale Luft. Kunststoff Journal (1992) 7-8, S. 32-37

Haberstroh, E., Gliese, F.: Wirtschaftliches Beurteilen der Energiesparmöglichkeiten im Extrusionsbetrieb. In: Kostenoptimiertes Extrudieren von Rohren und Profilen. VDI-Verlag, Düsseldorf 1985

Lampl, A.: Gegenüberstellung verschiedener Antriebstechniken bei Spritzgießmaschinen. 13. Leobener Kunststoff-Kolloquium 1994

Mapleston, P.: Good housekeeping can save energy for injection molders. Modern Plastics International (1997) 11, pg. 54-59

N. N.: Neuartiges Trocknungssystem mit hohem Wirkungsgrad. Plastverarbeiter 45 (1994) 10, S. 84-89

Robers, T., Michaeli, W.: Elektrik vs. Hydraulik. Kunststoff Journal 93 (1993) 3

Thoma, H., Stillhard, B.: Elektrische Spritzgußmaschine – sparsam und genau. Kunststoffe 92 (1992) 19, S. 891ff

Zlotos, M.: Wirksam wirtschaftlich – Kunststoffgranulate optimal trocknen und fördern. Kunststoffe 86 (1996) 4. S. 488–493

Ansgar Paschen, Burkhard Wulfhorst

Textilindustrie

Der Anteil der Kosten für Energie in der Textilindustrie beträgt branchenabhängig etwa zwischen 1 und 6 % der gesamten Produktionskosten. Diese Kosten werden von den standortabhängigen Energiepreisen und vom Energieverbrauch der verwendeten Maschine bestimmt. In vielen Branchen entfällt ein Großteil der Energiekosten auf die elektrische Energie. Dieser Anteil beträgt im Spinnereibereich zwischen 70 und 80 %, im Bereich der Flächenherstellung (Weben und Maschenwaren) etwa 60 %, in der Teppichindustrie 45 % und im Bereich der Textilveredelung 30 % (alle Angaben geschätzt). Somit stellt die Reduzierung des Verbrauchs an elektrischer Energie ein wichtiges Potential für die Kostenreduzierung dar.

| Energieverbrauch als bedeutender Kostenfaktor.

Das Potential zur Verringerung des Verbrauches an elektrischer Energie liegt in der Größenordnung von 10 Prozent. Zur Nutzung dieses Potentials ist zum einen der Einsatz energetisch verbesserter Einzelmaschinen erforderlich, zum anderen die Optimierung von Prozeßketten.

Angesichts der relativ hohen Energiekosten stellen die Einsparung elektrischer Energie sowie das für ihre Realisierung erforderliche Know-how wichtige Beiträge für den Erhalt der Konkurrenzfähigkeit der deutschen Textilindustrie dar.

| Kostenreduktion als Standortfaktor.

1 Entwicklung des absoluten Verbrauchs elektrischer Energie

Die Höhe des Verbrauchs an elektrischer Energie hängt grundsätzlich sowohl von der Menge der produzierten Güter als auch vom Einsatz verbrauchsreduzierender Maßnahmen ab. Aus diesem Grund sind absolute Verbrauchswerte keine aussagekräftigen Mittel zur Bewertung entsprechender Effekte. Dennoch geben sie einen Eindruck von den Größenordnungen und damit von der wirtschaftlichen Gesamtbedeutung.

1.1 Entwicklung des absoluten Gesamtverbrauchs an elektrischer Energie von 1986 bis 1994

Die Entwicklung des absoluten Gesamtverbrauchs an elektrischer Energie von 1986 bis 1994 spiegelt die konjunkturelle Entwicklung wider. Das Wirtschaftswachstum zum Ende der achtziger Jahre gipfelt bei einem Verbrauch von fast 5 Mrd. Kilowattstunden im Jahr 1990. Im Zuge der nachfolgenden Rezession erfolgte eine deutliche Verringerung des Verbrauchs auf unter 4 Mrd. Kilowattstunden (Gesamttextil, Jahrbücher 1991-1996).

| Absolute Verbrauchsschwankungen nur produktionsbezogen erklärbar.

Da diese Veränderungen in Größenordnungen von ca. 20 % nicht ausschließlich auf Einsparungen zurückzuführen sind, müssen zur Beurteilung der Effizienz von Sparmaßnahmen Produktionsdaten hinzugezogen werden.

1.2 Entwicklung des Verbrauchs an elektrischer Energie von 1990 bis 1994 in verschiedenen Produktionssparten

Um die Verbrauchsdaten in Beziehung zu Produktionsdaten setzen zu können, müssen sie nach Produktionssparten aufgeschlüsselt werden. Die vom Industrieverband Gesamttextil verwendete Branchensystematik beinhaltet die Sparten

- Wollspinnerei,
- Baumwollspinnerei,
- Wollweberei,
- Baumwollweberei,
- Seidenweberei,
- Gardinenstoffherstellung,
- Möbel- und Dekorationsstoffweberei,
- Wirkerei und Strickerei,

| Branchensystematik des Industrieverbandes Gesamttextil.

- Teppichindustrie und Gewebebeschichtung,
- Textilveredelungsindustrie und
- Sonstige Textilindustrie.

Die Abbildung 1 zeigt branchenbezogen die Entwicklung des Verbrauchs an elektrischer Energie in den Jahren 1990 bis 1994 (Gesamttextil, Jahrbücher 1991-1996). Erkennbar ist, daß der Verbrauchsrückgang hauptsächlich auf den Baumwollbereich und hier insbesondere auf die Weberei zurückzuführen ist. Auch die Textilveredelungsindustrie trägt zu diesem Trend bei, während die anderen Branchen nur schwach fallende Tendenzen aufweisen. Mehrverbräuche sind in keiner Branche festzustellen.

> Absoluter Verbrauchsrückgang im Baumwollbereich und der Textilveredelung.

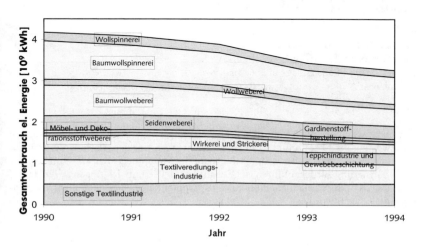

Abb. 1: Absoluter Verbrauch an elektrischer Energie aufgeteilt nach Produktionssparten von 1990 bis 1994 in Westdeutschland (Gesamttextil, Jahrbücher 1991-1996)

Um den Einfluß von Einsparmaßnahmen realistisch bewerten zu können, ist die Entwicklung von produktionsbezogenen Kennwerten erforderlich. Diese können jedoch nur für einzelne Branchen beispielhaft angegeben werden, da nicht für alle Bereiche vollständige Produktionsdaten vorliegen. Zudem sind die vorhandenen Angaben in Tonnen oder m² nicht direkt vergleichbar.

Die Statistik weist bis 1992 nur Produktionszahlen für Westdeutschland auf, ab 1993 ist die gesamtdeutsche Produktion angegeben. Die Angaben für den Verbrauch an elektrischer Energie liegen nur für Westdeutschland bis 1994 vor. Die Darstellung erfolgt deswegen beispielhaft für das Jahr 1992 nur für Westdeutschland.

In Abbildung 2 sind die ermittelten Verbrauchskennwerte dargestellt. Sie differieren branchenabhängig von 1 bis über 5 kWh/kg. Grundsätzlich erweisen sich die Bereiche Spinnerei und Weberei als äußerst verbrauchsintensiv. Dies ist mit den in diesen Verarbeitungsstufen erforderlichen zahlreichen Prozeßschritten erklärbar. Zudem ist gerade der Wirkungsgrad im Webereibereich aufgrund der von starken Beschleunigungen und Verzögerungen geprägten Bewegungen (Fachbildung, Schußeintrag, Rietanschlag) als eher gering anzusetzen.

Ebenfalls verbrauchsintensiv ist die Gardinenstoffherstellung. Auch hier ist der Wirkungsgrad eher gering, da aufgrund der feinen Garnmaterialien und der hohen Anforderungen an die Qualität nicht so hohe Produktionsgeschwindigkeiten möglich sind.

In der Wirkerei/Strickerei und der Teppichindustrie/Gewebebeschichtung ist der produktionsbezogene Verbrauch an elektrischer Energie geringer, da hier in der Regel weniger Prozeßschritte zu Buche schlagen.

3 Verbrauchskennwerte in der Textilindustrie

> Angabe von produktionsbezogenen Kennwerten nur beispielhaft möglich.

> Anzahl der Prozeßschritte eines Verfahrens ist für spezifischen Energieverbrauch maßgeblich.

> Weiterer wichtiger Faktor: mechanischer Wirkungsgrad.

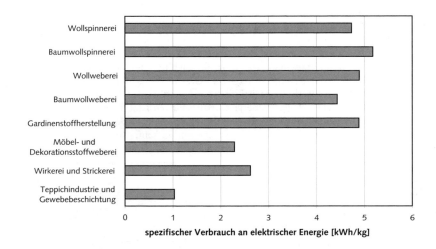

Abb. 2: Spezifischer Verbrauch an elektrischer Energie in verschiedenen Produktionssparten 1992 in Westdeutschland (Gesamttextil 1991-1996)

| Bisherige Einsparungen weitestgehend von Leistungssteigerungen kompensiert.

Der spezifische Verbrauch ist in allen Branchen nur geringen zeitlichen Schwankungen unterworfen. Bis 1992 kommt es zu einem leichten Anstieg des relativen Verbrauchs, was auf ein insgesamt höheres Drehzahlniveau der Maschinen sowie die zunehmende Automatisierung zurückzuführen ist (Viviani 1997). Die Entwicklungen lassen darauf schließen, daß die vorhandenen Energieeinsparpotentiale bisher noch nicht vollständig ausgeschöpft wurden.

4 Einsparpotentiale an elektrischer Energie in der Textilindustrie

| Diversifizierung der Branchen erschwert durchgängige Konzepte zur Energieeinsparung.

Die technische Entwicklung in der Textilindustrie und insbesondere im Textilmaschinenbau ist grundsätzlich von dem Bestreben nach allgemeiner Senkung des Energieverbrauchs geprägt, um Kosten zu reduzieren. Somit weist die Entwicklung in der Vergangenheit eine stetige Erhöhung von Nutzeffekten und Wirkungsgraden von Textilmaschinen und Anlagen auf. Jedoch ist es aufgrund der starken Diversifizierung in der Textil- und Bekleidungsindustrie schwierig, durchgängige Konzepte zur Energieeinsparung zu entwickeln (Viviani 1997).

Im folgenden sind einige grundsätzliche technische und organisatorische Effekte zur Beeinflussung des Verbrauchs an elektrischer Energie sowie anderer Energieformen, die sich vielfach auf elektrische Energie zurückführen lassen, beschrieben. Ihre Verwirklichung wird anhand einiger Beispiele gezeigt.

4.1 Grundsätzliche technische Maßnahmen

| Reduzierung von Massen durch Werkstoffauswahl und Konstruktionsoptimierung.

- **Reduzierung von Massenkräften:**
  In allen beweglichen technischen Systemen steht der Energieverbrauch im direkten Verhältnis zur Größe der zu bewegenden Masse. Hier fallen insbesondere oszillierende Systeme, in denen große Beschleunigungen und Verzögerungen auftreten (zum Beispiel Schußeintrag, Fachbildung und Rietanschlag bei Webmaschinen), ins Gewicht. Zur Reduzierung von Massenkräften kann die Optimierung von Bauteilen durch die Auswahl leichterer Werkstoffe sowie die angepaßte Auslegung nach strukturmechanischen Erfordernissen dienen. Diese sollte darüber hinaus auch zur Optimierung des Schwingungsverhaltens beitragen.

- **Reduzierung mechanischer Verluste:**
  Der Verbrauch an elektrischer Energie im Antriebsbereich hängt in hohem Maße von den mechanischen Übertragungsverlusten ab. So wird vielfach vom Zentralantrieb über Riemen- oder Zahnradgetriebe zum einzelmotorischen Antrieb

übergegangen. Weitere Einsparungen lassen sich durch die Minimierung von Reibungsverlusten erzielen. Dies ist in vielen Fällen bereits durch die bedarfsgerechte Auswahl und Dimensionierung von Lagerungen und Schmierstoffen möglich. In anderen Fällen lassen sich Reibeffekte durch die Analyse entsprechender Tribosysteme (also der Erscheinungen und Vorgänge zwischen aufeinander einwirkenden, relativ zueinander bewegten Oberflächen) optimieren. Hier können die Gestaltung von Oberflächen und die Auswahl entsprechender Werkstoffe nicht nur zur Verringerung von Reibungsverlusten, sondern auch zur Optimierung des Verschleißverhaltens und damit zur Erhöhung der Standzeiten beitragen.

> Reduzierung von Übertragungsverlusten durch Direktantriebe und Reibungsminimierung.

- **Optimierung der Wärmetechnik:**
Neben der Reduktion von Wärmeverlusten, die aus Reibungseffekten resultieren, sind Einsparpotentiale in allen Bereichen der Textilindustrie vorhanden, in denen Prozeßschritte unter anderem aus der Zuführung von elektrisch erzeugter Wärmeenergie bestehen. Hier ist im wesentlichen die Textilveredelung zu nennen. Einsparpotentiale sind durch verbesserte Isolierungen, Wärmerückgewinnungssysteme, effiziente Kühlungen und angepaßte Prozeßführung möglich.

> Optimierung von Wärmeprozessen durch Isolierung und angepaßte Prozeßführung.

- **Verringerung des Klimatisierungsaufwandes:**
Ein hoher Anteil der elektrischen Energie entfällt auf die Klimatisierung von Maschinenhallen, um sowohl das zu verarbeitende Material als auch die Maschinen in einem definierten Zustand von Temperatur und relativer Feuchte zu halten. Dieser Anteil schwankt branchenabhängig sehr stark. Durch die Reduzierung des Klimatisierungsaufwandes sind beträchtliche Einsparpotentiale gegeben. Dies kann durch die konsequente Verringerung des zu klimatisierenden Raumvolumens durch gezielte Umstrukturierung erzielt werden. Eine Verminderung der Maschinenabwärme kann beispielsweise durch Optimierung der elektrischen Antriebe und verbesserte Isolierungen erreicht werden und hat ebenfalls positiven Einfluß auf den Klimatisierungsaufwand. Auch die Direktklimatisierung von Maschinen oder materialführenden Elementen, die eine Hallenklimatisierung überflüssig macht, läßt signifikante Verringerungen erwarten. Direktklimatisierungen werden beispielsweise durch Luftleitungen an den Maschinen, die in speziellen Diffusorelementen enden, realisiert.

> Klimatisierungsaufwand durch Verringerung von Abwärme oder Direktklimatisierungen.

- **Optimierung der elektrischen Antriebe:**
Im Bereich der Antriebstechnik von Textilmaschinen führt die Verwendung der Umformertechnik, die die Einzelsteuerung von Servomotoren ermöglicht, zu beträchtlichen Einsparungen an elektrischer Energie. Sie ermöglicht eine exakte, bedarfsgerechte Energieversorgung der Motoren und vermeidet Stillstandszeiten durch sonst erforderliche Wechsel von Antriebselementen.

> Umformertechnik ermöglicht Einsparungen im Antriebsbereich.

Die meisten der hier genannten Prinzipien haben bereits im Rahmen von Serienmaschinen Anwendung gefunden. Im folgenden werden einige Anlagen und ihre Besonderheit in bezug auf sparsamen Energieverbrauch vorgestellt.

> **4.2 Beispiele für die Umsetzung in die Praxis**

- **Greiferwebmaschine „Gamma":**
Durch Niedrigbauweise und Optimierung der Auswuchtung wird das Schwingungsaufkommen verringert. Die Schäfte werden direkt vom Hauptmotor angetrieben, wodurch der Antriebsweg verkürzt wird. Der Einsatz von Schrittmotoren minimiert Übertragungsverluste. Die geringe Maschinenabwärme trägt zur Reduktion des klimatechnischen Energieverbrauchs im Websaal bei (N.N.: Gamma ... 1997; Picanol 1996).

> Optimierungen durch Antriebsverkürzung und Verringerung der Maschinenabwärme.

Minimierung des Luftverbrauchs führt zu entscheidenden Einsparungen.	• **Luftdüsenwebmaschine „Delta-X":** Optimierungen an den Luftdüsen, der Schußbremse und dem Schußwächter haben eine Verringerung des Luftverbrauchs zur Folge. Der für den Antrieb des Kettablasses verwendete Servomotor führt zu weiteren Einsparungen an elektrischer Energie (N.N.: Picanol Delta X 1997).
Substitution von oszillierenden durch rotatorische Bewegungen.	• **Mehrphasenwebmaschine „M 8300":** Das nach dem Reihenfachprinzip arbeitende Mehrphasenweben ersetzt die von stark oszillierenden Bewegungsabläufen geprägte Fachbildung beim konventionellen Webprinzip. Dies wird durch die rein rotatorische Bewegung eines sogenannten Webrotors ermöglicht. Der gleichzeitige Eintrag von vier Schußfäden mit Niederdruckluft ist durchführbar. Daraus resultiert der niedrigste Energieverbrauch pro Quadratmeter Gewebe, der zur Zeit bekannt ist. Weitere Einsparungen ergeben sich über die Einzelklimatisierung, die auch gleichzeitig für die Abführung der Reibungs- und Motorenwärme sorgt (Steiner 1995).
Reduzierung von Antriebsverlusten und Maschinenabwärme ermöglicht Einsparungen bis zu 20 %.	• **Ringspinnmaschine G30:** Durch die Verwendung von Frequenzumformern sowie Energiesparfunktionen kann der Energieverbrauch um ca. 5 % gesenkt werden. Weitere Einsparungen ergeben sich durch den Vier-Spindel-Antrieb sowie eine effiziente Motorenkühlung. Auf diese Weise gelangt keine Abwärme in die Umgebung, wodurch der Energieverbrauch der Klimatisierung verringert werden kann. Insgesamt wird die Einsparung an elektrischer Energie auf bis zu 20 % beziffert (Weber 1997).
Energieeinsparung durch Modifikation des Spinnbalkens beim POY-Spinnen.	• **Herstellung und Verarbeitung von POY-Filamentgarnen (Partially Oriented Yarn):** Durch Modifikation des Querschnittes des Spinnbalkens wird eine Reduktion der schlecht zu isolierenden Heizkastenfläche um ca. 40 % bewirkt. Dies führt zu einer Energieeinsparung von 18 % gegenüber dem konventionellen Spinnbalkenaufbau. Weitere Einsparungen sind möglich durch die Integration des Diphylverdampfers in die Spinnbalkenkonstruktion. Dadurch entfallen nahezu alle Diphylleitungen und die entsprechenden Wärmeverluste. Dies führt insgesamt zu Energieeinsparungen von bis zu 25 %. Aus der Verringerung der Verlustwärme resultieren weitere Einsparungen im Bereich der Klimatisierung der Produktionsräume (Meier 1994).
Optimierung von Düsen ermöglicht bessere Energieausnutzung.	• **Star-Jet Düsensysteme:** Durch neuartige Düsensysteme beim Trocknen und Aufheizen textiler Bahnen in Spannrahmen werden die Verdampfungs- und Wärmeübertragungsleistungen konventioneller Systeme übertroffen. Die Düsenaufteilung und -geometrie sowie optimierte Luftgeschwindigkeiten führen zu maximal 25 % höheren Leistungen, wodurch die eingesetzte Energie besser ausgenutzt wird.
Direktklimatisierungen führen zu Energieeinsparung und Verbesserung der Effizienz.	• **Direktklimatisierungen:** Die Klimatisierung von Web- und Strickmaschinen erfolgt in Kombination zwischen Deckenbelüftung, Bodenabsaugung und Wanderreiniger. Auf diese Weise können durch Verringerung der klimatechnischen Energie bis zu 20 % der Klimakosten eingespart werden (Viviani 1997). In anderen Veröffentlichungen werden Energieeinsparpotentiale von bis zu 50 % bei gleichzeitiger Verbesserung der Produktionseffizienz angegeben (Seyffer 1998).
	• **Teppichfärbeanlage:** Die sich den Waschprozessen anschließenden Trocknungsvorgänge lassen sich durch eine vorgeschaltete, gute mechanische Entwässerung energetisch günstiger

durchführen. Hier hat die Saugtechnologie zu deutlichen Verbesserungen gegenüber herkömmlichen Quetschwerken geführt (Münstermann 1994; Kadagies 1994). Bei Produktionsprogrammen mit unterschiedlichen Teppichqualitäten empfiehlt sich für die Trocknung die Regelung der Ventilatordrehzahl mit einem Frequenzumrichter. Es werden mögliche Einsparungen von 50 % der Ventilatorleistung bei Trocknung leichterer Ware angegeben. Darüber hinaus wird ein Prozeßleitsystem zur elektronischen Steuerung und Regelung mit Langzeiterfassung aller Meßdaten empfohlen. Die Amortisationsdauer nur aufgrund der Energieeinsparung wird mit wenigen Jahren angeben (Münstermann 1994).

> Verschiedene Einsparpotentiale bei der Teppichfärbung.

- **Waschen von Textilien:**
Zur Nutzung der Abwärme des Abwassers und Aufheizung des Frischwassers können Wärmerückgewinnungsanlagen und Wärmepumpen eingesetzt werden. Ihr Investitionsaufwand gilt als bescheiden, und ihre Amortisationsdauer wird mit vier bis acht Monaten angeben (Brauns 1994).

> Wärmerückgewinnung mit kurzer Amortisationsdauer.

- **Trocknung von Textilien:**
Zum Trocknen von Textilien kommen grundsätzlich das Bedüsungs- und das Durchlüftungsprinzip infrage. Das Durchlüftungsprinzip erfordert neben anderen technologischen Vorteilen auch eine zu installierende elektrische Leistung, die mit etwa der Hälfte angeben wird (Schmitt 1981; Watzl 1991).
Die Verwendung von Spannrahmen führt zu Kostensenkungen bei Erhöhung der Luftmengen und Antriebsleistung der Ventilatoren. Die hierdurch erhöhten Kosten für Elektroenergie werden durch die Verringerung der Fixkosten und Wärmeenergiekosten mehr als kompensiert. Einsparungen im Elektroenergiebereich sind dennoch durch den Einsatz von Frequenzumformern für die Ventilatoren bei unterschiedlichen Warenqualitäten und dementsprechend variierendem Luftmengenbedarf möglich (Freiberg 1995). Dieser Luftmengenbedarf kann beispielsweise feuchtegeführt geregelt werden. Weitere Einsparungen resultieren aus dem Einsatz von Ventilatoren mit hohem Wirkungsgrad und strömungstechnisch optimierten Luftkreisläufen mit geringen Druckverlusten (automatische Siebreinigung) (Brauns 1994).

> Halbierung der erforderlichen elektrischen Leistung mit Hilfe des Durchlüftungsprinzips.

> Elektroenergieeinsparungen durch Verbesserung des Lüftungssystems.

4.3 Organisatorische Maßnahmen

Im Rahmen der Textilveredelung ist zu prüfen, ob vor dem Färben bzw. vor der Appretur jeweils eine Zwischentrocknung erforderlich ist. Dies wird durchgeführt, um kleinere Farbpartien gemeinsam der Vorbehandlung unterziehen zu können. Durch Einsatz moderner Kommunikations- und Organisationsmittel kann kurzfristiger disponiert werden, wodurch möglicherweise Trocknerpassagen eingespart werden können. Das ist auch in Fällen denkbar, in denen aufgrund der schwierigen Beherrschbarkeit eine Naß-in-naß-Behandlung vermieden werden soll. Durch bessere Beherrschung dieses Prozesses ist ebenfalls die Einsparung von Trocknerschritten möglich (Marzinkowski 1994).

> Bessere Kommunikation, Organisation und Prozeßbeherrschung helfen, Prozeßschritte zu sparen.

Weitere Einspareffekte können aus einer Verringerung des Beleuchtungsaufwandes resultieren. Dies wird beispielsweise durch eine Anpassung der Beleuchtung an den tatsächlichen Lichtbedarf, Einsatz von Reflektoren, Nutzung des Tageslichtes, eine niedrigere Aufhängung der Leuchten oder eine Vollautomatisierung erzielt. So resultieren beispielsweise aus einer Reduzierung der Beleuchtung um 10 W/m² rechnerisch Einsparungen von über 80 kWh pro Jahr und m². Die Wirtschaftlichkeit der Vollautomatisierung ist darüber hinaus unter anderem von in Betracht zu ziehenden Personal- und Raumkosten abhängig, so daß hierzu absolute Angaben schwierig sind.

> Verringerung von Beleuchtungskosten durch Automatisierung.

Für größere Unternehmen mit einem hohen Bedarf an elektrischer und thermischer Energie ist der Einsatz eines eigenen Kraftwerks mit Kraft-Wärme-Kopplung denkbar. Aufgrund des höheren Wirkungsgrades dieser Energieerzeugungsanlagen im

> Kraft-Wärme-Kopplung bei elektrischem und thermischem Energiebedarf.

Gegensatz zu konventionellen Kraftwerken sind auf lange Sicht Kostensenkungen möglich (Schmidtbauer, Böhringer 1994).

5 Neue technische Entwicklungen zur Einsparung elektrischer Energie in der Textilindustrie

Die Verringerung des Energieverbrauchs bleibt ein wesentliches Ziel bei der Weiter- und Neuentwicklung von Maschinen und Anlagen. Im folgenden werden dafür einige Beispiele genannt.

- **Reduzierung von Drehzahlen:**
  Der immer noch vorhandene leichte Anstieg des produktionsbezogenen Verbrauchs an elektrischer Energie ist zum großen Teil auf steigende Drehzahlen der Antriebsmotoren zurückzuführen. Hier sind Einsparpotentiale gegeben, wenn es möglich ist, bei gleichbleibender Qualität und Produktivität mit geringeren Drehzahlen zu arbeiten. Beispielsweise wird versucht, durch Modifikation der Geometrie und der Werkstoffe die Friktionsscheiben von Drallaggregaten beim Texturieren von Filamentgarnen zu optimieren. Auf diese Weise kann bei Drehzahlen gearbeitet werden, die um 10 bis 20 % niedriger sind.

Drehzahlreduktion bei gleicher Leistung führt zu Einsparungen der Antriebsenergie.

- Ebenfalls beim Texturieren verspricht auch die Optimierung der Heizer Einsparungen an elektrischer Energie. Hier kann zum Beispiel mit Hochtemperaturheizern oder Zwei-Heizer-Systemen mit Wärmerückgewinnung gearbeitet werden. Weiteres Potential für Einsparungen ist in der Verbesserung der Isolation sowie Optimierung von Beschichtungen gegeben. Nach unseren Vorschlägen beträgt die mögliche Energieeinsparung bis zu 40 % (Osterloh, Wulfhorst 1997).

Optimierte Wärmeausnutzung durch Hochtemperaturheizer oder Zwei-Heizer-Systeme.

- Die Optimierung von Luftführungselementen nach strömungstechnischen Gesichtspunkten kann zur Verminderung des hohen Energieverbrauchs lufttechnischer Komponenten führen. Weiterhin sind Einsparungen von einer Anpassung der Prozeßführung im Hinblick auf zentrale Luftaufbereitung bei einer dezentralen Luftentsorgung zu erwarten.

Strömungstechnische Optimierung von Luftführungselementen.

- Die bereits angesprochene Einzelklimatisierung von Maschinen kann bis hin zur lokalen Klimatisierung der Materialführungselemente konsequent fortgeführt werden. Es lassen sich zum Beispiel Klimaschienen oder -rohre für Faserbänder oder Garne einsetzen.

Direktklimatisierung von Maschinen bis zu Einzelelementen hin möglich.

Insgesamt besteht in der Textilindustrie ein großes Potential zur weiteren Verringerung des Bedarfs an elektrischer Energie von etwa 10 %. Hierbei sind besonders die durch Beispiele illustrierten Maßnahmen an Einzelmaschinen wichtig. Bei der Bewertung von Fertigungsprozessen, die aus verschiedenen Prozeßstufen bestehen (zum Beispiel in der Spinnerei), lassen sich Energiesparmaßnahmen am besten dadurch realisieren, daß innerhalb der Prozeßkette einzelne Prozeßstufen entfallen. Allerdings muß diese Prozeßverkürzung technologisch und wirtschaftlich vertretbar sein.

Verkürzung von Prozeßketten wichtiger Beitrag zu Energieeinsparungen.

6 Literatur

Brauns, J.: Energieflüsse in der Textilveredlung. Vortrag anläßlich der 20. Aachener Textiltagung, Aachen 10.-11.11.1993, DWI Schriftenreihe 1994/113, S. 15-29

Freiberg, H.: Mehr ergibt weniger – ein Beitrag zur kostensparenden Nutzung von Spannrahmen. International Textile Bulletin Veredlung 41 (1995), H. 3, 71, 72, 74, 76

Gesamttextil e. V. (Hrsg.): Jahrbuch der Textilindustrie 1991. Textil-Service- und Verlags-Gesellschaft mbH, Eschborn 1991

Gesamttextil e. V. (Hrsg.): Jahrbuch der Textilindustrie 1992. Textil-Service- und Verlags-Gesellschaft mbH, Eschborn 1992

Gesamttextil e. V. (Hrsg.): Jahrbuch der Textilindustrie 1993. Textil-Service- und Verlags-Gesellschaft mbH, Eschborn 1993

Gesamttextil e. V. (Hrsg.): Jahrbuch der Textilindustrie 1994. Textil-Service- und Verlags-Gesellschaft mbH, Eschborn 1994

Gesamttextil e. V. (Hrsg.): Jahrbuch der Textilindustrie 1995. Textil-Service- und Verlags-Gesellschaft mbH, Eschborn 1995

Gesamttextil e. V. (Hrsg.): Jahrbuch der Textilindustrie 1996. Textil-Service- und Verlags-Gesellschaft mbH, Eschborn 1996

Kadagies, K.: Ein Vergleich unterschiedlicher Entwässerungssysteme vor dem Hintergund von Investitions- und Betriebskosten im Rahmen von Ökologie und Ökonomie. Vortrag anläßlich der 20. Aachener Textiltagung, Aachen 10.-11.11.1993, DWI Schriftenreihe 1994/113, S. 139-163

Marzinkowski, M.: Die Bedeutung der Wärmenutzungsverordnung für Spannrahmen zur Textilveredlung. Vortrag anläßlich der 20. Aachener Textiltagung, Aachen 10.-11.11.1993, DWI Schriftenreihe 1994/113, S. 407-416

Meier, K.: Energieflüsse und Einsparpotentiale bei der Herstellung und Verarbeitung von POY. Vortrag anläßlich der 20. Aachener Textiltagung, Aachen 10.-11.11.1993, DWI Schriftenreihe 1994/113, S. 109-119

Münstermann, U.: Wasser- und energiesparende kontinuierliche Teppichfärbung. Textilveredelung 29 (1994), H. 78, S. 201-205

N. N.: Gamma – Die Greifermaschine übertrifft alle Erwartungen. Picanol News (1997), H. März 1–5

N. N.: Picanol Delta-X – Eine rundum verjüngte Luftdüsenwebmaschine. Picanol News (1997), H. September, S. 1–3

Osterloh, M.; Wulfhorst, B.: Möglichkeiten der Energieeinsparung an Zweiheizer-Texturiermaschinen. Abschlußbericht zum Forschungsvorhaben AiF 9705 am Institut für Textiltechnik der RWTH Aachen, Aachen 1997

Picanol N. V. (Hrsg.): Picanol Gamma. Firmenschrift Picanol N. V., IeperB 1996

Schmidtbauer, J.; Böhringer, B.: Stoff- und Energiebilanz für Viskose-Stapelfasern und Filamente. Vortrag anläßlich der 33. Internationalen Chemiefasertagung, Dornbirn (A) 28.-30.09.1994

Schmitt, F.: Gegenüberstellung des Durchbelüftungs- und des Düsenbelüftungsprinzips (energetische Betrachtungen, Möglichkeiten der Temperaturführung bei zonenweiser Aufteilung). textil praxis international (1981), H. 2, S. 169 -176

Seyffer, G.: LTG: Weave Direct Loom-Conditioning System. Textile World 148 (1998), H. 4, S. 60-61

Steiner, A.: In die nächste Größenordnung? Sulzer Technical Review (1995), H. 4, S. 24-27

Viviani, F.: Esistono ancora delle possibilita di effettuare risparmi energetici nei cicio tessile? Industria Cotoniera 50 (1997), H. 3, S. 221-226

Watzl, A.: Durchströmtrocknung für die Textil-, Nonwovens-, Papier- und Chemiefaserindustrie – Wirtschaftliches Verfahren mit Energieeinsparung und Umweltschutz. Melliand-Textilberichte 72 (1991), H. 6, S. 470-479

Weber, A.: Energiesparpotentiale an Rieter Maschinen. Rieter link 9 (1997), H. 1, S. 24-26

Hans-Edgar Esk
Papierindustrie

Elektrischer Energieverbrauch 1.000 kWh/t Papier

Organisatorische Einsparpotentiale: Strombezugskonditionen und Lastmanagementsysteme.

Technische Einsparpotentiale: Upgrade elektrischer Antriebe, richtige Dimensionierung, lastabhängige Steuerungen.

Kurzfristige Amortisation

Realisierte Einsparpotentiale = Wettbewerbsvorteile und Umweltschutz.

Die deutsche Zellstoff- und Papierindustrie, nachfolgend kurz Papierindustrie genannt, zählt zu den energieintensiven deutschen Industriezweigen. Die Energiekosten einer Papierfabrik liegen im Bereich großer zweistelliger Millionenbeträge. Sie erreichen ca. 5 bis 18 % des Umsatzes und verursachen 7 bis 35 % der variablen Kosten. Im Jahr 1997 wurden bundesweit 13,83 TWh/a an elektrischer Energie zur Erzeugung von insgesamt 15.953.000 t/a an Fertigprodukten eingesetzt. Der hieraus errechnete spezifische Gesamtenergieeinsatz von rund 3.000 kWh/t unterteilt sich in rund ein Drittel elektrischer Energie und zwei Drittel Dampf.

Einsparpotentiale im Bereich elektrischer Energie ergeben sich auf der organisatorischen Seite durch möglichst effiziente Ausnutzung der Strombezugskonditionen mittels entsprechender Koordination und Steuerung der Fertigungsabläufe über Lastmanagementsysteme. Oberste Priorität hat dabei die Gewährleistung der Produktionssicherheit und -qualität, so daß einfache Lastabwurfsysteme meist nicht ausreichen. Auf technischer Seite sind rund 70 % des Strombedarfs und damit auch die größten Einsparpotentiale elektrischen Antrieben im Bereich der Papiermaschinen, des Wasserkreislaufs sowie des Vakuum- und Druckluftnetzes zuzuordnen. Veraltete Technik (zum Beispiel konstante Drehzahlen) und Fehldimensionierung sind häufige Ursachen für eine schlechte Anpassung an die tatsächlichen Produktionsbedingungen. Der Einsatz von Frequenzumformern, der Übergang zu weitgehend geschlossenen Kreisläufen mit insgesamt geringeren Massenströmen sowie der Einsatz lastabhängiger Steuerungen zum Beispiel auf dem Druckluftsektor amortisiert sich aufgrund der hohen jährlichen Betriebsstunden in der Regel schon innerhalb Jahresfrist.

Der Konkurrenzdruck, das Streben nach Nachhaltigkeit sowie die im Rahmen der Selbstverpflichtung zur Energieeinsparung gesteckten Ziele von 20 % spezifischer Energie- und 22 % spezifischer CO_2-Einsparung für den Zeitraum 1990/2005 zwingen zur Rationalisierung von Produktionsabläufen und zur Durchführung von Energieeinsparprojekten in den Betrieben. Verwirklichte Einsparpotentiale wie die nachfolgend aufgezeigten Beispiele stellen einen Vorteil im Wettbewerb dar und verbessern die Ökobilanz.

1 Einsatz elektrischer Energie

Elektrische Energieverbraucher in vielfältigen Produktionsabläufen.

Die hauptsächlichen elektrischen Energieverbraucher lassen sich anhand des verallgemeinerten Produktionsschemas einer Papierfabrik lokalisieren (Abbildung 1). In diesem stark vereinfachten Blockschaltbild ist die gesamte Palette möglicher Produkte und Prozeßabläufe beinhaltet. Papier wird heute nach unterschiedlichsten technischen Verfahren aus pflanzlichen Fasern hergestellt. Ausgangsstoffe wie Altpapier, Holz oder Zellstoff werden nach den erforderlichen Aufbereitungsschritten mit großen Mengen von Wasser als Träger für einen geringen prozentualen Faseranteil im Stoffauflauf auf die Papiermaschine (PM) gegeben. In der PM durchläuft die bis 8,5 Meter breite Papierbahn mit bis zu 1.700 Metern pro Minute (!) zunächst eine mechanische Entwässerung durch Walzen und Schuhpressen. Danach erfolgt die Trocknung auf thermischem Weg mittels dampfbeheizter rotierender Trockenzylinder oder auch mittels beheizter Trockenhauben. Der Rationalisierungseffekt durch höhere Papiergeschwindigkeiten führt dabei aufgrund des physikalisch begrenzten Wärmestroms bei der Trocknung zu einer entsprechend größeren Anzahl an Trocknungsstufen und damit zu einem höheren absoluten Strom- und Wärmebedarf. Abschließend wird die fertige

Papierindustrie

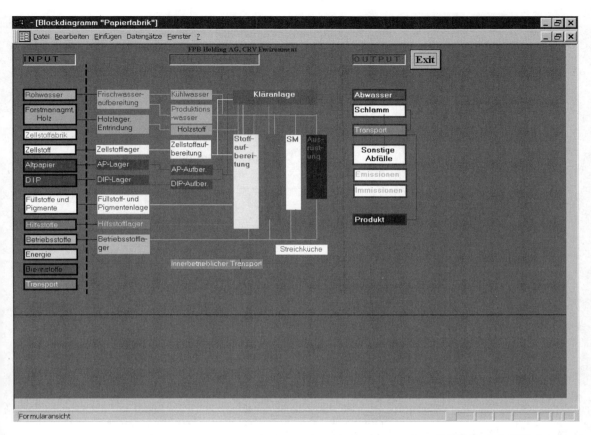

Abb. 1: Blockschaltbild einer Papierfabrik

Papierbahn mit nur wenigen Prozent Feuchtigkeit als Rolle aufgewickelt. Diese Großrollen werden je nach Papierart zum Beispiel noch durch Glättung in elektrisch oder über Thermoöl bei ca. 160 °C beheizten Softkalandern veredelt und in der „Ausrüstung" zu kleineren Rollen oder zu Papier in Blattform weiterverarbeitet.

Innerhalb dieses Ablaufs treten besonders stromintensive Produktionsschritte bereits im Bereich der Halbstofferzeugung und Stoffaufbereitung auf. Beispielsweise erfolgt der thermisch-mechanische Aufschluß preisgünstig erhältlicher Holzhackschnitzel zu Holzfaserstoff (Thermo mechanical Pulp = TMP) in Großanlagen mit elektrischen Anschlußwerten von bis zu 50 MW. Dagegen erfordert die Verarbeitung von entrindetem Frischholz zu Zellfasern (Holzschliff) in großen mechanischen Schleifern lediglich eine elektrische Antriebsleistung von bis zu 2 MW bei Einfach- und 4 MW bei Tandemanordnung. Noch günstiger sieht die elektrische Energiebilanz bei dem seit Ende der siebziger Jahre stark angestiegenen Einsatz von Altpapier aus. Hierbei bestehen jedoch Einschränkungen hinsichtlich der erzielbaren Endproduktqualität, so daß hieraus zum Großteil Zeitungs- und Gebrauchspapiere erzeugt werden.

Halbstofferzeugung (TMP, Holzschliff) ist gegenüber Altpapiereinsatz sehr energieintensiv.

Als weitere Stromverbraucher sind die Pumpen im Bereich der Wasserkreisläufe sowie die Kompressoren zur Drucklufterzeugung zu nennen. In all diesen Anwendungen dient elektrische Energie in erster Linie zur Speisung geregelter und ungeregelter Elektromotoren. In den Bereichen Papiermaschine und Streichmaschine überwiegen Gleich- und Drehstrommotoren mit hochgenauen Regelungen, während im weiteren Verarbeitungsprozeß eher ungeregelte elektrische Antriebe eingesetzt werden. Der hohe Automatisierungsgrad von Papierfabriken erfordert in jedem Fall eine sichere Versorgung der komplexen Meß-, Regel- und Prozeßleitsysteme mit elektrischer Ener-

Elektrische Großverbraucher: Elektromotoren in Papiermaschinen, Pumpen, Vakuum- und Druckluftanlagen.

Durch Wärmerückgewinnung heute Dampfanteil zwei Drittel, Stromanteil ein Drittel.

Abb. 2: Papierproduktion und Einsatz elektrischer Energie

35 Jahre Energieeinsparung: Produktion x 5, Gesamtenergieverbrauch x 1,1.

Energiekosten-Einsparung einer Papierfabrik: 5,7 % p.a.

Energiekostenoptimierung unter Berücksichtigung aller Energieträger.

gie, da bereits kleinste Drehzahlschwankungen in der PM zu den gefürchteten Abrissen der Papierbahn und damit zur Ausschußproduktion führen können.

Bei der Beurteilung der Energiesituation in der Papierindustrie ist zu beachten, daß die elektrische Energie heute nur etwa ein Drittel des Verbrauchs ausmacht (Abbildung 2). Der Rest wird durch fossil erzeugten Wasserdampf erbracht, der früher nach dem jeweiligen Produktionsschritt ungenutzt in die Atmosphäre ging. Von weitem waren daher Papierfabriken durch große weiße Dampfschwaden zu erkennen, die über Dach abgeblasen wurden.

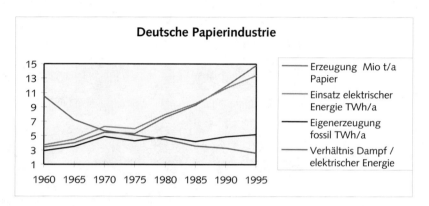

Wie aus Abbildung 2 anhand der Entwicklung des Verhältnisses Dampf/elektrischer Energie hervorgeht, wurde der Dampfanteil und damit auch der spezifische Gesamtenergieeinsatz durch Einbau hocheffizienter Wärmerückgewinnungssysteme in den vergangenen 35 Jahren drastisch reduziert. Während sich die Papiererzeugung in diesem Zeitraum verfünffachte, ging der absolute Dampfverbrauch um rund 10 % zurück. Zugleich wuchs der Stromverbrauch um den Faktor 3.

Der Einspareffekt aus dieser Optimierung betrug in einer deutschen Papierfabrik über einen Zeitraum von zehn Jahren jeweils 1,25 Mio DM/a, entsprechend ca. 5,7 % der jährlichen Energiekosten. Hiervon wurden 373.000 DM mit einer Vielzahl von kleinen Maßnahmen und Verbesserungen ohne nennenswerten Investitionsaufwand und 881.000 DM im Rahmen von Investitionsprojekten mit einem Investitionsaufwand von 390.000 DM verwirklicht.

Eine isolierte Betrachtung des Verbrauchs elektrischer Energie in der Papierindustrie ist somit nicht zielführend, da während des gesamten Prozesses Energie über unterschiedliche Träger wie Dampf, Strom, Vakuum und Druckluft zugeführt wird. Die angestrebte Gesamtoptimierung muß also den gesamten Energieeinsatz einschließlich der thermischen Energie beinhalten. Dies kann im Einzelfall auch zu Lasten der elektrischen Energie gehen. Beispiel hierfür sind die in modernen PM integrierten elektrohydraulisch angetriebenen Schuhpressen, die auf Grund ihrer speziellen, schuhförmig geformten Preßzone eine sehr effektive Entwässerung der Papierbahn auf mechanischem Wege erreichen. Die zusätzlich an dieser Stelle aufgebrachte elektrische Antriebsenergie führt somit im später folgenden thermischen Trocknungsprozeß zu einem deutlich geringeren Bedarf an thermischer Energie.

In Abbildung 2 fällt bei Betrachtung des zeitlichen Verlaufs der Kurven von Papiererzeugung und Einsatz elektrischer Energie auf, daß sich die Kurve für den Einsatz elektrischer Energie mit zunehmend geringerer Steigung entwickelt. Hier wirkt sich die oben erwähnte Selbstverpflichtung und der verstärkte Einsatz von Altpapier als energiesparendem Rohstoff aus.

Die Bandbreite der Papierherstellung umfaßt den Einsatz unterschiedlichster Rohmaterialien (zum Beispiel Laubholz, Nadelholz, Hackschnitzel, diverse Altpapierqualitäten), aus denen nach verschiedenen Aufbereitungsverfahren und Rezepturen unterschiedlichste Fertigprodukte hergestellt werden: vom Tissue mit 13 bis 17 g/m^2 Flächengewicht über Zeitungs- und Illustriertenpapier, Durchschreibe- und thermosensitive Papiere bis hin zu dickem Karton. Der spezifische Energieeinsatz verschiedener Betriebe ist daher nur bedingt vergleichbar. In Abbildung 3 sind daher nur die komprimierten Werte der gesamten Branche für den spezifischen Verbrauch an Gesamtenergie und elektrischer Energie pro t Papier dargestellt.

2 Kennwerte für den elektrischen Energieeinsatz

Spezifischer Energieeinsatz ist stark von Halbstoff und Herstellverfahren abhängig.

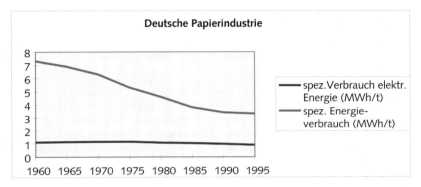

Abb. 3: Spezifischer Verbrauch an Gesamtenergie und elektrischer Energie

Wie aus Abbildung 3 zu entnehmen ist, lag der spezifische Einsatz elektrischer Energie im Jahr 1960 bei 1078 kWh/t und stieg durch stärkere Nachfrage nach höherwertigen und energieintensiver zu produzierenden Papiersorten bis 1970 auf 1.151 kWh/t. Danach ist vor allem durch wachsenden Einsatz von Altpapier ein stetiger Rückgang des spezifischen Energieeinsatzes bis auf 899 kWh/t im Jahr 1996 zu beobachten. Einen wesentlichen Beitrag hierzu lieferte die Entwicklung von tiefdruckfähigem Zeitungspapier (SCB-Qualität), das den Altpapiereinsatz für Werbedrucke und Teile der Illustriertenherstellung salonfähig machte.

Spezifischer Einsatz elektrischer Energie leicht rückläufig (verstärkter Altpapiereinsatz).

Der Rückgang des spezifischen Gesamtenergieverbrauchs nähert sich mittlerweile dem physikalisch vorgegebenen minimalen Energieeinsatz, was einen zunehmend flacheren Verlauf ergibt. Bei der Mehrzahl der Papierfabriken wird elektrische Energie im Bereich von 1.000 bis 1.500 kWh/t eingesetzt. Abhängig von dem Aufbereitungsgrad der eingesetzten Rohstoffe und dem Umfang der erforderlichen Nachbehandlungsschritte sind jedoch auch Werte von 800 bis 2.700 kWh/t denkbar.

Spezifischer Gesamtenergieeinsatz nahe dem erreichbaren Minimum.

Es ist sinnvoll, das Thema „Energieeinsatz und Verbrauchsminderung" zur Chefsache zu machen, um die Weichen für eine erfolgreiche Umsetzung von Verbrauchsminderungs- und Kostenreduzierungsmaßnahmen richtig zu stellen und um Skeptikern, die beim Begriff „Einsparung" an Mangel und Einschränkung denken, keine Chance zu geben. In den nachfolgenden Abschnitten werden die wichtigsten Einsparpotentiale hinsichtlich Umsetzung, Auswirkungen und Amortisationszeit angesprochen.

3 Organisatorische und technische Einsparpotentiale

Einsparung bringt betrieblichen Fortschritt, nicht Mangel!

Verträge zur Lieferung elektrischer Energie an Papierfabriken sind häufig sehr komplex aufgebaut. Es gibt nicht nur jahreszeitlich unterschiedliche HT/NT-Zeiten, sondern auch Verträge mit abschaltbarer Leistung, gesicherter Leistung und Sperrzeiten. Das Erbringen einer Produktionsleistung kann deshalb zu verschiedenen Zeiten mit deutlich geringeren bzw. höheren Energiekosten erfolgen. Daraus resultierend werden

3.1 Organisatorische Einsparpotentiale

3.1.1 Vertrag über die Lieferung elektrischer Energie

energieintensive Prozesse wie die oben beschriebene TMP-Anlage in der Regel nur in Schwachlastzeiten betrieben. Da das Thema Lieferverträge in diesem Buch eingehend behandelt wird, soll im folgenden nur kurz auf die wesentlichen Hilfsmittel zur optimierten Vertragsausnutzung eingegangen werden.

3.1.2 Systeme für Lastmanagement und Energiecontrolling

Historisch bedingt werden in vielen Betrieben Energiekosten lediglich nach einem Verteilerschlüssel auf die verschiedenen Kostenstellen umgelegt. Verbräuche einzelner Betriebsteile sind nur unzulänglich bekannt und Kostenstellenverantwortliche erhalten wenig Anreize zur Erarbeitung und Realisierung von Einsparpotentialen. Systeme für Lastmanagement und Energiecontrolling sind nicht nur ein Schritt zu mehr Transparenz und gerechterer verursacherorientierter Zuordnung von Energiekosten, sondern sie sind zukünftig Voraussetzung für die optimale Vertragsausnutzung im deregulierten Markt und zur Vermeidung unnötiger Überschreitung vereinbarter Bezugsleistungen.

In einer Papierfabrik unterliegt das Auftreten von Spitzenverbrauchswerten in der Regel gewissen individuellen Gesetzmäßigkeiten. So treten Lastspitzen häufig beim Anfahren großer Produktionsanlagen auf oder bei Betrieben mit Weiterverarbeitung auch im Zusammenhang mit Pausen und beim Schichtwechsel. Mit Hilfe eines modernen Lastmanagementsysteme kann das Führungspersonal das Verbrauchsverhalten

> Lastmanagementsysteme ermöglichen Analyse und Beeinflussung des Verbrauchsverhaltens.

analysieren und Strategien zur Reduzierung von teuren Last- bzw. Leistungsspitzen entwickeln. Außerdem werden dem Bedienungspersonal von Produktionsanlagen vor Ort als oft unwissentlichem Verursacher von Lastspitzen kritische Lastsituationen optisch ansprechender und verständlicher dargestellt und die notwendige Einleitung von Gegenmaßnahmen zur Vermeidung von Bezugsspitzen rechtzeitig signalisiert. Wichtig für situationsgerechte Entscheidungen ist dabei die möglichst klare Definition der im Einzelfall zu treffenden Gegenmaßnahmen. Die Verantwortung für trotzdem aufgetretene Lastspitzen liegt dann beim Bedienungspersonal.

Als weiteren wesentlichen Vorteil bieten Systeme für Lastmanagement und Energiecontrolling vielfältige Möglichkeiten zur Auswertung und Zuordnung von Verbräuchen unter Berücksichtigung der Kostenstrukturen des Betriebs. Angefallene Verbräuche und unzulässige Überschreitungen der vertraglich fixierten Bezugsleistung können anteilig den einzelnen Kostenstellen gerecht zugeordnet werden. Die unnötig verursachten Mehrkosten sind nicht länger anonym, sondern sie können individuell zum Verursacher zurückverfolgt werden. Dies wiederum führt zu bewußterem Einsatz von Energieträgern und zur Vermeidung von Lastspitzen.

Ähnlich positive Auswirkungen gibt es auf die Bereitschaft zur Realisierung von Einsparpotentialen. Die bekannte Situation, in der die für Einsparmaßnahmen anfallenden Kosten einer bestimmten Kostenstelle angelastet werden, ist kontraproduktiv.

> Lastmanagementsysteme outen „Trittbrettfahrer".

Während alle anderen kostenlos den Nutzen davon haben, wird der Initiator der Einsparungen „bestraft". Umgekehrt ist der Vorteil für denjenigen am größten, der überhaupt kein Geld zur Verwirklichung von Einsparpotentialen ausgibt (Trittbrettfahrer). Dieser Mißstand kann durch Einführung eines geeigneten Lastmanagementsysteme beseitigt werden, denn dann kommt nur der in den Genuß der Einsparungen, der zuvor die Kosten getragen hat. Die Bereitschaft zur Durchführung von Energiesparmaßnahmen steigt hierdurch erheblich.

Die Aufschlüsselung der Kosten für komplexe Systeme zeigt, daß der größte Kostenblock die Erfassung und Übertragung von Prozeßparametern zum Energiemanagementsystem ist. Hier kann jedoch beginnend mit den wichtigsten Werksteilen/Verbrauchern schrittweise über einen Zeitraum von mehreren Jahren vorgegangen werden. Die Höhe der Kosten ist stark von betrieblichen Gegebenheiten abhängig, man sollte jedoch mindestens mit Beträgen von 40.000 bis 50.000 DM rechnen. Die Amortisationszeiten sind stark vom Einzelfall abhängig, liegen aber auch in ungünstigen Fällen selten bei mehr als zwei bis drei Jahren.

Papierindustrie

Wie oben näher erläutert wurde, ist der Einsatz elektrischer Energie in einer Papierfabrik stark produktabhängig. Eine praxisrelevante typische Aufteilung kann wie folgt aussehen:

- 28 % Papiermaschine (drehzahlgeregelt)
- 23 % Maschinenkreislauf (Wasser/Abwasser)
- 20 % Vakuum
- 19 % Finishing
- 10 % Sonstiges

3.2 Technische Einsparpotentiale

Hieraus läßt sich ableiten, daß überwiegend bzw. ausschließlich mit konstanter Drehzahl betriebene Antriebe ca. 70 % der elektrischen Verbraucher ausmachen. Diese Verbraucher stehen bei der Suche nach Einsparmaßnahmen im Mittelpunkt.

> Hauptzielgruppe für Einsparungen: Elektrische Antriebe

Hauptursache für zu hohen Verbrauch sind fehldimensionierte Anlagen sowie der schlechte Wirkungsgrad von Altanlagen. Fehldimensionierungen einzelner Aggregate sind oft das Resultat der über Jahre hinweg notwendigen Veränderungen und Anpassungen von Produktionsprozessen an sich wandelnde Produktanforderungen.

> Hauptprobleme: Fehldimensionierung, Altanlagen mit schlechten Wirkungsgraden.

Der nachfolgende Abschnitt beinhaltet motivierende Beispiele aus sieben Hauptbereichen, wobei zahlreiche ökonomische Bewertungen in Form von Kosten-Nutzen-Analysen eingearbeitet sind (Basis: 8.000 Bh/a, 0,1 DM/kWh). Bei allen aufgeführten Beispielen zur Energieeinsparung handelt es sich um ausgeführte Energiesparmaßnahmen deutscher Papierfabriken. Die möglichen Einsparpotentiale wurden von Arbeitsgruppen der jeweiligen Werke ermittelt. Besonders beachtenswert ist der Unterabschnitt „Nebenaggregate", bei denen große Energieeinsparungen oft mit minimalem finanziellen Aufwand verwirklicht werden können.

Fazit: Je unvoreingenommener herkömmliche Strukturen betrachtet und in Frage gestellt werden, um so größer sind die Erfolgsaussichten der Umsetzung von Einsparpotentialen. Dabei geht es nicht um das Anprangern von Fehlern, sondern um die Schaffung einer möglichst durchgängigen Motivation, denn erreichte Verbesserungen kommen letztlich allen zugute.

> Motivation als Motor für Veränderungen.

Ein leicht zugänglicher Themenkreis im Bereich der elektrischen Antriebe ist die Optimierung von Pumpen- und Ventilatorantrieben, die in der Regel überwiegend mit konstanter Drehzahl betrieben werden. Details zu dieser Thematik werden in diesem Buch behandelt, so daß hier nur die speziellen Belange einer Papierfabrik diskutiert werden. Darüber hinaus stellen die meisten Antriebs- und Aggregatelieferanten detaillierte technische Unterlagen zur Verfügung.

3.2.1 Elektrische Antriebe: Pumpen und Ventilatoren

Eine Überprüfung der Dimensionierung für vorliegende Anwendungsfälle wird heute meist meßtechnisch über einen repräsentativen Zeitraum durchgeführt. Dies setzt sowohl eine entsprechende Ausrüstung als auch das Know-how in Anwendung und Interpretation voraus. Hier ist es oft sinnvoll, auf Lieferanten oder Fachfirmen zurückzugreifen und die Priorität auf größere Aggregate zu verlegen. Bei derartigen Überprüfungen werden des öfteren historisch gewachsene Fehldimensionierungen oder mängelbehaftete hydraulische Auslegungen (zum Beispiel Einschnürungen im Rohrleitungssystem) aufgedeckt. Letztere werden darüber hinaus häufig durch den Einsatz großer, verbrauchsintensiver Pumpen kaschiert. Generell gilt, daß überdimensionierte und deshalb gedrosselt betriebene Pumpen einen beachtlichen Teil der aufgenommen elektrischen Energie in Wärme umsetzen. Außerdem verursachen sie infolge verstärkt auftretender Kavitation einen zusätzlichen Instandhaltungsaufwand.

> Fehldimensionierungen meßtechnisch mit Herstellerhilfe erkennen.

Drehzahlvariable Antriebe sind zwar eine elegante, meistens aber auch die teuerste Problemlösung. Ihr Vorteil des kostengünstigen Betriebs unter unterschiedlichsten Bedingungen kommt aber voll bei Pumpen und Ventilatoren zum Tragen, deren Volumenströme betriebsbedingt variieren.

Bei Anwendung mit konstantem Volumenstrom kann das Einsparpotential oft mit geringerem Aufwand realisiert werden. Unterschiedliche Pumpenleistungen wer-

Anpassung an Betriebsbedingungen preiswert möglich.

den von den Lieferanten oft durch den Einbau unterschiedlicher Laufräder bei gleichem Pumpengehäuse verwirklicht. Deshalb genügt oft schon das Abdrehen oder der Ersatz eines Laufrades, um die Pumpe anzupassen. Derartige Maßnahmen werden sinnvollerweise im Zuge notwendiger Überholungs- und Reparaturarbeiten ausgeführt, so daß kaum zusätzliche Kosten für die Umsetzung anfallen. Der Einbau eines anderen Pumpentyps ist meistens erheblich teurer und nur in seltenen Fällen notwendig.

Praxisbeispiel
Maßnahme: Reduzierung der elektrischen Leistungsaufnahme einer Pumpe von 100 auf 85 kW
Aufwand: 3.000 DM
Einsparung: ca. 12.000 DM/a
Amortisationszeit: ca. 3 Monate

3.2.2 Kompressoren zur Druckluferzeugung

Druckluft ist die teuerste Sekundärenergie (Systemwirkungsgrad: 10 %).

Druckluft ist mit ca. 0,1 kWh/m^3 im Grundlast- und 0,14 kWh/m^3 im Spitzenlastbereich die teuerste Sekundärenergie im Betrieb. Aufgrund der hohen jährlichen Betriebsstunden sind rund 90 % der Drucklufterzeugungskosten in Papierfabriken Energiekosten. Zur Drucklufterzeugung werden nur etwa 4 bis 5 % des elektrischen Gesamtverbrauchs einer Papierfabrik eingesetzt. Dennoch sind hier die Rationalisierungspotentiale besonders groß, da beim Antrieb mechanischer Verbraucher mit Druckluft der Systemwirkungsgrad (bezogen auf die eingesetzte elektrische Antriebsenergie) auf ca. 10 % absinkt. Generell wird für jedes Bar unnötiger Höherverdichtung der m^3 Luft um 6 bis 10 % teurer.

Betriebsstörungen durch Wasser im Druckluftnetz sind einfach vermeidbar.

Neben den direkten Betriebskosten sind Folgekosten durch Versorgungsmängel zu berücksichtigen. Eine häufige Problemursache besteht zum Beispiel im Auftreten von Feuchtigkeit in der Druckluft nach einem Betriebsstillstand. Grund hierfür ist das Überlasten der Drucklufttrockner mit hohen Volumenströmen beim Anfahren des Druckluftnetzes ohne Gegendruck. Abhilfe schafft hier der vergleichsweise preiswerte Einbau von Strömungsbegrenzern oder Mindestdruckventilen nach dem Trockner.

Für die Praxis ergibt sich folgender Maßnahmenkatalog, bei dessen erstmaliger Anwendung auf das gesamte Druckluftsystem nachstehende Kosten-Nutzen-Abschätzung gilt (Basis: 0,1 DM/kWh, 8.000 Bh/a, 1.000 kW durchschnittliche Leistungsaufnahme):

Maßnahme	Aufwand TDM ca.	Einsparung TDM/a ca.	Amortisationszeit
• Meßtechnische Überprüfung der Kompressorstation durch Hersteller	1	100	< 1 Woche
• Überprüfung des Systemaufbaus durch Hersteller/Lieferanten	0	50 – 100	–
• Vermeidung unnötig hoher Netzdrücke	0	50 – 100	–
• Luftleckagen regelmäßig beseitigen	<5	100 – 200	<1 Monat
• Einbau übergeordneter Steuerung	20 – 50	100 – 200	<6 Monate
• Einsatz effizienter Kompressoren	50 – 100	50 – 100	<2 Jahre
• Kompressorabwärme nutzen (Heizung, Drucklufttrocknung, Produkttrocknung)	200	300 – 500	<6 Monate
• Substitution von großen Druckluftverbrauchern durch andere Technologien (z. B. Sieb- und Filzlauregler)	<500	100 – 400	<5 Jahre
• ND-Netz nicht aus HD-Netz speisen	50 – 200	25 – 100	ca. 2 Jahre

Praxisbeispiel

Die schrittweise Produktionssteigerung einer Papierfabrik führte über einen Zeitraum von sieben Jahren zu einem Anstieg des monatlichen Verbrauchs an elektrischer Energie für die Drucklufterzeugung von 130.000 auf 205.000 kWh. Die bei Bedarfsspitzen an ihrer Leistungsgrenze laufende Drucklufterzeugung war überaltert, außerdem zeigte die erzeugte Druckluft einen zunehmenden Restölgehalt.

Nach entsprechenden Konzeptstudien fiel die Entscheidung zur Modernisierung der Anlage entsprechend den Hauptanforderungen, Druckluft in ausreichender Menge und Qualität zu günstigen Kosten bei hoher Verfügbarkeit zur Verfügung zu stellen. Drei alte 90 kW Kolbenkompressoren wurden durch die gleiche Anzahl moderner Schraubenkompressoren à 110 kW Antriebsleistung mit geringerem spezifischen Leistungsbedarf ersetzt. Die Installation einer übergeordneten Steuerung führte zu einer Einengung des Betriebsdruckbandes und zur Reduktion der Leerlaufkosten.

> Niedriger spezifischer Leistungsbedarf durch moderne Kompressoren.

Die neue Station liefert trotz deutlich erhöhter Nennleistung die vom Betrieb geforderte Luftmenge mit 150.000 kWh/Monat anstelle der zuvor benötigten 205.000 kWh/Monat. Zwei 110 kW Kompressoren decken den normalen Bedarf (vorher 3 x 90 kW). Der dritte Kompressor wird zur Deckung von Bedarfsspitzen eingesetzt und dient im Übrigen der Erhöhung der Versorgungssicherheit. Die realisierte Einsparung an elektrischer Energie beträgt 27 %.

Aufwand: ca. 230.000 DM
Einsparung: 2.460.000 kWh/a (alt) – 1.800.000 kWh/a (neu) = 660.000 kWh/a
entsprechend: ca. 66.000 DM/a
Amortisationszeit: ca. 4 Jahre

Eine weitere Reduzierung der Amortisationszeit wäre durch Aufteilung des Bedarfs auf zwei Kompressoren mit 75 kW bzw. 132 kW Nennleistung zuzüglich eines drehzahlgeregelten 132 kW Spitzenlastkompressors realisierbar. Leerlaufkosten entfallen in dieser Konstellation fast vollständig, und der konstante Netzdruck am unteren möglichen Ende spart noch einmal rund 10 % an Energiekosten.

> Optimale Lösung: Angepaßte Kompressoraufteilung, Drehzahlregelung, Mehranlagensteuerung.

3.2.3 Refiner

In einer Papierfabrik führte die Überprüfung der Refiner zu der Feststellung, daß der Mahlgrad und die aufgenommene elektrische Leistung schlecht korrespondierten. Faktisch wirkten die Refiner eher als Pumpen denn als Mahlaggregate. Nach Diskussion dieses Problems mit dem Hersteller wurden die Drehzahlen von 1.000/min auf 750/min zurückgenommen. Neben einer signifikanten Verbesserung des Mahlergebnisses wurde zugleich eine Reduktion der Leistungsaufnahme um 50 bis 60 % (!) erreicht.

> Verbrauchsreduktion auf die Hälfte durch Drehzahlminderung.

Aufwand: ca. 250.000 DM
Einsparung: 8 GWh/a (alt) – 3,6 GWh/a (neu) = 4,4 GWh/a
entsprechend: ca. 440.000 DM/a
Amortisationszeit: < 1 Jahr

Dieses Beispiel ist in zweifacher Hinsicht von besonderer Bedeutung. Zum einen weist es auf die sicherlich in vielen Papierfabriken nicht bekannte Tatsache hin, daß die Korrelation von Antriebsleistung und Mahlgrad nur sehr schwach ausgeprägt, die von Antriebsleistung und durchgesetzter Menge jedoch sehr stark ist. Zum anderen ist es ein gutes Beispiel für das Infragestellen einer seit langem bekannten und nicht mehr als ungewöhnlich empfundenen Situation. Letztendlich verdeutlicht es auch die Notwendigkeit, viel öfter mit dem Lieferanten technologischer Anlagen hinsichtlich der Beseitigung möglicher Schwachstellen zu reden.

> Hersteller und Lieferanten bei Problemlösung frühzeitig einbinden.

Refiner-Optimierung:
Verhältnis Mahlgrad/
Pumpleistung;
Mahlresistenz.

Generell sollte bei Refinern die Frage nach einer möglichen Optimierung des Verhältnisses von Mahlgrad zu Pumpleistung mit dem Ziel der Energieeinsparung gestellt werden. Ein weiterer Einflußfaktor besteht in der unterschiedlichen Mahlresistenz verschiedener Zellstoffqualitäten. Auch hier liegen Ansatzpunkte für Energie- und Kosteneinsparungen.

3.2.4 Vakuumanlage

Vakuumanlage „frißt"
20 % der elektrischen
Gesamtleistungsaufnahme.

Stand der Technik:
mehrstufige Turbo-
Vakuumpumpen mit
Stufenanzapfungen.

In den ersten Stufen einer PM (Naßbereich) werden Bauteile wie Saugwalzen und Sauganpreßwalzen mit Vakuum beaufschlagt, um eine bessere Entwässerung der noch nassen Papierbahn und eine bessere Führung bzw. Übergabe zu erreichen. Die hierfür aufzuwendende elektrische Leistung kann 20 % der elektrischen Gesamtleistungsaufnahme eines Werkes betragen. Einer effizienten Vakuumerzeugung kommt deshalb besondere Bedeutung zu. Ein typisches Beispiel für den Austausch überalterter „Energiefresser" ist der Ersatz von fünf 30 Jahre alten und unrentablen, aber noch funktionierenden Roots-Vakuumpumpen mit je 250 kW Antriebsleistung durch drei neue Turbo-Vakuumpumpen nach heutigem Stand der Technik mit je 165 kW Antriebsleistung unter Beibehaltung der Vakuumleistung. Neben dem gesteigerten Wirkungsgrad bieten mehrstufige Turbo-Vakuumpumpen den Vorteil, verschiedene Unterdrücke durch Stufenanzapfungen kostengünstig zu realisieren: Es wird nur soviel Vakuum erzeugt, wie für eine bestimmte Anwendung tatsächlich erforderlich ist.

Aufwand: ca. 1.000.000 DM
Einsparung: 10 GWh/a (alt) – 3,935 GWh/a (neu) = 6,065 GWh/a
entsprechend: ca. 600.000 DM/a
Amortisationszeit: < 2 Jahre

Die Einsparung von rund 6 GWh/a entspricht bei einem Werksverbrauch von ca. 150 GWh/a rund 4 % der Gesamtenergiekosten.

3.2.5 Kühlwasserversorgung

Gleichzeitig Energie-
einsparung und Erhöhung
der Versorgungssicherheit.

Auch in diesem Bereich soll anhand eines Beispiels aufgezeigt werden, daß die Realisierung von Einsparpotentialen durchaus mit der Erhöhung der Versorgungssicherheit einhergehen kann. Ausgangszustand in einer Papierfabrik war die Kühlwasserentnahme mittels zweier Saugpumpen mit fester Drehzahl aus einem großen Fluß. Nicht zur Kühlung benötigtes Wasser wurde nach erfolgter Grobreinigung per Überlaufbecken wieder in den Fluß zurückgeleitet. Die Fördermenge der Pumpen war konstant und berücksichtigte nicht die jahreszeitlich und produktionstechnisch bedingten Schwankungen des Wasserbedarfs.

Durch starke Pegelschwankungen des Flusses konnten die Pumpen bei geringem Wasserstand infolge der größeren Saughöhe nur mit Mühe in Betrieb gehalten werden. Das Anfahren der Pumpen war unter diesen Bedingungen oft reine Glückssache. Eine Überarbeitung des Konzepts führte zur Installation von zwei Tauchpumpen unterschiedlicher Leistung mit Frequenzumrichter-Antrieben. Eine Pumpe deckt die Grundlast, die zweite wird bei erhöhtem Kühlwasserbedarf zugeschaltet. Die Probleme bei Niedrigwasser bestehen nicht mehr und die tatsächlich zu entnehmende Wassermenge kann jetzt leicht dem Bedarf angepaßt werden.

Durch den geringeren Energieeinsatz amortisiert sich die Anlage innerhalb von 3,5 Jahren. Die erhöhte Versorgungssicherheit ist dabei noch nicht berücksichtigt.

3.2.6 Nebenaggregate

In diesem Bereich lassen sich Einsparungen häufig ohne großen Aufwand mittels einfacher Änderungen im Steuerungsablauf der freiprogrammierbaren Steuerung (SPS) verwirklichen. In Abhängigkeit von der Anlagendimensionierung kommt es bei Produktionsmaschinen zu Wartezeiten, in denen Nebenaggregate häufig weiterlaufen.

Mittels verbesserter Steuerungsabläufe lassen sich leerlaufende Aggregate abschalten, wobei sich sowohl der Energieeinsatz, als auch der Verschleiß verringern. In einem Werk wurden durch gezieltes Bearbeiten dieses Themas mittels Änderung der Maschinensteuerungen folgende Einsparpotentiale verwirklicht:

> Einsparungen bei Nebenaggregaten: Geringer Aufwand, große Wirkung.

Maßnahme	Aufwand TDM ca.	Einsparung TDM/a ca.	Amortisationszeit
Vorstrich-Pulpermotor	6	80	<1 Monat
Eindicker	0,6	1,7	<5 Monate
Randstreifengebläse Streichmaschine	0	12	–
Abwasserpumpen (Red. auf 35 % Laufzeit)	0	6	–
Ausschußentstipper	0	230	–
Vakuumpumpe 1. Presse: bei bestimmten Papierqualitäten weniger Pumpen fahren	0	32	–

Weitere Maßnahmen wurden ebenfalls erfolgreich umgesetzt, von denen die wichtigsten als Anregung nachstehend aufgelistet sind:

- Drehrichtungsumkehr Refiner alle 200h   (Einsparung 3 kWh/100 kg Stoff atro)
- Geänderte Filz-/Sieblaufregler   (80 % weniger Druckluftverbrauch)
- Optimierung der Steuerung Hydraulikpumpe für eine Fehlbogenpresse 37 kW
- Ventilatoren für Kühlmittelversorgung thermostatisch steuern
- Optimierung der Steuerung von Nebenaggregaten für Querschneider (8 Stück à 40 kW = 320 kW)
- Optimierung der Steuerung einer Randstreifenabsaugung und Saugluft 30 kW

Auch die Bereiche Heizung, Lüftung, Klima, Wasserkreisläufe, Wärmerückgewinnung, Trocknung (Schuhpressen), Dampf und Kondensat beinhalten große Einsparpotentiale, auf die hier jedoch nicht weiter eingegangen werden soll. Die Aufgabenstellungen sind hier häufig komplexer, so daß die Einschaltung Dritter wie zum Beispiel Anlagenlieferanten oder externe Berater sinnvoll sein kann.

> 3.2.7 Sonstige
> Outsourcing von Erkennung und Umsetzung komplexer Einsparungspotentiale.

4 Zukünftige Entwicklung

Die zukünftige Entwicklung des elektrischen Energieverbrauchs in der Papierindustrie wird einerseits durch technische und technologische Veränderungen und Weiterentwicklungen der Produktionsprozesse und andererseits durch sich änderndes Verbraucherverhalten beeinflußt. Hierbei führt ein Trend zu besseren Papierqualitäten, höherem Fertigungsaufwand und steigendem spezifischen Energieeinsatz. Auch die Berücksichtigung der ökologischen Nachhaltigkeit bei der Entwicklung und Verbesserung von Produktionsprozessen spielt eine zunehmende Rolle. Diese Faktoren beeinflussen sich gegenseitig. Daher ist eine Vorausschau nur bedingt möglich.

> Anspruchsvolleres Verbraucherverhalten bedingt höheren Energieeinsatz.

Kurven der langfristigen Entwicklung des spezifischen Gesamtenergieverbrauchs (Abbildung 3) weisen einen zunehmend flacheren Verlauf auf. Dies ist ein Hinweis darauf, daß technische und technologische Verbesserungen in der Vergangenheit zu höheren spezifischen Einsparungen geführt haben, als dies bei zukünftigen Maßnahmen zu erwarten ist.

> Zukünftige spezifische Einsparungen geringer, Absolutwerte dennoch lohnend.

Der in jüngster Zeit verstärkt geführten politischen Debatte um die Ökosteuer und damit einer Energieverteuerung steht die bereits zur Realität gewordene Liberali-

Ökosteuer kontra Liberalisierung: Kernpunkt ist Wettbewerbsfähigkeit.

sierung des Strommarktes mit drastischen Preissenkungen gegenüber. Ob sich mit insgesamt fallenden Energiepreisen die längeren Amortisationsdauern für Einsparmaßnahmen nachteilig auf deren Einleitung und Durchführung auswirken, bleibt abzuwarten. In dieser Debatte sollte in einem energieintensiven Industriezweig wie der Papierindustrie keinesfalls der Faktor Wettbewerbsfähigkeit fehlen, welcher durch realisierte Einsparungen mit realistischen Amortisationszeiten gesteigert wird.

Nachfolgend einige Beispiele für technische und technologische Maßnahmen, die auch in Zukunft den spezifischen Einsatz elektrischer Energie positiv beeinflussen werden:

- **verstärkter Einsatz von Altpapier**
  Hierbei wird weniger elektrische Energie für die Aufbereitung der Fasern benötigt als beim Einsatz von Holz als Rohstoff, da ein gewisser Energieanteil bereits bei der Herstellung des jetzigen Altpapiers eingesetzt wurde und bei der Aufbereitung nicht noch einmal in vollem Umfang anfällt.
- **Optimierung von Rezepturen**
  Angesprochen ist unter dieser Rubrik die Optimierung des Einsatzes sogenannter Hilfsstoffe im Rahmen des Produktionsverfahrens und der Produktzusammensetzung. Dies impliziert die Verwendung individuell optimierter Rezepturen für unterschiedliche Produkte anstelle einer einheitlichen Rezeptur bzw. eines einheitlichen Produktionsverfahren für alle Produkte.
- **Stoffzusammensetzung**
  Der für die Papierherstellung benötigte Stoff kann auf unterschiedlichste Weise und aus verschiedenen Ausgangsmaterialien mit unterschiedlichen Kosten und Eigenschaften gewonnen werden. Die Einsparungspotentiale liegen in der produktbezogenen, technologisch und kostenmäßig optimal aufeinander abgestimmten Stoffzusammensetzung und einem daran angepaßten Produktionsverfahren.
- **Zunehmend mehrlagiger Aufbau von Papierbahnen**
  Für Papiere, die sehr unterschiedlichen Anforderungen an die Vorder- und Rückseite der Bahn oder des Blattes gerecht werden müssen, stellt sich die Aufgabe, den Aufbau einer Papierbahn dem vorgesehenen Verwendungszweck optimal anzupassen. Diesen Anforderungen kann oft durch einen mehrlagigen Aufbau entsprochen werden. Das Einsparpotential liegt im Einsatz unterschiedlicher Rezepturen mit unterschiedlichen Kosten für die einzelnen Lagen der Papierbahn. Die Realisierung dieses Potentials bedeutet jedoch in der Regel einen umfangreichen und sehr teuren Umbau des Stoffauflaufs bei vorhandenen Papiermaschinen.
- **Ersatz alter, schmaler und langsamer Papiermaschinen**
  Alte Papiermaschinen, die häufig noch über eine voll mechanische Königswelle mit entsprechend aufwendigen Antriebssträngen verfügen, werden sukzessive durch schnellere und gleichzeitig auch breitere, zeitgemäße Maschinen mit besseren Wirkungsgraden ersetzt. Hierbei handelt es sich um einen kontinuierlichen Modernisierungsprozeß.
- **Verringerung von Stoffverlusten**
  Der „Stoff" wird in verschiedenen technologischen Schritten behandelt (zum Beispiel Entfernen von Verunreinigungen, Entfernen von Druckfarben). Alle hierfür eingesetzten Aggregate besitzen einen gewissen technologischen und energetischen Wirkungsgrad. In ungünstigen Fällen können nicht nur Verunreinigungen, sondern auch ein zu hoher Anteil an Fasern mit ausgeschleust werden. Als Resultat ist für die Herstellung einer gewissen Menge Papier mehr Rohstoff und Energie erforderlich als bei einem optimal arbeitenden Aggregat/Prozeß.
- **Weiterentwicklung der Mahltechnik**
  Eine wichtige und energieintensive Bearbeitungsstufe in der Papierherstellung ist das Mahlen der Fasern in Refinern. Hier sind Einsparungspotentiale aufgrund der

Erhöhung technologischer Wirkungsgrade, zum Beispiel durch Weiterentwicklung und Verbesserung von Mahlgarnituren und dem Einsatz von Mahlgarnituren aus neuen oder verbesserten Materialien (zum Beispiel Keramik), zu erwarten.

- **Verbesserte Trocknung**
  Ein großer Teil der in einer Papierfabrik eingesetzten Energie wird zum Trocknen der Papierbahnen auf mechanischem und thermischem Wege aufgewendet. Thermische Trocknung ist in der Regel teurer als mechanische Trocknung, bei letzterer wird allerdings mehr elektrische Energie eingesetzt. Durch den Einsatz von Schuhpressen wird die mechanische Trocknung verbessert und somit der Gesamtenergiebedarf des Fertigungsprozesses verringert. Die Frage, wieviele solcher Pressen sinnvoll und kosteneffektiv in einem Produktionsprozeß eingesetzt werden sollten, ist noch nicht abschließend beantwortet.

Klaus Seeger
Holzverarbeitung

In allen Unterbranchen der Holzindustrie weisen die Produktionsanlagen mit 25 bis 35 % und die Späne-Absauganlagen mit 20 bis 30 % die größten Anteile am Gesamtverbrauch auf. In diesen Verbrauchsbereichen lassen sich entsprechend hohe Einsparungen erzielen. Während die Einsparmöglichkeiten bei den Produktionsanlagen von Betrieb zu Betrieb unterschiedlich sind, läßt sich bei nicht optimierten Absauganlagen in der Regel eine Einsparung von über 20 % realisieren. Häufig finden sich außerdem Einsparpotentiale in den Bereichen Drucklufterzeugung, Beleuchtung und Lüftung. Das wirtschaftlich erschließbare Einsparpotential für elektrische Energie liegt insgesamt bei 15 bis 20 %. Bei konsequenter Ausschöpfung der Einsparpotentiale können in den besonders energieintensiven Betrieben der Holzwerkstoffindustrie die Herstellungskosten um bis zu 3 % reduziert werden.

1 Einführung

> Wirtschaftlich erschließbares Energieeinsparpotential 15 bis 20 %.

In der Holz-, Holzwerkstoff- und Möbelindustrie werden jährlich zwischen 5.000 GWh und 6.000 GWh elektrischer Energie aus öffentlichen Netzen verbraucht und dafür etwa 1 Mrd. DM aufgewendet. Der Verbrauch der holzver- und holzbearbeitenden Industrie beträgt damit etwa 1 % des Gesamtbedarfs in Deuschland.

Zahlreiche voneinander unabhängige Untersuchungen haben ein mit vertretbarem wirtschaftlichen Aufwand erschließbares Einsparpotential von 15 bis 20 % ergeben. Diese Angabe gilt für die einzelnen Unterbranchen gleichermaßen, obwohl die Verbrauchsintensität sehr unterschiedlich ist: Im Bereich der Holzwerkstoffindustrie entfallen bis zu 15 % der Herstellungskosten auf den Bezug elektrischer Energie, in der Möbelindustrie dagegen nur 1,5 bis 3 %.

Abbildung 1 zeigt die Anteile der verschiedenen Unterbranchen am Gesamtbedarf der Holzindustrie an elektrischer Energie. Die Angaben basieren auf den Verbrauchswerten einzelner Betriebe, die auf die gesamte Branche hochgerechnet wurden.

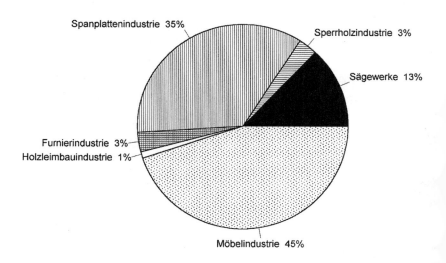

Abb. 1: Anteile des Verbrauchs der verschiedenen Unterbranchen am Gesamtverbrauch der Holzindustrie

Holzverarbeitung

Für die Aufteilung des Verbrauchs auf die einzelnen Bereiche der Betriebe ergibt sich über die verschiedenen Zweige der Holzindustrie hinweg ein relativ gleichmäßiges Bild (Abbildung 2). Vor diesem Hintergrund sind auch die Ansatzpunkte für eine Reduzierung des Energieverbrauches in den Unterbranchen gleich, und die wichtigsten sind von einer Unterbranche auf die andere übertragbar.

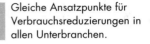

Gleiche Ansatzpunkte für Verbrauchsreduzierungen in allen Unterbranchen.

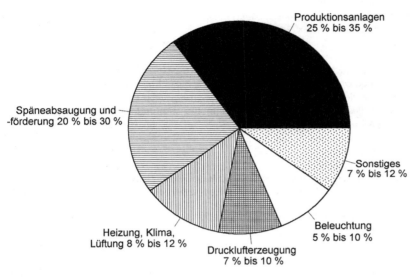

Abb. 2: Anteile des Verbrauches einzelner Bereiche am Gesamtverbrauch eines Betriebes

Voraussetzung für die Erarbeitung eines betrieblichen Energiekonzeptes ist generell eine Analyse des energetischen Ist-Zustandes. Erste Ansatzpunkte kann ein Vergleich mit den spezifischen Verbrauchswerten ähnlich strukturierter Betriebe derselben Unterbranche liefern. Konkrete Maßnahmen können jedoch grundsätzlich nur erarbeitet werden, wenn die Abläufe und Rahmenbedingungen des einzelnen Betriebes im Detail bekannt sind.

Erfahrungsgemäß läßt sich eine mit wirtschaftlich vertretbarem Aufwand realisierbare Energieeinsparung vor allem durch folgende Maßnahmen erzielen:
- Einführung energiesparender Fertigungstechnik
- Einsatz energetisch optimierter Geräte für die Drucklufterzeugung und die pneumatischen Absaug- und Förderanlagen
- Reduzierung des Energieaufwandes für die Beleuchtung durch Tageslichtnutzung, Bewegungsmelder und gezielte Arbeitsplatzbeleuchtung
- Einsatz energiesparender Geräte im Heizungs- und Lüftungsbereich
- Minimierung des Verbrauchs durch den Einsatz rechnergestützter Regelsysteme.

Reduzierung der Herstellungskosten um bis zu 3 % möglich.

Bei konsequenter Ausschöpfung der vorhandenen Einsparpotentiale könnten die jährlichen Aufwendungen der Holzindustrie für den Bezug elektrischer Energie um 175 bis 200 Mio. DM jährlich gesenkt werden. Damit ließen sich in den energieintensiven Betrieben der Holzwerkstoffindustrie die Herstellungskosten um bis zu 3 % reduzieren.

Wie aus Abbildung 2 hervorgeht, entfallen auf die Produktionsanlagen in der Holzindustrie zwischen 25 und 35 % des Gesamtverbrauchs eines Betriebes. Die elektrische Energie wird hier vor allem für Maschinenantriebe benötigt, aber auch für Heizaggregate und sonstige Verbrauchseinrichtungen.

In der Regel sind die Produktionsanlagen auf den einzelnen Betrieb zugeschnitten. Damit stehen in den meisten Fällen Vergleichswerte für den spezifischen Ver-

2 Möglichkeiten zur Energieeinsparung in den wichtigsten Verbrauchsbereichen

2.1 Produktionsanlagen

brauch nicht zur Verfügung, und es gibt kaum konkrete Erfahrungen zur Verbrauchsoptimierung. Die Erschließung von Einsparpotentialen in Produktionsanlagen der Holzindustrie ist daher relativ schwierig. Ausnahmen bilden hier solche Anlagen, die betriebsübergreifend eingesetzt werden, zum Beispiel:

- Hydraulikantriebe
- Zerkleinerungsanlagen
- Trockensysteme.

Erfahrungsgemäß liegt das Einsparpotential bei Produktionsanlagen und Bearbeitungsmaschinen in der Holzindustrie bei 3 bis 7 %. Oftmals lassen sich schon durch optimierte Betriebsabläufe eine bessere Anlagenauslastung und damit nennenswerte Einsparungen erzielen.

Als Beispiel für das Einsparpotential soll die Holzzerfaserung für die MDF-Plattenproduktion in der Holzwerkstoffindustrie betrachtet werden. Der spezifische Verbrauch an elektrischer Ener-gie schwankt hier zwischen 120 und 180 kWh/m³ Fertigprodukt. Dabei hängt der Verbrauch von folgenden Einflußgrößen ab:

- Feuchte des Einsatzmaterials
- Vorzerkleinerungsgrad
- Aufschlußverfahren
- Messerschärfe.

Allein durch ein optimiertes Faseraufschlußverfahren kann bei einer üblichen Tagesproduktion von 1.000 m³ der Verbrauch an elektrischer Energie um 60.000 kWh täglich oder 20 Mio. kWh jährlich verringert werden. Bei einem Preis für die elektrische Energie von 10 Pf/kWh resultiert hieraus eine jährliche Kostensenkung um rund 2 Mio. DM.

In der Möbelindustrie läßt sich in der Regel durch den Übergang von Bearbeitungsstraßen auf Bearbeitungszentren der spezifische Verbrauch um 25 bis 30 % vermindern. Die Verbrauchs-reduzierung ergibt sich daraus, daß bei den für große Losstückzahlen konzipierten Fertigungsstraßen alle Aggregate eingeschaltet, aber oft nur zu 30 bis 40 % im Eingriff sind. Dagegen werden bei den Bearbeitungszentren gezielt nur jene Aggregate angetrieben, die tatsächlich im Eingriff sind. Wenn auch die Entscheidung darüber, ob eine Bearbeitungsstraße oder ein Bearbeitungszentrum installiert wird, in letzter Konsequenz anhand fertigungstechnischer Überlegungen getroffen wird, so sollte der geringere spezifische Energieverbrauch der Bearbeitungszentren unbedingt in die Entscheidungsfindung einbezogen werden.

2.2 Pneumatische Absaug- und Förderanlagen

Mit einem Anteil von 20 bis 30 % verursachen die pneumatischen Absaug- und Förderanlagen nach den Produktionsanlagen den zweitgrößten Verbrauchsanteil an elektrischer Energie (Abbildung 2). Dabei ist erfahrungsgemäß das Einsparpotential mit 25 bis 30 % sehr hoch.

Unabdingbare Voraussetzung für die Erstellung eines Konzeptes zur energetischen Optimierung von Absaug- und Förderanlagen ist die Kenntnis des Ist-Zustandes. Für alle wichtigen Absaug- und Förderstränge müssen Druckverluste, Luftgeschwindigkeiten und Leistungsaufnahme der Lüftermotoren auf der Basis entsprechender Messungen ermittelt werden. Abbildung 3 zeigt beispielhaft einen Ausschnitt der Ergebnisse von lufttechnischen Messungen an vier Holzbearbeitungsmaschinen. Diese Maschinen sind über einen gemeinsamen Strang an einen Absaugventilator angebunden. Die Meßergebnisse offenbaren deutliche Schwachpunkte: An Maschine 5 stellt sich aufgrund eines geringen Erfassungswiderstandes eine extrem hohe Luftgeschwindigkeit ein. Dadurch sinkt die Luftgeschwindigkeit an Maschine 6: Statt einer für eine wirkungsvolle Absaugung anzustrebenden Luftgeschwindigkeit von 22 bis 23 m/s werden nur 17 m/s erreicht.

In Abbildung 4 werden für denselben Betrieb die auf den Typenschildern der Absauganlagen angegebenen Werte für Förder-Volumenstrom und elektrische Lei-

Masch. Nr.	Bezeichnung	Durchmesser in mm		Luftgeschwindigkeit in m/s		Unterdruck in Pa
		Absaugstutzen	Meßstelle	Meßstelle	Absaugstutzen	
1	CNC 1	4 x 160	300	23,5	20,7	920
5	Zerkleinerung	200	200	37,0	37,0	990
6	Fräse 6	200	200	17,0	17,0	620
9	Rye-Fräse	200	200	24,5	24,5	900

Abb. 3: Ergebnisse lufttechnischer Messungen an einer Absauganlage

Ventilator Nr.	Typenschild-Angaben		Meßwerte		Wirkungsgrad in %
	Vol.-strom in m³/s	Leistung in kW	Vol.-strom in m³/s	Leistung in kW	
1	22,000	30	20.380	21	59
2	17,300	30	22.500	24	57
3	22,300	30	22.450	23	62
Summe 1 bis 3	61,600	90	65.330	68	
4	Spänetransport	4		5	
Summe		94		73	

Abb. 4: Volumenströme und elektrische Leistungsaufnahmen von Ventilatoren einer Absauganlage

		Daten vor Sanierung	Daten nach Sanierung	Reduzierung	
				absolut	in %
Leistungsaufnahme	in kW	73	55	18	25
Jährlicher Energieverbrauch	in kWh	300.000	192.500	107.500	36
Jährliche Energiekosten	in DM	64.500	41.280	23.220	36

Abb. 5: Energieverbrauchs- und Energiekostenreduzierung durch Sanierung einer Absauganlage

stungsaufnahme des Ventilatormotors mit gemessenen Werten verglichen. Hier wird zum einen deutlich, daß die Meßwerte erheblich von den Nennwerten abweichen können. Zum anderen belegen die niedrigen Wirkungsgrade ein hohes Einsparpotential.

Für den betrachteten Betrieb wurde ein optimiertes Konzept für die Absauganlagen entwickelt. Die Absaugstränge wurden neu geordnet, und es wurden neue Ventilatoren mit Wirkungsgraden von etwa 75 % installiert. Aus Abbildung 5 kann entnommen werden, in welchem Umfang sich die Leistungsaufnahme der Lüfter sowie der Jahresverbrauch und die jährlichen Kosten der elektrischen Energie reduzierten. Der jährlichen Energiekostensenkung in Höhe von rund 23.000 DM standen Investitionen von rund 120.000 DM gegenüber, so daß sich eine Kapitalrückflußzeit von 5,2 Jahren ergab. Bei der Bewertung dieses Wertes ist allerdings zu berücksichtigen, daß die Investitionskosten auch eine Neugestaltung des Absaugnetzes beinhalteten, die aus fertigungstechnischen Gründen erforderlich war. Dieser Aufwand wäre auch ohne die energetische Optimierung angefallen.

Eine Maßnahme, die oftmals eine hohe Wirtschaftlichkeit aufweist, ist die druckabhängige Regelung von Ventilatormotoren. Absaugventilatoren müssen für den Fall ausgelegt werden, daß eine Absaugung an sämtlichen angeschlossenen Fertigungsmaschinen erfolgen muß. Wenn häufiger der Fall eintritt, daß an einem Teil der Ferti-

Druckabhängige Regelung von Absaugventilatoren.

gungsmaschinen nicht gearbeitet wird, können die betreffenden Absaugstutzen mittels einer Klappe verschlossen und der Ventilator mit verminderter Leistung betrieben werden. Zu diesem Zweck wird der Unterdruck in der Absaugleitung abgefragt und die Drehzahl des Ventilators mittels eines Frequenzumrichters so geregelt, daß sich ein konstanter Unterdruck einstellt. Diese Maßnahme ist besonders dann, wenn die Absauganlage häufiger in Teillast betrieben wird, sehr wirtschaftlich.

2.3 Druckluftversorgung

Druckluft teuerste Antriebsenergie.

Mit einem Preis von bis zu 2 DM/kWh ist Druckluft die teuerste Antriebsenergie für Bewegungen aller Art. Vor diesem Hintergrund ist es sinnvoll, alle wesentlichen Verbrauchseinrichtungen einer kritischen Analyse zu unterziehen und – soweit möglich – eine Umstellung auf elektrische oder hydraulische Antriebe vorzunehmen.

Der erforderliche Luftdruck für pneumatische Antriebe liegt in der Regel bei 5 bis 6 bar. Bei einem üblichen Druckverlust in den Leitungen von etwa 1 bar muß also die Luft von der Erzeugungsanlage mit einem Druck von 6 bis 7 bar bereitgestellt werden. Unabhängig vom tatsächlich benötigten Druck werden Druckluftnetze jedoch oftmals mit deutlich überhöhten Drücken von bis zu 10 bar betrieben. Es wird empfohlen, den Druck soweit wie möglich abzusenken, da eine Reduzierung des Druckes um 1 bar zu einer um 6,5 % verringerten Leistungsaufnahme des Kompressors führt. Außerdem verringert sich durch den niedrigeren Druck der Verschleiß der Erzeugungsanlage, und die Lebensdauer steigt.

Die Leckverluste in Druckluftnetzen liegen bei 15 bis 20 % in schlecht und bei 8 bis 10 % in gut gestalteten und gewarteten Netzen. Diese Verluste lassen sich sehr einfach erfassen, wenn der Verbrauch der Kompressoren in Zeiten eines Betriebsstillstandes gemessen wird. Liegen die Verluste über 10 %, sollten gezielte Maßnahmen zu ihrer Verminderung eingeleitet werden. Maßnahmen zur Vermeidung von Leckverlusten sind generell sehr wirtschaftlich.

Bezieht man auch die Möglichkeiten für eine Optimierung der Drucklufterzeugung ein, so kann in älteren Anlagen oftmals ein Einsparpotential von 25 bis 35 % realisiert werden. Ähnlich wie bei den Absaug- und Förderanlagen ist es dabei erforderlich, ein Lösungskonzept auf Basis einer fundierten Analyse des Ist-Zustandes zu erar-

		Daten vor Sanierung	Daten nach Sanierung	Reduzierung	
				absolut	in %
Netzbetriebsdruck	in bar	9,0	6,5	2,5	28
mittlere Leistungsaufnahme	in kW	225	165	60	27
jährliche Betriebszeit	in h	3.550	3.150	400	11
Jährlicher Energieverbrauch	in kWh	798.750	519.750	279.000	35
Jährliche Energiekosten	in DM	147.768	96.153	51.615	35

Abb. 6: Energieverbrauchs- und Energiekostenreduzierung durch Sanierung einer Druckluftversorgungsanlage

Beispiel Sanierung einer Druckluftanlage.

beiten. Abbildung 6 zeigt den jährlichen Energieverbrauch und die entsprechenden Kosten vor und nach der Sanierung des Druckluftnetzes in einem holzverarbeitenden Betrieb. Den Kosten für die Sanierung in Höhe von 250.000 DM steht eine jährliche Energiekostensenkung um 51.615 DM gegenüber. Die Kapitalrückflußzeit betrug also 4,8 Jahre.

2.4 Beleuchtung

Die Bedeutung der Beleuchtung für den Verbrauch an elektrischer Energie wird in den Betrieben oft unterschätzt. Wie aus Abbildung 2 hervorgeht, liegt er je nach Art und Struktur des Unternehmens zwischen 5 und 10 % des Gesamtverbrauchs.

Eine Reduzierung des Energieverbrauchs für die Beleuchtung kann generell durch eine Erneuerung der Beleuchtungsanlage (neue Leuchten, elektronische Vorschaltgeräte usw.) erreicht werden. Eine befriedigende Wirtschaftlichkeit dieser Maßnahme kann allerdings nur erzielt werden, wenn die jährlichen Betriebszeiten der Beleuchtungsanlage sehr lang sind (zum Beispiel 5.000 h).

Folgende Maßnahmen, die in Betrieben der Holzindustrie erfolgreich umgesetzt wurden, sind erfahrungsgemäß wirtschaftlich weniger problematisch:
- Nutzung des Tageslichtes
- Arbeitsplatzbeleuchtung statt Verstärkung der Allgemeinbeleuchtung
- Bewegungsmelder im Lagerbereich.

Durch diese Änderungen konnte der Jahresverbrauch für die Hallenbeleuchtung in einem Betrieb der Möbelindustrie mit einer Fertigungsfläche von 60.000 m² sukzessive von 2,5 auf 1,8 Mio. kWh reduziert werden. Der spezifische Verbrauch für die Beleuchtung bezogen auf die Hallenfläche sank von jährlich 40 auf unter 30 kWh/m², also um 25 %.

Beleuchtung: besonders wirtschaftliche Maßnahmen.

2.5 Heizung, Klima, Lüftung

Der Energieverbrauch für Heizung, Klima (Kühlung) und Lüftung liegt gemäß Abbildung 2 in der Regel zwischen 8 und 12 % des Gesamtverbrauchs. Speziell in Betrieben der Möbelindustrie werden jedoch auch Verbrauchsanteile bis zu 15 % mit eher zunehmender Tendenz erreicht.

Auf die generell realisierbaren Möglichkeiten zur Reduzierung des Energieverbrauchs in diesen Bereichen, wie sie auch in anderen Branchen umsetzbar sind, soll an dieser Stelle nicht eingegangen werden. Ein für die Holzindustrie spezifisches Einsparpotential resultiert jedoch aus folgendem Sachverhalt: Sind Fabrikationshallen mit Späne-Absauganlagen ausgerüstet, so findet zwangsläufig ein entsprechender Luftaustausch statt, der oftmals bei der Dimensionierung von Lüftungsanlagen nicht beachtet wird. Damit stellt sich eine unnötig hohe Luftwechselrate ein. Bei der Dimensionierung von Lüftungsanlagen müssen also die Fördervolumenströme der Absaugeinrichtungen berücksichtigt werden. Vorhandene, überdimensionierte Anlagen können mit verringertem Volumenstrom betrieben werden. Durch eine Anpassung der Volumenströme konnte in Einzelfällen eine Reduzierung des Energiebedarfes für die Lüftungseinrichtungen um bis zu 50 % erreicht werden.

Zu hoher Luftwechsel durch Späneabsaugung.

Martin Kruska, Jörg Meyer, Peter Bonczek
Nahrungsmittelindustrie

Hinsichtlich des Energieeinsatzes steht die Ernährungsindustrie bundesweit mit jährlich ca. 51 TWh an fünfter Stelle unter den Branchen des verarbeitenden Gewerbes. Besonders energieintensive Unterbranchen sind die Herstellung von Zucker, Bier, Stärke und Malz, Milchverarbeitung, Fleisch- und Fischverarbeitung, Kartoffelverarbeitung, Herstellung von Dauerbackwaren und Süßwaren sowie die Herstellung und Verarbeitung von Öl. Insbesondere in Unternehmen der ersten drei Unterbranchen sowie in der milchverarbeitenden Industrie sind in den letzten Jahren viele Maßnahmen zur Energieeinsparung durchgeführt worden, dagegen sind die Potentiale in den Unternehmen der restlichen Branchen zumeist nur in geringem Umfang erschlossen.

Die sehr heterogenen Prozesse und Strukturen in der Branche erlauben keine allgemeinen Aussagen über die Verteilung der Energieträger und über mögliche Einsparpotentiale. Im Durchschnitt liegt der Einsatz von thermischer Energie jedoch mit ca. 77 % deutlich über dem Einsatz von elektrischer Energie (23 %). Dadurch stecken in Maßnahmen wie Wärmerückgewinnung oder der Optimierung von Dampf- oder Warmwassererzeugern allgemein größere Energiesparpotentiale als in der Optimierung elektrisch betriebener Prozesse. Andererseits sind die Kosteneinsparpotentiale bei Maßnahmen zur Reduzierung des Elektrizitätsbedarfs hoch, da die elektrische Energie auch nach der Liberalisierung des Strommakrtes noch deutlich teurer ist als Heizöl oder Erdgas.

Viele Potentiale zur Einsparung elektrischer Energie sind einfach aufzudecken und zu bewerten. Große Möglichkeiten stecken insbesondere in der Planung und Auslegung neuer Anlagen (bzw. dem Austausch von Anlagen und Motoren) sowie beim Lastmanagement. Weitere Einsparungen lassen sich bei einer Betrachtung der Bereiche Kühlung, Druckluft, Trocknung und Beleuchtung sowie bei der Umsetzung sogenannter integrierter Maßnahmen, zum Beispiel Kraft-Wärme-(Kälte-)Kopplung, erzielen.

Das Thema Energie wird in den meisten Unternehmen der Ernährungsindustrie als sehr bedeutend eingestuft. Jedoch ist die Energieinfrastruktur in den meisten Fällen nicht oder nur unzureichend bekannt, und der – oft nur geringe – Aufwand für eine erste Analyse zur Aufdeckung von Einsparpotentialen wird häufig gescheut. Ein Leitfaden, der zur Zeit von den Autoren im Rahmen eines vom Land Nordrhein-Westfalen geförderten Projektes erstellt wird, soll diesen Aufwand deutlich reduzieren und konkrete Beispiele wirtschaftlich und technisch sinnvoller Einsparmaßnahmen aufführen.

1 Energieeinsatz in den Branchen der Ernährungsindustrie

> Gesamtumsatz von ca. 230 Mrd. DM; ca. 5.900 Betriebe mit insgesamt 544.000 Beschäftigten (Stand 1998).

Die Ernährungsindustrie ist mit einem Gesamtumsatz von ca. 230 Mrd. DM die drittgrößte Branche des verarbeitenden Gewerbes in Deutschland. Rund 5.900 Betriebe existieren bundesweit, davon etwa 3.600 mit mehr als 20 Mitarbeitern. 1998 waren insgesamt 544.000 Personen in der Ernährungsindustrie beschäftigt.

Mit einem Gesamtenergiebedarf von ca. 54,5 TWh/a belegt die Ernährungsindustrie den fünften Platz unter den Branchen des verarbeitenden Gewerbes in Deutschland. Die eingesetzten Energieträger sind zu 48 % Gas, 21 % Heizöl, 23 % Strom und zu 7 % Kohle. Die 54,5 TWh/a Gesamtenergiebedarf entsprechen etwa 6,7 % des Energieeinsatzes des gesamten verarbeitenden Gewerbes (634 TWh). Demgegenüber liegt der Anteil der elektrischen Energie am Elektrizitätsbedarf des gesamten verarbeitenden Gewerbes bei nur 5,8 %. Das bedeutet, daß der Anteil der elektrischen Energie an der

Nahrungsmittelindustrie

	Energieeinsatz [TWh/a]	Elektrizitätsanteil [von %]	Elektrizitätsanteil [bis %]	Energiekostenanteil am Bruttoproduktionswert [%]	Stromverbrauch/ Beschäftigten [MWh/a/n]	Stromverbrauch/ Umsatz [MWh/Mio DM/a]	Stromverbrauch/ Betrieb [MWh/a]
Milchverarbeitung	7,95	23		1,7	40	k.A.	5.516
Herstellung von Speiseeis			63	1,4			12.289
Zuckerindustrie	6,68	10	15	2,9	119	136	21.128
Herstellung von Bier	5,59	23	23	2,1	k.A.	k.A.	k.A.
Fleischverarbeitung	4,95	24	24	1,8	k.A.	k.A.	k.A.
Herstellung von Backwaren	4,43	19	30	2,7 (2,9 Teigw.)	k.A.	k.A.	k.A.
Herstellung von Dauerbackwaren				1,9			
Herstellung von rohen Ölen u. Fetten	1,84	47	17	2,8	227	90	24.266
Herstellung von Stärke und Stärkeerzeugnissen	1,84	28	28	6,0	193	284	26.864
Verarbeitung von Kaffee und Tee, Herst. von Kaffee-Ersatz	1,49	19	19	0,8	36	k.A.	5.760
Verarbeitung von Kartoffeln	1,36	14	14	3,8	30	103	k.A.
Herstellung von Malz	1,29	13	13	5,0	174	171	k.A.
Herstellung von Futtermitteln	1,10	25	52	1,8	66	89	k.A.
Mahl- und Schälmühlen	0,87	56	56	2,4	74	119	5.581
Herstellung von raffinierten Ölen und Fetten	0,73	16	16	2,3	109	90	12.852

Abb. 1: Statistische Angaben zur Ernährungsindustrie in Deutschland
Quelle: Statistisches Bundesamt, 1995

Ernährungsindustrie mit ca. 51 TWh/a an fünfter Stelle unter den Branchen des verarbeitenden Gewerbes.

> Branchen Milchverarbeitung und Speiseeisherstellung mit 7,95 TWh/a am energieintensivsten.

Gesamtenergie in der Ernährungsindustrie unter dem Durchschnitt des gesamten verarbeitenden Gewerbes liegt.

In Abbildung 1 sind die sieben Unterbranchen der Ernährungsindustrie mit dem größten Energieeinsatz von mehr als 1,8 TWh/a und darüber hinaus weitere sechs Unterbranchen mit besonders hohen Kennwerten dargestellt. Die jeweils höchsten Kennwerten wurden dabei grau hinterlegt. Die dargestellten 13 Unterbranchen der insgesamt 33 Industriezweige benötigen etwa drei Viertel des gesamten Energiebedarfs der Ernährungsindustrie.

1.1 Energiekosten

> Energiekostenanteil bei Herstellung von Stärke und Stärkeerzeugnissen mit 6 % am höchsten.

Die durchschnittlichen Energiekosten erscheinen mit unter 2 % des Bruttoproduktionswertes (Gesamtleistung des Unternehmens) auf den ersten Blick unbedeutend – sie sind vergleichbar zum Beispiel mit den Kosten für Dienstleistungen. Nach der Öffnung der Energiemärkte ist die Bedeutung der Energiekosten scheinbar noch weiter gesunken. Die Energiekosten haben aber für einzelne Sparten der Ernährungsindustrie durchaus eine deutlich höhere Bedeutung. Zu bemerken ist weiterhin, daß die Energiekosten durchschnittlich in der Größenordnung der Umsatzrendite liegen, das heißt Energiekosteneinsparungen direkt dem Gewinn zugeschlagen werden können.

1.2 Energieintensität – Kennwerte der Unterbranchen

Innerhalb der Branchen der Ernährungsindustrie schwankt der durchschnittliche Energieeinsatz pro Betrieb sowie die Energieintensität bezogen auf Umsatz oder Beschäftigtenzahl erheblich. Abbildung 1 gibt eine Übersicht über verschiedene Unterbranchen, die den höchsten durchschnittlichen Bedarf an elektrischer Energie bezogen auf Betrieb, Umsatz oder Beschäftigtenzahl haben.

1.3 Einsatz elektrischer Energie in den Betrieben der Ernährungsindustrie

> Anteile elektrischer Energie am Gesamtenergiebedarf bei Herstellung von Speiseeis (63 %) und bei Mahl- und Schälmühlen (56 %) am höchsten.

In der Herstellung von Nahrungsmitteln wird elektrische Energie zur Deckung des Kraftbedarfs, für thermische Prozesse und zur Kühlung eingesetzt. Ferner besteht Bedarf für Transport, Abfüllung und Verpackung. Die Bedeutung der elektrischen Energie für den Betrieb ist dabei sehr unterschiedlich (vgl. Abb. 1).

Kraftbedarf fällt für Zerkleinerungsprozesse, mechanische Bearbeitungsprozesse und Trennprozesse sowie für Umluftventilatoren in Klimakammern (Räucher-, Reife-, Keimprozesse etc.) an. Elektrisch betriebene thermische Prozesse sind Mikrowellen, teilweise auch Backprozesse, Warmhalteprozesse und Heizregister in Reiferäumen sowie elektrische Warmwasserbereitung. Ein hoher Bedarf fällt für die Kühlung an. In vielen Sparten der Ernährungsindustrie verursacht die Kühlung und Tiefkühlung den größten Anteil an den Kosten für elektrische Energie. Weiterhin werden elektrische Querschnittstechniken wie Beleuchtung, Lüftung und Klimatisierung sowie Druckluftbereitung eingesetzt. Letztere verursacht einen hohen Bedarf insbesondere durch Fehlauslegungen und unnötige Leckagen.

In Abbildung 2 und 3 ist exemplarisch die Aufteilung des Bedarfs an elektrischer Energie für einen fleischverarbeitenden und einen saftabfüllenden Betrieb dargestellt. Typische Hauptverbraucher in der fleischverarbeitenden Industrie sind neben den Kälteanlagen die Anlagen für das Brühen und Kochen sowie die Kutter für die Rohwurstverarbeitung. In der Getränkeindustrie sind neben der Druckluftversorgung vor allem die Abfüllung, die Verpackung, Pumpen sowie der innerbetriebliche Transport als Hauptverbraucher elektrischer Energie zu nennen.

1.4 Typische Lastprofile

Von besonderer Bedeutung für die Energiekostenstruktur des Unternehmens ist die Bedarfscharakteristik der elektrischen Energie im Betrieb. Die Abbildungen 4, 5 und 6 zeigen die Tages- und Wochenganglinien für drei Betriebe mit deutlich unterschiedlichen Bedarfsprofilen. Eine vorrangige Rolle spielt dabei die Betriebszeit – ein Einschichtbetrieb hat ein deutlich anderes Lastverhalten als ein Mehrschichtbetrieb.

Nahrungsmittelindustrie

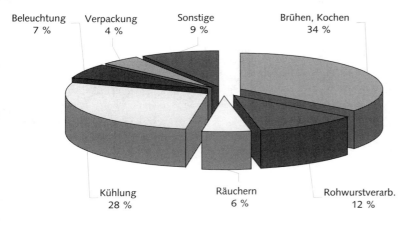

Abb. 2: Aufteilung des Bedarfs an elektrischer Energie für einen fleischverarbeitenden Betrieb

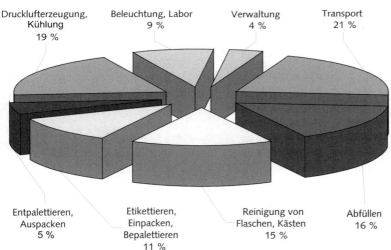

Abb. 3: Aufteilung des Bedarfs an elektrischer Energie für einen saftabfüllenden Betrieb

Abbildung 4 zeigt eine typische Tagesganglinie sowie eine Wochenganglinie für einen Zweischichtbetrieb aus der fleischverarbeitenden Industrie. Auffallend sind die starken Schwankungen, verursacht durch die vielen diskontinuierlich arbeitenden Maschinen, und die hohe Grundlast von ca. einem Drittel des Durchschnittswertes. Die Grundlast wird bei Betrieben aus den Bereichen Fleischverarbeitung, Fischverarbeitung, Speiseeisherstellung, Milchherstellung und oft auch Feinkost zum größten Teil durch die Kälteanlagen verursacht.

Auffallend ist ebenfalls die Spitze nach den Mittagspausen. In vielen Betrieben entstehen unmittelbar nach Pausen die Lastspitzen, die zu hohen Leistungskosten führen. Durch systematisches Anfahren der Maschinen, durch versetzte Pausen oder durch eine sinnvolle Verriegelung einzelner Maschinen lassen sich die Lastspitzen in vielen Betrieben bedeutend senken, was spürbare Entlastungen bei den Leistungsspitzen bedeuten kann.

Abbildung 5 zeigt die Ganglinien eines Saftabfüllbetriebes. Die überwiegend kontinuierlich arbeitenden Maschinen liefern einen relativ konstanten Tagesverlauf. Derartige Betriebe können prinzipiell günstige Vertragsbedingungen aushandeln, da sie ihren Bedarf gut vorhersehen können.

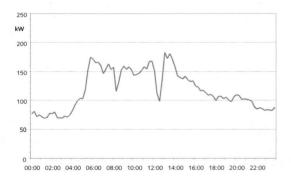

Abb. 4: Tages- und Wochenlastverlauf eines fleischverarbeitenden Betriebes

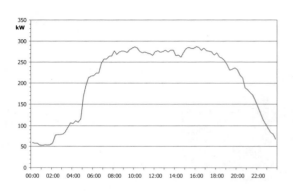

Abb. 5: Tages- und Wochenlastverlauf eines saftabfüllenden Betriebes

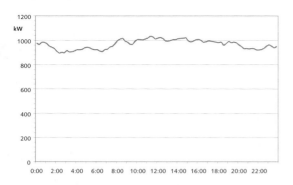
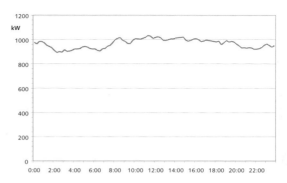

Abb. 6: Tages- und Wochenlastverlauf eines Mühlenbetriebes

Eine noch bessere Position im Markt haben Dreischichtbetriebe mit kontinuierlich gleichmäßigem Lastprofil über die Woche, wie zum Beispiel der dargestellte Mühlenbetrieb (siehe Abbildung 6).

2 Kennwerte des Elektrizitätseinsatzes in der Ernährungsindustrie

Aufgrund der sehr heterogenen Prozesse und Strukturen in der Ernährungsindustrie können nur in einem begrenzten Rahmen verallgemeinernde Aussagen bezüglich des Energiebedarfs und insbesondere bezüglich des Bedarfs an elektrischer Energie für die unterschiedlichen Prozesse getroffen werden. Im folgenden werden Verbrauchskennzahlen für einige Prozesse wiedergegeben, deren Einsatz an elektrischer Energie von besonderer Bedeutung ist. Die Literatur und die Ergebnisse der vielfältigen Studien weisen diesbezüglich sehr unterschiedliche Werte auf. Die hier gemachten Zahlenangaben sind, sofern nicht anders angegeben, Durchschnittswerte und beziehen sich jeweils nur auf die eingesetzte elektrische Energie. Prozesse, die nur thermischen Energiebedarf aufweisen, sind nicht berücksichtigt, so daß viele energieintensive Produktionsprozesse der Ernährungsindustrie hier nicht behandelt werden.

2.1 Milchverarbeitung und Herstellung von Speiseeis

Die Bearbeitung von Rohmilch selber ist mit einem Gesamtbedarf elektrischer Energie von ca. 40 kWh/t eher unbedeutend, ebenso die Butterherstellung mit einem Bedarf von ca. 20 kWh/t, der insbesondere aus dem Kraftbedarf für das Buttern selbst herrührt. Die Verarbeitung von Rohmilch zu Milchpulver oder Kondensmilch weist dagegen einen beträchtlichen Bedarf von 600 bis 850 kWh/t auf, im wesentlichen zum Verdampfen, Trennen und Sterilisieren des Produktes. Auch die Käseherstellung ist energieintensiv, eigene Untersuchungen ergaben Verbrauchswerte von 400 bis 600 kWh/t. Ein energieintensiver Prozeß ist auch die Herstellung von Speiseeis. In der Literatur sind Werte von 500 bis 1300 kWh elektrischer Energie pro Tonne Speiseeis zu finden, eigene Untersuchungen ergeben allerdings geringere Werte von ca. 150 bis 200 kWh/t. Die elektrische Energie wird in erster Linie für das Mischen, das Einfrieren und das tiefgekühlte Lagern eingesetzt.

2.2 Zuckerherstellung

Die Zuckerherstellung aus Rüben gehört zu den energieintensivsten Branchen der Ernährungsindustrie. Der elektrische Energiebedarf beschränkt sich allerdings auf 90 bis 230 kWh pro Tonne Zucker, insbesondere zur Zerkleinerung, zur Eindampfung bzw. Kristallisation und zur Trennung/Zentrifugierung.

2.3 Fleischverarbeitung

Die Fleischverarbeitung läßt sich einteilen in die Erzeugung von Rohwurst, Kochwurst und Brühwurst sowie die Herstellung von Pökelwaren. Besonders energieintensiv sind die ersten drei Erzeugnisgruppen, dort insbesondere die Zerkleinerungsprozesse sowie die Verfahrensschritte der Reifung. Der Verbrauch an elektrischer Energie für die Frischware liegt bei folgenden Werten:

Brühwurst	270 – 1.300 kWh/t
Kochwurst	280 – 1.090 kWh/t
Rohwurst	5.500 – 9.500 kWh/t

Die großen Spannen kommen insbesondere dadurch zustande, daß in den Prozeßschritten der Wärmebehandlung und Reifung je nach Verfahren primär elektrische Energie oder primär thermische Energie zum Einsatz kommen, letztere ist hier nicht berücksichtigt. Für einen Betrieb, der größtenteils elektrische Energie einsetzt, gelten die höheren Werte. Es läßt sich feststellen, daß elektrisch betriebene thermische Prozesse im allgemeinen einen höheren Primärenergieeinsatz sowie höhere spezifische Kosten verursachen als direkt beheizte Prozesse.

2.4 Herstellung von Backwaren und Teigwaren

Insbesondere wenn die Öfen elektrisch beheizt werden, fällt bei der Herstellung von Backwaren ein hoher elektrischer Energiebedarf von ca. 110 kWh/t für Brötchen und Kuchen bis etwa 670 kWh/t für Kekse und Biskuits an.

Bei der Herstellung von Teigwaren wird elektrische Energie insbesondere für das Formen und Mischen benötigt. Durchschnittswerte liegen zwischen 95 und 200 kWh/t. Zur Produkttrocknung wird zumeist thermische Energie durch Gas oder Öl bereitgestellt. Ein hoher Anteil der elektrischen Energie wird in diesen Betrieben für die Klimatisierung benötigt.

2.5 Herstellung von Pflanzenöl

Die Herstellung von pflanzlichem Speiseöl ist diversen, unterschiedlich energieintensiven Verfahrensschritten unterworfen. Insbesondere sind die beiden Phasen Rohölherstellung und Raffination zu unterscheiden. Zur Herstellung von Rohölen durch Pressung und Extraktion fällt ein Bedarf von etwa 80 bis 130 kWh elektrischer Energie pro Tonne verarbeiteter Saat (ca. das Dreifache pro Tonne Öl) an, insbesondere für das Zerkleinern, Konditionieren, Pressen und Extrudieren. Für die Raffination des Rohöls und die nachfolgende Modifikation der Öle werden noch 80 bis 200 kWh elektrische Energie pro Tonne Öl eingesetzt.

2.6 Gewinnung von Stärke

Die Gewinnung von Stärke aus Mais ist ein weiterer sehr energieintensiver Prozeß. Elektrische Energie wird primär für die Naßvermahlung und die Stärkeseparation eingesetzt. Pro Tonne Mais fällt ein Bedarf von ca. 420 kWh an, das heißt etwa 650 kWh pro Tonne Stärke.

2.7 Herstellung von Malz

Die Malzherstellung gehört bezogen auf den Energiekostenanteil zu den energieintensivsten Produktionsprozessen in der Ernährungsindustrie (siehe Abb. 1). Neben hohem thermischen Energiebedarf beträgt der Bedarf an elektrischer Energie ca. 60 bis 125 kWh pro Tonne Malz. Dabei fallen durchschnittlich etwa 5 % in der Putzerei und im Weichhaus an, 16 % bzw. 33 % für die Ventilatoren bei der Keimung und in den Darren, 16 % für die Kälteanlage und 30 % für Transport und Sonstiges. Sind in den letzten Jahrzehnten durch wärmerückgewinnende Maßnahmen zwar erhebliche Fortschritte bezüglich des Einsatzes thermischer Energie gemacht worden, so ist der Kraftbedarf in den Mälzereien in den letzten Jahren stetig gestiegen.

2.8 Fischerzeugnisse

Der Bedarf an elektrischer Energie in der fischverarbeitenden Industrie wird vor allem durch den hohen Kältebedarf bei der Lagerung und Zwischenlagerung (bei Marinaden und gefrorenen Fischkonserven) bzw. durch die Sterilisierung bei Dauerkonserven verursacht. Je nach Produkt und Produktionsprozeß schwankt der Bedarf an elektrischer Energie zwischen 40 und 500 kWh pro Tonne Fertigprodukt.

2.9 Kartoffelverarbeitung

Die Verarbeitung von Kartoffeln ist je nach Produkt und je nach Prozeß unterschiedlich energieintensiv. Insbesondere bei elektrisch beheizten Bratprozessen fällt ein hoher Energiebedarf an. Bei Tiefkühlprodukten kommt ein hoher Kühlbedarf dazu.

Bei der Herstellung von Kartoffelpüree unterscheidet sich der Einsatz elektrischer Energie wesentlich je nach gewähltem Prozeß: bei Einsatz des Flockenverfahrens ergibt sich ein Bedarf von 150 bis 250 kWh pro Tonne, bei dem Granulatverfahren liegt der Bedarf bei 500 bis 600 kWh/t.

Die Herstellung von Pommes frites ist besonders energieintensiv. Bei elektrisch beheizten Bratprozessen entsteht ein Energiebedarf von 2.000 bis 3.000 kWh/t.

2.10 Getränkeherstellung

Die Herstellung von Mineralwasser und Erfrischungsgetränken ist nicht zu den energieintensiven Prozessen zu zählen. Der Bedarf an elektrischer Energie bei der Getränkeherstellung wird insbesondere durch das Abfüllen verursacht. Weiterer Bedarf besteht für das Mischen und Kühlen sowie für die Wasseraufbereitung. Nach eigenen Studien beträgt der Mittelwert des Gesamteinsatzes elektrischer Energie bei Betrieben mit reiner Erfrischungsgetränkeherstellung ca. 29 kWh pro tausend Liter.

Elektrische Energie ist teuer. Einsparpotentiale – wenn auch zumeist schwieriger zu erzielen als Einsparungen anderer Energieträger – bringen deutliche Kosteneinsparungen mit sich. Die eingesparte kWh elektrische Energie kann in der Ernährungsindustrie mit durchschnittlich 0,09 DM verbucht werden, die eingesparte kWh Gas dagegen mit rund 0,03 DM und die eingesparte kWh Dampf folglich mit 0,04 bis 0,06 DM (Werte aus dem Jahr 1999).

3 Organisatorische und technische Einsparpotentiale in der Ernährungsindustrie

Aufgrund der Heterogenität der Ernährungsindustrie kann und soll hier nicht auf die gesamte Branche detailliert eingegangen werden. Vielmehr sollen Beispiele von organisatorischen und technischen Möglichkeiten zum rationellen Einsatz elektrischer Energie aufgeführt werden. Dabei werden einfache technische Eingriffe, wie die Einrichtung eines Lastmanagementsystems oder die Integration einer Abschaltautomatik, als organisatorische Maßnahmen betrachtet, da weder eine neue Anlagentechnik noch eine aufwendige Umgestaltung des Produktionsprozesses erforderlich ist. Vielfach treffen häufig erwähnte Maßnahmen in anderen Branchen auch für die Nahrungsmittelindustrie zu. Darüber hinaus werden weitere, für die Ernährungsindustrie spezifische Optimierungsmöglichkeiten aufgezeigt.

In der nachfolgenden Tabelle sind für die betrachteten Branchen der Ernährungsindustrie die wichtigsten elektrischen Anlagen zusammengestellt. Darüber hinaus entfallen in allen Branchen zum Teil große Energieanteile auf Beleuchtungsanlagen.

Tabelle 1: Die wichtigsten elektrischen Anlagen in den einzelnen Branchen der Ernährungsindustrie

Branche	Wichtigste elektrische Anlagen der Branche
Milchverarbeitung, Herstellung von Speiseeis	Separatoren, Homogenisatoren, Kälteanlagen
Zuckerherstellung	Zerkleinerungsmaschinen, Trennmaschinen (z. B. Zentrifugen)
Fleischverarbeitung, Fischverarbeitung	Kutter, Wölfe, Mühlen, Heißrauchanlagen, Kälteanlagen, Füllmaschinen, elektrisch beheizte Bräter oder Kochstraßen
Herstellung von Backwaren und Dauerbackwaren	Elektrisch beheizte Öfen, Knet-, Misch- und Formanlagen, Druckluftanlagen
Herstellung von Pflanzenöl	Zerkleinerungsmaschinen, Trennmaschinen, Pressen
Herstellung von Stärke und Stärkerzeugnissen	Mühlen, Trennmaschinen, Pneumatische Förderanlagen (Gebläse)
Herstellung von Malz	Pneumatische Förderanlagen, Gebläse, Kälteanlagen
Herstellung von Teigwaren	Knet-, Misch- und Formanlagen, Mikrowellenanlage, Klimatisierung
Verarbeitung von Kartoffeln	Elektrisch beheizte Bratprozesse, Zerkleinerungsmaschinen, Knetmaschinen, Kälteanlagen
Mahl- und Schälmühlen, Herstellung von Futtermitteln	Mühlen, Walzen, Pneumatische Förderanlagen (Gebläse), Formanlagen, Trennmaschinen (z. B. Siebe)
Verarbeitung von Obst- und Gemüse	Mischanlagen, Zerkleinerungsmaschinen, Mühlen, Trennmaschinen
Getränkeherstellung (Bier, Säfte, Mineralwasser, Spirituosen)	Abfüllanlage, Be- und Entpacker, Förderpumpen, Transporttechnik, Rührkessel, Kälteanlagen, Druckluftanlagen

3.1 Organisatorische Maßnahmen

3.1.1 Planung und Auslegung von Anlagen

> Aufgrund langer Anlagenlebensdauer Energieoptimierung bereits bei Planung berücksichtigen.

Die energetisch optimierte Auslegung von Produktionsanlagen und -komplexen bietet eine sehr effektive Möglichkeit, den Energiebedarf über die Lebensdauer dieser Anlagen gering zu halten. Zu einem frühen Zeitpunkt und mit relativ geringem Aufwand können die Betriebskosten niedrig gehalten werden – und damit die Wirtschaftlichkeit des gesamten Produktionsbereiches wesentlich beeinflußt werden. Diese Tatsache ist offensichtlich, findet aber in der Planung von Anlagen und Produktionsbereichen – oftmals zugunsten niedrigerer Investitionskosten – immer noch viel zu wenig Berücksichtigung. Eine derartige energieorientierte Optimierung kann natürlich in Konflikt zu anderen Anforderungen treten, zum Beispiel der Optimierung logistischer Ketten. Häufig aber lassen sich die Vorteile verbinden. Wenn bei der Planung einer Produktionsstätte zum Beispiel darauf geachtet wird, daß Räume mit gegenläufigen Anforderungen an ihre Temperaturprofile nicht nebeneinander angeordnet werden, lassen sich möglicherweise zugleich logistische und energetische Vorteile erzielen.

3.1.2 Kühlung

> Im Bereich der Kühlung bzw. Kältetechnik bestehen häufig die größten Einsparpotentiale.
>
> Auftauen von Gefriergut im Kühlraum als „Kälte-Rückgewinnung" einfach und energiesparend.
>
> Regelmäßiges Abtauen von Kühl- und Gefriergeräten in Niedriglastzeiten.

In vielen Branchen der Ernährungsindustrie bietet die Kältetechnik die größten Möglichkeiten, Energie und Energiekosten einzusparen. Nach den Produktionsmaschinen sind die Kälteanlagen (inkl. Klimaanlagen) sehr häufig die größten Verbraucher elektrischer Energie. Vor diesem Hintergrund bekommen organisatorische Maßnahmen zur „Kälteeinsparung" besondere Bedeutung. Technisch gekühlte Bereiche sollten – ebenso wie beheizte Bereiche – soweit wie möglich abgeschlossen sein, Zugluft sollte vermieden werden. Neben dem bewußten Umgang mit Kunststoffvorhängen und Rolltoren durch die Belegschaft ist es oft lohnenswert, eine automatische Steuerung (Lichtschranken, Fernbedienungen durch Gabelstaplerfahrer) nachzurüsten. In einem untersuchten Betrieb konnte der Kühlleistungsbedarf eines Kühlraums während der Arbeitszeit durch verhaltensändernde Maßnahmen der Belegschaft, beispielsweise Reduzierung der Öffnungszeiten und dadurch auch Verlängerung der Abtauintervalle ohne Qualitätseinbußen, um ca. 20 kW$_{th}$ gesenkt werden. Dies führte zu einer Einsparung von etwa 10.000 kWh$_{el}$ pro Jahr.

Für das Auftauen von angeliefertem Gefriergut, zum Beispiel bei der Fleischverarbeitung oder der Fruchtsaftherstellung, wird häufig ein erheblicher Energieeinsatz verbucht. Gleichzeitig wird fertige Ware im Kühlraum auf niedrigen Temperaturen gehalten. Eine einfache Möglichkeit der „Kälte-Rückgewinnung" bietet also das Auftauen des Gefrierguts im Kühlraum. Das regelmäßige Abtauen von Kühl- und Gefriergeräten, das kostensparend in Niedriglastzeiten erfolgen sollte, erhöht deren Effektivität und bewirkt spürbare Einsparungen.

3.1.3 Lastmanagement

> Lastspitzenreduktion durch Leistungsreduzierung zum Beispiel größerer Maschinen, lastabhängige Einschaltsperren und gezieltem Lastabwurf von zum Beispiel Klimaanlagen, Ventilatorantrieben.

Die Optimierung des Lastprofils bewirkt zwar zunächst keine Energieeinsparung, kann aber je nach ausgehandeltem Vertragf zu deutlichen Kostensenkungen führen. Neben der Verlagerung von Teilprozessen wie das Zermahlen von Schalen oder anderen Stoffen in die Niedertarifzeit beinhaltet das Lastmanagement insbesondere die Senkung der Lastspitzen. Möglichkeiten bieten die Vermeidung der Überlagerung von Lastspitzen bei diskontinuierlichen Prozessen, oftmals einfach über die vorhandene SPS steuerbar, die Leistungsreduzierung größerer Maschinen (zum Beispiel geringere Materialzufuhr bei Hammermühlen) oder lastabhängige Einschaltsperren für ausgewählte Anlagen und Maschinen (zum Beispiel Kutter, Rührkessel, Pressen). Für den kurzzeitigen Lastabwurf können zum Beispiel Klimaanlagen und Lüftungsventilatorantriebe genutzt werden.

3.1.4 Beleuchtung

Neben den technischen Möglichkeiten, die Beleuchtung zu optimieren, lassen sich in Ein- und Zweischichtbetrieben Einsparungen durch das Abschalten nicht benötigter Beleuchtung, durch die verstärkte Nutzung von Tageslicht durch eine Anpassung der Arbeitszeiten sowie durch die Reinigung von Reflektoren erzielen.

Oft sind unauffällige Verbraucher für eine hohe Grundlast mit verantwortlich – zum Beispiel Leuchtreklamen. In einem untersuchten Betrieb verbrauchte eine Leuchtreklame mit einer installierten Leistung von 15 kW bei einer durchschnittlichen Betriebszeit von 10 Stunden pro Tag über 55.000 kWh im Jahr. Das waren bei dem mittelständischen Betrieb, der einschichtig produziert und eine Jahresarbeit von 1,1 Mio. kWh hat, ca. 5 % der Kosten für elektrische Energie, also knapp 10.000 DM (in 1998). Durch Ausschalten der Leuchtreklame in der Zeit von 2 bis 6 Uhr konnten davon 40 %, also jährlich 4.000 DM eingespart werden.

> Energieeinsparungen durch Abschalten nicht benötigter Beleuchtungsanlagen, verstärkte Tageslichtnutzung durch Arbeitszeitanpassung sowie Reinigung von Reflektoren.

Große Potentiale zur Reduzierung des Stromverbrauchs bietet die Abschaltung von nicht benötigten Anlagen und Maschinen. Bei Abfüllbetrieben zum Beispiel (Mineralbrunnen, Safthersteller) kommt es häufig zu Störungen aufgrund umgestürzter oder beschädigter Flaschen oder eines Fehlers (zum Beispiel Abfüllmenge zu gering) bei der Kontrolle. Durch eine zentrale Schaltautomatik für die gesamte Abfüllanlage bei längeren Stillständen und individuellen Schaltmöglichkeiten von Antrieben der Transportbänder, von Pumpen (Flaschenwäscher, Kühltunnel) sowie von anderen Maschinengruppen (Abfüllung, Kastenwäscher) bei kurzfristigen, partiellen Störungen können die Stromkosten um bis zu 10 % gesenkt werden.

3.1.5 Einsatz von Abschaltautomatiken

> Abschaltautomatiken in Getränkeabfüllbetrieben können Stromkosten bis zu 10 % senken.

Bei den Räucher- und Reifeprozessen in der fleischverarbeitenden Industrie sind in Untersuchungen von Stiebing et al. bedeutende Einsparpotentiale aufgedeckt worden. Der Energieeinsatz wird bei diesen Prozessen in erster Linie durch die Klimatisierung der Reifekammern bedingt. Im wesentlichen sind hier drei Optimierungsmaßnahmen zu nennen:

Da überwiegend gefrorenes Fleisch eingesetzt wird, beträgt die Temperatur der Wurst beim Eintritt in die Reifekammern ca. 0 °C. Wird nun das Reifeklima – zum Beispiel 22 °C, relative Luftfeuchtigkeit von 90 % – unmittelbar eingestellt, so kommt es zu einer Kondensatbildung an jeder Wurst. Dieser fälschlicherweise als „Schwitzen" bezeichnete Vorgang führt zu einer erhöhten Feuchtigkeitsaufnahme der Wurst und damit zu einem verlängerten Reifeprozeß. Vorgeschlagen wird eine möglichst geringe Feuchte in der Reifekammer während der Angleichzeit, in der sich die Wurst auf die Temperatur der Kammer erwärmt.

Weiterhin wurde festgestellt, daß die übliche Befeuchtung über Dampf energetisch gesehen sehr ungünstig ist. Wird die bei der Kühlung getrocknete Luft durch Wasserdampf wieder angefeuchtet, so hat dies eine Anwärmung der Luft zur Folge – ein energetisch ungünstiges Aufschwingen von Befeuchtung und Kühlung stellt sich ein. Günstiger sind hier andere Befeuchtungsmethoden wie die Zerstäubung mittels Druckluft.

Eine weitere erhebliche Energieeinsparung ist bei der Rohwurstreifung durch die verstärkte Nutzung von Außenluft bei der Entfeuchtung der Reifekammern möglich. In den Zeiten, in denen die Taupunkttemperatur der Außenluft niedriger ist als die in der Reifekammer, kann Außenluft zur Entfeuchtung benutzt werden. Mit dieser Maßnahme ließ sich in einer Anlage über den gesamten Reifeprozeß ca. 70 % der eingesetzten Energie einsparen.

3.2 Technische Maßnahmen

3.2.1 Räucher- und Reifeprozesse

> Einsparmaßnahmen: Geringe Feuchte in der Reifekammer während der Angleichzeit, Luftbefeuchtung mit Zerstäubung anstelle Dampfbefeuchtung, Nutzung der Außenluft zur Entfeuchtung der Reifekammern.

Die in der Luft enthaltene Feuchtigkeit spielt bei allen Prozessen eine Rolle, in denen Lebensmittel mit Luft gekühlt oder tiefgefroren werden. In Luftgefrieranlagen (zum Beispiel Spiralfroster) führt die Luftfeuchtigkeit zum Vereisen des Verdampfers und anderer Anlagenteile. Die abzuführende Kondensationswärme und Schmelzenthalpie sowie der schlechtere Wärmeübergang am Verdampfer aufgrund der Eisschicht führen zu einem erhöhten Verbrauch der Anlage. Darüber hinaus erfordert das Abtauen

3.2.2 Luftentfeuchtung in Gefrieranlagen

| Eintritt feuchter Umgebungsluft reduzieren durch Abdichten der Anlage, Rezirkulation der eingesetzten trockenen Kaltluft und Einsatz stark vorgetrockneter Luft. | unnötige Stillstandzeiten. Als Gegenmaßnahme gilt es, den Eintritt von feuchter Umgebungsluft auf ein Minimum zu reduzieren (Abdichten der Anlage soweit wie möglich, Rezirkulation der eingesetzten trockenen Kaltluft). Darüber hinaus kann gezielt stark vorgetrocknete Luft in die Anlage eingebracht werden und somit das Problem der Vereisung auf ein Minimum reduziert werden. |

3.2.3 Kühlung

Trennung benachbarter Klimazonen durch Streifenvorhänge, Schnellauf-Rolltore, Luftschleieranlagen.

Bei Betrieben mit großen Kühllagern oder unterschiedlich klimatisierten Räumen ist der Einbau eines Streifenvorhangs, eines Schnellauf-Rolltores oder einer Luftschleieranlage zwischen benachbarten Räumen unterschiedlicher Temperaturniveaus oftmals lohnenswert. Streifenvorhänge stellen die preisgünstigste Alternative dar, allerdings ergeben sich hier häufig Akzeptanzprobleme, die bis zur bewußten Zerstörung durch die Mitarbeiter reichen können. Die Akzeptanz ist bei Schnellauf-Rolltoren (Kosten in 1998: 5.000 bis 10.000 DM inkl. Montage) erfahrungsgemäß größer, bei regem Verkehr (zum Beispiel Gabelstapler) zwischen benachbarten Räumen ist die Wirksamkeit jedoch nicht besser. Je nach Einsatzbereich kann sich auf Dauer auch der Einbau einer Luftschleieranlage lohnen.

Mit Eisspeichern können Lastspitzen vermieden und bis zu 90 % des Strombedarfs in NT-Zeiten verlagert werden.

Für die Milchindustrie, die fleisch- und fischverarbeitende Industrie oder andere Betriebe, in denen große Energiemengen zur Kühlung benötigt werden, ist eine genauere Betrachtung der Kälteerzeugung und der Förderpumpen empfehlenswert. Durch den Umbau eines konventionellen Kältesystems auf ein System mit einem Eisspeicher können Lastspitzen vermieden und ca. 90 % des Stromverbrauchs in die kostengünstigeren Nachtstunden verlegt werden.

3.2.4 Lastmanagement

Lastmanagementsysteme amortisieren sich in wenigen Jahren.

Ob sich der Einsatz einer Spitzenlastbegrenzung oder Maximumregelung lohnt, hängt in starkem Maße vom Lastprofil, vom Stromliefervertrag und von der branchenunabhängigen Betriebsstruktur ab. Durch eine sinnvolle Verriegelung einzelner Maschinen kann die Lastspitze in manchen Betrieben durchaus bedeutend gesenkt werden, ohne den Produktionsablauf zu beeinflussen. Welche Anlagen und Maschinen für eine kurzfristige Lastabsenkung geeignet sind, kann nicht verallgemeinert werden. Zumeist sind dies jedoch Anlagen hoher Leistungsaufnahme, die entweder im Querschnittsbereich angesiedelt sind (zum Beispiel Ventilatoren, Kältemaschinen, sofern Kältespeicher vorhanden sind) oder solche, die unkritische Produktionsprozesse antreiben und die problemlos für wenige Minuten abgeschaltet werden können. Eine Lastabsenkung um 100 kW kann – je nach ausgehandeltem Vertrag – jährliche Einsparungen von bis zu 20.000 DM bedeuten. Beispielsweise liegen die Investitionskosten für ein Spitzenlastmanagement, in dem 12 Anlagen integriert sind, 1998 bei ca. 50.000 DM.

3.2.5 Beleuchtung

Dreibanden-Leuchtstofflampen und EVG erhöhen die Lichtausbeute um je ca. 10 %.

Eine optimale Auslegung der Arbeitsplatzbeleuchtung unterstützt die Produktivität der Mitarbeiter und senkt die jährlichen Kosten für elektrische Energie. Die Umsetzung der Verbesserungsmaßnahmen an den Beleuchtungsanlagen sollte im Zuge der Wartungsarbeiten erfolgen. Im allgemeinen bieten sich folgende technische Möglichkeiten:

- Moderne Dreibanden-Leuchtstofflampen haben eine um ca. 10 % bessere Lichtausbeute als die konventionellen Leuchtstofflampen.
- In höheren Räumen bietet der Einsatz von Quecksilberdampf-Hochdrucklampen eine Verbesserung von 5 bis 10 % gegenüber zu hoch angebrachten Leuchtstofflampen.
- Allein der Ersatz konventioneller Vorschaltgeräte (KVG) durch elektronische Vorschaltgeräte (EVG) erhöht die Lichtausbeute der Lampen um ca. 10 %.

Durch die Einführung regelbarer elektronischer Vorschaltgeräte ergibt sich überdies die Möglichkeit, die Beleuchtungsstärke in Bereichen mit starker Außenlichteinstrahlung tageslichtabhängig zu steuern. Über eine bedarfsabhängige Ansteuerung der Beleuchtung in den einzelnen Hallen, zum Beispiel über Zeitschaltung, Bewegungsmelder oder über die zentrale Leittechnik (ZLT) kann sichergestellt werden, daß Räume und Hallen nicht unnötig beleuchtet werden. Zudem ist es meistens sinnvoll, die Auftrennung der Beleuchtungsanlage ganzer Hallen in einzelne Beleuchtungsfelder vorzunehmen und diese getrennt anzusteuern.

> Auftrennung der Beleuchtungsanlagen in einzelne Felder und bedarfsabhängige, gegebenenfalls sogar tageslichtabhängige, Lichtregelanlagen einsetzen.

Die Installation von Spiegelrasterleuchten und anderen modernen Lampen kann eine erhebliche Verringerung der installierten Leistung und damit des Energieverbrauchs bewirken. In einem mittelständischen Betrieb (ca. 5.000 m²) konnte über diese Maßnahme die installierte Leistung um ca. 20 kW und die jährlichen Kosten um ca. 15.000 DM reduziert werden (1998). Ein weiterer Vorteil ist hierbei die Verringerung der Blendwirkung an Bildschirmarbeitsplätzen und die Verbesserung der Beleuchtungssituation an bestimmten Arbeitsplätzen aus arbeitspsychologischen Gründen (zum Beispiel Schaffung einer „optischen Decke" im Bereich Etikettierung).

> Senkung der installierten elektrischen Leistung durch Reduzierung der Lampenanzahl in hocheffizienten Leuchten und/oder Einsatz von Lampen mit hoher Lichtausbeute.

3.2.6 Druckluft

Druckluft ist eine teure Energie. Zu Unrecht wird bei der Druckluftversorgung häufig nur die Optimierung der Erzeuger thematisiert. Der größte Anteil der Kosten für die Druckluftbereitstellung entsteht im Verteilungsnetz, und nur ein optimal ausgelegtes und gewartetes Druckluftnetz kann minimale Druckluftkosten gewährleisten. Das Aufdecken und die Vermeidung von Leckagen und langen Leerlaufzeiten ist eine wesentliche Maßnahme zur deutlichen Kosteneinsparung.

Aufgrund der Druckabhängigkeit der Verluste durch Leckagen und Undichtigkeiten ist darüber hinaus der niedrigst mögliche Druck im Netz einzustellen. In pneumatischen Aggregaten, die einen hohen Anschlußdruck erfordern, befinden sich häufig interne Druckminderer, die entfernt werden könnten, so daß das Aggregat mit einem geringeren Anschlußdruck betrieben werden kann. Als einfache Regel zur Abschätzung der Kosten kann angesetzt werden, daß eine Druckminderung im Netz um 1 bar eine Kostenreduzierung von 6 bis 10 % bewirkt.

In einem mittelständischen Betrieb mit Jahreskosten von ca. 1 Mio. DM für elektrische Energie verursachte die Druckluftbereitstellung hohe Kosten von insgesamt ca. 200.000 DM (1998). Eine Untersuchung des Druckluftsystems ergab, daß die Leckagen im Netz für ca. 90.000 DM pro Jahr verantwortlich waren – also fast 10 % der gesamten Stromkosten. Die Behebung dieser Leckagen erforderte zwar eine gründliche Untersuchung des Netzes und einigen Wartungsaufwand, sie ließ sich jedoch bei laufendem Betrieb und mit relativ geringem Investitionsaufwand realisieren.

> Vermeidung von Leckagen und Reduzierung der Kompressorleerlaufzeiten können die Energiekosten für die Druckluftbereitstellung im Einzelfall bis zu 50 % reduzieren.

3.2.7 Antriebe und Motoren

Die meisten älteren Motoren und Antriebe sind überdimensioniert. Im Rahmen von Ersatzinvestitionen sollte darauf geachtet werden, daß richtig dimensionierte Motoren eingesetzt werden. In vielen Fällen eignen sich auch drehzahlgeregelte oder mehrstufige Motoren, Gebläse, Ventilatoren etc.

Oft laufen Motoren auch im Leerlauf – sei es prozeßbedingt, sei es zum Schichtbeginn oder Schichtwechsel. Durch organisatorische oder steuerungstechnische Maßnahmen muß sichergestellt werden, daß die Leerlaufzeiten minimiert werden. Ein häufig vorzufindendes Einsparpotential stellen unnötig mitlaufende Transport- und Förderbänder dar. In einem untersuchten mittelständischen Betrieb konnten die verursachten Leerlaufkosten von ca. 3.500 DM pro Jahr (1998) durch eine einfache Modifizierung der Motoransteuerung vermieden werden.

> Richtige Motordimensionierung, Drehzahlregelung und Vermeidung von Leerlaufzeiten bieten erhebliche Einsparpotentiale.

3.28 Transport

Die Volumenstromregelung pneumatischer Fördereinrichtungen von zähflüssigen Lebensmitteln bietet interessante Möglichkeiten, den Stofftransport in Abhängigkeit von Druckdifferenz bzw. Stoffstromgeschwindigkeit energetisch zu optimieren.

| Der Einsatz der Drehzahlregelung bei Förderung von Medien (Flüssigkeiten, Luft) mit Pumpen ist typischerweise mit Einsparpotentialen von 30 % und mehr verbunden.

Hohe Einsparpotentiale können durch den Einsatz frequenzgesteuerter Pumpen genutzt werden. In einem Betrieb mit mehreren Pumpen, die bisher in Reihe geschaltet waren und gleichzeitig liefen, mußte nur eine frequenzgesteuerte Pumpe eingesetzt und die Pumpen sinnvoll verschaltet werden. Die Einsparungen lagen bei über 30 %.

Ähnliches gilt für die Förderung mittels der sogenannten „Verblasung". Acht Ventilatoren mit einer installierten Leistung von jeweils 22 kW, die in einem dreischichtigen Mühlenbetrieb kontinuierlich liefen, benötigten ca. 1 Mio. kWh pro Jahr (1998). Durch eine angepaßte Regelung konnte der Einsatz elektrischer Energie um 34 % gesenkt werden. Dies führte zu Energiekosteneinsparungen von ca. 40.000 DM pro Jahr. Die Investitionskosten betrugen etwa 80.000 DM.

3.2.9 Prozeßalternativen

| Prozeßalternativen sollten insbesondere dann untersucht werden, wenn elektrische Energie für thermische Prozesse eingesetzt werden soll.

Viele elektrisch beheizte Prozesse lassen sich durch direkt oder indirekt mit Gas oder Brennstoff beheizte Prozesse ersetzen. Dazu gehören unter anderem Backen, Trocknen, Pasteurisieren. Ähnliches gilt für die Kälteversorgung: Absorptionskältemaschinen sind für viele Unternehmen eine interessante Alternative zu Kompressionskältemaschinen.

Bei Eindampfprozessen ist die Vorkonzentrierung durch Umkehrosmose eine energetisch interessante Alternative. Da das Verfahren bei proteinhaltigen Produkten auf Trockenmassen von 25 bis 30 % beschränkt ist, kann die Eindampfung nicht vollständig ersetzt werden. Trotz des erforderlichen Einsatzes von elektrischer Energie (Hochdruckpumpen) läßt sich der Gesamtenergieaufwand durch dieses Verfahren reduzieren.

Beispiel: Pasteurisieren mit indirekter Dampfbeheizung anstelle Mikrowellen-Pasteurisation

Als in den sechziger Jahren in den USA Mikrowellenanlagen eingeführt wurden, die durch die Anregung der Wassermoleküle mittels hochfrequenter elektromagnetischer Wellen Wasser aufheizten, kam dies einer Revolution in vielen Sektoren der Nahrungsmittelindustrie gleich – insbesondere in einer Zeit, in der es galt, thermische Prozesse durch moderne, saubere und gut regelbare elektrische Prozesse zu ersetzen. Durch die Verdrängung elektrisch betriebener Kochprozesse sowie insbesondere durch die Vermeidung der auftretenden Brüdenverluste bei konventionellen Kochprozessen konnten durch die Einführung der Mikrowellenbehandlung erhebliche Primärenergieeinsparungen erzielt werden. Durch den Wegfall des Wärmeträgermediums Wasser entsteht darüber hinaus keine unnötige Aufheizung der Anlagenperipherie, und die Wärmeverluste werden minimiert. Trotz hoher Investitionskosten stellte diese Technik einen bedeutenden Fortschritt dar und erlebte eine schnelle Verbreitung in der Industrie – und zuletzt auch in den Haushalten.

Anders verhält es sich bei der Pasteurisation von Lebensmitteln mittels Mikrowelle, zumal hier luftdicht abgepackte Ware thermisch behandelt wird. In einer Studie für einen Betrieb der Fleischverarbeitung und Teigwarenherstellung sind die Mikrowellen-Pasteurisation und die Pasteurisation mit indirekter Dampfbeheizung exemplarisch gegenübergestellt worden.

Für einen Produktdurchsatz von 500 kg/h hat ein gut angepaßter Mikrowellenpasteur eine Leistungsaufnahme von durchschnittlich 90 kW. Dies entspricht pro Tonne Produkt einem Bedarf von 180 kWh elektrischer Energie bzw. bei einem durchschnittlichen Preis von 9 Pf/kWh spezifischen Kosten von 16,20 DM/t (1999).

| Dampfpasteur verursacht nur rund 27 % der Energiekosten eines Mikrowellen-Pasteurs.

Alternativ hierzu erfordert ein Dampfpasteur für denselben Produktdurchsatz pro Tonne Produkt etwa 0,25 Tonnen Dampf auf einem Druckniveau von 5 bar. Dies entspricht einer thermischen Leistung von ca. 160 kW. Bei durchschnittlichen Wärmekosten von ca. 4,6 Pf/kWh (Gaspreis, Kesselverluste, Wartung, Instandsetzung) belaufen sich die spezifischen Energiekosten auf 7,4 DM/t – das sind etwa 46 % der Kosten, die bei der Mikrowellenanlage entstehen.

Nahrungsmittelindustrie

Zur optimalen Ausnutzung der eingesetzten Energieträger in industriellen Prozessen bietet die Kopplung oder Integration unterschiedlicher Energieumwandlungsprozesse häufig die effektivsten Möglichkeiten und die größten Potentiale. Ziel derartiger intergrierter Prozesse ist die Mehrfachnutzung der eingesetzten Energieträger im Zuge ihrer Entwertung. Solche integrierten Prozesse können zum Beispiel die Kaskadenschaltung von Wärmetauschern, Restwärmenutzung oder aber auch apparativ aufwendigere Prozesse wie Kraft-Wärme-(Kälte-)Kopplung sein.

3.3 Integrierte Maßnahmen

In vielen Betrieben der Ernährungsindustrie fallen große Abwassermengen auf mittlerem Temperaturniveau an. Die Wärme dieses Abwassers – welches zum Teil ohnehin gekühlt werden muß – kann über elektrisch betriebene Wärmepumpen oder über Absorptionswärmepumpen zur Warmwasserbereitung genutzt werden. Ebenso kann die Abwärme der eingesetzten Kälteanlagen über zwischengeschaltete Wärmetauscher oder direkt, zum Beispiel zur Hallenbeheizung oder Wasservorwärmung, genutzt werden.

3.3.1 Wärmepumpen
Bei großen Abwassermengen auf mittlerem Temperaturniveau Einsatzmöglichkeit von Wärmepumpen prüfen.

Durch die intelligente Verschaltung der Wärmetauscher in Prozeßketten, in denen Wärme zugeführt und das Produkt gekühlt werden muß (zum Beispiel Verarbeitung von Rohmilch), lassen sich durch Wärmeintegration kontinuierlicher Prozesse sowohl thermische Energie als auch elektrische Energie zur Produktkühlung einsparen. Fallen die Prozesse nicht gleichzeitig an, so kann über zwischengeschaltete Wärmespeicher das Prinzip der „Wärmeschaukel" verwirklicht werden. Grundlage für die Wärmeintegration ist eine detaillierte Analyse der anfallenden Temperaturniveaus und Wärmekapazitätsströme sowie eine sorgfältige Auslegung der Anlage. Bei komplexeren Prozeßketten mit unterschiedlichen Temperaturniveaus und Stoffströmen unterstützt die sogenannte „Pinch-Analyse" die Bestimmung der optimalen Verschaltung.

3.3.2 Wärmeintegration

Das typische Bedarfsprofil vieler Betriebe der Ernährungsindustrie weist einen Anteil von zwei Dritteln Wärme und einem Drittel elektrische Energie auf. Bei einem relativ gleichmäßigen und kontinuierlichen Energiebedarf ist diese Bedarfsstruktur optimal geeignet für den Einsatz von Kraft-Wärme-Kopplungs-Anlagen (KWK) zur Eigenerzeugung von elektrischer und thermischer Energie. Je nach Temperaturprofil der benötigten Wärme (Heißwasser oder Dampf) kommen dabei eher Verbrennungsmotoren oder eher Gasturbinen zum Einsatz. Eine weitere Nutzung der entstehenden Wärme zur Kälteerzeugung mit Absorptionskälteanlagen kann das Bedarfsprofil vergleichmäßigen und die Auslastung der KWK-Aggregate verbessern. In diesem Fall spricht man von Kraft-Wärme-Kälte-Kopplung.

Die Kraft-Wärme-(Kälte-)Kopplung stellt aus energetischer Sicht zwar eine interessante Technik dar, jedoch scheuen viele Industriebetriebe bei der derzeitig herrschenden Unsicherheit auf dem Energiemarkt aber die erheblichen Investitionen. In der Tat können – seit der Liberalisierung des Strommarktes – bestehende Anlagen der industriellen Kreaft-Wärme-Kopplung bezüglich ihrer Stromerzeugungskosten kaum noch mit den Marktpreisen konkurrieren, und es sind in den letzten zwei Jahren praktisch keine neuen Anlagen errichtet worden.

3.3.3 Kraft-Wärme-Kopplung und Kraft-Wärme-Kälte-Kopplung
Bei zeitgleichem Bedarf von Elektrizität und Wärme (und gegebenenfalls Kälte) kann die Kraft-Wärme-(Kälte-)Kopplung zu erheblichen Energie- und Energiekosteneinsparungen führen.

Überall dort, wo große Mengen an organischen Abfällen anfallen, ist die Aufbereitung und Nutzung von Biomasse sinnvoll. Neben der direkten Verbrennung fester Abfallstoffe (zum Beispiel Preßrückständen oder Schalen) besteht die Möglichkeit zur Brennstofferzeugung über Zersetzung bzw. Vergärung und anschließenden Nutzung in Anlagen zur Eigenerzeugung von elektrischer Energie. Die Organisation eines Ver-

3.3.4 Biomassenutzung

bundsystems, in dem der Abfall unterschiedlicher Unternehmen zentral verarbeitet wird, macht diese Form der dezentralen Energieversorgung wirtschaftlicher.

4 Literatur

Casper, M. E.: Energy-Saving Techniques for the Food Industry. Noyes Data Corporation Park Ridge, New Jersey, USA, 1977

Chmiel, H., Clemens, W.: Einsparpotentiale in der Fleischwarenindustrie. Fleischwirtschaft 77 (1997) 2

Gruber, E., Brand, M.: Rationelle Energienutzung in der mittelständischen Wirtschaft. TÜV Rheinland, 1990

Häßlein, H.-P., Langhans, B.: Energy saving and optimisation in sugar factories. International Sugar Journal, Vol. 98, No. 1176B

Heiss, R.: Lebensmitteltechnologie – Biotechnologische, chemische, mechanische und thermische Verfahren der Lebensmittelverarbeitung. Springer-Verlag, 1995

Meyer, J., Kruska, M. et al.: Orientierungsphase zur Erstellung eines Branchenenergiekonzeptes für die Nahrungsmittelindustrie in NRW. Abschlußbericht an den Projektträger REN, Forschungszentrum Jülich, Juli 1998

Schildhauer, J., Fink, S.: Energieverbrauch der Investitionsgüter- sowie Nahrungs- und Genußmittelindustrie der alten Bundesländer. Forschungszentrum Jülich, 1995

Schriftenreihe des Bundesministers für Ernährung, Landwirtschaft und Forsten, Energie- und Ernährungswirtschaft, Teil II: Energieverbrauch für die Herstellung ausgewählter Lebensmittel. Landwirtschaftsverlag, Münster-Hiltrup 1983

Schu, G. F.: Energiebetrachtungen in der Mälzerei. Brauwelt Nr. 1/2 (1997)

Singh R.P.: Energy in World Agriculture, Energy in Food Processing. Department of Agricultural Engineering, University of California, Davis, Elsevier-Verlag, 1986

Stiebing, A., Klettner, P.-G., Müller, W.-D.: Energieverbrauch bei der Fleischwarenherstellung. Fleischwirtschaft 61 (1981) 8

Stiebing, A., Rödel, W., Klettner, P.-G.: Energieeinsparung bei der Rohwurstreifung. Fleischwirtschaft 62 (1982) 11

Valentin, P.: Zuckerrübe und Energie – Ein Agrarrohstoff in der Ökobilanz von Produktion und Energiekreisläufen. Zuckerindustrie 122 (1997) 7

Norbert Krzikalla

Handwerksbetriebe

In 145.000 Handwerksbetrieben in NRW arbeiten mehr als 1 Mio. Beschäftigte. Für die Herstellung der Produkte und die Erbringung von Dienstleistungen in diesen Betrieben wird Energie verbraucht, die je nach Gewerk nicht unerheblich zur Kostenbelastung der Betriebe beiträgt. Im Rahmen von Modellprojekten wurden daher Energiesparanalysen in einigen wichtigen Branchen durchgeführt. Untersucht wurden Kfz-Betriebe, Bäckereien, Fleischereien, Tischlereien und Friseurbetriebe. Dabei zeigte sich, daß der Verbrauch elektrischer Energie in fast allen Betrieben den größten Teil der Energiekosten verursacht. Je nach Branche wurden wirtschaftlich erschließbare Einsparpotentiale für Elektrizität zwischen 5 und 30 % identifiziert. Ein Großteil hiervon läßt sich bereits durch einfache Maßnahmen mit geringen oder sogar ohne Investitionskosten erschließen.

1 Einleitung

Das Handwerk in Nordrhein-Westfalen stellt einen bedeutenden Wirtschaftsfaktor dar. In 145.000 Betrieben arbeiten mehr als 1 Mio. Beschäftigte. Dies sind 13,5 % aller Erwerbstätigen in Nordrhein-Westfalen (WHKT 1996). In Energieverbrauchsstatistiken wird das Handwerk dem Sektor Kleinverbrauch zugeordnet, der darüber hinaus öffentliche Gebäude und Dienstleistungsbetriebe enthält. Der Sektor Kleinverbrauch verursacht 24 % des gesamten Elektrizitätsverbrauchs der Bundesrepublik Deutschland (ISI 1994).

> In 145.000 Handwerksbetrieben in NRW arbeiten mehr als 1 Mio. Beschäftigte.

Um die vorhandenen Energiesparpotentiale im Handwerk zu identifizieren und zu erschließen wurden in mehreren Modellprojekten detaillierte Energiesparanalysen in unterschiedlichen Branchen durchgeführt. Für diese Untersuchungen wurden Branchen ausgewählt, die aufgrund ihrer Betriebsanzahl einen großen Teil des gesamten Handwerkssektors abdecken und die erfahrungsgemäß eine mindestens durchschnittliche Energieintensität aufweisen.

Ausgewählt wurden die Branchen Bäcker/Konditoren, Friseure, Fleischer, Tischler und Kfz-Mechaniker. In diesen fünf Branchen sind bereits ein Drittel aller Handwerksbetriebe in Nordrhein-Westfalen enthalten. Die folgenden Aussagen zu den Möglichkeiten der Einsparung elektrischer Energie im Handwerk stützen sich auf 27 im Rahmen von Modellprojekten in Düsseldorf und Mainz durchgeführte Energiesparanalysen, die durch in der Literatur dokumentierte Untersuchungsergebnisse ergänzt werden.

> 33 % aller Handwerksbetriebe in NRW sind Bäckereien, Fleischereien, Friseurbetriebe, Tischlereibetriebe und Kfz-Betriebe.

2 Rationelle Verwendung elektrischer Energie in Kfz-Betrieben

2.1 Elektrizitätsverbrauch und -kosten

Der durchschnittliche Elektrizitätsverbrauch aller Kfz-Betriebe in Düsseldorf liegt bei 70 MWh pro Jahr, wobei jedoch die Unterschiede zwischen den einzelnen Betrieben sehr groß sind. Die am häufigsten vertretene Betriebsgröße weist einen Verbrauch von weniger als 20 MWh pro Jahr auf, einzelne wenige Großbetriebe verbrauchen aber auch mehr als 500 MWh pro Jahr. Entsprechend groß ist die Streuung bei den Kosten für den Bezug elektrischer Energie. Der Mittelwert aus acht untersuchten Betrieben in Düsseldorf und Mainz liegt bei 37.000 DM/a bei einer Streuung von 12.000 bis 124.000 DM/a.

> Mittlere Elektrizitätskosten: 37.000 DM/a.

Spezifische Energieverbräuche werden bei Kfz-Betrieben im allgemeinen auf die pro Jahr durchgeführten Reparaturaufträge bezogen. Der Durchschnitt der untersuchten Betriebe liegt bei 20 kWh elektrischer Energie pro Reparaturauftrag, das Minimum

| Mittlerer spezifischer Elektrizitätsverbrauch: 20 kWh/Reparaturauftrag.

liegt bei 10, das Maximum bei 39 kWh pro Auftrag. Der Anteil der elektrischen Energie am Gesamtenergieverbrauch beträgt bei den untersuchten Kfz-Betrieben im Mittel 20 %. Der Elektrizitätsverbrauch verursacht jedoch zwischen 60 und 80 % der Energiekosten der Betriebe.

Typische Verbraucher elektrischer Energie in Kfz-Betrieben sind
- Druckluftkompressor,
- Abgasabsauganlage,
- Beleuchtung,
- Maschinen und Geräte.

Zu den Maschinen und Geräten in Kfz-Betrieben gehören unter anderem Hebebühnen, Heißkleberpistole, Schwingschleifer, Schleifmaschinen, Bohrmaschinen, Lötkolben, Punktschweißgeräte, Ladegeräte, Drehbank, Auswuchtmaschinen, Ölkabinett, Reinigungsgeräte, Achsmeßgeräte, Bremsprüfstand, Papierpresse, AU-Tester und Reifenmontagegerät.

| Hauptelektrizitätsverbraucher: Beleuchtung.

Die Anteile der einzelnen Verbraucher am Gesamtverbrauch elektrischer Energie sind in den einzelnen Betrieben sehr unterschiedlich. In allen Betrieben tragen die Anwendungen Beleuchtung, Abgasabsaugung und Drucklufterzeugung erheblich zum Gesamtverbrauch bei, wobei die Beleuchtung meist den Hauptelektrizitätsverbraucher darstellt.

Abbildung 1 zeigt die über die untersuchten Betriebe gemittelte Aufteilung des Verbrauchs elektrischer Energie auf Anwendungsarten.

Abb. 1: Aufteilung des Elektrizitätsverbrauchs auf Anwendungsarten in Kfz-Betrieben

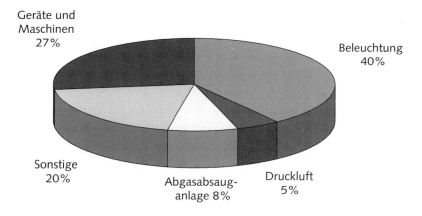

Der hohe Anteil der Beleuchtung resultiert daraus, daß die meisten Kfz-Betriebe große, gut beleuchtete Ausstellungs- und Verkaufsflächen haben.

2.2 Technische und organisatorische Einsparpotentiale
| Sparpotential für elektrische Energie 15 %.

Das gesamte Einsparpotential für elektrische Energie liegt bei den einzelnen Betrieben zwischen 5 und 30 %, der Mittelwert liegt bei 15 %. Möglichkeiten zur Einsparung gibt es bei allen wesentlichen Anwendungsarten.

2.2.1 Beleuchtung

In den meisten Betrieben bestehen Möglichkeiten zur Reduzierung der Beleuchtungsdauern. Zum Teil sind diese Einsparpotentiale durch Verhaltensänderungen der Belegschaft (betriebliche Anweisungen) zu erschließen, zum Teil durch einfache technische Maßnahmen, wie Installation von Zeitschaltuhren, Lichtschranken oder Bewegungsmeldern. Viele dieser Maßnahmen erfordern keine oder nur geringe Investitionen und können sich daher in sehr kurzer Zeit amortisieren. Bei den untersuchten

Betrieben lag die mittlere Energiekosteneinsparung pro Betrieb bei 1.500 DM/a, die mittlere Amortisationszeit betrug bei Investitionskosten von 590 DM/Betrieb 0,4 Jahre.

In vielen Fällen lohnt sich die Änderung der Beleuchtungsanlagen. Hierunter fallen Maßnahmen zur Steuerung der Beleuchtung sowie der Einsatz energieeffizienter Lampen oder Beleuchtungskörper. Dies kann im einzelnen die folgenden Maßnahmen umfassen:
- Ersatz von Glühlampen durch Leuchtstofflampen oder Kompaktleuchtstofflampen
- Ersatz von Halogen-Glühlampen höherer Leistung durch Metallhalogendampflampen
- Ersatz von Leuchten mit opaler Abdeckung durch Spiegelrasterleuchten
- Einsatz elektronischer Vorschaltgeräte
- Einsatz tageslichtabhängiger Steuerung

| Reduzierung der Beleuchtungsdauern – Zeitschaltuhren, Bewegungsmelder – Amortisationszeiten zum Teil < 1 Jahr.

| Einsatz energieeffizienter Lampen und Leuchten.

In den untersuchten Betrieben konnten durch diese Maßnahmen Einsparungen bis zu 2.400 DM/a erreicht werden. Wirtschaftlich ist der Austausch der vorhandenen Leuchten jedoch im allgemeinen nur dann, wenn die Sanierung der Beleuchtungsanlagen ohnehin erforderlich oder geplant ist (siehe auch Kapitel „Beleuchtung").

| Einsparung pro Betrieb: bis zu 2.400 DM/a.

2.2.2 Abgasabsauganlage

In vielen Fällen läßt sich die Laufzeit der Abgasabsauganlage, die oftmals während der gesamten Arbeitszeit in Betrieb ist, erheblich verkürzen. Die Anlage kann zum Beispiel über ein Zeitrelais gesteuert werden, das über Taster an den Arbeitsplätzen angesteuert wird und die Anlage jeweils für 10 Minuten einschaltet. Die Amortisationszeit dieser Maßnahme hängt im Einzelfall davon ab, wie lange die Anlage unnötigerweise in Betrieb ist. Bei den untersuchten Betrieben ergaben sich bei Investitionskosten von 800 bis 1.000 DM Amortisationszeiten von durchschnittlich 0,7 Jahren.

| Laufzeit der Abgasabsauganlage verkürzen – Amortisationszeit <1 Jahr.

2.2.3 Drucklufterzeugung

In fast allen untersuchten Betrieben wurden Undichtigkeiten im Druckluftnetz festgestellt. Die Beseitigung dieser Undichtigkeiten führte bei Investitionen von 100 bis 150 DM zu jährlichen Energiekosteneinsparungen zwischen 36 und 425 DM. Die Amortisationszeiten lagen zwischen 0,2 und 2,8 Jahren.

Bei der Drucklufterzeugung werden 90 % der eingesetzten elektrischen Energie in Wärme umgewandelt, die in der Regel ungenutzt bleibt. Damit ist Druckluft ein sehr teurer und ineffizienter Energieträger. Bei Ersatz oder Neuanschaffungen sollten daher möglichst keine Geräte mit Druckluftantrieb sondern elektrisch betriebene Geräte gekauft werden.

| Druckluftnetz abdichten – Amortisationszeit 0-3 Jahre.

| Elektrizität statt Druckluft.

3 Rationelle Verwendung elektrischer Energie in Bäckereibetrieben

Der Verbrauch elektrischer Energie von Bäckereien hängt in hohem Maße davon ab, ob Elektrobacköfen eingesetzt werden oder ob Gas oder Heizöl zum Backen verwendet wird. Die Backöfen tragen zu etwa zwei Dritteln zum Gesamtenergieverbrauch einer Bäckerei bei. Daher sind Vergleichsenergiekennzahlen für Bäckereien nach Betrieben mit und ohne Elektrobacköfen zu differenzieren.

Bäckereibetriebe gibt es in sehr unterschiedlichen Größenklassen, mit Elektrizitätsverbräuchen von weniger als 10 MWh/a bis hin zu Großbetrieben mit nahezu 1.000 MWh/a. Ein Großteil der Betriebe liegt im Bereich zwischen 65 und 250 MWh/a, der Mittelwert von 29 untersuchten Betrieben ohne Elektrobackofen liegt bei 135 MWh/a. Die jährlichen Kosten für elektrische Energie betragen im Mittel 2 % des Umsatzes von Bäckereibetrieben.

3.1 Elektrizitätsverbrauch und -kosten

| Hauptenergieverbraucher: Backöfen.

| Durchschnittlicher Elektrizitätsverbrauch: 135 MWh/a.

> Durchschnittlicher spezifischer Elektrizitätsverbrauch: 650 kWh/t Mehl (ohne Backöfen).

Energiekennzahlen werden entweder durch Bezug auf die verarbeitete Mehlmenge oder auf die Backfläche gebildet. Die spezifischen Elektrizitätsverbräuche von 68 untersuchten Betrieben liegen ohne Berücksichtigung der Elektrobacköfen zwischen 230 und 1.420 kWh pro t Mehl. Der Mittelwert beträgt 650 kWh/t Mehl. Bezogen auf die Backfläche liegt dieser Wert bei 3.884 kWh/m². Demgegenüber ergibt sich bei 50 untersuchten Betrieben mit Elektrobacköfen ein spezifischer Verbrauch elektrischer Energie von 9.500 kWh/m² Backfläche (HEA 1995).

In (RAVEL 1995) wird eine Zielenergiekennzahl Elektrizität von 1450 kWh pro t Mehl für Betriebe mit Elektrobackofen angegeben. Geht man davon aus, daß die Elektrobacköfen zwei Drittel des gesamten Verbrauchs elektrischer Energie in Bäckereien verursachen, läge dieser Zielwert für Betriebe ohne Elektrobacköfen bei etwa 500 kWh pro t Mehl. Die mittlere Aufteilung des Elektrizitätsverbrauchs auf die verschiedenen Anwendungsarten mit Ausnahme der Elektrobacköfen ist in Abbildung 2 dargestellt.

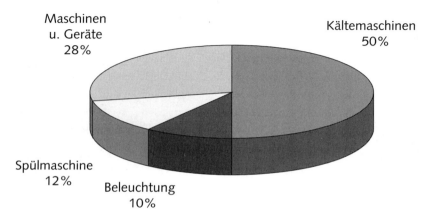

Abb. 2: Aufteilung des Elektrizitätsverbrauchs auf Anwendungsarten in Bäckereibetrieben (ohne Elektro-Backöfen)

> Hauptelektrizitätsverbraucher: Kältemaschinen.

Hauptverbraucher elektrischer Energie sind die Kältemaschinen für Kühlräume, Gärunterbrecher und Gärverzögerer. Weitere bedeutende Verbraucher sind die Spülmaschine, die Beleuchtung, Teigknetmaschinen und Fettbackgeräte.

3.2 Technische und organisatorische Einsparpotentiale

> Sparpotential für elektrische Energie 15 bis 30 %.

In verschiedenen Untersuchungen zu den Energieeinsparpotentialen in Bäckereibetrieben wurden Einsparmöglichkeiten zwischen 15 und 30 % ermittelt (BEWAG 1992); (u.e.c. 1995); (ICC 1995); (ICC 1997). Zusätzlich besteht ein Primärenergieeinsparpotential durch den Ersatz von Elektrobacköfen durch erdgasbetriebene Backöfen. Möglichkeiten zur Einsparung elektrischer Energie bestehen in den Anwendungsbereichen Kühlung, Beleuchtung, Backöfen und Warmwasserbereitung.

3.2.1 Kühlung

> Einsparpotential im Bereich Kühlung: ≥ 30 %.

Das größte Sparpotential für elektrische Energie ergibt sich in Bäckereibetrieben durch die Optimierung der Kühlung. Es wird auf mindestens 30 % geschätzt (u.e.c. 1995). Dabei können folgende Maßnahmen bei Planung und Betrieb von Kälteanlagen zu Energieeinsparungen führen:
- exakte Kühllastberechnung
- großzügige Auslegung der Wärmetauscher (etwas mehr Wärmeaustauschfläche kostet nicht viel mehr, spart aber viel Energiekosten)
- Verwendung effizienter Verdichter (Mehrkosten zahlen sich schnell aus)
- optimiertes Regelungs- und Steuerungskonzept

- den Betriebsbedingungen angepaßte Teillastregelung (optimale Verdichterstufe bei Verbundanlagen, polumschaltbare Verdichtermotoren, Zylinderwegschaltung, keine Heißgasbypaßsysteme, Saugdruckregler vermeiden etc.)
- gleitende Kondensationstemperatur (die in der Kältetechnik häufig verwendeten Kondensationsdruckregler sind meist sinnlos und verschwenden Energie)
- effiziente Abtausysteme (bedarfsgerechte Abtausteuerung)
- regelmäßige Reinigung der Wärmetauscher (verschmutzte Wärmetauscher verschlechtern den Wärmeübergang und somit die Effizienz)
- Aufstellung der Kältemaschinen an einem kühleren Ort bzw. Verbesserung der Belüftung, um eine Absenkung der Umgebungstemperatur der Kältemaschinen zu erreichen (1 °C Temperaturabsenkung am Kondensator bewirkt eine Energieeinsparung um ca. 4 %)
- Vermeidung unnötig niedriger Kühlraumtemperaturen (1 °C Erhöhung der Lagertemperatur bewirkt eine Energieeinsparung um ca. 4 %)
- Dichtes Auffüllen der Kühlräume
- Nächtliche Abdeckung von Kühltheken
- Regelmäßige Wartung der Kältemaschinen unter Beachtung der folgenden Punkte:
  - Stimmen die Abtauzeiten, kann man die Abtauintervalle verlängern?
  - Funktionieren die Thermostate richtig?
  - Sind die Türrahmendichtungen spröde?
  - Sind die Kaltwasserleitungen genügend isoliert?
  - Stimmt die Kältemittelfüllmenge?

Diese Maßnahmen erfordern meist keine oder nur geringe Investitionen und amortisieren sich daher in kürzester Zeit.

Keine oder geringe Investitionen.

Die Beleuchtung trägt zu ca. 10 % zum Elektrizitätsverbrauch in Bäckereien (ohne Backöfen) bei. Im Einzelfall sind auch hier hohe Einsparpotentiale vorhanden. Zu beleuchten sind Produktions- und Lagerräume sowie Verkaufsräume.

Um die erforderlichen Beleuchtungsstärken mit möglichst geringem Energieeinsatz zu erreichen, eignen sich besonders folgende Beleuchtungstechniken:
- Kompaktleuchtstofflampen („Energiesparlampen") als Ersatz für Glühlampen
- Energiesparlampen mit Reflektoren für Effektbeleuchtung; energieeffiziente Beleuchtungsanlagen
- Hochdruck-Gasentladungslampen für die Außenbeleuchtung
- Leuchtstofflampen mit elektronischen Vorschaltgeräten für die Beleuchtung von Verkauf und Produktion (Allgemeinbeleuchtung)

Der Austausch von Glühlampen gegen Kompaktleuchtstofflampen amortisiert sich bei hoher Einschaltdauer innerhalb eines Jahres. Der Ersatz von Leuchten mit alten Leuchtstofflampen gegen neue mit elektronischen Vorschaltgeräten ist nur wirtschaftlich, wenn die Erneuerung der Beleuchtungsanlagen ohnehin erforderlich ist.

3.2.2 Beleuchtung
10 % des Elektrizitätsverbrauchs für Beleuchtung.

Energiesparlampen hoch wirtschaftlich.

In vielen Fällen können die Energieverbräuche und -kosten der Backöfen verringert werden. Das Energiesparpotential, das sowohl für Elektro- als auch für Gas-Backöfen auf 10-15 % geschätzt wird (u.e.c 1995), kann insbesondere durch folgende Maßnahmen erschlossen werden:
- Optimierung des Einschaltzeitpunktes
- Verbesserung der zeitlichen und räumlichen Auslastung
- Vermeidung der Nachheizung am Tage durch optimierte Produktionsplanung
- Verbesserung der Isolierung der Öfen
- Luftabschlußklappe zur Vermeidung von Kühlluftzutritt außerhalb der Brennerlaufzeiten (nur bei Gas-Backöfen)

3.2.3 Backöfen
Energiesparpotential bei Backöfen: 10 bis 15 %.

- Automatisch gesteuerte Abgasklappe zur Reduzierung der Abgasverluste (nur bei Gas-Backöfen)
- Ersatz von Elektroöfen durch Gasöfen bei Neuanschaffung eines Backofens

Durch die Optimierung des Einschaltzeitpunktes können unnötige Warmhaltezeiten vermieden werden.

Produktionsplanung optimieren.

Durch eine optimierte Produktionsplanung bzw. das Backen mit abnehmender Hitze läßt sich das Nachheizen des Backofens zur Hochtarifzeit vermeiden, wodurch erhebliche Energiekosten eingespart werden.

Backen mit Gas statt Elektrizität – Amortisationszeit 1 bis 2 Jahre.

Wenn die Neuanschaffung eines Backofens ansteht, sollten Elektroöfen grundsätzlich durch gasbetriebene Backöfen ersetzt werden. Die Mehrkosten des Gasbackofens, je nach Größe zwischen 5.000 und 10.000 DM, amortisieren sich im allgemeinen innerhalb von 1 bis 2 Jahren. Gleichzeitig wird durch diese Maßnahme eine erhebliche Umweltentlastung erzielt. Primärenergieeinsatz und CO_2-Emissionen reduzieren sich um nahezu zwei Drittel.

3.2.4 Warmwasserbereitung

Warmwasser aus Abwärme.

Bei der Teigherstellung werden pro kg Mehl 2 bis 3 Liter Warmwasser (60 °C) benötigt. Die Energie für die Erwärmung dieses Wassers läßt sich in Bäckereien vollständig aus der Abwärme der Kältemaschinen oder der Backöfen gewinnen. Hierdurch wird jedoch nicht zwangsläufig elektrische Energie eingespart, sondern der Energieträger, der bisher für die Warmwasserbereitung verwendet wurde. Im Sinne einer energetischen Gesamtoptimierung eines Bäckereibetriebes sollten diese Maßnahmen auf jeden Fall geprüft werden. Hierzu stehen eine Reihe von Systemen zur Abwärmenutzung und -speicherung zur Verfügung. Für die Wärmerückgewinnung aus den Backöfen werden in (u.e.c. 1995) durchschnittliche Amortisationszeiten von sechs Jahren angegeben.

Die Wärmerückgewinnung aus den Kältemaschinen amortisiert sich bei Ersatz von elektrischer Energie nach ca. drei bis vier Jahren, bei Ersatz von Erdgas oder Heizöl meist erst nach zehn bis zwanzig Jahren.

Warmwasseranschluß der Spülmaschine – Amortisationszeit 2 bis 3 Monate.

Ca. 12 % des gesamten Elektroenergieverbrauchs einer Bäckerei wird für die Spülmaschine verwendet. Daher lohnt sich auf jeden Fall ein Warmwasseranschluß der Spülmaschine, insbesondere wenn das Warmwasser aus Abwärme erzeugt wird. Bei Investitionskosten von ca. 500 DM amortisiert sich diese Maßnahme meist schon nach zwei bis drei Monaten.

4 Rationelle Verwendung elektrischer Energie in Fleischereibetrieben

4.1 Elektrizitätsverbrauch und -kosten

Durchschnittlicher Elektrizitätsverbrauch: 150 MWh/a.

Der durchschnittliche Elektrizitätsverbrauch aller Fleischereibetriebe in Düsseldorf liegt bei 150 MWh pro Jahr. Dabei machen einige wenige große Betriebe mit hohem Energieverbrauch bereits einen Großteil des Gesamtverbrauchs der Branche aus. Einzelne Betriebe weisen Elektroenergieverbräuche von weit mehr als 1000 MWh/a auf, während eine große Zahl von Betrieben mit ihren Energieverbräuchen deutlich unterhalb des Durchschnittswertes liegen. Die in Düsseldorf am häufigsten vertretene Betriebsgrößenklasse liegt zwischen 20 und 40 MWh/a.

Entsprechend der großen Bandbreite bei den Energieverbräuchen bewegen sich auch die Energiekosten in sehr unterschiedlichen Größenordnungen. Im Rahmen der gesamten Untersuchung in Handwerksbetrieben in Düsseldorf (ICC 1995) wurden drei Betriebe mit Energiekosten zwischen 24.000 und 118.000 DM/a analysiert.

Der spezifische Elektrizitätsverbrauch wird entweder auf den Rohmaterialinput oder auf die erzeugte Menge an Fertigprodukten bezogen. Die spezifischen Elektrizitätsverbräuche der drei Düsseldorfer Betriebe liegen zwischen 495 und 1.924 kWh/t Fertigware, wobei der untere Wert für einen großen Betrieb mit 60 Beschäftigten und einer Jahresproduktion von 676 t gilt. In (ESV 1996) werden die spezifischen Elektroenergieverbräuche auf die Tonne verwendetes Rohmaterial bezogen, wobei nach Betrieben mit einem Rohmaterialinput von weniger und mehr als 250 t/a differenziert wird:

Handwerksbetriebe

	Rohmaterialinput	
	< 250 t/a	> 250 t/a
Minimum	300 kWh/t	210 kWh/t
Maximum	1.110 kWh/t	640 kWh/t
Mittelwert	740 kWh/t	450 kWh/t

Tabelle 1: Durchschnittliche spezifische Elektrizitätsverbräuche

▎ kleine Betriebe: 740 kWh/t Rohmaterialinput
▎ große Betriebe: 450 kWh/t Rohmaterialinput

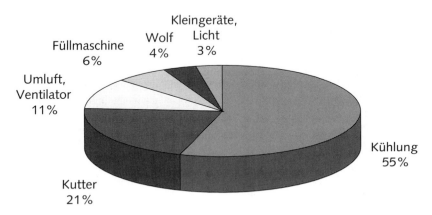

Abb. 3: Aufteilung des Elektrizitätsverbrauchs auf Anwendungsarten in einem Fleischereibetrieb

Typische Elektrizitätsverbraucher in Fleischereibetrieben sind:
- Kältemaschinen
- Kutter
- Fleischwolf
- Knochensäge
- Druckluftkompressor
- ggf. Rauchkammer
- ggf. Kochkessel
- Spülmaschine
- diverse Spezialmaschinen

Die Kältemaschinen für die Fleischkühlung verursachen den größten Teil des Verbrauchs elektrischer Energie, der in der Regel zwischen 50 und 60 % liegt. An der maximalen elektrischen Leistung haben Kutter und ggf. elektrisch betriebene Kochkessel einen erheblichen Anteil. Abbildung 3 zeigt die Aufteilung des Elektrizitätsverbrauchs auf Anwendungsarten in einem typischen Fleischereibetrieb.

▎ Hauptelektrizitätsverbraucher: Kältemaschinen.

Das wirtschaftliche Energieeinsparpotential liegt bei den meisten Betrieben zwischen 20 und 30 % (ASEW 1993) und betrifft vor allem die Anwendungen Kühlung, Kochen, Warmwasserbereitung und Beleuchtung.

4.2 Technische und organisatorische Einsparpotentiale

Bei der Kühlung, die in der Regel mehr als die Hälfte des Elektrizitätsverbrauchs in Fleischereien verursacht, bestehen in den meisten Betrieben große Einsparpotentiale. Ein Großteil läßt sich analog zu Bäckereien bereits durch einfache organisatorische Maßnahmen ohne Investitionskosten erschließen (vgl. Bäckereibetriebe, Abschnitt 3.2.1). Insbesondere ist zu beachten, daß die Temperaturen der Kühl- und Gefrierräume nicht niedriger als nötig eingestellt werden und daß die Kältemaschinen an einem möglichst kühlen, gut belüfteten Ort aufgestellt werden. Tabelle 2 zeigt beispiel-

4.2.1 Kühlung

▎ Energiesparpotential im Bereich Kühlung: ≥ 30 %.

haft Solltemperaturen für die Lagerung verschiedener Fleischerzeugnisse. Das Energiesparpotential durch Optimierung der Kühlung wird auf mindestens 30 % geschätzt.

Tabelle 2: Lagerungstemperaturen von Fleischerzeugnissen

Tiefgefrorene Lebensmittel	– 18 °C
Innereien	+ 3 °C
Geflügelfleisch, rohe Hackfleischerzeugnisse	+ 4 °C
Frisches Fleisch, hitzebehandeltes Fleisch, Wurst	+ 7 °C
Gepökeltes Fleisch einschließlich Geflügelfleisch mit einem Salzgehalt von mindestens 4 %	+ 10 °C

Geschlossener Kühlwasserkreislauf mit Abwärmenutzung.

In einem der drei untersuchten Betriebe in Düsseldorf erfolgte die Kondensation des Kältemittels mit Wasser, das in einem offenen Kreislauf gefahren wurde. Durch die Umstellung auf einen geschlossenen Kreislauf mit Nutzung der im Kühlwasser enthaltenen Wärme für die Brauchwassererwärmung (siehe auch Abschnitt 4.2.5) wurden sowohl Energie als auch erhebliche Mengen Wasser eingespart. Die Maßnahme, die Investitionen von 25.000 DM erforderte, amortisierte sich nach 5,8 Jahren.

4.2.2 Kochen

40 % des Wärmebedarfs für Kochkessel.

Die Kochkessel benötigen ca. 40 % des gesamten Wärmebedarfs in Fleischereibetrieben. In den meisten Fällen werden sie mit Erdgas beheizt, häufig aber auch mit elektrischer Energie.

Bei elektrisch beheizten Kochkesseln ist die Möglichkeit zu prüfen, diese direkt mit Warmwasser zu befüllen. Dies ist immer dann sinnvoll, wenn das Warmwasser nicht elektrisch, das heißt mit Erdgas, Heizöl, Fernwärme oder Solarenergie erzeugt wird. Da diese Maßnahme nur geringe Investitionen erfordert, amortisiert sie sich in kürzester Zeit.

Gasbefeuerte statt elektrisch beheizte Kochkessel.

Bei der Neuanschaffung eines Kochkessels, die sich in der Regel lohnt, wenn der vorhandene älter als 10 Jahre ist, sollte gasbefeuerten Kesseln mit Gebläsebrennern gegenüber elektrisch beheizten sowohl wegen des deutlich geringeren Primärenergiebedarfs als auch wegen der niedrigeren Betriebskosten der Vorzug gegeben werden. Darüber hinaus sind bei einem Neukauf folgende Punkte zu beachten:
- gute Isolierung
- kurze Aufheizphase
- automatische Abschaltung von Energiezufuhr / Gebläse beim Öffnen des Gerätes
- Kerntemperaturmessung mit Kochzeitregelung zur Vermeidung langer Garzeiten (Jedes Grad überhöhte Temperatur bewirkt zusätzlichen Energieverbrauch für Dampfeinspritzung bzw. Dampferzeugung)

Neben den herkömmlichen Kochkesseln sind Weiterentwicklungen in der Kochtechnik Kochschrank, Kochkammer und Kombikammern, deren Einsatz bei hoher Auslastung der Anlagen vorteilhaft ist. Kombikammern, mit denen alle Wärmebehandlungsverfahren wie Trocknen, Räuchern, Kochen, Reifen, Braten und Backen durchgeführt werden können, erlauben einen flexiblen und automatischen Betriebsablauf und erhöhen damit die Produktivität des Betriebes.

4.2.3 Räuchern

Umluftbetrieb bei Räucherkammern.

Zum Räuchern werden vereinzelt noch Räucherkammern mit thermischem Auftrieb und solche mit mechanischer Rauchumwälzung, aber ohne Abgasrückführung verwendet. Diese Anlagen sollten durch Räucherkammern mit Umluftbetrieb, die heute Stand der Technik sind, ersetzt werden. Durch die Rückführung des Rauchgases aus der Räucherkammer in den Raucherzeuger ist eine mehrfache Ausnutzung des Rauchgases möglich. Dadurch werden erhebliche Mengen an Heizenergie und in geringem Maße Ventilatorleistung eingespart. Gleichzeitig fallen nur geringe Abgasmengen mit reduziertem Schadstoffanteil an.

Auch wenn die Beleuchtung nicht zu den Hauptverbrauchern elektrischer Energie in Fleischereibetrieben zählt, gibt es hier doch vielfältige Möglichkeiten zur Energie- und Energiekosteneinsparung, insbesondere durch Einsatz energieeffizienter Lampen und Leuchten und durch eine bedarfsgerechte Regelung, zum Beispiel durch Dämmerungsschalter.

Bei der Präsentation von Fleisch- und Wurstwaren ist die Wärmeempfindlichkeit der Produkte zu beachten. Eine hohe Wärmeeinwirkung durch die Beleuchtung führt zu einem Qualitätsverlust. Daher sind energieeffiziente Beleuchtungsanlagen nicht nur energie- und kostensparend, sondern auch qualitätssteigernd. Für die Akzentbeleuchtung eignen sich besonders Energiesparlampen mit Reflektoren anstelle der meist verwendeten Glühlampen und Halogenstrahler. Bei den in Fleischereien üblichen Beleuchtungsdauern von etwa elf Stunden pro Tag amortisiert sich der Austausch der Strahler bereits nach einem Jahr.

Bei der Beleuchtung des Reklameschildes empfiehlt sich der Einsatz eines Dämmerungsschalters. Dadurch können die Einschaltzeiten der Außenreklame bei genügend Tageslicht erheblich reduziert werden. Die Kosten für den Dämmerungsschalter von ca. 150 DM amortisieren sich ebenfalls innerhalb eines Jahres.

Für die wirtschaftliche Allgemeinbeleuchtung von Verkaufs- und Produktionsräumen eignen sich besonders Spiegelrasterleuchten mit Dreibandenlampen in Verbindung mit elektronischen Vorschaltgeräten. Bei gleicher Beleuchtungsstärke benötigen diese Leuchten nur halb soviel Energie wie ältere Opal-Wannenleuchten. Ein wirtschaftlicher Austausch der Leuchten ist jedoch nur bei ohnehin anstehender Sanierung der Beleuchtungsanlagen möglich.

4.2.4 Beleuchtung

▍ Energieeffiziente Lampen und Leuchten.

▍ Energiesparlampen mit Reflektoren für Akzentbeleuchtung.

▍ Dämmerungsschalter für Reklameschildbeleuchtung.

In Fleischereien werden sowohl für den Produktionsprozeß als auch für die Reinigung der Betriebsräume und -einrichtungen große Mengen heißes Wasser benötigt. In den meisten Fällen erfolgt die Trinkwassererwärmung in direkt beheizten Standspeichern.

Bei der Auslegung von Elektro-Standspeichern ist zu beachten, daß der Speicher so groß dimensioniert wird, daß der gesamte Tagesbedarf gedeckt wird. Dies ermöglicht die vollständige Erwärmung des Wassers zur Schwachlastzeit, wodurch die Energiekosten drastisch reduziert werden. Energetisch und wirtschaftlich vorteilhafter sind jedoch gasbefeuerte Warmwasserspeicher.

Eine besonders attraktive Möglichkeit der Trinkwassererwärmung in Fleischereien stellt die Wärmerückgewinnung aus den Kältemaschinen dar. Aufgrund des hohen Kältebedarfs reicht in der Regel ein Teil der Kühlanlagen aus, um den gesamten Warmwasserbedarf eines Betriebes zu decken. Im Falle einer kompletten Erneuerung der Kälteanlagen und der Warmwassererzeugung ist diese Technik wirtschaftlich realisierbar. Bei einer Nachrüstung der Anlagen mit einer Wärmerückgewinnung ergeben sich relativ lange Amortisationszeiten in der Größenordnung von 10 bis 20 Jahren.

4.2.5 Warmwasser

▍ Gasbefeuerte statt elektrisch beheizte Warmwasserspeicher.

▍ Wärmerückgewinnung aus Kältemaschinen.

Leistungsspitzen des Bezugs elektrischer Energie verursachen in größeren Betrieben, die über einen Bezugsvertrag mit Leistungs- und Arbeitspreis beliefert werden, hohe Kosten. Daher empfiehlt es sich in diesen Betrieben, die maximale Leistung durch eine elektronische Maximumüberwachung zu verringern. Diese erkennt die Entstehung von Leistungsspitzen und sorgt dafür, daß einige Geräte stufenweise für kurze Zeit abgeschaltet werden. In Fleischereien können Geräte mit Wärme- und Kältespeicherfähigkeit kurzzeitig ohne Störung des Produktionsablaufs abgeschaltet werden. In (ASEW 1993) werden für verschiedene Geräte folgende maximale Abschaltdauern angegeben:

4.2.6 Leistungsreduktion durch Maximumüberwachung

▍ Maximumüberwachung senkt Energiekosten.

	Minuten
Wasserbäder	3
Kochkessel	5
Druckkochkessel	3
Kombikammer	3
Heißrauch	3
Kochschrank	5
Leberkäsebackofen	3
Brat- und Backanlage	3
Brühmulde	5
Kühlanlage	3
elektrischer Warmwasserspeicher	5

5 Rationelle Verwendung elektrischer Energie in Tischlereibetrieben

5.1 Elektrizitätsverbrauch und -kosten

Elektrizitätsverbrauch der meisten Tischlereibetriebe: < 10 MWh/a – Spezifischer Elektrizitätsverbrauch: 2 bis 5 MWh/(a × Beschäftigter).

Hauptverbraucher: Späneabsaugung.

Tischlereien gibt es in sehr unterschiedlichen Größenklassen mit Elektroenergieverbräuchen von weniger als 10 bis zu mehr als 1.000 MWh/a. Die häufigste Betriebsgröße sind jedoch Kleinbetriebe mit einem Verbrauch von weniger als 10 MWh/a. Der Mittelwert aller Tischlereien in Düsseldorf beträgt 25 MWh/a. Energiekennzahlen werden bei Tischlereibetrieben entweder durch Bezug auf die Anzahl der Beschäftigten oder auf das verarbeitete Holzvolumen gebildet. In (WIFI 1995) wird der spezifische jährliche Elektrizitätsverbrauch von Tischlereien mit 2 bis 5 MWh pro Beschäftigter angegeben. Diese Werte werden durch die in Düsseldorf und Mainz durchgeführten Modellprojekte bestätigt. Bezogen auf die verarbeitete Holzmenge lag der Mittelwert der in Düsseldorf und Mainz untersuchten Betriebe bei 831 kWh/m³ Holz.

Typische Elektrizitätsverbraucher in Tischlereien sind Bandschleifmaschine, Hobelmaschine, Bohrmaschine, Fräsmaschine, Plattensäge, Kreissäge, Bandsäge, Druckluftkompressor, Späneabsaugung und Beleuchtung. Die Anteile der Einzelverbräuche am Gesamtverbrauch elektrischer Energie können in den einzelnen Betrieben sehr unterschiedlich sein. In allen Betrieben tragen aber die Anwendungen Sägen, Späneabsaugung und Beleuchtung erheblich zum Gesamtverbrauch bei. Abbildung 4 zeigt die gemittelte Aufteilung des Verbrauchs elektrischer Energie auf die Anwendungsarten in Tischlereien.

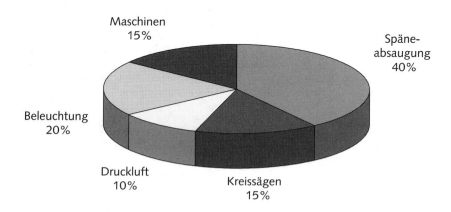

Abb. 4: Aufteilung des Elektrizitätsverbrauchs auf Anwendungsarten in Tischlereibetrieben

Handwerksbetriebe

In den vier im Rahmen der Modellprojekte in Düsseldorf und Mainz untersuchten Tischlereibetrieben wurden Einsparpotentiale für elektrische Energie zwischen 2 und 11 % identifiziert. Der Mittelwert lag bei diesen Betrieben bei 6 %. In (WIFI 1995) werden jedoch durchschnittliche Einsparpotentiale zwischen 5 und 25 % angegeben, die vor allem bei den Anwendungsbereichen Drucklufterzeugung, Späneabsaugung und Beleuchtung liegen.

5.2 Technische und organisatorische Einsparpotentiale

▌ Sparpotential für elektrische Energie: 5-25 %.

In allen drei untersuchten Betrieben in Düsseldorf wurden Leckagen im Druckluftnetz festgestellt. Die Beseitigung dieser Undichtigkeiten führte bei Investitionen von 100 bis 150 DM pro Betrieb zu einer durchschnittlichen jährlichen Energiekosteneinsparung von 80 DM. Die Maßnahmen amortisierten sich innerhalb von 2 Jahren. Da bei der Drucklufterzeugung ca. 90 % der eingesetzten elektrischen Energie in Wärme umgewandelt werden und daher ungenutzt bleiben, ist Druckluft ein sehr teurer Energieträger. Bei Ersatz oder Neuanschaffungen sollten daher möglichst keine Geräte mit Druckluftantrieb, sondern elektrisch betriebene Geräte gekauft werden.

5.2.1 Drucklufterzeugung

▌ Druckluft: teuer und ineffizient.

Die Späneabsaugung ist der größte Verbraucher elektrischer Energie in Tischlereien. Daher können durch die gute Auslegung dieser Anlage und die bedarfsgerechte Steuerung unnötig hohe Energieverbräuche vermieden werden. Häufig werden die Absaugungen zentral betrieben, d.h. mit einem einzigen Ventilator werden alle Arbeitsstellen abgesaugt. In diesem Fall kann durch elektromagnetisch oder manuell betätigte Schieber in den Absaugstutzen jeder einzelnen Maschine in Verbindung mit einer Unterdruckregelung mit Frequenzumrichtern die Leistungsaufnahme des Ventilators dem jeweils aktuell benötigten Volumenstrom angepaßt werden. Aufgrund der relativ hohen erforderlichen Investitionen ist die Wirtschaftlichkeit dieser Maßnahme jedoch nur in größeren Betrieben zu erwarten.

5.2.2 Späneabsaugung

▌ Späneabsaugung bedarfsgerecht steuern.

In Tischlereien besteht häufig eine Dauerbeleuchtung bei Nebenräumen und Gängen, obwohl die Flächen nur wenige Minuten am Tag genutzt werden. Auch die Arbeitsräume werden häufig vollständig beleuchtet, obwohl nur in einem engen Bereich gearbeitet wird. Hier können die bereits erwähnten Techniken Zeitschaltuhren, Bewegungsmelder sowie tageslichtabhängige Steuerungen zu Energie- und Kosteneinsparungen führen. Nach Möglichkeit sind die Arbeitsplätze so zu konzipieren, daß sie durch Tageslicht ausreichend belichtet werden können.

Die Einsparpotentiale durch die genannten Maßnahmen im Bereich der Beleuchtung sind in Abhängigkeit vom Ausgangszustand sehr unterschiedlich. Wenn hier jedoch Einsparpotentiale bestehen, amortisieren sich die genannten Maßnahmen im allgemeinen innerhalb eines Jahres. Im Falle einer geplanten Erneuerung der Beleuchtungsanlagen ist auf den Einsatz energieeffizienter Beleuchtungskörper und Lampen zu achten (siehe auch Kapitel 2.2.1).

5.2.3 Beleuchtung

▌ Zeitschaltuhren, Bewegungsmelder – kurze Amortisationszeiten.

Durch die Vermeidung von Spitzen des Bezugs elektrischer Energie können in erheblichem Umfang Kosten eingespart werden. Dies kann durch den Einsatz von elektrischen Verriegelungen oder von elektronischen Maximumüberwachungsanlagen erfolgen.

Durch eine elektrische Verriegelung wird erreicht, daß von zwei großen Verbrauchern immer nur einer an das Netz angeschlossen werden kann, während der andere weggeschaltet ist. Sie ist einsetzbar bei elektrisch beheizten Pressen, Breitbandschleifern und Hackern.

Maximumüberwachungsanlagen stellen drohende Bezugsspitzen fest und reagieren mit der Abschaltung von weniger wichtigen Maschinen über eine einstellbare Zeit.

5.2.4 Leistungsreduktion

▌ Energiekostensenkung durch Leistungsreduktion.

6 Rationelle Verwendung elektrischer Energie in Friseurbetrieben

6.1 Elektrizitätsverbrauch und -kosten

> Elektrizitätsverbrauch der meisten Friseurbetriebe: < 15 MWh/a – Kosten für elektrische Energie: 2.000 bis 6.000 DM/a.

Der durchschnittliche Elektrizitätsverbrauch aller Friseurbetriebe in Düsseldorf liegt bei 9 MWh pro Betrieb. Mehr als 80 % der Betriebe liegen im Bereich bis zu 15 MWh/a. Nur sehr wenige Betriebe weisen höhere Verbräuche auf. Die mittlere Beschäftigtenzahl liegt in Friseurbetrieben bei 5 Personen. Der Verbrauch elektrischer Energie verursacht etwa 27 % des gesamten Endenergieverbrauchs und trägt damit zu 65 % zu den gesamten Energiekosten bei (RAVEL 1994). Die Kosten für elektrische Energie von vier untersuchten Betrieben in Düsseldorf und Mainz liegen zwischen 2.000 und 6.000 DM pro Jahr und Betrieb.

> Mittlerer spezifischer Elektrizitätsverbrauch: 189 kWh/100 Kunden.

Energiekennzahlen werden bei Friseurbetrieben entweder als Verbrauch pro m² Nutzfläche oder als Verbrauch pro einhundert Kunden gebildet. In (RAVEL 1994) werden typische spezifische Elektrizitätsverbräuche zwischen 50 und 250 kWh/m² Nutzfläche angegeben. Diese Werte werden durch die in den Untersuchungen in Düsseldorf und Mainz gemessenen Verbräuche bestätigt. Der Mittelwert beträgt hier 145 kWh/m². Sinnvoller erscheint jedoch der Bezug des Energieverbrauchs auf die Anzahl der bedienten Kunden. Dies wird durch die erheblich kleinere Streuweite der Energiekennzahlen bei den vier in Düsseldorf und Mainz untersuchten Betrieben bestätigt. Die spezifischen Verbräuche elektrischer Energie liegen hier zwischen 181 und 203 kWh/100 Kunden, der Mittelwert beträgt 189 kWh/100 Kunden.

> Hauptverbraucher elektrischer Energie: Waschmaschine, Trockner, Beleuchtung

Typische Elektrizitätsverbraucher in Friseurbetrieben sind Waschmaschine und Wäschetrockner, die Beleuchtung sowie die verschiedenen Frisiergeräte, hierbei vor allem die Trockenhauben und Föne. In Abbildung 5 ist die Aufteilung des Verbrauchs elektrischer Energie auf die verschiedenen Anwendungsarten eines typischen Friseurbetriebes ohne elektrische Warmwasserbereitung grafisch dargestellt. Ist eine elektrische Warmwasserbereitung vorhanden, so trägt diese im allgemeinen zu ca. 25 % zum Gesamtverbrauch elektrischer Energie bei.

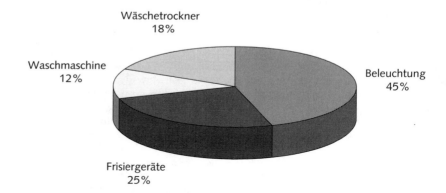

Abb. 5: Aufteilung des Elektrizitätsverbrauchs auf die verschiedenen Anwendungsarten eines Friseurbetriebes

6.2 Technische und organisatorische Einsparpotentiale

Das Sparpotential für elektrische Energie in Friseurbetrieben liegt im Mittel bei ca. 20 %. Die größten Einsparmöglichkeiten liegen bei der Reinigung der Wäsche, teilweise auch bei der Beleuchtung.

6.2.1 Beleuchtung

Die meisten Friseurbetriebe werden während der gesamten Betriebszeit künstlich beleuchtet. Aufgrund der hohen Benutzungsdauern der Beleuchtungsanlagen kann der Einsatz energieeffizienter Lampen und Beleuchtungskörper hier zu erheblichen Energie- und Energiekosteneinsparungen führen. In den Bereichen, die nicht ständig beleuchtet werden müssen, kann der Einsatz von Zeitschaltuhren, Bewegungsmeldern oder tageslichtabhängigen Steuerungen unnötigen Energieverbrauch vermeiden. Die Wirtschaftlichkeit dieser Maßnahmen hängt von der Investition, der Anschlußleistung und von der reduzierbaren Beleuchtungsdauer ab. In vielen Fällen lassen sich jedoch

Handwerksbetriebe

mit geringen Investitionen hohe Einsparungen und somit kurze Amortisationszeiten erreichen (vgl. Abschnitt 2.2.1).

Besonders effektiv ist der Ersatz von Glühlampen durch Kompaktleuchtstofflampen, wodurch der Energieverbrauch für die Beleuchtung auf ca. 20 bis 25 % des ursprünglichen Wertes gesenkt werden kann. Diese Maßnahme amortisiert sich bei der in Friseurbetrieben hohen Benutzungsdauer bereits innerhalb eines Jahres. Im Falle einer Sanierung der vorhandenen Beleuchtungsanlagen sollten alte Leuchten mit Leuchtstofflampen gegen solche mit elektronischen Vorschaltgeräten ausgetauscht werden.

> Kompaktleuchtstofflampen hoch wirtschaftlich.

6.2.2 Waschmaschine und Trockner

Waschmaschine und Wäschetrockner verursachen ca. 30 % des gesamten Verbrauchs elektrischer Energie in Friseurbetrieben. Dieser Verbrauch kann durch eine Reihe von Maßnahmen erheblich reduziert werden.

> Waschen und Trocknen: 30 % des Elektrizitätsverbrauchs.

Eine sehr einfache organisatorische Maßnahme, mit der sowohl Energie als auch Wasser gespart wird, ist das Nutzen der Umlegehandtücher zum Abtrocknen. In vielen Friseurbetrieben wird dem Kunden beim Haarewaschen ein Handtuch über die Schultern gelegt, für das anschließende Abtrocknen der Haare wird ein zweites Handtuch verwendet. Wird zum Abtrocknen das Umlegehandtuch verwendet, kann somit pro Kunde ein Handtuch eingespart werden. Durch diese Maßnahme können im allgemeinen zwischen 400 und 500 DM/a an Energie- und Wasserkosten eingespart werden. Weitere Einsparmöglichkeiten beim Waschen ergeben sich durch die folgenden organisatorischen Maßnahmen:

> Umlegehandtücher zum Abtrocknen nutzen – 500 DM Einsparung pro Jahr

- Waschen bei niedrigerer Temperatur (pro 10°C Temperaturabsenkung werden 0,2 kWh pro Lauf gespart)
- Verzicht auf Vorwäsche (spart pro Lauf 15 bis 20 l Wasser)
- Verzicht auf Trocknerbenutzung bei entsprechenden räumlichen Verhältnissen (spart pro Vorgang 2 bis 4 kWh)

Ist in einem Friseurbetrieb eine zentrale Warmwasserbereitung zum Beispiel über eine Erdgasheizung vorhanden, empfiehlt sich ein Warmwasseranschluß der Waschmaschine, da die Erwärmung des Wassers durch Erdgas sowohl ökologisch vorteilhafter als auch kostengünstiger ist. Für die Umschaltung von Warmwasser zum Waschen auf Kaltwasser zum Spülen ist die Installation eines Vorschaltgerätes erforderlich. Die Investitionskosten für ein solches Gerät und den Anschluß der Waschmaschine an das Warmwasser liegen bei etwa 500 DM. Aufgrund der dadurch erreichbaren hohen Energiekosteneinsparung amortisiert sich diese Maßnahme im allgemeinen nach ca. drei Jahren.

> Warmwasseranschluß der Waschmaschine – Amortisationszeit drei Jahre.

Bei der Neuanschaffung einer Waschmaschine oder eines Trockners sollte unbedingt auf niedrigen Energie- und Wasserverbrauch geachtet werden, da es hier von Gerät zu Gerät erhebliche Unterschiede gibt. Darüber hinaus ist bei Einsatz eines Wäschetrockners unbedingt auf eine gute Schleuderleistung der Waschmaschine zu achten (mindestens 1.000 Umdrehungen pro Minute), da die geringere Restfeuchte der Wäsche den Energieverbrauch des Trockners erheblich verringert.

6.2.3 Warmwasserbereitung

Maßnahmen zur Reduzierung des Energiebedarfs für die Warmwasserbereitung tragen nur dann zur Einsparung elektrischer Energie bei, wenn der Betrieb bisher eine elektrische Warmwasserbereitung hatte, ansonsten wird durch diese Maßnahmen der jeweilige für die Warmwasserbereitung verwendete Energieträger eingespart. Hierbei sind folgende Maßnahmen zu nennen:

- Das Absenken der Warmwassertemperatur
- Der Einbau von Sparperlatoren
- Die Dämmung von Warmwasserleitungen
- Die Umstellung der Warmwasserbereitung von elektrischer Energie auf Erdgas

| Warmwassertemperatur absenken – 40°C reichen! | Eine Warmwassertemperatur von 40°C ist für Friseurbetriebe völlig ausreichend. Oftmals sind höhere Temperaturen eingestellt, die dann durch Kaltwasserzumischung wieder abgesenkt werden. Die Begrenzung der Warmwassertemperatur auf 40°C reduziert die Energieverluste ohne Investitionskosten. |

Der Einsatz von Sparperlatoren, die den Wasserdurchfluß durch die Armaturen begrenzen, erfordert nur sehr geringe Investitionskosten und amortisiert sich meistens schon innerhalb eines Monats.

Die Umstellung der Warmwasserbereitung auf Erdgas erfordert höhere Investitionen von mindestens 2.000 DM pro Betrieb. In einem der untersuchten Betriebe wurde für diese Maßnahme eine Amortisationszeit von vier Jahren erreicht.

- Sparperlatoren: geringe Investition, hohe Einsparung
- Erdgas statt Elektrizität.

6.2.4 Trockenhauben

- Automatische Abschaltung der Trockenhauben

Bei der Neuanschaffung von Trockenhauben sollten solche Geräte gekauft werden, die die Restfeuchte der Abluft messen und die sich bei Erreichen des Soll-Wertes automatisch abschalten. Hierdurch können unnötige Betriebszeiten der Trockenhauben vermieden werden.

7 Gewerkübergreifende Maßnahmen

In allen Handwerksbetrieben, unabhängig vom Gewerk, gibt es Anlagen und Geräte, die nicht unmittelbar mit der jeweiligen Produktion oder der erbrachten Dienstleistung zusammenhängen. Dies sind neben den bereits genannten Beleuchtungsanlagen insbesondere Bürogeräte wie Computer, Kopierer und Faxgeräte sowie elektrische Antriebe und Heizungsumwälzpumpen. Auch bei diesen Anlagen bestehen häufig erhebliche Einsparpotentiale, die in jedem Betrieb untersucht werden sollten.

8 Literatur

Arbeitsgemeinschaft kommunaler Versorgungsunternehmen zur Förderung rationeller, sparsamer und umweltschonender Energieverwendung und rationeller Wasserverwendung im VKU (ASEW): Rationeller Energie- und Wassereinsatz im Fleischereigewerbe. Köln 1993

Arbeitsgemeinschaft kommunaler Versorgungsunternehmen zur Förderung rationeller, sparsamer und umweltschonender Energieverwendung und rationeller Wasserverwendung im VKU (ASEW): Rationelle Energie und Wasserverwendung, Branchenspezifische Beratung für das Backgewerbe im Versorgungsgebiet der Stadtwerke Hannover AG. Köln 1995

BEWAG, EBAG (Hrsg.): Energiesparen in der Bäckerei. Berlin 1992

Oberösterreichischer Energiesparverband (ESV): Branchenkonzept Energie Fleischereien. Projekt-Info 6/96

Hauptberatungsstelle für Elektrizitätsanwendung e.V. (HEA), Frankfurt/Main (Hrsg.): Tips zum Umweltschutz und zur Energieeinsparung in Bäckereien und Konditoreien. Frankfurt/Main 1995

Landeshauptstadt Düsseldorf (Hrsg.): Energieeinsparung im Handwerk – Umweltentlastung durch sparsame und rationelle Energieverwendung in Klein- und Mittelbetrieben des Handwerks der Landeshauptstadt Düsseldorf. IC Consult, Aachen 1995 (= ICC 1995)

Stadt Mainz (Hrsg.): Energieeinsparung im Handwerk – Strukturanalyse der Mainzer Handwerksbetriebe und Ermittlung des Energiesparpotentials in Klein- und Mittelbetrieben des Handwerks am Beispiel ausgewählter Handwerksbetriebe in Mainz. IC Consult, Aachen 1997 (= ICC 1997)

Fraunhofer-Institut für Systemtechnik und Innovationsforschung (ISI): Potentiale und Kosten der Treibhausgasminderung im Industrie- und Kleinverbrauchsbereich. In: Enquete-Kommission „Schutz der Erdatmosphäre": Studienprogramm Energie

Bundesamt für Konjunkturfragen, RAVEL (Hrsg.): Rationeller Energie- und Wasserverbrauch im Coiffeurgewerbe. Schweizerischer Coiffeurmeister-Verband, Bern 1994

Bundesamt für Konjunkturfragen, RAVEL (Hrsg.): Rationeller Energieeinsatz in Bäckereien – Mit wenig Aufwand zu mehr Gewinn. Schweizerischer Bäcker-Konditormeister-Verband, Bern. 1995

Seidenmann, Stabenow & Cie. GmbH: Umweltleitfaden für Bäcker, Konditoren und Hersteller von Süßwaren. Berlin 1995

Umwelt- und Energie-Consult GmbH Berlin (u.e.c.): Branchenkonzept für die lebensmittelverarbeitende Industrie in Berlin (B 072 UFP II). Berlin 1995

Westdeutscher Handwerkskammertag (WHKT): Das Handwerk in Nordrhein-Westfalen. Düsseldorf 1996

Oberösterreichischer Energiesparverband, WIFI-Ökoberatung, und Wirtschaftskammer Oberösterreich: Branchenberatung Energie, Energiekennzahlen und -Sparpotentiale für Tischlereien. Linz 1995

Rationelle Energieverwendung im Dienstleistungssektor

Michael Hörner
Bürogebäude

Die jüngsten Prognosen des Bundesministeriums für Wirtschaft lassen für den Zeitraum bis 2010 in den Sektoren Industrie und Haushalte ein Stagnieren der Endenergieverbräuche gegenüber 1992 erwarten (BMWi, Prognos 1996). Dem Sektor Kleinverbrauch mit dem bedeutenden Anteil der Dienstleistungsunternehmen aus Handel, Banken und Versicherungen und den öffentlichen Einrichtungen wird dagegen eine Steigerung um ca. 7 % prognostiziert; darin enthalten ein besonders starkes Wachstum des Stromverbrauchs von ca. 30 %. Höhere Komfortanforderungen und Technisierung mit EDV-Anlagen und in der Folge komplexere Haustechniken führen zu diesen Steigerungen im Stromverbrauch. Dabei soll der Primärenergieverbrauch insgesamt nahezu konstant bleiben, der CO_2-Ausstoß nur leicht sinken.

Neben Wirkungen auf die Umwelt hat hoher Stromverbrauch auch finanzielle Folgen. Ein Bürogebäude verursacht ja nicht nur bei der Errichtung Kosten. Daß die Kosten aus Betrieb, Instandhaltung, Umbau und Entsorgung im Lebenszyklus des Gebäudes die Investitionskosten übersteigen können, wird zwar oft betont, aber selten mit nachvollziehbaren Zahlen belegt. Das ist aber notwendig, um diese Kosten gezielt senken oder begrenzen zu können. Die reinen Miet-Nebenkosten eines Gebäudes machen, über eine typische Nutzungsdauer von 50 Jahren betrachtet, leicht die Hälfte der Neuerstellungskosten aus. Durchschnittlich etwa 17 % davon entfallen bei vollklimatisierten Bürogebäuden auf den Stromverbrauch (Jones Lang Wootton Research 1998). Und die Umweltwirkungen des Stromverbrauchs sind beträchtlich, da aufgrund der heute überwiegend in Kondensationskraftwerken erzeugten elektrischen Energie die CO_2-Emissionsfaktoren hoch sind.

Gleichzeitig sind beträchtliche Effizienzpotentiale beim Stromverbrauch in Bürogebäuden in der Größenordnung von 30 bis 50 % aus einschlägigen Studien bekannt (Hessisches Umweltministerium; Schweizer Bundesamt für Energiewirtschaft). Besonders große Einsparpotentiale liegen dabei im bedarfsgerechten Betrieb von Beleuchtungsanlagen und Anlagen zur Lüftung und Klimatisierung.

Die nachvollziehbare Ermittlung aussagekräftiger Kennwerte für den Stromverbrauch ist ein einfaches, aber wirkungsvolles Mittel und spielt bei der Optimierung eine wesentliche Rolle. Kennwertverfahren sind sowohl zur Betriebsoptimierung bei bestehenden Gebäuden als auch planungsbegleitend bei Neubauvorhaben einsetzbar.

> Bundeswirtschaftsministerium prognostiziert Wachstum des Stromverbrauchs im Sektor Kleinverbrauch/ Dienstleistungen von 30 % bis 2010.

> Einsparpotentiale beim Stromverbrauch in Bürogebäuden von 30 bis 50 %.

> Kennwertverfahren zur Energieoptimierung sind sowohl bei bestehenden Gebäuden als auch planungsbegleitend bei Neubauvorhaben einsetzbar.

1 Kennwerte und Benchmarking in Bürogebäuden

Bei vergleichenden Untersuchungen in Bürogebäuden fällt immer wieder auf, daß große Unterschiede im Stromverbrauch zwischen einzelnen Objekten bestehen – und das, obwohl die Menschen und die Tätigkeiten vergleichbar sind.

Solche Unterschiede lassen sich einfach und schnell anhand spezifischer Verbrauchskennwerte analysieren. Dabei werden die Energieverbräuche auf die zugehörigen Energiebezugsflächen (A_{EB}) bezogen.

Der Stromverbrauch von Bürogebäuden entsteht aus komplexeren Zusammenhängen als der Heizwärmeverbrauch. Zwei Randbedingungen machen ihn allerdings einer nachvollziehbaren Kennwertanalyse und damit einem Benchmarking zugänglich: Der Stromverbrauch von Bürogebäuden konzentriert sich zum einen auf folgende typische Verwendungszwecke:

- Arbeitshilfen (AH), wie diverse Bürogeräte,
- Beleuchtung (BL),

> Bei vergleichbarer Nutzung sind die Stromverbräuche von Bürogebäuden sehr unterschiedlich.

> Aussagekräftige Kennwerte für Bürogebäude können für sechs Verwendungszwecke und eine Vielzahl von Nutzungsbereichen bzw. Gebäudezonen gebildet werden und sind ein wirkungsvolles Mittel zur Optimierung.

- Luftförderung und -konditionierung (LK),
- zentrale Einrichtungen (ZD), wie Küchen und Kantinen, EDV-Zentralen,
- diverse Technik (DT), wie Aufzüge und Umwälzpumpen sowie
- Elektrowärme (EW).

Zum anderen gibt es typische Nutzungsbereiche, die sich sehr gut vergleichen lassen:
- Einzel-, Gruppen- oder Großraumbüros,
- Verkehrsflächen,
- Versammlungsräume,
- Technik- und Lagerräume.

Darüber hinaus werden die Nutzungsbereiche noch in verschiedene Zonen unterteilt.

Benchmarking beschreibt den Vergleich von Kennwerten mit dem Ziel, Objektkennwerte schnell zu erkennen, die auffällig weit von einem Normwert oder einer typischen Bandbreite abweichen. Die Diskussion und Interpretation dieser Abweichungen kann dann zu Optimierungsmaßnahmen führen.

Die praktische Anwendung zeigt dabei, daß wenige Kennwerte zwar wenig Aufwand bei der Erhebung verursachen, dafür aber um so mehr Aufwand bei der Diskussion und Schlußfolgerung. Umgekehrt sind viele Kennwerte mit mehr Erhebungsaufwand verbunden, lassen aber mit weniger Aufwand eine Interpretation und Schlußfolgerungen über Ursachen zu hohen Verbrauchs zu.

Spezifische Verbrauchskennwerte für Energie haben sich im Heizwärmebereich bewährt. Ein Kennwert reicht, um beurteilen zu können, ob die Verwendung von Heizenergie effizient ist oder nicht. Anders im Strombereich: Hier ist eine Vielzahl von Kennwerten nötig und sinnvoll, um Effizienzpotentialen auf die Spur zu kommen. Der Stromverbrauch des Gebäudes wird in einer standardisierten Weise nach Nutzungszonen und den oben genannten Verwendungszwecken getrennt erhoben und in einer Matrix dargestellt. Beispielsweise sind für die Verwendungszwecke Beleuchtung, Lüftung und Kälte Vergleichskennwerte für typisch genutzte Bereiche in Dienstleistungsgebäuden bekannt. An diesen können die Kennwerte des untersuchten Objektes gemessen und beurteilt werden (vgl. Beispiel in Abbildung 1). (Der „Stromsparcheck für Gebäude" ist ein Kurz-Berechnungsverfahren für Stromverbrauchskennwerte des IMPULS-Programms Hessen, Schleiermacherstraße 8, 64263 Darmstadt.)

> Benchmarking für die verschiedenen Verwendungszwecke unterstützt die schnelle Identifikation von Effizienzpotentialen in den unterschiedlichen Nutzungszonen.

Grundlage für Kennwertverfahren im Bereich rationelle Stromnutzung stellt die Normempfehlung SIA 380/4 des schweizerischen Ingenieur- und Architektenvereins „Elektrische Energie im Hochbau" dar (Zürich 1995), die Grenz- und Zielwerte für Verwendungszwecke und typische Nutzungszonen von Dienstleistungsgebäuden benennt. Die Definition dieser Vergleichskennwerte beruht auf umfangreichen empirischen Untersuchungen an Dienstleistungsgebäuden in der Schweiz. Derzeit sind dort intensive Bestrebungen im Gange, dieses Kennwertverfahren in die behördlichen Genehmigungsverfahren zu integrieren mit einem ähnlichen Stellenwert, wie sie die Wärmeschutzverordnung in Deutschland hat.

Das Beispiel in Abbildung 1 zeigt, daß die Objektkennwerte für Beleuchtung und Lüftung/Klimatisierung für unterschiedliche Nutzungszonen meist deutlich über den Grenz- und Zielwerten energetisch guter Gebäude liegen. Der Vergleich der Objektkennwerte mit den Grenz- und Zielwerten erlaubt dann die Abschätzung bestehender Effizienzpotentiale. Beispielsweise sollte der Elektrizitätsbedarf für die Beleuchtung der Büros (Objektkennwert: 12,5 kWh/m^2) den Grenzwert von 8 kWh/m^2 nicht überschreiten. Mit einer hocheffizienten Beleuchtungsanlage und bedarfsabhängiger Steuerung bzw. Regelung sollte sogar ein Zielwert von 3 kWh/m^2 erreichbar sein. Das Einsparpotential würde damit rund 76 % betragen.

Bürogebäude

Anforderungen und Nachweis für Beleuchtung

Zone	A_{EB} [m²]	Nutzungsstunden [h/a]	Nutzungsbedingungen				Spez. Elektrizitätsbedarf		
			Beleucht.-stärke [Lux]	Deko-Beleuchtung [W/m²]	Tageslichtnutzung [–]	Benutzerfrequenz [–]	Grenzwert [kWh/m²a]	Zielwert [kWh/m²a]	Objektwert [kWh/m²a]
Tiefgarage	1.054	2.750	30		keine	mittel	8,0	5,0	5,5
Lagerfläche/Archiv	261	50	150		keine	gering	2,0	1,0	6,7
Technikräume	529	150	190		keine	gering	2,0	1,0	1,2
EDV/Komm	55	8.760	650		keine	gering	2,0	1,0	11,7
Händlerräume	58	2.160			gut	häufig	10,0	6,0	46,7
Büro	686	2.160	450		gut	häufig	8,0	3,0	12,5
Verkehrsfläche	796	260	650		mittel	häufig	5,0	3,0	19,8
Casino	109	240			mittel	gering	8,0	6,0	1,8
Konferenzräume	157	150			gut	gering	10,0	4,0	15,9
Empfang	96	1.920	1000		gut	mittel	15,0	10,0	21,5
Großraumbüro	102	1.920	400		gut	häufig	15,0	11,0	27,8
ganzes Gebäude									
Total [2]	4.004						6,6	3,7	12,0

Anforderungen und Nachweis für Lüftung/Klima

Zone	A_{EB} [m²]	Nutzungsbedingungen					Spez. Elektrizitätsbedarf		
		Personendichte [m²/P] [1]	Luftmenge [m3/hm²] [1]	Raucheranteil [%]	Interne Last [W/m²]	Benutzerfrequenz [-]	Grenzwert [kWh/m²a]	Zielwert [kWh/m²a]	Objektwert [kWh/m²a]
Tiefgarage	1.054	30				mittel	2,5	1,1	3,2
Lagerfläche/Archiv	261					gering	1,6	0,1	0,1
Technikräume	529					gering	1,6	0,7	14,3
EDV/Komm.	55	55				gering			1.394,4
Händlerräume	158	8		20		häufig	20,0	10,0	276,6
Büro	686	20		20		häufig	15,0	8,7	24,5
Verkehrsfläche	796	20				häufig	8,2	2,8	5,5
Casino	109	20		20		gering	6,1	20,0	132,6
Konferenzräume	157	20				gering	15,0	8,1	92,3
Empfang	96	20				mittel	15,0	7,9	60,4
Großraumbüro	102	15				häufig	15,0	8,7	49,3
ganzes Gebäude									
Total [2]	4.004						7,5	4,1	48,2

1) Entweder Personendichte oder spezifische Außenluftvolumenstrom angeben
2) Gewichteter Durchschnitt über alle Zonen mit Anforderungen

Abb. 1: Vergleich von Objektkennwerten mit Ziel- und Grenzwerten für ein Bürogebäude

Beschreibung	Spezifische Leistung [W/m²]	Vollbetriebszeit [h/a]	Elektrizitätsbedarf [kWh/m²a]
Beispiele für Beleuchtung von Büroflächen			
(Einzel-) Büro: 1 – 2 Arbeitsplätze, Raumtiefe 5 m, heller Raum, Nennbeleuchtungsstärke E_N = 300 lx, Dreibandlampe 36 W, EVG, manuelle Ein/Aus-Schaltung	8	700	5,6
Gruppenbüro: 3 – 4 Arbeitsplätze, Raumtiefe 7 m, mittelheller Raum, E_N = 500 lx, Dreibandlampe 36 W, EVG, autom. Abschaltung	12	1.200	14,4
Großraumbüro: 12 Arbeitsplätze, Verhältnis Fenster- zu Bodenfläche 10 %, mittelheller Raum, E_N = 500 lx, Dreibandlampe 36 W, EVG, tageslichtabhängige Regelung in Fensternähe	12	1.500	18.0
Verkehrsfläche: E_N = 50 lx, kein Tageslicht	3	2.750	8,3
Beispiele für Lüftung/Klima von Büroflächen			
Ersatzluftanlage Mittl. Belegung, Nichtraucher, Wärmelasten < 20 W/m² Luftförderung: max. Luftmenge 2 m³/m²h, Gesamt-Druckverlust 900 Pa, Wirkungsgrad Motor+Ventilator 65 %, einstufige Regelung	0,8	2.750	2,2
Quelllüftung mit Kühldecke Hohe Belegung, Nichtraucher, hohe Technisierung, Wärmelasten 30 W/m² (Personen: 4 W/m², Arbeitshilfen: 14 W/m², externe Last und Beleuchtung: 12 W/m²) Luftförderung: max. Luftmenge 3 m³/m²h, Gesamt-Druckverlust 900 Pa, Wirkungsgrad Motor+Ventilator 55 %, einstufige Regelung Luftkühlung: min. Zulufttemperatur: 19 – 22 °C, Kältemaschine mit ε = 3,0 inkl. Anteil Hilfsantriebe von 25 % Wasserkühlung: Vor-/Rücklauftemperatur 17/19 °C, Kältemaschine: ε = 4,0	1,5 3,8 7,3	2.750 250 990	12,3 4,1 1,0 7,2
Zweistufige Anlage mit Kühlung Hohe Belegung, Raucher, hohe Technisierung, Wärmelast 30 W/m² (Personen: 4 W/m², Arbeitshilfen: 14 W/m², externe Last und Beleuchtung: 12 W/m²) Luftförderung: max. Luftmenge 9,6 m³/m²h, Gesamt-Druckverlust: 1100 Pa, Wirkungsgrad Motor+Ventilator 60 %, zweistufige Regelung Luftkühlung: min. Zulufttemperatur 18 °C, Kältemaschine: ε = 3,0	5,2 15,8	1.900 500	17,8 9,9 7,9

Abb. 2: Beispiele für Installationen und Nutzungszeiten zur Erreichung von Zielwerten (nach Normempfehlung SIA 380/4)

Für die Verwendungszwecke Beleuchtung und Lüftung/Klima zeigen die Beispiele in Abbildung 2 aus der Praxis auf, mit welchen Anlagekonzepten und Nutzungsintensitäten bei Neubauten und größeren Modernisierungsmaßnahmen Grenz- oder Zielwerte aus der SIA 380/4 erreicht werden können. Beispielsweise sollte im Bereich der Beleuchtung eine Überdimensionierung vermieden werden, indem die geforderte Nennbeleuchtungsstärke nicht überschritten wird. Weiterhin sollten insbesondere im Bürobereich Dreibanden-Leuchtstofflampen mit EVG und gegebenenfalls tageslichtabhängiger Steuerung oder Regelung eingesetzt werden.

2.2 Maßnahmen zur Stromeinsparung im Gebäudebestand

Nicht immer ergibt sich im Gebäudebestand die Gelegenheit zu grundlegenden Änderungen in der Konzeption der Beleuchtung bzw. der Belüftung und Klimatisierung. Dennoch gibt es erfahrungsgemäß viele Ansatzpunkte für Sofortmaßnahmen zur Senkung des Stromverbrauchs in bestehenden Gebäuden.

Zu einer guten Beleuchtung gehören unter anderem die richtige Beleuchtungsstärke, eine angenehme Lichtfarbe, eine gute Farbwiedergabe, eine harmonische Helligkeitsverteilung sowie möglichst Blendungsfreiheit. Eine effiziente Nutzung der eingesetzten Elektrizität kann durch Leuchten und Leuchtmittel mit gutem Wirkungsgrad und eine an den Bedarf angepaßte Betriebsweise sichergestellt werden.

Die folgende Übersicht zeigt typische Beispiele, mit einer groben Charakterisierung der Einsparpotentiale und des Kosten-Nutzen-Verhältnisses (Bundesamt für Energiewirtschaft 1991).

Maßnahmen	Einsparpotential	Kosten-Nutzen-Verhältnis
Beleuchtungsstärke An den Bedarf anpassen (z. B. Entfernen von Leuchtmitteln etc.)	mittel (10 – 30 %)	sehr gut (< 0,1)
Leuchtmittel Glühlampen u. Halogenlampen durch Kompaktleuchtstofflampen ersetzen	sehr groß (> 60 %)	gut (0,1 – 0,4)
Zonenschaltung und Beschriftung Beleuchtung in einzeln schaltbare Zonen einteilen und Schalter durch Beschriftung deutlich kennzeichnen	groß (30 – 60 %)	gut (0,1 – 0,4)
Abschalten nicht benötigter Beleuchtung Bedarfsabhängige Steuerung durch Zeitschaltuhren oder Präsenzmelder in Nebennutzflächen	groß (30 – 60 %)	gut (0,1 – 0,4)
Tageslichtnutzung in Bürozonen Nachrüstung einer tageslichtabhängigen Steuerung/Regelung	mittel (10 – 30 %)	mittel (0,4 – 0,7)
Sonstige Maßnahmen Verwendung heller Farben für Wände, Decken, Böden und Möbel Regelmäßige Reinigung von Beleuchtungskörpern Außenbeleuchtung nach Helligkeit steuern	nicht quantifizierbar	nicht quantifizierbar

Abb. 3: Typische Maßnahmen zur Stromeinsparung bei der Beleuchtung im Gebäudebestand

> Sanierung der Beleuchtungsanlagen in der Regel mit großen Einsparpotentialen und guten Kosten-Nutzen-Verhältnissen verbunden.

Grundsätzlich sollte bei Sanierungs- oder Modernisierungsmaßnahmen das Gesamtkonzept von Lüftungs-, Teilklima- und Klimaanlagen überprüft werden. Ist die Auslegung der Anlage sinnvoll, sind die Komfortanforderungen plausibel, oder können an wenigen Stunden im Jahr Komforteinbußen, zum Beispiel bei Kühlung und Befeuchtung, hingenommen werden? Oft läßt sich der Raumluft-Komfort durch passive Maßnahmen genauso erreichen: Vermindern interner Lasten durch geeignete Bürogeräte, verbesserter Sonnenschutz etc. Die Steuerung/Regelung soll Luftmengen und Betriebszeiten an die überwiegend vorherrschenden Teillastzustände anpassen. Eine Automatik sollte bevorzugt ausschalten oder reduzieren. Das Einschalten oder Umschalten auf eine höhere Stufe sollte manuell geschehen.

Abbildung 4 zeigt Beispiele, mit welchen Maßnahmen im Bereich der Lüftung und Klimatisierung welche Einsparpotentiale im Gebäudebestand erreicht werden können.

Maßnahmen	Einspar-potential	Kosten-Nutzen-Verhältnis
Temperatur-, Feuchtesollwerte erhöhen Grundsätzlich sind die Raumtemperaturen im Winter so tief und im Sommer so hoch wie möglich zu halten. Winter: 19 – 21 °C, 30 – 45 % r. F. Sommer: 25 – 28 °C, bis 65 % r. F. (Büroräume: nicht immer akzeptiert; EDV Räume o. ä.: gut anwendbar)	groß (30 – 60 %)	sehr gut (< 0,1)
Betriebszeiten beschränken Effektiven Bedarf nach mechanischer Lüftung prüfen, Betriebszeiten über Zeitschaltuhren festlegen, vorhandene Schaltuhren überprüfen.	groß (30 – 60 %)	gut (0,1 – 0,4)
Volumenströme anpassen Nicht selten sind Lüftungsanlagen stark überdimensioniert oder einfach überflüssig; Auslegung überprüfen und anpassen: personenbezogen oder flächenbezogen, nicht pauschal nach Luftwechselzahlen. Auf niedrigere Stufe schalten oder Riemenscheibe wechseln. Notwendigkeit der mechanischen Lüftung insbesondere in Nebenräumen überprüfen, eventuell abschalten.	groß (30 – 60 %)	gut (0,1 – 0,4)
Bedarfsgerechter Betrieb Oft sind Lüftungs- und Klimaanlagen auf den Auslegungsfall dimensioniert, werden aber in Teillastzuständen nicht bedarfsgerecht betrieben. Oft werden Klimaanlagen auf Stufe 2 betrieben, obwohl im Winter oder in der Übergangszeit ein Betrieb auf Stufe 1 problemlos möglich wäre. Proportionalitätsgesetze: Verringerung der Leistungsaufnahme von Ventilatoren auf ein Achtel, wenn Drehzahl und damit Volumenstrom halbiert werden.	groß (30 – 60 %)	sehr gut (< 0,1)
Präsenzmelder oder CO_2-Sensoren: Sehr gute Anpassung an den Bedarf möglich.	groß (30 – 60 %)	mittel (0,4 – 0,7)
Befeuchtung ausschalten Oft ist eine Befeuchtung gar nicht nötig oder bringt sogar zusätzliche Probleme mit sich. Befeuchtung nur soweit, wie Bedarf vorhanden.	sehr groß (> 60 %)	sehr gut (< 0,1)
Sonstige Maßnahmen Kältemaschinen bei Außentemperaturen <15 °C thermostatisch abschalten Wärmedämmung von Kaltwasserleitungen überprüfen Kühlbedarf abklären, Nachtkühlung bei Temperaturdifferenzen zwischen Außen- und Raumluft von > 5 °C Kaltwasser-Vorlauftemperatur erhöhen; meist sind Kühlregister so groß dimensioniert, daß statt 6 °C auch 8 – 9 °C gefahren werden können. Eventuell außentemperaturgesteuerte Vorlauftemperatur-Schiebung. Insbesondere bei älteren Anlagen: Verdampfertemperatur der Kältemaschinen erhöhen, wenn die technische Möglichkeit dazu besteht. Ventilatoren überprüfen, Filter reinigen.	nicht quantifizierbar	nicht quantifizierbar

Abb. 4: Typische Maßnahmen zur Stromeinsparung bei Lüftung/ Klimatisierung im Gebäudebestand

Die Kosten für die Neuerstellung eines Bürogebäudes mit mittlerer bis hoher Ausstattung werden heute mit durchschnittlich 2.150,- DM/m² BGF angegeben (Baukosteninformationszentrum Deutscher Architektenkammern: BKI Baukosten 1998). Die Miet-Nebenkosten beliefen sich bei vollklimatisierten Bürogebäuden im Jahre 1997 auf durchschnittlich 8,03 DM/m² im Monat (vgl. Abbildung 5) (James Long Wootton Research 1998).

3 Verbrauch und Kosten von elektrischer Energie in Bürogebäuden

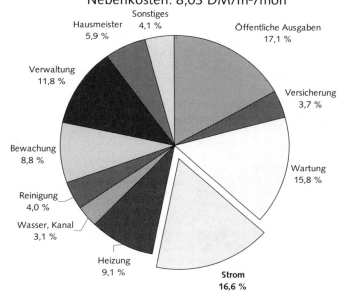

Abb. 5: Verteilung der Nebenkosten von Bürogebäuden mit Vollklimatisierung

Der Barwert dieser regelmäßigen Kosten über einen Betrachtungszeitraum von 50 Jahren bei einem Zinssatz von 7 % (Barwertfaktor: 13,80075) beläuft sich auf 1.330,- DM/m² (vgl. Abbildung 6). Ganz erheblich sind sowohl Investitionen als auch Nebenkosten, insbesondere die Stromkosten, von der Ausstattung der Bürogebäude abhängig.

Die Stromkosten in vollklimatisierten Bürogebäuden machten 1997 durchschnittlich 1,33 DM/m² im Monat oder 16,6 % der Nebenkosten aus; das ist der zweitgrößte Posten nach den Aufwendungen für öffentliche Abgaben (vgl. Abbildung 5). Der Barwert (50 Jahre, 7 %/a; Barwertfaktor: 13,80075) dieser durchschnittlichen Stromkosten von rund 16 DM/m² im Jahr beläuft sich im Mittel damit auf etwa 220,- DM/m². Das sind gut 10 % der Neuerstellungskosten (vgl. Abbildung 6). Die Bandbreite ist allerdings beträchtlich und reicht von 0,35 DM/m² im Monat bei nicht-klimatisierten Bürogebäuden bis zu Extremwerten von 5,50 DM/m² im Monat bei vollklimatisierten Gebäuden /2/.

Eine Strategie, die auf die Senkung der Nebenkosten abzielt, muß sich offensichtlich intensiv mit dem Stromverbrauch befassen. Immerhin weisen verschiedene Stromsparstudien Einsparpotentiale von 30 bis 50 % auf. Selbst wenn die Liberalisierung der Energiemärkte zu Einsparungen bei den Stromkosten führt, bleibt noch immer ein beträchtliches Kostensenkungspotential (Hessisches Umweltministerium; Schweizer Bundesamt für Energiewirtschaft).

In bestehenden Gebäuden, die noch nicht hinsichtlich ihres Energieverbrauchs optimiert wurden, sind in der Regel 15 bis 20 % des Stromverbrauchs durch einfachste Maßnahmen mit sehr geringen Amortisationszeiten einsparbar. Das Sparpotential,

> Je höher die Ausstattung eines Bürogebäudes, desto höher Investitionen und Nebenkosten, insbesondere Stromkosten; Ziel: Nicht notwendige Mehr-Ausstattung von Bürogebäuden vermeiden.

> Bandbreite der Stromkosten ist beträchtlich: Monatlich 0,35 DM/m² bei nicht-klimatisierten Bürogebäuden bis zu extremen 5,50 DM/m² bei vollklimatisierten Gebäuden.

Abb. 6: Baukosten sowie Barwerte von Nebenkosten und Stromkosten von Bürogebäuden verschiedener Ausstattung

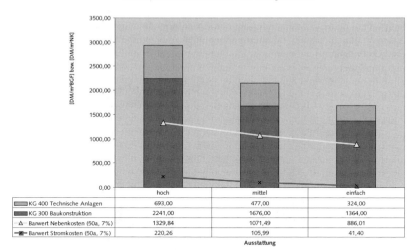

das sich im Laufe der Nutzungsdauer einer Anlage amortisiert, liegt bei 30 bis 50 % (Hessisches Umweltministerium).

Die lukrativsten Maßnahmen finden sich meist bei den raumlufttechnischen Anlagen, die oft zu groß dimensioniert sind und nicht bedarfsgerecht betrieben werden. Bei Beleuchtungsanlagen sind es in der Regel ebenfalls Maßnahmen, die eine Anpassung an den eigentlichen Bedarf sicherstellen. Besonders interessant ist dabei die Anwendung von Kennwert-Verfahren im frühen Planungsstadium von Neubauten. Dort führt die Optimierung in der Regel schon bei der Investition zu Einsparungen.

In den folgenden zwei Beispielen wird demonstriert, wie sich über eine Kennwertmatrix Stromverbrauch und -kosten in einem bestehenden Gebäude und einem Neubau analysieren und Schwachstellen schnell erkennen lassen, und welche typischen Maßnahmen zur Optimierung getroffen werden können.

4 Praktische Beispiele für Stromeinsparung bei Bürogebäuden

4.1 Torhaus Messe Frankfurt (ca. zehn Jahre alt)

Das Torhaus der Messe Frankfurt (vgl. Abbildung 7) ist ein rund zehn Jahre altes Bürohaus mit gehobener Ausstattung sowie mechanischer Lüftung und Klimatisierung. Das Gebäude hat eine Bruttogeschoßfläche von ca. 20.000 m² und bietet Arbeitsplätze für ca. 500 Mitarbeiter.

Ist-Zustand:

Es werden etwa 3.037 MWh/a Strom verbraucht. Dabei entstehen Stromkosten von ca. 750.000,– DM/a. Die Stromverbrauchskennwerte liegen mit 120 kWh/m²a recht hoch. Auffällig hoch ist der Stromverbrauch pro Mitarbeiter (MA) mit ca. 6.000 kWh/MA×a. Diese Werte werden sonst nur in Bürogebäuden mit höchster Ausstattung erreicht. Verbrauchsgünstig erstellte Bürogebäude mit vergleichbarer Ausstattung erreichen durchaus Kennwerte um die 3.000 kWh/MA×a und weniger.

Abb. 7: Das Torhaus der Messe in Frankfurt am Main

Bürogebäude

Rund 28 % der elektrischen Energie werden im Bereich der Lüftung/Klimatisierung, ca. 14 % für Beleuchtungsanlagen und etwa 50 % für Zentrale Dienste benötigt. Dabei machen die Hilfsantriebe für Umwälzung und Rückkühlung einen großen Anteil bei den zentralen Diensten aus. Weitere rund 8 % werden für Arbeitshilfen benötigt.

Die Kennwerte für Beleuchtung liegen insbesondere in den diversen Verkehrsflächen deutlich über den Grenzwerten (siehe Abbildung 8).

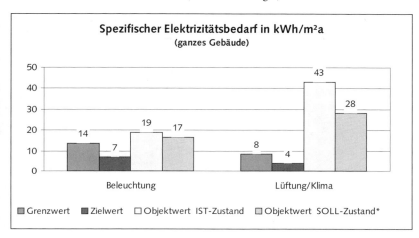

Abb. 8: Kennwerte Elektrizitätsverbrauch für Beleuchtung sowie Lüftung/Klima vor und nach Maßnahmen im Torhaus der Messe Frankfurt im Vergleich zu Grenz- und Zielwerten

Die installierte Luftleistung pro Person (bezogen auf die Bürofläche mit Dauerarbeitsplätzen) ist mit 200 m³/P×h sehr hoch. Die DIN empfiehlt einen Wert von etwa 40 m³/P×h für Nichtraucher und 60 m³/P×h für Raucher. Entsprechend deutlich überschreiten alle Kennwerte die Grenz- und Zielwerte (siehe Abbildung 9).

Die Grenz- und Zielwerte wurden aufgrund der angegebenen Nutzungsdaten nach SIA 380/4 ermittelt.

Maßnahmen:

Sofortmaßnahmen und mittelfristige Maßnahmen ohne oder mit geringen Investitionen:
- Betriebszeiten aller Lüftungsanlagen reduzieren
- Lufttemperaturerhöhung in EDV-Zentrale von 24 °C auf 26 °C zulassen
- RLT-Anlage 1: Reduzierung der Luftmenge von 13 auf 6 m³/m²h
- RLT-Anlage 16: Reduzierung der Luftmenge von 12 auf 9 m³/m²h
- RLT-Anlage 6: Reduzierung der Luftmenge von 15 auf 10 m³/m²h
- Tageslicht-Sensoren und Bewegungsmelder in den Service-Bereichen der RLT-Anlage 2; Reduktion der Luftmenge durch geringere interne Lasten um ca. 20 %, Stromeinsparung 50 %
- Umbau RLT-Anlage 2 von Dralldrossel-Regelung auf Drehzahlregelung
- Einbau eines innenliegenden Sonnenschutzes für sämtliche EDV-Räume ohne dauernde Belegung
- Luftqualitätssensor in der Abluft des Grill-Restaurants anstelle Handschaltung
- Abschaltung Beleuchtung im Lichthof des Anbaus mit Ausnahme der Kreisbeleuchtung
- Beleuchtung in Fluren reduzieren durch Ausdrehen der Lampen
- Zentraler Ausschaltbefehl für die Flure in der Nacht alle 15 min
- Präsenzmelder für Beleuchtung in den Toiletten
- Beleuchtung im Treppenhaus mit Rolltreppen tageslichtabhängig schalten
- Präsenzmelder für Beleuchtung in den Lagern

Gering-investive Maßnahmen: Betriebszeiten- und Luftmengenreduzierungen, Sensoren, Bewegungsmelder, Schaltuhren, Drehzahlregelungen; Amortisationszeit < 1 Jahr.

Anforderungen und Nachweis für Lüftung /Klima										
Zone	A_{EB} [m²]	Nutzungsbedingungen					Spez. Elektrizitätsbedarf			
		Personendichte [m²/P] [1)]	Luftmenge [m³/hm²] [1)]	Raucheranteil [%]	Interne Last [W/m²]	Benutzerfrequenz [–]	Grenzwert [kWh/m²a]	Zielwert [kWh/m²a]	Objektwert Ist [kWh/m²a]	Objektwert Soll [kWh/m²a]
Büro RLT-Anl. 3	1.542	15	4	20	30,0	mittel	9,1	4,7	48,6	40
Büro RLT-Anl. 16	210	15	4	20	30,0	mittel	9,1	4,7	38,1	17
Büro RLT-Anl. 4	5.129	15	4	20	30,0	mittel	9,1	4,7	47,6	39
Büro RLT-Anl. 6	133	15	4	20	30,0	mittel	9,1	4,7	45,1	15
Konferenzraum LT-Anl. 5	412	3	4		30,0	häufig	20,0	6,7	34,0	28
Toiletten	717		15			häufig	8,2	2,8	32,1	27
Verkehr Sockel RLT-Anl. 1	1.831		10			häufig	5,5	1,9	25,1	5
Service RLT-Anl. 2	2.236	15	4	20	30,0	gering	9,1	4,7	66,6	11
Technik										
Lager						gering				
Verkaufsräume	209		10			häufig	5,5	1,9	62,2	52
Kantine	226	2		50	20,0	mittel	15,0	4,9	75,2	45
Fontana							nicht def.		78,0	65
Post	286	5	4	20	30,0	häufig	9,1	4,7	45,5	38
Innentreppen						häufig				
Aufzüge										
div. Verkehrsflächen	958		10			häufig	5,5	1,9	27,1	23
Anbau										
Büro	2.243	15	4	20	30,0	mittel	9,1	4,7	40,6	34
Lager	482	3			10,0	gering	2,5	1,1	14,5	12
Eingangshalle, Verkehr	1.010		10			häufig	5,5	1,9	32,7	27
Konferenzräume	84	3	4		30,0	häufig	20,0	6,7	35,7	30
Nebenräume							nicht def.		37,3	31
Toiletten	150		15			häufig	8,2	2,8	40,0	33
Info-Center inkl. Flur	207		15			häufig	5,9	2,0	38,6	32
Technik										
Druckerei							nicht def.		40,5	34
Telefonladen							nicht def.		46,2	38
ZLT-Leitstelle	74	15			40,0		20,0	10,0	40,5	34
Lichthof	365		10			mittel	5,5	1,9	32,9	27
ganzes Gebäude										
Total [2)]	18.504						8,4	3,9	43,1	28,2

1) Entweder Personendichte oder spezifischen Aussenluftvolumenstrom angeben
2) Gewichteter Durchschnitt über alle Zonen mit Anforderungen

Abb. 9: Kennwerte des Stromverbrauchs im Ist-Zustand und im Soll-Zustand nach Maßnahmen ohne oder mit geringen Investitionen für Lüftung im Vergleich zu Grenz- und Zielwerten

- Power-Management für alle PC-Bildschirme
- Beschaffung energiesparender EDV-Geräte, im Rahmen der laufenden Ersatzbeschaffung
- Schaltuhren für sämtliche Kopierer
- Drehzahlregelung der Heizungsumwälzpumpen

Langfristige Maßnahmen mit größeren Investitionen und Planungsbedarf:
- Reduktion der Luftmenge der RLT-Anlage 3 von heute 9,5 m³/m²h auf 8 m³/m²h
- Umbau der RLT-Anlage 4:
  - Reduktion der Luftmenge von heute 10 m³/m²h auf 8 m³/m²h
  - Einzelabschaltung der heutigen 4 Zonen und gleichzeitig Drehzahlregelung des Antriebs
- Umbau der RLT-Anlage 5:
  - Ersatz der heute gebrückten Einschalter in den Sitzungszimmern durch intelligente Einschaltgeräte mit Bewegungsmeldern und Temperaturüberwachung
  - Einbau einer Drehzahlregelung für den Antrieb
- Reduktion der Luftmenge der RLT-Anlage 20 von heute 12 m³/m²h auf 8 m³/m²h
- Einbau eines automatischen Sonnenschutzes für alle Büros im Torhaus Hauptbau. Wegen der Konstruktion und der Hochhaussituation müssen es innenliegende Storen (zum Beispiel Agero-Folien) sein.
- Ersatz der heutigen einstufigen Absorptionskälteanlage durch zweistufige Absorptionskälteanlage. Optimierung des Betriebes der Absorptionskälteanlage so, daß die Leistungsziffer um 20 % steigt.

> Investive Maßnahmen: Umbau von Lüftungsanlagen, Einbau eines automatischen Sonnenschutzes, Betriebsoptimierung der Absorptionskälteanlage.

Mit den Sofort- und mittelfristigen Maßnahmen lassen sich mehr als 14 % des Gesamtstromverbrauchs oder 439 MWh/a einsparen. Durch die Maßnahmen in den RLT-Anlagen wird auch der Lüftungswärme- und –kältebedarf reduziert. Etwa 218 MWh/a oder 4 % Wärme werden jährlich eingespart. Dazu sind Investitionen in Höhe von 58.000 DM notwendig. Die Einsparung beträgt etwa 134.000 DM/a.

Weitere Maßnahmen können ein Sparpotential von noch einmal 8 % (255 MWh/a) erschließen. Diese Maßnahmen betreffen insbesondere große Kälteverbraucher und die Absorptionskältemaschine. Etwa 1600 MWh/a oder 30 % Wärme könnten eingespart werden. Sie bedürfen aber einer genaueren Planung und hoher Investitionen, die nur sinnvoll bei größeren Sanierungsmaßnahmen getätigt werden können.

4.2 Polizeipräsidium Frankfurt (Neubau)

Ein energetisch optimiertes Gebäude entsteht nicht durch Zufall, sondern nur, wenn Energieoptimierung ausdrückliches Ziel im Planungsprozeß ist. Diese Erkenntnis hat das Hessische Umweltministerium zum Anlaß genommen, in einer Reihe von größeren Neubau- und Modernisierungsvorhaben des Landes die Verfahren der energetischen Optimierung mit dem Schwerpunkt der rationellen Stromverwendung durch neue Planungsverfahren modellhaft anzuwenden. Mit dem Modellprojekt „Energetische Qualitätssicherung und Fachbetreuung bzgl. rationeller Elektrizitätsverwendung bei der Planung des Neubaus Polizeipräsidium Frankfurt am Main" möchte das Hessische Umweltministerium der Vorbildfunktion der Landesverwaltung für umweltgerechte und wirtschaftliche Handlungsweise gerecht werden.

Das Land Hessen beabsichtigt, für das Polizeipräsidium Frankfurt am Main einen Neubau zu errichten. Dieses Polizeipräsidium ist zuständig für den Bereich Stadt Frankfurt und den Main-Taunus-Kreis. Es umfaßt, der Behördenleitung nachgeordnet, die Präsidialabteilung mit Organisations- und Verwaltungsaufgaben sowie die Organisationseinheiten der Schutz- und Kriminalpolizei und der technischen Dienste. Mit dem Stand der Haushaltsunterlage Bau (HU-Bau) ist das Gebäude mit einer Hauptnutzfläche (HNF) von ca. 57.000 m² bei einer Bruttogeschoßfläche von ca. 120.000 m² geplant.

Abb. 10: Haupteingang des geplanten Polizeipräsidiums Frankfurt/Main

Neben den Büro- und Verkehrsflächen sind zahlreiche Sondernutzungsbereiche im geplanten Gebäude unterzubringen, wie zum Beispiel eine Großsporthalle, Gewahrsamsbereiche, Raumschießanlagen, Werkstattbereiche, EDV-Zentrale, Kantinen- und Küchenbereich, Umkleidebereiche, zahlreiche Technik- und Lagerräume, Parkflächen für Dienst- und Privatfahrzeuge mit ca. 639 Stellplätzen. Das Gebäude wird in den wesentlichen Teilen der Hauptnutzfläche weder mechanisch belüftet noch klimatisiert. Dennoch bringen die zahlreichen Sondernutzungsbereiche einen erheblichen Bedarf an Belüftung und teilweise auch Klimatisierung mit sich.

Planungsstand der vorliegenden HU-Bau:
Werden die haustechnischen Anlagen so gebaut und betrieben, wie aus dem Planungsstand der HU-Bau erkenntlich, ergibt sich ein Gesamtverbrauch an Elektrizität von 7.829 MWh/a im Neubau des Polizeipräsidiums (vgl. Abbildung 11). Bei etwa 120.000 m² Energiebezugsfläche ergibt sich ein Kennwert des Elektrizitätsverbrauchs von 65 kWh/m²a. Dieser Wert liegt im oberen Bereich dessen, was für ein Verwaltungsgebäude erwartet werden kann, das in seiner überwiegenden Energiebezugsfläche weder klimatisiert noch mechanisch belüftet wird.

Maßnahmen und Einsparpotential im Rahmen der „erweiterten Entwurfsplanung":
Werden die mit Planungsstand „erweiterte Entwurfsplanung" verabredeten Optimierungsvorschläge und Optionen realisiert, sinkt der Gesamtverbrauch auf etwa 3.483 MWh/a oder 29 kWh/m²a. Ein Einsparpotential von mehr als 50 % des Elektrizitätsverbrauchs gegenüber dem Planungsstand HU-Bau zeichnet sich ab (vgl. Abbildung 11).

Ein wesentlicher Teil dieser Einsparungen beruht auf Redimensionierungen der raumlufttechnischen Anlagen in den Sondernutzungsbereichen und den damit erzielbaren Verminderungen der installierten Leistung. Die Summe der installierten Leistung läßt sich von ca. 3.576 kW auf 2.090 kW, also auf 58 % reduzieren. Die installierte

Bürogebäude

Leistung ist maßgebend für die Baugröße der Anlagen und damit auch für die Höhe der Investition.

Die im Projektteam bereits verabschiedeten und die als Optionen unterbreiteten Optimierungsvorschläge sparen in der Regel schon bei der Errichtung der Anlagen Investitionen in nicht angepaßte Baugrößen von Anlagen. Grundsätzlich werden bei allen Maßnahmenvorschlägen die geltenden Normen und Regeln der Technik eingehalten. Die Einsparungen ergeben sich dadurch, daß neben Vorschlägen zu verbesserter Technik in den integralen Planungsrunden die Nutzungs- und Komfortbedingungen präziser festgelegt und in ihrer grundlegenden Bedeutung für die Auslegung der haustechnischen Anlagen von allen Gewerken besser berücksichtigt werden konnten. Gleichzeitig wurde die Abstimmung zwischen den Gewerken durch den gemeinsamen Diskussionsprozeß der Auslegungsgrundlagen verbessert.

Der bei Neubauvorhaben so typischen Spirale der Angstzuschläge im herkömmlichen sequentiellen Planungsablauf konnte erfolgreich entgegengewirkt werden.

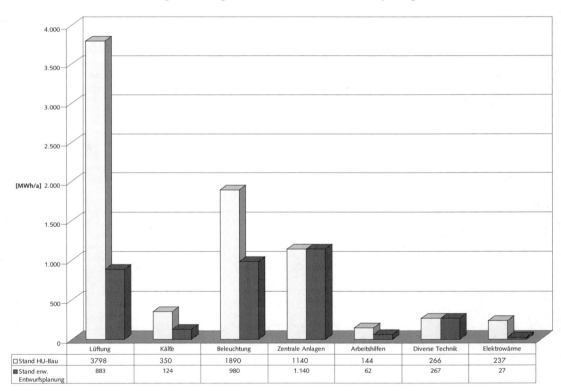

Abb. 11: Elektrischer Energieverbrauch für den Neubau des Polizeipräsidiums Frankfurt im Vergleich des Planungsstands nach HU-Bau und erweiterter Entwurfsplanung

Durch die Maßnahmen können die Investitionen in die Haustechnik um etwa 2,5 Mio. DM gesenkt werden. Zusätzlich können jährlich ca. 652.000 DM an Stromkosten eingespart werden. Diese Einsparungen entsprechen einem Barwert von ca. 6,33 Mio. DM, gerechnet mit einer für haustechnische Anlagen typischen Nutzungsdauer von 15 Jahren und einem Zinssatz von 6 % (Barwertfaktor: 9,7122).

5 Literatur

BMWi, Prognos: BMWi-Dokumentation Nr. 287: Die Energiemärkte Deutschlands im zusammenwachsenden Europa – Perspektiven bis zum Jahr 2020 (Kurzfassung), Bonn, Feb. 1996, *BMWi Ref. Öffentlichkeitsarbeit*

[BfE 91]: Katalog von Sofortmaßnahmen zum Stromsparen in Gebäuden, *Bundesamt für Energiewirtschaft, Bern, 1999*

[LEE 99]: Leitfaden Elektrische Energie im Hochbau. *Institut Wohnen und Umwelt / Hessisches Umweltministerium,* Darmstadt/Wiesbaden, Juli 1999

[SIA 380/4]: SIA-Empfehlung 380/4 Elektrische Energie im Hochbau, *Schweizerischer Ingenieur- und Architekten-Verein,* Zürich, 1995

[SSC 97]: Stromsparcheck für Gebäude, *Impulsprogramm Hessen,* Darmstadt, 1997

Jones Lang Wootton Research: OSCAR 1998 Büronebenkosten-Analyse

Hessisches Umweltministerium: GEMIS 3.0 – Gesamt-Emissionsmodell integrierter Systeme, Wiesbaden, 1993

Hessisches Umweltministerium: Modellprojekt zur Stromeinsparung in 12 kommunalen Gebäuden. Wiesbaden 1993

Hessisches Umweltministerium: Musteranalysen des Stromverbrauchs in Bürogebäuden, Bern, 1990

Baukosteninformationszentrum Deutscher Architektenkammern: BKI Baukosten 1998

Bundesamt für Energiewirtschaft: Musteranalysen des Stromverbrauchs in Bürogebäuden. Bern, 1990

Gabriele Kreiß, Klaus-Dieter Schleißinger
Hotels und Gaststätten

Hotels leben von Service, Gastfreundlichkeit und einem entsprechenden räumlichen Angebot. Großzügige Ausstattung, ein behagliches Raumklima, sowie komfortable Sanitärausstattung und ansprechende Beleuchtung werden erwartet. Hinzu kommt eine gut funktionierende Küche, das Restaurant, sowie Zusatzleistungen wie zum Beispiel Sauna oder Schwimmbad. Alle diese Dienstleistungen tragen ihren Anteil zum hohen Stromverbrauch bei. Die Energiekosten eines Hotels betragen, je nach Standort, Betriebsgröße und Komfortausstattung etwa 3 % bis 7 % vom Umsatz.

Diverse Untersuchungen belegen, daß im Hotelbereich durchschnittlich Energiekostenreduktionen von deutlich über 10 %, zum Teil sogar bis zu 25 % erreichbar sind. Bezogen auf ein Hotel mit einem Jahresumsatz von rund 2 Mio. DM kann mit einem Energiekosteneinsparpotential von 15.000 DM pro Jahr gerechnet werden. Die Einsparungen resultieren vielfach allein aus organisatorischen Maßnahmen. Die Höhe der absolut zu erzielenden Einsparungen ist jedoch immer auch davon abhängig, inwieweit Energiesparmaßnahmen wirtschaftlich vertretbar sind. Energiekostenanalysen und das Ausschöpfen von Energieeinsparpotentialen sind jedoch in jedem Fall wirksame Ansatzpunkte zur Verbesserung des Betriebsergebnisses und Stärkung der Wettbewerbssituation.

Um sinnvolle Arbeitsabläufe zur Senkung von Energiekosten einzuführen, muß nicht gleich der ganze Betrieb „umgekrempelt" werden. Die Reduktion der Leerlaufverluste von Elektrogeräten fängt bei der Grillplatte in der Küche an und hört beim Fernsehgerät im Gästezimmer noch nicht auf. Auch der „flexible Wäschewechsel" birgt ein erhebliches Kostensenkungspotential. Für diese Maßnahmen fallen keine oder nur sehr geringe Investitionen an.

Eine besonders wirtschaftliche Möglichkeit zur Senkung der Stromkosten ist der Einsatz eines Lastmanagementsystems zur Senkung der Leistungsspitzen. Auch Wärmerückgewinnungssysteme bei Kühlaggregaten und Lüftungsanlagen sind unter bestimmten Voraussetzungen wirtschaftlich sehr interessant. Darüber hinaus können auch in Hotels neue Technologien und Verfahren wie Minibars mit Kompressoranstatt Absorbertechnik, Induktionstechnik in der Küche sowie Erdgas-Geräte in der Küche und Wäscherei eingesetzt werden. Auch der Ersatz einer veralteten Waschmaschine durch ein modernes energieeffizientes Gerät sollte erwogen werden, denn die Fortschritte in der Gerätetechnik führen zu deutlich geringeren Verbrauchswerten gegenüber Maschinen „früherer Tage".

1 Energiekennwerte und Verbrauchsschwerpunkte

> Je mehr „Sterne" ein Hotel hat, desto größer ist der Energieverbrauch.

Der Stromverbrauch eines Hotels ist sehr stark von der Anzahl der „Sterne" abhängig (Ravel-Handbuch). Ein einfacher Vergleich besagt, daß zu Hause im Durchschnitt 6 kWh elektrischer Energie am Tag benötigt werden. Ein Gast in einem 2-Sterne-Hotel benötigt doppelt soviel und in einem Luxushotel mit 5 „Sternen" sogar viermal soviel, das heißt rund 12 bzw. 24 kWh pro Tag. Die großen Unterschiede sind durch die „Bereitschaftsverluste" zu erklären, die durch die zum Teil geringe Auslastung entstehen. Auch der unangemeldet eintreffende Gast erwartet ein sauberes, frisch gelüftetes und geheiztes Zimmer sowie ein reichhaltiges Menueangebot. Dies erklärt auch, warum eine sinkende Gästezahl oder eine geringere Auslastung der Küche nicht zu einem im gleichen Verhältnis sinkenden Energieverbrauch führt.

Die größten Stromverbraucher im Hotel lassen sich entsprechend dem jeweiligen anteiligen Energieverbrauch für zum Beispiel ein 4-Sterne-Hotel wie folgt darstellen:

> Elektrizitätsbedarf für die Beleuchtung (ca. 30 %) und in der Küche (bis 25 %) in der Regel am größten.

- Beleuchtung: ca. 30 %
- Küche: bis zu 25 %
- Wäscherei: ca. 15 %
- Lüftungsanlagen: ca. 10 %
- Hotelzimmer: ca. 10 %
- Sonstiges (zum Beispiel Lift etc.): ca. 10 %

Wenn darüber hinaus in den Hotelzimmern Minibars installiert sind, können sich die Verbrauchsanteile dahingehend verschieben, daß sie bis zu 20 % der gesamten elektrischen Energie benötigen.

Bei Gastronomiebetrieben handelt es sich durchweg um sehr verschiedene und nur bedingt vergleichbare Organisationsstrukturen, deren Energie und Materialflüsse sehr unterschiedlich sind. Die in Abbildung 1 dargestellten Kennwerte des Deutschen Hotel- und Gaststättenverbandes von Hotel-Restaurants können jedoch als Orientierungswerte dienen, wobei von durchschnittlichen Energiekosten von 0,10 DM/kWh ausgegangen wurde. Die Werte zeigen insbesondere auf, welche Unterschiede bei vergleichbaren Betrieben beim Energiebedarf pro Gast bestehen können. Bei der Berechnung der Jahresverbrauchswerte von Strom, Heizöl und Gas (soweit im Betrieb vorhanden) wurden die unterschiedlichen Kosten der Energiearten anteilig berücksichtigt.

Hotel-Restaurants mit Umsatzschwerpunkt:	Hotel (Logisanteil bis 2/3 des Gesamtumsatzes)	Gastronomie (Logisanteil bis 1/3 des Gesamtumsatzes)
Teilnehmerzahl des Betriebsvergleichs Umsatzgröße	24 Betriebe 100.000 – 1.000.000 DM	37 Betriebe 100.000 – 1.000.000 DM
Ø Daten der teilnehmenden Betriebe Umsatz p. a.: Zimmer Sitzplätze: Zahl der Übernachtungen p. a. Zahl der Gastronomiegäste p. a. Zahl der Gäste p. a. Energiekosten p. a. (absolut/rel. zum Umsatz)	580.100 DM 22 105 5.572 11.546 17.118 30.980 DM / 5,3 %	731.700 DM 15 105 3.090 17.330 20.420 30.834 DM / 4,2 %
Energieverbrauchswerte je Gast: Bandbreite: Durchschnittswert: Orientierungswert:	3,8 – 35,9 kWh 18,1 kWh 15,4 kWh	2,3 – 20,4 kWh 15,4 kWh 10,4 kWh
Ø Energiekostensparpotential je Gast:	0,27 DM	0,47 DM
Ø Energiekostensparpotential gesamt p. a.	4.622 DM	9.597 DM

Abb. 1: Energiekennziffern aus Betriebsvergleich Deutscher Hotel- und Gaststättenverband

Wenngleich die verschiedenen Einsparpotentiale aus den Bereichen Strom, Heizöl und Erdgas aus dem Betriebsvergleich nicht hervorgehen, sind dennoch folgende Tendenzen erkennbar:

- Die Einsparpotentiale im Gastronomiebereich sind offenbar deutlich höher als im Hotelbereich. Dies kann auf die hohen Energiekosten der Küche und des Restaurants zurückgeführt werden. Hier sind die vom Umsatz unabhängigen festen Verbrauchswerte am höchsten.

> Einsparpotentiale im Gastronomiebereich offenbar deutlich höher als im Hotelbereich.

- Die Bandbreite um die Durchschnitts- und Orientierungswerte der teilnehmenden Betriebe ist erheblich. Diese deutlichen Unterschiede zwischen niedrigstem und höchstem Verbrauch resultierten sowohl aus der verschiedenen Komfortausstattung, als auch aus dem unterschiedlich effizienten Umgang mit dem „Rohstoff" Energie.

Hotelbetriebe sind stark vernetzte Systeme, so daß wirtschaftliche Überlegungen ganzheitlich angestellt werden müssen. Dies gilt gerade auch bei Fragen zur rationellen Elektrizitätsverwendung, bei der neue Verfahren, Technologien oder organisatorische Maßnahmen berücksichtigt werden müssen.

Eine genaue Analyse, aber auch schon eine entsprechende Buchhaltung, schafft Klarheit über den jeweiligen Energiezustand. Neben dem internen Betriebsvergleich der jährlichen Verbrauchswerte ist ein externer Vergleich des eigenen Betriebes mit ähnlich gelagerten Objekten notwendig.

Als einleitende Maßnahme sollte daher die Einführung eines Energiecontrolling stehen. Mit dieser systematischen Erfassung und Analyse sollte jedes Hotel und Restaurant seine Einsparbemühungen starten. Dabei kann es im einfachsten Fall zum Beispiel für kleine Hotels zunächst ausreichen, wenn wenige Zwischenzähler eingebaut und die Verbräuche monatlich abgelesen, ausgewertet und analysiert werden.

Bei 230V-Geräten kann der Gesamtverbrauch, der Leistungsbedarf und der Stand-by-Verbrauch leicht geprüft werden. Die dazu notwendigen Meßgeräte werden oftmals vom Energieversorger kostenlos zur Verfügung gestellt oder können recht preisgünstig (ca. 50 DM) bezogen werden. Die Messung der Einzelverbräuche ist besonders bei der Beurteilung der Energieeffizienz von Kühlgeräten (Kühl- und Tiefkühltruhen, Saladette, Minibar etc.) sowie Fernsehgeräten, Bürogeräten und Niedervolt-Beleuchtungsanlagen sinnvoll.

Nachfolgend werden typische Elektrizitätskostensparpotentiale anhand von Praxisbeispielen aufgezeigt.

Die Strombezugskosten in Hotels werden meistens nach Standard-Sonderverträgen abgerechnet. Diese beinhalten neben dem Grund- und Meßpreis drei Preiskomponenten: Arbeitspreise für den Strombezug (kWh) in der Hochtarifzeit HT und in der Niedertarifzeit NT sowie den Leistungspreis für die bezogene Leistung (kW). Die Leistungskosten sind abhängig von der innerhalb des Abrechnungszeitraums (meist ein Monat) anfallenden maximalen Leistungsspitze. Die Messung erfolgt in der Regel in Viertelstunden-Meßperioden. Die Verrechnungsleistung, das heißt die Leistung die in einem Jahr tatsächlich vom Energieversorger abgerechnet wird, ergibt sich aus dem Mittel der drei (manchmal zwei) höchsten Monatsleistungen. Je nach Energieversorger und Abrechnungstarif wird die Leistung mit bis zu 300 DM pro kW und Jahr verrechnet.

Die Leistungsspitzen treten meist durch das zufällige Zusammentreffen einiger Großverbraucher innerhalb einer Viertelstunden-Meßperiode auf, was durch ein kluges Lastmanagement verringert werden muß. Bei Maßnahmen zur Stromspitzenreduktion spart man keine elektrische Energie, wohl aber Stromkosten. Eine Senkung der Leistungsspitzen kann sowohl mit organisatorischen als auch mit technischen Maßnahmen erreicht werden.

Die Einschaltzeiten der Geräte könnten zum Beispiel so festgelegt werden, daß die Spülmaschine, die Waschmaschine und der Wäschetrockner außerhalb der Spitzenlastzeiten der Küche betrieben werden. Bei einem rein nutzerorientierten Lastmanagementsystem ist ein diszipliniertes Verhalten der Mitarbeiter eine unabdingbare Voraussetzung, denn ein nur einmaliges Fehlverhalten kann die Sparbemühungen eines Monats zunichte machen.

Die elektrische Verriegelung einiger Großverbraucher („Entweder-Oder"-Schaltung) ist eine kostengünstige, in Einzelfällen durchaus praktikable Lösung. Hierdurch kann die unbeabsichtigte Inbetriebnahme von Großgeräten, wie Wäschereigeräten bei eingeschalteter Spülmaschine, wirksam verhindert werden.

Die weitaus beste, weil effektivste und komfortabelste Lösung ist allerdings die Leistungssteuerung mittels eines elektronischen Lastmanagementsystems. Das Lastmanagementsystem erfaßt laufend die momentane Bezugsleistung und vergleicht

2 Energiesparmöglichkeiten im Gastronomiegewerbe

▎Zunächst Einführung von Energiecontrolling zur systematischen Energieerfassung und -analyse.

2.1 Lastmanagement

▎Gleichzeitigen Betrieb von Großgeräten möglichst vermeiden.

▎Gegenseitige Verriegelung von Großverbrauchern anstreben.

Elektronisches Lastmanagementsystem vermeidet zuverlässig Lastspitzen.

diese mit der einzuhaltenden Maximalleistung. Dabei wird überprüft, ob in der nächsten Meßperiode eine Leistungsüberschreitung zu erwarten ist. Ist dies der Fall, schaltet es selbsttätig nicht unbedingt benötigte Verbraucher nach einer vorher festgelegten Rangordnung zeitweilig ab. Dabei wird das dynamische Verhalten der Verbraucher ebenso berücksichtigt wie die Einhaltung bestimmter Grenzwerte, zum Beispiel Temperatur, Druck oder Feuchte. Dadurch wird eine negative Beeinträchtigung des Betriebsablaufs verhindert.

An das Lastmanagementsystem vor allem Verbraucher mit thermischen Speichervermögen anschließen.

Für den Anschluß an das Lastmanagementsystem eignen sich vor allem Stromverbraucher mit thermischem Speichervermögen (zum Beispiel Gußplattenherd, Gußgrillplatte, Heißwasserboiler, Spülmaschine, Waschmaschine, Trockner), Geräte der Lüftungs- und Klimatechnik sowie solche Verbraucher, die nur sporadisch eingesetzt werden und deren zeitversetztes Einschalten keinen Einfluß auf den Betriebsablauf hat. Je mehr Geräte an das Lastmanagementsystem angeschlossen sind, desto effektiver und komfortabler arbeitet es. In der Regel wird das Personal die kurzen Abschaltphasen nicht bemerken.

Beim Lastmanagement können die Betriebszeiten von Waschmaschinen, Trocknern etc. vollständig in Niedriglastzeiten verlegt werden. Darüber hinaus können nicht abschaltbare Verbraucher mit thermischem Speichervermögen so geschaltet werden, daß kurzfristig Aufheizzeiten von wenigen Minuten aus dem 15-Minuten-Spitzenlastintervall entweder zeitlich vor- oder nachgelagert werden. In beiden Fällen wird die thermische Trägheit bzw. die thermische Speichermasse der Geräte ausgenutzt.

Mit Lastmanagement können Spitzenlasten meist um rund 30 % gesenkt werden.

Lastmanagementsysteme sorgen dafür, daß die Strombezugskurve flacher und die Stromrechnung kleiner wird. Mit Lastmanagementsystemen sind Leistungskosten-Reduktionen von 30 % möglich. Meistens amortisiert sich eine solche Maßnahme in weniger als 3 Jahren.

Beispiel: Die Leistungsspitzen eines mittelgroßen Hotels sollen mit Hilfe eines Lastmanagementsystems gekappt werden. Die Messung und Analyse des Lastganges, sowie die Aufnahme der Verbraucher ergab, daß die in Abbildung 2 dargestellten Geräte zum Anschluß an das System in Frage kommen.

Verbraucher	Gesamtleistung	mögliche Abschaltzeiten		max. Abschaltleistungen	
		max.	bis	von	bis
3 x Schnellkochkessel à 12,0 kW	36,00 kW	1	5 min	2,40	12,00 kW
1 x Schnellkochkessel	32,00 kW	1	5 min	2,13	10,67 kW
2 x Kippbratpfanne à 12,0 kW	24,00 kW	1	10 min	1,60	16,00 kW
1 x Friteuse	11,60 kW	1	3 min	0,77	2,32 kW
1 x Elektroherd	17,50 kW	1	5 min	1,17	5,83 kW
1 x Wasserbad mit Wärmeschrank	6,00 kW	1	5 min	0,40	2,00 kW
1 x Wasserbad mit Wärmeschrank	6,30 kW	1	10 min	0,42	4,20 kW
1 x Konvektionsofen	12,80 kW	1	3 min	0,85	2,56 kW
1 x Kaffee-Brühanlage	10,00 kW	1	5 min	0,67	3,33 kW
1 x Spülmaschine	28,00 kW	1	10 min	1,87	18,67 kW
2 x Speiseausgabetisch à 6,3 kW	12,60 kW	1	10 min	0,84	8,40 kW
Summe:	**196,80 kW**			**13,12**	**85,98 kW**

Abb. 2: Verbraucher sowie deren Abschaltzeiten und -leistungen

Aus der Aufstellung resultiert eine schaltbare Leistung von rund 197 kW. Die aufgeführten möglichen Abschaltzeiten sind als Richtwerte zu verstehen, die individuell entsprechend den Erfordernissen und in Absprache mit dem Küchenchef festgelegt werden den.

Durch den Anschluß der insgesamt 15 Verbraucher an das Lastmanagementsystem konnte die 100 kW-Leistungsspitze dauerhaft um 20 kW auf 80 kW gesenkt werden. Die Anschaffungs- und Installationskosten für das System betrugen 14.000 DM. Daraus ergab sich folgende Wirtschaftlichkeit:
- Leistungskosteneinsparung: 20 kW x 260 DM/kW = 5.200 DM/Jahr
- Investitionskosten Lastmanagementsystem: 14.000 DM
- Statische Kapitalrückflußzeit: 2,7 Jahre

2.2 Beleuchtung

Der Energiebedarf der Beleuchtungsanlagen in Hotels variiert zwischen 10 bis 30 % des Gesamtelektrizitätsbedarfs. Dies ist auf die zum Teil sehr hohen Betriebszeiten der Beleuchtungsanlagen zurückzuführen. Die Erfahrung zeigt zudem, daß oftmals nicht an den tatsächlichen Bedarf angepaßte Lampen und Leuchten verwendet werden. Gleichzeitig wird einer effektiven Ausnutzung des Tageslichtes häufig zu wenig Beachtung geschenkt. Bei einer sorgfältigen Planung amortisiert sich die Investition in energiesparende Beleuchtungskonzepte durch deutlich niedrigere Energiekosten oft schon nach wenigen Jahren. Folgende Beispiele sollen aufzeigen, welche Möglichkeiten zur Energieeinsparung bei der Beleuchtung bestehen:

Stabförmige Leuchtstofflampen mit elektronischen Vorschaltgeräten und Kompaktleuchtstofflampen verbrauchen bis zu 80 % weniger Energie als Glühlampen. Auch die beliebten und oft in großer Anzahl anzutreffenden Niedervolt-Halogenglühlampen sind wahre Stromfresser. Diese Lampen werden meist gruppenweise, zum Beispiel zu je 5 Lampen, über konventionelle Niedervolt-Transformatoren betrieben. Der Lichtschalter befindet sich zudem häufig auf der Niedervoltseite des Trafos. Auch bei ausgeschalteter Beleuchtung verbraucht der Trafo dann durchgängig elektrische Energie. Der Licht- bzw. Netzschalter sollte daher immer vor dem Trafo installiert sein. Wenn auf Halogenbeleuchtung nicht verzichtet werden kann, sollten zumindest elektronische Transformatoren eingesetzt werden, die sich gegenüber konventionellen Trafos durch eine deutlich geringere Verlustleistung auszeichnen.

Energieeffiziente Lampen und Leuchten einsetzen.

Beispiel: In einem Hotel mit 100 Betten sind in der Eingangshalle und in den Fluren über 300 Halogenstrahler installiert. Die Beleuchtungsanlage ist permanent in Betrieb. Jeweils 5 Leuchten werden von einem konventionellen Trafo mit Niederspannung versorgt. Die Verlustleistung der 60 Transformatoren beträgt 12 W pro Trafo. Die Trafos wurden durch elektronische Trafos mit einer Verlustleistung von 2 W pro Trafo ersetzt. Durch den Einsatz der elektronischen Trafos konnte gleichzeitig die Lebensdauer der Leuchtmittel verlängert werden. Dies führte zu einer Einsparung allein an Leuchtmittelkosten von 3.000 DM pro Jahr. Die Investitionskosten betrugen 125 DM pro elektronischem Trafo. Daraus resultiert folgende Wirtschaftlichkeit:

Stromersparnis 60 Trafos x (12 - 2) W/Trafo x 8.760 h/Jahr = 5.256 kWh/Jahr
Stromkosteneinsparung 5.256 kWh/Jahr x 0,16 DM/Jahr = 841 DM/Jahr
Verringerte Leuchtmittelkosten: 3.000 DM/Jahr
- Summe der Kosteneinsparungen: **3.841 DM/Jahr**
- Investitionskosten für 60 elektronische Trafos à 125 DM: **7.500 DM**
- Statische Kapitalrückflußzeit: **2,0 Jahre**

Bei Niedervoltanlagen die konventionellen Trafos durch elektronische Trafos ersetzen.

Durch maximale Ausnutzung des Tageslichtes kann der Stromverbrauch der Beleuchtung durchschnittlich um 50 % gesenkt werden. Hierzu sind zumindest getrennte Schalter für Zonen mit und ohne Tageslichtnutzung vorzusehen. Insbesondere eine Regelung der Lichtanlage in Abhängigkeit vom Tageslichtanteil mittels Lichtsensoren birgt ein erhebliches Einsparpotential. In wenig genutzten Räumen und Fluren sorgen Bewegungsmelder und Zeitschaltuhren für deutlich verkürzte Betriebszeiten.

Durch Verkürzung der Betriebszeiten und Ausnutzung des Tageslichtes können 50 % des Energiebedarfs für die Beleuchtung eingespart werden.

Die gesetzlichen Richtlinien der Nennbeleuchtungsstärken (Richtwerte in Lux) nach DIN 5035 liegen beispielsweise für den Hotelbereich bei 200 lx für Restaurant, Speiseräume und Rezeption, 300 lx für den Buffetbereich und die Zweckräume sowie

Beleuchtungsstärken auf das notwendige Maß reduzieren, Überdimensionierung vermeiden.

500 lx in der Küche. Je heller Wände, Decken und Fußböden im Raum sind, desto höher der Reflexionsgrad und desto weniger Lichtleistung ist notwendig, um die gewünschte Beleuchtungsstärke zu erhalten. Wichtig ist es also, eine Überdimensionierung der Beleuchtungsanlagen unter Berücksichtigung der gegebenen Rahmenbedingungen zu vermeiden.

2.3 Küche

Die Hotelküche verursacht durchschnittlich etwa 20 % der Stromkosten. Der größte Anteil der elektrischen Energie wird für das Kochen und das Spülen aufgewendet. Abbildung 3 zeigt, welche Elektrogeräte mit ihren prozentualen Elektrizitätsverbräuchen in einer typischen Küche auftreten.

Abb. 3: Typische Elektrizitätsverteilung auf die unterschiedlichen Geräte in der Großküche

Elektrische Küchenverbraucher	Typischer relativer Verbrauch
Spülmaschinen	19,0 %
Kochherde	18,0 %
Kippbratpfannen	9,0 %
Kippkessel	7,0 %
gewerbliche Tiefkühlschränke	6,5 %
Steamer	6,0 %
Wärmestrahler	5,5 %
Grillgeräte	5,5 %
Bratplatten	5,0 %
gewerbliche Kühlschränke	4,5 %
Beleuchtung, Lüftung, diverse Kleingeräte	14,0 %
Gesamt	100,0 %

Abschalten, was abgeschaltet werden kann; nach Möglichkeit Leistungen durch angepaßte Auslegung reduzieren.

Gerade bei der Küchentechnik finden sich viele interessante Ansatzpunkte zur Energieeinsparung. Einsparungen lassen sich sowohl durch organisatorische Maßnahmen, zum Beispiel durch Änderungen beim Kochvorgang, als auch durch den Einsatz energieeffizienter Technologien erreichen. Ohne finanziellen Aufwand können spürbare Kostensenkungen erzielt werden, wenn nicht benötigte Geräte abgeschaltet und schon bei der Auswahl der Geräte keine unnötigen Sicherheitszuschläge hinsichtlich der installierten elektrischen Leistungen vorgenommen werden.

Die gesteckten Energieeinsparungsziele durch organisatorische Maßnahmen lassen sich allerdings nur erreichen, wenn das Personal in die Einsparbemühungen mit einbezogen wird. Dies gilt besonders dann, wenn es sich um Verfahrensänderungen beim Kochen und Garen handelt. Im folgenden werden die wichtigsten Möglichkeiten zur Energiekostensenkung bei den verschiedenen Tätigkeitsbereichen beschrieben. Allerdings sei angemerkt, daß in dem sensiblen Bereich „Küche" letztlich der Küchenchef alle Entscheidungen mitzutragen hat. Einsparpotentiale und Wirtschaftlichkeit der vorgestellten Maßnahmen können nicht pauschal auf jede Küche übertragen werden, da die Arbeitsorganisation und Verfahrensabläufe in Hotelküchen individuell sehr verschieden sind.

Koch- und Garmethoden

Die Kochgeräte sollten erst dann eingeschaltet werden, wenn auch tatsächlich ein Bedarf vorhanden ist, um Bereitschaftsverluste weitgehend zu vermeiden. Damit der Gast nicht zu lange auf sein Essen warten muß, bleibt aber die Grillplatte, was heute leider immer noch gängige Praxis ist, den ganzen Tag über eingeschaltet. Dabei entfallen vom Tagesenergieverbrauch von 17,2 kWh rund 13,8 kWh als Betriebsbereitschaftsverluste im Zustand „warten". Rund 1,7 kWh entfallen auf das Aufheizen und nochmal 1,7 kWh werden für das Braten von 4 Kilogramm Hacksteaks und andere gelegentliche Gästewünsche benötigt (Schweizer Bundesamt für Konjunkturfragen: Energiemanagement). Nur ein Bruchteil der Energie wird also für das Grillen verwendet. Der Großteil der Energie wird für das Warten im eingeschalteten Zustand im wahrsten Sinne „verbraten". Die Energiebilanz sieht deutlich besser aus, wenn Kochherd und Grillplatten während der flauen Nachmittagsstunden ganz abgeschaltet werden.

> Bereitschaftsverluste können bis zu 80 % des Tagesstrombedarfs ausmachen.

Anti-Abstrahlbeläge können nachträglich an den Grill oder den Elektroherd angebracht werden. Dies führt zu einer erheblichen Verminderung der Wärmeabstrahlung. Hieraus resultiert sowohl eine Reduzierung des Verbrauchs als auch des Leistungsbedarfs. Voraussetzung ist allerdings die regelmäßige Reinigung des Anti-Abstrahlbelages. Ein öliger oder verschmutzter Belag macht den Effekt der Anti-Abstrahlbeschichtung zunichte.

> Anti-Abstrahlbeläge an Grill und Elektroherd minimieren die Abstrahlverluste.

Das Garen von Speisen durch Dämpfen anstatt Kochen ist eine sehr effiziente Verfahrensänderung. Beim Dämpfen wird weniger Flüssigkeit aufgeheizt und somit weniger Energie verbraucht. Ein anderer wünschenswerter Effekt ist die schonende Garmethode. Der Verlust an Vitaminen und Mineralstoffen wird auf ein Minimum beschränkt.

> Dämpfen anstatt Kochen ist energieeffizient und vitaminschonend.

Durch diese Verfahrensänderung ergibt sich eine Energieeinsparungen von deutlich über 50 %. Das Grillen mittels Kombidämpfers führt zudem zu merklich weniger Gewichtsverlust des Grillguts und zu einem eher besseren Grillresultat.

> Beim Grillen sollte ein Kombidämpfer anstatt eines Röstgrills eingesetzt werden.

Der Vakuumgarer, der Kombidämpfer und auch der Drucksteamer haben ihre Existenzberechtigung in der Küche. Bezüglich der Energieeffizienz beim Garen weisen die Geräte jedoch deutliche Unterschiede auf. Im Vergleich zu einem herkömmlichen Kombidämpfer weist ein Drucksteamer einen um rund 60 % höheren, ein Vakuumgarer jedoch einen nur halb so großen Energieverbrauch auf. Es kann daher empfohlen werden, zum Garen vorzugsweise den Vakuumgarer zu benutzen. Da weder Dampf noch Geschmack entweicht, verkochen die Speisen nicht und können trotzdem über lange Zeit warmgehalten werden.

> Garen vorzugsweise mit Vakuumgarer; Einsparpotential gegenüber Kombidämpfer ca. 50 %.

In der Regel werden zubereitete Speisen, die nicht sofort benötigt werden, in einem Wasserbad (Bain-Marie) warmgehalten. Das Wasserbad benötigt viel Energie und zerstört wesentliche Teile des Nährwertes. Gute Alternativen sind Kombidämpfer und Vakuumbehälter.

> Beim Warmhalten von Speisen nach Möglichkeit auf Wasserbad verzichten.

Modernisierung von Kochgeräten

Der Energieverbrauch und die entsprechenden Kosten können durch den Einsatz moderner und energieeffizienter Kochgeräte deutlich gesenkt werden. Abbildung 4 zeigt den Energieverbrauch, den verschiedene Kochherde zum Garen von jeweils 1 kg Reis benötigen.

Kochgerät	relativer Verbrauch	absoluter Verbrauch für das Garen von 1 kg Reis
Induktionsherd	100 %	700 Wh
Halogen-Glaskeramikherd	136 %	952 Wh
Strahlungs-Glaskeramikherd	144 %	1.008 Wh
Gußeisenplatte	155 %	1.085 Wh
Gasherd offene Flamme	182 %	1.274 Wh

Abb. 4: Energiebedarf beim Kochen von Reis (Schweizer Bundesamt für Konjunkturfragen: Energiemanagement; Ravel: Küche und Strom)

Der Gasherd mit offener Flamme verbraucht etwas mehr Energie als ein herkömmlicher Herd mit Gußeisenplatte. Aufgrund des deutlich höheren Strompreises gegenüber dem Gaspreis sind jedoch die Energie- und damit auch die Betriebskosten eines strombetriebenen Herdes etwa viermal so hoch wie die eines Gasherdes.

> Rund drei Viertel geringere Betriebskosten von Gasgeräten im Gegensatz zu veralteten Elektrogeräten.

Beispiel: Ein Gußplattenherd in der Küche einer Gaststätte wurde durch einen Gasherd gleicher Leistung ersetzt. Der Herd ist an 360 Tagen im Jahr für täglich 4 Stunden in Betrieb. Er weist unter Vollast eine max. Leistungsaufnahme von 23,3 kW auf. Da nicht immer alle Platten des Herdes über die gesamte Betriebszeit benutzt werden, ist für die Vergleichsberechnung ein Gleichzeitigkeitsfaktor (hier: 0,25) in Ansatz zu bringen. Der Gasherd weist nach obiger Tabelle einen um 17,4 % (182/155) höheren Energieverbrauch gegenüber dem Gußplattenherd auf. Daraus ergibt sich folgender Vergleich von Energieverbrauch und Betriebskosten:

Elektroherd:
Energieverbrauch   0,25 x 23,3 kW x (360 x 4) h/Jahr = 8.388 kWh/Jahr
Energiekosten   8.388 kWh/Jahr x 25,0 Pf/kWh = 2.097 DM/Jahr
Gasherd:
Energieverbrauch   8.388 kWh/a x 182/155 = 9.849 kWh/Jahr
Energiekosten   9849 kWh/a x 5,5 Pf/kWh = 542 DM/Jahr

Der neue Gasherd kostet rund 7.000 DM (inkl. Gasanschlußkosten). Somit wird folgende Wirtschaftlichkeit erzielt:

- Energiekosteneinsparung   2.097 DM/Jahr – 542 DM/Jahr = **1.555 DM/Jahr**
- Investitionskosten: **7.000 DM**
- Statische Kapitalrückflußzeit: **4,5 Jahre**

Das Beispiel zeigt, daß insbesondere beim Austausch von veralteten Elektrogeräten durch Gasgeräte eine hohe Kostensenkung bei guter Wirtschaftlichkeit erzielt wird. Nachteilig ist allerdings, daß sich durch einen hohen Anteil gasbeheizter Geräte die Wärmelast in der Küche insgesamt erhöht.

Alternativen sind elektrische Kochgeräte mit automatischer Steuerung. Diese stellen sich automatisch ab, wenn das Kochgut vom Herd genommen wird oder schalten sich zu, sobald eine Pfanne auf der Platte steht. Hervorzuheben ist in diesem Zusammenhang die Induktionstechnik. Der größte Vorteil dieser Technik ist, daß durch die Induktion die Wärme direkt im Topfboden erzeugt wird. Die Herdplatten bleiben kalt, die Abstrahlungsverluste verringern sich auf ein Minimum. Der Energieverbrauch eines Induktionsherdes liegt bei nur 65 % gegenüber einer herkömmlichen Gußeisenplatte. Dies wird durch den wesentlich höheren Wirkungsgrad und der sehr viel schnelleren Reaktionszeit erreicht. Nachteilig sind allerdings die hohen Anschaffungskosten eines Induktionsherdes von rund 20.000 DM. Allein aus wirtschaftlichen Erwägungen lohnt sich deshalb ein Austausch häufig nicht. Wird jedoch die Modernisierung eines bereits lange abgeschriebenen Altgerätes notwendig oder eine Küche erstmalig eingerichtet, müssen lediglich die Mehrkosten gegenüber einem konventionellen Herd in die Wirtschaftlichkeitsbetrachtung einbezogen werden.

> Induktionstechnik in der Küche senkt den Stromverbrauch und die Wärmelast erheblich.

Geschirrspülen

Bei den Geschirrspülern ist der Wasserverbrauch der ausschlaggebende Faktor, denn geringer Wasserverbrauch bedeutet niedrigen Energie-, Laugen- und Klarspülverbrauch. Von wesentlicher Bedeutung für die Kosten ist aber auch, zu welchem Zeitpunkt die Spülmaschine betrieben wird. Deutliche Einsparungen beim Spülen können erreicht werden, wenn folgende Punkte beachtet werden:

- Anschluß der Spülmaschine an die Warmwasserleitung. Dadurch können bis zu zwei Drittel der Energiekosten zum Aufheizen des Wassers eingespart werden.
- Eine vollständige Auslastung der Spülmaschine muß gewährleistet sein. Eine nur halb gefüllte Spülmaschine zu betreiben, kommt einer Verdopplung der Spülkosten gleich.
- Die Spülmaschine sollte möglichst nur außerhalb der Spitzenlastzeiten betrieben werden. Empfehlenswert ist der Betrieb während der Niedertarifzeiten. Dies ist technisch realisierbar durch Verriegelung oder Steuerung mittels Zeitschaltuhr.
- Bei der Anschaffung von Neugeräten müssen die Verbrauchswerte für Elektrizität und Wasser verglichen werden. Einsparungen von 40 % bei sparsamen Spülma-

schinen gegenüber Geräten mit hohem Verbrauch sind möglich. Geräte mit interner Wärmerückgewinnung sollten vorgezogen werden.

Lebensmittelkühlung

Die Energiekosten für die Lebensmittelkühlung werden im wesentlichen von der Menge der zu kühlenden Lebensmittel, den eingestellten Kühl- und Tiefkühltemperaturen sowie der eingesetzten Technik bestimmt.

Es empfiehlt sich der Kauf von frischen Lebensmitteln anstatt von Tiefkühlprodukten. Wenn auf diese nicht verzichtet werden kann, sollten sie in wenigen, dicht gefüllten Kühlzellen untergebracht werden.

Unverzichtbare Tiefkühlprodukte in Kühlzellen möglichst dicht packen.

Durch eine gut geplante Arbeitsorganisation kann schon ein bis zwei Tage im voraus festgelegt werden, welche Tiefkühlprodukte benötigt werden. Diese werden zum Auftauen in den Kühlraum gebracht. Hierdurch wird ein langsames und schonendes Auftauen erreicht; die Kühllast und somit der Energiebedarf des Kühlraums reduziert sich.

Gefriergut zum Auftauen in den Kühlraum legen.

Bei einer um 2 °C höheren Kühltemperatur wird der Stromverbrauch um bis zu 15 % reduziert. Nicht alle Lebensmittel müssen auf 0 °C oder +2 °C gekühlt werden. Eier und Molkereiprodukte vertragen durchaus höhere Temperaturen. Tiefkühlschränke sollten auf –18 °C eingestellt werden. Mehr Kälte ist nicht erforderlich, allerdings auch nicht weniger. Für gefrorene Ware genügt eine Lagertemperatur von -20 bis –22 °C.

Ausschöpfen oberer Kühlgrenztemperaturen durch Einsatz genauerer elektronischer Thermostate.

Die rückgewonnene Abwärme aus den Kältekompressoren läßt sich hervorragend zum Beispiel zur Vorerwärmung von Brauchwasser nutzen. Diese Maßnahme hat daneben den Vorteil, daß die Abwärme der Aggregate den Aufstellungsort nicht unnötig erwärmt. Dadurch reduziert sich wiederum die Kühllast von eventuell im gleichen Raum untergebrachten Kühleinrichtungen.

Die Abwärme der Kältekompressoren zur Warmwasseraufbereitung nutzen.

Sonstige Küchenverbraucher

Kaffeemaschine, Warmwasserboiler und Wärmeschränke, aber auch Beleuchtung, Heizung und Lüftung sollten erst dann eingeschaltet werden, wenn Bedarf besteht. Nach der Nutzung sind sie abzuschalten, um Stand-by-Verluste zu minimieren. Insbesondere nachts und an Ruhetagen sollten alle Geräte abgeschaltet werden.

Geräte grundsätzlich nur bei Bedarf einschalten.

Durch die Senkung der Warmwassertemperatur in Boilern können Energieeinsparungen von über 30 % erzielt werden. Gleichzeitig reduziert sich der Leistungsbedarf, da der Boiler mit verminderter Leistung (kleine Stufe) betrieben werden kann und/oder sich die Aufheizzeit (Ladezeit) verkürzt.

Wassertemperatur bei elektrischen Warmwasserboilern senken.

Wärmeschränke weisen eine elektrische Leistungsaufnahme von 2 kW pro Schrank oder mehr auf. Ähnliche Werte erreichen Tellerwärmer. Die oftmals nicht oder ungenügend wärmegedämmten Warmhalteeinrichtungen verursachen hohe Stromkosten und tragen erheblich zu der Wärmelast in der Küche bei. Es sollte daher unbedingt auf eine gute Wärmeisolierung der Geräte geachtet werden. Die wirtschaftlichste Dämmstoffdicke liegt bei 4 cm. Eine nachträgliche und fachgerechte Dämmung ist jedoch technisch bedingt nur in den seltensten Fällen möglich. Bei der Kaufentscheidung für Neugeräte sollte der Dämmung daher besondere Beachtung geschenkt werden.

Wärmeschränke und Tellerwärmer sollten ausreichend gegen Wärmeverluste isoliert sein.

2.4 Wäscherei

In den Wäschereien werden im Durchschnitt 15 % der Energie konsumiert, was dem viertgrößten Energieverbrauch im Gastronomiebereich entspricht. Für den Hotelier stellt sich die Frage, ob im eigenen Haus oder in einer Zentralwäscherei gewaschen werden soll. Betriebswirtschaftliche Überlegungen hinsichtlich Personal, Ausrüstung, anfallende Wäschemenge und der Wäscheverschleiß beim Waschen sind hier ausschlaggebend. Laut Herstellerangaben lassen sich mit einem modernen Gerätepark bei der Frotteewäsche Einsparungen von 50 % gegenüber dem derzeitigen Aufwand für die Pflege außer Haus erzielen. Das bedeutet Kostensenkung bei erfahrungsgemäß höherem Qualitätsstandard durch Eigenwäscherei. Der Selbstkostenpreis für die hauseigene Pflege von einer Garnitur Frotteewäsche (zwei Handtücher, ein Duschlaken und ein Vorleger = ca. 1 kg Trockenwäsche) liegt unter Berücksichtigung der gegenwärtigen Energie-, Wasser- und Waschmittelpreise im Schnitt bei etwa 0,70 DM. Für die externe Pflege muß, je nach Region und Qualitätsanspruch, etwa 1,40 DM aufgewendet werden (Hotel & Technik, 4/1998). Gut durchorganisierte Wäschereien in Hotels können also durchaus mit Zentralwäschereien konkurrieren. Voraussetzung ist allerdings eine möglichst effektive Nutzung von Energie, Wasser und Waschmittel.

> Selberwaschen heißt häufig Kosten senken.

Ansatzpunkte für Energieeinsparung und Kostensenkung in der hauseigenen Wäscherei ergeben sich in folgenden Bereichen:

Wäschemenge

Der Gast benötigt nicht unbedingt eine komplette frische Garnitur Frotteewäsche und Bettwäsche pro Übernachtung. Oftmals werden zum Beispiel Handtücher in die Wäsche gegeben, die nahezu unbenutzt sind. Der Gast sollte mitbestimmen, wie oft seine Bett- und Frotteewäsche gewechselt werden soll. Hierzu genügt ein Hinweisschild im Badezimmer, auf dem der Gast unter Verweis auf den „umweltorientierten Betrieb" auf den variablen Wäschewechsel hingewiesen wird.

Beispiel: In einem Hotel mit 330 Öffnungstagen und einer durchschnittlichen Belegung von 61 Betten pro Öffnungstag wurde der flexible Wäschewechsel eingeführt. 70 % der Gäste beteiligten sich am flexiblen Wäschewechsel. Die Wäsche dieser Gäste wurde nur jeden dritten Tag statt vorher täglich gewechselt. Bei durchschnittlich 4 Aufenthaltstagen pro Gast ergibt das einen zweimaligen Wäschewechsel gegenüber einem viermaligen vorher. Pro Jahr konnte dadurch die Anzahl des Wäschewechsels um 7.046 (= 0,7 x 61 x 330 x 0,5) gesenkt werden. Die Waschkosten betrugen unter günstigen Bedingungen und ohne Berücksichtigung von Lohnkosten rund 0,70 DM/kg. Allein für die Frotteegarnitur (1 kg Trockenwäsche) ergab sich mindestens folgende Einsparung:

> Reduzieren der Wäschemenge durch flexibel gestalteten Wäschewechsel ist sehr wirtschaftlich.

- Waschkosteneinsparung 7.046 x 1 kg x 0,70 DM/kg = **4.932 DM/Jahr**
- Investitionskosten für Hinweisschilder für alle Zimmer: **70 DM**
- Statische Kapitalrückflußzeit: **0,014 Jahre**

Waschen

Je höher die gewählte Temperatur, und je weniger die Maschine gefüllt ist, desto höher sind die Wäschekosten pro kg Trockengewicht. Waschmaschinen sollten daher immer nur voll befüllt betrieben werden. Bett- und Tischwäsche genügt auch dann noch den hygienischen Anforderungen, wenn sie nur bei 60 °C anstelle von 95 °C gewaschen wird. Dadurch lassen sich die Stromkosten fast halbieren. Ein weiterer Vorteil liegt in der geringeren Verkalkung des Heizstabes. In den meisten Fällen kann auch auf den Vorwaschgang verzichtet werden. Dies spart bis zu 25 % Wasser, Energie und Waschmittel.

> Erwärmung der Waschlauge verschlingt die meiste Energie; soweit möglich mit 60°C anstelle 90°C waschen und auf Vorwaschgänge verzichten.

Moderne Waschmaschinen verfügen über Waschprogramme, deren Startvorwahlzeit 24 Stunden beträgt. Dadurch wird ein flexibler Einsatz der Geräte möglich. Sie können dann beispielsweise auch nachts arbeiten. Bei älteren Geräten kann der Einsatz über vorgeschaltete Zeitschaltuhren gesteuert werden.

> Wäschereimaschinen sollten vorzugsweise in den Niedertarifzeiten betrieben werden.

In den meisten Fällen wird durch die Heizzentrale des Hotels Wasser mit 60 °C bereitgestellt. Warmwasserzapfstellen sind in den Waschräumen in der Regel vorhanden. Durch Anschluß der Waschmaschine an das Warmwassernetz, kann - je nach gewählter Waschtemperatur und Warmwassertemperatur - bis zu 100 % des Stroms zum Aufheizen der Waschlauge in der Maschine eingespart werden. Gewerbewaschmaschinen verfügen meist über zwei Anschlüsse für Warm- und Kaltwasser; bei älteren Geräten kann ein Vorschaltgerät (Mischer) angeschlossen werden. Pro Waschgang (30 l / 60 °C) können dann rund 1,75 kWh elektrische Energie eingespart werden.

> Waschmaschine an Warmwasser anschließen.

Durch Fortschritte in der Gerätetechnik haben Waschmaschinen des Jahres 1991 einen um ca. 25 % geringeren Strom- und Wasserverbrauch als Geräte von 1971, bzw. einen um 12 % geringeren Verbrauch als Geräte von 1981 (DEHOGA: So führen Sie...). Die stetige Verbrauchsreduzierung von Neugeräten setzt sich bis heute fort. Allein aus der Modernisierung veralteter Geräte resultiert schon eine erhebliche Energiekostensenkung. Allerdings muß beim Neukauf besonders auf niedrige Verbrauchswerte geachtet werden, denn die Strom- und Wasserverbrauchswerte von Neugeräten differieren um bis zu 30 % bei sonst gleichem Bedienkomfort und gleichen Leistungsmerkmalen.

Beispiel: Die 20 Jahre alte Gewerbewaschmaschine in einer Hotelwäscherei wird durch ein besonders sparsames Neugerät (Füllgewicht 10 kg, Trommelinhalt 100 l) ersetzt. Die Wäscheleistung beträgt rund 4 Waschgänge à 10 kg pro Tag an 260 Arbeitstagen im Jahr. Es ergibt sich folgender Vergleich der Betriebskosten:

Altes Gerät:
Stromkosten: 0,35 kWh/kg x 10.400 kg/a x 26 Pf/kWh = 946 DM/Jahr
Wasserkosten: 30,0 l/kg x 10.400 kg/a x 6 DM/m³ = 1.872 DM/Jahr
Waschmittel: 1,50 kg /m³ Wasser x 312 m³ x 4 DM/kg = 1.872 DM/Jahr
Betriebskosten: 4.690 DM/Jahr

Neugerät:
Stromkosten: 0,20 kWh/kg x 10.400 kg/a x 26 Pf/kWh = 541 DM/Jahr
Wasserkosten: 10,0 l/kg x 10.400 kg/a x 6 DM/m³ = 624 DM/Jahr
Waschmittel: 1,50 kg /m³ Wasser x 104 m³ x 4 DM/kg = 624 DM/Jahr
Betriebskosten: 1.789 DM/Jahr

Das Neugerät kostet rund 12.000 DM. Somit wird folgende Wirtschaftlichkeit erzielt:
- Energiekosteneinsparung 4.690 DM/Jahr - 1.789 DM/Jahr = **2.901 DM/Jahr**
- Investitionskosten: **12.000 DM**
- Statische Kapitalrückflußzeit: **4,1 Jahre**

Bei Neugeräten auf niedrige Verbrauchswerte für Wasser und Strom achten.

Trocknen

Gewerbewaschmaschinen werden mit Schleuderdrehzahlen ab etwa 500 U/min (normaltourig) bis 1.500 U/min (hochtourig) angeboten. Die üblichen Schleuderdrehzahlen gängiger Gewerbemaschinen liegen bei rund 1.100 bis 1.200 U/min. Damit wird eine Restfeuchtigkeit der Wäsche von etwa 50 % erreicht. Je höher die Schleuderdrehzahl, desto geringer ist die Restfeuchte der Wäsche. Entsprechend verkürzen sich die Trockenzeiten und damit der Energieverbrauch der Wäschetrockner. Wenn beispielsweise die Wäsche anstatt mit 800 U/min mit 1.200 U/min geschleudert wird, können rund 30 % der Energie zum Trocknen im Wäschetrockner gespart werden.

Abbildung 5 bestätigt die Faustregel: Je schneller die Wäsche getrocknet wird, desto größer ist auch der spezifische Energieverbrauch.

Je höher die Schleuderdrehzahlen, desto geringer der Energieaufwand beim Trocknen.

Trocknungssystem	Energieverbrauch/kg Trockenwäsche
Lufttrocknen; Raumluftentfeuchter mit Zeit- und Feuchtesteuerung	0,3 bis 0,45 kWh/kg
Abluft- oder Kondensationstrockner	0,6 bis 0,8 kWh/kg
Trockenschränke	etwa 0,9 kWh/kg

Abb. 5: Energieverbräuche unterschiedlicher Trocknungssyteme

Wenn möglich, sollte die Wäsche luftgetrocknet werden. In den Trockenräumen sollte der Raumluftentfeuchter nur mit geschlossenem Fenster betrieben werden. Bei der Anschaffung von Neugeräten sollte die Umstellung auf Geräte mit Erdgasheizung geprüft werden. Dadurch ist je nach Strom- und Gastarif eine Energiekostensenkung um bis zu 70 bis 80 % möglich.

Bügeln

Es werden ca. 0,4 bis 0,5 kWh/kg beim Mangeln und Bügeln benötigt. Der Stromverbrauch ist jedoch stark unterschiedlich je nach Fabrikat und Restfeuchte der Wäsche. Das technische Einsparpotential ist hier noch nicht ausgereizt. Bei einer eventuell anstehenden Neuanschaffung sollte die Umstellung auf eine gasbeheizte Mangel geprüft werden.

2.5 Gästezimmer

Der Energieverbrauch in den Hotelzimmern wird zwar ursächlich vom Verhalten der Gäste beeinflußt, jedoch kann der Hotelier über die technische Ausstattung der Zimmer entscheidenden Einfluß auf die Energiekosten nehmen. Nachfolgend werden die für Gästezimmer typischen und wesentlichen Verbraucher aufgeführt und Möglichkeiten zur Energieersparnis aufgezeigt.

Fernsehgeräte

Wenn das Fernsehgerät nur an der Fernbedienung, anstatt am Geräteschalter selbst ausgeschaltet wird, bleibt es im Bereitschaftszustand (Stand-by) und heizt mit durchschnittlich 10 bis 15 W die Bildröhre vor. Im Stand-by-Modus kann das Gerät fast ebensoviel Strom verbrauchen, wie in den Betriebszeiten, mitunter zusätzlich 100 kWh pro Jahr. Es empfiehlt sich deshalb eine Kennzeichnung am Gerät, auf der der Gast höflich gebeten wird, das Fernsehgerät bei Nichtgebrauch am Netzschalter auszuschalten. Zusätzlich sollte das Zimmerpersonal angewiesen werden, bei der Zimmerreinigung die Fernsehgeräte zu checken und gegebenenfalls abzuschalten.

Minibars

In vielen Hotelzimmern ist eine Minibar zur Bereitstellung von kühlen Getränken für den Gast installiert. Die kleinen Kühlschränke gehören mit zu den größten Stromverbrauchern im Hotel. So beansprucht eine konventionelle Minibar pro Jahr rund 400 bis 450 kWh Strom, unabhängig davon, ob das Hotelzimmer belegt ist oder nicht. Bei der Anschaffung dieser Geräte spielt der Energieverbrauch meistens nur eine untergeordnete Rolle. Neben der Betriebssicherheit, dem Wartungsaufwand und dem Design der Minibar ist vor allem das Betriebsgeräusch ein entscheidendes Auswahlkriterium. Dies führt dazu, daß überwiegend das Absorptionssystem eingesetzt wird, das zwar sehr leise läuft, aber deutlich mehr Strom benötigt als eine Kompressorkälteerzeugung.

Jährliche Einsparungen von ca. 30 DM pro Kompressorkühlschrank gegenüber einem Absorberkühlschrank sind realistisch. Der Lärmpegel eines Kompressorkühlschranks liegt allerdings derzeit meist bei 36 dB. Die Grenzgeräusche in Hotelzimmern sollten aber unter 30 dB liegen. Es gibt bereits Hotels, die Minibars mit geräuscharmer Kompressortechnik einsetzen. Eine Unterbringung der Minibars mit Kompressortechnik im Vorzimmer würde darüber hinaus das Problem der Geräuschbelästigung reduzieren.

Der Energieaufwand für die permanente Kühlung der Getränke ist unverhältnismäßig hoch. Das Abschalten der Kühlung bei unbenutzten Zimmern oder wenn der Gast keinen Bedarf anmeldet, könnte erhebliche Einsparungen bringen. Dies wäre technisch steuerbar über die Rezeption.

Wichtig ist, daß die Dichtungen an den Türen regelmäßig überprüft werden, um den beachtlichen Mehrverbrauch durch in der Praxis häufig anzutreffende undichte Türen zu vermeiden.

In Einzelfällen, zum Beispiel in kleineren Beherbergungsbetrieben oder Hotel garni, hat sich die Abschaffung der Minibars in einigen oder allen Zimmern bewährt. Statt dessen wird pro Etage ein etwas größeres Gerät im Flur aufgestellt.

Marginalien:

- Minibars mit Kompressortechnik verbrauchen ca. ein Sechstel weniger Energie als Absorber-Geräte.
- Minibars nur einschalten, wenn auch ein Bedarf angemeldet wird.
- Eine regelmäßige Wartung der Minibars ist unabdingbar.
- Ein Verzicht auf Minibars sollte im Einzelfall erwogen werden.

Bäder und Naßzellen

Wesentliche Stromverbraucher in den Naßzellen der Hotelzimmer sind die Abluftventilatoren. Diese können vielfach manuell vom Gast ein- und ausgeschaltet werden, häufiger sind sie jedoch an den Lichtschalter gekoppelt und schalten sich zeitversetzt ein und nach einer Nachlaufzeit wieder aus. Oftmals wird die Fortluftanlage allerdings auch im Dauerbetrieb gefahren.

Beim Einsatz automatischer Fortluftventile wird nur dann Luft abgesaugt, wenn die entsprechenden Räume auch benutzt werden, sowie etwa 5 Minuten danach. In der übrigen Zeit saugt der ständig laufende Dachventilator nur eine ganz geringe Luftmenge ab. Die Automatik kann zum Beispiel über den Lichtschalter betätigt werden. Die Fortluft-Energiekosten können dadurch um 75 % reduziert werden. Pro Bad oder WC können dadurch die Stromkosten des Ventilators und Heizkosten für die Erwärmung der Frischluft um über 100 DM/Jahr gesenkt werden.

> Automatische Fortluftventile einsetzen, anstatt einer konventionellen Fortluftanlage, die ständig Luft absaugt; Energiekosteneinsparungen von über 100 DM/Jahr pro Bad und WC erreichbar.

2.6 Schwimmbäder

Viele Hotels der gehobenen Klasse verfügen über Hallenschwimmbäder. Da diese Bäder sowohl bei der Sanitärausstattung und Gerätetechnik, als auch bezüglich der Nutzungszeiten und Besucherzahlen äußerst unterschiedlich sind, können verläßliche Verbrauchskennwerte nicht genannt werden. In Schwimmbädern gibt es bedeutende Einsparmöglichkeiten, sowohl durch organisatorische als auch durch technische Maßnahmen. Einige Möglichkeiten zur Energiekostensenkung sollen nachfolgend stichwortartig genannt werden:

- Verringerung der Verdunstungsverluste durch Erhöhung der Raumluftfeuchte, soweit bauphysikalisch zulässig und Abdecken des Schwimmbecken außerhalb der Nutzungszeiten.
- Wärmerückgewinnung aus Abluft, Beckenablauf-, Dusch- und Filterrückspülwasser.
- Mehrstufige Lüftungsventilatoren für den bedarfsspezifischen Einsatz.
- Betriebszeit und Leistungsaufnahme von Umwälz- und Filterpumpen minimieren.
- Wärmedämmung der Gebäudehülle und Warmwasserleitungen.

Sinnvoll ist eine separate Energiemessung (Strom und Brennstoff). Zusätzlich sollte ein Wasserzähler installiert werden. Die Verbrauchswerte sollten laufend kontrolliert werden.

3 Literatur

DEHOGA (Deutscher Hotel- und Gaststättenverband e.V.): So führen Sie einen umweltfreundlichen Betrieb, Bonn

Hotel & Technik. Fachzeitschrift für Hoteliers, Planer und Architekten, Ausgabe 4/1998

Ravel: Küche und Strom. EDMZ 724.322 d/7

Ravel-Handbuch: Strom rationell nutzen. vdf-Verlag der Fachvereine ETHZ, Schweiz

Schweizer Bundesamt für Konjunkturfragen: Energiemanagement in der Hotellerie. Impulsprogramm Ravel

Hans-Dieter Schnörr
Lebensmittel-Einzelhandel

In Betrieben des Lebensmittel-Einzelhandels wird elektrische Energie vor allem in den Verbrauchssektoren Beleuchtung, Kühlung und Heizung/Lüftung benötigt. In allen Verbrauchssektoren bestehen Einsparpotentiale. Am Beispiel eines Lebensmittelmarktes mit einer Verkaufsfläche von 1.000 m² wird aufgezeigt, daß mit Hilfe von Maßnahmen, deren Kapitalrückflußzeit maximal zehn Jahre beträgt, der Energieverbrauch um 40 % reduziert werden kann. Die jährlichen Kosten für elektrische Energie betragen 0,5 bis 2,5 % des Umsatzes eines Lebensmittelmarktes. Berücksichtigt man die vergleichsweise geringen Gewinnspannen im Lebensmitteleinzelhandel, so wird deutlich, daß die rationelle Energieverwendung einen erheblichen Beitrag zur Gewinnsteigerung liefern kann.

1 Verbrauchsentwicklung, Verbrauchssektoren und Energiekennzahlen

Während der Energieverbrauch für Raumheizzwecke durch den verbesserten Gebäudewärmeschutz und die rationellere Heizungs- und Klimatechnik in den letzten 15 Jahren rückläufig ist, hält sich der Verbrauch an elektrischer Energie im gleichen Zeitraum anhaltend auf etwa konstantem Niveau (laut DHI Köln bei etwa 300 kWh pro m² Verkaufsfläche und Jahr). Elektrische Energie wird im Lebensmittel-Einzelhandel in folgenden Bereichen benötigt:

- Beleuchtung
- Kühlung
- Heizung/Lüftung
- Sonstige Anwendungen

Der Verbrauchssektor Beleuchtung umfaßt den Verbrauch für die Allgemeinbeleuchtung, die Akzentbeleuchtung und die Lichtwerbung an der Außenwand, also für sämtliche Beleuchtungsanlagen. Der Anteil dieses Sektors am Gesamtverbrauch liegt bei 20 bis 30 %.

Der Verbrauchssektor Kühlung beinhaltet den Verbrauch von elektrischer Energie zum Betrieb der Kälteanlagen und zur Versorgung der zusätzlichen Verbraucher in den Kühlmöbeln (zum Beispiel Ventilatoren und Abtauheizungen). Der Anteil liegt bei 45 bis 70 %.

Dem Verbrauchssektor Heizung/Lüftung sind die Heizungsanlage (zum Beispiel Gebläsebrenner und Umwälzpumpen) und die raumlufttechnischen Anlagen (RLT-Anlagen, zum Beispiel Ventilatoren und Lufterhitzer) zugeordnet. In der Regel sind bei Lebensmittelmärkten mit einer Verkaufsfläche von mehr als 500 m² RLT-Anlagen vorhanden. Der Anteil dieses Verbrauchssektors am Gesamtverbrauch der elektrischen Energie beträgt 15 bis 40 %.

Der Verbrauchssektor Sonstige Anwendungen umfaßt zum Beispiel den Verbrauch für die Fleischbearbeitung, die Backwarenherstellung, den Backwarenverkauf sowie die Kassen, Waagen und Aufzüge. Der Anteil dieses Sektors liegt zwischen 5 und 15 %.

Abbildung 1 zeigt die Aufteilung des Gesamtverbrauchs auf diese Sektoren für einen typischen kleineren Lebensmittelmarkt. Märkte mit einer Verkaufsfläche von mehr als 500 m² sind in der Regel mit RLT-Anlagen ausgerüstet. Damit steigt der Verbrauch des Sektors Heizung/Lüftung deutlich an, so daß sich die Verbrauchsanteile verschieben (Abbildung 2).

Um den Verbrauch eines Betriebs bewerten zu können, ist es sinnvoll, ihn auf eine Bezugsgröße zu beziehen. Hier bietet sich die Verkaufsfläche an. Der auf diese Weise

Erheblicher Einfluß der RLT-Anlagen auf den Energieverbrauch.

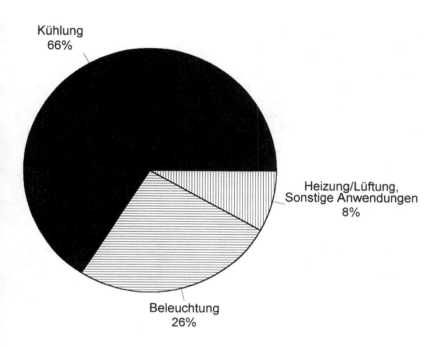

Abb. 1: Anteile des Verbrauchs einzelner Sektoren am Gesamtverbrauch eines typischen Lebensmnittelmarktes mit einer Verkaufsfläche von bis zu 500 m^2

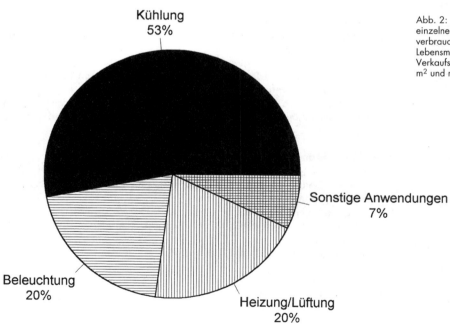

Abb. 2: Anteile des Verbrauches einzelner Sektoren am Gesamtverbrauch eines typischen Lebensmittelmarktes mit einer Verkaufsfläche von mehr als 500 m^2 und raumlufttechnischer Anlage

Bildung von Energiekennzahlen zur Abschätzung des Einsparpotentials.

ermittelte spezifische Verbrauch (Energiekennzahl elektrische Energie) liegt überwiegend zwischen 300 kWh und 500 kWh pro m² Verkaufsfläche und Jahr. Der höhere Wert gilt für Lebensmittelmärkte mit Verkaufsflächen bis zu 500 m². Größere Märkte weisen eher niedrigere Werte auf, da in der Regel die installierte Leistung je Flächeneinheit geringer ist. Sind RLT-Anlagen vorhanden, so liegt der Verbrauch an elektrischer Energie um etwa 20 % höher. Dieser Mehrverbrauch wird verursacht durch Ventilatoren zur Luftförderung sowie gegebenenfalls Kältemaschinen oder elektrische Lufterhitzer. Bei einem relativ hohen spezifischen Verbrauch ist ein entsprechendes Einsparpotential an elektrischer Energie zu erwarten.

2 Technische und organisatorische Maßnahmen zur Energieeinsparung

Im folgenden werden zunächst solche Maßnahmen zur Energieeinsparung betrachtet, die bei der Neueinrichtung eines Lebensmittelmarktes generell wirtschaftlich sind und realisiert werden sollten.

2.1 Beleuchtung

Die Beleuchtungsanlage in Lebensmittelmärkten dient zum einen der Bereitstellung einer Grundbeleuchtung und der Präsentation der Produkte (Decken-, Regal- und Kühlmöbelbeleuchtung). Zum anderen muß sie die Arbeitsplatzsicherheit an den Kassenarbeitsplätzen und den Arbeitsbereichen hinter den Bedientheken, Neben- und Lagerräumen gewährleisten. Je nach Beleuchtungszweck werden unterschiedliche Lampen- und Leuchtenarten eingesetzt. Im folgenden werden konkrete Möglichkeiten zur Energieeinsparung in Lebensmittelmärkten stichwortartig behandelt.

Deckenbeleuchtung

Übliche Beleuchtungssysteme:
- Leuchtstofflampen mit konventionellem Vorschaltgerät (KVG) oder verlustarmem Vorschaltgerät (VVG).

Maßnahmen zur Energieeinsparung:
- Einsatz von Dreibanden-Leuchtstofflampen mit elektronischen Vorschaltgeräten (EVG) (Einsparpotential mindestens 25 %)
- heller Raumanstrich (dadurch wird der Reflektionsgrad der Raumwände erhöht)
- separate Schaltmöglichkeit für Teilbereiche (zum Beispiel für Reinigung, Warenauffüllung).

Akzentbeleuchtung

Übliche Beleuchtungssysteme:
- Niedervolt-Halogenglühlampen, Glühlampen und Metallhalogen-Hochdruckdampflampen.

Maßnahmen zur Energieeinsparung:
- Ersatz von Glühlampen durch Kompaktleuchtstofflampen (auch als Reflektorlampe erhältlich)
- möglichst geringe Anzahl von Niedervolt-Halogenglühlampen.

Regalbeleuchtung

Übliche Beleuchtungssysteme:
- kleinere Leuchtstofflampen mit einer Leistung von 18 W oder 36 W und KVG oder VVG.

Maßnahmen zur Energieeinsparung:
- Verzicht auf die Lampen, da die Deckenbeleuchtung in der Regel die notwendige Helligkeit erbringt.

Kühlmöbelbeleuchtung
Übliche Beleuchtungssysteme:
- Leuchtstofflampen mit einer Leistung von 18 W, 36 W und 58 W sowie KVG oder VVG.

Maßnahmen zur Energieeinsparung:
- Verlegen der Lampen in den Bereich außerhalb des Luftschleiers, um eine unnötige Erwärmung im Kühlmöbel zu vermeiden (nachträglich meist nicht durchführbar).

Lichtwerbung
Übliche Beleuchtungssysteme:
- Leuchtstofflampen mit KVG oder VVG in Werbeleuchten oder Strahler mit Halogen-Glühlampen für die Anstrahlung des Firmen-Schriftzuges.

Maßnahmen zur Energieeinsparung:
- Einbau eines Dämmerungsschalters
- Einbau einer Zeitschaltuhr
- Einsatz von Strahlern mit Metallhalogen-Hochdruckdampflampen.

> Reduzierung des Verbrauchs für die Beleuchtung vor allem durch Einsatz von Lampen mit höherer Lichtausbeute und bedarfsgerechten Betrieb.

2.2 Kälteanlagen und Kühlmöbel

Die Kälteanlage in einem Lebensmittelmarkt dient der Kälteerzeugung für:
- Verkaufskühlmöbel
- Kühlräume und
- Klimakälte.

Bei Verkaufskühlmöbeln und den zugehörigen Kälteanlagen wird entsprechend der Lagertemperaturen unterschieden zwischen Pluskühlung (> 0 °C) und Minuskühlung (< 0 °C). In der Regel befinden sich die Kälteaggregate in einem Neben- oder Kellerraum. Ein Abluftventilator fördert die Maschinenwärme aus dem Kältemaschinenraum ins Freie. Maßnahmen zur Energieeinsparung können zum einen an der Kälteanlage, zum anderen an den Verkaufskühlmöbeln oder Kühlräumen ansetzen.

Verbundkälteanlagen
Verbundkälteanlagen versorgen durch parallel geschaltete Kältemaschinen über einen gemeinsamen Kältemittelkreislauf sämtliche Kühlstellen des jeweiligen Temperaturbereichs. Das Einsparpotential im Vergleich zur Lösung mit Einzelkältemaschinen beträgt 20 bis 40 %.

> Große Energieeinsparung durch Verbundkälteanlagen.

Wärmerückgewinnung
Die anfallende Abwärme der Kältemaschinen kann genutzt werden zur:
- Warmwasserbereitung
- Luftheizung
- Raumheizung.

Die Wirtschaftlichkeit dieser Maßnahmen muß im Einzelfall errechnet werden. Die Wärmerückgewinnung für Raumheizzwecke ist nur selten wirtschaftlich.

Einbau einer fehlenden Maschinenraumbelüftung
Der Einbau eines raumtemperaturgeregelten Abluftventilators im Kältemaschinenraum verringert die durchschnittliche Raumtemperatur bzw. die Kondensationstemperatur und erhöht damit die Leistungszahl der Kältemaschinen.

Regelmäßige Wartung des luftgekühlten Verflüssigers
Durch regelmäßige Reinigung des Verflüssigers erhöht sich die mittlere Leistungszahl.

Maßnahmen zur Energieeinsparung bei Kühlmöbeln und Kühlräumen

Im folgenden werden Maßnahmen zur Energieeinsparung stichwortartig aufgeführt. Soweit möglich, wird auch das Einsparpotential angegeben:

- Auswahl des Kühlmöbels nach dem Gesichtspunkt des Energieverbrauchs: Einsparpotential an elektrischer Energie: 20 bis 60 %.
- Einsatz von Nachtabdeckungen und Rollos: Einsparpotential 25 %.
- Einsatz transparenter, permanenter Abdeckungen auf Tiefkühlinseln: Einsparpotential 40 bis 50 %.
- Taupunktregelung der Rahmen-, Scheiben- und Handlaufheizungen: Einsparpotential 10 bis 20 %.
- Bedarfsabtauung der Verdampfer: Einsparpotential: 5 bis 10 %.
- Heiß- und Kaltgasabtauung der Verdampfer statt elektrische Abtauheizung: Einsparpotential 5 bis 10 %.
- Wahl des richtigen Aufstellungsortes (nicht in der Nähe von Raumheizkörpern oder im Bereich starker Sonneneinstrahlung).

Erhebliche Verbrauchsreduzierung durch Abdeckung von Tiefkühlinseln.

2.3 Raumlufttechnik

Bei der Sanierung von raumlufttechnischen Anlagen sollte geprüft werden, ob folgende Maßnahmen realisiert werden können:

Austausch der elektrischen Lufterhitzer gegen warmwasserbeheizte Lufterhitzer

Häufig wird durch diese Maßnahme die Installation einer Heizzentrale erforderlich. Der Heizkessel kann in einem stillgelegten Lagerraum Platz finden. Die Lufterhitzer werden mit der Heizzentrale über Rohrleitungen verbunden.

Die Primärenergieeinsparung dieser Maßnahme beträgt bis zu 60 %. Die erforderlichen Investitionen amortisieren sich in Abhängigkeit von den Energiepreisen und den örtlichen Gegebenheiten nach 7 bis 10 Jahren.

Einsatz von Wärmerückgewinnungssystemen

Durch den Einsatz geeigneter Wärmeaustauscher kann die in der Abluft enthaltene Wärme die Zuluft zu den Verkaufsräumen vorwärmen. Der Heizenergiebedarf kann bis zu 50 % gesenkt werden.

Optimierung des Regelkonzepts der RLT-Anlage

Häufig läßt sich diese Optimierung ohne zusätzliche Umbauten und Investitionen durch einfaches Verstellen von Sollwerten und Einmessen der Anlage durchführen:

- Optimaler Sollwert der Raumlufttemperatur: 18 bis 19 °C in der Heizperiode; im Sommer darf bei Anlagen mit Kühlung die Temperatur bis zu 2 °C über der Außentemperatur liegen.
- Optimaler Außenluftwechsel: 20 m³ pro Stunde und Person sind nach DIN 1946 Teil 2 völlig ausreichend.

Energieeinsparung durch richtige Einstellung der RLT-Anlage.

Regelung der RLT-Anlage nach der Raumluftqualität

Ein Sensor im Verkaufsraum mißt während der Öffnungszeiten die CO_2-Konzentration. Diese Größe kann als Kenngröße für die Anzahl der Menschen gelten, die sich im Verkaufsraum aufhalten. Die in Abhängigkeit von der schwankenden Anzahl der Personen ebenfalls schwankende Konzentration wird als Regelgröße für den Volumenstrom der Außenluftzufuhr genutzt. Hierzu müssen die elektrische Antriebe der Ventilatoren in Stufen oder stufenlos regelbar sein. Bei bisher einstufigen Antrieben kann eine Regelung durch Ein-/Ausschaltung oder durch Installation eines Frequenzumformers erreicht werden.

Das Einsparpotential an elektrischer Energie liegt bei 50 bis 70 % mit Amortisationszeiten von meist unter zwei Jahren.

Lebensmittel-Einzelhandel

Der Bedarf an elektrischer Energie für den Betrieb sonstiger Verbrauchseinrichtungen wie
- Obstwaagen
- Aufschnittmaschinen
- Fleisch-, Aufschnitt- und Käsewaagen
- Förderbändern
- Strichcodelesegeräten
- elektrische Warmwasserbereiter

liegt bei etwa 5 % des Gesamtverbrauchs. Verfügt der Lebensmittelmarkt über eine Frischfleischabteilung, so steigt der Anteil am Gesamtverbrauch der elektrischen Energie durch
- Fleischwolf
- Knochensäge und
- erhöhtem Warmwasserbedarf

geringfügig an. Das Einsparpotential an elektrischer Energie im Bereich dieser Verbrauchseinrichtungen ist als eher gering einzuschätzen. Die verschiedenen Geräte werden in der Regel nur sehr kurzzeitig eingesetzt. Die Geräte, die während der Öffnungszeiten im Dauerbetrieb laufen (zum Beispiel Waagen und Kassen), haben sehr geringe Anschlußwerte. Somit ergeben sich hier keine generellen Ansatzpunkte zur Energieeinsparung. Es sollte jedoch bei Neuanschaffungen darauf geachtet werden, daß energiesparenden Geräten (zum Beispiel mit niedrigen Anschlußwerten und/oder automatischer Abschaltung nach einstellbarer Zeit der Nichtnutzung) der Vorzug gegeben wird.

2.4 Sonstige Verbrauchseinrichtungen

> Relativ geringes Einsparpotential bei sonstigen Verbrauchseinrichtungen.

Nur eine regelmäßige Kontrolle der Verbrauchswerte und Kosten (Energiecontrolling) zeigt durch einen Vergleich mit Zahlen vergangener Abrechnungszeiträume und anderer vergleichbarer Betriebe, wie gut der eigene Energieverbrauch ist bzw. sich in der Vergangenheit entwickelt hat. Häufig werden einmal erzielte Einsparerfolge teilweise oder sogar ganz durch schleichende Verschlechterungen wieder aufgehoben, ohne daß dies vom Betriebsinhaber bemerkt wird. Es wird daher empfohlen, laufend Verbrauchs- und Kostenkennzahlen zu bilden.

Bei kleinen Betrieben reicht zunächst die regelmäßige Notierung der Werte in einer Handtabelle. Bei großen Betrieben ist eine getrennte Erfassung der Werte für die einzelnen Bereiche des Betriebs sinnvoll.

Mit Hilfe geeigneter Datenerfassungs- und Datenauswertesysteme läßt sich die Erhebung und Interpretation der Meßwerte auch automatisieren. Damit können die Meßintervalle verkürzt werden, und die Aussagekraft der Ergebnisse nimmt zu.

2.5 Verbrauchs- und Kostenkontrolle

> Sicherung von Einsparerfolgen durch Energiecontrolling.

Im folgenden wird beispielhaft aufgezeigt, durch welche Maßnahmen aus einem Standardunternehmen ein energetischer Musterbetrieb wird. Der betrachtete Lebensmittelmarkt besitzt folgende Basisdaten:
- Verkaufsraum 1000 m²
- Nebenräume 300 m²
- jährlicher Verbrauch an elektrischer Energie 420.000 kWh/a
- Energiekennzahl elektrische Energie 420 kWh/(m²a).

Nachfolgend sind Ist- und Soll-Zustand sowie der jeweils resultierende Verbrauch an elektrischer Energie tabellarisch zusammengestellt:

3 Fallbeispiel

Verbrauchssektor Kühlung	
Standardbetrieb	**Musterbetrieb**

Kälteerzeugung:
• Einzelkälteaggregate
  (Leistungskennzahl Kälte 35 W/m²)
	Kälteerzeugung:
	• Verbundkälteanlagen für Pluskühlung und
	  Minuskühlung (Leistungskennzahl Kälte 21 W/m²)

Kälteverbraucher: • Kühlregale ohne Nachtabdeckung • Bedientheken • Kühlräume • Tiefkühltruhen ohne Nachtabdeckung • Tiefkühlräume	Kälteverbraucher: • Kühlregale (NA, TR, ABVENT) • Bedientheken (TR, ABVENT) • Kühlräume • Tiefkühltruhen (NA, TR, ABVENT, BABT) • Tiefkühlräume (BABT)
jährlicher Verbrauch: Kälteerzeugung 204.000 kWh/a elektr. Zusatzverbraucher 41.000 kWh/a **Summe Kühlung** 245.000 kWh/a	jährlicher Verbrauch: Kälteerzeugung 121.000 kWh/a elektr. Zusatzverbraucher 23.000 kWh/a **Summe Kühlung** 144.000 kWh/a

Abkürzung der Stromsparmaßnahmen
NA   : Nachtabdeckung
TR   : Taupunktregelung der Dauerheizungen
ABVENT : abgesenkte Ventilatordrehzahl außerhalb der Ladenöffnungszeiten
BABT   : Bedarfsabtauung

Verbrauchssektor Beleuchtung	
Standardbetrieb	**Musterbetrieb**

installierte Beleuchtungsleistung:
Leistungskennzahl Beleuchtung: 35 W/m²
• Verkaufsraumbeleuchtung:
  75 % der Beleuchtungsleistung
• Nebenraum- und Außenbeleuchtung:
  25 % der Beleuchtungsleistung
	installierte Beleuchtungsleistung:
	Leistungskennzahl Beleuchtung: 20 W/m²
	• Verkaufsraumbeleuchtung:
	  72 % der Beleuchtungsleistung
	• Nebenraum- und Außenbeleuchtung:
	  28 % der Beleuchtungsleistung

installierte Lampentypen:
gemischte Regal- und Deckenbeleuchtung
• Standard-LL mit VVG:
  für 95 % der Beleuchtungsanlage
	installierte Lampentypen:
	Umstellung auf Mittelgangbeleuchtung
	• 3-Banden-LL mit EVG:
	  für 95 % der Beleuchtunganlage

jährliche Betriebszeiten: • Verkaufsraumbeleuchtung: 3.400 h/a • Nebenraum- und Außenbeleuchtung: 3.000 h/a	jährliche Betriebszeiten: • Verkaufsraumbeleuchtung: 450 h/a* bzw. 2.950 h/a** • Nebenraum- und Außenbeleuchtung: 2.850h/a***
jährlicher Verbrauch: Verkaufsraumbeleuchtung 76.500 kWh/a Nebenraum- und Außenbeleuchtung 22.500 kWh/a **Summe Beleuchtung** 99.000 kWh/a	jährlicher Verbrauch: Verkaufsraumbeleuchtung 45.000 kWh/a Nebenraum- und Außenbeleuchtung 16.000 kWh/a **Summe Beleuchtung** 61.000 kWh/a

*   an eineinhalb Stunden pro Tag ein Drittel der Beleuchtungsleistung
**   restliche Arbeitszeit volle Beleuchtungsleistung
***   aufgrund einer Zeitschaltuhr mit Dämmerungsschalter

Wirtschaftliches Einsparpotential von 40 % für einen Standardbetrieb.

Durch die vollständige Umsetzung aller vorgeschlagenen Maßnahmen in den Verbrauchssektoren Kühlung, Beleuchtung und Heizung/Lüftung ergibt sich eine Einsparung an elektrischer Energie von 40 %. Berücksichtigt wurden nur Maßnahmen mit einer maximalen statischen Kaptialrückflußzeit von 10 Jahren, so daß sich das gesamte Maßnahmenpaket in weniger als zehn Jahren amortisiert.

Lebensmittel-Einzelhandel

Verbrauchssektor Heizung / Lüftung	
Standardbetrieb	**Musterbetrieb**
installierte elektrische Verbraucher • Zuluftventilatoren mit zwei Leistungsstufen • Klimakälteaggregat • Umwälzpumpen und Heizkesselgebläse der Heizungsanlage **Raumluft-Soll-Temperaturen und Luftwechsel:** • Heizen < 18 °C; Kühlen > 26 °C • vierfacher Luftwechsel während der Arbeitszeiten plus täglich drei Stunden • kein Luftwechsel in den anderen Zeiten	installierte elektrische Verbraucher • Zuluftventilatoren mit zwei Leistungsstufen • Klimakälteaggregat • Umwälzpumpen und Heizkesselgebläse der Heizungsanlage **Raumluft-Soll-Temperaturen und Luftwechsel:** • Heizen < 18 °C; Kühlen > 26 °C • vierfacher Luftwechsel während der Arbeitszeiten plus täglich drei Stunden, aber nur bei zu hohem CO_2-Gehalt oder zu tiefer bzw. hoher Raumlufttemperatur • kein Luftwechsel in den anderen Zeiten
jährlicher Verbrauch: Zuluftventilatoren 41.000 kWh/a Klimakälteaggregat 2.000 kWh/a Umwälzpumpen, Gebläse 4.000 kWh/a **Summe Heizung/RLT 47.000 kWh/a**	jährlicher Verbrauch: Zuluftventilatoren 12.500 kWh/a Klimakälteaggregat 2.000 kWh/a Umwälzpumpen, Gebläse 4.000 kWh/a **Summe Heizung/RLT 18.500 kWh/a**

Bei dem betrachteten Lebensmittelmarkt handelt es sich hinsichtlich der technischen Ausstattung um ein durchschnittliches Unternehmen. Das Einsparpotential an elektrischer Energie kann von Betrieb zu Betrieb erheblich differieren. So liegt es bei Lebensmittelmärkten, die ihre Lüftungsanlagen mit elektrischen Lufterhitzern betreiben, wesentlich höher.

Nachfolgend werden die wesentlichen Maßnahmen zur Energieeinsparung im Lebensmitteleinzelhandel in Form einer Liste zusammenfassend dargestellt. Die Angaben zu den Investitionskosten und den Kapitalrückflußzeiten sind als Orientierungswerte zu verstehen und für den Einzelfall durch eine sorgfältige Planung und Angebotseinholung zu überprüfen.

4 Übersicht über die wichtigsten Maßnahmen

Verbrauchssektor Beleuchtung		
Maßnahme	Investitionskosten	Kapitalrückflußzeit in Jahren
Einsatz von **Leuchtstofflampen** mit hoher Lichtausbeute (3-Banden-LL) bei der Neuplanung von Beleuchtungsanlagen	keine Mehrinvestitionen notwendig	sofort
Austausch der alten Vorschaltgeräte gegen elektronische Vorschaltgeräte bei bestehenden Beleuchtungsanlagen	ca. 95 DM pro Leuchtstofflampe	4 bis 10
Separate Schaltmöglichkeit für Teilbereiche der Verkaufsraumbeleuchtung	vom Einzelfall abhängig	keine Angabe
Umstellung von Regalbeleuchtung auf Mittelgangbeleuchtung	vom Einzelfall abhängig	keine Angabe
Austausch der Glühlampen gegen Kompaktleuchtstofflampen	ca. 20 bis 40 DM pro Lampe	2
Steuerung der Lichtwerbung über Zeitschaltuhr und Dämmerungsschalter	vom Einzelfall abhängig	keine Angabe

Verbrauchssektor Kühlung (Kälteanlage)		
Maßnahme	Investitionskosten	Kapitalrückflußzeit in Jahren
Verbundkälteanlage statt Einzelkompressoren (Pluskühlung und Minuskühlung)	vom Einzelfall abhängig	1 bis 2* 8 bis 10**
Wärmerückgewinnung aus der Kälteanlage zur Warmwasserbereitung	vom Einzelfall abhängig	keine Angabe
Wärmerückgewinnung aus der Kälteanlage zur Raumheizung	vom Einzelfall abhängig	keine Angabe
Einbau einer fehlenden Maschinenraumentlüftung	bis zu 1000 DM pro Entlüftung	1 bis 2

* Kapitalrückflußzeit bei Neuinstallation (nur die Mehrkosten werden betrachtet)
** Kapitalrückflußzeit bei Sanierung

Verbrauchssektor Kühlung (Verkaufskühlmöbel und Kühlräume)		
Maßnahme	Investitionskosten	Kapitalrückflußzeit in Jahren
Installation fehlender Nachtabdeckungen bei Kühlregalen und Tiefkühlinseln	ca. 240 DM pro lfm Kühlmöbel	1 bis 2
Bedarfsabtauung der Kühlmöbelverdampfer	keine Angabe	1 bis 2
Heiß-/Kaltgasabtauung der Kühlmöbelverdampfer	keine Angabe	sicher innerhalb der Lebensdauer
Taupunktregelung der Rahmen-, Scheiben- u. Handlaufheizungen	keine Angabe	sicher innerhalb der Lebensdauer
Wahl des energetisch günstigsten Verkaufskühlmöbels bei der Neubeschaffung	geringe Mehrkosten	sofort
Plastik-Streifenvorhänge bei den Eingängen von Tiefkühlräumen	geringe Kosten	keine Angabe (nutzerabhängig)

Verbrauchssektor Heizung und raumlufttechnische Anlagen		
Maßnahme	Investitionskosten	Kapitalrückflußzeit in Jahren
Einbau einer Heizungsanlage zur Substitution der Stromheizung (z. B. der elektr. Lufterhitzer)	75 bis 200 DM/m² Verkaufsfläche	5 bis 10*
Optimierung des Regelungskonzepts bei den RLT-Anlagen • optimale Temperatur • optimaler Luftwechsel • optimale Umluft • Wärmerückgewinnung.	• vom Einzelfall abhängig	• in der Regel sehr kurz

* stark abhängig vom Energiepreis sowie von der Verkaufsfläche

Jörg Ackermann, Eckard Köppel

Schulen

Ein Drittel des Stromverbrauchs in Schulen läßt sich durch betriebswirtschaftlich sinnvolle technische Maßnahmen einsparen. Gemäß des Endberichts der Enquetekommission beträgt das technische Einsparpotential für die Bereiche Elektrogeräte bzw. Kleinverbrauch sogar 30 bis 70 % (Enquetekommission 1990).
Besonders lukrative Bereiche für die Stromeinsparung in Schulen sind die Beleuchtung und Lüftungsanlagen. Eine hohe Rentabilität läßt sich durch die Verknüpfung von Stromsparmaßnahmen mit Sanierungsmaßnahmen erzielen. Bei solchen Verknüpfungen sind durchschnittlich etwa zwei Drittel der Kosten der Sanierung und rund ein Drittel den eigentlichen Energiesparmaßnahmen zuzuordnen (Hessisches Ministerium für Umwelt und Energie 1995).
Seit Anfang der 90er Jahre wird versucht, das Einsparpotential durch nutzerorientierte Maßnahmen zu erschließen. Die Erfolge sind beachtlich: So wurde in Schulen der Stadt Hamburg durchschnittlich 7 % an elektrischer Energie (und 4 % Leistung) eingespart, ohne daß in nennenswertem Umfang Investitionsmittel eingesetzt werden mußten (Freie und Hansestadt Hamburg 1996).
Die Umsetzung von Energiespar-Maßnahmen an Schulen wird am Beispiel des Georg-Büchner-Gymnasiums in Kaarst dargestellt. Der Gesamtelektrizitätsbedarf betrug rund 329 MWh/a. Der auf die Nutzfläche von ca. 8.350 m² bezogene Kennwert vor der Sanierung betrug rund 39 kWh/m²*a. Durch die Sanierung im Rahmen eines Contractingverfahrens der DeTe Immobilien wurde ein Zielwert von 23 kWh/m²*a angestrebt, entsprechend einem Jahreselektrizitätsbedarf von rund 191 MWh/a.

| Hohes Einsparpotential in Schulen.

| Verknüpfung von Sanierungen und Energiesparmaßnahmen.

| Gebäudenutzer sind zu motivieren.

| Contracting bietet Umsetzungsmöglichkeit; Beispiel: Georg-Büchner-Gymnasium Kaarst.

1 Typische Strombilanzen von Schulen

Strom wird in Schulen für die unterschiedlichsten Anwendungszwecke eingesetzt. Eine Aufteilung des Stromverbrauchs auf die Verbrauchsgruppen ist abhängig von der Ausstattung der Schulen mit Elektrogeräten zum Beispiel dem Vorhandensein einer Lüftungsanlage, elektrischen Warmwasserbereitung, Befeuchtung oder Kälteanlage. Eine erste Orientierung hierzu gibt Abbildung 1 (GERTEC GmbH 1998).

Eine zentrale Bedeutung kommt der Beleuchtung zu. Neben der Ausstattung mit sparsamen Leuchten und Lampen und einer angemessenen Schaltungsmöglichkeit bzw. Lichtsteuerung, ist für den Energieverbrauch ein energiebewußtes Verhalten besonders wichtig. Der Anteil der Beleuchtung am Stromverbrauch wird auch von der Gebäudehülle (Fensterflächenanteil, innenliegende Flure) und dem Stundenplan (Abendnutzung) bestimmt.

| Beleuchtung in der Regel wichtigster Verbrauchssektor.

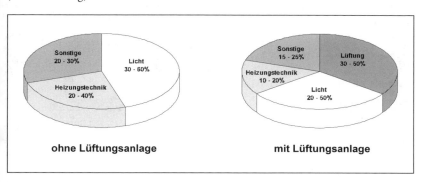

Abb. 1: Aufteilung des Stromverbrauchs in Schulen nach Anwendungszwecken

| Pumpen haben wegen langer Betriebszeiten ebenfalls bedeutenden Verbrauch. Vorhandene Lüftungsanlagen können maßgeblich den Gesamtverbrauch bestimmen.

Wesentliche Stromverbraucher im Bereich der Heizungstechnik sind aufgrund ihrer langen Betriebszeit vor allem Heizungs- und Warmwasserpumpen. Die größten Einsparungen sind in der Regel durch Pumpenaustausch und eine Änderung der Regelung möglich.

Über eine Lüftungsanlage verfügt nur ein Teil der Schulen. Wo eine solche zentrale Anlage und nicht nur einzelne kleine Lüfter (zum Beispiel für WC) vorhanden sind, bestimmt sie jedoch maßgeblich den Gesamtverbrauch.

Hinter den sonstigen Verbrauchern verbergen sich eine große Zahl unterschiedlicher Geräte: Bürogeräte wie PC oder Kopierer, Getränkeautomaten, Kaffeemaschinen, Warmwasserboiler, Kühlschränke, Werkzeugmaschinen etc.

Wegen „kürzerer" Tage im Winter und damit höherem Beleuchtungsbedarf sowie wegen des Stromverbrauchs der Heizung (Pumpen, Brenner) ist beim Strom ein Jahresgang im Verbrauch festzustellen. Etwa 60 % des Verbrauchs entfallen in der Regel auf das Winterhalbjahr.

2 Energiekennwerte für den Stromverbrauch

| Energiekennwerte auf Bruttogeschoßfläche bezogen; Umrechnungsfaktoren für andere Flächenangaben in VDI-Richtlinie 3807.

Das Verfahren zur Bildung von Energiekennwerten für den Stromverbrauch ist in der VDI-Richtlinie 3807 festgelegt: Der Stromverbrauch wird auf die Bruttogeschoßfläche des Gebäudes umgelegt. Häufig werden aber gerade für Schulen Hauptnutzflächen bzw. Nutzflächen nach DIN 277 angegeben. Damit die auf die Bruttogeschoßfläche bezogenen Energiekennwerte ermittelt werden können, enthält die VDI 3807 dafür entsprechende Umrechnungsfaktoren. Für Gymnasien beträgt beispielsweise der Anteil der Nutzfläche an der Bruttogeschoßfläche 54 %. Hochgerechnet auf die Elektrizitätskennwerte des Georg-Büchner-Gymnasiums bedeutet dies einen Elektrizitätskennwert von 39 kWh/m²*a × 0,54 = 21 kWh/m²*a vor der Sanierung und entsprechend 12 kWh/m²*a nach der Sanierung.

| Richtwerte sind zu prüfen.

In Blatt 2 der VDI-Richtlinie 3807 sind Mittelwerte (Modalwert) und Richtwerte unterteilt nach Gebäudetypen aufgeführt. Der Mittelwert für Schulen beträgt 7 kWh/m²a – der Richtwert 4 kWh/m²a. Nach Auffassung der Verfasser sind die Werte der VDI-Richtlinie 3807 nur eingeschränkt repräsentativ – viele Werte erscheinen zu niedrig. Der niedrigste abgesicherte Verbrauchswert, der dem Verfasser vorliegt, beträgt 4 kWh/m²a (Antonius Grundschule Georgsmarienhütte, Stadt Georgsmarienhütte 1996). Ein Vergleich mit der Schweizer Norm SIA 380/4 „Elektrizität im Hochbau" (hier werden 1996 für bestehende Gebäude Zielwerte von 11 kWh/m²a für Grundschulen und 35 kWh/m²a für Weiterführende Schulen vorgegeben) unterstreicht die geringe Höhe der in der VDI-Richtlinie 3807 aufgeführten Verbräuche.

In der der VDI 3807 zugrunde liegende Studie „Verbrauchskennwerte 1996" werden die Kennwerte ebenfalls auf die verschiedenen Schultypen aufgeschlüsselt. Nicht plausibel erscheint dabei, daß der Mittelwert der Gymnasien nur etwa halb so groß ist, wie der der Hauptschulen und Gesamtschulen. Eine Übersicht über die dort ermittelten Mittelwerte und Richtwerte für den spezifischen Stromverbrauch in Schulen zeigt die Abbildung 2.

Abb. 2: Stromverbrauchskennwerte unterschiedlicher Schultypen (Verbrauchskennwerte 1996)

Schultyp	Stromverbrauchskennwerte	
	Mittelwert [kWh/m²a]	Richtwert [kWh/m²a]
Grundschulen	9	4
Hauptschulen	16	4
Realschulen	11	5
Gesamtschulen	17	7
Gymnasien	9	6

Im Vergleich hierzu zeigt Abbildung 3 zum Beispiel die spezifischen Stromverbräuche von Schulen und Sporthallen im Märkischen Kreis (GERTEC GmbH 1994). Der Mittelwert der Grundschulen beträgt 11 kWh/m²a, der der Weiterführenden Schulen 14 kWh/m²a und der der Sporthallen 27 kWh/m²a. Diese Zahlen sind repräsentativ für die Ergebnisse, die von den Verfassern in mehr als 100 kommunalen Energiekonzepten erarbeitet wurden.

> Mittelwerte: Grundschulen 11 kWh/m²a;
> Weiterführende Schulen 14 kWh/m²a;
> Sporthallen 27 kWh/m²a.

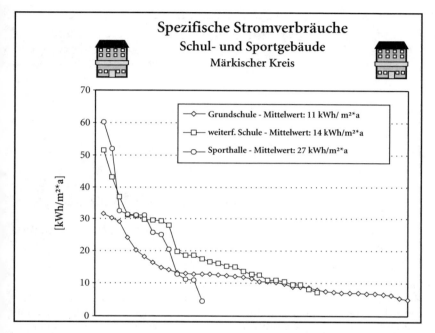

Abb. 3: Spezifische Stromverbräuche für Schul- und Sportgebäude im Märkischen Kreis

Ungeachtet der jeweiligen individuellen Rahmenbedingungen finden sich in Schulen typische Einsparpotentiale zur Reduzierung des Stromverbrauchs, die im folgenden dargestellt werden. Zur Bewertung der Wirtschaftlichkeit wird bei investiven Maßnahmen das Kriterium Kapitalrückflußzeit (Investitionen dividiert durch jährliche Einsparung) herangezogen. Erheblichen Einfluß auf den Stromverbrauch hat ebenfalls das Nutzerverhalten, welches abschließend veranschaulicht wird.

3 Typische Einsparpotentiale im Stromverbrauch

Die Beleuchtung ist in den meisten Schulen der bedeutendste Verbrauchssektor. Durch die erzielten Verbesserungen von Leuchten, Leuchtmitteln, Vorschaltgeräten und Schaltungen können Beleuchtungsaufgaben heute wesentlich effizienter gelöst werden. Das Einsparpotential durch den Ersatz von Glühlampen durch Kompaktleuchtstofflampen weist eine allgemein bekannte, hohe Wirtschaftlichkeit auf und wird in Schulen in der Regel Zug um Zug erschlossen. Bei einigen Beleuchtungsanlagen ergeben sich Sanierungsnotwendigkeiten aufgrund des Einsatzes PCB-haltiger Kondensatoren. Schließlich sind Beleuchtungsanlagen wie andere technische Anlagen zum Beispiel aufgrund unnötiger Sicherheitszuschläge oder sogar fehlerhafter Berechnungen meist überdimensioniert worden.

3.1 Beleuchtung

> Hohes Einsparpotential durch verbesserte Beleuchtungstechnik und Abbau von Überdimensionierungen.

Schulklassen sind in der Vergangenheit in der Regel mit 2-flammigen Leuchten (2 x 58 W bzw. 65 W) mit konventionellen Vorschaltgeräten (Verlustleistung 2 x 13 W) ausgestattet worden. Die Systemleistung der Leuchte beträgt damit 142 W bzw. 156 W. In vielen Fällen kann eine solche Altanlage durch eine Neuanlage mit einflammigen Spiegelraster- oder Prismenwannenleuchten und elektronischen Vorschaltgeräten

Über 60 % Einsparung bei Klassenbeleuchtung möglich.

(Systemleistung 55 W) ersetzt werden (siehe Abbildung 4). Leistung und Arbeit werden durch einen solchen Ersatz um mehr als 60 % reduziert. Bei Leuchtenkosten von 175,- DM pro Leuchte, einer Brenndauer von 900 Stunden pro Jahr und einem Durchschnittsstrompreis von 25 Pfennig pro Kilowattstunde ergibt sich eine Kapitalrückflußzeit von neun Jahren. Abbildung 4 zeigt die Wirtschaftlichkeitsbetrachtung dieser Maßnahme für einen typischen Klassenraum mit neun Leuchten.

Abb. 4: Wirtschaftlichkeit bei Erneuerung der Klassenraumbeleuchtung (ohne Dimmung über Regel-EVG)

	Altanlage Einbaurasterleuchte	**Neuanlage** Spiegelrasterleuchte
Leuchten		
Lampen	2 x 58 W 2 x 4.000 lm (Standardweiß)	1 x 50 W 5.200 lm (Dreibandenleuchtstoff)
Vorschaltgerät	2 x 13 W KVG	2 x 5 W EVG
Stromverbrauch (Brenndauer 900 h/a)	1.150 kWh/a	446 kWh/a
Kapitalrückflußzeit		1.575 DM / 176 DM/a = **9**

Einsparungen von 73 % bei Dimmung über Regel-EVG möglich.

Im Georg-Bücher-Gymnasium wurden in einigen Klassenräumen die zweiflammigen Rasterleuchten mit konventionellen Vorschaltgeräten gegen einflammige Spiegelrasterleuchten mit regelbaren elektronischen Vorschaltgeräten sowie eingebauten Lichtsensoren ersetzt und mit hocheffizienten Dreibanden-Leuchtstofflampen ausgestattet. Im gedimmten Betrieb geht die Leistung auf unter 10 % der ursprünglichen Leistung zurück. Messungen ergaben eine Gesamteinsparung der elektrischen Arbeit von 73 %. Der Mehrpreis für das regelbare elektronische Vorschaltgerät und den Lichtsensor betrug ca. 40,- DM/Leuchte, der sich in der Lebensdauer der Anlagenteile amortisiert.

Wenn Nennbeleuchtungsstärke eingehalten wird: Zwei alte Leuchtstofflampen gegen eine hocheffiziente Leuchtstofflampe mit hohem Lichtstrom austauschen.

In einigen Fällen, in denen eine starke Überdimensionierung der Beleuchtungsanlage besteht, läßt sich bei zweiflammigen Leuchten durch Austausch der beiden alten Leuchtstofflampen gegen eine hocheffiziente Leuchtstofflampe mit höherem Lichtstrom bei Einhaltung der erforderlichen Beleuchtungsstärke die elektrische Leistung halbieren. Dann läßt sich die Einsparung durch einen simplen Austausch der Leuchtmittel realisieren. Die Wirtschaftlichkeit der Maßnahmen ist also sehr von der jeweiligen Ausgangssituation abhängig.

Einsparungen in Sporthallen durch Beleuchtungssteuerung bzw. Schaltung verschiedener Beleuchtungsfelder.

Abhängig von der betriebenen Sportart und Trainings- oder Wettkampfbetrieb liegen die erforderlichen Beleuchtungsstärken in Sporthallen zwischen 200 und 600 lux. Häufig fehlen jedoch Schaltungsmöglichkeiten, Steuerungsanlagen bzw. eine gezielte Information und Motivation der Nutzer.

In Sporthallen Einsparung über 80 % durch neue Leuchten und Lichtsteueranlage möglich.

In der Sporthalle des Georg-Büchner-Gymnasiums in Kaarst wurden 2.000 Vollaststunden für die Beleuchtungsanlage ermittelt. Unter diesen Umständen sinkt die Kapitalrückflußzeit für eine Lichtsteueranlage auf unter sieben Jahre. In Kaarst wurden Quecksilberdampflampen durch Leuchtstofflampen ersetzt. Die Anlage wurde zusätzlich mit Bewegungsmeldern und mehrstufigen Sensoren ausgestattet. Der Stromverbrauch wurde um 82 % gesenkt. Auch der Einsatz von Zeitschaltuhren hat sich in vielen Städten innerhalb weniger Jahre amortisiert.

In großen Schulbauten der 70er Jahre sind auch weite Bereiche der Schulen mechanisch belüftet worden. Bisweilen werden selbst Abstellräume ohne Feuchtigkeitsquellen 24 Stunden am Tag belüftet. Die mechanische Belüftung sollte aus ökonomischen Gründen auf Räume mit Geruchs- und Feuchtigkeitsemissionen bzw. außerordentlichem Frischluftbedarf beschränkt werden.

Lüftungsanlagen von Sporthallen gehören zu den elektrischen Großverbrauchern im Schulbereich. Durch den Einsatz von Frequenzumrichtern können Antriebsverluste vermieden und Motoren stufenlos geregelt werden. Durch CO_2- oder Luftqualitätsfühler kann der (Frischluft-)Volumenstrom an den tatsächlichen hygienischen Bedarf angepaßt werden. Darüber hinaus verbessern aerodynamisch optimierte Laufräder die Effizienz der Luftförderung.

Die Sporthalle des Georg-Büchner-Gymnasiums verfügte über eine einstufige Lüftungsanlage mit einem Nennvolumenstrom von 17.600 Kubikmeter pro Stunde. Die elektrische Antriebsleistung von Zu- und Abluftventilator summiert sich auf 28 kW. Aus einer Betriebsdauer von 3.500 Stunden resultierte ein Energieverbrauch von 98 MWh pro Jahr. Um die Volumenströme den unterschiedlichen Erfordernissen bei der jeweiligen Nutzung (Training/Wettkampf) anzupassen, baute man für den Zu- und Abluftventilator jeweils einen Frequenzumrichter ein. Zusätzlich wurden die Oberlichter in das Lüftungskonzept eingebunden. Der Energieverbrauch reduzierte sich nach diesen Maßnahmen auf 30 MWh pro Jahr, dies entspricht einer Einsparung von 68 MWh pro Jahr bzw. 69 %. Für die entsprechende Steuer- und Regeltechnik ist mit Kosten in Höhe von etwa 30.000,- DM zu rechnen. Ausgehend von einem Durchschnittsstrompreis von 25 Pfennig pro Kilowattstunde ergibt sich eine Kapitalrückflußzeit von vier Jahren.

Bei allen Lüftungsanlagen ist aus wirtschaftlichen und hygienischen Gründen auf eine angemessene Filterwartung zu achten.

3.2 Lüftungsanlagen

Zunächst Notwendigkeit einer Lüftungsanlage prüfen.

Fast 70 % Stromeinsparung bei einer Sporthallenlüftungsanlage durch Lüftungsregelung mit Frequenzumrichter und Einbindung der Oberlichter in das Lüftungskonzept.

Lüftungsanlagenfilter regelmäßig warten.

3.3 Pumpen und Geräte

Aufgrund der langen Betriebszeiten weisen die Heizungsumwälzpumpen trotz geringer Anschlußleistungen einen wesentlichen Anteil (14 bis 40 %) des Energieverbrauchs von Schulen auf. Da hydraulische Berechnungen aufwendig sind und häufig nach der Devise „Viel hilft viel" dimensioniert wurde, bergen Heizungsumwälzpumpen ein erhebliches Einsparpotential. Desweiteren sind die Kosten für die Pumpenregelung drastisch gesunken. Auch infolgedessen ist eine verbesserte Regelung von Pumpen in Heizkreisen mit veränderlichem Widerstand in der Heizungsanlagenverordnung zwingend vorgeschrieben worden. In Zukunft sind weitere Einsparungen durch verbesserte Förderleistungen bei gleicher Leistungsaufnahme zu erwarten.

Im Georg-Büchner-Gymnasium wurden die ungeregelten Heizungspumpen in vier Heizkreisen gegen drehzahlgeregelte Pumpen ausgetauscht, die zeit- und anforderungsabhängig betrieben werden. Dadurch werden 10 MWh pro Jahr eingespart. Die Einsparung macht etwa ein Drittel des vorher für die Heizungsumwälzpumpe benötigten Stromes aus.

Die Wirtschaftlichkeit eines Ersatzes von ungeregelten durch proportional geregelte Heizungsumwälzpumpen am Ende der Lebensdauer der alten Pumpen ist abhängig von der Leistung. Bei einer elektrischen Anschlußleistung von 1.000 W kann eine Kapitalrückflußzeit von derzeit etwa zwei Jahren angesetzt werden. Diese Zeit verlängert sich bei einer Leistung von 500 W auf etwa drei Jahre.

In Schulen ohne Lüftungsanlagen entfallen 20 bis 30 % des Stromverbrauchs auf Elektrogeräte. Zunehmende Bedeutung erhalten hierbei EDV-Anlagen, bei denen erhebliche Energieeinsparpotentiale bei der Auswahl energiesparender Geräte oder dem Abschalten auch in längeren Nutzungspausen erschlossen werden können.

Erhebliche Stromverbrauchs- und damit Betriebskostenunterschiede sind auch bei anderen Elektrogeräten zu verzeichnen. Für den Bereich der Haushaltsgeräte in Schulen wie Kühlschränke oder Waschmaschinen werden die Verbräuche aktueller

Hohe Einsparung bei Heizungsumwälzpumpen durch richtige Dimensionierung und neue Steuerung.

Einsparung von typischerweise 33 % durch Einsatz drehzahlgeregelter Heizungsumwälzpumpen; Amortisationszeit in der Regel unter drei Jahren. EDV-Anlagen und Geräte mit geringem Stand-by anschaffen; Geräte in Pausen möglichst abschalten.

| Haushaltsgeräte der EU-Effizienzklasse A oder B einsetzen. | Geräte anhand von Listen verdeutlicht. Sie werden jeweils im Zusammenhang mit der Domotechnica-Messe mit Unterstützung der Stadt Detmold veröffentlicht (Niedrig-Energie-Institut 1995).

Ins Blickfeld geraten sind in jüngster Zeit die Stand-by-Verluste von Videorecordern, Fernseh- und Faxgeräten. Entsprechende Vorschalt- bzw. Zusatzgeräte zur Reduzierung dieser Verluste wurden kürzlich vorgestellt. Einen aktuellen Überblick über die Verbräuche von Bürogeräten gibt zum Beispiel eine Übersicht des GED-Labels Deutschland (www.impulsprogramm.de/ged).

| Anlagensteuerung und Maximumüberwachung idealerweise durch Gebäudeleittechnik. | In größeren Schulen wird neben dem verbrauchsabhängigen Arbeitspreis ein lastabhängiger Leistungspreis bezahlt. Zur Einsparung von Stromkosten können sogenannte Maximumüberwachungsanlagen eingesetzt werden. In Zeiten außerordentlicher Strom-Nachfrage werden große Verbraucher wie elektrische Warmwasserspeicher oder Brennöfen weggeschaltet oder Lüftungsanlagen in kleinerer Stufe betrieben. Diese Aufgabe kann von einer Gebäudeleittechnik übernommen werden, die auch andere Schalt- und Steuerfunktionen (zum Beispiel Beleuchtungsschaltung, Heizungs- und Lüftungsregelung) übernehmen kann.

3.4 Stromeinsatz für Heizung und Warmwasser

| Sanierung der Nachtspeicherheizungen, die häufig noch asbesthaltig sind, gegen Warmwasserzentralheizung auf Erdgas-, Heizöl- oder Fernwärmebasis. | Aus ökologischen und ökonomischen Gründen sollte Strom nicht zu Heizzwecken eingesetzt werden. Dies gilt insbesondere für Schulen, die noch mit elektrischen Nachtspeicherheizungen ausgestattet sind. Sehr häufig sind in den Nachtspeicherheizungen, die älter als rund 30 Jahre sind, auch noch asbesthaltige Isolierungen zu finden. Das bedeutet, daß bei einer Umrüstung auf eine erdgas-, heizöl- oder fernwärmeversorgte Warmwasser-Heizungsanlage auch gleichzeitig die Gefahr einer Luftkontamination mit Asbeststäuben gebannt wird.

| Elektrische Warmwasserbereiter auf Notwendigkeit prüfen. | Abhängig von den Zapfmengen ist auch eine elektrische Warmwasserbereitung häufig im Nachteil gegenüber einer Warmwasserbereitung durch die Heizungsanlage. Allerdings wird in Schulen in der Regel keine Umrüstung von dezentraler elektrischer Warmwasserbereitung mit 5-Liter-Untertischgeräten oder elektrischen Durchlauferhitzern auf zentrale Warmwasserbereitung über einen von der Heizungsanlage versorgten Warmwasserspeicher vorgenommen. Vielmehr sollten die vorhandenen dezentralen elektrischen Warmwasserbereiter auf ihre Notwendigkeit hin untersucht werden.

Im Zusammenhang mit elektrischen Nachtspeicherheizungen besteht auch häufig noch eine zentrale Warmwasserbereitung mit Elektroheizflanschen an den Warmwasserspeichern. Bei Umrüstung der Heizungsanlage auf Warmwasserbetrieb sollten gleichzeitig neue Warmwasserspeicher an die zentrale Heizungsanlage angeschlossen werden.

4 Verbesserung des Nutzerverhaltens durch Energieprojekte in Schulen

Hausmeister, Lehrer, Schüler und sonstige Nutzer (zum Beispiel Sportvereine) haben einen erheblichen Einfluß auf den Stromverbrauch eines Gebäudes. Durch zahlreiche Energieprojekte in Schulen in der Bundesrepublik, die alle auf den bewußteren Umgang mit Energie abzielen, wird dieses Potential in einer Höhe von 5 bis 15 % seit Anfang der 90er Jahre erfolgreich erschlossen.

Einsparerfolge durch Schulprojekte

Entscheidend für die Motivation ist hierbei, daß ein für die einzelnen Akteure individuell zu definierender (vor allem auch nicht-monetärer) Nutzen erkennbar ist und die Thematik Energie und Umweltschutz mit dem entsprechenden Spaß für alle Beteiligten in der Schule aufgegriffen wird.

Nutzer ändern ihr Verhalten, wenn sie konkrete Angebote zur Verhaltensänderung (zum Beispiel Bedienhinweise im Bereich Beleuchtung) bekommen, wenn positive Auswirkungen einer Verhaltensänderung zurückgemeldet werden (Schule wird über Einsparung informiert), Verhaltensänderungen Vorteile für die Akteure haben (in der Regel fließt ein Anteil der eingesparten Energiekosten an die Schulen zurück) und wenn die Einstellungen und das Wissen positiv verändert werden (zum Beispiel Vermittlung des Zusammenhangs zwischen Energienutzung und Treibhauseffekt).

> Verhaltensänderung durch Verhaltensangebote, Rückkopplung, Vorteile für Nutzer und Bewußtseinsbildung

Wichtig für das Gelingen eines Projektes ist eine breite interne und externe Unterstützung der Schulen. Daher sollte von Anfang an versucht werden, von den SchülerInnen über den Hausmeister bis zum Kämmerer alle Betroffenen in ein solches Projekt einzubinden.

> Einbeziehung aller Beteiligten ist Voraussetzung.

In einem Modellprojekt des Landes Nordrhein-Westfalen konnten Stromeinsparungen von 4 bis 19 % durch verhaltensorientierte Maßnahmen erzielt werden. Anschaulich dargestellt sind Vorgehen und Erfolg von Energieprojekten zum Beispiel in dem Reader „Energieeinsparung durch Veränderung im Nutzerverhalten in nordrhein-westfälischen Schulen" (GERTEC/Wuppertal Institut 1998) oder in der 1996 erschienenen Broschüre „fifty fifty" der Umweltbehörde der Freien Hansestadt Hamburg.

> Stromeinsparung zwischen 4 und 19 % durch verhaltensorientierte Maßnahmen in Schulen in NRW nachgewiesen.

Beispielsweise installierten die Schüler des Georg-Büchner-Gymnasiums im Rahmen einer Projektwoche gemeinsam mit ihren Physiklehrern und den Experten von DeTe Immobilien eine Solaranlage auf dem Dach der Schule, über die der Warmwasserbedarf der Duschen gedeckt wird. Zudem ermöglichen die Solarkollektoren, daß die alte Heizungsanlage außerhalb der Heizperiode ausgeschaltet werden kann. Die direkte Einbindung der Schüler in das Konzept sowie eine Analyse der Energieleistung der Solaranlage im Physikunterricht erhöhte die Akzeptanz der Gymnasiasten für das Projekt und ihr Bewußtsein für einen sparsamen Umgang mit Energie.

5 Fallbeispiel: Energieoptimierung mit Hilfe von Contracting

Das Georg-Büchner-Gymnasium in Kaarst ist auch ein Beispiel für ein erfolgreich umgesetztes Energieeinspar-Contracting-Modell. Für das zweigeschossige Gebäude aus Betonfertigteilen mit insgesamt 60 Klassenräumen und einer Dreifach-Sporthalle wurde ein Konzept erstellt, das die Schule als ein Gesamtsystem erfaßt. Es wurde also nicht nur ein einziges Energiegewerk oder die Gebäudetechnik berücksichtigt, sondern Heizung, Lüftung, Isolierung, Beleuchtung, bauliche Vorgaben und darüber hinaus auch das Verhalten der Nutzer mit einbezogen. Dieses ganzheitliche Konzept wird von DeTe Immobilien – Contractor des Projektes in Kaarst – „System-Contracting" genannt. Das im Georg-Büchner-Gymnasium umgesetzte Projekt ist in dieser Form eines der ersten in NRW. Es gilt als Pilotprojekt für Schulen in Nordrhein-Westfalen und soll bei positivem Verlauf Vorbild für weitere Energieeinsparprojekte an anderen Schulen sein.

> „System-Contracting" am Georg-Büchner-Gymnasium als Pilotprojekt in NRW.

Im Rahmen des Projektes wurden die raumlufttechnische Anlage und die Kesselsteuerung des Gymnasiums optimiert, eine bewegungsgesteuerte Beleuchtungstechnik eingebaut, eine Einzelraumtemperaturregelung zur vollautomatischen Wärmezufuhr in den Klassenräumen eingeführt sowie Wärmedämmaßnahmen in den Fensternischen und an den Rohrleitungen vorgenommen. Ein Konzept, das sich für die Stadt Kaarst auszahlt: Lagen die jährlichen Ausgaben der Stadt für die Strom- und Wärmezufuhr des Georg-Büchner-Gymnasiums zuvor noch bei ca. 200.000 Mark, so reduzierten sie sich nach Umsetzung des Contracting-Projektes auf rund 120.000 Mark. Neben dieser finanziellen Ersparnis bringt das Projekt auch eine deutliche Entlastung der Umwelt mit sich. So wird erwartet, daß sich der CO_2-Ausstoß (Erdgas und Strom) um 253 Tonnen pro Jahr reduziert. Dabei sollten die Gasverbräuche von 1.803 MWh/a auf 1.069 MWh/a (41 %) und die Elektrizitätsverbräuche von 329 MWh/a auf 191 MWh/a (42 %) reduziert werden. Die Energieeinspargarantie durch die DeTe Immobilien betrug 40 Prozent. Liegt die Einsparung über dieser Zusage, wird die Stadt Kaarst zu 50 % an den zusätzlichen Energiekosteneinsparungen beteiligt.

> Hohes Einsparpotential von 40 % durch Contracting erschlossen.

Da die einzelnen Klassenräume nicht immer alle zur gleichen Zeiten genutzt werden, mußte eine Einzelraumregelung gefunden werden. Dies wird durch das von DeTe Immobilien entwickelte und patentierte BuES (Building-and-Energy-Service-System) ermöglicht, bei dem die Vernetzung, Steuerung und Überwachung der gesamten Gebäudetechnik über einen Zentralcomputer in Düsseldorf läuft. Von hier aus wird nicht nur die Kippstellung der Fenster gesteuert, sondern auch die Wärme der Heizung in den einzelnen Räumen je nach Bedarf reguliert. Das System ermöglicht für jeden Klassenraum eine individuelle Wärme- und Stromzufuhr, abgestimmt auf den Stundenplan. Und auch kurzfristige Änderungen der Raumplanung lassen sich berücksichtigen.

6 Literatur

Enquetekommission: Vorsorge zum Schutz der Erdatmosphäre. Bundestagsdrucksache 11/8030, Bonn 1990

Hessisches Ministerium für Umwelt und Energie: Modelluntersuchung zur Stromeinsparung in kommunalen Gebäuden. Wiesbaden 1995

Freie und Hansestadt Hamburg, Umweltbehörde: fifty/fifty. Hamburg 1996

GERTEC GmbH: Leitfaden Energieeinsparungen in unserer Schule. Essen 1998

VDI 3807: Energieverbrauchskennwerte für Gebäude Blatt 1 und Blatt 2. Entwurf

SIA 380/4: Elektrizität im Hochbau. ages, Verbrauchskennwerte 1996, Münster 1996

GERTEC GmbH: Regionales Energiekonzept Mark. Essen 1994

Stadt Georgsmarienhütte: Energiebericht 1996. Georgsmarienhütte 1996

Niedrig-Energie-Institut: Besonders sparsame Haushaltsgeräte 1995. Detmold 1995. Liste 1997 zu finden im Internet unter: http://www.oneworldweb.de/bde

Liste energiesparender Bürogeräte im Internet: www.impulsprogramm.de/ged

GERTEC/Wuppertal Institut: Reader Energieeinsparung durch Veränderung im Nutzerverhalten in nordrhein-westfälischen Schulen. Essen/Wuppertal 1998

BINE. Rationelle Energieverwendung in öffentlichen Gebäuden. Köln 1990

Freie und Hansestadt Hamburg, Umweltbehörde: Leuchtentausch – 2 : 1 fürs Klima. Hamburg 1997

Institut für Pädagogik der Naturwissenschaften: ASKA – Eine Schule spart Energie. Kiel 1991

Hermann-Josef Lohle, Matthias Kreisel

Krankenhäuser

Mit einem jährlichen Stromverbrauch von über 5,4 Mio. MWh stellen die etwa 4.000 Krankenhäuser in der Bundesrepublik Deutschland einen bedeutenden Verbrauchssektor dar. Aufgrund des Alters und der Art der installierten betriebs- und medizintechnischen Anlagen sowie aufgrund ihrer Nutzung weisen in den meisten Fällen ein erhebliches Stromeinsparpotential auf. Bei Untersuchungen wurden Einsparraten von über 30 % ermittelt.

Voraussetzung für eine wirtschaftliche Nutzung der vorhandenen Einsparpotentiale ist eine realistische Bewertung der vorherrschenden internen Strukturen sowie der externen Randbedingungen. Häufig müssen Stromsparmaßnahmen bei anstehenden Investitionsentscheidungen mit Projekten, die eine höhere Außenwirkung versprechen, konkurrieren.

Dieser Beitrag gibt Hinweise, wie sich die Stromverbräuche im Krankenhaus typischerweise aufteilen und wie Einsparpotentiale in den einzelnen Bereichen systematisch erschlossen werden können. Die verschiedenen Möglichkeiten werden anhand von Beispielen erläutert, um dem Leser die Nachvollziehbarkeit zu erleichtern. Besonderes Augenmerk wird auf die Darstellung der Bedeutung eines konzeptionellen Vorgehens gelegt, welches in einem kontinuierlichen Energiemanagement einmünden sollte. Dabei können durch Einführung eines Energiecontrolling die Verbräuche um 10 bis 20 % reduziert werden. Darüber hinaus können in Krankenhäusern beispielsweise Lastmanagementsysteme sowie drehzahlgeregelte Pumpen und Ventilatoren mit Kapitalrückflußzeiten von häufig unter zwei Jahren realisiert werden.

1 Energiekonzept und Energiemanagement im Krankenhaus

Die Größe und Komplexität von Krankenhäusern, die Vielzahl der Verbraucher sowie deren oftmals vorhandene Abhängigkeit untereinander macht ein strategisches Vorgehen bei der Suche nach Einsparpotentialen unumgänglich. Aus diesem Grund sollte ein umfassendes betriebliches Energiekonzept als Einstieg in die Energierationalisierung durchgeführt werden. Da die Krankenhäuser in der Regel nicht über das Personal verfügen, um solch umfassende Konzepte zu erstellen, ist die Unterstützung externer Dienstleister notwendig. Neben Ingenieurbüros sind teilweise auch Energieversorgungsunternehmen (EVU) in diesem Bereich tätig und bieten Krankenhäusern in ihrem Versorgungsgebiet Unterstützung an. Unabhängig vom Durchführenden ist für den Auftraggeber entscheidend, genaue Anforderungen bezüglich Inhalt, Umfang und Kriterien des Energiekonzeptes vorzugeben. Beispielsweise sollte das Konzept fortschreibungsfähig sein, und es sollten Vorgaben zu wirtschaftlichen und ökologischen Kriterien gemacht werden.

In Abbildung 1 sind wichtige Bestandteile eines Energiekonzeptes sowie des hieraus resultierenden Energiemanagements dargestellt.

Die detaillierte Verbrauchserfassung ist die Basis für jedes Energiemanagement. Es gibt erst wenige Häuser, die in der Lage sind, die Energieverbrauchsströme den einzelnen Abnahmestellen und damit auch den entsprechenden Kostenstellen zuzuordnen. Erfahrungen zeigen, daß die Einführung eines Energiecontrolling die Verbräuche um 10 bis 20 % reduziert, zum einen durch die Möglichkeit der Zuordnung der Verbräuche und der damit einhergehenden Sensibilisierung und Motivation des Personals, zum anderen durch das schnellere Auffinden von fehlerhaften Einstellungen und Betriebsweisen.

> Systematisches Vorgehen ist Grundvoraussetzung für erfolgreiches Energiemanagement.

> Am Anfang steht die detaillierte Verbrauchserfassung und -bewertung (Energiecontrolling).

Abb. 1: Ablaufplan für ein Energiemanagement

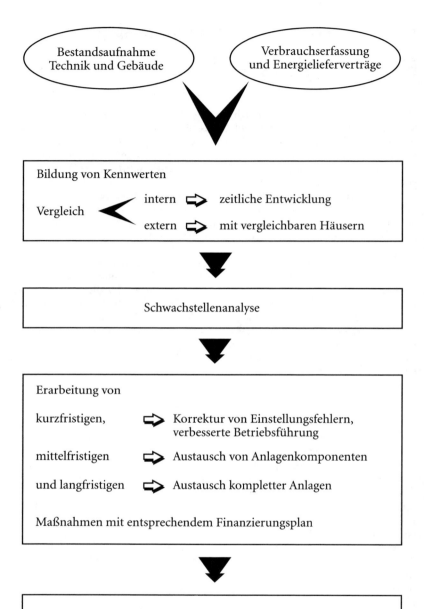

2 Verbrauch und Kosten elektrischer Energie in Krankenhäusern

Durchschnittlich rund 1 Mio. DM Energiekosten pro Jahr und Krankenhaus.

Die durchschnittlichen Energie- und Wasserkosten betragen in den knapp 4.000 Krankenhäusern in Deutschland etwa 1 Mio. DM pro Jahr und Haus, wobei die Bandbreite von einigen Hunderttausend Mark in kleinen Häusern bis hin zu zweistelligen Millionenbereichen in Großkliniken reicht. Dies bedeutet einen Anteil von 8 bis 9 % der Energiekosten an den Sachkosten sowie einen Anteil von etwa 3 % an den Gesamtausgaben eines Krankenhauses.

Im Mittel ist der jährliche Brennstoffbedarf in etwa dreimal so hoch wie der Bedarf an elektrischer Energie. Hier treten jedoch starke Schwankungen zwischen den einzelnen Häusern auf, die zumindest teilweise durch die unterschiedliche technische Ausstattung erklärt werden können. Als Beispiel sei hier angeführt, daß das Verhältnis von Brennstoffbezug zum Bezug an elektrischer Energie davon abhängig ist, ob das Haus eine Küche betreibt bzw. ob diese mit Strom, Dampf oder Gas betrieben wird. Da aber der spezifische Preis für den Strombezug um den Faktor 4 bis 5 über dem Brennstoffpreis liegt, übersteigen die Kosten für die elektrische Energie in der Regel die Brennstoffbezugskosten. Der Durchschnittsstrompreis kann gesenkt werden durch möglichst gleichmäßige Abnahmeverhältnisse sowie einen hohen NT-Anteil im Strombezug. Krankenhäuser bieten in der Regel ein gutes Potential für Lastmanagementsysteme und können so günstige Bezugskonditionen erreichen.

In der folgenden Abbildung 2 ist am Beispiel des Gemeinschaftskrankenhauses Herdecke dargestellt, wie sich der Stromverbrauch auf die einzelnen Bereiche aufteilt. Der Bereich Kälteerzeugung bezieht sich auf die Klimakälteerzeugung; der Stromverbrauch der Küchenkühlräume ist im Verbrauchssektor Küche enthalten.

> Strompreis vier- bis fünfmal so hoch wie Brennstoffpreis, daher Stromkosten in der Regel höher als Brennstoffkosten.

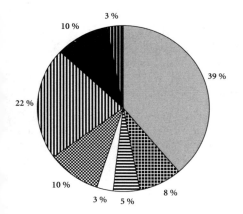

Abb. 2: Aufteilung des Stromverbrauchs auf einzelne Verbrauchsbereiche

Die Situation in dem hier betrachteten Haus läßt sich nicht auf alle Fälle übertragen. Die grundsätzlichen Verhältnisse sind jedoch in den meisten Häusern der hier dargestellten Verbrauchsstruktur sehr ähnlich. Die raumlufttechnischen Anlagen und die Beleuchtung sind in der Regel die Hauptverbraucher elektrischer Energie in Krankenhäusern.

> Raumlufttechnische Anlagen und Beleuchtungsanlagen größte Energieverbraucher im Krankenhaus.

3 Kennwerte für den Verbrauch elektrischer Energie in Krankenhäusern

Energiekennwerte sind ein geeignetes Instrument für eine erste Beurteilung der energetischen Situation in einem Krankenhaus. Zur Bildung der Energiekennwerte werden bei Krankenhäusern in der Regel Verbräuche und Kosten auf die Planbettenzahl bezogen. Zur Plausibilitätskontrolle können zusätzlich auf Flächen oder Berechnungstage bezogene Werte herangezogen werden.

Abbildung 3 zeigt die Verteilung der Stromverbrauchskennwerte der von der Energieagentur NRW beratenen Krankenhäuser. Es wird deutlich, wie groß die Spanne insbesondere im Krankenhausbereich ist. Aus diesem Grund sind Vergleiche verschiedener Häuser auch nur bedingt möglich, das heißt nur dann, wenn die technische Ausstattung und Größe der Häuser in etwa übereinstimmen. Dennoch ermöglichen Energiekennwerte eine erste Abschätzung der Verbrauchssituation, wenn die Randbedingungen berücksichtigt werden. Das bedeutet, es sollten Häuser ähnlicher Ausstattung und Größe ausgewählt werden. Das Vorhandensein oder Fehlen einer Wäscherei oder einer Küche sollte beim Vergleich von Häusern Berücksichtigung finden. Abgesehen vom Vergleich verschiedener Häuser dienen Energiekennwerte insbe-

> Energiekennwerte ermöglichen langfristige Analysen der Verbrauchsentwicklung, der Auswirkungen von Nutzungsänderungen und Energiesparmaßnahmen.

sondere auch dazu, die Verbrauchsentwicklung eines Hauses über Monate und Jahre zu verfolgen, um beispielsweise die Auswirkungen von Energiesparmaßnahmen erkennen zu können.

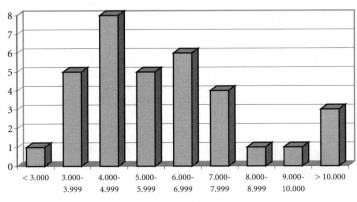

Abb. 3: Stromverbrauchskennwerte der von der Energieagentur NRW beratenen Krankenhäuser

> In der VDI 3807 werden wesentliche Energiekennwerte genannt.

Damit einzelne Werte vergleichbar bleiben und nach gleichen Kriterien berechnet werden, ist die VDI-Richtlinie 3807 erarbeitet worden, die zum einen den Berechnungsmodus für die Kennwerte erklärt, zum anderen Werte für die unterschiedlichsten Gebäude bereithält. In Abbildung 4 sind die Stromverbrauchskennwerte für Krankenhäuser zusammengefaßt.

Art / Größe des Hauses	Richtwert	Mittelwert
Grundversorgung (bis 250 Betten)	2.600	4.650
Regelversorgung (251 bis 450 Betten)	3.550	5.350
Zentralversorgung (451 bis 650 Betten)	3.900	5.450
Zentralversorgung (651 bis 1000 Betten)	3.200	7.600
Maximalversorgung (über 1000 Betten)	3.950	9.950

Abb. 4: Stromverbrauchskennwerte von Krankenhäusern bezogen auf die Planbettenzahl in kWh/a (nach VDI 3807)

Der zusätzlich aufgeführte Richtwert ist als Zielgröße zu verstehen. Er basiert auf einer statistischen Größe und wird auch in der Praxis von einem entsprechenden Teil der Häuser erreicht. Die durchschnittlichen, auf die Planbettenzahl bezogenen Stromverbrauchskennwerte steigen mit der Größe der Häuser an. Der Durchschnitt über alle Häuser liegt bei rund 5.100 kWh/a für jedes Planbett. Dies entspricht in etwa dem 1,7-fachen Verbrauch eines durchschnittlichen deutschen Haushalts.

4 Technische und organisatorische Einsparpotentiale

> Das technisch-wirtschaftliche Einsparpotential liegt in einer Größenordnung von 30 %.

Es besteht Konsens unter den Experten, daß bereits durch gering-investive Maßnahmen Einsparpotentiale von bis zu 20 % zu realisieren sind. Das technisch-wirtschaftliche Potential wird in einer Größenordnung von 30 % angesiedelt. Die Abbildung 5 zeigt die Entwicklung des Stromverbrauchs im Gemeinschaftskrankenhaus Herdecke seit 1981. Seit 1984 wird hier ein betriebliches Energiemanagement durchgeführt, welches durch eine ab dem gleichen Jahr stufenweise installierte Gebäudeautomation mit automatisierter Anlagenüberwachung und Verbrauchserfassung begleitet wurde. Die Erfolge sind bereits ab dem Jahr 1986 eingetreten und halten bis heute an. Die kontinuierliche Verbrauchsreduzierung wird nicht nur in bezug auf die Planbettenzahl sondern auch bei flächenbezogenen Verbrauchskennwerten erreicht. Dieses und andere Beispiele zeigen, welche Einsparpotentiale realisierbar sind.

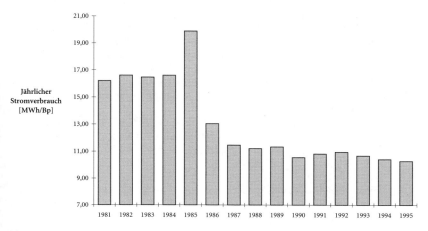

Abb. 5: Spezifischer Stromverbrauch im Gemeinschaftskrankenhaus Herdecke seit 1981

Besonders auch in Krankenhäusern bietet sich Contracting als Werkzeug zur Realisierung von Energieeinsparmaßnahmen an. Ein Beispiel hierfür ist das Projekt der Rheinischen Klinik Bonn. Hier hat ein Contractor ein komplett neues Energieversorgungssystem konzipiert, wobei etwa 8,7 Mio. DM investiert wurden. Ende 1999 wurden die umfassenden Arbeiten abgeschlossen. Im Strombereich wird eine Einsparung von 16 % prognostiziert, die im wesentlichen durch die Gebäudeautomation und den dadurch ermöglichten optimalen Betrieb der technischen Anlagen ermöglicht wird.

> Contracting ist eine interessante Projektabwicklungsform, um Einsparpotentiale zu realisieren.

4.1 Gebäudeautomation, Meß-, Steuer- und Regelungstechnik

Die Gebäudeautomation – kurz GA – ist aufgrund der komplexen Strukturen in Krankenhäusern ein ideales und fast unumgängliches Instrument, um energietechnische Systeme zu steuern, zu regeln und zu optimieren sowie Verbräuche zu überwachen und zu protokollieren. Die Realisierung erfolgt durch die Vernetzung einzelner Steuerungen und Regelungen zu einem Gesamtsystem. Hierbei hat sich das Konzept der dezentralen Leittechnik durchgesetzt. Es ist gekennzeichnet durch die Verarbeitung der Informationen in dezentralen, mit hoher Rechenleistung ausgestatteten Steuerungen und dem Informationsaustausch über ein gemeinsames Bussystem. Dieses System ermöglicht durch den modularen Aufbau relativ geringe Einstiegskosten. Die GA als solche ermöglicht die gezielte Ansteuerung aller angeschlossenen Systeme bis hin zur einzelnen Umwälzpumpe eines Heizkreises sowie die zeitnahe Überwachung aller erfaßten Verbrauchsstellen.

> Aufgrund der komplexen Versorgungsstruktur in Krankenhäusern sollte idealerweise eine Gebäudeautomation eingesetzt werden.

Ein Energiemanagement- oder Energiecontrolling-System auf Basis eines Bussystems bietet einen guten Einstieg für einen späteren Ausbau zu einer GA. Ein solches System ist im Krankenhausbereich als Grundvoraussetzung für ein effektives betriebliches Energiemanagement anzusehen.

Diesen Weg hat auch das Franziskus-Hospital in Münster beschritten. Es wurde ein Energiemanagement-System auf Basis der LON-Bus-Technologie eingerichtet, welches zur Energiedatenerfassung sowie zum Lastmanagement eingesetzt wird. Es liegen bereits erste positive Erfahrungen vor. Das System wird zur Zeit weiter ausgebaut, um möglichst viele Zähler erfassen und auswerten zu können. Mit dem vorhandenen System ist eine GA realisierbar.

Einen anderen Weg geht das St. Ansgar-Krankenhaus in Höxter. Hier wird von Beginn an schrittweise eine GA installiert, indem eine Einzelraumregelung für die

Beleuchtung und die Raumtemperatur auf Basis der LON-Bus-Technologie realisiert wird. Eine erste Pflegestation ist mit diesem System ausgerüstet. Nach den ersten Erfahrungen sollen auch die anderen Bereiche mit diesem System ausgestattet werden. Gleichzeitig ist vorgesehen, die abgängige Meß-, Steuer- und Regelungstechnik in den Heizungs-, Klima- und Lüftungsanlagen durch DDC-Technik zu ersetzen und durch Einbindung in den LON-Bus in das Gesamtkonzept zu integrieren. Diese Endausbaustufe der GA soll dann auch ein Energiemanagement-System beinhalten. Die Zähler werden im Rahmen der Erweiterung der GA für die Integration in das Gesamtsystem vorbereitet.

> Viele Praxisbeispiele belegen die Effizienz der Gebäudeautomation.

Sehr viel mehr Erfahrungen mit der GA und der automatisierten Verbrauchserfassung liegen im bereits erwähnten Gemeinschaftskrankenhaus Herdecke vor. Seit 1984 wurde die GA hier stufenweise ausgebaut und hat zu einem erheblichen Maße an den seither erzielten Einsparungen beigetragen.

> Auch Gebäudeautomation ist im Rahmen von Contracting realisierbar.

Ein Indiz für die Effizienz und Wirtschaftlichkeit von GA-Systemen ist die Tatsache, daß viele Contracting-Anbieter aus dem Bereich des Performance-Contracting solche Systeme installieren, wie das Beispiel der Rheinischen Klinik Bonn zeigt.

4.2 Lastmanagement

Krankenhäuser bieten oftmals gute Einsatzmöglichkeiten für ein Lastmanagement-System, insbesondere wenn die Küche im wesentlichen mit elektrischen Geräten betrieben wird. Zum einen trägt die Küche in der Regel zur Lastspitze bei, zum anderen sind Geräte wie Kochkessel und Kippbratpfannen gut geeignet für die Einbindung in ein Lastmanagement. Weitere geeignete Verbraucher in Krankenhäusern sind die Kompressoren der Kälteanlage sowie größere Umwälzpumpen und Ventilatoren.

> Beim Lastmanagement sind Amortisationszeiten von unter zwei Jahren möglich.

Beispiele für den wirtschaftlichen Nutzen eines Lastmanagements im Krankenhausbereich gibt es ausreichend. Im St. Franziskus Hospital in Münster werden die jährlichen Stromkosten bei einer Investition von etwa 95.000 DM um 75.000 DM gesenkt. Eingebunden sind zwei Küchen des Krankenhauses sowie die Kälteanlage. Um im Winter bei kurzfristigen Lastspitzen die Maximalleistung nicht zu überschreiten, wird das Notstromaggregat eingesetzt, welches mit in das Lastmanagement integriert ist.

Im Schwesternhaus Maria Frieden in Telgte wird ebenfalls das Notstromaggregat genutzt. Hier besteht jedoch eine Kooperation zwischen Krankenhaus und den Stadtwerken Telgte. Diese nutzen das krankenhauseigene Aggregat, um kurzfristig auftretende Spitzen bei der Lieferung durch den Vorversorger zu vermeiden. Das Krankenhaus erhält hierfür eine pauschale Vergütung und hat den Vorteil, ohne zusätzlichen Aufwand eine fest kalkulierbare Einnahme zu haben.

> Die Einbindung des Notstromaggregates in das Lastmanagement ist bedingt möglich.

Dem Einsatz eines Notstromaggregates zur Vermeidung von Lastspitzen sind Grenzen gesetzt. Einschränkungen bestehen aufgrund des Energieliefervertrages zwischen Krankenhaus und Energieversorger sowie aufgrund der nicht für einen Dauerbetrieb zugelassenen Emissionen von Notstromaggregaten. Aus diesen Gründen sind mit diesen Aggregaten nur kurzfristig auftretende Spitzen zu vermeiden. Detaillierte Lastganganalysen über einen längeren Zeitraum müssen daher dem Einsatz eines Lastmanagements zwingend vorausgehen. Auch wenn Lastprofile vor dem Hintergrund des liberalisierten Marktes anders zu bewerten sind, so werden möglichst gleichmäßige Abnahmeverhältnisse auch zukünftig des Strompreis positiv beeinflussen.

4.3 Beleuchtung

Mit einem Anteil von bis zu 20 % am Stromverbrauch ist die Beleuchtung nach den Lüftungsanlagen der bedeutendste Stromverbraucher im Krankenhaus. Dementsprechend kommt der Beleuchtung bei der Realisierung von Einsparpotentialen eine große Bedeutung zu. Prinzipiell lassen sich Beleuchtungsstromkosten durch folgende Maßnahmen reduzieren:

- Anpassen der Beleuchtung an die tatsächlichen Erfordernisse
- Einsatz moderner und effizienter Lampen und Leuchten
- Bedarfsgerechtes Nutzerverhalten und Anwendung moderner Regelungstechnik.

Krankenhäuser

An die Beleuchtung im Krankenhaus werden sehr unterschiedliche Anforderungen gestellt: Für das medizinische Personal geht es um gutes Sehen für ihre Behandlungsaufgaben, für die Patienten steht eine angenehme Atmosphäre für Behandlung und Genesung im Vordergrund. Auch die Vielfalt der Arbeitsbereiche und Räume in einem Krankenhaus erfordert differenziertes Vorgehen bei der Beleuchtungstechnik. Während in Operations- und Untersuchungsräumen hohe Anforderungen an Lichtqualität und Beleuchtungsstärke zu erfüllen sind, muß in den Bettenzimmern besonders auf ein behagliches Licht geachtet werden.

In Abbildung 6 sind einige Beispiele von Arbeitsbereichen in Krankenhäusern und deren Richtwerte für die notwendige Beleuchtungsstärke nach der DIN 5035 zusammengestellt. Diese Beleuchtungsstärken sollten aus Gründen der Sicherheit und des Komforts nicht unter-, zur Vermeidung unnötiger Stromkosten aber auch nicht überschritten werden. Die bestehende Beleuchtungsstärke kann problemlos mit Handmeßgeräten, sogenannten Luxmetern, bestimmt werden, die ab etwa 700 DM erhältlich sind.

> Unterschiedlichste Anforderungen an die Beleuchtung in den verschiedenen Bereichen eines Krankenhauses.

Art des Raumes bzw. der Tätigkeit	Nennbeleuchtungsstärke in lx
Bettenraum	
Allgemeinbeleuchtung	100
Untersuchungsbeleuchtung	300
Untersuchungsbeleuchtung, Intensivpflege	1000
Naßzelle	100
OP-Räume Allgemeinbeleuchtung	1000
OP-Nebenräume	500
Arzt- und Schwesternzimmer	300
Untersuchungs- und Behandlungsräume	500
Röntgenuntersuchungsräume	500
Krankengymnastik, Massage, medizin. Bäder	300
Schmutzarbeitsräume	300
Flure und Treppen	
Bettentrakt am Tage	200
Bettentrakt bei Nacht	50
OP-Trakt am Tage	300
OP-Trakt bei Nacht	100
Büroräume	300 bis 500
Küche	500
Wäscherei	300

Abb. 6: Beispiele für Richtwerte der Beleuchtungsstärke im Krankenhaus (nach DIN 5035)

Aufgrund der hohen Benutzungsstunden der Beleuchtung in Krankenhäusern können hier hocheffiziente Leuchten und Lampen mit hoher Lichtausbeute sehr wirtschaftlich eingesetzt werden. In Abhängigkeit von der Brenndauer kann die Amortisationszeit beim Einsatz solcher Technologien unter drei Jahren liegen. Dabei kommen insbesondere Reflektorleuchten mit Dreibanden-Leuchtstofflampen und elektronischen Vorschaltgeräten zum Einsatz. Je nach Einsatzort sind die Reflektorleuchten als Raster-, Feuchtraum- oder Reinraumleuchten ausgeführt.

> Hocheffiziente Beleuchtungsanlagen mit elektronischen Vorschaltgeräten (EVG) sind in Krankenhäusern meist sehr wirtschaftlich.

Hierzu ein Beispiel aus der Arbeit der Energieagentur NRW: Beraten wurde ein Pathologisches Institut, das einer Klinik angeschlossen ist. Über vier Etagen waren 80 Opalwannenleuchten mit einer Bestückung von jeweils 4 x 18 W Leuchtstofflampen installiert, die mit konventionellen Vorschaltgeräten (KVG) betrieben wurden. Vorgeschlagen wurden einflammige Spiegelrasterleuchten mit 58 W Leuchtstofflampen und elektronischen Vorschaltgeräten (EVG). Für die Berechnung wurde anhand von

Erfahrungswerten und Nutzerbefragungen von einer Brenndauer der Beleuchtung von 2.000 Stunden pro Jahr ausgegangen. Durch Reduzierung der Anschlußleistung von 9,3 auf 4,4 KW, dem damit verbundenen reduzierten Stromverbrauch sowie geringeren Lampenwechselkosten aufgrund der längeren Lebensdauer mit EVG-Betrieb wurden Einsparungen von etwa 2.300 DM berechnet. Für Spiegelrasterleuchten mit EVG können bei größeren Bestellungen Kosten von unter 200 DM je Leuchte inklusive Installation realisiert werden. Bei geschätzten Investitionskosten von 16.000 DM liegt die Kapitalrückflußzeit bei etwa sieben Jahren. Bei einer prognostizierten Nutzungsdauer der Neuinvestition von 15 Jahren und mehr handelt es sich um eine sehr wirtschaftliche Maßnahme, zumal auch die Qualität der Beleuchtung gesteigert und somit ein positiver Einfluß auf die Mitarbeiter ausgeübt wird. Dies ist ein typisches Beispiel für die Wirtschaftlichkeit von Maßnahmen im Bereich der Beleuchtung. Die Kapitalrückflußzeiten können teilweise erheblich kürzer sein als oben angegeben, wenn die vorhandene Beleuchtung energetisch noch schlechter, der Strompreis höher oder die Brenndauer länger ist als in diesem Beispiel.

Kürzere Amortisationszeiten lassen sich ebenfalls mit geeigneter Regelungstechnik erzielen, da diese häufig mit geringen Investitionskosten verbunden ist. So kann es beispielsweise sinnvoll sein, in Sanitär- oder Nebenräumen, in denen nur hin und wieder Kunstlicht benötigt wird, eine präsenzabhängige Lichtsteuerung einzusetzen. In Räumen mit hohem Tageslichtanteil, das heißt in Räumen mit ausreichend Fensterfläche, eignen sich tageslichtabhängige Lichtregelsysteme, die die Beleuchtung oder Teile der Beleuchtung ausschalten, wenn ausreichend Tageslicht zur Verfügung steht. Insbesondere für Verkehrswege und Labore sind Stufenschaltungen mit zeitabhängiger Steuerung geeignet, um die Beleuchtung an die Erfordernisse anzupassen, zum Beispiel um das Licht in den Fluren während der Nacht zu reduzieren. Durch eine Beeinflussung des Nutzerverhaltens können Einsparungen auch ohne Investitionskosten erzielt werden, allerdings ist hier im Einzelfall zu prüfen, ob sich die Mitarbeiter und Patienten auch langfristig energiesparend verhalten. Eine Regelung führt hier meist zu verläßlicheren Einsparungen.

Der Einsatz moderner Beleuchtungssysteme im Krankenhaus führt in der Regel sowohl zu Energieeinsparungen als auch zu Qualitätsverbesserungen. Dies zeigt das Beispiel eines mittleren Kreiskrankenhauses mit 220 Betten, das 1965 errichtet wurde

Zusätzliche Einsparungen durch tageslicht- und präsenzabhängige Lichtregelungen.

Abb. 7: Ergebnisse der Analyse einer sanierungbedürftigen Beleuchtungsanlage im Hinblick auf Einsparpotential und Beleuchtungsqualität

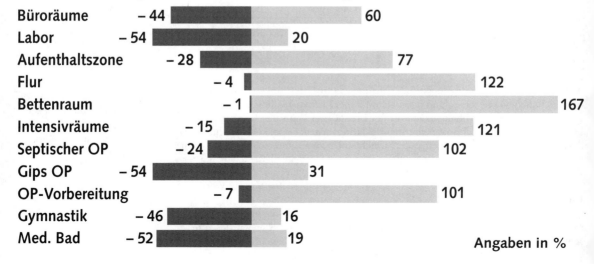

und dessen Beleuchtungsanlage aufgrund des Alters überholungsbedürftig war. Eine Analyse ergab, daß durch die Sanierungsmaßnahmen Energieeinsparungen von durchschnittlich 50 % erreicht wurden und die Beleuchtungsqualität teilweise deutlich verbessert werden konnte, ohne den Stromverbrauch zu erhöhen. Die Ergebnisse der Analyse sind der Abbildung 7 zu entnehmen.

Beispielsweise könnte der Elektrizitätsbedarf für die Beleuchtungsanlagen in den Büroräumen um durchschnittlich 44 % gesenkt werden bei gleichzeitiger Anhebung der Beleuchtungsstärke um 60 %.

4.4 Kälteversorgung

In der Regel verfügen Krankenhäuser über eine zentrale Kälteerzeugung, die über ein Kaltwassernetz die verschiedenen Verbraucher, im wesentlichen die lüftungstechnischen Anlagen, mit Kälte versorgt. Im Bereich der Kälteerzeugung besteht für viele Krankenhäuser Handlungsbedarf, da ein Großteil der bisher verwendeten Kältemittel in Zukunft nicht mehr verwendet werden darf. Alternativen sind die Umrüstung bestehender Kälteanlagen auf Ersatz-Kältemittel (was jedoch oftmals mit Leistungseinbußen einhergeht), die Anschaffung neuer Kompressionskältemaschinen (KKM) (beispielsweise hocheffiziente Schraubenverdichter) oder die Umstellung auf eine andere Art der Kälteerzeugung. Die wichtigsten Alternativen zu den bisher verwendeten Kompressionskältemaschinen (KKM), die nach Abbildung 2 einen Anteil von bis zu 10 % am Stromverbrauch haben, sind
- Systeme auf Basis der adiabatischen Kühlung
- Absorptionskältemaschinen (AKM) in Kombination mit einer Kraft-Wärme-Kopplung (KWK).

Grundsätzlich bestehen für den Einsatz von AKM in Krankenhäusern aufgrund der spezifischen Lastgänge für Strom, Wärme und Kälte gute Voraussetzungen. Bei einer Komplettsanierung der Kälteerzeugung sollte daher eine solche Lösung untersucht werden, wenn die Kombination mit einem Blockheizkraftwerk (BHKW) möglich ist. Eine generelle Empfehlung läßt sich aufgrund der vielen Einflußgrößen bei einer Kraft-Wärme-Kälte-Kopplung (KWKK) jedoch nicht aussprechen. Erfahrungen mit AKM in Verbindung mit einem BHKW bestehen beispielsweise im St.-Antonius-Hospital in Eschweiler.

> Bei Sanierung der Kälteversorgung den Einsatz von Kraft-Wärme-Kälte-Kopplung prüfen.

Bei bestehenden Kälteanlagen sind Einsparungen insbesondere durch eine geeignete Betriebsweise möglich. Einsparpotentiale sind gegeben durch
- Ausnutzung des Toleranzbereiches der DIN 1946 in bezug auf Raumtemperatur und -feuchte, dies beinhaltet eine kritische Überprüfung des tatsächlichen Kältebedarfs
- Einsatz drehzahlgeregelter Pumpen zur Anpassung des Kaltwasserdurchflusses an den tatsächlichen Bedarf
- Optimierung der Regelungstechnik, Einbindung der Kälteerzeugung in eine eventuell vorhandene GA sowie ein Lastmanagement.

4.5 Kraft-Wärme-(Kälte)-Kopplung KW(K)K

Krankenhäuser besitzen aufgrund ihrer hohen und gleichmäßigen Verbräuche an elektrischer Energie und Wärme sowie ihrer speziellen Verbrauchscharakteristik gute Voraussetzungen für den Einsatz einer KWK-Anlage bzw. eines BHKW. Insbesondere der sommerliche Wärmebedarf durch die ganzjährig notwendige Brauchwassererwärmung ermöglicht lange Laufzeiten, die eine wichtige Voraussetzung für einen wirtschaftlichen Betrieb sind.

Trotz der günstigen technischen Voraussetzungen sind in den knapp 4.000 deutschen Krankenhäusern nur verhältnismäßig wenige Anlagen installiert. Dies hängt zum einen mit der bisherigen Vernachlässigung des Energiesektors in Krankenhäusern zusammen, zum anderen sind aber auch trotz der technisch guten Voraussetzungen BHKW in Krankenhäusern nicht grundsätzlich als wirtschaftlich einzustufen. Die

Wirtschaftlichkeit eines BHKW hängt neben den technischen Voraussetzungen von zahlreichen weiteren Randbedingungen ab, die in eine sorgfältige Planung und Dimensionierung einfließen müssen.

Um Amortisationszeiten von vier bis acht Jahren zu erreichen, können folgende Anhaltswerte als grobe Orientierung dienen:
- Einsatz einer einmoduligen Anlage mit einer elektrischen Leistung von mindestens 250 bis 300 kW (Preisdegression mit steigender Anlagenleistung)
- Investitionskosten von maximal 2.000 DM/k_{Wel} (inklusive Installation)
- Mindestens 6.000 Vollaststunden pro Jahr.

> Überprüfung des Einsatzes eines Blockheizkraftwerkes ist in größeren Häusern immer sinnvoll.

Diese Voraussetzungen werden nur von größeren Häusern erfüllt. Dennoch sind auch bei kleineren Häusern sinnvolle Anwendungsfälle je nach Einzelfall möglich, zumal jedes Haus für sich zunächst den Begriff „wirtschaftlich" definieren sollte. Auch haben die bei den Häusern unterschiedlichen Energiepreise großen Einfluß auf die Wirtschaftlichkeit. Die im Zuge der Liberalisierung sinkenden Strompreise wirken sich erheblich auf die Effizienz eines BHKW aus, da die Erlöse durch Verdrängung des Strombezugs vom Stromversorger geschmälert werden.

> Kraft-Wärme-Kälte-Kopplung mit Absorptionskältemaschine insbesondere bei vollklimatisierten Häusern prüfen.

Der Einsatz einer Absorptionskältemaschine (AKM), die mit BHKW-Abwärme betrieben wird (KWKK-Anlage), kann sinnvoll sein, ist aber nicht in allen Fällen zu empfehlen. Das Investitionsverhältnis einer AKM im Verhältnis zu einer herkömmlichen Kompressionskältemaschine beträgt etwa 1,8 zu 1. Der Nachteil der höheren Investition muß durch die gegenüber Strom günstigere Antriebsenergie Wärme kompensiert werden. Somit hängt die Wirtschaftlichkeit für das jeweilige Haus entscheidend vom Preisverhältnis Strom/Wärme ab. Wichtig ist die Frage, ob das Gebäude teil- oder vollklimatisiert ist. Bei teilklimatisierten Häusern wird durch eine AKM in der Regel kein Leistungspreis eingespart, da die Spitze in den Wintermonaten liegt, wenn die Kälteanlage ohnehin außer Betrieb ist.

In Nordrhein Westfalen haben bereits diverse Krankenhäuser Erfahrungen mit BHKW gesammelt. In der folgenden Abbildung 8 sind einige der Anlagen mit den entsprechenden Eckdaten zusammengestellt.

Krankenhaus	Anlagenbetreiber	Module	$P_{el,ges}$ (kW)	$Q_{el,ges}$ (kW)	Bemerkungen
Klinikum Niederberg in Velbert	Stadtwerke Velbert	2	576	970	
St. Agnes Hospital in Bocholt	KH-eigene Betriebs-GmbH	2	427	830	AKM geplant
St. Antonius Hospital in Eschweiler	KH-eigene Betriebs-GmbH	2	360	640	AKM seit 1994
verschiedene Kliniken in Bad Oeynhausen	Betrieb diverser BHKW durch E-Werk Mindern-Ravensberg				
St. Martinus Hospital in Olpe	KH-eigene Betriebs-GmbH	2	412	716	
Klinikum Remscheid GmbH in Remscheid, Burger Straße	Stadtwerke Remscheid	3	1.971	2.598	
Klinikum Remscheid GmbH in Remscheid-Lennep	Klinikum Remscheid GmbH	2	180	324	

Abb. 8: Beispiele für BHKW in nordrhein-westfälischen Krankenhäusern

Es wird deutlich, daß die Anlagen häufig vom örtlichen Energieversorgungsunternehmen (EVU) betrieben werden. Diese nutzen die Aggregate in der Regel, um ihre Strombezugskosten gegenüber ihrem Vorversorger zu reduzieren. Mit dem Krankenhaus selbst können ganz unterschiedliche Vereinbarungen über Strom- und Wärmepreise bei fremdbetriebenem BHKW vereinbart werden. Wichtig ist in jedem Fall die Einbeziehung der Betreiberfrage bei Wirtschaftlichkeitsbetrachtungen.

> Frage des Betreibers sehr wichtig für BHKW-Einsatz in Krankenhäusern.

Die Erfahrungen der einzelnen Häuser bzw. Betreiber sind in vielen Fällen ähnlich. Oftmals treten zu Betriebsbeginn Probleme auf, die insbesondere im regelungstechnischen Bereich bzw. im Regelkonzept liegen. In einigen Fällen sind auch Probleme mit den Motoren selbst aufgetreten, die aber bei den heutigen, weiterentwickelten Aggregaten in der Regel nicht mehr vorkommen.

Zusammenfassend läßt sich sagen, daß
- Krankenhäuser gute technische Voraussetzungen für einen BHKW-Einsatz bieten, aber nicht jedes Haus automatisch geeignet ist
- die BHKW-Technik in Krankenhäusern eingesetzt und beherrscht wird
- die Betreiberfrage frühzeitig geklärt werden muß, da sie sich unmittelbar auf Wirtschaftlichkeitsüberlegungen auswirkt
- die BHKW-Technik kein „Allheilmittel" für die Energieversorgung von Krankenhäusern darstellt, sondern neben vielen anderen Möglichkeiten der Energieeinsparung als geeignete Ergänzung zu verstehen ist.

4.6 Heizungs-, Lüftungs- und Klimatechnik

Die Bedeutung der Lüftungs- und Klimatechnik für den Verbrauch an elektrischer Energie im Krankenhaus ist in Abbildung 2 deutlich zu erkennen. Dieser Bereich nimmt eine so gewichtige Rolle ein, weil die besonderen Anforderungen in Krankenhäusern in bezug auf Raumtemperatur und -feuchte sowie Keimfreiheit ein hohes Maß an raumlufttechnischen (RLT-)Anlagen erforderlich machen. Wegen der Vielzahl der Geräte und des damit verbundenen hohen Verbrauchsanteils besteht ein hohes absolutes, aber auch relatives Einsparpotential. Aufgrund des sensiblen und technisch anspruchsvollen Bereiches, den ein Krankenhaus zweifellos darstellt, sind viele Anlagen aus übertriebenem Sicherheitsdenken überdimensioniert und werden zudem falsch betrieben.

Ein hohes Einsparpotential existiert insbesondere bei raumlufttechnischen Anlagen.

Bei der Suche nach möglichen Einsparpotentialen ist es wichtig, zunächst die Verbrauchsseite zu überprüfen und auch selbstverständlich gewordene Dinge in Frage zu stellen. Dabei ist eine kontinuierliche Zusammenarbeit mit dem Personal unerläßlich. Die wirtschaftlichsten Maßnahmen sind wertlos, wenn sie vom Personal nicht akzeptiert werden. Es folgt eine kurze Übersicht der wichtigsten Punkte, die in jedem Haus kontrolliert werden sollten:
- Überprüfung der Volumenströme und Raumtemperaturen
- Korrektur von Einstellungsfehlern
- Optimierung der Regelungstechnik, nach Möglichkeit Einbindung in GA
- Stillegung elektrischer Dampfluftbefeuchter
- Einsatz mehrstufiger oder drehzahlgeregelter Ventilatoren.

Insbesondere der Einsatz drehzahlgeregelter Ventilatoren und Pumpen ist ein sehr effizientes Mittel, um unnötigen Stromverbrauch zu vermeiden und Kosten zu senken. Ferner werden bei großen Motoren hohe Anfahrströme vermieden, da eine Drehzahlregelung mit Frequenzumrichtern einen Sanftanlauf realisiert. Gute Erfahrungen mit dem Einsatz dieser Technik haben beispielsweise das Augustinerinnen-Krankenhaus in Köln sowie das Knappschaftskrankenhaus in Bochum gesammelt.

Dazu folgendes Beispiel: Eine Lüftungsanlage in einem Krankenhaus mit einer Ventilatorleistung von 25 kW läuft 24 Stunden am Tag über 365 Tage – ein durchaus realistischer Fall. Die Hälfte der Zeit würde theoretisch der halbe Volumenstrom ausreichen. Mit einer Drehzahlregelung auf Basis eines Frequenzumrichters ließe sich der Stromverbrauch um etwa 30 % bzw 60.000 kWh reduzieren. Dies bedeutet eine Kosteneinsparung von mindestens 5.000 DM, selbst wenn im ungünstigsten Fall im wesentlichen Niedertarif (NT)-Strom verdrängt wird. Die Investitionskosten für die Nachrüstung liegen in diesem Beispiel in etwa bei 20.000 DM, so daß die Kapitalrückflußzeit vier Jahre nicht überschreitet. In vielen Fällen beträgt die Kapitalrückflußzeit nicht mehr als 2 bis 2,5 Jahre.

Drehzahlgeregelte Pumpen und Ventilatoren stellen besonders wirtschaftliche Einspartechniken dar.

4.7 Küchen und Wäschereien

> Frage des Energieträgers (Strom, Gas, Dampf) in Küchen sehr entscheidend.

Im Bereich Küchen und Wäschereien hat sich in den letzten Jahren in den Krankenhäusern vieles geändert. Ein Großteil der Häuser hat aus Kostengründen die eigenen Wäschereien geschlossen und vielfach die gesamte Wäschelogistik in die Hände eines externen Dienstleisters übergeben. Da die Wäscherei nur noch für wenige Häuser eine Rolle spielt, wird auf die Behandlung dieses Themas an dieser Stelle verzichtet.

Wenn auch nicht so ausgeprägt wie bei den Wäschereien, so sind auch im Küchenbereich insbesondere bei kleineren Häusern Tendenzen zum „Outsourcing" zu spüren. Bei Küchen in krankenhauseigener Regie muß unterschieden werden, mit welchem Energieträger (Strom, Gas, Dampf) die Geräte in der Mehrzahl betrieben werden. Bei vorwiegend mit Strom betriebenen Geräten kann der spezifische Stromverbrauch mit etwa 0,6 bis 0,8 kWh je Verpflegungsteilnehmer und Tag abgeschätzt werden.

> Änderung des Versorgungskonzeptes im Sanierungsfall kann erhebliche Energiekosten einsparen.

Bei Komplettsanierungen im Küchenbereich ist die Frage des zukünftigen Versorgungskonzeptes zu klären. Es gibt die Möglichkeit der Umrüstung von Strom auf Gas. In der Regel verursachen Gasgeräte auch unter Berücksichtigung höherer Anschaffungskosten und geringerer Wirkungsgrade niedrigere Jahresgesamtkosten als Elektrogeräte. Es sind jedoch verschiedene Randbedingungen wie die Kosten eines Erdgasanschlusses und die Möglichkeit der Abgasabführung über die bestehende Lüftungsanlage zu prüfen, bevor eine abschließende Aussage zur Wirtschaftlichkeit gemacht werden kann. Außerdem sollte eine solche Entscheidung immer mit dem Küchenchef abgestimmt werden.

Weitere Aspekte für den energetisch effizienten Betrieb einer Großküche sind:

> In Küchen sind viele Maßnahmen im Bereich der Gerätetechnik möglich.

- Einbindung einer elektrisch betriebenen Küche in ein Lastmanagement.
- Durch Einsatz von Induktionsherden können Stromeinsparungen von über 70 % erreicht werden. Hier sind geeignete Kochgefäße notwendig.
- Sparsamste neue Geschirrspülmaschinen sparen durch gute Wärmedämmung, Mehrfachverwendung des Wassers und Wärmerückgewinnung gegenüber herkömmlichen Geräten über 60 % der elektrischen Energie.
- Spülmaschinen und Waschmaschinen sollten möglichst mit Warmwasser von der zentralen Heizungsanlage versorgt werden.
- Ersatz herkömmlicher Gargeräte durch Heißluftdämpfer oder durch hoch wärmegedämmte geschlossene Druckgargeräte; neben den deutlichen Einsparungen an elektrischer Energie bieten Druckgargeräte kürzere Garzeiten und eine verbesserte Lebensmittelqualität.
- Warmhaltegeräte können durch sehr gut gedämmte Geräte ersetzt werden und so rund 50 % Strom sparen.
- Einsatz von Geräten mit modernster Regelungstechnik, die beispielsweise Leerlauf erkennen und die Leistung entsprechend anpassen.
- Durch den Einsatz der genannten modernen Geräte wird auch die Abgabe von Wärme und Dampf in die Räume reduziert. Dadurch kann die Küchenlüftung kleiner ausgelegt bzw. auf niedriger Stufe betrieben werden, was zusätzlich elektrische Energie einspart.

Bei der Küchenerneuerung im Krankenhaus Itzehoe wurde die Küche mit den genannten Geräten ausgerüstet. Dadurch können mit erheblich weniger Kochgeräten mehr Speisen zubereitet werden, was zusätzlich zu den Energiekosten den Arbeitsaufwand, den Platzbedarf sowie den Bedarf an Wasser und Reinigungsmitteln senkt. Im Fall des Krankenhauses Itzehoe konnte dadurch sogar eine sonst notwendig gewordene bauliche Erweiterung vermieden werden.

4.8 Medizinische Geräte

Elektromedizinische Geräte und Systeme benötigen im Regelfall eine hohe Peak-Leistung für wenige Sekunden und befinden sich sonst im Bereitschaftsbetrieb. Von daher ist beim Kauf neuer Maschinen darauf zu achten, daß diese einen möglichst geringen Stand-by-Verbrauch aufweisen. Allerdings steht beim Neukauf natürlich die Leistungsfähigkeit und der Einsatzbereich im Vordergrund. Ein Austausch alter Geräte gegen neue ist in der Regel nicht mit Energiekosteneinsparungen begründbar.

Um die Energieverluste im Bereitschaftsbetrieb zu minimieren, ist es allerdings auch erforderlich, organisatorische Maßnahmen zu ergreifen. Das heißt, die Geräte sollten nur dann eingeschaltet werden, wenn auch tatsächlich ein Bedarf besteht, der so gut wie möglich zu bündeln ist. Bei guter Organisation können die Einschaltzeiten deutlich reduziert werden. Natürlich steht die Versorgungssicherheit stets an erster Stelle. Allerdings können medizinische Geräte, abhängig von ihrer Anlaufzeit, auch erst bei einer bestehenden Anforderung eingeschaltet werden. Auf diese Weise lassen sich Energieeinsparungen ohne Investitionsaufwendungen erzielen. Es ist nicht erforderlich, medizinische Großgeräte wie Computer- oder Magnetresonanztomographen grundsätzlich 24 Stunden pro Tag eingeschaltet zu lassen.

Im Klinikum der Johann Wolfgang Goethe Universität in Frankfurt am Main wurde als Ergebnis einer Energiediagnose zum Beispiel geplant, den Betrieb des Computertomographen auf die Öffnungszeiten der Abteilung zu begrenzen. Dadurch kann die Betriebszeit des Gerätes von 24 auf 9 Stunden pro Tag reduziert werden. Der Bereitschaftsdienst wird so organisiert, daß Notfälle per Funktelefon eine halbe Stunde im voraus angemeldet werden, was die Einschaltung des Gerätes und die Vorbereitung des Ärzteteams ermöglicht. Da neue Geräte auch vermehrt EDV-Komponenten enthalten, wird der Gesamtverbrauch an elektrischer Energie immer stärker von diesen Komponenten beeinflußt.

> Eine sinnvolle Begrenzung der Einschaltzeiten von medizinischen Geräten kann deutliche Verbrauchsreduzierungen bewirken.

4.9 Sonstiges

Bei der EDV und anderen Bürogeräten ist insbesondere auf einen geringen Stand-by-Verbrauch zu achten. Einige Geräte haben integrierte energiesparende Stand-by-Schaltungen, für andere Geräte können nachträglich Zusatzgeräte installiert werden. Auch durch ein geeignetes Nutzerverhalten können Einsparungen realisiert werden, indem EDV- und Bürogeräte nicht unnötig (zum Beispiel während der Pausen) eingeschaltet bleiben. Detailliertere Informationen sind im entsprechenden Kapitel in diesem Buch enthalten.

> Bei EDV- und Bürogeräten ist insbesondere ein geringer Stand-by-Verbrauch von Bedeutung.

Bei Aufzügen, insbesondere bei Aufzügen mit Leonhardsatz, sind Einsparungen durch den Einsatz moderner Antriebe zu erzielen. Besonders effizient arbeiten Aufzüge mit Frequenzumrichtern, möglichst mit Rückspeisung. Auch die Wahl des Getriebes hat Einfluß auf den Strombedarf. So verbraucht ein Aufzug mit Frequenzumrichter und Rückspeiseeinheit sowie einem Sondergetriebe nur etwa 20 % der Energie eines Aufzugs mit konventionellem polumschaltbarem Antrieb. Weitere Informationen sind im Kapitel zu elektrischen Antrieben enthalten.

5 Literatur

Apel, H.: Energie-Rationalisierung im Krankenhaus. Sonderdruck aus: Technik am Bau (TAB), 7/90

ASUE e.V.: Absorptionskälteerzeugung im Überblick. Hamburg 1997

ASUE e.V.: BHKW in Krankenhäusern. Hamburg 1996

Bundesministerium für Forschung und Technologie; Ministerium für Wirtschaft, Mittelstand und Technologie des Landes Baden-Württemberg: Studie „Energierationalisierung im Krankenhaus" (ERIK)

EBE Gesellschaft für Energieberatung mbH: Tagungsband zum Workshop „Wege zur Energiekostenreduzierung im Krankenhaus am Beispiel der St. Franziskus-Hospital GmbH". Münster, Mai 1998

Energieagentur NRW: Energie im Krankenhaus. Ein Leitfaden für Kostensenkung und Umweltschutz durch rationelle Energieverwendung. Wuppertal 1997

Fördergemeinschaft Gutes Licht: Information zur Lichtanwendung. Heft 7 „Gutes Licht im Gesundheitswesen"

Hauptberatungsstelle für Elektrizitätsanwendung e.V. (HEA): Schlaues Blättchen Gemeinschaftsverpflegung. Frankfurt/Main 1996

PESAG AG: Kosteneinsparungen und Umweltschutz durch optimierten Energieeinsatz in einem Akutkrankenhaus. Paderborn 1998

ROM-Contracting: Energieeinsparungen Rheinische Kliniken Bonn. Mettingen 1998

Round-Table-Gespräch: Energieeinsparung im Krankenhaus. Bundesbaublatt (BBB), Heft 4/98, S. 30 ff.

Trilux-Lenze GmbH + Co KG: Technische Informationen zur Beleuchtungsplanung

VDI 3807: Energieverbrauchskennwerte für Gebäude. Blatt 1 und 2

Vectron Elektronik: Statische Frequenzumrichter-Referenzliste. Krefeld 1998

Wuppertal Institut für Klima, Umwelt und Energie GmbH: Endbericht „10 Jahre Energiemanagement am Gemeinschaftskrankenhaus Herdecke". Wuppertal, Mai 1996

Jörn Kaluza
Schwimmbäder

Schwimmbäder verursachen einen hohen Verbrauch an elektrischer Energie. Erfahrungsgemäß liegt das wirtschaftlich realisierbare Einsparpotential in der Größenordnung von 50 %. In den Bereichen Lüftung und Schwimmbadtechnik werden jeweils etwa 30 % des Gesamtbedarfs benötigt; in diesen Bereichen besteht auch das größte Einsparpotential. Bestehende Lüftungsanlagen sind häufig überdimensioniert. Durch geeignete Maßnahmen können hier der Förder-Volumenstrom und der Energiebedarf sehr wirtschaftlich reduziert werden. Bei der Ausschreibung von Neuanlagen oder Komplettsanierungen kann der Planer durch entsprechende Vorgaben für den Druckverlust und die Ventilatorsteuerung den Energiebedarf einer Lüftungsanlage drastisch beeinflussen. Im Bereich der Schwimmtechnik besteht häufig ein erhöhter Energiebedarf durch falsch ausgelegte Pumpen und unnötige hydraulische Drosselstellen. Die Beseitigung dieser energetischen Schwachstellen ist generell mit relativ geringem Aufwand möglich. Speziell bei Freibädern kann durch die bedarfsgerechte Steuerung des Filterkreislauf-Volumenstroms eine erhebliche Energieeinsparung erzielt werden.

1 Einführung

Schwimmbäder gehören in den Kommunen zu den Einrichtungen mit dem größten Elektrizitätsverbrauch. Ein typisches Hallenbad verursacht jährliche Kosten für elektrische Energie in der Größenordnung von 150.000 DM.

Bei Schwimmbädern ist es sinnvoll und üblich, zur Bildung des Energiekennwertes Elektrizität den Jahresverbrauch auf die Beckenfläche zum beziehen. Abbildung 1 zeigt zum einen Energiekennwerte für hohen, mittleren und niedrigen Verbrauch aus der Literatur (Deutsche Gesellschaft für das Badewesen 1988 und 1996), zum anderen einen Energiekennwert für optimierten Verbrauch, der auf eigenen Erfahrungen basiert. es wird deutlich, daß ein erhebliches Einsparpotential besteht. Im Mittel kann eine Einsparung von etwa 50% wirtschaftlich realisiert werden.

> Wirtschaftliches Einsparpotential 50%.

Verbrauch	Kennwert
Hoher Verbrauch	1.300 kWh/ m²a
Mittlerer Verbrauch	900 kWh/ m²a
Niedriger Verbrauch	500 kWh/ m²a
Optimierter Verbrauch	300 kWh/ m²a

Abb. 1: Energiekennwert Elektrizität von Hallenbädern (Deutsche Gesellschaft für das Badewesen 1988 und 1996)

Anhaltswerte für die Anteile des Verbrauches am Gesamtverbrauch eines Hallenbades zeigt Abbildung 2. Das größte Einsparpotential besteht in den Bereichen Lüftung und Schwimmbadtechnik. Maßnahmen zur energetischen Optimierung dieser beiden Bereiche stellen daher den Schwerpunkt des vorliegenden Beitrages dar. Daneben wird im folgenden der Bereich Heizung behandelt. Maßnahmen zur Energieeinsparung bei den Beleuchtungsanlagen werden im Abschnitt Beleuchtung dieses Buches ausführlich dargestellt.

> Größtes Einsparpotential in den Bereichen Lüftung und Schwimmbadtechnik

Abb. 2: Typische Anteile des Verbrauches einzelner Bereiche am gesamtverbrauch eines Hallenbades

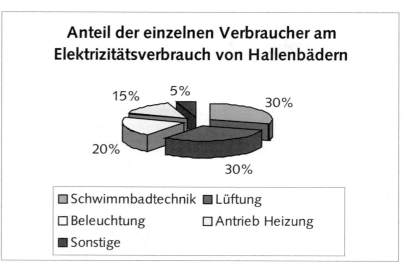

2 Lüftung von Schwimmhallen

Vorrangige Aufgabe der Lüftung in einem Schwimmbad ist es, das verdunstete Wasser und die Chlordämpfe abzuführen. Die Lüftung beeinflußt damit nicht nur den Bedarf an elektrischer Energie, sondern auch den Wärmebedarf: Wird eine höhere Raumluftfeuchte zugelassen, so vermindert sich die Beckenwasser-Verdunstung. Damit sinken sowohl der Wärmebedarf (weniger Verdunstungswärme) als ach der Bedarf an elektrischer Energie (weniger Luftförderung). Bei älteren Gebäuden ist allerdings di zulässige Luftfeuchte durch mögliche Bauschäden limitiert. Bei neueren Gebäuden mit guter Wärmedämmung ist dagegen mit Bauschäden nicht zu rechnen. Hier ist die entscheidende Grenze durch das Behaglichkeitsempfinden des Aufsichtspersonals vorgegeben (Schwülegrenze 30 °C, 55 % relative Feuchte gemäß KOK-Richtlinien). Als energetisch optimal hat sich eine Raumlufttemperatur erwiesen, die um 2 °C über der Wassertemperatur liegt.

Lüftungsanlagen in der Regel überdimensioniert.

Für die Dimensionierung des Luftvolumenstroms bietet die VDI 2089 ein Monogramm mit den relevanten Parametern Wassertemperatur, Lufttemperatur und Schwimmbadtype. Die Anwendung dieser Richtlinien führt in der Regel zu leicht überhöhten Volumenströmen. Diese Überdimensionierung wirkt sich energetisch positiv aus, wenn die Anlage bedarfsorientiert, d.h. nicht mit Dimensionierungsvolumenstrom betrieben wird (siehe unten).

Für Umkleideräume, Duschen und WCs gibt die VDI 2089 Empfehlungen für den Luftvolumenstrom. Die hier aufgeführten Volumenströme sind reichlich bemessen und sollten mit Anforderungen anderer Normen in Einklang gebracht werden (z.B. Anforderungen an die erforderliche Luftwechselrate des Raumes).

Umkleideräume und WCs erhalten sinnvollerweise eine eigene effiziente Lüftungsanlage (z.B. mit 80% WRG, Drehzahlsteuerung usw.), jedoch ohne Umluftanteil. Statische Heizflächen sollten vorgesehen werden, um einen hygieneorientierten Betrieb zu ermöglichen.

Zusätzliche Energieeinsparungen können durch den Einsatz von Luftqualitätsfühlern oder Feuchtesensoren erreicht werden.

2.1 Sanierung bestehender Lüftungsanlagen

Bestehende Lüftungsanlagen sin gekennzeichnet durch eine gewachsene Anlagentechnik mit individuellen Vor- und Nachteilen. Die mögliche Optimierung einer Lüftungsanlage kann nur auf der Basis einer systematischen Untersuchung vorgenommen werden. U.a. müssen folgende Arbeiten durchgeführt werden.

- Messung der tatsächlichen Volumenströme
- Bestimmen der notwendigen Volumenströme
- Messung der tatsächlichen elektrischen Leistungsaufnahme
- Messung der Druckverluste aller Anlagenteile
- Messung der Gebäudeluftdichtigkeit

Ein detaillierte Untersuchung der lufttechnischen Anlagen gibt Aufschluß über Mängel in der Konzeption und Wartung der Anlage. So wird häufig festgestellt, daß die tatsächlichen Volumenströme deutlich größer sind als die notwendigen Volumenströme.

Für die Änderung des Volumenstroms gelten näherungsweise folgende physikalische Gesetzmäßigkeiten: Der Luftvolumenstrom ist proportional zur Ventilatordrehzahl, die elektrische Leistung ist umgekehrt proportional zur dritten Potenz der Drehzahl. Eine Reduktion des Volumenstroms um 20% führt damit zu einer Einsparung an elektrischer Energie von ca. 50%. Sie kann oftmals durch einfaches Wechseln der Keilriemenscheiben mit geringen Kosten im Rahmen der nächsten Wartung realisiert werden. Die Amortisationszeit ist häufig kleiner als zwei Monate.

> Reduzierung des Volumenstroms durch Wechseln der Keilriemenscheibe

Bei der Neuplanung oder bei der Komplettsanierung sollte eine Minimierung des Energiebedarfs angestrebt werden. So kann der Energieverbrauch eines effizienten Schwimmhallenlüftungsgeräts mit effizienter WRG (80%) durch folgende Maßnahmen um 75% gesenkt werden:

- Wahl eines größeren Gerätetyps; dies reduziert die internen Gerätedruckverluste drastisch. Ventilatorantrieb, Drehzahlregelung und Schalldämpfer können kleiner ausfallen, der Wärmerückgewinnungsgrad steigt leicht, die Kosten steigen ebenfalls nur leicht. Lediglich der höhere Platzbedarf muß berücksichtigt werden.
- Druckverlustarme Auslegung der Kanäle, Schalldämpfer und Auslässe. Der externe Druckverlust sollte 100 Pa nicht übersteigen.
- Bedarfsorientierter und stufenloser Betrieb der Ventilatoren durch Einsatz von Frequenzumformern.

> Verringerung des Energieverbrauchs durch druckverlustarme Auslegung und bedarfsorientierten Ventilatorbetrieb

Beispiel aus der Praxis:
Für eine Hallenbadsanierung (Wasserfläche 330 m²) wurden bei verschiedenen Herstellern Angebote für Lüftungsanlagen eingeholt. Es ergab sich folgendes Bild:

Luftmenge ca. 15.000 m³/h
Kanaldruckverlust ZUL + AUL = ABL + FOL = 400 Pa (Standardvorgabe der Hersteller)
WRG ca. 80 %
Zusätzliche Wärmepumpe
Verbrauch an elektrischer Energie (überschlägig, ohne Wärmepumpe)

Stufe 1:   50 % Volumenstrom, nachts immer an   12 h/d x   5 kW   60 kWh/d
Stufe 2: 100 % Volumenstrom, tags immer an   12 h/d x 14 kW 168 kWh/d
Summe   228 kWh/d
Jahreskosten für elektrische Energie   ca. 16.000 DM/a =100 %

Auf eine zweite Anfrage mit entsprechenden Vorgaben wurden Anlagen in folgender energetisch optimierter Ausführung angeboten:
Luftmenge ca. 15.000 m³/h
Kanaldruckverlust ZUL + AUL = ABL + FOL = 200 Pa (Vorgabe Planer)
Lüftungsgerät eine Stufe größer gewählt, Ventilatoren optimiert
WRG ca. 84 %
Wärmepumpe entfällt (siehe unten).
Verbrauch an elektrischer Energie
(stufenlos, durch 2stufiges Modell angenähert)

Stufe 1:	50 % Volumenstrom, nachts nach Bedarf	5 h/d x	3 kW	15 kWh/d
	tags an	8 h/d x	3 kW	24 kWh/d
Stufe 2:	100 % Volumenstrom, tags nach Bedarf	4 h/d x	8 kW	16 kWh/d
Summe				55 kWh/d
Jahreskosten für elektrische Energie			ca. 4.000 DM/a	= 25 %

Hemmnisse für die Umsetzung energiesparender Lüftungskokonzepte

Erfahrungsgemäß stößt allerdings die Umsetzung energiesparender Lüftungskonzepte häufig auf folgende Hemmnisse:
- Platzbedarf: Mit einer geringfügigen Vergrößerung der Anlage könnte eine drastische Energieeinsparung erreicht werden. Dennoch verkauft sich das kleinste, kompakteste Gerät am besten.
- Gesamtkosten: Bei der Betrachtung der Gesamtkosten wird der Energieverbrauch nicht genügend oder gar nicht bewertet. Bei Auswahl und Vergabe der Geräte sollten die Kosten für elektrische Energie über die gesamte Nutzungsdauer mit einfließen.
- Stand der Technik: Von Kunden bzw. Ingenieuren wird der durchschnittliche Energieverbrauch bei den Herstellern nicht angefragt. Wer ein gerät nicht in Standardausführung, sondern mit zusätzlich niedrigem Verbrauch ausschreibt, wird es auch bekommen. Häufen sich die Anfragen, wird sich der Markt sehr schnell umstellen.

Damit Verbesserungen an Lüftungsanlagen auch zu realen Energieeinsparungen führen, hier einige Tips:

Tips für die praktische Umsetzung

- Wurden in einer bestehenden Anlage nur die Druckverluste verringert (z.B. durch Entfernen des Wärmetauschers), so ist nicht mit einer Energieeinsparung zu rechnen, da durch die geringeren Druckverluste der Volumenstrom steigt. Unter Umständen sinkt der Ventilatorwirkungsgrad zusätzlich. Daher ist in diesem Fall eine Ventilatordrehzahlanpassung (z.B. durch Austausch der Keilriemenscheibe) notwendig.
- Wurde bei der Planung eine neue Anlage auf niedrige Druckverluste ausgelegt, ist unbedingt auf Lüftungsgeräte zurückzugreifen, die geeignete Ventilatoren enthalten. Dabei gilt: Je kleiner der Druckverlust, desto größer ist der Ventilator mit dem besten Wirkungsgrad. Bei zu kleinen Ventilatoren kann die Druckverlustreduzierung durch Verschlechterung des Wirkungsgrades nahezu kompensiert werden. meistens sind mehrere Ventilatorgrößen für ein Lüftungsgerät erhältlich. Ist das Gerät für den Ventilator zu klein, so kommt es zu Wirkungsgradverlusten (Einströmung zu nahe an der Gehäusewand).
- Besonders wichtig ist es, die ausführende Firma vom „neuen Stand der Technik" zu überzeugen und sie zu motivieren. Deshalb empfiehlt es sich, die Montagepläne gut zu prüfen und zu kontrollieren, ob die eingetragenen Änderungen auch real umgesetzt werden.
- Ventilatoren mit freilaufenden Rädern bieten bei kompakten Lüftungsgeräten häufig energetische Vorteile. Einem Vergleich mit hocheffizienten Ventilatoren mit Spiralgehäuse, Diffusor, Flachriemenantrieb oder Direktantrieb mit Frequenzumrichter können sie häufig nicht standhalten, wenn genug Einbauplatz vorhanden ist.

2.2 Wärmerückgewinnung (WRG)

Bei modernen Schwimmhallenlüftungen wird die Außenluft, die zum Entfeuchten der Schwimmhalle notwendig ist, weitestgehend durch die gute Wärmerückgewinnung in einem konventionellen Plattenwärmeaustauscher aufgewärmt. Hierbei ist ein Wärmerückgewinnungsgrad von 60 bis 90% obligatorisch. In der Energiebilanz müssen jedoch auch die lüftungsseitigen Druckverluste und der sich hieraus ergebende höhere Ventilator-Energieverbrauch berücksichtigt werden. Dennoch sind Anlagen zur Wärmerückgewinnung in Schwimmbädern grundsätzlich energetisch und wirtschaftlich sinnvoll.

2.3 Wärmepumpen

Die Wärmepumpe hat vor allem die Aufgabe, die in dem mit der Abluft ausgetragenen Wasserdampf enthaltene Energie mit Hilfe des Wärmepumpenprozesses an die Hallenzuluft oder das Beckenwasser abzugeben. Im Nachtbetrieb kann die Umluft getrocknet werden. Eine Außenluftaufwärmung ist dann nicht notwendig.

Damit der Einsatz einer Wärmepumpe energetisch und wirtschaftlich sinnvoll ist, muß die Jahresarbeitszahl mindestens 3 betragen. Bei der Berechnung der Arbeitszahl muß folgender Elektrizitätsbedarf mit eingerechnet werden.
- Die zusätzlichen luftseitigen Druckverluste der Wärmetauscher erhöhen die Ventilatorleistungen auch in den Zeiten, in denen die Wärmepumpe nicht betrieben wird.
- Ist eine Wärmepumpe vorgesehen, so sind aus anlagentechnischen Gründen Mindest-Luftvolumenströme vorgeschrieben. Eine effiziente, stromsparende Ventilatorsteuerung kann daher nicht zum Einsatz kommen.

Der Einsatz von Wärmepumpen sollte kritisch hinterfragt werden. Die im Einzelfall auftretenden Randbedingungen sind unbedingt zu berücksichtigen. Für das kommunale Bad ist effiziente Wärmerückgewinnungsanlage häufig wirtschaftlich sinnvoller als eine Wärmepumpe.

Einsatz von Wärmepumpen kritisch hinterfragen.

Wenn ein Großteil der Restenergie mit Holzhackschnitzelfeuerung, solar oder aus einem Wärmekraftprozeß bereitgestellt werden soll, dann ist der Einsatz einer Wärmepumpe noch deutlicher zu hinterfragen (Investitionskosten versus Energieeinsparung).

Effiziente Entfeuchtungs-Umluftgeräte besitzen ebenfalls eine vorgeschaltete Wärmerückgewinnung über Plattenwärmetauscher, mit der die Luft im Gegenstrom von Raumtemperatur auf Taupunkttemperatur abgekühlt werden könnte, bevor der eigentliche Entfeuchtungsprozeß einsetzt.

3 Beckenwassertechnik Freibad

Die Aufgabe des Beckenkreislaufes ist es, eine gesundheitsgefährdende Verschmutzung und Verkeimung des Beckenwassers zu verhindern (DIN 19643). Dem Becken wird Wasser entnommen, gefiltert, entkeimt un dem Becken wieder zugeführt. Die hierfür benötigten Umwälzpumpen in öffentlichen Bädern verursachen einen erheblichen Verbrauch an elektrischer Energie.

Vielen bestehende Anlagen weisen erhebliche Mängel in Planung und Betrieb der Filterkreisläufe auf. Durch Umrüstung auf den Stand der Technik läßt sich in den meisten Fällen gegenüber dem Bestand ca. 50 % Energie einsparen. Diese kann größtenteils mit wenig Aufwand realisiert werden. Bei Neubauten sind gegenüber dem Bestand sogar Einsparungen von 80 % möglich.

Vorgefundene Mängel an untersuchten Anlagen waren:
- falsch ausgelegte Pumpen
- schlechte hydraulische Anbindung der Pumpen an die Rohrleitung
- hydaulische Drosselstellen in der Hauptleitung bei Wärmetauschern sowie Schwallwasser-Einkopplung
- Volumenstrommesser mit erheblichen Druckverlusten
- Mängel bei Ein- und Ausströmung aus den Becken sowie bei der Beckendurchströmung
- Höhenverlust durch tiefliegende Schwallwasserbehälter

Mängel am Beckenwasser-Kreislauf

Im folgenden sollen einige typische Einsparpotential im Bereich der Beckenwassertechnik aufgezeigt werden.

3.1 Pumpen

Durch Wahl eines geeigneten Rohrdurchmessers lassen sich die Strömungsverluste und damit der Energiebedarf der Pumpen minimieren. Eine Erhöhung des Durchmessers um 20 % ergibt bereits eine Druckverlustreduzierung von 50 %.

Da in der Planung Sicherheitszuschläge gemacht werden müssen, ist in der Regel die Auslegungs-Förderhöhe höher als die tatsächlich benötigte. Bei der Inbetriebnahme einer Anlage wird der Nenndurchfluß durch Drosselung eingestellt, d.h. der Druckverlust wird solange erhöht, bis sich der Nennvolumenstrom einstellt. Die Eindrosselung bewirkt in der Regel keine oder nur eine geringe Energieeinsparung bei Pumpen. Hier ist es sinnvoll, die Pumpenkennlinie so zu verändern, daß sich ohne Drosselung der richtige Betriebspunkt einstellt. Auch nach Verbesserungen in der Hydraulik muß die Pumpe dem neuen Betriebspunkt angepaßt werden. Eine Leistungsanpassung der Pumpen ist auch nach anderweitigen Maßnahmen zur Reduzierung der Druckverluste notwendig und kann durch folgende Maßnahmen realisiert werden:

Leistungsanpassung von Pumpen.

- drehzahländerung mittels Frequenzumformer
- Änderung der Motorpolzahl
- Laufradanpassung

> **Beispiel aus der Praxis:**
> Bei einem Freibad wurde eine Eindrosselung der Pumpen (3 x 210 m³/h) durch Abdrehen der Laufräder ersetzt. Die Maßnahme wurde im Zuge der anstehenden Wartungsarbeiten an den Pumpen durchgeführt. Folgende Ergebnisse wurden erzielt:
>
> Reduzierung der Pumpendruckhöhe um ca.   6,5 mWs
>   (= 120 % der verbleibenden Restförderhöhe von 5,5 mWs)
> Reduzierung der elektrischen Leistung   ca. 12 kW
> Kostenreduzierung (2500 h, 0,2 DM/kWh)   ca. 6.000 DM/a
> Zusätzliche Investitionskosten   ca. 2.100 DM

Auch die Anordnung der Pumpe beeinflußt den Energieverbrauch. Im Pumpendruckstützen bestehen zwangsläufig große Strömungsgeschwindigkeiten. Häufig werden im Anschluß an die Pumpe Armaturen in der Dimension des Pumpemdruckstutzens eingebaut. Hier kommt es zu erheblichen Druckverlusten, wie folgendes Beispiel zeigt:

Ein Hallenbad besitzt ein Schwimmerbecken (25 m x 16,6 m) und ein Nichtschwimmerbecken (16,6 m x 8 m). Die an die Pumpe angeschlossene Rohrleitung und die nachfolgenden Armaturen wurden im Pumpenstutzenquerschnitt ausgeführt (strömungsungünstiger Schwingungskompensator, Absperrklappe, Rückschlagklappe, Rohrbogen). Die Anbindung an die Hauptleitung erfolgt ohne vorgeschalteten Diffusor durch einen senkrechten Stutzen. Diese senkrechte Einführung in die Hauptleitung behindert zudem die vorgelagerte Pumpe hydraulisch. Rund ein Drittel der von der Pumpe erbrachten Strömungsarbeit wird an dieser Stelle in Wärme umgewandelt (Strömungsgeschwindigkeit in der Pumpenanbindung 7,7 m/s Druckverluste ca. 6,6 mWs). Die durch diesen Engpass verursachten Energiekosten betrugen 15.000 DM/a beim Schwimmerbecken und 10.000 DM/a beim Nichtschwimmerbecken. Im Zuge der notwendigen Änderung der Beckendurchströmung wurden diese Schwachstellen erfolgreich saniert. Zusammen konnte die Leistungsaufnahme der Pumpe von 31,0 kW auf 7,6 kW reduziert werden. Entsprechend verringerte sich der Energiebedarf zum 75%.

3.2 Filter

Für die Aufrechterhaltung der Beckenhygiene wird ein definierter Umwälzvolumenstrom gefordert. Der Volumenstrom ist in DIN 19643 festgelegt. Die aktuelle Neufassung der DIN 19643 sieht eine Reduzierung der maximalen Filtergeschwindigkeit von

Schwimmbäder

50 auf 30 m/h vor. Weiter sollen nach der neuen DIN-Richtlinie bei der Dimensionierung die Energiekosten berücksichtigt werden.

Eine geringere Filtergeschwindigkeit hat folgende Vorteile:
- geringere Druckverluste
- geringere Schwankungen des Druckverlusts
- besseres Filterergebnis

Es ergeben sich folgende Nachteile:
- es wird mehr Rückspülwasser gebraucht
- höhere Investitionskosten
- größerer Platzbedarf

Die DIN 19643 fordert, daß Rückspülungen in konstanten Zeitintervallen, mindestens einmal wöchentlich, durchgeführt werden. So treten in der Praxis nur geringfügige Druckverlusterhöhungen auf; die Volumenstromeinbußen durch Verschmutzen des Filters sind gering. Die Annahme überhöhter Druckverluste führt zur Falschauslegung der Pumpe und somit zu erheblichen Energieverlusten.

3.3 Volumenstrommesser

Bei Anlagen mit mehr als einem Filter werden zur Überwachung des Filtervolumenstroms und der Filterspülung Volumenstrommesser gefordert. Hier werden meist Staurandmeßgeräte eingesetzt, die aus einer Meßblende und einem Schwebekörper-Volumenstrommeßgerät bestehen. Sie verursachen erhebliche Druckverluste (2,5 mWs)

Wird dagegen je eine Pumpe mit einem Filter verbunden, so ist der Volumenstrom durch die Pumpenkennlinie und die Förderhöhe vorgegeben. In diesem Fall können Volumenstrommesser entfallen. Ist dies nicht möglich, können druckverlustarme Flügelradmeßgeräte eingesetzt werden.

3.4 Schwallwasserbehälter

Das durch Personen und Wellen verdrängte Wasser nimmt ein druckloser Behälter auf, der Schwallwasserbehälter genannt wird. Häufig steht der Schwallwasserbehälter im Kellergeschoß. In diesem Fall muß der geodätische Höhenunterschied von einer Pumpe überwunden werden. Bei Planung und möglichst auch bei der Sanierung von Bädern sollte darauf geachtet werden, daß der Höhenunterschied möglichst gering ist.

> Möglichst geringer Höhenunterschied zwischen Becken und Schwallwasserbehälter

Beispiel aus der Praxis:
Bei einer Hallenbad-Sanierung wurde der Schwallwasserbehälter nicht in einen großzügigen Freiraum unter dem Becken untergebracht, sondern auf ein Podest im Beckenumgang gestellt. Folgende Ergebnisse wurde erzielt:

Reduzierung der Pumpendruckhöhe um	ca. 3,8 mWs
(= 76 % der verbleibenden Restförderhöhe von 5 mWs)	
Reduzierung der elektrischen Leistung (200 m³/h)	ca. 2,9 kW
Kostenreduzierung (8.700 h, 0,2 DM/kWh)	ca. 5.000 DM/a
Zusätzliche Investitionskosten	ca. 15.000 DM

3.5 Wärmeaustauscher

Die Wärmeaustauscher zur Beckenwassererwärmung liegen meist im Bypass einer Drossel im Hauptstrom. Der Druckverlust der Wärmeaustauscher wird so auf den Hauptstrom übertragen, auch in Zeiten, in denen nicht geheizt wird. Zudem müssen bei der Auslegung Reserven für die Anheizung nach Beckenneubefüllung berücksichtigt werden. Der Druckverlust für Normalbetrieb ist dadurch unnötig hoch.

> Reduzierung des Druckverlustes am Wärmetauscher

Bei bestehenden Anlagen kann der Energieverlust durch folgende Maßnahmen reduziert werden:

- Eindrosseln: Heizventile manuell öffnen, Drossel in der Hauptleitung soweit öffnen, bis sich eine sinnvolle Temperaturdifferenz im Sekundärstrom (ca.15 °C) einstellt. In der Anheizphase kann gegebenenfalls stärker eingedrosselt werden.
- Die Pumpe an den Normalbetrieb anpassen. Zur Kontrolle des Differenzdruckes empfiehlt es sich, eine Schlauchwaage als Anzeige zu installieren.
- Bei hohen Druckverlusten kann die Nachrüstung einer separaten Bypasspumpe sinnvoll sein.

Bei Neuplanung einer Anlage sollte folgendes beachtet werden:
- Wärmeaustauscher mit geringem Druckverlust wählen.
- Aus- und Einleitungen strömungsgünstig gestalten, also unter flachem Winkel abgehen oder an Bögen anbringen.
- Falls möglich, vorhandene Druckverluste in der Hauptleitung ausnutzen.
- Sinnvoll ist auch, dien nötige Druckdifferenz nach dem Strahlpumpenprinzip durch leichtes Verengen der Hauptleitung bereitzustellen.

4 Beckenwassertechnik Freibad

Grundsätzlich gelten die Ausführung in Abschnitt 3 auch für Freibäder. Im folgenden soll daher nur auf einige Besonderheiten eingegangen werden

Die DIN 19643 geht bei der Bemessung des Filterkreislauf-Volumenstroms von einer Schönwetterperiode mit hohen Besucherzahlen aus. In Gesprächen mit Gesundheitsämtern hat sich bestätigt, daß eine Anpassung des Volumenstroms an die Wetterbedingungen und die Besucherzahlen sinnvoll und möglich ist.

Der Volumenstrom wird einmal am Tag für die nächsten 24 Stunden festgelegt. Wie Messungen in öffentlichen Freibädern (Hochbauamt Stadt Greven 1991, Amt für Energie und Umwelt Saarbrücken 1986) zeigen, korreliert die Besucherzahl gut mit den Tagesmitteltemperaturen. Als Kriterium für die Festlegung des Volumenstroms kann also sowohl die Besucherzahl als auch die Außentemperatur herangezogen werden.

Seitens des Gesundheitsamtes wurde der Vorschlag gemacht, den Volumenstrom in Abhängigkeit von den ohnehin kontinuierlich gemessenen Chlor-, Redox- und PH-Werten zu steuern, um so eine direkte Kopplung zur einzuhaltenden Wasserqualität zu bekommen. Dieser Bezug auf den realen Wasserzustand gewährleistet ein Optimum an Betriebssicherheit und Energieeinsparung.

Bedarfsabhängige Steuerung des Filterkreislauf-Volumenstroms

Durch Bedarfsanpassung des Volumenstroms bei Freibädern kann eine drastische Energieeinsparung realisiert werden, und zwar aus folgenden Gründen:
- geringe Vollastzeiten
- Leistungsaufnahme reduziert sich näherungsweise mit dritter Potenz der Volumenstromabnahme (turbulente Strömungsverluste sind dominant).

Die Reduktion der Leistungsaufnahme setzt sich zusammen aus:
- linearer Abnahme des Massenstroms
- quadratischer Reduktion aller turbulenten Strömungsverluste
- gleichbleibendem Wirkungsgrad von Pumpe und Antrieb (im Konkreten zu überprüfen).

Sind z.B. zwei Pumpen installiert, kann die Absenkung des Volumenstroms auf folgende Weise realisiert werden:

Abschalten einer Pumpe

Nachteil: Der Wirkungsgrad der weiterhin betriebenen Pumpe sinkt drastisch und die Verluste steigen.

Einbau eines Frequenzumformers

Der Einsatz von Drehzahlsteuerung beider Pumpen mittels Frequenzumformer gewährleistet einen hohen Wirkungsgrad der Pumpen bei Teillast. Die Drehzahlsteuerung kann gleichzeitig auch Fehlauslegungen der Pumpe bei Vollast ausgleichen. Durchzuführende Leistungsanpassungen durch Laufradabdrehen können entfallen. Die Drehzahlsteuerung bietet dabei ein Höchstmaß an Flexibilität und ist leicht nachrüstbar.

Die erzielbare Einsparung soll an einem Beispiel verdeutlicht werden: In einem bestehenden Freibad wurden die Pumpen (elektrische Leistung 100 kW) mit Frequenzumformern für ausgerüstet und temperaturabhängig gesteuert. Abbildung 3 zeigt die Betriebsdaten, die nach der Umrüstung ermittelt wurden. Die erzielte Energieeinsparung betrug 70%. Die Kapitalrückflußzeit für die notwendigen Investitionen war kleiner als 2 Jahre.

Besucherzahl in %	Lufttemperatur in °C	Volumenstrom in %	Leistung in %	Betriebszeit in %
unter 10	unter 21	50	15	70
10 bis 35	21 bis 26	50 bis 110	15 bis 100	17
über 35	über 26	110	100	13

Abb. 3: Betriebsdaten der Beckenwasser-Umwälzung eines Freibades mit temperaturabhäniger Steuerung

5 Heizungsanlagen

Heizungsanlagen in Hallenbädern benötigen elektrische Energie vor allem für den Betrieb der Brenner und der Umwälzpumpen. Die elektro-energetische Qualität einer Heizungsanlage kann durch das Verhältnis von benötigter elektrischer Energie zur abgegebenen Wärmeenergie beschrieben werden. Dieses Verhältnis liegt häufig bei 2%; Werte bis 10% kommen vor. Angestrebt werden sollte jedoch ein Anteil von 1%. Wenn energieeinsparende Hydraulikkonzepte realisiert werden (Systemgesamtdruck 2 m WS in Verbindung mit Trockenläuferpumpen), sind sogar Werte in der Größenordnung von 0,1% erreichbar.

Bei der Konzipierung oder Umrüstung von Heizungsanlagen sollten die folgenden Hinweise zu Pumpen und Brennern berücksichtigt werden.

Hinweise für den energiesparenden Betrieb von Umwälzpumpen und Brennern

Drehzahlgeregelte Pumpen

Der Einsatz von Frequenzumrichtern führt – sinnvoll angewendet – in vielen Fällen zu einer drastischen Energieeinsparung. Die derzeitige Praxis, Pumpen mit integrierter Drehzahlregelung auszurüsten, wie sie in der Energieeinsparverordnung vorgeschrieben wird, bewirkt jedoch in aller Regel einen Mehrverbrauch gegenüber der gut dimensionierten Standardpumpe. Grund hierfür ist, daß die Industrie die prinzipiell gute Technik mißbraucht, um ihre Typenvielzahl drastisch zu reduzieren. Generell werden Pumpen mit einer maximalen Förderhöhe von 6 bis 14 mWs verwendet. Regelt man diese Pumpen auf die benötigten 0,5 bis 3 mWs, so sind keine optimalen Wirkungsgrade zu erreichen. Bei kleineren Baureihen wird außerdem keine Frequenzmodulation, sondern die energetisch schlechtere Phasenanschnittschaltung verwendet. Besonders fragwürdig ist der Einsatz teurer Frequenzumformerpumpen in Kreisen mit konstantem Volumenstrom und konstantem Druckverlust.

Stufenlose Brenner

In mit Gas beheizten Hallenbädern ist der Einsatz von Brennwerttechnik besonders lohnend. Der Wirkungsgrad von Brennwertkesseln kann durch den Einsatz stufenlos modulierender Brenner mit großem Regelbereich erhöht werden. Hier ist jedoch Vorsicht geboten. Bei Minimallast wird unverhältnismäßig viel elektrische Energie für den Brenner benötigt, insbesondere wenn im Auslegungspunkt erhebliche Druckreserven vorhanden sind. Mittlerweile werden energiesparende, drehzahlgeregelte Brenner für den Leistungsbereich von 80 bis 1.000 kW von kleineren, innovativen Firmen hergestellt. Erste Betriebsergebnisse zeigen einen sehr ruhigen Betrieb und 80% Stromeinsparung.

6 Literatur

Deutsche Gesellschaft für das Badewesen: Energieeinsparung in Bädern. Essen 10/1988
Deutsche Gesellschaft für das Badewesen: Überörtlicher Betriebsvergleich Bäderbetrieb 1996
Hochbauamt Stadt Greven: Wasser-, Lufttemperaturverlauf, Besucherzahl im Freibad Greven 1991
Amt für Energie und Umwelt Saarbrücken: Solaranlage Freibad Schwarzenberg. Saarbrücken 1986

Oliver Stobbe

Bürogeräte

Bürogeräte können mit weit weniger Energieeinsatz betrieben werden, ohne daß die Nutzer Einbußen bei der Handhabung hinnehmen müssen. Eine Studie, die im Auftrag des Umweltbundesamtes erstellt wurde (Rath et al. 1997), hat für das Jahr 1995 Leerlaufverluste in Bürogeräten von 6,5 TWh ermittelt. Das entspricht etwa der Jahresproduktion des Kraftwerks Isar I. Nach den Telekommunikationsgeräten bieten Computer, Drucker, Kopierer sowie Faxgeräte wegen ihrer großen Verbreitung und den hohen Leerlaufanteilen im Energieverbrauch das wichtigste Energieeffizienzpotential.

| Leerlaufverluste von Bürogeräten entsprechen Stromproduktion eines ganzen Kraftwerks.

Neben den Kosteneinsparungen beim Energiesparen können auch Umwelt- und Imageaspekte eine Rolle spielen. So sind Umweltaspekte oft Bestandteil von Firmenleitlinien oder erforderlich, um die Zertifizierung nach dem Öko-Audit zu erlangen. Vor allem aber die Energiekosteneinsparungen von mehr als 70 % in einem normalen Büro lassen nichtinvestive oder geringinvestive Energieeffizienzmaßnahmen interessant erscheinen: Bei einem Büro mit 20 Computerarbeitsplätzen wären das typischerweise ca. 3.000 DM eingesparte Stromkosten jedes Jahr. Dazu kommen Einsparungen in der Raumklimatisierung wegen verringerter thermischer Lasten.

1 Einleitung

Pro Computerarbeitsplatz können rund 150 DM Stromkosten pro Jahr eingespart werden.

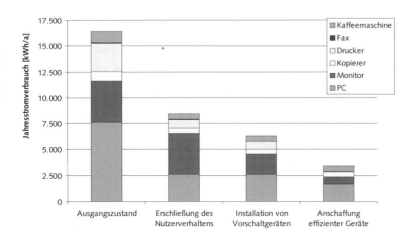

Abb. 1: Energiesparpotentiale in einem typischen Büro mit 20 Computerarbeitsplätzen

Zur Veranschaulichung des Einsparpotentials in einem normalen Büro mit 20 Computerarbeitsplätzen wurde eine Modellberechnung des Jahresstromverbrauchs der einzelnen Bürogeräte durchgeführt. Dabei wurden 20 PC mit 17 Zoll-Kathodenstrahlbildschirmen, 10 Laserdrucker, ein Faxgerät, ein Großkopierer und eine Kaffeemaschine angenommen. Im Ausgangszustand bleibt der PC immer eingeschaltet, der Monitor wird während 40 Stunden je Woche betrieben, der Kopierer und die Drucker werden 10 Stunden in der Woche betrieben und sind insgesamt 40 Stunden je Woche eingeschaltet. Die Kaffeemaschine wird neben dem Kaffeekochen auch zum Warmhalten des Kaffees genutzt, und das Faxgerät wird wie üblich dauernd im Stand-by betrieben.

Zunächst werden die Einsparpotentiale, die im verantwortungsvollen Nutzerverhalten liegen, erschlossen: Die PC werden nachts und am Wochenende abgeschaltet,

> Durch Nutzerverhalten kann rund 50 % der elektrischen Energie eingespart werden.

> Energieeinsparung durch angepaßtes Nutzerverhalten und Vorschaltgeräte über 60 %.

> Energieeinsparung durch angepaßtes Nutzerverhalten und energieeffiziente Neugeräte über 75 %.

die Monitore werden in Arbeitspausen abgeschaltet und die Kaffeemaschine nicht mehr zum Warmhalten des Kaffees genutzt. Dazu kommt, daß sich nun 20 Arbeitsplätze drei Drucker teilen.

In einem weiteren Schritt können die technischen Möglichkeiten von Vorschaltgeräten genutzt werden, wenn die Anschaffung von Neugeräten nicht möglich ist. Dadurch läßt sich der vorhandene Gerätepark energieeffizienter betreiben. Zum Beispiel werden die Drucker und der Kopierer automatisch abgeschaltet, wenn keine Druck- oder Kopieraufträge abgearbeitet werden. Das Fax wird abgeschaltet, wenn keine Nachrichten eintreffen oder versandt werden, und die Monitore schalten sich nach wenigen Minuten Maus- bzw. Tastaturinaktivität automatisch ab.

Beim Ersatz alter Bürogeräte sollten besonders energieeffiziente Geräte beschafft werden. Hier werden Laser- durch Tintenstrahldrucker, Kathodenstrahl- durch LCD-Monitore ersetzt sowie PC mit inhärenten Energiesparfunktionen wie aus der Laptop-Technik bekannt und Faxgeräte mit niedrigem Stand-by-Verbrauch eingesetzt.

2 Stand-by, Leerlauf, Sleep Mode – Begriffsdefinitionen

Unter dem Begriff Leerlauf versteht man den Betrieb eines Gerätes ohne direkten Nutzen. Darunter fällt der ungenutzte Normalbetrieb ebenso wie der Betrieb im Stand-by oder in verschiedenen Energiesparmodi.

Stand-by bezeichnet den Erhaltungsbetrieb, der erforderlich ist, um ein schnelles, sicheres oder bequemes Bedienen eines Gerätes zu ermöglichen, während es sich im Leerlauf befindet. Stand-by bezeichnet aber keinen energiesparenden Zustand.

Begriffe wie Sleep-Mode, Powersave-Mode etc. sind Wortschöpfungen der Hersteller von Bürogeräten, um einen gegenüber normalem Leerlauf abgesenkten Energieverbrauch zu kennzeichnen.

3 Bürogeräte – Typen, Funktionsweisen, Energiesparmaßnahmen

In diesem Anschnitt werden Möglichkeiten vorgestellt, durch den effizienten Betrieb vorhandener Büroelektronikgeräte und den Einsatz energieeffizienter Neugeräte Energie zu sparen.

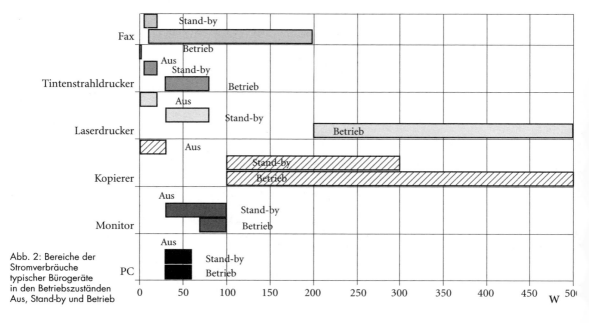

Abb. 2: Bereiche der Stromverbräuche typischer Bürogeräte in den Betriebszuständen Aus, Stand-by und Betrieb

Die Bandbreite der Energieverbräuche für die einzelnen Bürogerätetypen ist sehr groß. Da aber gerade die Stand-by-Verbräuche einen gleichermaßen hohen, aber auch weitgehend vermeidbaren Anteil an den Gesamtenergieverbräuchen von Bürogeräten haben, sind in der nachfolgenden Abbildung die mittleren Leerlaufleistungen (Stand-by) für den heutigen Gerätebestand, für durchschnittliche Neugeräte und für energieeffiziente Neugeräte dargestellt.

Große Einsparpoteniale im Stand-by.

Abb. 3: Mittlere Leerlaufleistungen (Stand-by) verschiedener Bürogerätetypen

Gerät	Mittlere Leerlaufleistung [W]		
	Gerätebestand heute	Durchschnittliche Neugeräte	Effiziente Neugeräte
PC mit Monitor	100	80	30
Notebook	15	10	<5
Laserdrucker	80	15	5
Tintenstrahldrucker	10	10	<5
Großkopierer	220	180	80
Faxgerät	15	8	2
Telefonanlagen	2 W je Nebenstelle	1 W je Nebenstelle	< 1 W je Nebenstelle

Die hauptsächlichen Energieverbraucher an einem Computerarbeitsplatz sind die Geräte Monitor und PC. Bei den Monitoren gibt es zwei Typen, den Kathodenstrahlbildschirm und den Flüssigkristall- (LCD-) Monitor. Bei Computern unterscheidet man zwischen PC und Laptop.

In Abbildung 4 läßt sich erkennen, daß fast die Hälfte der Energie am Computerarbeitsplatz ungenutzt, also im Leerlauf und im ausgeschalteten Zustand, verbraucht wird, wenn der Computer während der gesamten Arbeitszeit ein- und außerhalb der Geschäftszeiten ausgeschaltet wird und im ausgeschalteten Zustand noch Strom verbraucht, was häufig der Fall ist.

3.1 Monitore und PC

Nur ca. 50 % der Energie für PC und Monitor während des eigentlichen Betriebs.

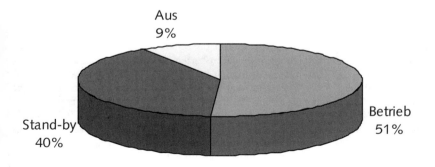

Abb. 4: Typische Energieverbräuche in verschiedenen Betriebszuständen von PC und Kathodenstrahlmonitor

3.1.1 Kathodenstrahlmonitor

Beim Kathodenstrahlbildschirm wird ein Elektronenstrahl erzeugt, der mittels eines Magnetfeldes auf eine fluoreszierende Beschichtung gelenkt wird. Daraus ergeben sich schon die Hauptenergiesenken: der Elektronenbeschleuniger und das magnetische Feld. Je heller und größer ein Bildschirm, desto größer die Energieaufnahme des Elektronenbeschleunigers. Und je größer die Bildschirmauflösung und die Bildfrequenz, desto höher der Energiebedarf des Magnetfeldes. Weitere Energieverbraucher wie die Steuerelektronik und das Netzteil spielen beim Energieverbrauch eine kleinere Rolle, sofern sich der Monitor vollständig abschalten läßt.

Ein typischer Farbmonitor von 17 Zoll Bildschirmgröße hat im Betrieb eine Leistungsaufnahme zwischen 70 und 100 W. Kleinere Bildschirme, zum Beispiel in der Größe um 15 Zoll, liegen bei 50 bis 80 W. Einige Monitore verbrauchen auch im vermeintlich ausgeschalteten Zustand noch Strom, das ist zumeist der Fall, wenn der Monitor vom Rechner ein- und ausgeschaltet wird. Der Bildschirmschoner, der sich in Arbeitspausen automatisch einschaltet, dient dazu, die Fluoreszenzschicht zu schonen und das „Einbrennen" einer stehenden Bildschirmdarstellung zu vermeiden. Der Unterschied zwischen dem Energieverbrauch mit hellem und dunklem Monitor kann dagegen bis zu 20 % ausmachen, indem zum Beispiel „schwarze" Bildschirmschoner eingerichtet werden oder die übliche schwarz-auf-weiß-Ansicht von Anwendungsprogrammen durch eine weiß-auf-schwarz-Ansicht ersetzt wird.

> Farbige Bildschirmschoner sind keine Energiesparer, einzig schwarze Bildschirmschoner können geringfügige Einsparungen bringen.

Wesentlich größere Einsparungen lassen sich durch gezieltes Abschalten des Bildschirmes in Arbeitspausen erreichen. Der Monitor braucht im Gegensatz zum Rechner nur wenige Sekunden, bis er wieder vollständig einsatzbereit ist, so daß ein Abschalten keine Zeiteinbuße und keinen großen Verlust an Komfort mit sich bringt. Das Ausschalten kann durch Veränderung des Nutzerverhaltens, durch Vorschaltgeräte oder durch in das Betriebssystem integrierte Software erreicht werden.

> Monitore in Arbeitspausen und außerhalb der Arbeitszeit immer ausschalten.

3.1.2 LCD-Monitor

Die Hauptenergiesenke ist hier die Bildschirmhinterleuchtung. Die Bilderzeugung in den LCD-Schichten erfordert dagegen nur eine geringe Leistung. LCD-Monitore werden bevorzugt für tragbare PC (Laptops) verwendet. Hier ist der Leistungsbedarf mit 10 bis 15 W deutlich geringer als bei Kathodenstrahlmonitoren vergleichbarer Größe. Vorteile der flachen LCD-Bildschirme liegen im geringen Energie- und Platzverbrauch sowie im geringen Gewicht. Hauptnachteile sind die geringe Bildgeschwindigkeit (zum Beispiel schlecht verfolgbare Bewegungen der Maus) und die geringe Bildauflösung sowie der im Vergleich zu Kathodenstrahlbildschirmen hohe Anschaffungspreis.

Größere LCD-Monitore für stationäre Anwendungen verfügen meist über eine bessere Auflösung, Helligkeit und einen größeren Sichtwinkel. Die Leistungsaufnahme ist deutlich geringer als bei gleich großen Kathodenstrahlbildschirmen und liegt für einen 35 cm (≅ 17 Zoll)-Bildschirm bei ca. 40 W. Trotzdem sollte die Leistungsaufnahme im Betrieb beim Erwerb geprüft werden. Vereinzelt haben Geräte in der gleichen Größe eine Leistungsaufnahme von bis zu 70 W.

> LCD-Monitore sparen Platz, reduzieren die Energieverluste und damit Wärmelasten und sind strahlungsärmer als Katodenstrahlbildschirme.

3.1.3 PC

Als PC wird die Rechnereinheit des Computerarbeitsplatzes mit den integrierten funktionalen Einheiten bezeichnet. Mit der Zahl der funktionalen Einheiten (zum Beispiel Video- oder Soundkarte, Kommunikationskarten, Controllerkarten, Lautsprecher, CD-ROM etc.) steigt der Energieverbrauch des Rechners. Hauptenergiesenken im PC sind das Netzteil, Motoren von Kühlventilatoren und Festplattenlaufwerken sowie die genannten funktionalen Einheiten. Der Bereich der Leistungsaufnahme von gängigen Geräten (Pentium II) beginnt bei ca. 35 W und steigert sich auf über 65 W bei Multimedia-Anwendungen mit CD-ROM etc. Die neuesten Prozessorentwicklungen Pentium III und Celerion weisen in den ersten Geräten noch einen erheblich höheren Energieverbrauch auf als die Geräte auf Pentium II-Basis. Bei einigen PC wird die Stromversorgung auf der Sekundärseite des Netzteils abgeschaltet, was zu kontinuierlichen Verlusten im Transformator, selbst im ausgeschalteten Zustand, führt. Außerdem sind manche Rechner mit internen Akkumulatoren bestückt, die dafür sorgen sollen, daß die interne Uhr etc. bei einem Stromausfall weiter mit Strom versorgt wird. Der Ladezustand dieser Akkumulatoren muß aufrechterhalten werden, wofür kontinuierlich Strom verbraucht wird. Jedoch speichern diese Akkumulatoren genug Energie, um Datenverlust über einige Tage vermeiden zu können. Daher kann man den Energieverbrauch im ausgeschalteten Zustand problemlos durch vollständige Netztrennung reduzieren. Häufiges Abschalten schadet dem Rechner nicht, es ist also

> Beim Abschalten den PC immer vom Netz trennen.

unnötig, den Rechner über längere Phasen eingeschaltet zu lassen, ohne ihn zu nutzen. Jedoch macht es wenig Sinn, den Rechner in kurzen Arbeitspausen abzuschalten, da das Hochfahren verhältnismäßig lange braucht.

Laptops sind ohnehin extrem energieeffizient ausgelegt, man sollte jedoch darauf achten, daß sie nur während der Ladezyklen des Akkus und im Betrieb ans Netz angeschlossen werden, um Verluste zu vermeiden.

Neue PC werden häufig mit dem Energy Star ausgezeichnet und verfügen über installierte und aktivierte Energy Saver Software, die den Energiebedarf in Inaktivitätsphasen drosselt. Dazu wird zum Beispiel die Taktfrequenz der CPU herabgesetzt oder das Festplattenlaufwerk gestoppt. Bei der Neuanschaffung sollte die Energy Saver Software nicht nur installiert, sondern auch aktiviert werden. Außerdem sollte bei Neuanschaffungen darauf geachtet werden, daß sich die Hardware für zukünftige Entwicklungen von Energiesparsystemen eignet.

Laptops verbrauchen bei gleicher Leistung weniger Energie als Desktop-PC.

Bei neuen Betriebssystemen und Hardware auf integrierte Energiesparfunktionen und deren Aktivierung achten; bei Komplikationen fachlichen Rat hinzuziehen und nicht nachgeben.

3.2 Drucker

Drucker werden oft dauernd im eingeschalteten Zustand betrieben. Aber auch, wenn sie nur während der Arbeitszeit in Betrieb gesetzt werden, liegt ihr Verbrauch in der ungenutzten Zeit bei knapp der Hälfte des gesamten Energieverbrauchs, wie die Abbildung für einen Laserdrucker zeigt. Am gebräuchlichsten sind heute Tintenstrahl-, Laser- oder LED-Drucker, wobei die letzteren beiden wegen ihrer technischen Ähnlichkeit zusammen behandelt werden sollen.

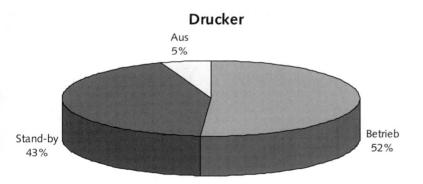

Abb. 5: Typische Energieverbräuche eines Druckers für verschiedene Betriebszustände

3.2.1 Tintenstrahldrucker

Der am häufigsten eingesetzte Druckertyp dürfte (noch) der Tintenstrahldrucker sein. Hier werden mikroskopische Tintentropfen vom Druckkopf auf das Papier geschossen. Die meiste Energie wird für die Bewegung von Papier und Druckkopf, die Steuerelektronik und das Netzteil verbraucht. Gute Tintenstrahldrucker sind etwa genauso schnell wie langsame Laserdrucker und bieten eine vergleichbare Druckqualität. Im Stand-by sinkt die Leistungsaufnahme nahezu auf Null, und im Betrieb ist die Leistungsaufnahme um Größenordnungen kleiner als beim Laserdrucker.

Auch beim Tintenstrahldrucker kann die Stromversorgung oft nur sekundärseitig abgeschaltet werden, wodurch sich im ausgeschalteten Zustand Verluste im Netzteil ergeben. Wegen der kurzen Startzeit des Tintenstrahldruckers stellt es keinen nennenswerten Komfortverlust dar, wenn er in Arbeitspausen abgeschaltet wird. Dabei sollte darauf geachtet werden, daß auch im ausgeschalteten Zustand keine Leistung aufgenommen wird, zum Beispiel mit einer zentral geschalteten Steckerleiste.

Tintenstrahldrucker sind am energieeffizientesten; gute Tintenstrahldrucker sind in Druckgeschwindigkeit und Auflösung mit anderen Druckertypen vergleichbar.

Vollständige Netztrennung häufig nur über zum Beispiel abschaltbare Steckerleiste möglich.

3.2.2 Laser- oder LED-Drucker

| Laser- und LED-Drucker verbrauchen mehr Energie als andere Druckertypen.

Beim Laser- oder LED-Drucker wird eine lichtempfindliche Walze gezielt mit einem Laserstrahl oder Leuchtdioden belichtet und damit statisch aufgeladen. Auf die statisch geladenen Stellen wird Tonerpulver aufgetragen, das dann auf Papier abgewälzt wird. Mit einer ca. 200 °C heißen Walze wird das Tonerpulver auf dem Papier unter Druck fixiert. Damit sind auch schon die Hauptenergiesenken identifiziert: Die Fixierwalze muß im Betrieb auf einer hohen Temperatur gehalten werden, die meist auch im Stand-by aufrechterhalten wird, um ein schnelles Ansprechen bei eintreffenden Druckaufträgen zu ermöglichen. Weitere Energieverbraucher sind der Papiertransport, die Steuerelektronik mit dem Netzteil und die Lichtquelle, also Laser oder LED. Neben hoher Druckgeschwindigkeit bieten Laserdrucker auch ein sehr gutes Schriftbild. Daher sind sie heute trotz des vergleichsweise hohen Preises der dominierende Druckertyp in Büroanwendungen. Die Leistungsaufnahme steigt mit der Druckgeschwindigkeit und kann zwischen 80 und 400 W im Betrieb liegen.

| Vollständige Netztrennung häufig nur über abschaltbare Steckerleiste möglich.

Bei moderneren Laserdruckern zielen Energiesparmaßnahmen darauf ab, die Leistungsaufnahme der Fixierwalze dadurch zu reduzieren, daß die Temperatur im Stand-by und damit die thermischen Verluste abgesenkt werden. Auch im ausgeschalteten Zustand verbrauchen einige Drucker noch Energie, weil sich das Netzteil nur sekundärseitig schalten läßt oder (bei älteren Geräten) die lichtempfindliche Walze beheizt wird, um Kondenswasserbildung zu vermeiden.

| Powersaver-Funktionen aktivieren, Seitenkompression nutzen.

Je nach Drucker kann die Leistungsaufnahme im Stand-by deutlich geringer sein, bei manchen Geräten sind die Unterschiede zwischen Betrieb und Stand-by aber nur geringfügig. Neuere Laser- und LED-Drucker bzw. deren Druckertreiber bieten Funktionen wie die Kompression mehrerer Druckseiten auf einem Blatt Papier, was den Energieeinsatz für den Drucker wie für das verwendete Papier herabsetzt.

3.3 Kopierer

| Möglichst wenige Kopierer mit vielen Mitarbeitern teilen.

Beim Kopierer übersteigt der Energieverbrauch, der im Leerlauf oder im ausgeschalteten Zustand anfällt, den Energieverbrauch im Betrieb, selbst wenn der Kopierer nur während der Arbeitsstunden eingeschaltet wird. Bei Kopierern, die auch außerhalb der Geschäftszeiten eingeschaltet bleiben, ist der Anteil des Energieverbrauchs im Betrieb entsprechend kleiner. Bei Kopierern lassen sich die gebräuchlichsten Typen Großkopierer mit zahlreichen integrierten Sonderfunktionen und transportable Kleinkopierer, sogenannte Desktop-Kopierer, unterscheiden.

Abb. 6: Typische Energieverbräuche von Großkopierern für verschiedene Betriebszustände

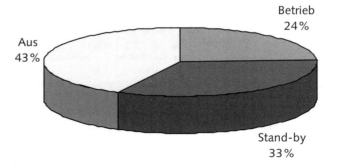

3.3.1 Großkopierer

Je schneller ein Kopierer arbeitet, desto höher ist auch seine Leistungsaufnahme im Betrieb. Bei Großkopierern stellt die Fixierwalze die Hauptenergiesenke dar, die im Betrieb wie im Stand-by warmgehalten wird und hohe thermische Verluste aufweist. Weitere Energieverbraucher sind der Papiertransport und die Lichtquelle für die

Erzeugung der Lichtreflexe des Originals, so daß sich insgesamt Leistungsaufnahmen von 400 W und mehr im Betrieb ergeben können. Mit der Kopiergeschwindigkeit steigt auch die Startzeit des Kopierers, die einige Minuten ausmachen kann. Da so lange Wartezeiten zumeist als unangemessen empfunden werden, wird der Kopierer durchgehend im Stand-by betrieben, aus dem die Startzeit geringer ist. Je geringer die Leistungsaufnahme im Stand-by, desto länger die Startphase bis zum Betriebszustand.

Unter den zahlreichen Sonderfunktionen der Großkopierer befindet sich meist auch die Funktion zur Erstellung von zweiseitigen Kopien, sogenannten Duplex-Kopien, oder die Kompression von zwei Seiten auf eine Blattseite. Dadurch kann der Papiereinsatz und im zweiten Fall auch der Energieeinsatz beim Kopieren gesenkt werden. Denn für die Herstellung eines DIN A4-Blattes weißen Papiers ist etwa zehnmal soviel Energie erforderlich wie für das Kopieren. Umweltschutzpapier benötigt in der Herstellung etwa die Hälfte der Energie, die für Herstellung von weißem Papier erforderlich ist. Eine Reduktion des Papiereinsatzes senkt damit nicht nur im Büro den Energieeinsatz erheblich.

> Powersaver-Funktionen aktivieren, Duplexfunktion und Seitenkompression nutzen.

Bei älteren Kopierern wird die lichtempfindliche Walze auch im ausgeschalteten Zustand beheizt, um die Bildung von Kondenswasser zu verhindern. Da in fast allen Büros die klimatischen Bedingungen so gehalten werden, daß die Entstehung von Kondenswasser ausgeschlossen werden kann, sollte der Kopierer zur Einsparung von Energie vom Netz getrennt werden. Auf jeden Fall sollten Kopierer in längeren inaktiven Phasen, zum Beispiel nachts und am Wochenende, vollständig abgeschaltet werden, da die Leistungsaufnahme mit 30 bis 200 W im Stand-by immer noch beträchtlich ist.

> Kopierer außerhalb der Arbeitszeit immer vom Netz trennen.

3.3.2 Desktop-Kopierer

Bei den kleineren Desktop-Kopierern wird durch den Einsatz einer kleineren Walze oder eines Thermoelements mit einer Folienschleife der thermische Verlust am Fixierer reduziert. Wegen der geringen thermischen Massen dieser Bauteile ist die Startzeit mit einigen Sekunden bei den Desktop-Kopierern wesentlich kürzer als bei Großkopierern, so daß der Nutzer diese in Arbeitspausen abschalten kann, ohne allzu großen Zeitverlust beim Neustart in Kauf nehmen zu müssen. Bei einigen Desktop-Kopierern werden die internen Komponenten bei längerer Inaktivität automatisch vom Netz getrennt, so daß nur noch die Steuerelektronik eine Leistung von wenigen Watt aufnimmt. Die bei den Großkopierern beschriebenen Sonderfunktionen lassen sich in den meisten Kompaktgeräten nicht realisieren, so daß als Energiesparmaßnahme nur das gezielte Ausschalten in Arbeitspausen, nachts und an Wochenenden bleibt. Auch hier sollte darauf geachtet werden, daß der Kopierer im ausgeschalteten Zustand keine Leistung aufnimmt und gegebenenfalls vom Netz getrennt wird.

> Wenn möglich: Desktop- statt Großkopierer einsetzen.

3.4 Faxgeräte

Bei Faxgeräten ist eine ständige Sende- und Empfangsbereitschaft erforderlich, während die eigentlichen Empfangs- und Sendevorgänge nur wenig Zeit in Anspruch nehmen. Dadurch ergibt sich der kleine Anteil von nur 5 % für den Betrieb des Faxgerätes, während die Leerlaufverluste den Rest des Energieverbrauchs ausmachen (Abbildung 7).

Faxgeräte werden mit Thermo-, Laser- oder Tintenstrahldruckwerken ausgestattet, was Einfluß auf ihren charakteristischen Leistungs- und Energieverbrauch hat. Thermodruckwerke verbrauchen relativ wenig Energie, da sie nur beim Empfang der Dokumente erwärmt werden. Der Nachteil ist allerdings das teure, schlecht recyclierbare und bedingt haltbare Spezialpapier, das erforderlich wird. Dagegen brauchen Laser- und Tintenstrahldruckwerke herkömmliches Papier. Laserdruckwerke funktionieren wie Laserdrucker. Die hohe Druckqualität und -geschwindigkeit kann wegen der geringen Auflösung und Übertragungsgeschwindigkeit der Faxscanner nicht genutzt werden, und die Fixiertrommel muß entweder leistungsintensiv auf Tempera-

> Beim Kauf auf kleinste Stand-by-Leistungsaufnahme achten.

Abb. 7: Typische Energieverbräuche von Faxgeräten mit Tintenstrahldruckwerk im Betrieb und im Stand-by

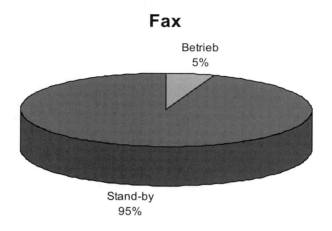

> Tintenstrahl- statt Laser- oder Thermofax einsetzen.

tur gehalten oder zeitintensiv aufgeheizt werden, wenn eine Nachricht eintrifft. Tintenstrahldruckwerke sind dagegen immer betriebsbereit und brauchen im Leerlauf fast keinen und im Betrieb wesentlich weniger Energie als ein Laserdruckwerk.

3.5 Sonstige Bürogeräte

Scanner, Lautsprecher und andere Computerperipheriegeräte werden meist zusammen mit dem Computer eingeschaltet oder gar nicht ausgeschaltet, obwohl sie nur relativ selten benutzt werden. Hier kann einiges an Energie gespart werden, indem die Geräte vom Netz getrennt werden, wenn sie nicht gebraucht werden.

Netzwerkrechner werden rund um die Uhr betrieben, obwohl sie nicht immer genutzt werden. Die hohen finanziellen Risiken, die mit Datenverlusten einhergehen, schrecken Netzwerkbetreiber davon ab, sie außerhalb der Geschäftszeiten herunterzufahren, obwohl in Demonstrationsprojekten erfolgreich bewiesen wurde, daß dies gefahrlos möglich ist (Schweizer Bundesamt für Energiewirtschaft 1996). Darüber hinaus ist die USV (unterbrechungsfreie Stromversorgung) in Netzwerken in der Regel überdimensioniert und nimmt damit unnötig viel Energie auf.

Anrufbeantworter und Telefonanlagen machen nach der genannten Studie im Auftrag des Umweltbundesamtes den Löwenanteil unter den Bürogeräten aus, jedoch

> Ungenutzte Geräte abschalten und vom Netz trennen; elektrische Schreibmaschinen möglichst gar nicht nutzen.

sind in diesem Anteil auch die privat genutzten Telefone und Anrufbeantworter enthalten. Da die Funktion des Anrufbeantworters und die des Faxgerätes zentral über jeweils eine Telefonnummer versorgt werden, können das restliche Telefonnetz und die entsprechenden, energieverbrauchenden Verteiler außerhalb der Geschäftszeiten abgeschaltet werden.

Ladegeräte sollten, wenn sie nicht gebraucht werden, vom Netz getrennt werden, um Trafoverluste und unnötige Ladeströme zu vermeiden.

Elektrische Schreibmaschinen sind enorme Stromfresser und verbrauchen für das Tippen einer Zeile mitunter soviel Energie wie ein Laserdrucker für das Drucken einer ganzen Seite. Daher sollten sie nach Möglichkeit durch Computer/Drucker-Systeme ersetzt werden.

> Bei Kombigeräten Energieverbrauch sorgfältig prüfen.

Kombigeräte integrieren mehrere Funktionen wie Scannen, Drucken, Faxen etc. in einem kompakten Gerät, wodurch der maximale Leistungsbedarf relativ groß ausfällt. Entsprechend wird das Netzteil überdimensioniert, was wiederum Trafoverluste bedingt. Dazu kommt, daß bei Faxfunktionen das Gerät ständig in Empfangsbereitschaft – also eingeschaltet – gehalten werden muß.

Kaffee- und Heißwasserbereiter sind zwar keine Bürogeräte an sich, trotzdem jedoch in jedem Büro vorhanden. Sie nehmen zur Erwärmung des Wassers hohe Leistungen auf, was kaum vermieden werden kann. Jedoch können Verluste beim Warmhalten der Getränke reduziert werden, indem Thermoskannen statt Warmhalteplatten verwendet werden. Zudem sollte darauf geachtet werden, daß immer nur soviel Wasser erwärmt wird, wie tatsächlich verbraucht wird. Daher und weil kein Warmhaltebetrieb erfolgt, sind Wasserkocher energieeffizienter als „Untertisch-" Heißwassergeräte.

> Thermoskannen zum Warmhalten von Heißgetränken einsetzen.

3.6 Vorschaltgeräte

Spezielle Vorschaltgeräte können automatisch Computermonitore, Faxgeräte, Drucker, Kaffeeautomaten, Kopierer oder den Netzwerkserver abschalten, wenn diese gerade nicht gebraucht werden. Dazu werden sie zwischen Steckdose und Gerät und gegebenenfalls in die jeweiligen Datenleitungen eingebunden. Ein weiterer Vorteil ist die große Kompatibilität, die es möglich macht, auch Geräte, bei denen Probleme mit der Energy-Saver-Software auftreten, effizienter zu betreiben. Vorschaltgeräte können sinnvoll überall da eingesetzt werden, wo der Ersatz des ineffizienten Altgerätes gegen ein energiesparendes Neugerät durch die Energiekosteneinsparungen nicht begründbar ist. Dies ist zum Beispiel bei hochwertigen großen bzw. älteren Monitoren (zum Beispiel 21 Zoll) oder leistungsfähigen Druckern, beispielsweise mit besonders hohen Druckgeschwindigkeiten häufig der Fall.

> Vorschaltgeräte ermöglichen den energieeffizienten Betrieb älterer oder spezieller Geräte.

Die einfachsten Vorschaltgeräte sind Zeitschaltuhren und Steckerleisten mit einem zentralen Schalter oder einer Master-/Slave-Schaltung. Hiermit kann das Ausschalten von Geräten oder Gerätegruppen vereinfacht und automatisiert werden, um Ausschalten außerhalb der Geschäftszeiten zu gewährleisten.

> Zeitschaltuhren und Steckerleisten vereinfachen das Ausschalten.

3.7 Meß- und Anzeigegeräte

Nur wenn man die Verbraucher und deren Verbrauchsstruktur in einem Büro kennt, kann man entsprechende Maßnahmen ergreifen, um sie effizienter zu betreiben oder sie zu ersetzen. Neben Multimetern sind zahlreiche Leistungs-, Energie- und Energiekostenmeßgeräte im Elektronikhandel vertreten. Um Lastgänge einzelner Geräte oder von Bürogebäuden aufnehmen zu können und so eine Analyse der Leistungsaufnahme in Abhängigkeit von der Zeit zu ermöglichen, sind Datalogger mit gegebenenfalls integrierten Monitorfunktionen erforderlich, die verschiedene Hersteller anbieten.

> Meß- und Anzeigegeräte ermöglichen die Analyse der Verbräuche und damit der Einsparmöglichkeiten.

4 Energy Label

Energy Label können beim Neuerwerb von Bürogeräten Auskunft über deren Energieverbrauch geben. Die verschiedenen Institutionen, die solche Produktauszeichnungen vergeben, haben unterschiedliche Vergabekriterien und veröffentlichen Listen mit den ausgezeichneten Produkten.

Abb. 8: „Energy Star" der US-amerikanischen Umweltbehörde EPA

Das wohl bekannteste und am weitesten verbreitete Energy Label ist der Energy Star der US-amerikanischen Umweltbehörde EPA. Die meisten Computer und Monitore werden bereits mit dem Energy Star ausgeliefert, etwas seltener findet man Drucker und noch seltener Faxgeräte und Kopierer mit dem Energy Star. Die Richtlinien des Energy Star geben bestimmte maximale Leistungsaufnahmen für den normalen Betrieb und Niedrigenergiemodi (low-power state) vor, außerdem wird die Einschaltzeit für die Niedrigenergiemodi vorgegeben. Die Richtlinien schreiben auch vor, daß die Geräte mit aktivierten Energiespar-Funktionen ausgeliefert werden müssen.

Abb. 9: Energy Label E2000 des Schweizer Bundesamtes für Energie, GEA-Label der „Group of Efficient Appliances"

Das Bundesamt für Energie der Schweiz vergibt seit 1994 das vergleichsweise strenge Label Energie 2000 (E 2000). Die Bewertungskriterien werden kontinuierlich und in Zusammenarbeit mit Herstellern dem Stand der Technik angepaßt, so daß immer nur die sparsamsten Geräte mit dem E2000-Label gekennzeichnet werden. Über zahlreiche Selbstverpflichtungserklärungen von Banken und Verwaltungen, ausschließlich Geräte mit dem E2000-Label anzuschaffen, hat sich das Label zu einem starken Marktinstrument entwickelt. In anderen Ländern Europas hat man mit Interesse dieses Beispiel verfolgt und beabsichtigt die Umsetzung äquivalenter Kennzeichnungen. In Deutschland haben sich verschiedene Organisationen in der Gemeinschaft Energielabel Deutschland (GED) zusammengeschlossen und verfolgen das Ziel der Einführung eines anerkannten Energielabels. Die „Group for efficient appliances" (GEA) ist eine Dachorganisation zahlreicher europäischer Körperschaften, zum Beispiel der Energieagentur NRW, der niederländischen Energieagentur NOVEM oder des schweizerischen Bundesamtes für Energie. Das Label ist bisher nur für Fernseher und Videorecorder vergeben worden, soll aber in der Absicht europäischer Harmonisierung auch für Bürogeräte vergeben werden.

> Kriterien zur Vergabe von E2000, GED und GEA sind identisch.

Abb. 10: Label TCO '95 (links) und TCO '99 (rechts)

Das TCO-Label wird von der schwedischen gewerkschaftsähnlichen Organisation für Büroarbeiter „Tjänstemännens Centralorganisation" vergeben und ist relativ weit verbreitet. Neben Richtlinien für maximalen Stromverbrauch in bestimmten Betriebszuständen für Computer und Monitore werden auch Gesichtspunkte des Arbeits- und Gesundheitsschutzes, zum Beispiel die Strahlungsarmut von Monitoren, bewertet. Die energetischen Bestimmungen für Bildschirme des TCO'95 liegen in ihren Anforderungen zwischen denen des Energy Star und denen des E2000 Labels, die des TCO'99 sind die strengsten der hier aufgeführten Label.

> TCO'99 hat bei Bildschirmen die strengste Norm.

Abb. 11: Umweltzeichen des Umweltbundesamtes der Bundesrepublik Deutschland („Blauer Engel")

Das Umweltzeichen des Umweltbundesamtes der Bundesrepublik Deutschland („Blauer Engel") wird an Geräte vergeben, die sich durch langlebige und recyclinggerechte Konstruktion, Vermeidung umweltbelastender Materialien, geringe Geräusch- und Schadstoffemissionen sowie geringen Energieverbrauch auszeichnen. Die europäische Variante dieses Umweltzeichens ist das Eco-Label der Kommission der Europäischen Gemeinschaft (DGXI).

Die Stiftung Warentest mißt in ihren Gerätetests auch die Leistungsaufnahme in den verschiedenen Betriebszuständen. Jedoch stellt der Energieverbrauch nur eines der untergeordneten Leistungskriterien dar, die zur Bewertung des Gerätes führen. Auf jeden Fall kann man in den Tests energie- und umweltrelevante Informationen über die untersuchten Geräte bekommen.

Bei den Herstellern der Geräte kann man ebenfalls versuchen, Informationen zu den Geräten zu erhalten. Allerdings erstrecken sich die verfügbaren Informationen meist auf technische Eigenschaften. Die Leistungsaufnahme in verschiedenen Betriebszuständen und der Energieverbrauch gehören eher selten zu den verfügbaren Informationen.

> Bei Rechnern, Druckern, Kopierern und Faxgeräten ist das GED-Label das mit den schärfsten Kriterien.

5 Energieeinsparung durch angepaßtes Nutzerverhalten

Einflußnahme auf das Nutzerverhalten ist die einfachste und zugleich die schwierigste Möglichkeit, Energie in Bürogeräten einzusparen. Sie ist billig, weil Änderungen im Nutzerverhalten nicht mit direkten Kosten verbunden sind, aber sie ist unter Umständen schwer zu erschließen. Denn es genügt nicht, unangepaßtes Nutzerverhalten festzustellen und das Festgestellte den Nutzern per Rundschreiben mitzuteilen. Um die Erschließung des Potentials im Nutzerverhalten zu ermöglichen, werden in diesem Kapitel die Gründe für bestimmte Nutzerverhalten ermittelt und Schritte aufgezeigt, wie man unter Berücksichtigung dieser Gründe Energieeinsparungen durch angepaßtes Nutzerverhalten verwirklicht.

> Unnötig hoher Energieverbrauch durch nicht angepaßtes Nutzerverhalten ist ein Führungsproblem.

Die meisten Nutzerverhalten lassen sich auf die folgenden Hauptgründe zurückführen:
- Ich kann nicht
- Ich weiß nicht
- Ich will nicht

Jeder dieser Hauptgründe wird im folgenden behandelt, und es werden Schritte vorgeschlagen, wie man diesen Gründen begegnen kann, wobei der Kreativität, weitere Wege zu erschließen, keine Grenzen gesetzt sind.

5.1 Ich kann nicht

Zeitdruck ist einer der gewichtigsten Gründe, auf eine Energieeffizienzmaßnahme zu verzichten. Zeit ist Geld, Mitarbeiterstunden kosten Geld, das nicht in „unnützer" Wartezeit für Energieeffizienzmaßnahmen verschwendet werden darf. Daher sollte eine Güterabwägung vorgenommen werden, wieviel eine Maßnahme an Einsparungen bringt und was sie – auch an Arbeitskosten – kostet. Zeitdruck kann aber auch eine subjektive Empfindung sein, die Energieeffizienzmaßnahmen undurchführbar macht: Konkurrenz- und Streßsituationen im laufenden Betrieb senken die Toleranz, im Interesse der Energieeffizienz auf Dienstleistungen zu warten, auch wenn sie nur unwesentlich mehr Zeit in Anspruch nehmen würden als bei „normalem" oder „gewohntem" Vorgehen.

> Der Energieeffizienz bei den Mitarbeitern eine hohe Priorität einräumen.

In Fällen, in denen strukturelle Änderungen anstehen, hat es sich in anderen Bereichen bewährt, externe Berater hinzuzuziehen, die vorbehaltlos die Mängel diagnostizieren und aus neutraler Perspektive Vorschläge zur Bewältigung machen. Im Bereich energetischer Optimierung ist der Einsatz externer Berater von Vorteil, da es sich meist um kurzfristige Aktionen oder Aufgaben handelt, für die im Betrieb kein Vollzeitbeschäftigter angestellt werden kann. Beraterunternehmen sind zudem in der

> Externe Berater hinzuziehen.

Regel auf dem neuesten Wissensstand. Bei einem internen Mitarbeiter wären dazu häufige Fortbildungen, Tagungen etc. notwendig, was in der Regel praktisch nicht realisierbar ist.

5.2 Ich weiß nicht

| Fortbildungen: für alle, für Keimzellen, für Abteilungsleiter oder Energiebeauftragte.

Dies ist der wahrscheinlich häufigste Grund dafür, daß Energieeffizienzmaßnahmen nicht umgesetzt werden oder scheitern. Fortbildungen sind die Maßnahmen, die einem als Gegenmittel zu Unkenntnis und Fehlinformation wahrscheinlich als erstes einfallen. Selbstverständlich kann man allen Mitarbeitern Zugang zu einer externen Fortbildung anbieten oder intern alle Mitarbeiter durch eigene Multiplikatoren intensiv schulen lassen. Die zu erreichenden Erfolge sind dann zwar beachtlich, aber in wirtschaftlicher Hinsicht rechtfertigen sie nicht den Aufwand. Alternativ bietet sich die freiwillige Fortbildung der Mitarbeiter parallel zu Pausen oder in kurzen Intervallen in Mitarbeiterbesprechungen an. Die Informationen sollten hier kurz und plakativ präsentiert werden, um mit einem Minimum an zeitlichem Aufwand ein Maximum an Wirkung zu erzielen. Es können auch interne Multiplikatoren in Fortbildungen geschult werden, die ihr Wissen auf informellem Weg direkt an die Mitarbeiter bringen. Dabei können Abteilungsleiter, Energiebeauftragte (die in jeder Abteilung ausgewählt werden) oder (soziale) „Trendsetter" je nach Firmenstruktur die Rolle des Multiplikators oder der „Keimzelle" einnehmen.

| Mit gutem Beispiel vorangehen.

Das gute Beispiel von „Keimzellen", zum Beispiel der Vorstandsetage oder einzelner Abteilungen, sollte hier nicht vergessen werden. Auf dem Wege der informellen Verbreitung kann so eine Nachfrage nach Informationen zu Energieeffizienzmaßnahmen geweckt werden.

| Informationen am Ort des Informationsbedarfs verfügbar machen.

Die Informationen für die Nutzer sollten dort verfügbar sein, wo auch die Probleme auftreten. In Zusammenhang nach der Forderung nach bildhaften Informationen sind ein naheliegendes Medium Aufkleber, die am jeweiligen Gerät die Information zum energieeffizienten Betrieb oder zu Vorschaltgeräten etc. dem Nutzer leicht zugänglich machen und sich bei der Benutzung ins Bewußtsein „schleichen".

| Betriebliche Energiesparwoche „E-Fit" zur Steigerung der Energieeffizienz.

Ein wirkungsvolles Medium zur Verbreitung von Informationen sind Informationstage oder -wochen. Die Kurzfristigkeit und das Neuartige in solchen Aktionen wecken mehr Interesse, als es für langangelegte Kampagnen erwartet werden kann. Dagegen verfügen langfristige Kampagnen über den Vorteil der größeren Nachhaltigkeit. Der globale Ansatz solcher Aktionen erfordert einen hohen Aufwand an logistischer Vorplanung. Dafür wird man am Ende der Aktion auf eine deutliche Verbesserung des Bewußtseins und Wissens zu Energieeffizienzmaßnahmen im Querschnitt der Nutzer zurückblicken können. Ein Beispiel dafür sind die von der Energieagentur NRW angebotenen betrieblichen Energiesparwochen „E-Fit".

5.3 Ich will nicht

| Energiesparen „von unten wachsen lassen", nicht „von oben diktieren".

Leidensdruck als Motivation kann bei der Umsetzung von Energieeffizienzmaßnahmen erzeugt werden, indem bestimmte Verhaltensweisen negativ sanktioniert, also bestraft werden. Langfristig sind die so durchgesetzten Maßnahmen aber nicht haltbar. Werden die Sanktionen ausgesetzt, so werden die Nutzer in den meisten Fällen in die alten Verhaltensweisen zurückfallen. Abgesehen davon gehört derartiges Gebaren nicht mehr in das Geschäftsleben unserer Zeit und würde erheblichen Widerstand hervorrufen. Wesentlich eleganter ist der Königsweg, der auf Einsicht und die freiwillige Mitarbeit der Nutzer setzt. Das kann erreicht werden, indem (durch Fortbildung) ein Umwelt- oder Energiesparbewußtsein erzeugt wird und Fortschritte als Feedback unter den Nutzern bekannt gemacht werden, um so Motivation für weitergehende Schritte zu erzeugen.

Auf anderem Wege kann dies auch durch die Auslobung von Energiespar-Wettbewerben, die mit Anreizen verbunden sind, erreicht werden. Bei geschickter Wahl der Anreize für die erfolgreiche Umsetzung von Maßnahmen entwickelt sich eine Eigendynamik, in der die Nutzer sich selbständig fortbilden und nach neuen Wegen zur Energieeinsparung suchen. Bei der Auswahl der Anreize sollte darauf geachtet werden, daß die Nutzer tatsächlich danach streben, sie zu erlangen. So ist zum Beispiel die preiswerte Möglichkeit, einen „Mitarbeiter des Monats" zu küren, nicht für jeden Mitarbeiter erstrebenswert, da die damit verbundene Publicity auch negativ empfunden werden kann. Werden Preise ausgesetzt, so sollten diese auch mit dem Motto der Energieeinsparung in Verbindung zu bringen sein (zum Beispiel ein Fahrrad statt einer Flugreise).

> Anreize für bewußten Umgang mit Energie anbieten: Wettbewerbe, Preise.

Die in Energieeffizienzmaßnahmen eingesparten Kosten können zum Beispiel ganz oder teilweise karitativen Organisationen zugeleitet werden, was den altruistischen Charakter des Energiesparens unterstreicht und den Nutzern das Bild vermittelt, daß es nicht um die Mehrung des Profits des Arbeitgebers geht.

> Energiesparen als Umweltaspekt, nicht als Kostenersparnis für die Firma darstellen.

In jedem Fall sollte darauf geachtet werden, daß das Feedback und die Vergabe einer Prämierung unmittelbar nach Abschluß einer Aktion erfolgt, um in der Wahrnehmung der Nutzer den Zusammenhang mit der Aktion nicht zu verlieren. Positive Erfahrungen wurden mit kontinuierlichem Monitoring in Verbindung mit Energiespar-Kampagnen in Betrieben gemacht. Displays, die auch jenseits der Initialkampagne den Verbrauch visualisieren, gewährleisten fortgesetzte Beachtung und Selbstkontrolle der Maßnahmen, die in der Initialkampagne etabliert wurden.

> Energieverbrauch bewußt machen: Energiemeßgeräte, Anzeigegeräte und -tafeln aufstellen.

Internetadressen mit aktuellen Listen der Energy Labels

E2000 RAVEL-Programm Schweiz: www.energielabel.ch
Energieagentur NRW: www.ea-nrw.de (zur Zeit der Erstellung dieser Unterlage in Vorbereitung)
Energy Star: www.epa.gov/appdstar/esoe/database/partners/partmain.htm
GEA: Group for Efficient Appliances: www.gealabel.org/
Gemeinschaft Energielabel Deutschland: www.impulsprogramm.de/ged
Nordic Swan: www.interface.no/ecolabel
Stiftung Warentest: www.stiftung-warentest.de
TCO Schweden: www.tco.se
TÜV Rheinland ECO-Kreis:
    www.tuev-rheinland.de/product-safety/pages/eco-anf.htm
Umweltbundesamt: www.blauer-engel.de

Liste der Vorschaltgeräte und Software, Bezugsadressen

AMD Magic Packet: Advanced Micro Devices – Software zur Energieeinsparung im Computernetzwerk   www.amd.com/products/npd/software/pcnet_family/utilities/magic_packet.htm
Combinova Wattless: combinova, Fredsforsstigen 22-24, Bromma, Sweden, Tel. ++46/8/627 93 10
DIK Power Safer ECO MAN FO 10, ECO MAN Monitor, ECO MAN Printer: DIK Power Safer, Mülheimer Straße 49, 40878 Ratingen, Tel. 021 02/861 50
ELV TS 3000, ELV Elektronik, Postfach, 26787 Leer, 04 91/60 08 88
EMCT AC-Manager: EMCT, Grubenstrasse 7, CH-3322 Schönbühl, Tel. ++41/31/859 34 94
EMT Memo Switch lazy: Energy Management Team AG, Hungerbüelstrasse 23, CH-8500 Frauenfeld, Tel. ++41/52/722 47 74, www.emt.ch
Getatron Energiemanager: Hersteller: Getatron, Schweiz, Vertrieb in Deutschland durch: DIK Power Safer (s. o.)
GIRA Zeitschalter: Giersiepen GmbH & Co. KG, Postfach 1220, 42461 Radevormwald, Tel. 021 95/602-0

Green Monitor: Westfalia Technica, Werkzeugstraße 1, 58082 Hagen, Tel. 01 80/530 31 32, www.westfalia-werkzeug.de/Shop

Liste der Meß- und Anzeigegeräte, Bezugsadressen

Borlänge Kronometer, Daltek, Box 761 S-781 27 Borlänge Sweden, Tel. +46/(0)2 43/ 735 00 www.kronometern.com

Conrad electronic Cost control, Conrad electronic Power monitor pro, Conrad electronic EKM 265: Conrad electronic, Klaus-Conrad-Straße 1, 92240 Hirschau, Tel. 01 80/531 21 11, www.conrad.de

ECOFYS EnergieSpiegel®: ECOFYS Energieberatung und Handelsgesellschaft mbH, Eupenerstrasse 137, 50933 Köln, Tel. 02 21/947 36 63, www.ecofys.de

ELV EM 600, ELV EM 800: ELV Elektronik Postfach 26787 Leer, Tel. 04 91/60 08 88

LEDAN Medatec, Didierstraße 44, 35460 Staufenberg, Tel. 064 06/91 24-0, www.medatec.de

Stromtacho Hersteller: SEFAG AG, Schweiz, in Deutschland Vertrieb durch: g + e Technik, Viktoriastraße 91, 58579 Schalksmühle, Tel. 023 55/78 90

WSE LVM 210: Waldsee Electronic GmbH, Oberriedweg 40, 88339 Bad Waldsee, Tel. 075 24/409-0

6 Literatur

Rath, U., Hartmann, M., Präffcke, A.: Klimaschutz durch Verminderung von Leerlaufverlusten bei Elektrogeräten, Ebök Tübingen, im Auftrag des Umweltbundesamtes Berlin, Februar 1997

Schweizer Bundesamt für Energiewirtschaft: Schlußbericht Energiemanagement in einem Novell-Netzwerk. Zürich, Mai 1996

Friedrich-Wilhelm Bremecker
Straßenbeleuchtung

Die Straßenbeleuchtungspflicht der Gemeinden resultiert aus der Pflicht zur Gefahrenabwehr. Die lichttechnischen Anforderungen an die Straßenbeleuchtung sind in der DIN 5044 festgelegt. Diese stellen die anerkannten Regeln der Technik dar und werden generell als Mindestanforderungen angesehen.
Die verschiedenen für die Straßenbeleuchtung eingesetzten Lampentypen besitzen unterschiedliche energetische Qualitäten. Für die Beleuchtung von Verkehrsstraßen werden Natriumdampf-Hochdrucklampen großer Leistung empfohlen, für den Einsatz in dekorativen Leuchten mit relativ geringen Lichtströmen dagegen Kompakt-Leuchtstofflampen. Soweit Zündgeräte mit Zusatzimpedanz in die Leuchten eingebaut werden können, ist die Umrüstung von Quecksilberdampf-Hochdrucklampen auf Natriumdampf-Hochdrucklampen wirtschaftlich.
Bei der Auswahl der Leuchten sollte darauf geachtet werden, daß sie durch eine wirksame Lichtstromlenkung einen hohen Beleuchtungswirkungsgrad und einen wirksamen Blendschutz gewährleisten.
In Zeiten geringen Verkehrsaufkommens kann die Beleuchtungsstärke reduziert werden. Von einer Abschaltung jeder zweiten Leuchte ist allerdings dringend abzuraten, da die ungleichmäßige Beleuchtung zu einer Gefährdung führen kann. Statt dessen sollte eine der verschiedenen Möglichkeiten zur Leistungsreduzierung realisiert werden, wobei die Auswahl im Einzelfall auf Basis technisch-wirtschaftlicher Kriterien erfolgen muß.

1 Einführung

Welche Aufgaben kann und muß eine Straßen- und Wegebeleuchtung erfüllen? Aus den allgemeinen öffentlich rechtlichen Verpflichtungen einer Gemeinde gegenüber ihren Bürgern, verankert im BGB, sowie aus der Verkehrssicherungspflicht läßt sich indirekt eine Verpflichtung zur Beleuchtung ableiten. Für die Bürger und somit auch für den Betreiber gibt es aber weitere, bei genauerer Betrachtung vielleicht sogar wichtigere Gründe, eine Stadt zu beleuchten. Hier einige Beispiele:
- Zuerst muß die Reduzierung von Unfallgefahren im Zusammenhang mit dem Straßenverkehr genannt werden. Untersuchungen zeigen, daß sich 80 % aller tödlichen Verkehrsunfälle mit Fußgängern während der Nachtstunden ereignen. Die richtige Verkehrsbeleuchtung kann hier entscheidende Abhilfe leisten und Leben retten.
- Weiterhin ist erwiesen und jeder kennt es aus eigenem Empfinden: Eine gute Beleuchtung schafft nachts Sicherheit vor kriminellen Handlungen. Der Volksmund kennt den Begriff des „lichtscheuen Gesindels".
- Wenn man abends durch eine Stadt geht, wirken Straßen und Plätze natürlich nur aufgrund ihrer Beleuchtung. Das Stadtbild wird dadurch geprägt, was die Beleuchtung aus den Dingen, die uns umgeben, macht. Das Verzichten auf eine angemessene Platzbeleuchtung mag Strom sparen; die Attraktivität der Einkaufszeile, die sich möglicherweise an den Platz anschließt, verliert durch diese Maßnahme an Attraktivität.
- Die Stadt zeigt sich dem Besucher tagsüber „im rechten Licht" und sollte das auch abends tun.
- In Fußgängerbereichen ist es außerdem wichtig, daß man Passanten und Gesichter erkennen kann. Bei falscher Lichtrichtung und natürlich auf gänzlich unbe-

leuchteten Plätzen ist dies oftmals unmöglich. Die Folge ist eine geringe Lust zur Kommunikation.

Die Aufgabe besteht nun darin, die Anforderungen an eine Beleuchtung des öffentlichen Raumes zu erfüllen und zudem Kosten und Energie zu sparen. Das ist – wie bereits zahlreiche Beispiele aus der Praxis zeigen – mit dem nötigen Sachverstand und unter Zuhilfenahme moderner Technologien möglich.

2 Gesetzliche Bestimmungen und technische Richtlinien

Es besteht kein einklagbares Recht auf Straßenbeleuchtung. Die Verpflichtung einer Gemeinde, Straßenbeleuchtung zu betreiben, ergibt sich aus der Verkehrssicherungspflicht und aus einer „allgemeinen öffentlich-rechtlichen Verpflichtung gegenüber ihren Bürgern" (§823 BGB, §276 BGB). Die allgemeine Beleuchtung der dem Verkehr offenstehenden Straßen, Wege und Plätze wird als eine selbständige öffentliche Aufgabe der Gemeinde angesehen.

Diese allgemeine Beleuchtungspflicht erwächst nicht aus der Verkehrssicherungspflicht. Die Beleuchtung dient vielmehr im wesentlichen der allgemeinen Sicherheit, also polizeilichen Zwecken. Allerdings ist eine Beleuchtungspflichtverletzung dann in gleicher Weise wie die Verletzung der Verkehrssicherungspflicht zu beurteilen, wenn die Straßenbeleuchtung der Gefahrenabwehr dient. In welchem Umfang eine Straßenbeleuchtung erforderlich ist, hängt von den örtlichen Bedürfnissen und den sonstigen örtlichen Verhältnissen, insbesondere von der Bedeutung der Straße für den Verkehr, aber auch von der Größe der Gemeinde und ihrer finanziellen Leistungsfähigkeit ab. Räumlich ist die Beleuchtungspflicht grundsätzlich auf die geschlossene Ortschaft beschränkt.

> Straßenbeleuchtung zur Gefahrenabwehr.

Die lichttechnischen Forderungen an eine Straßenbeleuchtung sind in der DIN 5044 niedergelegt. Eine DIN-Norm ist zwar keine Rechtsnorm und im Hinblick auf die begrenzten technischen und finanziellen Möglichkeiten auch in Rechtsstreitigkeiten nicht als zwingendes Maß für die Beleuchtungspflicht anwendbar; jedoch besteht bei einem Rechtsstreit die Wahrscheinlichkeit, daß sich die Gerichte nach den DIN-Werten richten, da diese im Regelfall Mindestanforderungen darstellen.

Für die Verwirklichung von Einsparmaßnahmen bei der Straßenbeleuchtung ergibt sich damit unter Haftpflichtgesichtspunkten folgender Zulässigkeitsrahmen:
- Eine Kürzung der Beleuchtungsdauer ist haftungsrechtlich unbedenklich, soweit die Abschaltzeit außerhalb der Hauptverkehrszeiten liegt und baulich sowie verkehrsmäßig ungefährliche Straßenstellen betroffen sind.
- Eine Reduzierung der Beleuchtungsstärke durch teilweises Abschalten etwa jeder zweiten Leuchte aus einer Reihe ist haftungsrechtlich problematisch, da der rasche Wechsel unterschiedlich hell beleuchteter Straßenabschnitte das Auge überfordert und damit ein Gefährdungspotential darstellt.
- Eine Reduzierung der Straßenbeleuchtung durch Verringerung des Lichtstroms der einzelnen Lampen oder Leuchten (sogenannte Halbnachtschaltung) ist in Zeiten, in denen die Verkehrsdichte auf geringere Werte abgesunken ist, haftungsrechtlich unbedenklich.

3 Grundlegende lichttechnische Zusammenhänge

Licht ist elektromagnetische Strahlung im Wellenlängenbereich von 380 bis 780 nm. Nur dieser Bereich ist für das menschliche Auge sichtbar. Ultraviolette (UV) und Infrarote (IR) Strahlung grenzen an den sichtbaren Bereich. Das menschliche Auge sieht nicht alle Wellenlängen gleich hell. Wenn alle Wellenlängen (Farben) in einem Lichtstrahl mit der gleichen Intensität ausgestrahlt werden, empfindet unser Auge gelb-grünes Licht (555 nm) am hellsten.

Dieser Sachverhalt hat Auswirkungen auf die Wirtschaftlichkeit von Lampen. Die von einer Lampe abgegebene Strahlung wird anhand der Kurve der Hellempfindung bewertet. Bei gleicher Strahlungsleistung sind damit Lampen, die vor allem bläuliches Licht erzeugen (zum Beispiel Quecksilberdampf-Hochdrucklampen), unwirtschaftlicher als Lampen, die grün-gelbes Licht produzieren (zum Beispiel Natriumdampf-Hochdrucklampen).

Um Licht physikalisch beschreiben zu können, benötigt man folgende lichttechnische Größen und Einheiten:
- Lichtstrom (Formelzeichen F, Einheit lumen)
  Wieviel Licht wird von einer Lampe abgegeben?
- Lichtstärke (Formelzeichen I, Einheit candela)
  Wie intensiv ist ein Lichtstrahl in eine Richtung?
- Beleuchtungsstärke (Formelzeichen E, Einheit lux)
  Wieviel Licht trifft auf eine Fläche?
- Leuchtdichte (Formelzeichen L, Einheit cd/m^2)
  Wie hell erscheint eine Fläche?

Um zu beschreiben, wie hell eine Fahrbahn dem Beobachter erscheint, gibt man die Leuchtdichte der Fahrbahn aus der Perspektive eines Verkehrsteilnehmers an. In der DIN 5044 werden Mindestleuchtdichten für Fahrbahnen in Abhängigkeit von Verkehrsaufkommen und der Straßenart gefordert. Die Beleuchtungsstärke auf einer Fahrbahn ist davon abhängig, wieviel Licht dort auftrifft. Das menschliche Auge sieht die Leuchtdichte einer Fläche. Diese Leuchtdichte ist das reflektierte Licht in Richtung des Auges. Die Helligkeit einer Fahrbahn ist also abhängig von der Menge des auftreffenden Lichtes, aber auch von der Reflektionseigenschaft des Fahrbahnmaterials. Ein heller Fahrbahnbelag kann mit weniger Licht beleuchtet werden als ein dunkler und ist dennoch gleich hell.

| Energieeinsparung durch hellen Fahrbahnbelag.

Der gravierende Einfluß des Fahrbahnbelags wird an folgendem Beispiel deutlich: Eine Straße mit zwei Fahrstreifen von je 4 m Breite soll mit Hilfe von Mastaufsatz-Kofferleuchten erhellt werden, die mit 150 W-Natriumdampf-Hochdrucklampen bestückt sind. Die Nennleuchtdichte beträgt 1,5 cd/m^2. Es werden zwei Planungen für unterschiedliche Fahrbahnbeläge durchgeführt. Die Berechnungen mit dem dunkleren Fahrbahnbelag (Typ R1) ergeben einen Lichtpunktabstand von 20 m, die Berechnungen mit dem helleren Fahrbahnbelag (Typ R2) einen Lichtpunktabstand von 28 m. Durch Verwendung des helleren Fahrbahnbelages läßt sich also der Lichtpunktabstand um 8 m vergrößern. Als Folge reduzieren sich die Anzahl der Leuchten, die Anzahl der Lampen, der Energieverbrauch und der Wartungsaufwand. Errichtung und Betrieb der Beleuchtungsanlage werden also kostengünstiger.

4 Lampen

In der Straßenbeleuchtung werden im wesentlichen vier verschiedene Lampentypen eingesetzt (Abbildung 1). Sie unterscheiden sich in der Art der Lichterzeugung, der elektrischen Eigenschaften, der Farbeigenschaften und der Wirtschaftlichkeit.

Die Lichtausbeute, definiert als Verhältnis zwischen abgegebenem Lichtstrom und zugeführter elektrischer Leistung (Einheit Lumen/Watt), kennzeichnet die energetische Qualität einer Lampe. Unbedingt zu beachten sind dabei die Verluste, die im Betriebsgerät der Lampe entstehen. In Abbildung 3 sind typische Bereiche der Lichtausbeute verschiedener Lampentypen angegeben. Grundsätzlich gilt hierbei, daß mit der Lampenleistung die Lichtausbeute ansteigt. Eine höhere Lampenleistung bedeutet also auch eine größere Wirtschaftlichkeit, wie die Beispiele in Abbildung 2 deutlich machen:

| Anstieg der Wirtschaftlichkeit mit der Lampenleistung.

Lampentyp	Leuchtstofflampen	Quecksilberdampf-Hochdrucklampen	Natriumdampf-Hochdrucklampen	Natriumdampf-Niederdrucklampen
Lichtausbeute	40 – 95 lm/W	30 – 60 lm/W	60 – 150 lm/W	100 – 200 lm/W
Lichtfarbe	ww, nw, tw	nw	ww	gelb
Farbwiedergabe	gut	gut bis mittel	mittel bis schlecht	–
Anlaufdauer	sofort	ca. 5 min	ca. 5 min	ca. 10 min
Wiederzündfähigkeit	sofort	2 – 15 min	2 – 5 min	sofort bis 10 min
Lebensdauer	8.000 h bis 12.000 h	6.000 h bis 16.000 h	12.000 bis 18.000 h	ca. 12.000 h
Dimmbarkeit	sehr effektiv	möglich	möglich	–

Abb. 1: Eigenschaften von Lampen für die Straßenbeleuchtung

Quecksilberdampf-Hochdrucklampen			
Nennleistung in W	Systemleistung in W	Lichtstrom in lm	Lichtausbeute in lm/W
50	59	1.800	30,5
275	275	13.000	47,3
Natriumdampf-Hochdrucklampen			
Nennleistung in W	Systemleistung in W	Lichtstrom in lm	Lichtausbeute in lm/W
50	62	4.000	64,5
250	275	33.000	120,0

Abb.2: Beispiel für den Anstieg der Lichtausbeute mit der Lampenleistung

Spezifische Lampenkosten sind Maßzahlen zur Beurteilung der Wirtschaftlichkeit von Lampen. Nur die Lichtausbeute als Beurteilungskriterium heranzuziehen, ist insofern nicht ausreichend, als die Lebensdauer und somit die Wechselhäufigkeit unberücksichtigt bleibt. Man bezieht die während der Lampenlebensdauer L_N anfallenden Kosten (Anschaffungskosten K_A, Auswechselungskosten K_W, und Energiekosten K_E) auf die abgegebene Lichtmenge während der Lebensdauer (Lebensdauer L_N multipliziert mit dem mittleren Lichtstrom F_M in Millionen Lumen-Stunden). Damit ergibt sich folgende Formel für die Lampenkosten k:

$$k = \frac{K_A + K_W + K_E}{L_N \cdot \varnothing_M}$$

Für die Bedingungen einer kleineren Stadt wurden unter Berücksichtigung der dort geltenden Preiskonditionen (Stand 1995) die spezifischen Lampenkosten als Beispiel berechnet, wobei für alle Lampentypen einheitliche Auswechslungskosten pro Lampe angenommen wurden (Abbildung 3). In dieser Übersicht wird deutlich, daß die Natriumdampf-Hochdrucklampe die mit Abstand wirtschaftlichste Lampe für die Straßenbeleuchtung darstellt.

Lampenart	Nennleistung in W	spezifische Kosten in DM/Mio. lm h
Quecksilberdampf-Hochdrucklampen	50 80 125 250	12,5 8,6 7,7 7,0
Natriumdampf-Hochdrucklampen	50 70 100 150	7,9 6,2 4,2 4,3
Kompakt-leuchtstofflampen	13 18 25	14,5 12,4 11,9

Abb. 3: Spezifische Lampenkosten für die Straßenbeleuchtung einer kleineren Stadt

Zwar weisen Natriumdampf-Niederdrucklampen eine noch höhere Lichtausbeute auf als Natriumdampf-Hochdrucklampen. Da jedoch Natriumdampf-Niederdrucklampen keine Farberkennung ermöglichen, werden sie in Deutschland in der Regel nicht für die allgemeine Beleuchtung eingesetzt, sondern nur für die Kennzeichnung von Gefahrenstellen (Fußgängerüberwege, Kreuzungen).

Die Natriumdampf-Hochdruck- und die Kompakt-Leuchtstofflampen stellen die für die Straßenbeleuchtung optimalen Lichtquellen dar. Sind nur niedrige Lichtströme gefordert (zum Beispiel in dekorativen Leuchten, in Fußgängerzonen, in Anliegerstraßen), so sind Kompakt-Leuchtstofflampen aufgrund der hohen Lichtausbeute bei niedrigen Leistungen vorzuziehen. Auf Verkehrsstraßen mit hohen Lichtmasten und großen Lichtpunktabständen sind dagegen Natriumdampf-Hochdrucklampen hoher Leistung zu empfehlen.

Natriumdampf-Hochdrucklampen oder Kompakt-Leuchtstofflampen

Energetisch interessant ist der Austausch von Quecksilberdampf-Hochdrucklampen gegen Natriumdampf-Hochdrucklampen. Die praktische Umsetzung bereitet jedoch einige Probleme. Technisch ist es nicht möglich, Standard-Quecksilberdampf-Hochdrucklampen gegen Standard-Natriumdampf-Hochdrucklampen auszutauschen. Ein Austausch der vorhandenen Leuchten ist aufgrund der knappen finanziellen Mittel in der Regel ausgeschlossen.

Natriumdampf-Hochdrucklampen benötigen ein Zündgerät sowie ein der Lampenleistung entsprechendes Vorschaltgerät, Quecksilberdampf-Hochdrucklampen lediglich ein Vorschaltgerät. Im folgenden soll ein Beispiel vorgestellt werden, wie eine große Kommune im Ruhrgebiet eine Umrüstung der vorhandenen Leuchten realisiert hat. Im Ist-Zustand waren 4.000 Kofferleuchten, bestückt mit Quecksilberdampf-Hochdrucklampen der Nennleistung 250 W vorhanden. Diese Lampen wurden in den vorhandenen Leuchten durch Natriumdampf-Hochdrucklampen der Nennleistung 150 W ersetzt. Nun benötigen die Natriumdampflampen ein Vorschaltgerät mit einer höheren Impedanz als die Quecksilberdampflampen. In jeder Leuchte wurde daher ein Zündgerät mit Zusatzimpedanz installiert.

Aufgrund der höheren Lichtausbeute war der Lichtstrom nach der Umrüstung trotz niedrigerer Leistung sogar geringfügig höher als vor der Umrüstung. Die Wirtschaftlichkeit der Umrüstung stellte sich wie folgt dar:

Umrüstkosten pro Leuchte 90,– DM
(beinhaltet Zündgerät mit Zusatzimpedanz, Arbeitszeit und Lampenmehrkosten)
Gesamtumrüstkosten 360.000 DM
Preis für elektrische Energie 0,20 DM/kWh
Energiekostensenkung pro Jahr und Leuchte 117,– DM
Gesamtenergiekostensenkung 468.000 DM/Jahr

Nachträgliche Umrüstung von Quecksilberdampf- auf Natriumdampf-Hochdrucklampen.

Die Umrüstung zahlte sich in diesem Beispiel bereits innerhalb eines Jahres aufgrund des relativ hohen Strompreises aus. Auch bei einem niedrigeren Strompreis würde sich diese Maßnahme innerhalb kürzester Zeit amortisieren.

Natürlich gibt es Leuchten, bei denen eine solche Umrüstung aus technischen Gründen (zum Beispiel kein Platz für die Bauteile, Zustand der Leuchte) nicht möglich oder mit einem sehr großen Kostenaufwand verbunden ist. Darüber hinaus sollte ein Ortsteil oder ein Bereich aus ästhetischen Gründen durchgängig mit nur einer Lichtfarbe beleuchtet werden. Um auch in solchen Fällen eine Umrüstung vornehmen zu können, bietet sich der Einsatz von speziellen Natriumdampf-Hochdrucklampen mit eingebautem Starter an. Einige Hersteller bieten solche Lampen an, die direkt und ohne Eingriff in die Leuchte gegen Quecksilberdampf-Lampen mit einer Nennleistung von 125 W, 250 W und 400 W ausgetauscht werden können. Neben der Energieeinsparung bieten diese Lampen den Vorteil eines größeren Lichtstroms bei 90 % weniger Quecksilberbedarf. Abbildung 4 zeigt einen Vergleich typischer Lampendaten.

Abb. 4: Technische Daten von Natriumdampf-Hochdrucklampen mit eingebautem Starter im Vergleich zu Quecksilberdampf-Hochdrucklampen

Quecksilberdampf-Hochdrucklampen		Natriumdampf-Hochdrucklampen mit eingebaute Starter			
Nennleistung in W	Lichtstrom im lm	Nennleistung in W	Leistungsänderung in %	Lichtstrom in lm	Lichtstromänderung in %
125	6.300	98	−22	7.400	17
200	13.000	190	−24	17.000	30
400	22.000	295	−26	32.000	45

5 Leuchten

Leuchten dienen der Lichtstromlenkung und der Blendungsbegrenzung. Je nach Anwendung gibt es unterschiedliche Leuchten, die den geforderten Ansprüchen genügen. Eine generelle Aussage, daß ein bestimmter Leuchtentyp ideal für die Außenbeleuchtung geeignet ist, ist nicht möglich. Durch exakte Lichtlenkung mit Spiegeln und Prismen sind hohe Anlagenwirkungsgrade möglich. Grundsätzlich sind, um einer Verschmutzung von Lampen und Reflektoren vorzubeugen, Leuchten in geschlossener Ausführung vorzuziehen. Dies senkt den Wartungsaufwand und damit die Wartungskosten erheblich. Bewegt man sich nachts auf Straßen, stellt man häufig fest, daß die Sichtbarkeit von Gegenständen durch die Blendung der Leuchten sehr stark herabgesetzt wird. Dabei stören oft Leuchten, deren Beitrag zur Beleuchtung der Umgebung sehr gering ist, da sie sehr weit entfernt sind. Diese Art der Blendwirkung läßt sich subjektiv durch Abschirmen von Blendquellen mit der Hand erleben.

Das Ziel der Straßenbeleuchtung ist die Gewährleistung einer Grundhelligkeit. Dazu wird die Straße mit einer gewissen Leuchtdichte ausgeleuchtet. Die Leuchtdichte ist so bemessen, daß das dunkeladaptierte Auge Hindernisse und Gefahren erkennen kann. Aufgrund der Blendung durch Leuchten paßt sich das Auge an ein höheres Helligkeitsniveau an, so daß die Leuchtdichte der Straße nicht mehr ausreicht. Durch Verringerung bzw. Vermeidung von Blendung kann also die gleiche Sichtbarkeit bei einem niedrigeren Beleuchtungsniveau erzielt werden. Bei der Auswahl von Leuchten ist daher auf eine geringe Blendwirkung zu achten.

Einen Maßstab für die Qualität einer Straßenleuchte stellt der unter Einhaltung aller Anforderungen aus der DIN erzielbare Mastabstand dar. Das Verhältnis von Mastabstand zu Leuchtenhöhe sollte den Wert von 4,5 überschreiten.

Für eine einfache und sichere Montage sowie zur Vereinfachung von Wartungsarbeiten sollten Leuchten über Lampen- und Geräteblöcke verfügen, die ohne Werkzeug montiert werden können. Bei Defekt eines Betriebsgerätes kann so vor Ort der gesamte Elektroblock schnell ausgetauscht werden, um die eventuell aufwendige Reparatur in der Werkstatt vorzunehmen.

6 Leistungsabsenkung während der Nacht

Eine Möglichkeit zur Energieeinsparung bietet die Anpassung der Fahrbahnleuchtdichte an die Verkehrsdichte. In der Regel ist das Verkehrsaufkommen in der Nacht wesentlich geringer als in den Abend- bzw. Morgenstunden. Die DIN 5044 (Abbildung 5) gibt eine Nennleuchtdichte L_N sowie eine Gleichmäßigkeit der Leuchtdichte U_t und eine Blendungsbegrenzung KB jeweils in Abhängigkeit von der Anzahl der Fahrzeuge an.

Werden auf einer Straße zum Beispiel in der Zeit von 18.00 bis 22.00 Uhr sowie in der Zeit von 5.00 bis 8.00 Uhr 600 KFZ/(h × Fahrstreifen) gezählt und in der übrigen Zeit nur 200 KFZ/(h × Fahrstreifen), so bietet es sich an, in der Zeit von 22.00 bis 5.00 Uhr die Leuchtdichte zu reduzieren. Als mittlere Leuchtdichte fordert die DIN bei den genannten Verkehrsaufkommen 1 bzw. 0,5 cd/m². Besonders zu beachten ist, daß die Anforderung an die Gleichmäßigkeit der Leuchtdichte in beiden Fällen ähnlich hoch ist.

Häufig wird bei einer vorhandenen Beleuchtungsanlage jede zweite Leuchte ganz oder zeitweise ausgeschaltet. Sie kann die Anforderungen der DIN dann zumeist nicht mehr erfüllen.

	Straßenquerschnitt mit Mittelstreifen Verkehrsstärke in KFZ / (h × Fahrstreifen)								
	900			600			200		
	Überschreitungsdauer in h/Jahr								
	> 200			> 300			> 300		
	L_N	U_t	KB	L_N	U_t	KB	L_N	U_t	KB
Ortsstraßen bebaut, ruhender Verkehr auf/an der Fahrbahn	2,0	0,7	1	2,0	0,7	1	1,5	0,6	1
bebaut, kein ruhender Verkehr auf/an der Fahrbahn	1,5	0,6	1	1,5	0,6	1	1,0	0,6	2
Anbau frei, kein ruhender Verkehr auf/an der Fahrbahn	1,0	0,6	1	1,0	0,6	1	0,5	0,5	2

Abb. 15: Auszug aus der DIN 5044

Die Gleichmäßigkeit der Beleuchtungsstärke hat sich jedoch dramatisch verschlechtert. Für einen Autofahrer hätte dies zur Folge, daß er Objekte oder Personen, die sich in den Dunkelzonen befinden, nicht oder erst zu spät bemerkt.

Es gibt unterschiedliche Möglichkeiten, die aufgenommene Leistung und somit den Lichtstrom einer Leuchte zu reduzieren. Diese Möglichkeiten unterscheiden sich im Hinblick auf die technische Realisierung, den Wirkungsgrad, den Preis, die Lebensdauer und die Garantieleistung der Lampenhersteller. Möglichkeiten zur Leistungsreduzierung sind:

- Umschalten einer zweilampigen Leuchte auf einlampigen Betrieb
- Leistungsreduzierung mit Hilfe eines angezapften Vorschaltgerätes
- Leistungsreduzierung mit Zusatzimpedanz in Reihenschaltung
- Absenkung der Versorgungsspannung
- Phasenanschnittsteuerung der Versorgungsspannung
- Einsatz dimmbarer elektronischer Vorschaltgeräte (EVG)

Verschiedene Möglichkeiten zur Leistungsabsenkung.

Werden in der Straßenbeleuchtung zweilampige Leuchten eingesetzt, ist es in der Regel sehr einfach zu realisieren, daß zu bestimmten Uhrzeiten jeweils eine der Lampen in einer Leuchte ausgeschaltet wird. Die im Betrieb verbleibende Lampe wird weiterhin unter Nennbedingungen betrieben. Es ist darauf zu achten, daß die Lampen im täglichen Wechsel ausgeschaltet werden, um eine vorzeitige Alterung einer Lampe zu vermeiden. Die technische Ausrüstung einer Leuchte mit zwei Lampen sollte so gestaltet sein, daß die lichttechnischen Eigenschaften der Leuchte in beiden Betriebsarten identisch sind. Da in dieser Leuchte alle Betriebsgeräte und eventuell auch Optiken doppelt vorhanden sind, ist sie teurer als eine Leuchte für nur eine Lampe. Anhand von Wirtschaftlichkeitsberechnungen läßt sich jeweils ermitteln, nach welcher Zeit sich die Mehrinvestition amortisiert hat. Generelle Aussagen sind hierzu nicht möglich.

Eine weitere Möglichkeit zur Energieeinsparung ist die Leistungsreduzierung mittels angezapftem Vorschaltgerät. Bei Natriumdampf-Hochdrucklampen lassen die Lampenhersteller eine Absenkung der Leistung auf 50 % des Nennwertes zu, ohne daß eine Beeinträchtigung der Lampenlebensdauer zu erwarten ist. Bei Quecksilberdampf-Hochdrucklampen ist eine Reduktion auf die nächst niedrigere Leistungsstufe zugelassen. Abbildung 6 zeigt beispielhaft, wie sich die Leistungsabsenkung bei Quecksilberdampf- und Natriumdampf-Hochdrucklampen auf die Systemleistung und den Lichtstrom auswirken.

Quecksilberdampf-Hochdrucklampen				
volle Leistung		abgesenkte Leistung		
Nennleistung in W	Systemleistung in W	Systemleistung in W	Systemleistungs- änderung in %	Lichtstrom- änderung in %
80	89	53	–40	–50
125	140	90	–36	–50
250	274	136	–50	–40
400	427	267	–37	–40
Natriumdampf-Hochdrucklampen				
volle Leistung		abgesenkte Leistung		
Nennleistung in W	Systemleistung in W	Systemleistung in W	Systemleistungs- änderung in %	Lichtstrom- änderung in %
70	84	59	–30	–45
100	116	84	–28	–50
150	172	123	–28	–50
250	271	175	–35	–50
400	435	235	–46	–45

Abb. 6: Leistungsabsenkung mittels angezapftem Vorschaltgerät bei Quecksilberdampf- und Natriumdampf-Hochdrucklampen

Das verwendete Vorschaltgerät muß zwei verschiedene Ausgänge für die beiden Leistungsstufen aufweisen. Ein nachträgliches Umrüsten ist nur durch den Austausch des Vorschaltgerätes möglich. Die Lampenhersteller empfehlen für die Startphase die 100 %-Stufe einzuschalten. Der Anwender muß berücksichtigen, daß ein Neustart auch während des Betriebs (zum Beispiel nach Netzwischern oder mechanischen Erschütterungen) erforderlich werden kann. Darüber hinaus muß während des Umschaltvorgangs von einem Leistungsabgriff am VG auf den anderen ein Stromfluß gewährleistet sein, damit die Lampe nicht erlischt. Gute Leistungsschalter bieten durch ihren Aufbau die entsprechende Sicherheit. Sie beinhalten eine Zeitverzögerung, die nach jedem Start, auch nach Netzunterbrechung bei anliegender Steuerspannung, die Lampe für einige Minuten in der 100 %-Stufe betreibt.

Allgemeingültige Aussagen zur Wirtschaftlichkeit der Leistungsabsenkung mittels angezapfter Vorschaltgeräte sind nicht möglich.

Einige Hersteller bieten Geräte an, welche die Leistungsaufnahme und den Lichtstrom verringern, indem die Versorgungsspannung der Leuchten reduziert wird. Diese

Möglichkeit wird von den meisten Lampenherstellern nur in gewissen Grenzen zugelassen. Eine Dimmung auf unter 50 % der Lampennennleistung sollte generell nicht erfolgen. Im Gegensatz zu Niederdruckentladungslampen (Leuchtstofflampen) können bei Hochdruckentladungslampen die Elektroden nicht vorgeheizt werden. Bei einer zu großen Leistungsreduzierung kühlen die Elektroden zu stark ab und emittieren nicht mehr genügend Elektronen. Dadurch kommt es zu einer starken Brennerschwärzung und zu einer drastischen Verkürzung der Lebensdauer. Wird die Versorgungsspannung nicht zu weit abgesenkt, läßt sich mit einer Reduzierung der Versorgungsspannung durchaus die Leistungsaufnahme und damit auch das Beleuchtungsniveau herunterfahren. Die meisten auf dem Markt befindlichen Steuergeräte setzen ein eigenständiges Beleuchtungsnetz voraus. Die Geräte werden in Verteilerkästen montiert und über eine separate Steuerleitung oder mittels Rundsteuerempfänger geschaltet. Man sollte unbedingt Geräte auswählen, die einen Lampenanlauf immer bei Nennbedingungen gewährleisten. In der Regel sind die Geräte geeignet, auch unterschiedliche Lampentypen gleichzeitig anzusteuern. Das folgende Beispiel illustriert die Wirtschaftlichkeit der Spannungsabsenkung:

15 Leuchten, je 1 x Natriumdampf-Hochdrucklampe 150W
Reduzierbetrieb 22.00 bis 6.00 Uhr entsprechend 2.920 Std./Jahr
Leistungsabsenkung 35 %
Verbrauchsreduzierung 2.529 kWh/Jahr
Preis für elektrische Energie 0,15 DM/kWh
Energiekostensenkung 379,35 DM/Jahr
Investitionskosten für das Steuergerät 790,00 DM
Kapitalrückflußzeit 2 Jahre

Der Einsatz dimmbarer elektronischer Vorschaltgeräte kommt nur für Leuchtstofflampen in Frage. Darüber hinaus werden dimmbare EVG's in der Außenbeleuchtung nur selten eingesetzt. Der Lichtstrom von Leuchtstoff- und Kompaktleuchtstofflampen ist von vornherein relativ niedrig. Eine weitere Dimmung ist daher selten empfehlenswert. Allerdings ist eine Dimmung von Leuchtstofflampen mit dimmbarem, elektronischem Vorschaltgerät äußerst effektiv.

7 Kostensenkung bei Planung und Wartung

Wird eine Beleuchtungsanlage neu angelegt, sollten die Lichtpunktabstände der Leuchten so gewählt werden, daß bei Einhaltung der geforderten Richtwerte die Mastabstände maximal sind. Größere Lichtpunktabstände bedeuten weniger Leuchten, Montagekosten, Energieverbrauch, Lampenkosten und Wartungsaufwand. Die Berechnung der Lichtpunktabstände ist mit den entsprechenden Datenblättern und Katalogangaben der Hersteller möglich. Wesentlich einfacher ist es allerdings, Computer-Planungsprogramme zu verwenden, die die Auswahl der Leuchten aus elektronischen Katalogen ermöglichen und den Vergleich alternativer Leuchten, Bestückungen oder Leistungsstufen erlauben. Mit Hilfe solcher Programme läßt sich in wenigen Minuten feststellen, welcher Mastabstand möglich ist, wenn man statt einer Kegelmastaufsatzleuchte mit opaler Abdeckung eine Leuchte mit Spiegeloptik verwendet.

Neben den Energiekosten sind die Wartungskosten der Hauptbestandteil der Aufwendungen für die Straßenbeleuchtung. Da in der Straßenbeleuchtung der Austausch der Lampen in der Regel im Gruppentausch erfolgt, bedeutet eine Verlängerung der Lampenlebensdauer gleichzeitig eine Verringerung der Wartungskosten. Die Industrie bietet mittlerweile unterschiedliche Lampentypen mit extrem langer Lebensdauer an. Diese Lampen sind Leuchtstofflampen, bei denen durch Induktionstechnologie auf die stark verlustbehafteten Elektroden verzichtet wird. Sie erreichen eine Nennlebensdauer von 60.000 h und mehr. Dies würde für eine Straßenbeleuchtung mit 4.000 Brennstunden pro Jahr eine Lampenlebensdauer von 15 Jahren bedeuten.

Induktionslampen lassen sich allerdings nicht in einer vorhandenen Beleuchtungsanlage nachrüsten.

Bei bestehenden Straßenbeleuchtungsanlagen können die Wartungsintervalle mit Hilfe von Doppelbrennerlampen erhöht werden. Doppelbrennlampen sind Natriumdampf-Hochdrucklampen, bei denen das innere Entladungsrohr zweimal vorhanden ist. Der Leuchtenbetriebswirkungsgrad und auch die Lichtstärkeverteilung einer Leuchte werden durch den Einsatz einer solchen Doppelbrennerlampe anstelle einer konventionellen Lampe nur äußerst geringfügig verändert, wie Messungen ergaben. Über 50 Städte, unter anderem Münster, Solingen, Nürnberg und Augsburg, setzen diese Lampen bereits ein. Abbildung 7 zeigt eine Kosten-Vergleichsrechnung, die vom Hersteller einer Doppelbrennerlampe auf der Datenbasis einer tatsächlich durchgeführten Umrüstung erstellt wurde.

Vergrößerung der Wartungsintervalle durch Doppelbrennerlampen.

	„normale" Lampe SHF 230W CO/E	Doppelbrenner SHP-S 230 W Twinarc
1. 5 % Ausfallquote nach	10.000 h	24.000 h
2. Vergleichszeitraum	4 Jahre	4 Jahre
3. Anzahl der Brennstellen	250	250
4. im Vergleichszeitraum einzeln zu tauschende Lampen (Feld 2 : Feld 1 x Feld 3 x 5 %)	20	8
5. Kosten pro Einzeltausch	190 DM	190 DM
6. im Vergleichszeitraum turnusmäßig zu tauschende Lampen (Feld 2 : Feld 1 x Feld 3)	400	167
7. Kosten pro Turnustausch	55 DM	55 DM
8. Gesamtkosten Lampentausch (Feld 3 x Feld 5 + Feld 6 x Feld 7)	25.800 DM	10.705 DM
9. Benötigte Lampen insgesamt (Feld 4 + Feld 6)	420	175
10. Preis pro Lampe	40 DM	85 DM
11. gesamt Lampenkosten (Feld 9 x Feld 10)	16.800 DM	14.875 DM
12. gesamt Wartungskosten (Lampen- u. Tauschkosten) (Feld 8 + Feld 11)	42.600 DM	25.580 DM
13. Einsparung	–	17.020 DM

Abb. 7: Kosten-Vergleichsrechnung für den Einsatz von Doppelbrennerlampen

Für den Betrieb und die Verwaltung von Straßenbeleuchtung gibt es spezielle Software. Diese Hilfsmittel erlauben die Verwaltung der Leuchtstellen im Hinblick auf Lampentausch, Störungsmeldung und Beseitigung, Berechnung von Brennstundenkalendern, Kalkulation der Wirtschaftlichkeit, Ausgabe von Statistiken usw. Mittels der geführten Statistiken können unter anderem Lebensdaueranalysen der eingesetzten Lampen geführt werden, um den optimalen Zeitpunkt für einen Austausch zu ermitteln. Ersatzteilbeschaffung und Lagerhaltung können optimiert und für die Störungsbeseitigung automatisch Aufträge ausgegeben werden.

Autoren

Ackermann, Dipl.-Ing. Jörg, ist tätig für die GERTEC Ingenieurgesellschaft, Essen, Hannover. Seine Tätigkeitsschwerpunkte sind: Energiemanagement, Weiterbildung und Kirchenbeheizung. Er betreut seit 1996 Projekte zum Energiesparen in Schulen.

Baake, Dr.-Ing. Egbert, studierte Elektrotechnik, anschließend wissenschaftlicher Mitarbeiter am Institut für Elektrowärme in Hannover, promovierte 1993 auf dem Gebiet der Induktionsöfen. Seit 1995 Akademischer Rat am EWH der Uni Hannover. Hauptarbeitsgebiete in Forschung und Lehre sind die elektrothermische Prozeßtechnik und ressourcenschonende Energienutzung auch im Hinblick auf primärenergetische und klimarelevante Auswirkungen.

Beck, Dr.-Ing. Lothar, studierte Chemieingenieurswesen, anschließend tätig als wissenschaftlicher Mitarbeiter am Institut für Technische Thermodynamik an der Universität Karlsruhe und Promotion. Seit 1999 arbeitet er als Entwicklungsingenieur bei der Audi AG Ingolstadt auf dem Gebiet der Entwicklung und Einsatz von Berechnungsmethoden in den Bereichen Motorkühlung, Klimatisierung und Wärmemanagement.

Bonczek, Dipl.-Ing. Peter, ist seit 1999 Mitglied der Energy Consultancy Group der EUtech GbR in Aachen. Er bearbeitet bzw. leitet Energieberatungsprojekte und führt Benchmark-Studien durch.

Bremecker, Dipl.-Ing. Friedrich Wilhelm, studierte Elektronik und drei Jahre später technische Betriebswirtschaft. Seit 2000 ist er als Teamleiter Softwareentwicklung im DIAL in Lüdenscheid tätig.

Ehling, Dr. Karsten, Geschäftsführer der LichtVision GmbH, er ist Wirtschaftsingenieur mit dem technischen Spezialgebiet Tageslicht.

Esk, Dipl.-Ing. Hans-Edgar, ist zur Zeit als Key-Account-Manager bei der EnBW Energie in Baden-Württemberg tätig.

Fay, Dipl.-Ing. Paul, studierte Energie- und Wärmetechnik und ist seit 1990 beim Energiereferat der Stadt Frankfurt, er arbeitet an zahlreichen BHKW-Konzepten mit und ist verantwortlich für die Erstellung der jährlich erscheinenden MHKW-Richtpreisübersicht.

Franzke, Prof. Dr.-Ing. Uwe, ist Fachbereichsleiter Klimatechnik und Prokurist im Institut für Luft- und Kältetechnik Dresden. Er hält als Honorarprofessor an der Hochschule für Technik und Wirtschaft (HTW/Dresden) Vorlesungen zur Klimatechnik.

Friedel, Dip.-Ing. Wendlin, studierte Verfahrenstechnik und ist seit 1991 im Energiereferat der Stadt Frankfurt stellvertretender Referatleiter, Sachgebietsleiter für Energiekonzepte, Erstellung von BHKW-Konzepten, Organisation Erfahrungsaustausch der BHKW-Betreiber.

Graf, Dipl. El.-Ing Felix, gründete 1977 das Ingenieursbüro GRAF & REBER AG mit mehreren Niederlassungen. Arbeitsschwerpunkte liegen in den Bereichen Planungen von Elektroanlagen, Facility-Management, Gebäude- und Prozeßautomation bis hin zu Verkehrsleitsystemen in Tunnels und Straßen.

Hanitsch, Prof. Dr.-Ing. habil. Rolf E., ist an der TU Berlin als Professor verantwortlich für Elektrische Maschinen und Antriebe sowie Photovoltaische Energiesysteme. Er ist Autor und Co-Autor von Büchern über elektrische Maschinen, Prüfung elektrischer Maschinen, Zuverlässigkeitstechnik, Permanent-Magnet Anwendungen, magnetische Werkstoffe, Energieberatung und Energiemanagement sowie Meß- und Automatisierungstechnik.

Heinrichs, Dipl.-Ing. Andreas, studierte Versorgungs- und Energietechnik. Seit 1993 geschäftsführender Gesellschafter bei AZIMUT GbR - einem Ingenieurbüro für rationelle Energietechnik. 1997 Gründung und geschäftsführender Gesellschafter der Firma ESB-Energieservice für Berlin Brandenburg GmbH.

Hesselbach, Dip.-Ing. Petra, studierte Elektrotechnik. Seit 1999 ist sie bei GEDOS in Würzburg tätig. Dort liegen ihre Arbeitsschwerpunkte bei der Einführung von IT-Systemen für Servicemanagement und Instandhaltung.

Hinsenkamp, Dip.-Ing. Gert, ist als Entwicklungsingenieur für alternative Automobilantriebe bei der Volkswagen AG tätig.

Hoppmann, Dipl.-Ing. Winfried, ist verantwortlich für den Bereich Markt und Vertrieb Geschäftskunden und den Energieeinkauf der AVU Gevelsberg. Weiterhin ist er Geschäftsführer einer Energiedienstleistungsgesellschaft.

Hörner, Dipl.-Ing. Michael, studierte Physik mit einem anschließenden Aufbaustudium zum Energieberater. Seit 1997 ist er bei Amstein+Walthert, Beratende Ingenieure GmbH, in Frankfurt am Main als Geschäftsführer tätig.

Kaczmarek, Dipl.-Ing. Dirk, tätig als wissenschaftlicher Mitarbeiter am Institut für Kunststofftechnik und Kunststoffmaschinen (IK2) der Universität Essen.

Kaluza, Dipl.-Ing. Jörn, studierte Maschinenbau und ist seit 1994 Gesellschafter beim Ingenieurbüro INCO Aachen, Spezialgebiet Beckenwasser- und Lüftungstechnik mit konsequenter Umsetzung.

Knoop, Dr. Thomas, Gesellschafter der LichtVision GmbH, ist Elektroingenieur mit dem technischen Spezialgebiet Lichtsteuerungen.

Köppel, Dipl.-Ing. Eckard, studierte an der staatlichen Ingenieursschule und machte ein Zusatzstudium als Energie- und Umweltberater. Seit 1990 ist er als Energieberater im Bereich der Deutschen Telekom und der DeTe-Immobilien tätig.

Kreisel, Dip.-Ing. Matthias, studierte Elektrotechnik mit der Vertiefungsrichtung elektrische Energietechnik. Seit 1999 ist er bei VASA Energy GmbH im Vertrieb als Key Account Manager für Groß- und Verteilerkunden tätig.

Kreiß, Dipl.-Ing. Gabriele, studierte Elektrotechnik und ist Diplom Energiewirtin. Bei der Städtischen Werke AG Kassel ist sie am Aufbau einer Abteilung für Energiedienstleistungen beteiligt, die sich schwerpunktmäßig mit Energieeinsparungs-Contracting bei Gewerbe- und Industriekunden befaßt.

Krzikalla, Dr.-Ing. Norbert, studierte Maschinenwesen. 1993 Promotion am Forschungszentrum Jülich auf dem Gebiet "Innovative Kohlekraftwerkskonzepte". Seit 1998 ist er für BET-Büro für Energiewirtschaft und technische Planung- in Aachen tätig. Er arbeitet in dem Bereich der Liberalisierung der Energiemärkte und Netzzugang, energiewirtschaftlichen Beratung von Stadtwerken und Stromhandelsgesellschaften sowie rationellen Energieaufwendung in Industrie, Gewerbe und öffentlichen Gebäuden und Kraft-Wärme-Kopplung.

Kühlert, Dr. Heinrich, ist seit 1998 Professor für Mechatronik, Technische Mechanik und Dynamik im Fachbereich Mathematik und Technik der Fachhochschule Bielefeld.

Kurska, Dipl.-Ing. Martin, leitet seit 1996 als wissenschaftlicher Mitarbeiter des Lehrstuhls für Technische Thermodynamik der RWTH Aachen diverse Industrieprojekte zur Optimierung der betrieblichen Energiewirtschaft. Schwerpunkt seiner Tätigkeit sind Projekte in den Branchen Ernährungsindustrie und Textilindustrie.

Lohle, Dipl.-Ing. Hermann-Josef, studierte Maschinenbau. Seit 1999 ist er stellvertretender Abteilungsleiter der Abteilung Energieberatung der Energieagentur NRW mit den Schwerpunkten: Kommunen, kommunales Energiemanagement, kommunale Gebäude sowie weiterhin Krankenhäuser, Hotels, Hallen- und Freibäder.

Maier, Dipl.-Ing. Karl Heinrich, studierte Verfahrenstechnik. Bis 1997 war er bei Degussa AG konzernweit für rationellen Energieeinsatz zuständig. Zahlreiche Veröffentlichungen und Vorträge zu Themen der industriellen Energiewirtschaft, wie innerbetriebliche Energieversorgung, Energiekosten, Kraft-Wärme-Kopplung, rationeller Energieeinsatz und Europäischer Energiebinnenmarkt.

Marx, Dipl.-Ing. Gerd, leitet seit Juli 1998 die Abteilung Energieberatung der Energieagentur NRW.

Meier, Dr. Simon, studierte nach einer Mechaniklehre Maschinenbauingenieur und promovierte auf dem Gebiet Textiltechnik. Seit 1986 ist er für Staefa Control System AG tätig.

Meyer, Dipl.-Ing. Jörg, ist seit mehr als acht Jahren im Bereich Energietechnik tätig und hat 1996 auf diesem Gebiet an der RWTH Aachen promoviert. Seit 1995 ist er Geschäftsführer de EUtech GbR, Aachen und dort für alle Projekte im Geschäftsfeld Energie- und Umwelttechnik verantwortlich.

Müller, Dr. Thomas, Gesellschafter der LichtVision GmbH, er ist Elektroingenieur mit dem Spezialgebiet Kunstlicht.

Neumann, Dipl.-Ing. Michael, ist seit Januar 1999 als Technischer Assistent der Geschäftsführung bei der ELCO Kunststoffe GmbH in Gütersloh tätig.

Pacas, Dr.-Ing. J. Mario, ist als Professor für Leistungstechnik und Elektrische Antriebe im Fachbereich Elektrotechnik und Informatik an der Universität Siegen tätig.

Paschen, Dipl.-Ing. Ansgar, studierte Maschinenbau. Seit 1997 ist er Wissenschaftlicher Mitarbeiter am Institut für Textiltechnik der RWTH Aachen.

Pfeifer, Prof. Dr.-Ing. Herbert, ist seit 1998 Leiter des Instituts für Industrieofenbau und Wärmetechnik und Lehrstuhl für Hochtemperaturtechnik. Seine Arbeitsschwerpunkte sind Energietechnik von Prozessen der Grundstoffindustrie, Lichtbogenöfen, Industrieofentechnik, Strömungen in metallurgischen Prozessen und Simulationstechnik.

Reinhart, Dr. Anton, studierte Maschinenbau und promovierte anschließend an der ETH Zürich. Viele Jahre als Leiter der Technik bei der SULZER ESCHER WYSS zuständig u.a. für Entwicklung und Konstruktion; das Unternehmen ist aktiv im Kälteanlagenbau und der Herstellung von Komponenten von Kälteanlagen.

Rickert, Dipl.-Ing. Volker, studierte Elektrotechnik mit der Fachrichtung Automatisierungstechnik und Energietechnik. Seit 1999 ist er als Key Account Manager im Bereich Energievertrieb von Geschäftskunden und Produktentwicklung bei der PESAG AG in Paderborn tätig.

Roß, Dipl.-Ing. Steffen, studierte Elektrotechnik. Seit 1998 ist er geschäftsführender Gesellschafter der WiRo Energie & Konnex Consulting GmbH in Frechen.

Scherz, Dip.-Ing. Stefan, studierte Maschinenbau. Seit 1990 Gründung und geschäftsführender Gesellschafter von AZIMUT GbR, einem Ingenieurbüro für rationelle Energietechnik. November 1997 Gründung und geschäftsführender Gesellschafter der Firma ESB Energieservice GmbH. Daneben leitet er seit 1998 die Geschäftsstelle der Wohnform eG.

Schnörr, Dip.-Ing. Hans-Dieter, arbeitet auf dem Gebiet wirtschaftlicher Energieeinsatz, energetische Sanierung von haustechnischen Anlagen, Branchenuntersuchungen zum rationellen Energieeinsatz, Beratung der öffentlichen Hand zur kommunalen CO_2-Einsparung, Wirtschaftlichkeitsuntersuchung von Betreiberlösungen und Energiesparcontracting. Er ist Mitinhaber und Geschäftsführer von AZIMUT.

Schröder, Prof. Dr.-Ing. Günter, ist seit 1991 an der Universität Siegen, lehrt und forscht dort im Fachbereich Elektrotechnik und Informatik im Bereich der Elektrischen Maschinen, der Leistungselektronik, der Elektrischen Antriebe und der Steuerungstechnik. Seit mehreren Jahren ist einer seiner Arbeitsschwerpunkte die Steigerung der Effizienz von elektrischen Antrieben.

Schroer, Dipl.-Ing. Dirk, tätig als wissenschaftlicher Mitarbeiter am IK2 der Universität Essen

Schwarze, Prof. Dr.-Ing. Rolf, studierte Elektrotechnik, anschließend als wissenschaftlicher Mitarbeiter im Fachgebiet Nachrichtentechnik tätig und promovierte 1990 auf dem Gebiet der satellitengestützten Verkehrsleittechnik. Seit 1999 leitet er die Professur für Energiewirtschaft und Regenerative Energien an der Fachhochschule Bielefeld. er ist außerdem Initiator und Mitbegründer des Energiedienstleistungsunternehmen ENEX AG, das energieeffizienzsteigernde Dienstleistungen in enger Kooperation mit dem PreussenElektra-Konzern entwickelt und bundesweit arbeitet.

Seeger, Dipl.-Ing. Klaus, studierte Maschinenbau. 1979 erfolgte die Gründung eines Ingenieurbüros für Energie- und Umwelttechnik. Seit 1996 ist er vereidigter Sachverständiger für das Fachgebiet Büro.

Specht, Dr.-Ing. Heinrich, ist Inhaber des Ingenieurbüros für Energiewirtschaft und -technik in Braunschweig.

Stobbe, Dipl.-Ing. Oliver, studierte Energie- und Verfahrenstechnik und Euro-Ingenieur. Energetische Beratung von Großkunden aus Industrie und Verwaltung, Zertifizierung von Ökostrom, regenerative Energie, internationale Studien, Weiterbildung.

Theweleit, Dipl.-Ing. Martin, gründete 1997 ein eigenes Ingenieurbüro mit den Schwerpunkten: Unterstützung mittlerer und großer Industrie bei der Umsetzung von Energie-Controlling und die Durchführung von Seminaren und Lehrgängen bei verschiedenen Akademien.

Tögel, Dipl.-Ing. Christian, studierte Versorgungstechnik. Seit 1997 ist er bei der Energieagentur NRW tätig, sein Aufgabenschwerpunkt liegt in der Beratung und Unterstützung sowohl von potentiellen Anbietern als auch Nachfragern von Contracting-Lösungen in der privaten Wirtschaft sowie in der öffentlichen Verwaltung.

Wulfhorst, Prof. Dr.-Ing. Burkhard, studierte nach einer praktischen Ausbildung und Besuch der Ingenieurschule Wuppertal Maschinenbau mit der Vertiefungsrichtung Textiltechnik und wurde nach wissenschaftlicher Tätigkeit am Institut für Textiltechnik der RWTH Aachen 1970 zum Dr.-Ing. promoviert. Seit 1987 ist er Leiter des Lehrstuhls und Direktor des Institutes für Textiltechnik der RWTH Aachen.